Färberei- und textilchemische Untersuchungen

Anleitung zur chemischen Untersuchung und Bewertung
der Rohstoffe, Hilfsmittel und Erzeugnisse
der Textilveredelungs-Industrie

Von

Dr. Paul Heermann

Professor, Abteilungsvorsteher der Textilabteilung
am Staatlichen Materialprüfungsamt in Berlin-Dahlem

Vereinigte vierte Auflage der ›Färbereichemischen Untersuchungen‹
und der ›Koloristischen und textilchemischen Untersuchungen‹

Mit 8 Textabbildungen

Springer-Verlag Berlin Heidelberg GmbH

1923

Copyright by Springer-Verlag Berlin Heidelberg
Ursprünglich erschienen bei Julius Springer in Berlin 1923
Softcover reprint of the hardcover 4th edition 1923

ISBN 978-3-662-27259-6   ISBN 978-3-662-28746-0 (eBook)
DOI 10.1007/978-3-662-28746-0

Aus dem Vorwort zur dritten Auflage.

In der vorliegenden Arbeit habe ich die von mir bisher in zwei Sonderbänden herausgegebenen „Färbereichemischen Untersuchungen" und die „Koloristischen und textilchemischen Untersuchungen" unter dem Titel „Färberei- und textilchemische Untersuchungen" zu einem Bande vereinigt. Diese Verschmelzung erschien wegen der Zusammengehörigkeit des zu behandelnden Materials und der erforderlich gewordenen, zeitlich zusammenfallenden Neubearbeitung der früheren Einzelbände wünschenswert. Mit Rücksicht auf den von mir inzwischen herausgegebenen mechanisch-physikalischen Teil der Textil-Untersuchungen (Mechanisch- und physikalisch-technische Textil-Untersuchungen, Julius Springer) konnte der vorliegende Band zum Teil entlastet werden. Eine weitere Entlastung trat durch verschiedene Streichungen und Kürzungen ein, die hauptsächlich auf Kosten der „Koloristischen und textilchemischen Untersuchungen" vorgenommen wurden, da hier ein Teil des ausgiebigen Tabellenmaterials seinen früheren Wert inzwischen verloren hatte. Bestimmte Kapitel wie Gespinstfasern, Wasser, Farbstoffbestimmungen auf der Faser, Echtheitsprüfungen u. a. m. erscheinen in verändertem, zum Teil völlig neuem, zeitgemäßem Gewande. Die Farbstofftabellen, die Aufzählung der technischen Anwendungsarten bei der Besprechung der Färbereichemikalien u. a. m. sind fallen gelassen, die Naturfarbstoffe infolge ihrer dauernd zurückgehenden Bedeutung für die Praxis summarischer abgehandelt worden usw. Auf solche Weise glaube ich, auf möglichst geringem Raum das Wichtigste gebracht zu haben, was der Chemiker in Textilveredelungsbetrieben und in Laboratorien, die sich mit den Rohstoffen und Erzeugnissen der Textilveredelungsindustrie befassen, benötigt.

Auf die infolge des Krieges veränderte Lage des Chemikalienmarktes, sowie in Verbindung damit des Ersatzstoffmarktes und auf die veränderten technologischen Verhältnisse konnte nur ganz vereinzelt eingegangen werden. Im allgemeinen gilt das Gesagte stets für normale Wirtschaftszeiten.

Berlin-Lichterfelde-W., im Oktober 1917.

Paul Heermann.

Vorwort zur vierten Auflage.

Anlage und Charakter der Neuauflage sind unverändert geblieben. Auf berechtigte Wünsche hin habe ich einige Abschnitte bedeutend erweitert, so diejenigen über Fette, Öle, Seifen und Waschmittel. Dadurch hat sich der Umfang des Buches um etwa drei Bogen erweitert. Andere Kapitel, wie diejenigen über Wasser, Gespinstfasern und Fertigerzeugnisse enthalten zahlreiche Neuerungen, die seit Erscheinen der vorigen Auflage bekannt geworden sind.

Die Preisgestaltung auf dem Chemikalien- und Apparatenmarkte macht heute auch dem analytischen Chemiker die sparsamste Wirtschaft zur Pflicht; doch muß es m. E. jedem einzelnen überlassen bleiben, zu entscheiden, wo und wie er am zweckmäßigsten spart. Schon aus diesem Grunde mußten die üblichen Standardmethoden mit den teuren, z. T. unentbehrlichen Hilfsmitteln beibehalten bleiben. Neben solchen sind aber auch Verfahren angegeben, die diese Hilfsmittel nach Möglichkeit umgehen.

Seit dem Erscheinen der vorigen Auflage habe ich im gleichen Verlage die „Technologie der Textilveredelung" herausgegeben. Dieses Buch dürfte dem Benutzer des vorliegenden vielfach wesentliche Hilfe in solchen Fällen leisten, wo technologische Zusammenhänge zu berücksichtigen sind.

Den Firmen, die mich mit Angaben über ihre Erzeugnisse und deren Untersuchungsmethodik unterstützt haben, spreche ich meinen besten Dank aus. Ich knüpfe die Bitte daran, mich auch fernerhin durch derartige Mitteilungen auf dem laufenden zu halten, damit ich das Material rechtzeitig in eine etwaige neue Auflage hineinarbeiten kann.

Berlin-Lichterfelde-W., im Dezember 1922.

Paul Heermann.

Inhaltsverzeichnis.

Inhaltsverzeichnis.

VII

Abkürzungen von Literaturangaben.

Gleichzeitig als Verzeichnis der wichtigtsten, einschlägigen Fachliteratur. Hier nicht angeführte, für das einschlägige Gebiet weniger wichtige Zeitschriften und Werke sind im Text in allgemein verständlicher Weise angeführt.

Berl. Ber.	bedeutet:	Berichte der Deutschen Chemischen Gesellschaft.
Bull. Mulh.	„	Bulletin de la Société Industrielle de Mulhouse.
Chem.-Ztg.	„	Chemiker-Zeitung.
Färb.-Ztg.	„	Färber-Zeitung (eingegangen).
Journ. Soc. Dy. & Col.	„	Journal of the Society of Dyers and Colourists.
Leipz. Monatsch. f. Textilind.	„	Leipziger Monatschrift für Textilindustrie.
Lunge-Berl.	„	Chemisch-technische Untersuchungsmethoden von Lunge und Berl.
Rev. gén. mat. col.	„	Revue générale des matières colorantes.
Textilber. über W., I. u. H.	„	Textilberichte über Wissenschaft, Industrie und Handel.
Textile Forsch.	„	Textile Forschung, Zeitschrift des Deutschen Forschungsinstituts für Textilindustrie in Dresden.
Treadwell	„	Lehrbuch der analytischen Chemie von Treadwell, I. und II. Band.
Ztschr. f. anal. Chem.	„	Zeitschrift für analytische Chemie.
Ztschr. f. angew. Chem.	„	Zeitschrift für angewandte Chemie.
Ztschr. f. Farb.-Ind.	„	Zeitschrift für Farben-Industrie.
Ztschr. f. Farben- u. Textil-Ch.	„	Zeitschrift für Farben- und Textil-Chemie.
Ztschr. f. Farben- u. Textil-Ind.	„	Zeitschrift für Farben- und Textil-Industrie (die letzten drei eingegangen).

Sonstige Abkürzungen und Erläuterungen.

Kalt	bedeutet:	von gewöhnlicher Zimmertemperatur.
(Lackmus)	„	gegen Lackmustinktur als Indikator.
L. h. W.	„	Löslichkeit in heißem Wasser.
L. k. W.	„	Löslichkeit in kaltem Wasser.
(Methylorange)	„	gegen Methylorange als Indikator.
(Phenolphthalein)	„	gegen Phenolphthalein als Indikator.
Soda	„	kalzinierte, wasserfreie Soda.

T.   bedeutet: Gewichtsteile.

° (bei Temperaturangaben)   ,,   Celsiusgrade.

%   ,,   Gewichtsprozente.

(*)   ,,   Konventionsmethode des Verbandes der Seifenfabrikanten Deutschlands (s. a. Fußnote auf S. 232).

Bei Angaben über Auffüllung und Lösung ist, wenn nichts anderes erwähnt ist, stets zu verstehen: „mit" bzw. „in destilliertem Wasser".

Sonstige Abkürzungen wie g (Gramm), dest. (destilliert), konz. (konzentriert), l (Liter), n. (normal), spez. Gew. (spezifisches Gewicht), verd. (verdünnt), Vol. (Volumen bzw Volumina), usw. sind die allgemein üblichen.

Abkürzungen der wichtigsten Teerfarbenfabriken.

Gleichzeitig als Verzeichnis der wichtigsten Teerfarbenfabriken. Die Abkürzungen sind identisch mit den von G. Schultz, sowie von A. Lehne (Tabellarische Übersicht der künstlichen organischen Farbstoffe) und Heermann (Technologie der Textilveredelung) gebrauchten Abkürzungen.

[A] = Aktiengesellschaft für Anilinfabrikation, Berlin SO.

[B] = Badische Anilin- und Soda-Fabrik, Ludwigshafen a. Rh.

B. A. S. F. = Badische Anilin- und Soda-Fabrik, Ludwigshafen a. Rh.

[BrS] = Brooke, Simpson & Spiller, Lmtd. Atlas Works in Hackney, London.

[By] = Farbenfabriken vorm. Friedrich Bayer & Co., Leverkusen und Elberfeld.

[C] = Leopold Cassella & Co., Frankfurt a. M.

[ClCo] = The Clayton Anilin Comp., Lmtd. in Clayton bei Manchester.

[D] = Farbenfabrik Dahl & Co., Barmen und Elberfeld.

[DH] = Farbwerke vorm. L. Durand, Huguenin & Co., Basel und Hüningen.

[G] = Anilinfarben- und Extraktfabriken vorm. Joh. Rud. Geigy & Co., Basel.

[Gr-E] = Chemische Fabrik Griesheim-Elektron, Frankfurt a. M.

[H] = Red Holliday & Sons, Lmtd. in Huddersfield.

[J] = Gesellschaft für Chemische Industrie, Basel.

[K] = Kalle & Co,, Biebrich a. Rh.

[L] = Farbwerk Mühlheim vorm. A. Leonhardt & Co., Mühlheim a. Main, bei Frankfurt a. M.

[LD] = Lepetit, Dollfus & Gansser, Susa (Italien).

[M] = Farbwerke vorm. Meister Lucius & Brüning, Höchst a. M.

[O] = K. Oehler, Anilin- und Anilinfarbenfabrik, Offenbach a. M.

[P] = Société Anonyme des Matières Colorantes et Produits Chimiques, St. Denis (Seine).

[Sch] = Schöllkopf, Hartford & Hanna Co., Buffalo N. Y.

[t. M] = Chemische Fabriken vorm. Weiler-ter Meer, Ürdingen a. Rh.

Allgemeiner Teil.

Indikatoren, titrierte Lösungen, Urtitersubstanzen.

Der praktische Analytiker sollte sich nur auf wenige, unentbehrliche Indikatoren beschränken. Als die besten Indikatoren in der Alkalimetrie und Azidimetrie sind das Phenolphthalein und das Methylorange zu empfehlen. Ersteres kommt vor allem für die schwachen Säuren, letzteres für die starken Säuren und alle Basen in Betracht. Als dritter Indikator käme noch die Lackmustinktur in Frage.

Die Titrierlösungen sind entweder Normallösungen oder Teilnormal- bzw. Mehrfachnormallösungen (z. B. halb-, zehntel-, doppeltnormal), oder aber empirisch eingestellte Lösungen von einem bestimmten Titer, z. B. 0,98-n., 1,05-n. usw. Zur Umrechnung der verbrauchten Kubikzentimeter Titrierlösung in Normallösung wird mit dem jeweiligen Koeffizienten multipliziert. Schließlich können die Lösungen auch so eingestellt werden, daß jeder Kubikzentimeter der Lösung einer bestimmten Menge der gesuchten Substanz entspricht, z. B. 0,1 mg N_2O_5, 0,001 g Natriumhydrosulfit usw.

Zur Herstellung oder zur Kontrolle der titrierten Lösungen bedient man sich einer Urtitersubstanz oder Ursubstanz, von denen die nachfolgenden die empfehlenswertesten sind.

Urtitersubstanzen der Alkalimetrie und Azidimetrie.

Soda, Na_2CO_3. Soda ist die im reinen Zustande am leichtesten erhältliche Ursubstanz. Nach Lunge ist eine Soda von rein weißer Farbe, die sich in Wasser vollständig klar löst und die in Mengen von 1—2 g keine Reaktion auf Sulfat und keine Reaktion auf Chlorid (ev. nur eine Spur von Opaleszenz mit Silbernitrat) gibt, ohne weiteres als Ursubstanz von der Formel Na_2CO_3 brauchbar, wenn man dafür sorgt, daß kein Wasser und kein Überschuß von Kohlensäure darin vorhanden ist und die hierzu notwendige Erhitzung nicht so weit getrieben wird, daß Na_2O entsteht. Hierzu wird die Soda 20—30 Minuten im Platintiegel unter öfterem Umrühren so weit erhitzt, daß der Boden des Tiegels glühend wird, die Soda aber nicht zum Sintern kommt. Nötigenfalls wird die Soda im Luft- oder Sandbade auf 270—300° erhitzt. Nach 20—30 Minuten ist Gewichtskonstanz eingetreten. Zwischendurch wird zweckmäßig mit einem Platinspatel oder abgeflachten Glasstabe umgerührt. Die Soda wird am besten direkt in der Kälte gegen Methylorange als Indikator titriert, oder — umständlicher und nicht genauer — gegen Phenolphthalein und bei einem Überschuß von Säure, Auskochen der Kohlensäure und Rücktitrierung der überschüssigen Säure. Lunge bezeichnet die Soda als die sicherste, genaueste und billigste Ursubstanz der Azidimetrie und Alkalimetrie und erklärt diesen Weg zur Einstellung von Normalsäuren wegen der Anwendbarkeit des Methylorange als den einfachsten und schnellst auszuführenden.

$$Na_2CO_3 + 2\,HCl = 2\,NaCl + CO_2 + H_2O.$$
$$1 \text{ ccm n. Säure} = 0{,}053 \text{ g } Na_2CO_3.$$

Natriumoxalat (Sörensen). Diese vorzügliche Ursubstanz ist von Sörensen und späterhin auch von Lunge wärmstens empfohlen worden. Sie wird von
C. A. F. Kahlbaum in Berlin chemisch rein geliefert. Da sie nicht hydroskopisch
ist und ohne Kristallwasser kristallisiert, verdient sie den Vorzug vor Oxalsäure,
Kaliumtetraoxalat u. a. Zur Vorsicht muß die Handelsware bei 200—240° C getrocknet werden. Natriumoxalat kann gleichzeitig in der Azidimetrie und in der
Oxydimetrie benutzt werden. Für azidimetrische Zwecke wird das Natriumoxalat mit aufgelegtem Deckel im Platintiegel vorsichtig erhitzt, wobei in $1/_4$ bis
$1/_2$ Stunde das Oxalat in Karbonat übergeht. Der geringe Kohlenrest wird durch
stärkeres Erhitzen bei halbbedecktem Tiegel verbrannt.

Lunge empfiehlt folgende Arbeitsweise. Ein genau abgewogenes Quantum
des trockenen Natriumoxalates wird in einem Platintiegel, der in einem Asbest-
ringe steht, über einer sehr kleinen Flamme $1 1/_2$ Stunden lang, dann 50 Minuten
lang bei halb aufgesetztem Deckel bis alle Soda geschmolzen ist, zuletzt weitere
7 Minuten bis zum Verbrennen der Kohle erhitzt. Nach dem Lösen der entstandenen Soda titriert Lunge direkt in der Kälte mit Salzsäure und Methylorange
als Indikator. Nach Lunge ist das nach Sörensens Vorschrift von Kahlbaum,
hergestellte wasserfreie Natriumoxalat eine Ursubstanz von zuverlässigem Werte,
welche bei einiger Übung und bei sorgfältigster Einhaltung der für seine Umwandlung in Natriumkarbonat gegebenen Vorschriften richtige Ergebnisse liefert und
dem Kaliumtetroxalat und Kaliumbijodat, sowie allen anderen Ursubstanzen
— mit Ausnahme der Soda — vorzuziehen ist.

$$Na_2CO_3 + 2\,HCl = 2\,NaCl + CO_2 + H_2O.$$
$$1 \text{ ccm n. Säure} = 0,067 \text{ g Natriumoxalat.}$$

Kaliumtetroxalat. $KHC_2O_4 \cdot H_2C_2O_4 \cdot 2\,H_2O$.   Weniger zuverlässig als
vorstehende Ursubstanzen. Es muß mit Phenolphthalein titriert werden.

$$KHC_2O_4 \cdot H_2C_2O_4 \cdot 2\,H_2O + 3\,KOH = 2\,K_2C_2O_4 + 5\,H_2O \cdot$$
$$1 \text{ ccm n. Alkali} = 0,08472 \text{ g Kaliumtetroxalat.}$$

Kaliumbijodat. KHJ_2O_6.   Auch nicht so zu empfehlen wie die beiden
ersten. Ein Vorzug des Präparates ist, daß es gleichzeitig für die Jodometrie
als Ursubstanz benutzt werden könnte.

$$KHJ_2O_6 + KOH = 2\,KJO_3 + H_2O \cdot$$
$$1 \text{ ccm n. Alkali} = 0,39 \text{ g } KJO_3 \cdot HJO_3 \cdot$$

Kaliumbitartrat.   Wegen der Schwerlöslichkeit des Salzes ist es leicht
rein erhältlich. Es wird aber nicht oft angewandt, weil es der vorzüglichen Soda
gegenüber keine Vorzüge aufweist und nicht mit Methylorange titriert werden
kann. Vorzüge dieser Ursubstanz sind die Eigenschaften des Kaliumbitartrates,
ohne Kristallwasser zu kristallisieren und nicht hydroskopisch zu sein.

$$KC_4H_5O_6 + KOH = K_2C_4H_4O_6 + H_2O \cdot$$
$$1 \text{ ccm n. Alkali} = 0,1882 \text{ g Weinstein.}$$

Oxalsäure.   Eine der ältesten Ursubstanzen. In letzterer Zeit wird dieselbe weniger angewandt. Neuerdings tritt Bruhns[1]) wieder sehr warm für die
Oxalsäure als Urtitersubstanz ein. Nach dessen Angaben ist die Verwitterungs-
fähigkeit der Oxalsäure viel geringer als gemeinhin angenommen wird: sehr feine
Kristalle, Hunderte von Stunden im Brutschrank bei 30—32° in offenen Gefäßen
ausgelegt, hatten nicht die geringste Gewichtsabnahme erlitten. Zudem zeichnet
sich die Oxalsäure noch besonders dadurch aus, daß sie als Urtitersubstanz für
die Azidimetrie, Oxydimetrie und Jodometrie dienen kann.

$$H_2C_2O_4 + 2\,H_2O + 2\,NaOH = Na_2C_2O_4 + 4\,H_2O \cdot$$
$$1 \text{ ccm n. Alkali} = 0,06302 \text{ g Oxalsäure.}$$

Kalkspat. $CaCO_3$.   Chemisch reiner Marmor oder natürlicher Kalkspat,
isländischer Doppelspat, wurde früher häufig als Ursubstanz angewandt.

$$CaCO_3 + 2\,HCl = CaCl_2 + CO_2 + H_2O.$$

---

[1]) Ztschr. f. anal. Chem. 1916, 23. Chem. Ztg. 1917, 189 u. a.

Urtitersubstanzen der Oxydimetrie.

Natriumoxalat (Sörensen). $Na_2C_2O_4$. Das Natriumoxalat ergibt in der Oxydimetrie ebenso gute und zuverlässige Resultate wie in der Azidimetrie. Es wird heute als durchaus zuverlässige und leicht anwendbare, im Handel rein erhältliche Ursubstanz mit Vorliebe gebraucht und wie Oxalsäure titriert.

$$5\,H_2C_2O_4 + 2\,KMnO_4 + 3\,H_2SO_4$$
$$= 10\,CO_2 + K_2SO_4 + 2\,MnSO_4 + 8\,H_2O.$$

1 ccm $^1/_{10}$-n. Chamäleonlösung = 0,0067 g oxalsaures Natron.

Kaliumtetroxalat. Weniger zu empfehlen.

$$5\,H_2C_2O_4 + 2\,KMnO_4 + 3\,H_2SO_4$$
$$= 10\,CO_2 + K_2SO_4 + 2\,MnSO_4 + 8\,H_2O.$$

1 ccm $^1/_{10}$-n. Chamäleonlösung = 0,006354 g Tetroxalat.

Oxalsäure. Chemisch reine Oxalsäure kann als gute Ursubstanz bezeichnet werden. Lunge bestimmt zunächst den Wirkungswert der Oxalsäure alkalimetrisch mit Natronlauge und stellt danach die Chamäleonlösung ein.

$$5\,H_2C_2O_4 + 2\,KMnO_4 + 3\,H_2SO_4$$
$$= 10\,CO_2 + K_2SO_4 + 2\,MnSO_4 + 8\,H_2O.$$

1 ccm $^1/_{10}$-n. Chamäleonlösung = 0,006302 g Oxalsäure krist.

Metallisches Eisen. Reinster Blumendraht wird häufig unbedenklich mit einem Wirkungswert von 99,6—99,8% angenommen. Nach Treadwell, Lunge u. a. haben hingegen manche Sorten Blumendraht einen Wirkungswert von über 100%. Auch elektrolytisch gewonnenes Eisen ist nicht immer unbedenklich, besonders käufliche Ware. Nur unter besonderen Bedingungen elektrolytisch hergestelltes Eisen kann als 100%ige Ware angenommen werden. — Am besten wird bei Verwendung einer käuflichen Ware der Wirkungswert ein für allemal vermittels einer Chamäleonlösung von bekanntem Gehalte festgestellt. Immerhin ist diese Einstellung mit Schwierigkeiten verknüpft und es sollte das metallische Eisen deshalb durch das Natriumoxalat ersetzt werden.

$$10\,FeSO_4 + 2\,KMnO_4 + 8\,H_2SO_4$$
$$= 5\,Fe_2(SO_4)_3 + 2\,MnSO_4 + K_2SO_4 + 8\,H_2O.$$

1 ccm $^1/_{10}$-n. Chamäleonlösung = 0,005584 g Fe.

Ferroammonsulfat oder Mohrsches Salz [$FeSO_4 \cdot (NH_4)_2SO_4 + 6\,H_2O$]. Diese Verbindung ist eine der ältesten und bequemsten Ursubstanzen der Oxydimetrie. Es ist nur schwer, das Präparat auf seine Reinheit zu kontrollieren.

$$10\,[FeSO_4 \cdot (NH_4)_2SO_4 + 6\,H_2O] + 2\,KMnO_4 + 8\,H_2SO_4$$
$$= 5\,Fe_2(SO_4)_3 + 10\,(NH_4)_2SO_4 + K_2SO_4 + 2\,MnSO_4 + 68\,H_2O.$$

1 ccm $^1/_{10}$-n. Chamäleonlösung = 0,039214 g Mohrsches Salz.

Urtitersubstanzen der Jodometrie.

Jod. Chemisch reines, nach bestimmten Vorschriften resublimiertes und über Chlorkalzium getrocknetes Jod ist heute noch als die meist gebräuchliche und als sehr zuverlässige Ursubstanz der Jodometrie anzusehen.

$$2\,J + 2\,(Na_2S_2O_3 + 5\,H_2O) = 2\,NaJ + Na_2S_4O_6 + 10\,H_2O.$$
$$4\,J + As_2O_3 + 4\,NaHCO_3 = 4\,NaJ + As_2O_5 + 4\,CO_2 + 2\,H_2O.$$

1 ccm $^1/_{10}$-n. Jodlösung = 0,02482 g Natriumthiosulfat.
1 ccm $^1/_{10}$-n. Natronthiosulfatlösung = 0,012692 g Jod.

Kaliumbijodat. KHJ_2O_6. Die Bijodatlösung muß jedesmal vermittels Thiosulfatlösung von bekanntem Wirkungswert eingestellt werden, die ihrerseits wieder nach reinem Jod eingestellt ist. Deswegen bietet dieses Präparat, gegenüber der Kontrolle mit reinem Jod, keine Vorteile und kann nicht empfohlen werden.

$$KHJ_2O_6 + 10\,KJ + 11\,HCl = 11\,KCl + 6\,H_2O + 12\,J.$$

1 ccm $^1/_{10}$-n. Natronthiosulfatlösung = 0,00325 g $KJO_3 \cdot HJO_3$.

Gramme im Liter gelöst = normal (Gramm-Äquivalente)	meist gebraucht als	Urtitersubstanz	Oder eingestellt nach bekannter	Indikator
Schwefelsäure 49,038	$^2/_1$, $^1/_1$, $^1/_2$, $^1/_{10}$ n.	Natriumoxalat, Soda	Natronlauge	Methylorange, Phenolphthalein
Salzsäure 36,468	$^1/_1$, $^1/_{10}$ n.	do.	do.	do.
Salpetersäure 63,018	$^1/_1$ n.	do.	do.	do.
Oxalsäure 63,029	$^1/_1$, $^1/_5$, $^1/_{10}$, $^1/_{100}$ n.	selbst	do. oder Chamäleonlösung	Phenolphthalein
Natronlauge 40,08 Kalilauge 56,108	$^2/_1$, $^1/_1$, $^1/_2$, $^1/_{10}$ n.	Oxalsäure, Weinstein	Schwefelsäure, Oxalsäure	Methylorange, Phenolphthalein
Sodalösung 53,004	$^1/_1$, $^1/_5$ n.	selbst	Schwefelsäure	Methylorange
Ammoniak 17,034	$^1/_2$, $^1/_{10}$ n.	Oxalsäure	do.	Lackmus, Methylorange
Silberlösung 169,89 (Silbernitrat)	$^1/_{10}$ n.	Chlornatrium	Chlornatriumlösung	neutr. Kaliumchromat
Kochsalz 58,46	$^1/_{10}$ n.	selbst	Silberlösung	do.
Chamäleon 31,606 (Kaliumpermanganat)	$^1/_5$, $^1/_{10}$, $^1/_{100}$ n.	Natriumoxalat, Oxalsäure, Blumendraht	Oxalsäure-, Ferrosalzlösung	Autoindikator
Natriumthiosulfat 248,20	$^1/_{10}$ n.	Jod	Jodlösung, Kaliumbijodatlösung	Stärkelösung
Jod 126,92	$^1/_{10}$, $^1/_{25}$, $^1/_{100}$ n.	selbst	Thiosulfatlösung	do.
Arsenige Säure 49,48	$^1/_{10}$ n.	Jod	Jodlösung	do.
Kaliumbichromat 49,03	$^1/_5$, $^1/_{10}$ n.	Eisenoxydulsalz, Mohrsches Salz	Eisenoxydulsalzlösung	Ferrizyankalium

Häufig gebrauchte Lösungen, Spezial-Reagenzien, Spezial-Reaktionen[1]).

Nachweis, Bestimmung von	Bezeich- nungen nach Autoren	Darstellung der Lösungen, Verwendung, Ausführung der Reaktionen
Alkali (bzw. Ätz- alkali)	Dobbin	5 g Jodkalium werden in 250 ccm Wasser gelöst und mit Quecksilberchloridlösung (1 : 20) bis zum bleibenden Niederschlag versetzt. Man filtriert, löst im Filtrat 1 g Chlorammonium, gibt so viel verdünnte Natronlauge zu, bis wieder ein bleiben- der Niederschlag entsteht, filtriert und füllt auf 1000 ccm auf. — Spuren Ätzalkali (z. B. in Soda) färben das Reagens gelb.
Alkali (bzw. Ätzalkali) (in Seifen)	Stein	Wässerige Lösung von Quecksilberchlorid. Das Reagens gibt mit neutralen Seifen einen weißen, mit deutlich alkalischen einen gelben bis gelbroten Niederschlag. S. a. u. Seife.
Alkali (bzw. Ätz- alkali)	Brunner	Eine Lösung von Nitroprussidnatrium erzeugt mit Ätzalkalien und alkalischen Erden eine intensiv gelbe Färbung, reagiert aber auf lösliche Karbo- nate und Bikarbonate nicht.
Ammoniak	Neßler	13 g Quecksilberchlorid (: 800 Wasser) werden allmählich mit 35 g Jodkalium versetzt, bis Nieder- schlag gelöst ist; alsdann wird wieder tropfenweise $HgCl_2$-lösung bis zum bleibenden Niederschlag zu- gesetzt, 160 g Kalihydrat darin aufgelöst, auf 1000 ccm aufgefüllt, absetzen gelassen und die klare Lösung abgegossen. — Spuren Ammoniak erzeugen Gelbfärbung bis braunroten Nieder- schlag. — Oder man löst 10 g Quecksilberjodid in 5 g Jodkalium (: 50 Wasser) und gibt 20 g Natronhydrat (: 50) zu. S. a. unter Wasser.
Arsen	Bettendorf	Arsenhaltige, farblose Lösungen geben je nach der vorhandenen Arsenmenge in der Kälte oder beim Erwärmen mit einer konzentrierten Lösung von Zinnchlorür in rauchender Salzsäure eine bräun- liche Färbung bis zu einem braunen Niederschlag. Man löst 100 g frisches Zinnchlorür mit Salzsäure von etwa 36% zu 1 l und läßt einige Tage stehen. Die Reaktion, die noch 0,001 g As_2O_3 im Liter anzeigt, tritt entweder sofort oder innerhalb $^1/_2$ Stunde auf. An Reagens wird das fünffache Volumen der zu prüfenden Lösung verwendet, ev. warm bis kochend.
Chlor (s. a. u. Salpeter- säure)		Jodkalium — Stärkelösung. 5—10 g Ozonstärke werden in 400 ccm destillierten Wassers heiß gelöst, einige Zeit zum Sieden erhitzt und auf 1000 ccm aufgefüllt. Mit etwas Jodkalium versetzt, scheidet freies Chlor aus der Lösung Jod aus, das sich durch Blaufärbung der Stärke zu erkennen gibt.

[1]) Näheres s. in „Mercks Reagenzien-Verzeichnis“.

Nachweis, Bestimmung von	Bezeichnungen nach Autoren	Darstellung der Lösungen, Verwendung, Ausführung der Reaktionen
Chlor (s. a. u. Salpetersäure)	Genli	Jodzinkstärkelösung. 5 g Stärke werden in eine siedende Lösung von 20 g Chlorzink (in 100 ccm Wasser) gegeben, eine Stunde gekocht, verdünnt und unter Zusatz von 2 g Jodzink zu 1000 Kubikzentimeter verdünnt. Reaktion wie oben. S. a. u. Wasser, salpetrige Säure.
Chlorate (Chlorsäure)	Böttger Vitali	Flüssigkeiten, die Chlorsäure und Chlorate enthalten, werden auf Zusatz von Anilinsulfat und konzentrierter Schwefelsäure blau gefärbt. — Salpetersäure gibt dieselbe Reaktion. (Braun.)
Chlorate neben Nitraten		Nach Fällung ev. vorhandener Chloride und Salzsäure mit Silbersalz wird die Lösung zur Vertreibung von Ammoniak mit etwas Kalilauge, alsdann mit wenig Devardascher Legierung gekocht. Salpetersäure gibt sich durch Ammoniakentwicklung zu erkennen. Man filtriert vom Kupfer ab, säuert das Filtrat mit Salpetersäure an und versetzt mit Silbernitrat. Eine Fällung von Chlorsilber zeigt die Anwesenheit von Chlorsäure an.
Chromate (Chromsäure)	Barreswil Storer	Gibt man zu angesäuertem Wasserstoffsuperoxyd etwas Äther und eine chromat- oder chromsäurehaltige Flüssigkeit, so färbt sich die wässerige Lösung vorübergehend blau (Perchromsäure). Beim Schütteln geht die blaue Farbe in den Äther über.
	Cazeneuve	Mit Salzsäure angesäuerte Chromsäurelösung wird mit pulverisiertem Diphenylkarbazid prachtvoll violett gefärbt. Empfindlichkeitsgrenze = 1 : 1 000 000. Soll wesentlich empfindlicher sein als vorstehende Reaktion.
Eiweiß	Brücke (Biuretreaktion)	Koaguliertes Eiweiß übergießt man mit einer sehr verdünnten Kupfersulfatlösung, entfernt letztere, sobald das Koagulum damit durchtränkt ist und bringt das Gerinnsel in mäßig verdünnte Natronlauge. Bei Anwesenheit von Eiweiß nimmt es dabei eine veilchenblaue Färbung an. Eiweißlösungen liefern entsprechend gefärbte Lösung (s. a. u. Schlichte- und Appreturmassen).
	Millon (Hager) (Nickel)	Nach Nickels Vorschrift löst man 1 ccm Quecksilber in 9 ccm Salpetersäure (spez. Gew. 1,5), verdünnt mit dem gleichen Volumen Wasser und zieht die klare Lösung für den Gebrauch ab. Hager löst 10 g Quecksilber in 25 g Salpetersäure (spez. Gew. 1,185) und 25 ccm Wasser lauwarm; diese Lösung mischt er mit in Digestionswärme bewirkter Lösung von 10 g Quecksilber in 22 g Salpetersäure (spez. Gew. 1,3). Das Reagens gibt beim Erwärmen mit Eiweißlösungen einen ziegelroten Niederschlag.

Nachweis, Bestimmung von	Bezeichnungen nach Autoren	Darstellung der Lösungen, Verwendung, Ausführung der Reaktionen
Glukose (Traubenzucker, Maltose)	Fehling Violette Barfoed	a) Eine wässerige Lösung von 34,64 g Kupfersulfat: 500 ccm. b) 173 g Seignettesalz und 150 ccm Kalilauge (spez. Gew. 1,14) : 500 ccm. Vor dem Gebrauch mischt man gleiche Volumina a und b. Das Reagens wird beim Kochen mit Glukoselösungen unter Abscheidung von rotem Kupferoxydul entfärbt. 1 ccm Reagens = 0,005 g Glukose. Empfindlichkeitsgrenze = 1 : 500. Violette: a) 34,64 g Kupfersulfat : 500 ccm. b) 200 g Seignettesalz und 130 g Natriumhydroxyd : 500 ccm. a und b werden zum Gebrauch in gleichen Volumenmengen gemischt. Nach Barfoed werden 13,3 g Kupferazetat in 2 g Eisessig und 200 g Wasser gelöst. Die Lösung reduziert die Zucker bereits in der Kälte, nur Maltose in der Wärme.
Glyzerin	Kohn	Die Reaktion beruht auf der bekannten Umwandlung des Glyzerins in Akrolein, das sich beispielsweise durch Erhitzen der eingedampften glyzerinhaltigen Lösung mit Natriumbisulfat bildet und am charakteristischen stechenden Geruch erkannt werden kann.
Jodzahl	v. Hübl	a) Eine Lösung von 25 g Jod in 500 ccm Alkohol (95%ig). b) Eine Lösung von 30 g Quecksilberchlorid in 500 ccm Alkohol (95%ig). Zum Gebrauche mischt man gleiche Volumina. Die Einstellung geschieht gegen $^1/_{10}$-n. Thiosulfatlösung. Nach v. Hübl werden die Lösungen gemischt aufbewahrt, aber nicht vor 48stündigem Stehen nach der Mischung gebraucht und der Titer bei jedem Gebrauch durch Kontrollversuch festgestellt (s. a. unter Fette).
Mineralsäure (freie)	Hager Huber	Wässerige Lösung von Ammonmolybdat und Ferrozyankalium. Dieses Reagens gibt mit Lösungen, die freie Salz-, Salpeter-, Schwefel-, Phosphor-, Arsen-, schweflige und phosphorige Säure enthalten, eine rötlichgelbe bis dunkelbraune Färbung (oder Trübung), welche auf Zusatz von Alkali verschwindet.
Mineralsäure (in Essigsäure)	Föhring	Erhitzt man Schwefelzink mit verdünnter Essigsäure (3—5%ig), so tritt nur bei Anwesenheit von Mineralsäuren Geruch nach Schwefelwasserstoff auf.
Phosphorsäure	Fresenius	Molybdatlösung 1. 150 g Ammonmolybdat werden zu 1000 ccm mit Wasser gelöst, mit 1000 ccm Salpetersäure (spez. Gew. 1,2) verrührt, einige Tage stehen gelassen und vom Bodensatz abgegossen.

Nachweis, Bestimmung von	Bezeichnungen nach Autoren	Darstellung der Lösungen, Verwendung, Ausführung der Reaktionen
Phosphorsäure	Wagner	Molybdatlösung 2. 150 g Ammonmolybdat und 400 g Ammonnitrat werden zu 1000 ccm gelöst, mit 1000 ccm Salpetersäure (spez. Gew. 1,19) gemischt, 24 Stunden lang bei 35° C stehen gelassen und filtriert.
	Schultze	Molybdatlösung 3. 850—900 g Ammoniummolybdat und 1700—1800 ccm konzentriertes Ammoniak (spez. Gew. 0,91) werden zu 10 l gelöst und in 10 l Salpetersäure (spez. Gew. 1,2) gegossen. Man läßt einen Tag stehen und filtriert. Ammonium-Magnesiumchlorid: Man löst 110 g Magnesiumchlorid und 140 g Chlorammonium in 700 ccm 8%igem Ammoniak und 1300 ccm Wasser. Nach mehrtägigem Stehen wird die Lösung filtriert.
Rhodanverbindungen	Colasanti	Gibt man zu einer stark verdünnten Lösung einer Rhodanverbindung eine 20%ige, alkoholische α-Naphthollösung und ohne zu schütteln das doppelte Volumen konzentrierte Schwefelsäure, so entsteht an der Berührungsfläche ein smaragdgrüner Ring. Beim Schütteln färbt sich die Mischung violett.
Salpetersäure	Boussingault (Indigo-Reaktion)	Beruht auf der Zerstörung der Indigosulfosäure durch Salpetersäure. In der Regel wird hierzu reines Indigotin in rauchender Schwefelsäure gelöst und so verdünnt, daß 1 ccm der Lösung 0,001 g N_2O_5 entspricht. Zur Einstellung der Indigolösung dient chemisch reines Natrium- oder Kaliumnitrat. 1,872 g Kaliumnitrat: 1000 ccm gelöst; 1 ccm = 1 mg N_2O_5.
	Hofmann (Diphenylamin-Reaktion)	Lösung von Diphenylamin in konzentrierter Schwefelsäure (1 : 100). Schichtet man über dieses Reagens eine Lösung, die Spuren Salpetersäure oder Nitrat enthält, so entsteht ein blauer Ring und beim Umschütteln eine intensive, nicht haltbare blaue Lösung. — Auch wird Diphenylamin in verdünnter heißer Schwefelsäure gelöst, z. B. 2 g Diphenylamin in 100 ccm Schwefelsäure (1 : 1) und 300 ccm konzentrierte Schwefelsäure zugegeben. 0,05 mg Stickstoff im Liter gibt noch deutlich die Reaktion, welche auch durch salpetrige Säure, Chlor, Chlorsäure, unterchlorige Säure, Selensäure, Superoxyde, Ferrisalze (in bestimmter Konzentration), Schwefelsäure-anhydrid, besonders hergestellte Schwefelsäure und andere Oxydationsmittel hervorgerufen wird. Nach Caron fügt man am besten zu 1 Vol. der Salpeterlösung $2^1/_2$ Vol. des Reagens, das nur 2 mg Diphenylamin in 100 ccm konzentrierter reiner Schwefelsäure gelöst enthält.

Nachweis, Bestimmung von	Bezeichnungen nach Autoren	Darstellung der Lösungen, Verwendung, Ausführung der Reaktionen
Salpetersäure (neben Chlorsäure)	Treadwell (Zinkreduktion in alkalischer Lösung)	Kocht man eine Nitratlösung mit Zinkstaub und einem Alkali, so findet Ammoniakbildung statt. Viel schneller als Zink wirkt die Devardasche Legierung auf Zusatz eines einzigen Tropfens Natronlauge. — Die Reaktion eignet sich vortrefflich, um Salpetersäure neben Chlorsäure nachzuweisen.
Salpetersäure	Lunge-Lwoff (Bruzin-Reaktion)	Lösung von 0,2 g Bruzin in 100 ccm konzentrierter Schwefelsäure. Die zu prüfende Lösung wird mit dem dreifachen Volumen konzentrierter reiner Schwefelsäure versetzt und 1 ccm der Bruzinlösung hinzugefügt, wobei eine rote Färbung auftritt, die schnell in Orange-, dann langsamer in Zitronen- oder Goldgelb und schließlich in Grüngelb übergeht. S. a. u. Wasser, Salpetersäure.
	Richmont Desbassin (Zonenreaktion)	Lösung von 1 T. Ferrosulfat in 2 T. verdünnter 7—8%iger Schwefelsäure. Die mit konzentrierter Schwefelsäure gelöste oder gemischte Substanz gibt bei Anwesenheit von Salpetersäure oder Nitraten beim Überschichten mit dem Reagens die bekannte Zonenreaktion (Salpetersäurenachweis des Deutschen Arzneibuches). — Oder man löst die Substanz in möglichst wenig Wasser, fügt kalt gesättigte Ferrosulfatlösung hinzu und unterschichtet vorsichtig mit konzentrierter Schwefelsäure. Bei Gegenwart von Salpetersäure wird an der Berührungszone die Braunfärbung zum Vorschein kommen. — Salpetrige Säure gibt mit der schwachsauren Ferrosulfatlösung, ohne Zusatz von konzentrierter Schwefelsäure, dieselbe Reaktion.
Salpetersäure (neben salpetriger Säure)	Piccini	Eine konzentrierte Lösung wird mit konzentrierter Harnstofflösung versetzt und mittels einer Pipette mit verdünnter Schwefelsäure unterschichtet. Dabei findet unter Verbrauch der salpetrigen Säure eine lebhafte Stickstoffentwicklung statt, die nach wenigen Minuten aufhört. Hat die Gasentwicklung aufgehört und ist alle salpetrige Säure verbraucht, so weist man die Salpetersäure mit Diphenylamin nach, oder reduziert mit metallischem Zink zu salpetriger Säure und weist mit Jodkaliumstärkekleister nach. S. a. u. Wasser, salpetrige Säure.
Salpetrige Säure	Trommsdorf Fresenius	Versetzt man Wasser mit Jodzinkstärkelösung (oder Jodkaliumstärkelösung) und Schwefelsäure, so entsteht bei Anwesenheit von salpetriger Säure eine Blaufärbung. Chlor gibt dieselbe Reaktion, ebenso Wasserstoffsuperoxyd, Ozon,

Nachweis, Bestimmung von	Bezeichnungen nach Autoren	Darstellung der Lösungen, Verwendung, Ausführung der Reaktionen
		Halogenoxydverbindungen und Ferrisalze. Beim Ansäuern mit Phosphorsäure statt mit Schwefelsäure stören Ferrisalze nicht. — Metaphenylendiamin ist ein weiteres vorzügliches Reagens auf salpetrige Säure. S. a. u. Wasser, Salpetersäure.
Salpetrige Säure	Grieß Jlosvay Lunge	Der einwandfreieste Nachweis der salpetrigen Säure ist der, welcher auf der Farbstoffbildung beruht, da keine andere Substanz dieselben zu bilden vermag. 1. 0,5 g Sulfanilsäure : 150 ccm verdünnter Essigsäure, 2. 0,2 g festes α-Naphthylamin kocht man mit 20 ccm Wasser, gießt die farblose Lösung von dem Rückstand ab, versetzt sie mit 150 ccm verdünnter Essigsäure und gießt dann beide Lösungen zusammen. Die Mischung hält sich gut. Wenn sie sich doch rot färbt, so schüttelt man mit Zinkstaub und filtriert. — Etwa 50 ccm des Wassers versetzt man mit 2 ccm des obigen Reagens, rührt um und läßt 5 bis 10 Minuten stehen, wobei die geringsten Spuren salpetriger Säure sich durch deutliche Rotfärbung der Flüssigkeit zu erkennen geben.
Schwefelalkalien	Béchamp	0,4%ige, wässerige Lösung von Nitroprussidnatrium. Das Reagens gibt mit verdünnten Lösungen von Schwefelalkalien (noch empfindlicher auf Zusatz von Ätzkali) eine purpurrote Färbung. Empfindlichk. $= 1 : 10\,000$. — Schwefelwasserstoff (SH-Ionen) gibt nicht die Reaktion, wohl aber auf Zusatz von Natronlauge (S-Ionen).
	Lassaigne	Lösung von 10 g Bleiazetat in 100 ccm Wasser, der so viel Kalilauge zugesetzt wird, daß sich das entstandene Bleihydroxyd eben wieder löst. Schwefelalkalien erzeugen Schwärzung bis schwarzen Niederschlag. — Auch zur Unterscheidung von Wolle und Seide zu gebrauchen.
Meta-Zinnsäure	Bayerlein	Man löst 1 g As_2O_3 in 200 ccm Wasser und setzt 15 Tropfen Salzsäure (spez. Gew. 1,12) zu. Beim Überschichten mit diesem Reagens wird die Mischungszone durch Metazinnverbindungen getrübt.

Gespinstfasern.

Nachstehend werden die wichtigsten chemischen und färberischen Erkennungs- und Trennungsverfahren der verbreitetsten Gespinstfasern wiedergegeben. Da die **Mikroskopie** der Spinnfasern bereits in meinen „**Mechanisch- und physikalisch-technischen Textiluntersuchungen**" ausführlich abgehandelt ist, brauchte auf diesen Teil der Faserprüfung hier nicht näher eingegangen zu werden[1]). Zwecks näherer Unterrichtung über die Chemie der Zellulose sei insbesondere noch auf das Werk von C. Schwalbe[2]), sowie auf eine Reihe weiterer Veröffentlichungen verwiesen.

Zu den nachstehend aufgeführten Reaktionen, insbesondere Farbenreaktionen, wird noch besonders bemerkt, daß sie nicht immer alle eindeutig auftreten, daß vielmehr von verschiedenen Beobachtern mitunter entgegengesetzte Aufzeichnungen gemacht worden sind.

Qualitative, chemische und färberische Unterscheidungen und Trennungen von Gespinstfasern.

Pflanzliche (vegetabilische) und tierische (animalische) Fasern.

a) **Verbrennungserscheinungen.** Pflanzliche Faserstoffe verbrennen leicht, riechen dabei brenzlich säuerlich (etwa wie verbrennendes Papier), geben wenig (und schnell kohlefreie) Asche von der Struktur des ursprünglichen Fadens, und die Verbrennungsdämpfe röten feuchtes, neutrales Lackmuspapier. Tierische Fasern verbrennen langsam unter reichlicher Kohleausscheidung und verbreiten dabei einen, sehr vielen stickstoffhaltigen Verbindungen (Horn, Haaren, Klauen usw.) eigenen Geruch. Die Verbrennungsdämpfe röten feuchtes Kurkumapapier. Die Asche der Tierhaare nimmt ein aufgeblähtes Aussehen an.

b) **Verhalten gegen Alkalien.** Ätznatron und Ätzkali lösen die tierischen Fasern mehr oder weniger leicht auf. Wolle löst sich in etwa 5, Seide in 10—15 Minuten bei Wasserbadtemperatur in mehrprozentigen Lösungen auf; Tussahseide widersteht der völligen Lösung sehr lange und teilt sich ganz allmählich in Elementarteilchen (Einzelfibrillen) auf, ohne eine richtige Lösung zu geben. Baumwolle und Leinen sind in Ätznatron unlöslich außer gewissen Oxyzellulosen u. a., Hanf wird gelb, Jute braun.

c) **Verhalten zu Salpetersäure.** Kochende verdünnte Salpetersäure färbt Wolle (weniger die Seide) gelb, während pflanzliche Fasern farblos bleiben. Rauchende Salpetersäure färbt verholzte Pflanzenfasern gelb bis braun (Jute).

d) **Verhalten zu Salpeter-Schwefelsäure.** Nitriersäure von gleichen Volumina konzentrierter Schwefel- und Salpetersäure löst Seide

---

[1]) S. a. v. Höhnel, Mikroskopie der technisch verwendeten Faserstoffe.
[2]) C. Schwalbe, Die Chemie der Zellulose; Schwalbe, Chemische Eigenschaften der Zellulose.

in 15 Minuten völlig auf, färbt Wolle gelb bis gelbbraun und läßt Pflanzenfasern ungefärbt.

e) **Verhalten zu Farbstoffen.** Saure Farbstoffe (z. B. Säurefuchsin, Pikrinsäure usw.) färben tier sche Fasern (Aufkochen in schwachsaurer Lösung und Auswaschen) deutlich an, während pflanzliche Fasern ungefärbt bleiben. — Auch basische Farbstoffe (z. B. Fuchsin u. a. m.) färben tierische Fasern ohne Vorbeize direkt an, während Pflanzenfasern ungefärbt bleiben oder (nach gründlichem Auswaschen) nur angeschmutzt erscheinen.

f) **Dreapers Reagens zur gleichzeitigen Unterscheidung von Wolle und Seide:** 2 g Bleiazetat werden in 50 ccm Wasser gelöst und mit 2 g Ätznatron in 30 ccm Wasser versetzt. Die Mischung wird aufgekocht, nach dem Abkühlen auf 60° C mit 0,3 g Fuchsin, in 5 ccm Alkohol, versetzt und zu 100 ccm aufgefüllt. (Das Fuchsin kann durch 2 g Pikrinsäure ersetzt werden.) In dieser Lösung wird eine Probe des Fasermaterials 2 Minuten bis nahe zum Sieden erhitzt, dann gespült und (bei Verwendung von Fuchsin) in verdünnter Ameisen- oder Essigsäure bei 70° erwärmt. Nach dem Trocknen erscheint die Seide (eventuell unter dem Mikroskop erkennbar) rot (bei Pikrinsäure gelb), Wolle schwarz oder dunkelbraun, pflanzliche Fasern (einschließlich Kunstseide) farblos.

Die Aminosäureprobe von Lecompte vereinfacht Dreaper wie folgt. $\frac{1}{2}$ g Natriumnitrit, in 10 ccm Wasser, wird mit einigen Tropfen Salzsäure versetzt und die Probe hierin 2 Minuten gekocht; trotz des Kochens tritt Diazotierung ein. Hierauf wird die Probe in eine alkalische Lösung von Beta-Naphthol gebracht und diese ebenfalls zum Kochen erhitzt. Pflanzenfaser bleibt hierbei farblos, Wolle wird (falls bleihaltige Naphthollösung verwendet wird) schwarz, edle Seide (Maulbeerseide) wird dunkelrot, wilde, ungebleichte Seide (Tussahseide) braun bis braunrot.

g) **Rosanilinprobe.** Wird Tier- und Pflanzenfaser in eine heiße, ammoniakalische Rosanilinlösung getaucht, einige Sekunden darin belassen und bis zum Verschwinden der alkalischen Reaktion gespült, so erscheint die Tierfaser (Wolle mehr als Seide) rot, während die Pflanzenfaser ungefärbt bleibt. Die farblose Rosanilinlösung wird erhalten, indem man zu einer kochenden Fuchsinlösung tropfenweise bis zur Entfärbung Ätznatron zusetzt und dann filtriert.

h) **Naphtholprobe.** Etwa 0,01 g reiner Faser wird mit 1 ccm Wasser und 2 Tropfen einer alkoholischen, 15—20%igen α-Naphthollösung versetzt, 1 ccm konzentrierte Schwefelsäure zugesetzt und umgeschüttelt. Liegt eine Pflanzenfaser vor, so tritt tiefviolette Lösung auf; liegt eine Tierfaser vor, so tritt gelblich- bis rötlichbraune Färbung ein (wobei Wolle ungelöst bleibt, Seide gelöst wird). — Nimmt man Thymol statt Naphthol, so wird die Lösung (besonders beim Verdünnen) rotviolett.

Je nachdem nun, ob die Faser in Lösung geht oder nicht, und welche Färbung auftritt, kann auf die anwesende Faser geschlossen werden (Molisch):

<table>
<tr><td colspan="2" align="center">Violettfärbung:</td><td colspan="2" align="center">Schwache oder keine Färbung:</td></tr>
<tr><td>Faser löst sich
sofort auf</td><td>{ Pflanzenfaser,
ev. mit Seide.</td><td>Faser löst
sich sofort }</td><td>Seide.</td></tr>
<tr><td>Faser löst sich
teilweise auf</td><td>{ Pflanzenfaser
mit Wolle,
ev. auch mit
Seide.</td><td>Faser löst
sich nicht }

Faser löst
sich teilweise }</td><td>Wolle.

Wolle und
Seide.</td></tr>
</table>

Reine Zellulose und verholzte Faser.

a) **Chlorzinkjodlösung** färbt reine Zellulose einheitlich rötlich bis blauviolett. Verholzte Fasern zeigen keine einheitliche Färbung. Nach v. Höhnel wird zu einer Lösung von 1 T. Jod und 5 T. Jodkalium eine solche von 30 T. Chlorzink n 14 T. Wasser zugesetzt (s. a. Chlorzinkjodlösung unter „mercerisierte Baumwolle").

b) **Jodschwefelsäuremischung.** Einerseits wird 1 g Jodkalium in 100 ccm Wasser gelöst und Jod im Überschuß zugesetzt, so daß ein Teil des Jodes ungelöst am Boden bleibt. Die Lösung hält sich nicht unbeschränkt lange und muß von Zeit zu Zeit erneuert werden. Andererseits werden zu 2 Vol. reinsten Glyzerins + 1 Vol. destillierten Wassers langsam unter Abkühlen 3 Vol. konzentrierte Schwefelsäure zugesetzt. — Die zu prüfende Faser wird auf dem Objektträger mit einigen Tropfen der Jodlösung betupft, nach einiger Zeit der Überschuß durch Fließpapier vorsichtig entfernt und 1—2 Tropfen der Schwefelsäuremischung zugesetzt. Bei reiner Zellulose tritt rein blaue Färbung und keine Quellung ein; verholzte Fasern werden gelb gefärbt. — Die Lösungen müssen vorher durch einen blinden Versuch auf ihren Wirkungswert geprüft werden.

c) **Phlorogluzinfärbung u. a. m.** 10%ige alkoholische Phlorogluzinlösung und konzentrierte Salzsäure erzeugen auf verholzter Faser deutliche Rotfärbung; wässerige Lösung von Indol und hierauf Salzsäurezusatz erzeugt auf verholzter Faser Rotfärbung; schwefelsaures oder salzsaures Anilin und eventuell nachträglicher Zusatz von verdünnter Salz- oder Schwefelsäure gibt mit verholzter Faser goldgelbe Färbung; Naphthylaminchlorhydrat bewirkt in diesem Falle Orangefärbung.

d) **Kupferoxydammoniak.** v. Höhnel bereitet das Reagens wie folgt: Eine Lösung von Kupfersulfat wird mit Ammoniak versetzt. Der Niederschlag wird auf einem Filter gesammelt, gut gewaschen und durch kräftiges Auspressen zwischen Filtrierpapier von der überschüssigen Flüssigkeit möglichst befreit. Der noch feuchte Kuchen wird in möglichst wenig konzentriertem Ammoniak aufgelöst und gut verschlossen im Dunkeln aufbewahrt. Statt mit Ammoniak kann man auch mit Natronlauge, die sich aber schwerer auswäscht, fällen. Kupferoxydammoniak löst trockene Baumwolle sofort; Zellulose, schwach verholzte Fasern (Hanf) quellen stark auf oder lösen sich; stark verholzte Fasern quellen kaum auf. Um die charakteristischen Quellungserscheinungen unter dem Mikroskop zu beobachten, legt man die Faser am besten in Wasser ein, saugt das überschüssige Wasser ab und läßt das Reagens auf dem Objektträger vom Rande zutreten. Mercerisierte (auch stark gebleichte, mit Natronlauge behandelte) Baumwolle, der die charakteristische Kutikula fehlt, zeigt nicht jene eigenartigen Formveränderungen wie das rohe Baumwollhaar. Vielmehr kann man nur ein ganz gleichmäßiges Anquellen der Faser ohne merkliche Verkürzung derselben, sowie ohne darmartige Windungen oder Faltenbildung des Innenschlauches beobachten.

e) **Rutheniumrot** (Rutheniumoxychloridammoniak) färbt reine Zellulose und gut gebleichte Pflanzenfasern nicht an, wohl aber rohe Fasern, Ligno-, Pekto- und Oxyzellulosen (s. a. S. 15 und 22).

Oxyzellulose.

a) **Methylenblaufärbung.** Basische Farbstoffe wie Methylenblau, Safranin u. a. färben Oxyzellulose ohne Vorbeize deutlich an. König und Huhn[1]) legen die zu prüfende Faser in überschüssige 0,05 bis 0,1%ige Methylenblaulösung etwa 20 Minuten kalt ein, saugen ab, waschen und digerieren dann wiederholt in siedendem Wasser, bis die Faser fast keinen Farbstoff mehr an das Wasser abgibt. Reine Zellulose wird schnell entfärbt oder nahezu entfärbt, während Oxyzellulose den Farbstoff hartnäckig festhält. — Thieß färbt die genetzten Fasern in 0,1%iger Methylenblaulösung bei 90—100°, digeriert dann in heißem Waschwasser und vergleicht mit den Kolorimetern. Nach den so erhaltenen Färbungen lassen sich selbst schwächere Oxydationsvorgänge sehr genau verfolgen. — Nach Knecht[2]) färbt sich auch mit verdünnter Schwefelsäure behandelte Baumwolle durch Methylenblau deutlich an. Diese Färbung soll nicht von Oxyzellulose, sondern von durch Reduktion der Schwefelsäure gebildetem und in der Faser waschecht fixiertem Schwefel herrühren. (Auch Chardonnet-Kunstseide soll Spuren Schwefel fixiert enthalten.) Solche schwefelhaltige Zellulose und Oxyzellulose werden durch Abkochen mit verdünntem Alkali und darauf folgenden Färbeversuch mit einem geeigneten direkten Farbstoff unterschieden, indem Oxyzellulose durch diese Behandlung wieder Affinität zu direkten Farbstoffen erlangt (s. weiter unter b).

b) **Diaminblaufärbung.** Im Gegensatz zu den basischen Farbstoffen wird Oxyzellulose durch bestimmte substantive Farbstoffe, z. B. durch Diaminblau 2B, sehr wenig angefärbt; sie übt gewissermaßen eine abstoßende Wirkung gegenüber diesen Farbstoffen aus, während Zellulose deutlich oder stark angefärbt wird.

c) **Nach Schwalbe** reduziert Oxyzellulose deutlich Fehlingsche Lösung. Aus dem Grade der Reduktion (s. „Kupferzahl" Schwalbes unter „mercerisierte Baumwolle") kann der Gehalt an Oxyzellulose bestimmt werden (s. a. S. 20 und unter Faserschädigungen).

d) **Färbt man nach Knaggs** reine Zellulose (Baumwolle o. a.) und Oxyzellulose mit Kongorot und bläut durch Säurezusatz an, so wird

---

[1]) Bestimmung der Zellulose in Holzarten und Gespinstfasern, Ztschr. f. Farben-Ind. 1912. 17.

[2]) Nach Chem.-Zentralbl. 1922, II, S. 162.

beim Spülen die reine Zellulose schnell wieder rot, während die Oxyzellulose noch lange blau oder blauschwarz bleibt.

e) **Alkalische Silbernitratlösung** (100 ccm n/$_{10}$ Silbernitratlösung + 15 ccm konzentriertes Ammoniak + 40 ccm konzentrierte Natronlauge) färbt Oxyzellulose entweder in der Kälte bei längerer Einwirkung oder schneller bei etwa 50° gelbbraun.

f) **Fuchsinschwefligsäure** (erhalten durch Einleiten von schwefliger Säure in 0,1%ige Fuchsinlösung bis nahe zur Entfärbung), sogenanntes **Schiffsches Reagens**, färbt Oxyzellulose rötlich an, während Zellulose ungefärbt bleibt.

g) **Salzsaures Phenylhydrazin** erzeugt mit Oxyzellulose infolge Hydrazon- bzw. Osazonbildung zitronengelbe Färbung, Zellulose nicht.

h) **Neßlers Reagens** erzeugt mit Oxyzellulose infolge Reduktion graue Färbung oder Fällung, Zellulose nicht.

i) Durch **Dämpfen** oder kochende, verdünnte Natronlauge wird Oxyzellulose gelbbraun und mürbe, Zellulose nicht (s. a. unter Faserschädigungen.

k) Oxyzellulosehaltige Baumwolle zeigt nach **Schwalbe** beim Aufdrucken von Vanadin-Anilinschwarz sehr träge Schwarzentwicklung. Umgekehrt fixiert Oxyzellulose leicht Metall. Nach dem Einlegen derselben in verdünnte Vanadlösung (1 : 10 000), Waschen, Trocknen und Aufdrucken einer metallfreien Anilinschwarzmasse zeigt Oxyzellulose im Gegensatz zu reiner Zellulose lebhafte Schwarzentwicklung.

l) **Rutheniumrot** färbt Oxyzellulose im Gegensatz zu Zellulose stark an (s. a. S. 14 und 22).

Echte und unechte (durch Färben anderer Sorten nachgeahmte) Mako-Baumwolle (Jumel-Baumwolle).

a) Ein großer Teil der echten Makobaumwolle, die sich auch makroskopisch vielfach durch einen deutlichen bräunlich- bis rötlichgelben Farbton auszeichnet, zeigt nach A. **Herzog** bei der mikroskopischen Untersuchung in **Molischs** Flüssigkeit (gleiche Vol. konzentriertes Ätzkali und konzentriertes Ammoniak) auffallend viel gelb und gelbbraun gefärbte Inhaltsbestandteile (Eiweißreste). Andere Baumwollsorten, ebenso imitierte Makobaumwolle, zeigen nur wenig solcher gefärbter Inhaltsbestandteile und keine auffallende Lokalisation der Färbung. Die unbeschädigten Einzelfasern messen bei echter Mako etwa 30—39 mm in der Länge (Stapellänge) und etwa 25 μ in der Breite; die Haarbreite zeigt ferner große Gleichmäßigkeit. Die meisten Fasern zeigen in Kali-Ammoniak typische Mercerisationsformen (walzenförmige Gestalt).

b) Unechte, durch **Dämpfen** erzeugte Mako gibt nach **Erban** bei kurzem Kochen mit verdünnter Salpetersäure (1 T. Salpetersäure 36° Bé: 10 Wasser) ein viel satteres Chamois als echte Mako und verliert nicht den Rotstich, während Mako rein gelbstichig wird und den Rotstich verliert.

c) Unechte, mit **Eisensalzen** hergestellte Mako (Eisenchamoisfärbung) gibt mit Salzsäure und gelbem Blutlaugensalz die bekannte Eisenreaktion (Berlinerblau-Färbung); echte Mako gibt diese Reaktion nicht.

d) Unechte, mit Schwefelfarbstoffen kremierte Mako liefert beim Kochen mit Zinnsalz und Salzsäure Schwefelwasserstoffreaktion mit Bleipapier. Echte Mako wird nur entfärbt oder heller, gibt aber keine Schwefelwasserstoffreaktion.

e) Unechte, mit substantiven Farbstoffen kremierte Mako erzeugt, mit konzentrierter Schwefelsäure auf weißem Porzellan übergossen, mehr oder weniger bunte Färbungen. Echte Mako liefert keine auffallende Verfärbung.

Baumwolle und Leinen (Flachsfaser).

a) Schwefelsäureprobe nach Kindt. Gut von Appret und Schlichte gereinigte Faser wird je nach der Dicke $1/_2$—2 Minuten in konzentrierte Schwefelsäure gelegt, mit Wasser gespült, mit den Fingern schwach zerrieben, in verdünntes Ammoniak gelegt und getrocknet. Baumwolle ist durch die Schwefelsäure gallerteartig gelöst, durch Zerreiben und Abspülen entfernt worden, während das Leinen wenig verändert erscheint.

b) Baumölprobe. Die Faser wird in Baumöl getaucht und das überschüssige Öl durch gelindes Pressen mit Fließpapier entfernt. Leinen bekommt ein gallerteartiges, durchschimmerndes (etwa geöltem Papier ähnliches) Aussehen, während Baumwolle unverändert bleibt. Auf dunklem Untergrund erscheint die Leinenfaser deshalb dunkel, die Baumwollfaser hell.

c) Rosolsäureprobe. Wenn man Leinen mit alkoholischer Rosolsäurelösung und dann mit konzentrierter Sodalösung behandelt, so erscheint es rosa gefärbt, während Baumwolle ungefärbt bleibt.

d) Methylenblauprobe nach Behrens. Die Faser wird in warmer Methylenblaulösung gefärbt und dann in sehr viel Wasser gespült. Durch fortgesetztes Waschen wird die Baumwolle entfärbt, während das Leinen noch deutlich gefärbt erscheint. In einem früheren Stadium zeigt die Baumwolle ein von der Farbe der Flachsfaser verschiedenes Grünblau, das besonders bei Lampenlicht wahrnehmbar ist.

e) Zyaninprobe nach Herzog. Die Faser wird während einiger Minuten in lauwarme, alkoholische Zyaninlösung eingelegt, dann mit Wasser gespült und mit verdünnter Schwefelsäure behandelt. Die Baumwolle wird völlig entfärbt, während die Flachsfaser zu der gleichen Zeit noch eine deutliche Blaufärbung zeigt.

f) Kupferprobe nach Herzog. Eine von Appret usw. gereinigte Probe wird 10 Minuten in 10%ige Kupfervitriollösung gelegt, von den anhaftenden, überschüssigen Kupfersalzen unter dem Strahl der Wasserleitung befreit und die so gewaschene Probe in eine 10%ige Ferrozyankaliumlösung eingelegt. Leinenfasern färben sich kupferrot an, während Baumwollfasern ungefärbt bleiben.

Baumwolle und Kapok.

Baumwolle wird durch Anilinsulfat (0,27 g : 30 g Wasser) nicht, Kapok alsbald deutlich gelb gefärbt; Baumwolle wird durch Jod-Schwefelsäure meist blau, Kapok gelb bis gelbbraun; durch Jod-Jodkali wird

Baumwolle dunkelbraun, Kapok kaum gelblich angefärbt; Baumwolle wird durch Phlorogluzinsalzsäure mattviolett, Kapok wird rotviolett; Baumwolle wird durch Chlorzinkjodlösung rötlichblau, Kapok gelb; Baumwolle wird durch alkoholische Fuchsinlösung (1 Stunde in 0,01 g Fuchsin : 30 g Alkohol + 30 g Wasser eingelegt) fast gar nicht angefärbt, Kapok wird lebhaft rot; Baumwolle bleibt durch Chlorlösung und Ammoniak (einige Minuten in Chlorwasser eingelegt, dann ausgequetscht und mit Ammoniak übergossen) weiß, Kapok wird rötlich angefärbt.

Kapok ist äußerlich durch Glanz und großes Volumen gekennzeichnet, besitzt große Elastizität gegen Zusammendrücken und geringe Netzfähigkeit in Wasser. Er wird deshalb vorzugsweise zum Füllen von Kissen und Polsterwaren, insbesondere als Korkersatz für Schwimmwesten und -gürtel verwendet. Nach Cross und Bevan vermag eine Schwimmweste, die 700 g Kapok enthält, etwa 10,5 kg Beschwerung zu tragen, nach 72stünd. Eintauchen noch 7,2 kg und nach 192 Stunden noch 0,9 kg. Zur schnellen Bewertung eignen sich nach Cross und Bevan folgende drei Bestimmungen nebeneinander: 1. Phlorogluzinreaktion (je geringer die Rotfärbung, desto besser die Qualität), 2. mikroskopische Prüfung (je gleichmäßiger der Durchmesser, desto besser die Qualität), 3. Schwimmfähigkeit auf wässerigem Alkohol von 0,928 spez. Gew. (je langsamer Netzung und Untertauchen stattfindet, desto besser die Qualität).

Jute, Leinen, Hanf.

a) **Phlorogluzin-Salzsäure** färbt Jute als stark verholzte Faser intensiv rot, Leinen gar nicht, Hanf höchstens spurenweise rosa.

b) Die **Cross-Bevan**sche Jutereaktion (Blauschwarzfärbung beim Einlegen der Faser in ein Gemisch gleicher Vol. von n/10 Ferrichlorid- und n/10 Ferrizyankaliumlösung) ist nach **Haller** nicht für Jute und Lignozellulosen charakteristisch, sondern tritt auch bei einzelnen Baumwollsorten auf (Gossypium hirsutum, var. religiosa, sogenannte Khakibaumwolle).

c) Beim Einlegen in ein Chromsäuregemisch (Chromkali, überschüssige Schwefelsäure und Verdünnen mit Wasser) zeigen Flachs- und Hanffasern bei der in einigen Minuten beginnenden Quellung verschiedene Auflösungserscheinungen, besonders in bezug auf die Innenhaut.

Unterscheidung der wichtigsten Rohpflanzenfasern durch Gruppenreagenzien nach Haller.[1])

Rohfaser	Jod-Reagenzien	Ruthenium-rot	Phlorogluzin-Salzsäure	Mäulesche Reaktion[2])	Eisenchlorid + Ferri-zyankalium
Gruppe 1: Baumwolle	Zellulose-Reaktion	keine Färbung	keine Färbung	keine Reaktion	keine Färbung
Gruppe 2: Nessel-, Flachs-, Ginsterfaser	„	rot	„	„	„
Gruppe 3: Hanf-, Typha-, Lupinenfaser	„	„	blaßrosa	„	„

[1]) Färb.-Ztg. 1919, S. 29.
[2]) Einwirkung von Kaliumpermanganat, dann von Ammoniak.

Rohfaser	Jod-Reagenzien	Ruthenium-rot	Phloregluzin-Salzsäure	Mäu esche Reaktion	Eisenchlorid + Ferri-zyankalium
Gruppe 4: Samenhaare von Eriophorum (Wollgrasarten)	gelbbraun	keine Färbung	keine Färbung	„	hellblau
Gruppe 5: Samenhaare von Gossypium hirsutum religiosa (Khakibaumwolle)	„	rot	„	„	blau
Gruppe 6: Jutefaser	„	„	rot	positive Reaktion	„

Baumwolle und mercerisierte Baumwolle.

a) **Kupferoxydammoniak-Quellung.** Werden diese Fasern mit Kupferoxydammoniak, dem sogenannten **Kuoxam** behandelt, so treten bei mercerisierter Baumwolle die charakteristischen Kutikular-Einschnürungen der gequollenen Faser nicht mehr auf, vielmehr tritt ein ganz gleichmäßiges Anquellen der Faser ohne Verkürzung derselben ein. Ebenso werden keine darmartigen Windungen und Faltenbildungen des Innenschlauches beobachtet wie bei Baumwolle.

b) **Langesche Chlorzinkjodreaktion**[1]). Als Reagens benutzt H. Lange eine Lösung von 5 g Jodkalium und 1 g Jod in 12—24 ccm Wasser, gemischt mit 30 g Chlorzink in 12 ccm Wasser. Die zu untersuchende Probe wird 3 Minuten in diese Mischung und dann in Wasser eingelegt. Die Haltbarkeit der hierbei beobachteten Blaufärbung steht im geraden Verhältnis zum Mercerisationsgrad. Ristenpart stellte nach dem Mercerisieren mit verschieden starken Natronlaugen folgende Entfärbungszeiten fest. 5%ige Lauge: 2 Min., 10%ige Lauge: 8 Min., 15%ige Lauge: 35 Min., 20%ige Lauge: 6 Stunden, 25%ige Lauge: 10 Stunden. — Gefärbte Ware wird erforderlichenfalls vor der Reaktion mit Chlorkalklösung von 1—2° Bé, Hydrosulfit, Zinnsalz-Salzsäure o. ä. entfärbt oder ausreichend aufgehellt.

c) **Hübner**[2]) verwendet eine ähnliche Chlorzinkjodlösung. Er löst einerseits 1 g Jod und 20 g Jodkalium in 100 ccm Wasser, andererseits 280 g Chlorzink in 300 ccm Wasser und gibt zu 100 ccm der letzteren Chlorzinklösung 10—15 Tropfen der Jod-Jodkaliumlösung zu. In diese Mischung werden die vorher genetzten und zwischen Filtrierpapier abgepreßten Muster eingelegt. Die mercerisierte Baumwolle färbt sich um so tiefer an, je vollständiger die Mercerisation vor sich gegangen war; unmercerisierte Baumwolle bleibt ungefärbt.

d) **Hübnersche Jod-Jodkalilösung.** Außer obiger Chlorzinkjodlösung benutzt Hübner noch eine einfache Jod-Jodkalilösung (20 g

---

[1]) Färb.-Ztg. 1903, 68; Chem.-Ztg. 1903, 735. [2]) Chem.-Ztg. 1908, 220.

Jod in 100 ccm gesättigter Jodkaliumlösung gelöst). Die Muster werden einige Sekunden in diese Lösung eingelegt und dann gewaschen. Die nichtmercerisierte Baumwolle wird schnell entfärbt, während die mercerisierte Baumwolle, je nach dem Grade der Mercerisation, mehr oder weniger lange schwarzblau bis blau bleibt.

e) Knecht[1]) benutzt die verschiedene Verwandtschaft der gewöhnlichen und der mercerisierten Baumwolle zu substantiven Farbstoffen, um Mercerisation und Mercerisationsgrad nachzuweisen bzw. zu bestimmen. Mit Natronlauge vom spez. Gew. 1,05 mercerisierte Baumwolle fixiert z. B. 1,77% Benzopurpurin 4B, mit solcher vom spez. Gew. 1,35 behandelte Baumwolle 3,66% des gleichen Farbstoffes. Der auf der Faser fixierte Farbstoff kann entweder durch Vergleich mit Typfärbungen oder, nach Knecht, durch heiße Titration mit Titanchlorür ermittelt werden. Letzteres geschieht unter Einleiten von Kohlensäure in die Flüssigkeit und Rücktitration des Titanchlorürüberschusses in der Kälte mit Eisenalaun unter Benutzung von Rhodankalium als Indikator.

f) Behandelt man mit Benzopurpurin, Kongorot oder anderen säureempfindlichen Farbstoffen gefärbte Faser in einem Bade mit allmählich steigendem Säuregehalt, so wird die nichtmercerisierte Baumwolle längst blau sein, wenn die mercerisierte Baumwolle noch rot, höchstens rotviolett ist. In dieser Beziehung verhält sich mercerisierte Baumwolle, die gewissermaßen die Funktion einer Base übernimmt, gerade umgekehrt wie Oxyzellulose, die die Funktion einer Säure übernimmt (s. u. Oxyzellulose, Versuche von Knaggs).

g) David und Co.[2]) erkennen den Mercerisationsgrad einer Baumwolle, indem sie das zu prüfende Muster noch einmal mercerisieren und die etwaige Anfärbesteigerung der Faser durch substantive Farbstoffe beobachten. Eine Stelle des Gewebes wird im ausgespannten Zustande mit 40° Bé, eine andere mit 20° und eine dritte Stelle mit 13° Bé starker Natronlauge benetzt und — immer im gespannten Zustande — gründlich gewaschen, schwach gesäuert, wieder gewaschen und schließlich mit substantivem Farbstoff, z. B. Kongorot o. ä., ausgefärbt. Die mit Lauge benetzten Stellen nehmen dann eine dunklere Färbung an, wenn das Gewebe vorher nicht bzw. mit entsprechend schwächerer Lauge mercerisiert war. Besteht das Gewebe zum Teil aus mercerisierten, zum Teil aus nichtmercerisierten Garnen, so stellen sich entsprechende Farbtonunterschiede heraus; war das Gewebe mit entsprechend starker Lauge mercerisiert, so laufen die Töne unmerklich ineinander. Nach Ristenpart ist dieses Verfahren nur mit gewissem Vorbehalt zu verwenden.

h) Vieweg[3]) bestimmt den Mercerisationsgrad, indem er den Prozentgehalt an Ätznatron bestimmt, der von der Baumwolle aus einer 2%igen Natronlauge aufgenommen und durch Titration der Lauge vor und nach dem Schütteln der Baumwolle in der Lauge ermittelt wird. Er fand so für reine Zellulose 1% NaOH, beim Mercerisieren mit 4%iger Lauge ebenfalls 1%, mit 8%iger Lauge 1,4%, mit 12%iger Lauge 1,8%,

---

1) Ztschr. f. angew. Ch. 1909, 249. 2) Färb.-Ztg. 1908, S. 11.
3) Papier-Ztg. 1909, 149.

mit 16%iger Lauge 2,8% und bei mit 32%iger Lauge mercerisierter Baumwolle 2,9% NaOH in der Faser wieder. Nach anderen Forschern gibt das Verfahren die feineren Unterschiede des Mercerisationsgrades nicht genau genug wieder.

i) Schwalbe bestimmt ferner aus dem Grade der Hydroskopizität den Gehalt an Hydratzellulosen und, da mercerisierte Baumwolle eine Art Zellulosehydrat oder Hydratzellulose ist, kann so in analoger Weise der Mercerisationsgrad ermittelt werden. Er fand z. B. bei Verbandwatte 6,1% Feuchtigkeit, bei mit 8%iger Lauge mercerisierter Baumwolle 7,7%, mit 16%iger Lauge 10,7% ,mit 24%iger Lauge 11,3% und bei mit 40%iger Lauge mercerisierter Baumwolle 12,1% Feuchtigkeit.

k) Ferner benutzt Schwalbe[1]) die gesteigerte Hydrolysierbarkeit der mercerisierten Baumwolle zur Bestimmung des Mercerisationsgrades. Infolge der eintretenden Hydrolyse der Baumwolle gewinnt letztere reduzierende Eigenschaften, die mit Fehlingscher Lösung gemessen werden und als „Kupferzahl" zum Ausdruck kommen können. Etwa 3 g der Probe werden a) mit 250 ccm 5%iger Schwefelsäure im Rührkolben unter Rückfluß gekocht (hydrolysiert). Nach der Neutralisation mit 25 ccm Natronlauge von entsprechender Stärke wird die Kupferzahl bestimmt, indem die Baumwolle mit 100 ccm Fehlingscher Lösung $1/_4$ Stunde gekocht, das ausgeschiedene Kupfer elektrolytisch bestimmt und auf 100 g Versuchsmaterial berechnet wird. Von diesem Betrag zieht man b) die Kupferzahl der betreffenden Zellulose (vor der Hydrolyse) ab, d. h. diejenige Menge Kupfer, die von 100 g Versuchsmaterial ohne vorhergehende Hydrolyse bei $1/_4$stündigem Kochen mit Fehlingscher Lösung niedergeschlagen wird. Nachdem der Zellulosebrei über Asbest abgesaugt und ausgewaschen ist, wird er durch $1/_4$stündiges Erwärmen mit 30 ccm 6,5%iger Salpetersäure auf dem Wasserbade vom Kupfer befreit und die ꞏupferlösung elektro ysiert. Die Hydrolysiergeschwindigkeit, die durch die Differenz der Kupferzahl vor und nach dem Hydrolysieren zum Ausdruck kommt, läßt ohne weiteres erkennen, ob Hydratzellulose vorliegt oder nicht. So fand Schwalbe z. B. folgende Kupferzahlen nach der Hydrolyse:

3,3 für gewöhnliche Verbandwatte (Kupferzahl vor der Hydrolyse: 1,1),
3,2 n. Behandeln m. 8%ig. Lauge („ „ „ „ 1,0),
5,0 „ „ „ 16%ig. „ („ „ „ „ 1,3),
6,0 „ „ „ 24%ig. „ („ „ „ „ 1 2),
6,5 „ „ „ 40%ig. „ („ „ „ „ 1,9).

Zur Erhöhung der Gleichmäßigkeit und Genauigkeit der Kupferzahlbestimmungen bzw. ihrer Ergebnisse hat in letzter Zeit Freiberger[2]) umfangreiche Versuche angestellt und folgende Vorsichtsmaßnahmen angegeben. 1. Es wird vor der eigentlichen Kupferbestimmung ein (oder bei neuen Chemikalien bzw. Apparaturveränderungen mindestens zwei) Blindversuch ohne Baumwolle angestellt, um die Kupferausscheidung durch die Wechselwirkung der Chemikalien zu ermitteln. Die Kupferausscheidungen dürfen hier nicht mehr als 0,003 g Cu betragen. Hinterher ist eine entsprechende Korrektur anzubringen. 2. Die Seignettesalzlösung ist häufiger frisch herzustellen und wird durch Lösung von che-

[1]) Ztschr. f. angew. Ch. 1910, 924; 1914, 567. Die Chemie der Zellulose. S. 625.
[2]) Ztschr. f. angew. Ch. 1917, 121.

misch reinem Ätznatron in einem reinen Eisengefäß, Abkühlenlassen und Zusatz der wässerigen, kalten Seignettesalzlösung bereitet. Aus Glasgefäßen herrührende Kieselsäure erhöht die Kupferausscheidung. 3. Die Kupferlösung ist häufiger frisch herzustellen. Alte Lösungen geben höhere Kupferzahlen. Organische Substanz (Speichel, Staub) ist möglichst zu vermeiden; geschlossene Flaschen mit Glasheber sind empfehlenswert. 4. Das destillierte Wasser soll kieselsäurefrei sein. Steinzeugbehälter sind solchen aus Glas vorzuziehen. Kautschukstopfen der Spritzflaschen sollen ausgeschaltet sein. 5. Das Kochen im Gnehm-Apparat soll stets gleichmäßig, lebhaft, aber ohne Überhitzung vor sich gehen. Die behandelte Faser soll nicht mit kochendem, sondern mit 80° heißem, zuletzt mit lauwarmem Wasser gewaschen werden. 6. Filtrierpapier Nr. 595 von Schleicher und Schüll gibt gleichmäßigere Ergebnisse als der Goochtiegel. Auswaschen und Filtrieren sind in 15—20 Minuten zu beenden. Die Salpetersäurelösung wird 1—2 Tage stehen gelassen und kurz vor dem Elektrolysieren filtriert. Eindampfen und Wiederauflösen der salpetersauren Kupferlösung bieten keine Vorteile. 7. Die zu prüfenden Gewebe werden in Stückchen von etwa 0,1 g zerschnitten. Ohne die obigen Maßnahmen werden oft Unterschiede von über 50% beobachtet.

Nach Knecht[1]) ist die Bestimmung der Kupferzahl zeitraubend und ungenau. Man soll einfacher zum Ziel gelangen, wenn man die Faser in saurer Ferrisalzlösung löst, wobei Oxyzellulose äquivalente Mengen Ferrisalz reduziert, und das gebildete Ferrosalz mit Chamäleon titriert.

Rohe und veredelte (gebleichte, mercerisierte usw.) Pflanzenfasern.

Im allgemeinen sind gebleichte usw. Pflanzenfasern von den rohen schon äußerlich durch die Weiße und Reinheit sofort zu unterscheiden. Die mercerisierte Baumwolle ist insbesondere auch nach den auf S. 18 besprochenen Verfahren genauer zu erkennen. Weitere Erkennungsverfahren sind z. B. noch folgende.

a) Glimmverfahren. Rohe Baumwolle glimmt nach dem Anbrennen eines Fadens mittels einer Flamme einige Zeit deutlich nach, wenn man die Flamme durch eine scharfe Ruckbewegung der Hand zum Erlöschen bringt und hinterläßt meist etwas voluminösere und kohlige Asche. Gebleichte und mercerisierte Baumwolle glimmt nicht weiter, wenn sie nicht besonders präpariert ist; ihre Asche ist auch weniger voluminös und meist ganz weiß.

b) Zur Unterscheidung von rohem Flachs- und Hanfgarn von gebleichtem Material dient mitunter der Aschengehalt, der durch Kochen mit Wasser erhaltene Extraktgehalt, das Färbevermögen des wässerigen, schwach angesäuerten Auszuges gegenüber weißer Wolle und der mittels Tetrachlorkohlenstoff o. ä. erhaltene Extraktgehalt (Fett, wachsartige Körper). Nach Angaben der Literatur enthalten Rohgarne: 0,6 –1,2% Asche, 1,3—2% Fett (bzw. Tetrachlorkohlenstoff-Extrakt), 3—4% Wasserextrakt von sehr starkem Anfärbevermögen zu Wolle. Ausgelaugte Garne enthalten: 0,6—0,8% Asche, 1,2—1,5% Fettextrakt, 1—2% Wasserextrakt von geringem Anfärbevermögen zu Wolle. Gebleichte Garne enthalten: etwas weniger Asche und Fettstoffe als die vorhergehenden, 0,6—1,5% Wasserextrakt von sehr geringem oder keinem Anfärbevermögen zu weißer Wolle. Sogenannte kremierte Garne, die durch kurze Behandlung des Rohgarns mit Chlorkalk erzeugt werden,

---

[1]) Nach Chem.-Zentralbl. 1920, IV, S. 734.

haben einen rötlichgelben Farbton, das wässerige Extrakt (etwa 2%) färbt Wolle mehr gelblich als die Rohware und sie geben an kaltes Wasser deutliche Mengen an Chloriden ab. Geschlichtete Garne müssen vor diesen Versuchen vorsichtig entschlichtet werden (Bianchi und Mala - testa).

c) Rutheniumrot färbt reine Zellulose gar nicht an, sondern geht mit Vorliebe in die natürlichen Verunreinigungen der Zellulose. Rohe, ungebleichte Baumwolle wird schwach rosa gefärbt, weil die leicht an- färbbare Kutikula noch vorhanden ist. Dementsprechend werden alle Pflanzenbastfasern, z. B. Leinen, Ramie, Hanf und Jute, stark an- gefärbt. Ferner färbt Rutheniumrot Oxyzellulose (s. d.) stark an.

Kunstseide und Naturseide.

Diese Fasern sind mitunter äußerlich schwer zu unterscheiden, be- sonders nachdem in letzter Zeit Kunstseiden von der Feinheit der Natur- seiden in den Handel gebracht worden sind. Nach den unter 1. gegebenen allgemeinen Vorschriften, insbesondere was die Anfärbung der Natur- seiden durch stark saure Farbstoffe und die Löslichkeit desselben in Ätznatron und -kali betrifft, wird sowohl die Erkennung der Fasern als auch die Trennung derselben in Mischungen gut durchführbar sein. Einige andere Spezialreaktionen sind noch folgende.

a) Alkalische Kupferglyzerinlösung (10 g Kupfervitriol : 100 Kubikzentimeter Wasser gelöst, mit 5 g Glyzerin und dann mit so viel Ätznatron versetzt, bis der zuerst entstandene Niederschlag wieder in Lösung gegangen ist) löst edle Seide (Maulbeerseide) in der Kälte, Tussah- seide beim Erwärmen, die Kunstseiden werden gar nicht oder sehr wenig angegriffen.

b) Ammoniakalische Nickellösung (25 g Nickelsulfat werden gelöst, mit Natronlauge gefällt, das Hydroxyd filtriert, gut gewaschen und in 125 ccm konzentriertem Ammoniak + 125 ccm Wasser gelöst) löst edle Naturseide im Gegensatz zu Tussah und den Kunstseiden auf.

c) Millons Reagens färbt die natürlichen Seiden (weil eiweiß- haltig) beim Kochen violett, die künstlichen Seiden nicht an.

d) Naturseiden sind stickstoffhaltig (etwa 18,33% N.), Kunst- seiden sind stickstofffrei, bzw. enthalten nur Spuren Stickstoff (Nitro- seiden im Mittel etwa 0,1% N.). Der Stickstoff kann auf bekannte Weise qualitativ oder auch quantitativ (s. u. Seidenerschwerungen) ermittelt werden.

e) Formhals empfiehlt die Unterscheidung mit Hilfe von diazo- tiertem p-Nitranilin auch bei Gegenwart von erschwerter Naturseide. Eine kleine Probe des Versuchsmaterials wird im Reagenglas kurze Zeit mit konz. Schwefelsäure behandelt, wobei sich sowohl Seide als auch Kunstseide lösen und dann mit Wasser verdünnt. Ein Teil dieser Lösung wird mit Natronlauge alkalisch gemacht und mit einer diazotierten p-Nitranilinlösung versetzt, die man sich im Reagenglas mit etwas p-Ni- tranilin Salzsäure und Nitrit hergestellt hat. Bei Gegenwart von Seide färbt sich die alkalische Lösung rot, bei Kunstseide gelb. Selbst bei gefärbten Fasern ist diese Reaktion brauchbar.

Verschiedene Kunstseiden und ihre Unterscheidung.

Diese sind vor allem mikroskopisch zu unterscheiden[1]). In chemischer Beziehung sind nur geringere Unterschiede bekannt. In Betracht kommen drei Hauptklassen von Kunstseiden: 1. die vom Markt allmählich verschwindende Nitrozelluloseseide (bzw. die Nitroseide, Chardonnetseide), 2. die Zelluloseseide (bzw. der Glanzstoff, die Kuoxam- oder Kupferseide), 3. die Viskoseseide (die Xanthogenatseide).

a) Diphenylaminschwefelsäure[2]) färbt nur die Nitroseide infolge ihres Salpetergehaltes intensiv blau, die anderen Kunstseiden nicht oder kaum. Bruzinschwefelsäure färbt die Nitroseide entsprechend rot an, die übrigen Kunstseiden nicht.

b) Jod - Jodkaliumlösung färbt alle drei Kunstseiden zunächst intensiv braun an. Beim Auswaschen mit kaltem Wasser wird Glanzstoff rasch, Viskoseseide langsamer und Nitroseide sehr langsam entfärbt (Süvern, Schwalbe).

c) Beim Erhitzen auf 200° C verkohlt die Nitroseide nach Süvern, während Glanzstoff nur gelbbraun wird. Nach den inzwischen gemachten Beobachtungen betr. den Säurefraß der Nitroseiden dürften sich die fehlerhaften Nitroseiden anders verhalten als die guten.

d) Erwärmt man etwa 0,2 g Kunstseide mit etwa 2 ccm Fehlingscher Lösung 10 Minuten im Wasserbade, so zeigt beim Auffüllen der Reagensgläser mit Wasser die Flüssigkeit mit der Nitroseide eine Grünfärbung, während die Lösung bei Glanzstoff und Viskoseseide rein blau erscheint. An den Fasern der Nitroseide bemerkt man deutliche Abscheidungen von gelbem bis rötlichem Kupferoxydul (Schwalbe).

e) Glanzstoff und Viskoseseide unterscheiden sich bei der Behandlung mit Chlorzinkjodlösung nach Schwalbe wie folgt. Werden diese Kunstseiden mit Chlorzinkjodlösung (eine Chlorzinklösung von etwa 20 g Chlorzink in 10 ccm Wasser wird mit der Auflösung von 0,1 g Jod und 2 g Jodkalium in 5 ccm Wasser zusammengebracht und nach dem Absetzenlassen verwendet) übergossen und nach wenigen Augenblicken von dem Überschuß des Reagens durch Abgießen und wiederholtes Waschen befreit, bis das Spülwasser nur noch hellgelb oder farblos ist, so erscheint Glanzstoff sehr schwach angefärbt und verliert die Färbung bei weiterem Waschen sehr schnell, während Viskoseseide längere Zeit eine blaugrüne Färbung behält. Diese Reaktion soll schärfer sein als die vorerwähnte Jodreaktion b.

f) Nach Beltzer färbt Rutheniumrot Viskoseseide deutlich rosa (nach 12 Stunden lebhaft rosa), nicht denitrierte Nitroseide ergibt keine Färbung, während sich denitrierte Nitroseide deutlich rot färbt und nach 12 Stunden sehr tief und violettstichig gefärbt erscheint. Glanzstoff färbt sich fast gar nicht an, auch nicht nach zwölfstündiger Einwirkung.

---

[1]) Näheres s. Heermann, Mechanisch- und physikalisch-technische Textiluntersuchungen.

[2]) Über die Bereitung siehe unter Reaktionen und Reagenzien, sowie unter Wasser, Salpetersäure.

Azetatseide wird sehr unregelmäßig angefärbt. Die mit Formaldehyd sthenosierten Kunstseiden färben sich mit Ruthenrot nicht an. Hiernach ist vor allem Glanzstoff von den anderen Kunstseiden leicht zu erkennen.

g) Methylenblau soll Nitroseiden deutlich bis lebhaft anfärben; ebenso wird Viskoseseide stark angefärbt, während Glanzstoff nur schwach und Azetatseide unregelmäßig angefärbt wird (Massot). Ebenso soll Viskoseseide durch 1%ige Lösung von Solaminblau FF[A] erheblich deutlicher angefärbt werden als Glanzstoff. Nach Cassella & Co. färbt Naphtylaminschwarz 4B in neutralem heißen Bade Glanzstoff (Kupferseide) dunkelblau, Viskose dagegen hellblau.

h) Kaliumpermanganat soll nach Massot mit Nitroseide keine, mit Denitroseide schwachbraune, mit Glanzstoff und Viskoseseide schwarze Färbung ergeben. Azetatseide wird lebhaft schwarz.

Wolle[1]) und Seide.

a) Konzentrierte Schwefelsäure (80%ig) löst Seide binnen wenigen Minuten auf, während Wolle ungelöst bleibt bzw. in dieser Zeit kaum angegriffen wird. (S. a. w. u. Heermannsches Verfahren zur Trennung von Baumwolle und Wolle S. 27 und 30).

b) In Natron- oder Kalilauge gelöste Wolle gibt auf Zusatz einer Bleisalzlösung (z. B. Bleizucker) oder besser eines in überschüssiger Natronlauge gelösten Bleisalzes (bzw. von Natriumplumbat) infolge ihres Schwefelgehalts Braun- bis Schwarzfärbung. Seide gibt keine Farbenreaktion. — In natronhaltige Natronplumbatlösung (Bleizucker + Natronlauge bis zum Wiederauflösen des ursprünglich gebildeten Niederschlages) eingetauchte Wollfaser wird schnell braun bis braunschwarz gefärbt, Seide nicht.

c) In Natron- oder Kalilauge gelöste Wolle gibt mit Nitroprussidnatrium Violettfärbung, Seide nicht.

d) Kupferoxydammoniak, sogenannte Kuoxamlösung, löst Seide langsam auf, Wolle nicht.

Wolle und **Stapelfaser** lassen sich u. a. durch heiße Ausfärbung in saurem Bade mit Azosäureschwarz [M] unterscheiden, indem die Wolle tief, die Stapelfaser nicht oder kaum angefärbt wird. Durch Auszählen der gefärbten Woll- und der ungefärbten Stapelfaser unter dem Mikroskop läßt sich der Prozentsatz der beiden Anteile ungefähr abschätzen. Über die quantitative Trennung siehe weiter S. 29.

Edle Seide (Maulbeerseide des Bombyx mori) und Tussahseide (bzw. sonstige wilde Seiden).

a) Chlorzinklösung von 45° Bé löst nach Persoz die edle Seide beim Kochen in einer Minute auf, während Tussahseide kaum angegriffen wird.

b) Edle Seide färbt sich beim Kochen in Salzsäure unter starkem Aufquellen und schließlichem Lösen kaum merklich violett. Tussah-

---

[1]) Neuere Forschungen über die Chemie der Wolle siehe u. a. K. Gebhard, Ztschr. f. angew. Ch. 1914, S. 297.

seide färbt sich bei diesem Versuch, ohne stark zu quellen und ohne sich zunächst zu lösen, deutlich schmutzig- bis reinviolett. — Konzentrierte Salzsäure löst edle Seide beim Kochen in $^1/_2$ Minute, Tussahseide erst nach zwei Minuten. Die eventuell noch vorhandene Serizinschicht der edlen Seide (Rohseide) bleibt beim Lösen des Fibroins zunächst als hohler, wellig gekräuselter Schlauch zurück (v. Höhnel).

c) In 5%iger Natronlauge löst sich edle Seide beim Kochen in 5 Minuten, Tussah wird nur durchscheinend und bei längerem Kochen breiartig in Elementarteilchen zerkleinert.

d) Halbgesättigte Chromsäurelösung (in der Kälte gesättigte Chromsäurelösung mit dem gleichen Vol. Wasser verdünnt) löst nach v. Höhnel beim Kochen edle Seide in 1 Minute auf, Tussahseide nicht.

e) Durch Millons Reagens wird edle Seide beim Kochen hellrot, Tussahseide (ungebleichte) braun bis rötlichbraun.

f) Wird Seide in schwach mit Salzsäure angesäuerte Natriumnitritlösung (5 : 100) und dann in eine alkalische Beta-Naphthollösung gebracht, so färbt sie sich rot, ungebleichte Tussahseide wird dunkelbraun bis rötlichbraun (s. S. 12f).

Kunstwolle und Naturwolle können mit einiger Sicherheit nur auf mikroskopischem Wege bestimmt werden[1]). Über den chemischen Nachweis stark angegriffener Wollen s. w. u. Faserschädigungen.

Quantitative Fasertrennungen und Bestimmungen.

Trennung von Wolle und Baumwolle (bzw. von tierischen und
pflanzlichen Fasern).

a) Amtliches Verfahren nach Anleitung des Deutschen Bundesrates (vom 6. Februar 1896, Zentralblatt für das Deutsche Reich, Nr. 7). In einem 1 l fassenden Becherglase übergießt man 5 g Garn mit 200 ccm 10%iger Natronlauge, bringt sodann die Flüssigkeit über einer kleinen Flamme langsam (in etwa 20 Minuten) zum Kochen und erhält dieselbe während weiterer 15 Minuten im gelinden Sieden. In dieser Zeit wird die Wolle vollständig aufgelöst. Bei appretierten Wollgarnen hat der Behandlung mit Natronlauge eine solche mit 3%iger Salzsäure voraufzugehen; hierauf ist die Faser so lange mit heißem Wasser auszuwaschen, bis empfindliches Lackmuspapier nicht mehr gerötet wird. Nach der Auflösung der Wolle filtriert man die Flüssigkeit, trocknet bei gelinder Wärme und läßt die hydroskopische Masse vor dem Wägen noch einige Zeit an der Luft stehen. Der so erhaltene Rückstand entspricht dem Gehalt an Baumwolle bzw. Pflanzenfasern.

Die Methode ist nicht ganz genau, da 10%ige Natronlauge auch Baumwolle etwas angreift. Das Entappretieren mit 3%iger Salzsäure greift Baumwolle ebenfalls an. Zum Ausgleich des Verlustes an Baumwolle ist eine Korrektur anzubringen, die im Mittel etwa $3^1/_2$% betragen sollte (s. w. u. v. Kapffs Verfahren). Eine Entappretierung erscheint

---

[1]) Hierüber s. Heermann, Mechanisch- und physikalisch-technische Textiluntersuchungen.

im allgemeinen überflüssig, wenn lediglich die Baumwolle bestimmt werden soll, da die Appretur durch die Laugenabkochung meist restlos gelöst, zum mindesten als feinpulverige Masse erhalten wird, die vermittels eines entsprechend feinen Siebes und Abschlämmens vom Faseranteil glatt getrennt werden kann. Zum Filtrieren eignen sich am besten feine Kupfersiebe. Bei der Baumwollbestimmung schwarz gefärbter Baumwolle kommt allenfalls Entfärbung der Faser in Frage, wenn die Färbung, die einige Prozent des Baumwollgewichts betragen kann, der Laugenabkochung widersteht.

b) v. Kapffs Verfahren[1]). Etwa 5 g des zu untersuchenden Musters werden genau abgewogen. Bei der Anfangswägung, wie bei allen übrigen Wägungen ist auf eine normale Luftfeuchtigkeit zu achten, wobei man am zweckmäßigsten eine solche von 65% als normal annimmt. Die abgewogene Probe wird zwecks Entfettung zweimal mit je 50 bis 75 ccm Äther durchknetet, gut ausgepreßt und im Trockenschrank bei 105° getrocknet. Hierauf wäscht man die Probe in lauwarmem, mit einigen Tropfen Ammoniak versetztem destillierten Wasser, wodurch Seife, Schmutz, lösliche Appreturstoffe usw. entfernt werden. Bei stark appretierten Stoffen bewegt man dann noch das Muster etwa 15 Minuten in einer heißen Lösung von 2 ccm konzentrierter Salzsäure in 100 ccm Wasser und spült dann wieder gründlich mit heißem Wasser. Nun trocknet man im Trockenschrank bei 100—110° und läßt hierauf die Probe einen Tag oder über Nacht in der Zimmerluft liegen. Die so erhaltene Faser besteht aus reiner Wolle und Baumwolle, sie wird gewogen, und aus dem erhaltenen Gewichtsverlust berechnet man, sofern dies nötig, die Verunreinigung, Beschwerung usw. Hierbei findet auch bei ganz reiner, unappretierter Ware ein Verlust statt, da durch Salzsäure, Wasser und Äther auch solche Stoffe entfernt werden, welche die technisch reine Wolle und Baumwolle von Natur enthalten und da die Fasern etwas angegriffen werden. Beträgt der Verlust nicht mehr als 2—3%, so darf er nicht als Appretur bezeichnet werden, sondern bleibt unbeachtet, da Baumwolle und Wolle zu etwa gleichen Teilen an Gewicht abnehmen. Bei größeren Verlusten als 2—3%, werden 2% für natürliche Faserverluste berechnet. Wird also z. B. ein Verlust von 10% gefunden, so werden 8% der Appretur zugeschrieben. Das derart gereinigte Fasermaterial wird nun 15 Minuten in einer 2%igen Auflösung von Natronhydrat bzw. in einer Natronlauge von 3—4° Bé gekocht, wodurch sämtliche Wolle gelöst wird. Die übrigbleibende Baumwolle wird erst mit Wasser, dann mit 1/4 Liter mit Salzsäure schwach angesäuertem Wasser und schließlich wieder mit Wasser bis zum Verschwinden der Chlorreaktion gewaschen. Die Baumwolle wird ausgedrückt, bei 100—110° getrocknet, etwa 12 Stunden an der Luft liegen gelassen und gewogen. Zu dem erhaltenen Gewicht werden 3,5% hinzugerechnet. Ein Mißstand bei dieser Methode ist deren lange Dauer, da das Ergebnis erst am 2.—3. Tage festgestellt wird. Man kann aber das Verfahren dadurch abkürzen, daß man (statt von luftfeuchter

---

[1]) Textil-Ztg. 1900, 462.

Ware auszugehen) von bei 105—110° bis zur Gewichtskonstanz getrockneter Faser ausgeht und die übrigbleibende Baumwolle gleichfalls bei dieser Temperatur trocknet und wägt. Dem so erhaltenen Baumwollgewicht werden zunächst 3,5% für Abkochverlust zugeschlagen. Dieses Gewicht wird von dem Trockengewicht der gereinigten Mischung abgezogen, wodurch auch das Gewicht der trockenen Wolle erhalten wird. Der Baumwolle werden hierauf noch $8\frac{1}{2}$, der Wolle 17% zugeschlagen, entsprechend dem diesen Fasern eigentümlichen, natürlichen Feuchtigkeitsgehalt, wie er bei der Konditionierung angenommen wird. Außerdem wird noch 2% auf die Wolle geschlagen (im ganzen also 19%), da die technisch reine Wolle 2% bei der Ätherextraktion verliert. Aus der Summe beider Zahlen wird dann die prozentuale Zusammensetzung berechnet.

Die nichtabgekürzte Methode mit luftfeuchter Faser verdient in bezug auf Genauigkeit den Vorzug. Auch nach diesem Verfahren kann das dem Abkochen mit Lauge voraufgehende Entfetten, Entschlichten und Entappretieren meist gespart werden, wenn es sich lediglich um Bestimmung des Baumwollgehaltes handelt. Neben Baumwolle werden auch etwa vorhandene andere Pflanzenfasern mit der Baumwolle mitbestimmt. Die Korrektur von $3\frac{1}{2}\%$ ist als praktisch gefundenes Mittel zu betrachten, braucht aber nicht für alle Fälle genau zu passen; reine, gut gebleichte Baumwolle verliert weniger; sehr unreine, minderwertige Rohbaumwolle unter Umständen erheblich mehr. Neben der Wolle und anderen Tierhaaren wird auch die edle Seite gelöst. Tussahseide nimmt eine Mittelstellung ein, indem sie zwar nicht glatt gelöst, aber bei längerem Kochen in Einzelfibrillen zu einer breiartigen Masse verteilt wird, die mechanisch von der Baumwolle getrennt werden kann. Kunstseide und Stapelfaser wird von Natronlauge z. T. gelöst. Über die Trennung von Wolle und Stapelfaser s. w. S. 29.

c) **Direkte Bestimmung der Wolle nach Heermann**[1]). Nach den vorstehenden Verfahren a) und b) wird die Wolle indirekt aus der Differenz bestimmt. In besonderen Fällen sind diese Verfahren unbrauchbar, besonders bei geringen oder sehr geringen Wollanteilen. Es könnte hier unter Umständen vorkommen, daß die technische Fehlergrenze des indirekten Verfahrens (mit der Korrektur!) den gesamten Wollgehalt ganz erheblich übersteigt. Ferner wird alles als Wolle bestimmt, das bei der voraufgehenden Reinigung der Faser nicht entfernt wird und bei der Laugenkochung in Lösung geht, also unter Umständen Substanzen, die gar keine Wolle sind. Bei einer brauchbaren direkten Methode sind derartige Fehler ausgeschlossen, selbst wenn das Verfahren eine Fehlergrenze von mehreren Prozent rel. in sich schließt. Bei ganz geringen Wollmengen, z. B. von 0,25—1% Wolle, deren Ermittelung beispielsweise bei zolltechnischen Prüfungen vorkommt, ist ein indirektes Verfahren überhaupt unbrauchbar. Nach Heermann arbeitet man in solchen Fällen wie folgt.

Das Versuchsmaterial wird in normal feuchter Luft von etwa 65% relativer Luftfeuchtigkeit ausgelegt und nach der Feuchtigkeitsan-

---

[1]) Chem.-Ztg. 1913, 1257.

passung gewogen. Die in Arbeit zu nehmende Fasermenge hängt von dem schätzungsweißen Gehalt an Wolle ab, der vorerst mit Mikroskop, Lupe o. ä. festgelegt werden kann. Liegt gar kein Anhalt für das Vorhandensein und die etwaige Menge der vorhandenen Wolle vor, so sind etwa 5 g Material in Arbeit zu nehmen. Die genau abgewogene Menge wird tüchtig mit Äther und dann mit 96%igem Alkohol ausgekocht und nach dem Abdrücken des Alkohols zur Vermeidung von neuer Luftaufnahme durch die Faser, also noch vor dem völligen Austrocknen des Materials sofort in die, je nach Volumen des Versuchsmaterials, 20 bis 30fache Volumenmenge kalter, 80%iger Schwefelsäure eingetragen. Man wählt am besten einen geeigneten weithalsigen Kolben mit Gummistopfen oder eine Flasche mit eingeschliffenem Glasstöpsel, damit bei dem erforderlichen, tüchtigen Schütteln kein Verspritzen der Schwefelsäure stattfindet. Unter Umständen kann man sich auch eines geeigneten Schüttelapparates bedienen. Nachdem während der ersten Stunde in Intervallen fleißig geschüttelt worden ist, braucht das Schütteln die nächstfolgenden Stunden etwa nur alle 10—15 Minuten einmal zu erfolgen; doch erscheint dies nötig, weil sonst die sich gallertartig in Lösung befindende Baumwolle auf dem zu lösenden Material eine Schutzschicht bildet und so das völlige Lösen des Baumwollrestes erschwert. Nach 3—4 Stunden ist die Baumwolle meist gelöst. War Wolle in dem Versuchsmaterial vorhanden, so bleibt diese ungelöst zurück. Man gießt das Lösungsgemisch in einen Überschuß von kaltem Wasser, sammelt den ungelösten Teil durch Filtration auf einem feinen Kupfersieb (wie es auch bei der alkalischen Trennung von Wolle und Baumwolle am zweckmäßigsten angewandt wird), wäscht und wässert wiederholt ordentlich, zuletzt mit geringem Ammoniakzusatz bis zu schwach alkalischer Reaktion. Der ungelöste Rückstand kann dann der Sicherheit halber noch mikroskopisch durchsucht und dann entweder bei normaler Luftfeuchtigkeit ausgelegt oder bei 105—110° C bis zum konstanten Gewicht getrocknet und gewogen werden. Im letzteren Falle werden dem absoluten Trockengewicht 17% für normale Feuchtigkeit zugerechnet. In besonderen Fällen kann vor dem Einbringen der Faser in die Schwefelsäure noch entappretiert werden. Meist ist dieses aber nicht nötig. Mit der Baumwolle löst sich auch etwa vorhandene Seide. Neben Schafwolle bleiben auch andere Tierhaare ungelöst zurück, Naturseide, Kunstseide usw. werden gelöst. Die absoluten Verluste an Wolle sind so gering, daß sie vernachlässigt werden können.

Der Hauptvorzug dieses Verfahrens ist, daß man geringe Mengen Wolle isoliert unter die Hände bekommt und unter Lupe und Mikroskop bringen, chemisch prüfen kann usw., und daß man nicht auf immerhin unsicheren Differenzwerten zu fußen braucht.

d) **Direkte Bestimmung der Wolle aus dem Stickstoffgehalt nach Ruszkowski und Schmidt**[1]). Das Verfahren fußt auf dem von den Verfassern als feststehend ermittelten Stickstoffgehalt der Wolle von rund 14%. Zunächst wird eine abgewogene Menge des Ver-

---

[1]) Chem.-Ztg. 1909, 949.

suchsmaterials entfettet; die Entfernung der Appretur wird als überflüssig bezeichnet. Alsdann wird eine Stickstoffbestimmung nach Kjel-
dahl (s. a. u Seidenerschwerung) ausgeführt und aus dem so ermittelten
Stickstoffgehalt, unter Zugrundelegung eines N-gehaltes der Wolle von
14%, der Wollgehalt der Probe berechnet. Die nach diesem Verfahren
erhaltenen Ergebnisse liegen nach den Verff. im Mittel aus 12 Versuchen
um relativ 2,2% höher als diejenigen nach dem Natronverfahren (a
und b) erhaltenen.

Das Verfahren ist schwieriger auszuführen als die vorstehenden.
Es ist bei demselben ferner zu berücksichtigen, daß das Versuchsmaterial
außer Wolle keine anderen stickstoffhaltigen Bestandteile, wie Farbstoffe, enthalten darf. Andernfalls würde beim Kjeldahlisieren mehr
Ammoniak gebildet und mehr Stickstoff daraus errechnet werden als
der tatsächlich vorhandenen Wolle entspricht, und dieses Mehr würde
als Wolle zur Berechnung kommen. In der Tat weichen die von den
Verff. ermittelten Werte für gefärbte Wollen von den nach der Natron-
methode erhaltenen Werten erheblich mehr ab als die Werte für ungefärbte Wollen (+ 3,4 gegen + 0,8%).

Nach Waentig[1]) ist der von Ruszkowski und Schmidt angegebene Stickstoffgehalt der Wolle unzutreffend und beträgt im Mittel
16,3% N (ermittelte Höchst- und Mindestwerte 16,58 und 16,04% N).
Mohairgarn enthielt 16,36%, Alpakagarn 15,63% Stickstoff. Die gewöhnlichen Appreturen und Färbungen glaubt Waentig vernach-
lässigen zu können, der Fettgehalt ist aber zu berücksichtigen.

Trennung von Wolle und Stapelfaser (Kunstseide).

Gemische von Wolle und Stapelfaser können nicht nach dem Natronverfahren (1a, 1b) bestimmt werden, weil Stapelfaser zum Teil löslich
ist und Mengen von 3—7% durch Natronlauge verlieren kann. Zur quantitativen Trennung dieser Fasern verfährt man deshalb nach

a) dem Verfahren von Heermann, S. 27c, indem man die Gemische
mit 80%iger Schwefelsäure behandelt und dadurch die Stapelfaser zum
Lösen bringt. Die Wolle bleibt ungelöst und wird durch Rückwägung wie
S. 27c bestimmt.

b) Krais und Biltz[2]) lösen die Stapelfaser mit Hilfe von Kupferoxydammoniak und wägen die darin unlösliche Wolle zurück. 0,2 bis
0,5 g der Probe werden in einer Porzellanschale mit frisch hergestelltem
Kupferoxydammoniak (1% Kupferoxyd enthaltend) übergossen und
während $^1/_2$ Stunde von Zeit zu Zeit mit einem Porzellanpistill durchgeknetet. Hierauf wird die Lösung abgegossen und die Probe nochmals
mit neuer Kupferlösung $^1/_2$ Stunde bearbeitet; dann wird einmal mit
konzentriertem, darauf mit 10%igem Ammoniak und dreimal mit Wasser
ausgewaschen, 1 Stunde in 10%iger Salzsäure behandelt, mit eben-
solcher nachgewaschen, darauf mit kaltem und warmem Wasser bis
zur Neutralität gespült, zwischen Filterpapier abgedrückt und bei 110° C
getrocknet. Das beim Wägen der Wolle gefundene Gewicht zeigt Ver-

---

[1]) Textile Forschung 1920, S. 49.　　[2]) Textile Forschung 1920, S. 24.

luste bis zu 0,42%, so daß man vielleicht einen Sicherheitsfaktor von
0,2—0,4% einsetzen kann. — Beim Behandeln von Stapelfaser aus
Kupferseide mit Natronlauge fanden Krais und Biltz Gewichtsver-
luste von nahezu 6%, bei solcher aus Viskoseseide Verluste über 7%.

Bestimmung von Baumwolle, Wolle und Seide in Fasergemischen.

a) **Kombiniertes v. Kapff-Heermannsches Verfahren.** Die
praktisch besten Dienste dürfte im allgemeinen die Vereinigung der
v. Kapffschen und Heermannschen Verfahren leisten. Sollen alle
drei Einzelbestandteile bestimmt werden, so sind zunächst alle Nichtfaserstoffe (Appretur, Schlichte,Fett, Schmutz, Beschwerung, gegebenenfalls auch Farbstoff usw.) nach Möglichkeit zu entfernen und der reine
Fasergehalt zu bestimmen (am besten lufttrocken bei 65% Luftfeuchtigkeit, oder, weniger gut, absolut trocken, d. h. nach dem Trocknen bei
105—110° bis zum konstanten Gewicht). Das so erhaltene und wieder-
gewogene, reine Fasergemisch ergibt den Fasergehalt. In einem neu
abgewogenen Teil dieses reinen Fasergemisches wird nach v. Kapff
durch Abkochen mit 2%iger Natronlauge der Gehalt an Baumwolle
bzw. Gesamt-Pflanzenfasern ermittelt. Ein zweiter, neu abgewogener
Teil des reinen Fasergemisches wird nach Heermann mit 80%iger
Schwefelsäure behandelt und damit Baumwolle und Seide herausgelöst;
es verbleiben Schafwolle und andere Tierhaare. Auf solche Weise sind
1. Nichtfaserstoffe, 2. Pflanzenfasern, 3. Tierhaare direkt bestimmt;
der Seidengehalt ergibt sich aus der Differenz zu 100.

b) **v. Höhnels Salzsäure-Kaliverfahren.** Man löst durch
Kochen mit konzentrierter Salzsäure in einer halben Minute die echte
Seide heraus; aus dem Rückstande durch längeres Kochen mit Salzsäure
die exotische Seide (Tussah u. ä.), während das übrigbleibende Gemenge
von Baumwolle und Schafwolle durch Kochen mit Kalilauge leicht in
seine Bestandteile zerlegt wird. Baumwolle bleibt ungelöst.

c) **v. Höhnels Kali-Salzsäureverfahren.** Man kocht die Probe
längere Zeit mit Kalilauge (Rückstand A = Baumwolle + Tussah);
eine zweite gleiche Probe wird mit Salzsäure länger gekocht (Rückstand
B = Baumwolle + Schafwolle); Rückstand A wird mit Salzsäure in
Baumwolle und Tussah zerlegt und von Rückstand B die Baumwolle
abgezogen. Die Menge der Seide ergibt sich aus der Differenz.

d) **v. Höhnels Chromsäureverfahren.** Man löst durch Kochen
der Probe mit halbkonzentrierter Lösung von Chromsäure die echte
Seide und die Schafwolle heraus. Aus dem Rückstande (Baumwolle
und Tussah) wird die Tussahseide durch konzentrierte Salzsäure gelöst.
Eine frische Probe mit Salzsäure, etwa 3 Minuten gekocht, gibt einen
Rückstand von Baumwolle und Schafwolle, der durch Kalilauge getrennt werden kann; oder man bestimmt die Schafwolle durch Abzug
der oben bestimmten Baumwolle. Den vierten Bestandteil bestimmt
man wieder durch Subtraktion der drei gefundenen.

e) **Rémonts Chlorzinkverfahren.** Man nimmt vier Proben von
je 2 g und untersucht davon zunächst drei Teile, den vierten legt man
zurück.

α) Bestimmung der Appretur und Farbe. Man taucht die drei Proben von je 2 g in etwa 200 ccm einer 3%igen Salzsäure und kocht 15 Minuten. Bei stark gefärbter Brühe wiederholt man die Salzsäureextraktion mit frischer Salzsäure, wäscht gut, drückt aus und trocknet. Der Gewichtsverlust = Farbe und Appretur.

β) Trennung der Seide. Einer der ausgekochten Teile wird beiseite gestellt und die beiden anderen in eine kochende Lösung von basischem Zinkchlorid (spez. Gew. 1,6—1,7) getaucht und 15 Min. auf dem Wasserbade belassen. Alsdann wird bis zum Verschwinden der Zinkreaktion (Schwefelammonium) ausgewaschen, eventuell durch wiederholtes Ausdrücken in einem Stückchen Leinwand unterstützt, getrocknet und gewogen. Der Gewichtsverlust entspricht dem Seidengehalt. (Die Chlorzinklösung wird erhalten, indem man 1000 T. geschmolzenes Chlorzink mit 850 T. Wasser und 40 T. Zinkoxyd bis zur völligen Lösung erhitzt.)

γ) Trennung der Wolle. Einer der von Seide nach β) befreiten Teile wird beiseite gesetzt, der andere in 60—80 ccm Natronlauge von 1,5% getaucht und etwa 15 Min. gelinde gekocht, sorgfältig ausgewaschen, getrocknet und gewogen. Der durch diese Behandlung entstandene Gewichtsverlust entspricht dem Wollgehalt der Ware.

δ) Baumwolle bzw. Pflanzenfaser. Der zurückbleibende Rest entspricht der Baumwolle, wozu noch 5% hinzugerechnet werden, weil sich ein Teil der Baumwolle durch obige Behandlungen löst. Die 5% werden meist von der Wolle in Abzug gebracht.

Die einzelnen Teile werden bei 100° getrocknet und dann 24 Stunden der Luft ausgesetzt. Der vierte, unbehandelte Teil von 2 g dient zur Kontrolle des Wassergehaltes. Auch er wird bei 100° getrocknet und 24 Stunden der jeweiligen Luftfeuchtigkeit ausgesetzt. Wenn sein Gewicht dann nicht 2 g beträgt, sondern mehr oder weniger, so wird dieses Endgewicht auch für die übrigen Proben als maßgebendes Ausgangsgewicht in Rechnung gesetzt.

Technische Fasergehaltsbestimmungen.

Bestimmung des Waschverlustes von Wolle und Wollgarn.

a) Eine größere Durchschnittsprobe oder mehrere Stränge von zusammen 60—80 g werden mit einer Waschlauge von folgender Zusammensetzung gewaschen: 5 g Kernseife, 2 g kalzinierte Soda, 5 ccm 20—25%iges Ammoniak und 5 ccm Tetrapol (Polarin oder ein ähnliches, Tetrachlorkohlenstoff oder Benzol oder beides zusammen enthaltendes Waschmittel) in 1 l destilliertem Wasser. 1 ½ l dieser Waschlauge werden in einem Färbebecher (z. B. Porzellanbecherglas) auf 40° C erwärmt und das Versuchsmaterial unter wiederholtem Ausdrücken oder Ausringen (jedoch ohne zu reiben) ½ Stunde darin behandelt bzw. umgezogen. Zum Schluß wird nochmals kräftig ausgedrückt oder ausgerungen und zum zweiten Mal ebenso mit einer gleichen, frischen Waschlösung behandelt. Hierauf werden die Stränge oder die lose Wolle dreimal je 5 Min. lang unter wiederholtem Ausdrücken oder Ausringen in je 1 ½ l Wasser gespült, dann getrocknet und schließlich a) entweder das lufttrockene Gewicht nach dem Auslegen bei 65% Luftfeuchtigkeit (bei Rohwollen) oder b) das absolute Trockengewicht nach dem Trocknen bei 105—110° bis zur Konstanz bestimmt (Streichgarn). Zur Ermittlung des sogenannten legalen Handelsgewichtes von Streichgarn wird dem Trockengehalt (b) der gesetzliche Feuchtigkeitszuschlag (die „Reprise") von 17% zugerechnet. Der normale Waschverlust von Streichgarn darf, selbst bei Berücksichtigung des etwaigen Kunstwollgehaltes mit seinen Beimischungen, 10% nicht übersteigen (Kriegs-Garn- und Tuchverband).

b) Das Verfahren nach a) ergibt den größtmöglichen Waschverlust mit Hilfe von fettlösenden Hilfsmitteln. Diesem Wert entspricht aber keineswegs der in der praktischen Wollwäscherei ermittelte Waschverlust, da hier mit viel milderen Waschmitteln gewaschen zu werden pflegt und die Wolle (z. B. Rohwolle) in der Regel noch $1^1/_2$—$2^1/_2$% Fettstoffe zurückbehält. Zur Ermittelung des technischen Waschverlustes muß man sich an die technische Arbeitsweise anpassen und (bei Rohwollen) mit etwa 3—4% Soda oder Pottasche bei 40—45° C gründlich waschen, durchkneten und spülen, bei geschmälzten Garnen (Streichgarnen) mit 3—4% kalzin. Soda und 3—4% Seife vom Gewicht des Versuchsmaterials in der gleichen Weise behandeln. Gesamt-Waschverlust und technischer Waschverlust sind also grundsätzlich zu unterscheiden.

c) Das Aachener öffentliche Warenprüfungsamt für das Textilgewerbe[1]) bestimmt den Waschverlust von Garnen usw. durch 1. Bestimmung des Anfangsgewichtes, 2. Entfetten mit einem fettlösenden Mittel, 3. Auswaschen mit destilliertem Wasser, 4. Bestimmung des Trockengewichtes der entfetteten und gewaschenen Probe. Eine Probe von nicht weniger als 100 g wird mit Tetrachlorkoh enstoff, Dichloräthylen o. ä. in einem soxhletartigen Apparat extrahiert, mit Wasser gewaschen, bei 100—105° getrocknet und gewogen. Auf Verlangen kann auch der Wassergehalt und Wasser-Waschverlust gesondert bestimmt werden.

Beispiel. Anfangsgewicht: 150 g Streichgarn; nach dem Trocknen bis zur Konstanz: 135 g; Trockengewicht nach dem Entfetten: 120 g; Trockengewicht nach der Wäsche mit Wasser: 115 g. Hieraus ergibt sich: Ein Feuchtigkeitsgehalt von 10%, ein Gehalt an Fett und Öl von 10%, ein Verlust durch Wasserwäsche von 3,33%, ein Reinfasergehalt von 76,67%. Letzterem müssen 17% für Normalfeuchtigkeit zugerechnet werden (= 13,03 T.), was zusammen (76,67 + 13,03) = 89,7% normalfeuchtes, reines Streichgarn ergibt.

Bestimmung des Karbonisierverlustes.

Zur Bestimmung des Karbonisierverlustes von Kunstwolle, Halbwolle usw. wird eine gute Durchschnittsprobe zunächst auf Feuchtigkeitsgehalt untersucht (1), dann mit Schwefelsäure von 4° Bé getränkt, ausgedrückt, karbonisiert (im Trockenschrank bei 100° getrocknet) mit verdünnter Sodalösung entsäuert, von den verkohlten Teilen auf mechani-

---

[1]) Siehe Vorschriften des Prüfungsamtes, S. 14 und Pinagel, Die Entwicklung der Konditionieranstalten, S. 18.

schem Wege getrennt und der Wollrückstand wieder bis zur Konstanz getrocknet (2). Die Differenz zwischen den beiden Trockengehaltsbestimmungen (1 und 2) ergibt den durch die Pflanzenfasern verursachten Karbonisierverlust.

Bestimmung des Seidenbastgehaltes.

Etwa 20 g der lufttrockenen, bei 65% Luftfeuchtigkeit ausgelegten Seide werden genau abgewogen und in etwa 800 ccm einer 1%igen Auflösung von neutraler Marseiller-, Bari- oder Oleinseife in destilliertem Wasser, unter zeitweisem Umziehen oder Umrühren während 1 Stunde bei 98—100° C behandelt, dann herausgenommen und in destilliertem Wasser vollständig ausgewaschen, ausgewrungen oder ausgedrückt, bei gewöhnlicher Temperatur getrocknet, bei 65% Luftfeuchtigkeit ausgelegt und gewogen. Die Differenz zwischen beiden Wägungen ergibt den sogenannten Abkochverlust, der in der Hauptsache auf den Bastgehalt und in geringerem Maße bzw. in selteneren Fällen auch auf sonstige Verunreinigungen (z. B. auf Beschwerung der Rohseide) zu setzen ist.

Wenn Vorrichtungen für die Regulierung und Kontrolle der Luftfeuchtigkeit fehlen, wird der Bastgehalt auf absolut trockene Seide bezogen. In diesem Falle werden etwa 20 g der im Anlieferungszustande sich befindenden Seide bei 105—120° bis zur Konstanz getrocknet, jetzt erst genau gewogen (1) und dann wie oben abgekocht. Am Schluß wird nochmals bei 105—120° getrocknet und gewogen (2). Die Differenz zwischen den zwei Wägungen (1 und 2) ergibt die Menge des absolut trockenen Bastes. (Zur Berechnung des normalfeuchten Bastes werden dem Trockengewicht 1 und 2 je 11% normale Feuchtigkeit zugerechnet; die Differenz zwischen diesen beiden Gewichten ergibt die Menge des normalfeuchten Bastes, was zu derselben Zahl führen muß).

Beispiel. Etwa 20 g auf der Tarierwage abtarierte Seide ergaben nach dem Trocknen (bei 105—120°) 18 g Trockenrohsubstanz und nach dem Abziehen und Wiedertrocknen 14,5 g Trockenreinsubstanz. Der Gehalt an absolut trockenem Bast beträgt also (auf die Trockensubstanz berechnet) = 18 : 3,5 = 100 : x; x = 19,44%; oder auf die normalfeuchte Seide bezogen: 19,98 : 3,885 = 100 : x; x = 19,44% (18 + 11% = 19,98; 14,5 + 11% = 16,095; 19,98 — 16,095 = 3,885).

Der Auswaschverlust der Seide wird bestimmt, indem die Seide etwa 1 Stunde in 50—60° warmem destillierten Wasser behandelt, gespült und getrocknet wird. Italienische Seide verliert etwa 1—1,2%, Kantonseide 2,2%, Chinaseide 4,8%. Der größte Teil der künstlichen Vorbeschwerung wird auf solche Weise schon durch Auswaschen entfernt, der Rest durch Abkochen bzw. Entbasten.

Wasser[1]).

Das reinste, in der Natur vorkommende Wasser ist im allgemeinen das Regenwasser. Es enthält nur Bestandteile aus der Luft: Sauerstoff, Stickstoff, Kohlensäure, Salpetersäure, Schwefelsäure, Schwefligsäure, organischen und mine-

---

[1]) S. a. Heermann, Technologie der Textilveredelung, ferner sei hier auf die Broschüre von E. Ristenpart, Das Wasser in der Textilindustrie, verwiesen. Die allgemeine Literatur findet sich u. a. bei Klut, Untersuchung des Wassers an Ort und Stelle, recht vollständig zusammengestellt.

ralischen Staub. Wegen der guten Brauchbarkeit des Regenwassers wird es vielfach in Industrie und im Hausbetrieb verwendet; für große Betriebe ist die Menge aber zu klein. Dem Regenwasser ähnlich ist das Kondenswasser, das insbesondere durch Schmieröle und manchmal durch Rost mechanisch verunreinigt ist. Das nächstreine Wasser ist das Oberflächenwasser. Dieses zeichnet sich vorzugsweise unvorteilhaft durch reichliche Schwebeteilchen (schwimmenden Ton u. a.) und die damit zusammenhängende, häufig in die Erscheinung tretende Unklarheit, sowie seine schwankende Zusammensetzung aus (vor und nach Regen). Die zuverlässigste Quelle der Wasserversorgung ist das Grundwasser, das als Quell- und Brunnenwasser zutage tritt. Dieses hat bereits einen guten natürlichen Filtrationsprozeß durchgemacht und zeichnet sich infolgedessen durch große Klarheit und gleichbleibende Zusammensetzung aus. Dafür hat es in der Regel mehr oder weniger lösliche erdige Bestandteile aus dem Boden aufgenommen und eine gewisse Härte erlangt. Letztere ist für bestimmte Verwendungszwecke hinderlich und muß dann auf künstlichem Wege entfernt werden. Ein Betrieb, der große Mengen Wasser erfordert, sollte nie auf eine Quelle der Wasserversorgung angewiesen sein, damit der Betrieb bei Störungen in der Wasserlieferung keine Unterbrechungen erleidet. Besitzt also z. B. eine Färberei eigene Brunnenanlagen, so sollte sie möglichst auch an eine Ortswasserleitung usw. angeschlossen sein.

In Textilbetrieben wird das Wasser verwendet: 1. als Kesselspeisewasser, 2. als Wasch- und Spülwasser, 3. als Lösungsmittel für Betriebsmittel (Beizen, Seifen, Bleichmittel, Farbstoffe, Appreturen usw.), 4. als Kühlwasser. Je nach der Verwendung des Wassers werden auch generell verschiedene Anforderungen an ein Wasser gestellt. Die geringsten Anforderungen sind naturgemäß an Kühlwasser, höhere an Kesselspeisewasser, die höchsten an das eigentliche Betriebswasser zu stellen, also an das Wasser, in dem die Betriebsmittel gelöst, mit dem das Fasergut gebleicht, gefärbt und appretiert wird.

Allgemeine Anforderungen an das Wasser.

Das Kesselspeisewasser soll möglichst frei von Härtebildnern und sogenannten „aggressiven" Stoffen sein, d. h. von solchen Bestandteilen, die das Kesselblech, die Armaturen usw. angreifen. Die Härtebildner sind 1. die Bikarbonate des Kalks und der Magnesia. Diese geben beim Kesselbetrieb die Hälfte ihrer Kohlensäure ab, während sich die unlöslich ausfallenden Karbonate (Monokarbonate) des Kalks und die Magnesia auf den Kesselblechen abscheiden und den Kesselstein vermehren. Noch schädlicher wirkt 2. der Gips oder der schwefelsaure Kalk, weil er sich langsam ausscheidet und die Entstehung des Kesselsteins veranlaßt. Die Gipskrusten schließen auch die Karbonate in sich ein und verkitten ihn fest mit dem Kesselblech. Dadurch entstehen Heizverluste und Explosionsgefahr bzw. ein Rissigwerden der Kesselbleche.

Die an ein Betriebswasser zu stellenden Anforderungen sind nicht allgemein und für alle Fälle festzulegen. Immerhin kann man allgemeine Grundsätze für brauchbares Betriebswasser aufstellen. Als erste Bedingung ist möglichst vollkommene Klarheit, also die Abwesenheit von Schwebestoffen, zu verlangen. Die zweite Anforderung ist im allgemeinen möglichst weitgehende Weichheit des Wassers, also möglichst geringe Mengen von Härtebildnern. Insbesondere gilt dieses von Bädern, die sich mit Kalk und Magnesia zu unlöslichen Stoffen umsetzen (Seife usw.). Dadurch entstehen Materialverluste und Fasergutschäden. Auch vertragen viele Farbstoffe kein hartes Wasser, namentlich erleiden die basischen Farbstoffe Zersetzungen. Man „korrigiert" das Wasser in solchen Fällen durch geringe Zusätze von Essigsäure. Im Gegensatz zu der allgemeinen Forderung des weichen Wassers, soll das Betriebswasser in bestimmten Fällen einen gewissen Kalkgehalt aufweisen (Alizarinfärberei, Seidenfärberei). Eine dritte Bedingung ist die Abwesenheit von Eisen und Mangan. Ersteres soll höchstens bis zu 0,1 mg im Liter, letzteres überhaupt nicht vorhanden sein. Beide bewirken eine Gelbfärbung oder Trübung der Ware, sind so besonders schädlich beim Bleichen, dann in der Türkischrotfärberei und beim Färben mit Tanninfarben. Eisen- und manganhaltige Wässer geben ferner einen günstigen Nährboden für gewisse Algenarten ab (namentlich Crenothrix), durch deren Wucherungen ganze Rohre verstopft werden können. Insbesondere kann Mangan auch in geringen Spuren wegen seiner starken katalytischen Eigenschaften nicht übersehbare Folgen und Schädigungen der Ware bei der Weiterverarbeitung oder in der fertigen Ware (auf dem Lager wie im Gebrauch) herbeiführen. Eine vierte Bedingung ist die Abwesenheit von Nitriten. Die salpetrige Säure greift nicht nur viele Farben an und verändert ihren Ton, sie färbt auch Wolle und Seide bereits in kleinen Mengen gelb an. Salpetersäure und Ammoniak sind zwar im allgemeinen bei den praktisch vorkommenden geringen Mengen nicht unmittelbar schädlich in der Färberei, doch ist ihre Anwesenheit symptomatisch zu beurteilen, da die salpetrige Säure eine Zwischenstufe der Oxydation zwischen beiden bildet.

Im übrigen treten oft so feine Wirkungsunterschiede bei den einzelnen Betriebszweigen auf, daß nur von Fall zu Fall entschieden werden kann, ob und wie weit ein Wasser für eine bestimmte Verwendung brauchbar ist.

Chemische und technische Prüfung der Gebrauchswässer.

Das Aussehen des Wassers in bezug auf Klarheit und Farblosigkeit wird durch Inaugenscheinnahme einer frisch geschöpften größeren Probe in einem großen Becherglase oder Glaszylinder, möglichst neben destilliertem Wasser geprüft. Da sich bisweilen beim Stehen der frischen, klaren Proben an der Luft Opaleszenz und Ausscheidungen bilden (Eisenoxydhydrat, Kalziumkarbonat), empfiehlt es sich, die Beobachtung nach einer gewissen Zeit zu wiederholen.

Der Geruch wird zweckmäßig an der frisch geschöpften, etwa 18—20° warmen und dann nochmals an der auf 40—50° erwärmten Probe geprüft. Grubengas und Schwefelwasserstoff sind leicht erkennbar.

Der Geschmack wird zweckmäßig bei 10—15° und eventuell noch bei 25—35° ermittelt, wobei erdiger, schlammiger, tintiger Geschmack usw. festgestellt werden kann.

Die Reaktion wird u. a. mit empfindlichem Lackmuspapier in der Kälte und in der Hitze ermittelt, wobei die Beobachtungsdauer auf 5—10 Min. auszudehnen ist. Ferner kann mit alkoholischem Phenolphthalein kalt und heiß geprüft werden. Die meisten Grundwässer reagieren schwach alkalisch, andere neutral und sauer. Wässer, die auf rotes Lackmuspapier bläuend und auf blaues rötend einwirken, nennt man amphoter.

Etwaiger Bleigehalt wird vermittels Schwefelwasserstoff oder
Schwefelnatriumlösung, Schwefelwasserstoff mit Hilfe von Blei-
azetatpapier oder alkalischer Bleilösung nachgewiesen. Beide Verunreinigungen kommen in Naturwässern selten vor und sind für die Technik
von untergeordneterer Bedeutung als für die Hygiene.

Organische Substanz[1]).

a) Annähernde Bestimmung. Der Wasserbadrückstand einer
bestimmten Wassermenge wird über freier Flamme geglüht, mit Ammo-
niumkarbonatlösung befeuchtet, nochmals gelinde geglüht und gewogen. Der Glühverlust stellt den Gehalt an organischer Substanz
dar und wird in Milligramm auf 1 l oder auf 100 l angegeben.
b) Genaue Bestimmung. 100 ccm des Wassers werden in einem
300 ccm-Kölbchen mit 10 ccm verdünnter Schwefelsäure (1 : 4) und
10—20 ccm $n/_{100}$ Chamäleonlösung, vom Beginn des ersten Auf-
kochens gerechnet, 10 Min. gekocht. Ist die Lösung entfärbt, so wird
weiteres Chamäleon zugesetzt. Dann wird auf etwa 70° abgekühlt,
mit einer genau abgemessenen, überschüssigen Menge $n/_{100}$ Oxalsäure
entfärbt und der Oxalsäureüberschuß wieder mit $n/_{100}$ Chamäleonlösung
bis zur bleibenden Rötung zurücktitriert. Die Berechnung geschieht
entweder auf verbrauchte mg $KMnO_4$ pro Liter Wasser (bisweilen pro
100 l Wasser) oder verbrauchte mg O pro Liter Wasser (bzw. 100 l
Wasser). 1 T. $KMnO_4$ entspricht 0,253 T. wirksamen Sauerstoffes. Um
vergleichbare Werte zu erhalten, hat man nach J. König folgende
Vereinbarung getroffen: 40 ccm $n/_{100}$ $KMnO_4$-Lösung = 12 mg $KMnO_4$
= 3 mg Sauerstoff = 63 mg organische Substanz.
Enthält das Wasser außer organischer Substanz bestimmbare Mengen
anorganischer, oxydabler Stoffe, so sind diese entweder vorher zu entfernen (z. B. bei Ammoniak durch Eindampfen auf die Hälfte des Vol.)
oder von dem Gesamtsauerstoffverbrauch in Abzug zu bringen. Eisenoxydul, salpetrige Säure, Schwefelwasserstoff verbrauchen folgende
Mengen $KMnO_4$:

$$1 \text{ T. FeO} \quad \text{verbraucht zur Oxydation } 0{,}44 \text{ T. } KMnO_4$$
$$1 \text{ T. } N_2O_3 \qquad ,, \qquad ,, \qquad ,, \qquad 1{,}66 \text{ T.} \qquad ,,$$
$$1 \text{ T. } H_2S \qquad ,, \qquad ,, \qquad ,, \qquad 1{,}86 \text{ T.} \qquad ,,$$

Die organische Substanz ist in der Färberei bisweilen störend, indem
sie Trübungen der Farbtöne, Zerstörungen von Farbstoffen, Neben-
prozesse (z. B. beim Wollbeizen mit Chromkali) verursachen und u. U.
katalytische Vorgänge unterstützen kann.

Salpetrige Säure.

Außer einer Reihe sehr scharfer Reagenzien für salpetrige Säure
(das Grießsche, Rieglersche, Erdmannsche Reagens) kommen für
unsere Zwecke insbesondere 1. das Metaphenylendiamin und 2. die
Jodzinkstärkelösung in Betracht.

---

[1]) S. a. Noll, Ztschr. f. angew. Ch. 1911, S. 1509.

1. 1 g chemisch reines Metaphenylendiamin wird mit 3 ccm konzentrierter Schwefelsäure und Wasser zu 200 ccm gelöst und die Lösung, vor Licht und Luft geschützt, in braunen Tropfgläsern aufbewahrt. (Die Lösung, die nicht sehr lange haltbar ist, muß stets in farblosem Zustande zur Verwendung kommen; bei beginnender Färbung wird zweckmäßig mit ausgeglühter Tierkohle entfärbt.) $3/4$ eines Reagenzglases mit dem zu prüfenden Wasser werden mit 3—5 Tropfen konzentrierter Schwefelsäure und dann mit 5—10 Tropfen der Diaminlösung versetzt. Ist salpetrige Säure zugegen, so entsteht sofort oder innerhalb 5 Min. eine goldgelbe, braune bis rötliche Färbung (Bildung von Bismarckbraun). 0,05 mg N_2O_3 im Liter Wasser sind auf diese Weise noch bequem nachzuweisen.

2. 4 g lösliche Stärke und 20 g Chlorzink werden in 100 g siedendem Wasser gelöst. Der erkalteten Lösung wird die farblose, durch Erwärmen von 1 g Zinkfeile und 2 g Jod in 10 g Wasser frisch bereitete Lösung hinzugefügt, alles zu 1 l verdünnt und filtriert. Das Reagens muß farblos oder nur schwach opalisierend sein. Ein Gemisch von 1 ccm der Jodzinkstärkelösung und 20 ccm Wasser soll durch 1 Tropfen $n/_{10}$ Jodlösung stark blau gefärbt werden. Auf Zusatz von verdünnter Schwefelsäure darf sich das Reagens (in der Verdünnung mit Wasser 1 : 20) nicht bläuen. Die Lösung ist in braunen Gläsern mit Glasstopfen gut haltbar.

$3/4$ Reagenzglas mit dem betreffenden Wasser wird mit 3—5 Tropfen 25%iger Phosphorsäure (zum Freimachen der N_2O_3) und dann mit 10 bis 12 Tropfen der Jodzinkstärkelösung versetzt. Bei Gegenwart von N_2O_3 tritt sofort oder innerhalb 5 Min. Blaufärbung ein. Die Reaktion tritt nach Klut noch bei 0,02 mg N_2O_3 im Liter Wasser deutlich ein. Sofortige Blaufärbung wird nach Klut als starke, nach 1 Min. eintretende Reaktion als deutliche und nach 2—5 Min. eintretende Reaktion als sehr schwache (Spuren N_2O_3) bezeichnet. Später eintretende Bläuung wird vernachlässigt. Nach L. Winkler kann die salpetrige Säure wie folgt auch quantitativ geschätzt werden.

Bei sofortiger Bläuung enthält 1 l Wasser 0,5 mg N_2O_3 oder mehr,
bei Bläuung nach 10 Sek. enthält 1 l Wasser etwa 0,3 mg N_2O_3
,,   ,,   ,, 30 ,,   ,, 1 l ,,   ,, 0,2 ,,   ,,
,,   ,,   ,, 1 Min. ,, 1 l ,,   ,, 0,15 ,,   ,,
,,   ,,   ,, 3 ,,   ,, 1 l ,,   ,, 0,1 ,,   ,,
,,   ,,   ,, 10 ,,   ,, 1 l ,,   ,, 0,05 ,,   ,,

Durch Anwendung von Phosphorsäure zum Ansäuern (statt der früher angewandten Schwefelsäure) wird die störende Wirkung der Eisenoxydsalze[1]) ausgeschaltet. Doch ist zu beachten, daß die Reaktion auch bei oxydierenden Stoffen wie Hypochloriten, Ozon, Peroxyden usw.

---

[1]) Nach Artmann, Chem.-Ztg. 1913, S. 501, wird die störende Wirkung von Ferrisalzen durch Lösen von 8 g krist. Dinatriumphosphat in 100 ccm des zu prüfenden Wassers gleichfalls aufgehoben. Ferrisalze allein geben bei diesem Zusatz nach 15 Min. noch keine Blaufärbung, sollen dagegen die Salpetrigsäure-Reaktion noch schärfer machen.

eintritt. In diesem Fall ist Reagens Nr. 1 zu verwenden. Gefärbte Wässer werden erst durch Tonsulfat oder Sodanatronlauge geklärt. Bei schwefelwasserstoffhaltigen Wässern wird Zinkazetat (zwecks Bildung von Schwefelzink) zugesetzt. Zur Prüfung wird dann die klare, farblose, vorsichtig abgegossene Flüssigkeit verwendet.

3. Ristenpart[1]) prüft das Vorhandensein etwa schädlich wirkender Salpetrigsäure durch einen technischen Versuch. Er säuert 1 l Wasser mit 1 ccm Schwefelsäure an, hängt ein Grammsträngchen weiße, abgekochte Seide ein und erhitzt auf 90°. Bei Gegenwart wirksamer Mengen salpetriger Säure wird die Seide mehr oder weniger deutlich gelb und durch nachfolgendes, kochendes Seifen der Seide noch dunkler. Ist das Wasser stark eisenhaltig, so wird das Aufziehen des Eisens auf die Seide durch Zusatz von 10 g Oxalsäure verhindert.

4. Quantitativ kann salpetrige Säure auf kolorimetrischem Wege im Verg'eich zu einer Typlösung (mit etwa 0,01 mg N_2O_3 in 1 ccm, bestimmt werden. Man nimmt eine Wartezeit von 5 Min. an und verdünnt nach Bedarf die Typlösung und, bei stark salpetrigsäurehaltigem Wasser, auch das Versuchswasser (z. B. bei mehr als 0,5 mg N_2O_3 im Liter Wasser). Anstatt das ausgeschiedene Jod kolorimetrisch zu bestimmen, kann es auch mit verdünnter Thiosulfatlösung titriert werden. Letztere ist zweckmäßig so eingestellt, daß je 1 ccm derselben 0,1 mg N_2O_3 entspricht (Lösen von 0,6526 g reinem, krist. Natriumthiosulfat: 1000, oder Verdünnen von 26,3 ccm $n/_{10}$ Thiosulfatlösung : 1000).

Salpetersäure.

1. Die Diphenylaminreaktion wird nach Klut wie folgt ausgeführt. In eine saubere, mit konzentrierter reiner Schwefelsäure und dann mit dem betreffenden Wasser mehrmals abgespülte Porzellanschale bringt man etwa 1 ccm Wasser, setzt einige Kriställchen Diphenylamin und darauf in kurzen Zwischenräumen zweimal je 0,5 ccm reine, konzentrierte Schwefelsäure zu. Tritt Blaufärbung ein, so ist Salpetersäure vorhanden, vorausgesetzt, daß keine Salpetrigsäure (oder seltener Chlor, unterchlorige Säure, Chlorsäure, Bromsäure, Jodsäure, Chromsäure, Übermangansäure o. ä.) zugegen ist. (Etwa vorhandene salpetrige Säure wird nach Lehmann am besten durch Harnstoff in elementaren Stickstoff umgesetzt, also unschädlich gemacht. Diese Umsetzung vollzieht sich allerdings sehr langsam, in etwa 1—2 Stunden.) Durch obige Reaktion können noch bis zu 7 mg N_2O_5 im Liter nachgewiesen werden. Wenn 10 mg N_2O_5 oder mehr im Liter vorhanden sind, so tritt sofort Blaufärbung ein (nach dem ersten Zusatz von Schwefelsäure), bei 7,5 mg N_2O_5 im Liter erst nach dem zweiten Zusatz in 2—3 Min. Eisenoxydsalze wirken störend und können z. B. durch vorhergehende Fällung entfernt werden.

2. Die Bruzinreaktion ist noch schärfer als die vorstehende und zeigt bei richtiger Ausführung noch 1 mg N_2O_5 im Liter Wasser an. Da Bruzin sehr giftig ist, muß es mit Vorsicht angewandt werden. Ebenso

---

[1]) Ztschr. f. Farben-Ind. 1907, S. 94.

dürfen nur reine, ganz weiße Präparate benutzt werden. Die Lösungen müssen möglichst luft- und lichtdicht aufbewahrt werden. Winkler vermeidet deshalb die Bruzinlösung. Er mischt nach Augenmaß mindestens 3 ccm konzentrierte Schwefelsäure im Reagenzglas tropfenweise mit 1 ccm des zu prüfenden Wassers, kühlt ab und setzt unter Umschütteln einige mg Bruzin zu. Bei Gegenwart von N_2O_5 erfolgt sofort oder nach ganz kurzer Zeit Rotfärbung. Aus der Intensität der Färbung kann der Salpetersäuregehalt ungefähr geschätzt werden: Bei 100 mg N_2O_5 im Liter entsteht sofort kirschrote Färbung, die schnell in Orange und schließlich in Gelb umschlägt; bei 10 mg N_2O_5 wird eine rosenrote, nach längerem Stehen eine blaßgelbe Färbung erhalten; bei 1 mg wird eine schwach rosarote Färbung erhalten. Die Reaktion ist zweckmäßig hinter weißem Hintergrund und stets in der Kälte auszuführen. Eisengehalt wirkt auch hier störend. Der Hauptvorzug dieser Reaktion ist, daß sie N_2O_3 bei großem Schwefelsäureüberschuß nicht anzeigt (Lunge).

3. Das Diphenylamin-Kochsalz-Reagens nach Tillmanns und Sutthoff[1]) ist noch erheblich schärfer als die beiden vorstehenden, da es bis zu 0,1 mg N_2O_5 im 1 Wasser anzeigt. Da diese Schärfe für textiltechnische Prüfungen kaum je erforderlich ist, wird lediglich auf die Quelle verwiesen (auch bei Klut, a. a. O. wiedergegeben).

4. Quantitativ auf kolorimetrischem Wege kann der Salpetersäuregehalt vermittels der Bruzinreaktion geschätzt werden. In diesem Falle verwendet man 10 ccm des zu prüfenden Wassers und 20 ccm konzentrierte Schwefelsäure, sowie ein paar Kriställchen reines Bruzin und vergleicht die Intensität der Reaktion mit Hilfe einer bekannten Salpeterlösung (0,1872 g Kaliumnitrat zu 1000 ccm gelöst, 1 ccm der Lösung = 0,1 mg N_2O_5). Nitratreiche Wässer sind am besten bis auf etwa 10 mg N_2O_5 im Liter zu verdünnen.

5. Titration mit Indigolösung nach Trommsdorff-Marx. 25 ccm des Wassers und 50 ccm konzentrierte Schwefelsäure werden zunächst im Vorversuch mit bekannter Indigolösung bis zu schwach grüner Färbung titriert. Auf Grund des Befundes wird dann durch eine Reihe von Versuchen die genaue Menge der Indigolösung ermittelt, die, auf einmal mit 25 ccm des Wassers und dann erst mit 50 ccm Schwefelsäure versetzt, die erforderliche schwach grüne (weder gelbe noch blaue) Färbung direkt liefert. — Von 3—4 mg N_2O_5 pro 25 ccm Wasser aufwärts wird das Versuchswasser zweckmäßig entsprechend verdünnt. Der Wirkungswert der Indigolösung wird in gleicher Weise gegen eine Salpeter-Typlösung (z. B. von 1,872 g KNO_3 : 1000, von der je 1 ccm = 1 mg N_2O_5 entspricht) festgestellt. Die Indigolösung wird zweckmäßig nach den Vorschriften der B. A. S. F.[2]) hergestellt, indem 1 g chemisch reines Indigotin in Pulver mit 6 ccm Schwefelsäure-Monohydrat unter Rühren in 5—6 Stunden bei 40—50° gelöst, dann verdünnt, eventuell filtriert und auf 1 l aufgefüllt wird. Diese 0,1%ige Lösung kann

---

[1]) Ztschr. f. anal. Chem. 1911, S. 473.
[2]) S. u. Abkürzungen der Farbenfabriken.

nach Belieben weiter verdünnt werden. Für obige Bestimmung wird eine Konzentration empfohlen, bei der 6—8 ccm Indigolösung = 1 ccm KNO_3-Lösung = 1 mg N_2O_5 entsprechen.

Sind größere Mengen organischer Substanz zugegen, so ist diese durch Chamäleon vorher zu zerstören. Für etwa vorhandene salpetrige Säure ist eine Korrektur anzubringen, indem für 1 T. N_2O_3 = 1,421 T. N_2O_5 in Abzug zu bringen sind (Tiemann-Kubel).

Ammoniak.

1. Neßlers Reagens[1]) läßt noch bequem 0,1 mg NH_3 im 1 Wasser erkennen. Etwa 10 ccm Wasser werden mit 4—6 Tropfen des Reagens versetzt; ist Ammoniak zugegen, so tritt Gelb- bis Orangefärbung ein, oder es bildet sich ein braunroter Niederschlag von Ammoniumquecksilberoxyjodid. Nach der Intensität der Reaktion läßt sich der Ammoniakgehalt annähernd schätzen. Störend wirkt die Ausfällung der Härtebildner bei hartem Wasser. Solches Wasser ist gegebenenfalls vorher wie folgt zu reinigen. a) 100 ccm des Wassers werden mit 0,5 ccm 33%iger Natronlauge und 1 ccm Sodalösung (2,7 : 5), die beide einwandfrei ammonfrei sein sollen, versetzt; man läßt den Niederschlag absetzen und prüft die überstehende klare Lösung mit dem Neßlerschen Reagens. Oder b) man verhindert die Ausfällung von Kalk- und Magnesiaverbindungen durch Zusatz von Seignettesalz (10 ccm einer Lösung von 100 : 200, der zur Konservierung 10 ccm Neßlers Reagens zugesetzt wird). — Schwefelwasserstoff liefert durch Bildung von Schwefelquecksilber auch Gelbfärbung, die aber auf Zusatz von Schwefelsäure nicht verschwindet, während die durch Ammoniak entstandene Gelbfärbung verschwindet.

2. Quantitativ-kolorimetrisch wird nach König der Ammoniakgehalt bestimmt, indem als Vergleichslösung 3,147 g reines, gepulvertes und bei 100° getrocknetes Chlorammonium in 1 l gelöst (1 ccm = 1 mg NH_3) wird und 50 ccm dieser Lösung weiter zu 1 l verdünnt werden (1 ccm = 0,05 mg NH_3). 300 ccm des zu prüfenden, ammonhaltigen Wassers werden in einem verschließbaren Zylinder mit 1 g Kristallsoda und 1 g reinem Ätznatron versetzt, das Wasser gut durchgeschüttelt und der Niederschlag absetzen gelassen. Zu 100 ccm der klaren, überstehenden Flüssigkeit (Vorsicht wegen etwaigen Ammoniakgehaltes der Luft, des Filters, des Verdünnungswassers!) werden 1—2 ccm Neßlers Reagens zugesetzt. Die so erhaltene Gelbfärbung wird alsdann mit Hilfe obiger Vergleichslösung von Chlorammonium und Neßlers Reagens hergestellt und der Ammoniakgehalt berechnet. Nötigenfalls wird das Versuchswasser bis zu einem Ammoniakgehalt von 2,5—5 mg NH_3 im Liter mit destilliertem Wasser verdünnt. Unreine, besonders eiweißhaltige Wässer müssen unter Umständen destilliert und das Ammoniak im Destillat kolorimetrisch bestimmt werden. Zur Vermeidung der jedesmaligen Herstellung von Vergleichslösungen hat König besondere Kolorimeter mit Farbenstreifen gebaut (Rob. Muencke, Berlin).

---

[1]) S. u. Reagenzien und Reaktionen S. 5.

3. Von einem Ammoniakgehalt von 4 mg NH_3 im Liter aufwärts kann das Ammoniak durch Destillation eines Liters Wasser mit gebrannter Magnesia und durch nachfolgende Titration des Ammoniaks im Destillat bestimmt werden (s. u. Ammonsalze).

Eisen.

Das Eisen im Wasser ist meist als doppelkohlensaures Eisenoxydul vorhanden (Ferrokarbonat), das sich an der Atmosphäre oft schon von selbst oxydiert. Bisweilen ist das Eisen auch fester gebunden, und es sind zu seiner Oxydation Tage und Wochen erforderlich. Infolge von Gelbfärbung von Wäsche oder Fasergut und Erzeugung von Rostflecken wirkt es schädlich.

Meist beginnen Eisenausscheidungen an der Luft bei einem Eisengehalt von 0,2 mg Fe im Liter; oft finden bei mehr Eisen keine Ausscheidungen statt. In den Leitungen bilden sich infolge des Eisengehaltes leicht Wucherungen, insbesondere von Chlamydothrix und Crenothrix, die ganze Rohrleitungen verstopfen können. Für Färbereien, Wäschereien usw. gilt als mittlere erlaubte Grenze des Eisengehaltes 0,1 mg Fe im Liter; doch können die Anforderungen mitunter noch strenger sein.

1. Für den Schwefelnatriumnachweis von Ferroverbindungen eignet sich nach Klut die Winklersche Lösung: 25 g Natriumnitrat und 5 g Schwefelnatrium werden unter Erwärmen zu 50 ccm gelöst und erforderlichenfalls filtriert[1]). Ein Zylinder von 2—2,5 cm lichter Weite wird bis zur Höhe von etwa 30 cm mit dem zu prüfenden Wasser versetzt. Der Zylinder ist durch Lacküberzug oder besser mit abnehmbarer schwarzer Metallhülse gegen seitwärts einfallendes Licht geschützt. Man setzt 2—3 Tropfen der Schwefelnatriumlösung zu und schaut von oben durch die Wassersäule auf eine in einer Entfernung von etwa 3—4 cm befindliche weiße Unterlage, z. B. Porzellanplatte hindurch. Je nach dem vorhandenen Eisengehalt tritt sofort oder in 2—3 Min. eine grüngelbe bis braunschwarze Färbung ein, wobei das gebildete Ferrosulfid kolloidal in Lösung bleibt. Ratsam ist ein Vergleichsversuch mit eisenfreiem Wasser und der Vergleich mit dem ursprünglichen, nicht mit Schwefelnatrium versetzten Versuchswasser. Auf solche Weise können noch 0,15 mg Eisen im Liter erkannt werden.

Unter 0,5 mg Fe im Liter ist die Färbung meist grünlich, darüber hinaus mehr grüngelb, weiter dunkelgrün, braun bis braunschwarz. Bei 1 mg Fe im Liter und aufwärts kann die Reaktion schon im Regenzglase binnen 2—3 Minuten beobachtet werden. Blei- und Kupfersalze geben ähnliche Färbungen. Nach Zusatz von einigen Kubikzentimetern konzentrierter Schwefelsäure verschwindet aber nur die durch Eisen bedingte Färbung. Eisenoxydverbindungen reagieren weit weniger scharf; hierbei spaltet sich fein verteilter Schwefel ab, der die Reaktion stört.

2. Die Rhodansalzreaktion ist für Ferriverbindungen am empfehlenswertesten. Hierbei treten Rosa- oder Rotfärbungen ein. Zu

---

[1]) Später empfahl Winkler folgende Zusammensetzung: 5 g krist. Schwefelnatrium werden mit 25 ccm Wasser und 25 ccm Glyzerin gelöst. Diese Lösung ist haltbar und kittet nicht den Glasstöpsel der Flasche.

100 ccm des zu prüfenden Wassers werden 2 ccm Rhodanammoniumlösung (1 : 10) zugesetzt und die Färbung beobachtet.

3. Das Gesamteisen (Ferro- + Ferriverbindungen) wird nach voraufgegangener Oxydation der Ferroverbindungen nachgewiesen. 100 ccm
des Wassers werden mit 1 ccm Salpetersäure gekocht, abgekühlt und
mit 2 ccm Rhodanammoniumlösung versetzt. In den analytischen
Befunden wird der Eisengehalt teils als FeO, teils als Fe_2O_3 angegeben.
Klut empfiehlt, die Angaben als metallisches Eisen, Fe, zu machen.
Das Verhältnis der Oxydul- und Oxydverbindung zum metallischen
Eisen ist folgendes: 1 T. Fe = 1,286 T. FeO = 1,429 T. Fe_2O_3.

4. Quantitativ wird der Eisengehalt der Wässer meist auf kolorimetrischem Wege ermittelt. König löst zu diesem Zweck 0,898 g
Eisenalaun unter geringem Zusatz von Salzsäure zu 1000 ccm. 1 ccm
dieser Lösung entspricht 0,1 mg Fe. Zu 100 ccm des zu prüfenden
Wassers werden 2—3 ccm Rhodanammoniumlösung (1 : 10) und 1 ccm
konzentrierte Salzsäure zugesetzt und so die Eisenoxydreaktion (s. o.)
des Wassers hervorgerufen. Die erhaltene rote Färbung vergleicht man
mit derjenigen von Lösungen mit bekanntem, stufenweise ansteigendem
Eisengehalt obiger Eisenalaunlösung. Bei Wässern mit mehr als 10
bis 15 mg Fe im Liter wird vorher entsprechend mit destilliertem Wasser
verdünnt. Bei einem Eisengehalt von 150 mg Fe im Liter und mehr wird
schon zweckmäßig eine gewichtsanalytische Eisenbestimmung ausgeführt. 1 l Wasser wird zwecks Oxydation von Ferrosalzen zunächst
mit etwas Salpetersäure oder ein paar Körnchen Kaliumchlorat und
1 ccm Salzsäure versetzt, dann eingedampft und das Eisen gefällt (s. u.
Eisenbestimmung).

5. Anstatt des Rhodanammons kann zum Nachweis oder zur kolorimetrischen Schätzung auch Ferrozyankaliumlösung (1 : 10) verwendet werden. Die erhaltene blaue Färbung (Berliner-Blau) vergleicht
man mit derjenigen von Lösungen mit bekanntem Eisengehalt wie oben.
Dieser Nachweis ist nicht so empfindlich wie der mit Rhodansalz.

6. Eine technische Prüfung wird bisweilen in der Weise ausgeführt,
daß zu 100 ccm Wasser 1 ccm Natriumazetatlösung (1 : 10) und 2 ccm
frische Blauholzabkochung zugesetzt werden. Je nach Eisengehalt tritt
mehr oder weniger starke Blauschwarzfärbung ein (Ristenpart).

Mangan.

Mangan findet sich häufig als Begleiter des Eisens. Es kann als ausgesprochener Katalysator besonders gefährlich werden (s. auch S. 35).
Zum Nachweis desselben eignet sich u. a. die Prüfung nach Marshall.
Etwa 50 ccm des Wassers werden mit 8—10 Tropfen reiner, 25%iger Salpetersäure angesäuert und dann vorsichtig mit so viel einer 5%igen Silbernitratlösung versetzt, bis alle Chloride gefällt sind und ein geringer
Silberüberschuß im Wasser vorhanden ist. Alsdann setzt man 5 ccm
einer 6%igen Ammoniumpersulfatlösung zu und erhält die Flüssigkeit
(ohne das Chlorsilber abzufiltrieren) $^1/_4$ Stunde in gelindem Kochen.
Dabei tritt bei Anwesenheit von Manganverbindungen im Wasser Rosa-
bis Rotfärbung, je nach dem vorhandenen Mangangehalt, auf. Bei

hohem Mangangehalt kann sich ein Teil desselben auch als braunes Manganperhydroxyd unlöslich abscheiden. Eine vorübergehend auftretende und wieder verschwindende Braunfärbung der Lösung darf mit der eigentlichen Übermangansäurefärbung nicht verwechselt werden. Man erklärt jene Färbung mit der Bildung von Silberperoxyd und dessen brauner Lösung in Salpetersäure. Die Empfindlichkeitsgrenze der Marshallschen Manganreaktion beträgt 0,1—0,05 mg Mangan im Liter. An Stelle won Persulfat kann die Rosafärbung auch durch Oxydation beim Kochen mit etwas Mennige erzeugt werden.

Über weitere Manganreaktionen s. Klut a. a. O. (Tillmanns-Mildnersche und Volhardsche Reaktionen).

Chlor.

Der Chlorgehalt kann gewichtsanalytisch oder titrimetrisch bestimmt werden. Letzterer Weg verdient, als der einfachere und genauere, bei der Wasseruntersuchung den Vorzug. 25—50—100 ccm des mit Schwefelsäure neutralisierten Wassers werden mit $n/_{10}$ Silbernitratlösung und neutralem Kaliumchromat als Indikator titriert, bis eben Braunfärbung eintritt. 1 ccm $n/_{10}$ Silberlösung $= 0,003545$ g Chlor oder $= 0,00585$ g Kochsalz. Da zur schwachen Rötung der Flüssigkeit ein Überschuß von 0,2 ccm $n/_{10}$-Silberlösung erforderlich ist, so bringt man eine Korrektur an, indem man pro 100 ccm Flüssigkeit 0,2 ccm von der verbrauchten Menge Silberlösung abzieht. Entgegen den Angaben von Lombard beeinflußt nach Herbig[1]) die Karbonathärte des Wassers die Chlorbestimmung ganz unmerklich.

Kohlensäure.

Man unterscheidet 1. festgebundene oder ganz gebundene Kohlensäure (z. B. in den neutralen Karbonaten oder den Monokarbonaten: $CaCO_3$, $MgCO_3$), 2. halbgebundene Kohlensäure (z. B. in den Bi- oder Dikarbonaten $Ca(HCO_3)_2$, $Mg(HCO_3)_2$, die auch saure Karbonate genannt werden), und 3. freie Kohlensäure, die nicht an Basen gebunden ist, sondern als Gas oder in Form ihres Hydrates in Wasser gelöst oder vom Wasser absorbiert ist: $CO_2 + H_2O = H_2CO_3$. Aus Monokarbonaten oder den neutralen Karbonaten ist die Kohlensäure durch einfaches Kochen nicht zu entfernen; aus den sauren Karbonaten wird die Hälfte der Kohlensäure durch Kochen ausgetrieben, wobei sich neutrale Karbonate bilden: $Ca(HCO_3)_2 = CaCO_3 + H_2O + CO_2$. Die freie Kohlensäure wird durch andauerndes Kochen aus dem Wasser völlig ausgetrieben. Tillmanns unterscheidet noch sogenannte aggressive Kohlensäure, d. i. solche, die Metalle und Mörtelmaterial angreift. Die neutralen Karbonate des Kalziums und Magnesiums sind in Wasser wenig, die Bikarbonate verhältnismäßig leicht löslich, freie Kohlensäure ist sehr leicht löslich (z. B. bei 10° in 1 l: 1194 ccm oder 2316 mg CO_2).

---

[1]) Ztschr. f. angew. Ch. 1919, S. 216.

Bestimmung der freien Kohlensäure.

1. Verfahren von Tillmanns und Heublein[1]). Man läßt erst das Wasser eine Zeitlang ausfließen und entnimmt dann aus dem fließenden Wasser 200 ccm. Nun setzt man 1 ccm Phenolphthaleinlösung (0,35 g in 1 l Alkohol 95%ig) zu und läßt aus einer Bürette titriertes Kalkwasser oder $n/_{20}$ Natronlauge oder $n/_{10}$ Sodalösung in das Kölbchen fließen. Nach jedem Zusatz verschließt man das Kölbchen zur Vermeidung von Kohlensäureverlust und mischt vorsichtig. Eine mindestens 5 Min. bestehende Rosafärbung zeigt das Ende der Titration an. Bei einer Wiederholung des Versuchs wird die zuerst gebrauchte Menge Alkali auf einmal zugesetzt und der etwaige Rest von Kohlensäure bis zur eben auftretenden, dauernden Rosafärbung austitriert. Bei einer Karbonathärte des Wassers (s. w. u.) über 10° d. wird eine Verdünnung des Wassers mit neutralisiertem destillierten Wasser empfohlen. — Da durch etwa vorhandene freie Mineralsäure o. ä. das Ergebnis unrichtig wird, ist die Prüfung des Wassers mit dem gut ausgekochten Wasser zu wiederholen und gegebenenfalls der so gefundene Wert von dem ersten als Korrektur in Abzug zu bringen. 1 ccm $n/_{10}$ Sodalösung = 0,0022 g CO_2.

2. Verfahren von Winkler. Auch Wässer mit hoher Karbonathärte liefern direkt genaue Ergebnisse, wenn man zu 100 ccm des Wassers 0,01 g Phenolphthalein in Alkohol zusetzt und empirisch gefundene Korrektionswerte einsetzt. Von einer Lösung von 4,818 g bei 160—180° getrocknetem, reinem Natriumkarbonat in 1 l entspricht jeder ccm = 2 mg Kohlensäure (CO_2). 1 g reinstes Phenolphthalein wird zu 100 ccm in 90%igem Alkohol gelöst und bis zur beginnenden Rosafärbung mit Natronhydratlösung versetzt. Im übrigen arbeitet man wie nach Verfahren 1., wobei man sich vielleicht des für diese Untersuchung besonders gebauten Kastens bedient[2]). Als Korrektur rechnet man zu den erhaltenen Werten noch den 50. Teil der Karbonathärte hinzu. Bei 5° Karbonathärte beträgt die Korrektion also = + 0,1 ccm, bei 10° = + 0,2 ccm Sodalösung usw. Nur bei sehr kohlensäurereichen oder sehr harten Wässern (bei einer Karbonathärte über 40° d.) ist eine Verdünnung mit ausgekochtem destillierten Wasser erforderlich. Zur Verschärfung des Farbenumschlages wird seitens anderer Forscher eine Abkühlung des Wassers mit Eiswasser und ein Zusatz von Kochsalz empfohlen. Bei Gegenwart von Eisenoxydul werden vor der Titration 1—2 ccm gesättigte Seignettesalzlösung zugesetzt. Bei gefärbten Wässern verwendet man zweckmäßig eine zweite Wasserprobe zum Vergleich. Der Kohlensäuregehalt wird am besten in mg CO_2 pro Liter Wasser angegeben. Wasser, das bereits einige Zeit gestanden hat oder versandt worden ist, ist nicht mehr auf freie Kohlensäure zu untersuchen.

---

[1]) Ztschr. Unters. Nahrungs- und Genußm. 1910, S. 617; Chem.-Ztg. Rep. 1911, S. 6.
[2]) Bei Bleckmann und Burger, Berlin N. 24, erhältlich.

Bestimmung der halbgebundenen Kohlensäure.

250 ccm des Wassers werden mit $n/_{10}$ Salzsäure und Methylorange als Indikator bei gewöhnlicher Temperatur bis zum Farbenumschlag titriert. Je 1 ccm $n/_{10}$ Salzsäure entspricht 2,2 mg gebundener, bzw. halbgebundener Kohlensäure oder 2,8 mg Kalk (CaO). Bei Anwendung von $n/_{28}$ Säure und 100 ccm Wasser zeigt jeder verbrauchte Kubikzentimeter Säure 1° temporäre Härte, Ht, an. (Anzahl mg CO_2 im Liter $\times$ 0,12727 oder g CO_2 im Liter $\times$ 127,27 = temporäre Härte.)

Da halbgebundene Kohlensäure bzw. die im Wasser gelösten Bikarbonate des Kalziums und Magnesiums Säure zur Neutralisation verbrauchen und schwach alkalisch reagieren, spricht man auch von der Alkalinität des Wassers. Zur sogenannten Korrektur des Wassers verwendet man in der Regel die zur Neutralisation der Bikarbonate erforderliche Menge Essig- oder Ameisensäure und zwar etwa 70—80 ccm 30%ige technische Essigsäure für je 1° temporärer Härte pro 1000 l Wasser.

Gewichtsanalytische Bestimmungen von Kieselsäure, Kalk, Magnesia, Schwefelsäure usw.

Kieselsäure. Zweimal je 1 l wird auf dem Wasserbade verdampft, mit wenig konzentrierter Salzsäure befeuchtet, eingedampft und 2 Stunden auf 110—120° C erhitzt. Die Kieselsäure wird dadurch unlöslich. Liter I und II werden mit verdünnter heißer Salzsäure aufgenommen, die Kieselsäure auf aschefreiem Filter gesammelt, gewaschen, getrocknet, geglüht = SiO_2. Die Berechnung geschieht auf g in 100 l oder auf mg in 1 l.

Eisen und Tonerde. Liter I (Filtrat von SiO_2) wird mit Ammoniak in bekannter Weise gefällt, der größte Teil des Ammoniaks durch Erhitzen entfernt, absitzen gelassen, dekantiert, filtriert, heiß ausgewaschen geglüht und als $Fe_2O_3 + Al_2O_3$ gewogen.

Eisen. Das Eisen kann in der Eisentonfällung durch Lösung, Reduktion und Chamäleontitration bestimmt werden. Die Differenz entspricht der Tonerde. In den meisten Fällen wird das Eisen kolorimetrisch bestimmt (s. a. u. Eisenbestimmung).

Kalk. Das Filtrat von Eisen und Tonerde (Liter I) wird mit Ammoniak und oxalsaurem Ammon versetzt, einige Stunden auf dem Wasserbade erwärmt, nach 12 Stunden filtriert, mit schwacher Ammonoxalatlösung ausgewaschen, getrocknet, geglüht, als CaO gewogen und auf g in 100 l oder auf mg im Liter berechnet. Bei stark Magnesium haltenden Wässern, insbesondere bei zu langem Stehenlassen der Fällung bis zur Filtration, können geringe Mengen Magnesium mit ausfallen. Die günstigsten Versuchsbedingungen und Korrekturwerte sind von Winkler ausgearbeitet[1]. Zur Kontrolle kann der Kalk in schwefelsauren Kalk umgesetzt und als solcher gewogen werden. — Statt der gewichtsanalytischen Bestimmung kann der oxalsaure Kalk titrimetrisch mit Chamäleon bestimmt werden (s. u. Kalk).

---

[1] Ztschr. f. angew. Ch. 1918, S. 214.

Magnesia. Das Filtrat von Kalk wird mit Chlorammonium, Ammoniak und Natriumphosphat versetzt, 12—24 Stunden lang kalt stehen gelassen, filtriert, gut gewaschen, getrocknet, geglüht und als $Mg_2P_2O_7$ (Magnesiumpyrophosphat) gewogen. Die Berechnung geschieht auf Magnesiumoxyd (MgO). $Mg_2P_2O_7 \times 0\,3621 = MgO$.

Schwefelsäure. a) Im Filtrat von der Kieselsäure (Liter II) wird die Schwefelsäure als Bariumsulfat bestimmt (s. u. Schwefelsäure)[1]).

Härtebestimmung des Wassers.

Man unterscheidet: 1. Gesamthärte eines Wassers (H), welche von dem gesamten Kalk- und Magnesiagehalt des Wassers herrührt; 2. temporäre, transitorische oder vorübergehende Härte (Ht), welche von den Karbonaten herrührt und heute fast allgemein Karbonathärte heißt (also äquivalent der an Kalk und Magnesia gebundenen Kohlensäure ist); 3. permanente oder bleibende Härte (Hp), welche von den übrigen Kalk- und Magnesiasalzen, $CaSO_4$, $Ca(NO_3)_2$, $MgCl_2$ u. ä. herrührt und heute auch Mineralsäure-, Gips-, Nichtkarbonat- oder Resthärte heißt. Demnach ist die Gesamthärte = temporäre + permanente Härte. — Früher wurde unter permanenter Härte eines Wassers diejenige verstanden, die nach einem 10—15 Minuten langen Kochen des Wassers zurückblieb, unter temporärer Härte die Differenz zwischen Gesamthärte und dieser permanenten Härte[2]).

Man gibt die Härte des Wassers in Graden an und zwar in verschiedenen Ländern verschieden. Nachstehend ist die Rede immer nur von deutschen Graden (° d.).

Deutsche Grade: 1° = 1 T. CaO in 100 000 T. Wasser oder 10 mg CaO im Liter Wasser.

Französische Grade: 1° = 1 T. $CaCO_3$ in 100 000 T. Wasser oder 10 mg $CaCO_3$ im Liter Wasser.

Englische Grade[3]): 1° = 1 grain $CaCO_3$ in 1 gallon Wasser (1 grain = 0,0648 g; 1 gallon = 4,5436 l) = 1 T. $CaCO_3$ in 70 000 T. Wasser oder 10 mg $CaCO_3$ in 0,7 l Wasser.

deutsche °:		französische °:		englische °:
1°	=	1.79°	=	1,25°
0,56°	=	1°	=	0,7°
0,8°	=	1,43°	=	1°

---

[1]) Über rechnerische Prüfung der Analysenergebnisse s. Winkler, Ztschr. f. angew. Ch. 1917, S. 113.

[2]) Winkler schlägt vor (Ztschr. f. angew. Ch. 1917, S. 113), stets die Namen Karbonathärte und Resthärte zu gebrauchen und von „vorübergehender" bzw. „bleibender" Härte nur dort zu sprechen, wo die Werte nach dem Kochverfahren ermittelt sind.

[3]) In den Vereinigten Staaten von Nordamerika existiert der Begriff des Härtegrades nicht offiziell. Die Analysen werden daselbst meist in grains per U. S. gallon (= 3,785 Liter) angegeben. Man könnte demnach gewissermaßen 1 grain $CaCO_3$ in 1 U. S. gallon als amerikanischen Härtegrad annehmen, der dem deutschen ziemlich nahekommt. 0,56° d. = 0,58° amerik.

Gewichtsanalytische Methode.

Die Gesamthärte wird aus dem Gesamtgehalt des Kalkes und der Magnesia, bestimmt auf gewichtsanalytischem. Wege, berechnet. Hierbei hat eine Umrechnung der gefundenen Magnesia in die äquivalente Menge Kalk stattzufinden (1 T. MgO = 1,4 T. CaO). Die Summe dieser beiden, als Kalziumoxyd und auf 100 000 T. Wasser berechnet, ergibt die Gesamthärte in deutschen Graden. Die Karbonathärte wird direkt durch Titration des rohen Wassers mit n/$_{10}$ Säure und Methylorange als Indikator festgestellt. Die Differenz zwischen Gesamt- und Karbonathärte ergibt alsdann die permanente Härte oder die Nicht-karbonathärte.

Diese gewichtsanalytische Härtebestimmung ist als die zur Zeit genaueste anzusehen. Immerhin genügen für technische Zwecke, insbesondere für laufende Kontrollversuche, auch die anderen titrimetrischen Verfahren. Von Fall zu Fall ist zu entscheiden, welches Verfahren angebracht ist.

Seifentitration nach Faißt-Knauß-Clark.

Die Gesamthärte wird durch Titration des ursprünglichen, oder viel besser, des mit Schwefelsäure neutralisierten Wassers mit Seifenlösung bestimmt. Die temporäre Härte (Karbonathärte) wird durch Titration mit Säure ermittelt. Die Differenz zwischen den beiden (H—Ht) ergibt die permanente oder Resthärte (Hp). Früher wurde die permanente Härte direkt durch Titration des Wassers nach 10—15 Min. langem Kochen, Filtrieren und Auffüllen auf das ursprüngliche Volumen festgestellt. Die Differenz zwischen Gesamthärte und permanenter Härte ergab dann die temporäre Härte (H—Hp = Ht). Die Ausführung geschieht in folgender Weise.

a) Nach v. Cochenhausen[1]) werden 100 ccm eines klaren, alkalifreien Kalkwassers mit n/$_5$ Schwefelsäure gegen Methylorange neutralisiert. Man erhält so eine vollkommen neutrale Gipslösung von bekanntem Gehalt, welche mit Wasser so verdünnt werden kann, daß sie genau 12° Härte hat. Wenn z. B. die angewendete Menge Kalkwasser, welche nicht einmal genau abgemessen zu werden braucht, 0,1335 g CaO enthält, so muß sie auf 1112,5 ccm verdünnt werden. Man erhält so ohne Benutzung der Wage eine Gipslösung, welche in 1 Liter 0,120 g CaO enthält, also die gewünschte Härte von 12° besitzt.

b) Die Seifenlösung, welche nach obiger 12° harten Gipslösung eingestellt und für die Titration der Wässer späterhin zur Verwendung gelangt, wird am besten aus Ölsäure hergestellt. Etwa 2,7 g Ölsäure werden in Alkohol gelöst und mit n/$_2$ Kalilauge (Phenolphthalein) neutralisiert. Diese konzentrierte Lösung von Kaliseife wird dann mit Alkohol[2]) so verdünnt, daß 45 ccm derselben mit 100 ccm der 12° harten Gipslösung einen bleibenden Schaum erzeugen. (Da 56 mg Kalk CaO

---

[1]) Ztschr. f. angew. Ch. 1906, S. 2024.
[2]) Winkler und Krieger empfehlen heute den billigeren und zu gleichen Ergebnissen führenden Isopropylakohol (Tetralin-Gesellschaft, Berlin).

564 mg Ölsäure ($2\,C_{18}H_{34}O_2$) oder 1 mg Kalk 10,08 mg Ölsäure bindet, so erhält man durch Lösen von 10,08 g Ölsäure in Alkohol, Neutralisieren der Lösung mit Ätzkali und Auffüllen auf 1 l eine Seifenlösung, in welcher jeder Kubikzentimeter einem mg CaO oder einem deutschen Härtegrad entspricht (= $n/_{28}$ Seifenlösung). Zur Darstellung einer Seifenlösung, von welcher 45 ccm 12 deutschen Graden entsprechen, werden 12 ccm dieser Lösung zu 45 ccm oder 266,66 ccm zu 1 l Alkohol verdünnt, oder es werden von Anfang an statt 10,08 g Ölsäure 2,688 Ölsäure zu einem Liter gelöst.)

a) und b) werden gegeneinander gestellt, indem man 100 ccm der Gipslösung in eine Stöpselflasche von 200 ccm bringt und die Seifenlösung langsam hinzulaufen läßt, bis beim heftigen Schütteln ein sich 5 Minuten lang haltender, feinblasiger, leichter Schaum entsteht; alsdann wird dem Seifenverbrauch entsprechend das Volumen der Seifenlösung derartig mit Alkohol verdünnt, daß 45 ccm derselben genau 100 ccm des 12° harten Wassers entsprechen. Vermittels der nun eingestellten Seifenlösung wird das zu prüfende Wasser nach dem Neutralisieren mit $n/_5$ Schwefelsäure ebenso titriert und aus dem Verbrauch an Seifenlösung die Härte des Wassers aus der Tabelle abgelesen[1]). — Die Härte des Wassers ist dem Seifenverbrauch nicht proportional. Bei Wässern über 12° H muß der Titration eine Verdünnung mit destilliertem Wasser voraufgehen.

Tabelle von de Koninck.

ccm Seife	Härtegrade	ccm Seife	Härtegrade	ccm Seife	Härtegrade
1,4	0	16	3,72	31	7,83
2	0,15	17	3,98	32	8,12
3	0,40	18	4,25	33	8,41
4	0,65	19	4,52	34	8,70
5	0,90	20	4,79	35	8,99
6	1,15	21	5,06	36	9,28
7	1,40	22	5,33	37	9,57
8	1,65	23	5,60	38	9,87
9	1,90	24	5,87	39	10,17
10	2,16	25	6,15	40	10,47
11	2,42	26	6,43	41	10,77
12	2,68	27	6,71	42	11,07
13	2,94	28	6,99	43	11,38
14	3,20	29	7,27	44	11,69
15	3,46	30	7,55	45	12,00

Dieses alte ursprünglich von Clark aufgestellte Verfahren liefert mit Benutzung der Tabelle von Faißt und Knauß oder derjenigen von de Koninck[2]) (Volumina Seifenlösung in ganzen Kubikzentimetern) Ergebnisse, welche für viele rohere Zwecke, z. B. für die Beaufsichtigung einer Wasserreinigungsanlage, vollkommen genügend sind. Die Fehler des Verfahrens beruhen darauf, daß Kalk und Magnesia nur dann äquivalente Mengen von Seife verbrauchen, wenn man ihre Lösungen getrennt untersucht; sobald aber eine Mischung von Kalzium- und

---

[1]) Erwähnt sei der für solche Bestimmungen handlich konstruierte Apparat „Purfix" von Dr. Huggenberg und Dr. Stadlinger in Chemnitz.

[2]) Ztschr. f. angew. Ch. 1888, 570.

Magnesiumsalzlösungen vorliegt, wird weniger Seifenlösung verbraucht, als der Summe der Bestandteile entspricht. Ferner gibt das Verfahren nur dann ein brauchbares Resultat, wenn neben dem Kalk die Menge der Magnesia sehr gering ist und die Summe beider 12° H nicht übersteigt. Die Ergebnisse werden ferner bei karbonathaltigen Wässern genauer, wenn man die Bikarbonate zuerst mit n/$_{10}$ Schwefelsäure absättigt, die Kohlensäure durch Kochen austreibt und die erhaltene Lösung, welche fast allen Kalk als Gips enthält, zur Härtebestimmung verwendet. Das Verfahren ist jedoch für die Bestimmung der Härte, deren Kenntms z. B. für die Ermittelung der zur Reinigung erforderlichen Zusätze nötig ist, nicht genau genug. Hierzu ist vor allem die gewichtsanalytische Bestimmung des Kalkes, der Magnesia und Bikarbonate erforderlich.

Verfahren von Wartha und Pfeifer.

a) **Karbonathärte.** Nach Wartha[1]) wird zunächst die „Alkalität", bzw. die Bikarbonathärte bestimmt, indem 100 ccm des zu prüfenden Wassers bei Siedehitze mit n/$_{10}$ Salzsäure und Alizarin als Indikator titriert werden, bis die zwiebelrote Farbe dauernd in gelb umgeschlagen ist. An Stelle von Alizarin wird heute fast immer Methylorange angewandt und dann kalt titriert. Falls das neutralisierte Wasser für andere Bestimmungen (s. w. u.) benutzt werden soll, empfiehlt es sich, statt 100 Kubikzentimeter 250 ccm zu verwenden. Die Zahl der für 100 ccm Wasser verbrauchten ccm n/$_{10}$ Säure ergibt die Alkalität des Wassers und, mit 2,8 multipliziert, den Gehalt an CaO, der an Kohlensäure gebunden ist[2]).

b) **Gesamthärte (Wartha).** 100 ccm des nach a) neutralisierten Wassers werden in einem 200 ccm-Meßkolben mit dem Doppelten der erforderlichen Menge einer Lösung aus gleichen Teilen n/$_{10}$ Natronlauge und n/$_{10}$ Sodalösung versetzt, einige Minuten (am besten in Porzellan) gekocht, abgekühlt und auf 200 ccm aufgefüllt. Die Lösung wird durch Filtrierpapier Nr. 605 von Schleicher und Schül filtriert, der erste Teil des Filtrates verworfen und in 100 ccm des vollkommen klaren Filtrates das unverbrauchte Alkali mit n/$_{10}$ Säure (Methylorange) bestimmt ($Na_2CO_3 + NaOH$). Das verbrauchte Alkali entspricht dem Gesamtgehalt des Wassers an Kalk- und Magnesiasalzen. Da Kalziumkarbonat und Magnesiumhydrat in den hierbei vorhandenen Lösungen von Glaubersalz, Kochsalz, Soda, Ätznatron nicht ganz unlöslich sind, so erhält man Resultate, die je nach der Härte des Wassers um 0,6—0,3° zu niedrig sind. Aus diesem Grunde wird zu der erhaltenen Gesamthärte im Mittel 0,4° zugeschlagen (Löslichkeitskorrektur). Die verbrauchten Kubikzentimeter n/$_{10}$ Alkalilösung, bezogen auf 200 ccm des Filtrates (= 100 ccm des Originalwassers), multipliziert mit 2,8, ergeben die Gesamthärte (H) in deutschen Graden. Gesamthärte minus temporäre Härte (a) = permanente Härte (H — Ht = Hp).

Winkler[3]) vereinfacht das Warthasche Verfahren, indem er die Fällung in der Kälte vornimmt und einen aliquoten Teil der durch Absetzen klar gewordenen Flüssigkeit titriert. Er verwendet dazu einen Meßzylinder, schüttelt das

---

[1]) Ztschr. f. angew. Ch. 1902, 193; s. a. Zink und Hollandt, ebendaselbst 1914, 437.

[2]) Vorausgesetzt ist ein Wasser, das frei von kohlensaurem Alkali ist, was fast immer der Fall ist.   [3]) Ztschr. f. angew. Chem. 1921, 115 und 143.

Reaktionsgemisch gut durch, läßt bis zum anderen Tage bei Zimmertemperatur stehen, hebert mit einer engen Heberröhre 100 ccm der klaren Flüssigkeit ab und titriert gegen Methylorange mit n/10 Salzsäure. Die Menge des zuzusetzenden Laugengemisches hat sich nach der Härte zu richten. Ist die Laugenmenge zu klein, so ist die Fällung nicht vollständig, ist sie zu groß, so schließt der Niederschlag leicht etwas Alkali ein. In der Regel genügen 25 ccm n/10 Natron-Sodalösung, bei sehr hartem Wasser (bis zu 100° d. H.) genügen 50 ccm. — Auch Bruhns empfiehlt diese Arbeitsweise[1]). Er ändert sie noch dadurch ab, daß er bei größerem Säureverbrauch (über 8 ccm n/10 Salzsäure auf 150 ccm Wasser) das Wasser nach dem Neutralisieren von dem größten Teil der Kohlensäure durch Schütteln befreit und dem so behandelten Wasser etwa 0,03—0,05 g reines, gefälltes Kalziumkarbonat zusetzt. Dieser Zusatz bewirkt eine rasche und grobflockige Fällung. Ferner bedient er sich nicht des Winklerschen Meßzylinders, sondern eines Kolbens. Wenn mindestens $2/3$ des Inhalts klar geworden sind (was oft in $1/2$ bis 1 Stunde der Fall ist), werden mittels einer Pipette 25 oder 50 ccm der klaren, überstehenden Lösung sehr vorsichtig entnommen, ohne den Inhalt des Kolbens zu trüben, und wird titriert. Als geeignetste Form des Kolbens bezeichnet er die Erlenmeyerform, weil hier das Absitzen am vollkommensten stattfindet.

c) **Magnesiagehalt, Magnesiahärte.** J. Pfeifer[2]) und v. Cochenhausen[3]) vervollständigen die Warthasche Härtebestimmungsmethode, indem sie außer der temporären und der Gesamthärte zugleich auch die Magnesiahärte bestimmen. 250 ccm des nach a) neutralisierten Wassers werden zur vollständigen Austreibung der Kohlensäure 15 Min. lang gekocht (andere Analytiker kochen 25—30 Min. lang), mit ausgekochtem destillierten Wasser in einen 500 ccm Meßkolben gespült, der ermittelten Gesamthärte gemäß mit dem Doppelten des erforderlichen (genau titrierten) Kalkwassers versetzt, gekocht, mit einem Kautschukstopfen verschlossen, nach dem Abkühlen bis zur Marke aufgefüllt, durch Filter Nr. 605 von Schleicher und Schüll filtriert (150 ccm des Filtrates verworfen, weitere 200 ccm abfiltriert) und mit n/10 Säure titriert. Da die Kalksalze ($CaCl_2$, $CaSO_4$ usw.) kein Kalkwasser verbrauchen, so kommt das verbrauchte Alkali auf Rechnung der Magnesia, woraus sich der Magnesiagehalt und die Magnesiahärte berechnen lassen. 1 ccm verbrauchter n/10 Kalklauge = 2,018 mg MgO, bzw. 2,8 mg der Magnesia äquivalenter CaO, d. i. 2,8° Magnesiahärte.

d) **Gleichzeitige Bestimmung von Gesamthärte, Kalkhärte und Magnesiahärte** (Pfeifer, Blacher, Basch). Anstatt Gesamthärte nach b) und Magnesiahärte nach c) einzeln zu bestimmen, können diese beiden Werte auf einmal festgestellt werden. 250 ccm des nach a) neutralisierten Wassers werden wie bei c) durch Kochen von der Kohlensäure befreit und wie bei b) mit n/10 Natron-Sodalösung versetzt, gekocht, abgekühlt, auf 500 ccm aufgefüllt und filtriert. In dem Filtrat wird nach Pfeifer das Ätzalkali neben dem Karbonatalkali durch gleichzeitige Anwendung von Phenolphthalein und Methylorange titrimetrisch annähernd bestimmt. Wenn alles Ätzalkali verbraucht und die Soda in Bikarbonat übergeführt ist, tritt Entfärbung des Phenolphthaleins ein (Punkt I: $NaOH + 1/2 Na_2CO_3$); wenn alle Soda zersetzt ist, tritt Rötung des Methylorange ein (Punkt I bis II: $1/2 Na_2CO_3$). Das verbrauchte Gesamtalkali ($Na_2CO_3 + NaOH$) entspricht der Gesamthärte

---

[1]) Ztschr. f. angew. Chem. 1921, 279.   [2]) Ztschr. f. angew. Chem. 1902, 198.   [3]) Ztschr. f. angew. Chem. 1906, 1990.

(MgO + CaO), das verbrauchte Ätznatron entspricht dem Magnesia-. gehalt oder der Magnesiahärte (Gesamt-MgO) und die verbrauchte Soda-menge dem Kalkgehalt oder der Kalkhärte (Gesamt-CaO).

Genauer ist die Chlorbariummodifikation: Das Filtrat mit dem über-schüssigen Ätznatron und der Soda wird in einem aliquoten Teile (200 ccm des Filtrates = 100 ccm des ursprünglichen Wassers) mit überschüssiger Chlorbariumlösung versetzt (wodurch das Karbonat als Bariumkarbonat ausfällt) und die Lösung (unberücksichtigt des Niederschlages) mit $n/_{10}$ Säure (Phenolphthalein) titriert, wobei allein das Ätzalkali (NaOH) gemessen wird. Ein gleicher, anderer Teil des Filtrates wird ohne Zusatz von Chlorbarium mit $n/_{10}$ Säure (Methylorange) titriert, wobei das Ge-samtalkali (Na_2CO_3 + NaOH) bestimmt wird. — Blacher setzt Chlor-barium zu und titriert erst das kaustische Alkali (Phenolphthalein) mit $n/_{10}$ Salzsäure und dann in derselben Lösung weiter das Barium-karbonat unter Zusatz von Methylorange (= Soda).

Ohne sich mit der gewichtsanalytischen Härtebestimmung in bezug auf Genauigkeit messen zu können, kann das Wartha-Pfeifersche Verfahren für die meisten technischen Kontrollzwecke in den Händen exakt arbeitender Chemiker als ausreichend bezeichnet werden. Bei den vielfachen Nachprüfungen durch andere Analytiker haben sich im allgemeinen Fehler bis zu 1°, im Mittel um 0,5° d. H. ergeben. Nur Klut bezeichnet das Verfahren als unzureichend. Wesent-lich in der Ausführung ist, daß genügender Laugenüberschuß zum Fällen der Erdalkalimetalle angewandt wird.

Blachers Kalium-Palmitat-Verfahren[1]).

a) $n/_{10}$ Kaliumpalmitatlösung. Man wägt 25,6 g reine Palmitin-säure ab (früher 28,4 g Stearinsäure) und löst diese warm in 400 ccm 90%igem Alkohol mit 250 g Glyzerin, setzt Phenolphthalein zu, neu-tralisiert genau mit alkoholischem Kali und bringt mit 90%igem Alkohol auf 1 l. Diese $n/_{10}$ Palmitatlösung ist haltbar und titerfest; sie gibt erheblich genauere Resultate als die von Blacher ursprünglich emp-fohlene Kaliumstearatlösung. Nach Blacher braucht diese Lösung nicht weiter eingestellt zu werden. Erforderlichenfalls geschieht die Titerstellung, indem man in 10—20 ccm Kalkwasser, die mit 50—100 ccm kohlensäurefreiem destilliertem Wasser verdünnt werden, den Kalk-gehalt durch Titration mit $n/_{10}$ Schwefelsäure bestimmt, die Lösung genau auf den Phenolphthalein-Neutralpunkt bringt und unter leb-haftem Schütteln die Palmitatlösung in Mengen von 0,1 ccm bis zur dauernden und deutlichen Rotfärbung zufließen läßt.

Beispiel: In 10 ccm Kalkwasser wurden durch Säuretitration ermittelt 0,0098 g CaO. An Palmitatlösung wurden verbraucht: 3,7 ccm. 1 ccm der letzteren entspricht also 0,00265 g CaO oder 2,65° d. H. (statt der theoretisch erwarteten 2,8°)[2]).

---

[1]) Blacher, Grünberg und Klasa, Chem.-Ztg. 1913, 56.
[2]) Winkler (Ztschr. f. angew. Chem. 1916, 218) verwendet zur Einstellung der Kaliumpalmitatlösung eine Chlorkalziumlösung von 10° d. H. Zu diesem Zwecke löst er 1,784 g isländischen Kalkspat unter den üblichen Vorsichtsmaß-regeln mit 50 ccm Wasser und 25 ccm 10%iger Salzsäure, verdampft in einer Platinschale zur Trockne und löst den Rückstand mit Wasser zu 1 l. Die so er-haltene Stammlösung von 100° d. H. wird im Verhältnis 1 : 10 mit Wasser ver-

b) Die **Karbonathärte** wird in der üblichen Weise durch Titration des zu untersuchenden Wassers mit $n/_{10}$ Salzsäure (Methylorange) bestimmt (s. 3a).

c) **Gesamthärte.** 100 ccm des Wassers (eine Verdünnung bei Wässern bis zu 40° ist nicht erforderlich) werden nach Zusatz eines Tropfens einer 1%igen Dimethylamidoazobenzollösung (Methylorange ist nicht ganz so gut) mit $n/_{10}$ Salzsäure bis zur deutlichen Rötlichviolettfärbung versetzt und hierauf 10 Min. gekocht. (**Blacher** treibt die Kohlensäure aus, indem er Luft mit Hilfe eines kleinen Gummigebläses durch die Lösung preßt.) Nun kühlt man rasch ab, setzt etwa $^1/_2$ ccm einer 2%igen Phenolphthaleinlösung hinzu, dann $n/_{10}$ Natronlauge bis zum Auftreten einer schwachen Rötung und sodann nochmals $n/_{10}$ Salzsäure, bis die Rötung des Phenolphthaleins gerade verschwunden ist und die Lösung eine rein gelbe Farbe angenommen hat. Jetzt titriert man mit der $n/_{10}$ Palmitatlösung (a) unter Umschütteln bis zur deutlichen und bleibenden Rotfärbung. Die verbrauchten Kubikzentimeter der Palmitatlösung multipliziert man mit 2,8 bzw. dem jeweiligen Titer derselben und erhält so direkt die Gesamthärte. Nach **Zink** und **Hollandt** werden die Ergebnisse durch eisen- und manganhaltige Wässer beeinflußt. Nach **Noll** trifft das nicht zu.

Dieses verbesserte **Blachersche** Verfahren ist heute allen gebräuchlichen titrimetrischen Härtebestimmungsverfahren, was Einfachheit der Ausführung und Genauigkeit der Ergebnisse betrifft, überlegen und kommt der gewichtsanalytischen Härtebestimmung am nächsten. Nur soll die Gesamthärte des zur Kalkbestimmung bestimmten Wassers etwa 70° d. H. nicht übersteigen (**Horn**); andernfalls ist das Versuchswasser mit destilliertem Wasser entsprechend zu verdünnen.

d) **Magnesiagehalt** nach **Blacher-Froboese-Noll.** 100 ccm (bei magnesiaarmen Wässern 200 ccm) Wasser werden mit 2 Tropfen Methylorange versetzt und mit $n/_{10}$ Salz- oder Schwefelsäure neutralisiert, bis die Farbe deutlich nach rot umgeschlagen ist, und dann 10 Min. gekocht. Dann werden nach **Noll**[1] 5 ccm einer gesättigten (5%igen) Natriumoxalatlösung hinzugefügt und noch ganz kurze Zeit (1—2 Min.) gekocht. (**Froboese**[2]) setzt statt dessen konzentrierte Oxalsäurelösung zu, dann 50%ige Kalilauge, bis das Methylorange nach Gelb umschlägt, was nach **Noll** aber weniger genau und umständlicher ist.) Nach dem Abkühlen wird 1 ccm einer 1%igen Phenolphthaleinlösung zugesetzt und mit $n/_{10}$ Natronlauge auf neutral eingestellt. Die schwache Rötung wird mit einem Tropfen $n/_{10}$ Säure wieder beseitigt und dann die Titration mit Palmitatlösung vorgenommen, bis eine deutliche Rotfärbung eingetreten ist. Die verbrauchten Kubikzentimeter

---

dünnt, wodurch eine Chlorkalziumlösung von 10 d. H. erhalten wird, die zur Einstellung der Palmitatlösung benutzt wird. **Noll** (Ztschr. f. angew. Ch. 1918, 5) verwendet statt dessen zur Einstellung der Palmitatlösung eine Chlorbariumlösung von 0,523 g im Liter, wie sie früher bei der **Clark**schen Seifentitration zur Anwendung kam. Bei Verbrauch von 4,3 ccm der Palmitatlösung auf 100 ccm dieser Chlorbariumlösung ist die Palmitatlösung genau $^1/_{10}$ normal (Faktor 2,8).

[1] Ztschr. f. angew. Chem. 1918, 6. [2] Ztschr. f. angew. Chem. 1914, 370.

Palmitatlösung, mit 2,8 multipliziert, ergeben die Magnesiahärte in deutschen Graden. Der Umschlag ist nicht so scharf wie bei der Bestimmung der Gesamthärte, da die auftretende Rötung anfangs langsam verschwindet. Bei einiger Übung verliert sich die Unsicherheit.

e) Die Nichtkarbonathärte ergibt sich durch Abzug der Karbonathärte von der Gesamthärte.

f) Schwefelsäuregehalt. Auch der Schwefelsäuregehalt kann nach Blachers Verfahren mit ausreichender Genauigkeit bestimmt werden. Zunächst wird die Gesamthärte, wie vorstehend, bestimmt; dabei mögen z. B. a ccm Palmitatlösung verbraucht worden sein. Dann setzt man zu weiteren 100 ccm des mit Salzsäure schwach angesäuerten und zum Kochen erhitzten Wassers eine bestimmte, überschüssige Menge $n/_{10}$ Chlorbariumlösung (b ccm) zu, kocht auf etwa 50 ccm ein und titriert nach dem Erkalten und Einstellen auf den Phenolphthalein-Neutralpunkt, ohne den Bariumsulfatniederschlag abzufiltrieren, mit der Palmitatlösung bis zur bleibenden Rotfärbung (Verbrauch c ccm). Hierbei wird (außer den Kalk- und Magnesiasalzen) nur der Bariumchloridüberschuß durch die Palmitatlösung mitgemessen, während das verbrauchte und als Bariumsulfat niedergeschlagene Bariumchlorid kein Palmitat mehr verbraucht, so daß hieraus der verbrauchte Teil des Bariumchlorids berechnet werden kann. Mit anderen Worten: Das von den Sulfaten des Wassers verbrauchte Chlorbarium ergibt sich unmittelbar aus dem zugesetzten Gesamtquantum und dem Überschuß des Chlorbariums. $x = a + b - c$. Der Schwefelsäuregehalt des Wassers entspricht also x ccm Palmitatlösung bzw. der äquivalenten Menge Chlorbarium.

Wasserreinigung.

Die Wasserreinigung[1]) kann eine mechanische, eine chemische oder eine mechanisch-chemische sein. Die mechanische Reinigung bezweckt, die ungelösten Schwebeteile eines Wassers zu entfernen und wird vorzugsweise durch geeignete Filtration erzielt. Die chemische Reinigung bezweckt vor allem die Entfernung der gelösten Härtebildner und des Eisens. Die wichtigsten Reinigungszusätze sind: Soda, Ätzkalk und Ätznatron. Große Verbreitung hat auch das Permutitverfahren gewonnen.

Berechnung der Reinigungszusätze aus der Zusammensetzung des Wassers.

Die Reinigungszusätze lassen sich je nach den angewandten Reinigungsverfahren auf Grund folgender Hauptreaktionen berechnen, die indessen nicht immer glatt verlaufen. Die berechneten Zusätze sind deshalb im allgemeinen nur als Annäherungswerte zu betrachten.

---

[1]) Über die technische Durchführung und die Apparatur der Wasserreinigung s. die technologische Literatur z. B. bei Ristenpart a. a. O., Heermann, Technologie der Textilveredelung, 1921, Verlag Julius Springer.

a) Einwirkung von Kalk:

1. $CO_2 + Ca(OH)_2 = CaCO_3 + H_2O$ und $2 CO_2 + Ca(OH)_2 = Ca(HCO_3)_2$.
2. $2 NaHCO_3 + Ca(OH)_2 = Na_2CO_3 + CaCO_3 + 2 H_2O$.
3. $Ca(HCO_3)_2 + Ca(OH)_2 = 2 CaCO_3 + 2 H_2O$.
4. $Mg(HCO_3)_2 + 2 Ca(OH)_2 = 2 CaCO_3 + Mg(OH)_2 + 2 H_2O$.
5. $MgCl_2 + Ca(OH)_2 = Mg(OH)_2 + CaCl_2$ (andere Salze analog).
6. $Fe(HCO_3)_2 + 2 Ca(OH)_2 + O = Fe(OH)_3 + 2 CaCO_3 + 2 H_2O$.

b) Einwirkung von Soda:

7. $CO_2 + Na_2CO_3 + H_2O = 2 NaHCO_3$.
8. $CaSO_4 + Na_2CO_3 = CaCO_3 + Na_2SO_4$ (Chloride usw. analog).
9. $MgCl_2 + Na_2CO_3 + H_2O = Mg(OH)_2 + 2 NaCl + CO_2$ (Sulfate usw. analog).

c) Einwirkung von Ätznatron:

10. $CO_2 + NaOH = NaHCO_3$ und $CO_2 + 2 NaOH = Na_2CO_3 + H_2O$.
11. $NaHCO_3 + NaOH = Na_2CO_3 + H_2O$.
12. $Ca(HCO_3)_2 + 2 NaOH = CaCO_3 + Na_2CO_3 + 2 H_2O$.
13. $Mg(HCO_3)_2 + 4 NaOH = Mg(OH)_2 + 2 Na_2CO_3 + 2 H_2O$.
14. $MgCl_2 + 2 NaOH = Mg(OH)_2 + 2 NaCl$ (Sulfate usw. analog).
15. $2 Fe(HCO_3)_2 + 8 NaOH + O = 2 Fe(OH)_3 + 4 Na_2CO_3 + 3 H_2O$.

Die Kalk-Soda-Reinigung.

Pfeifer sowie Noll berechnen die Zusätze nach der Menge der gebundenen Kohlensäure, der permanenten Härte und dem Gesamtmagnesiagehalt. Kalman und Wehrenpfennig benutzen zur Berechnung der erforderlichen Fällungsmittel die gebundene Kohlensäure, den Gesamtkalkgehalt und die Gesamthärte des Wassers.

Nach Pfeifer stellen sich die Reinigungszusätze wie folgt: Auf je 1 Molekül jeder doppeltkohlensauren Verbindung (ob Kalk oder Magnesia) kommt ein Molekül CaO, ferner auf jedes Molekül Magnesia (unbeachtet in welcher Verbindungsform vorhanden) noch ein weiteres Molekül CaO. Außerdem kommt auf jedes Molekül der die permanente Härte verursachenden Verbindungen je ein Molekül Na_2CO_3. Da nun aber die doppeltkohlensauren Salze die temporäre Härte bedingen, und zwar einem deutschen Grade 10 mg CaO im Liter entsprechen, so müssen auf jeden Grad temporärer Härte (1° Ht) 10 mg CaO zugesetzt werden; außerdem kommt auf jedes Molekül MgO noch ein weiteres Molekül CaO. In einer Formel ausgedrückt, berechnet sich der erforderliche Kalkzusatz in Milligrammen CaO pro Liter Wasser aus folgender Gleichung:

$$CaO = 10 \times Ht + 1{,}4 \times MgO.$$

(MgO = gefundene Milligramme MgO im Liter Wasser.)

Der erforderliche Sodazusatz in Milligrammen Na_2CO_3 pro Liter Wasser ergibt sich aus der Formel:

$$Na_2CO_3 = 18{,}9 \times Hp.$$

Diese Formel ergibt sich aus der Gleichung:

$$56\ CaO : 106\ Na_2CO_3 = 10\ CaO\ (10\ mg\ CaO\ im\ Liter = 1°) : x;\ x = 18,9.$$

Beispiel (nach Noll). Ein Wasser hat die Zusammensetzung:

> Gesamthärte $= 12°$
> Karbonathärte $= 6°$
> Nichtkarbonathärte $= 6°$
> Magnesiahärte ($=$ Magnesiagehalt $\times$ 1,4) $= 3°$.

In diesem Falle würden an Chemikalien erforderlich sein:

1. Für die Karbonathärte: $6 \times 10 = 60$ mg CaO auf 1 l Wasser,
2. für die Magnesiahärte: $3 \times 10 = 30$ mg CaO auf 1 l Wasser,
3. für die Nichtkarbonathärte: $6 \times 18,9 = 113,4$ mg Na_2CO_3 auf 1 l Wasser.

Die unter 1. eingetragenen 60 mg CaO dienen dazu, die Bikarbonate in Monokarbonate überzuführen; die unter 2. angegebenen 30 mg CaO dienen ferner dazu, a) das Magnesiummonokarbonat in Magnesiumoxydhydrat, b) etwa vorhandenes Magnesiumchlorid oder -sulfat in Chlorcalcium oder Gips umzuwandeln. Die unter 3. angegebenen 113,4 mg Na_2CO_3 bringen die Nichtkarbonathärtebildner zur Fällung. Zwecks möglichst weitgehender Entfernung der letzteren empfiehlt Noll etwa 10—20% (bei salzreichen Wässern weniger, bei salzarmen mehr) Überschuß an Soda zu nehmen, also z. B. für einen Härtegrad mehr zuzusetzen; bei vorstehendem Beispiel also nicht $6 \times 18,9$, sondern $7 \times 18,9 = 132,3$ mg Na_2CO_3 auf 1 l Wasser.

Schematische Darstellung der Enthärtungsvorgänge.

	Bestandteile des Wassers	Fällungsmittel	Gefällt werden	Gelöst bleiben
Karbonathärte	$Ca(HCO_3)_2\ +$	CaO	$= 2\ CaCO_3$	Nicht gefällte Härtebildner, im Überschuß verwendete Fällungsmittel, geringe Mengen der gefällten Stoffe.
	$Mg(HCO_3)_2\ + CaO + CaO$		$= Mg(OH)_2\ + 2\ CaCO_3$	
Nichtkarbonathärte	$CaSO_4$	$+\quad Na_2CO_3$	$= CaCO_3$	wie oben, außerdem: Na_2SO_4 bzw. $2\ NaCl$ u. ä.
	$MgCl_2$	$+ Na_2CO_3 + CaO$	$= Mg(OH)_2\ + CaCO_3$	

Die Kalk-Natriumhydroxyd- bzw. Soda-Natriumhydroxyd-Reinigung.

In letzter Zeit hat sich neben der Kalksodareinigung des Wassers in bestimmten Fällen eine Reinigung mit Hilfe von Natriumhydroxyd bewährt. Zwecks Feststellung der für die Enthärtung des Wassers nach diesem Verfahren erforderlichen Chemikalien müssen dieselben Härtebestimmungen zur Ausführung kommen, wie sie bei dem Kalksodaverfahren angegeben sind. Dem mitverwendeten Natriumhydroxyd fällt bei der Enthärtung des Wassers eine doppelte Rolle zu. Einerseits dient es dazu, die Karbonathärte zu beseitigen, andererseits wird durch die dabei gebildete Soda eine Ausfällung der Resthärtebildner bewirkt. In der Hauptsache kommt dieses Verfahren für solche Wässer in Betracht, bei denen die Karbonathärte höher liegt als die Nichtkarbonathärte. Bei anders gearteten Wässern kann sich der Kalkzusatz erübrigen, oder es muß neben Natriumhydroxyd noch Soda mit verwendet werden. Dieses erhellt aus den Äquivalenzverhältnissen von Kalk und Soda:

Je ein Molekül Kalk und Soda sind zwei Molekülen Ätznatron äquivalent: $Ca(OH)_2 + Na_2CO_3 = CaCO_3 + 2\,NaOH$. Man wird deshalb unter Umständen 106 T. Soda und 56 T. Kalk (CaO) durch 80 T. Ätznatron (NaOH) ersetzen können. Ein Wasser wird also mit Kalk-Ätznatron gereinigt werden können, wenn auf 106 T. Soda mehr als 56 T. Kalk zur Fällung erforderlich sind; mit Soda-Ätznatron wird es gereinigt werden können, wenn auf 106 T. Soda weniger als 56 T. Kalk kommen; mit Ätznatron allein kann es gereinigt werden, wenn zur Fällung der Härtebildner genau 106 T. Soda und 56 T. Kalk erforderlich sind.

Beispiele: 1. Zur Reinigung von 1 cbm Wasser sind 201,4 g Soda und 161,8 g Kalk berechnet worden. Hiervon können 201,4 g Soda und 106,4 g Kalk durch 152 g Ätznatron ersetzt werden. Zur Reinigung des Wassers gelangen also 152 g Ätznatron und 55,4 g Kalk (161,8—106,4 = 55,4). 2. Zur Reinigung von 1 cbm Wasser sind 201,4 g Soda und 80,5 g Kalk berechnet worden. Hiervon können 80,5 g Kalk und 152,4 g Soda durch 115 g Ätznatron ersetzt werden. Zur Reinigung des Wassers sind also erforderlich: 115 g Ätznatron und 49 g Soda (201,4 — 152,4 = 49).

Noll[1]) hat die in Frage stehenden Wässer in vier Kategorien eingeteilt und die Berechnungen für die Zusätze an der Hand von vier Beispielen erläutert. An Chemikalien würden darnach erforderlich sein:

I. Bei einem Wasser, bei dem sowohl Karbonathärte plus Magnesiahärte, als auch Karbonathärte für sich höher liegen als die Nichtkarbonathärte:

$$
\begin{aligned}
\text{Gesamthärte} &= 18{,}0^\circ \\
\text{Karbonathärte} &= 9{,}0^\circ \\
\text{Nichtkarbonathärte} &= 6{,}0^\circ \\
\text{Magnesiahärte} &= 3{,}0^\circ
\end{aligned}
$$

a) an Natriumhydroxyd: Nichtkarbonathärte $\times$ 14,3; also $6 \times 14{,}3 = 85{,}8$ mg NaOH auf 1 l Wasser,

b) an Kalk: Karbonathärte plus Magnesiahärte, minus Nichtkarbonathärte mal 10; also $9 + 3 - 6 = 6 \times 10 = 60$ mg CaO auf 1 l. Ein kleiner Überschuß ist, wie bemerkt, zu empfehlen.

II. Bei einem Wasser, bei dem die Karbonathärte plus Magnesiahärte höher liegen als die Nichtkarbonathärte und die Karbonathärte allein der Nichtkarbonathärte gleich ist oder niedriger liegt:

$$
\begin{aligned}
\text{Gesamthärte} &= 15{,}0^\circ \\
\text{Karbonathärte} &= 6{,}0^\circ \\
\text{Nichtkarbonathärte} &= 6{,}0^\circ \\
\text{Magnesiahärte} &= 3{,}0^\circ
\end{aligned}
$$

a) an Natriumhydroxyd: Nichtkarbonathärte mal 14,3; also $6 \times 14{,}3 = 85{,}8$ mg NaOH auf 1 l Wasser,

b) an Kalk: Karbonathärte plus Magnesiahärte minus Nichtkarbonathärte mal 10; also $3 \times 10 = 30$ mg CaO auf 1 l.

---

[1]) Ztschr. f. angew. Chem. 1918, 9. Eine andere Berechnungsart der Zusätze findet sich bei Heermann, Technologie der Textilveredelung, S. 74. S. a. Braungard, Chem.-Ztg. 1920, 334.

III. Bei einem Wasser, bei dem Karbonathärte plus Magnesiahärte der Nichtkarbonathärte gleich sind, also die Karbonathärte niedriger liegt als die Nichtkarbonathärte:

$$\begin{aligned}
\text{Gesamthärte} &= 12{,}0° \\
\text{Karbonathärte} &= 3{,}0° \\
\text{Nichtkarbonathärte} &= 6{,}0° \\
\text{Magnesiahärte} &= 3{,}0°
\end{aligned}$$

a) an Natriumhydroxyd: Nichtkarbonathärte mal 14,3; also $6 \times 14{,}3$ = 85,8 mg NaOH auf 1 l Wasser,

b) an Kalk: Karbonathärte plus Magnesiahärte, minus Nichtkarbonathärte mal 10; also $6 - 6 = 0$.

IV. Bei einem Wasser, bei dem Karbonathärte plus Magnesiahärte geringer sind als die Nichtkarbonathärte:

$$\begin{aligned}
\text{Gesamthärte} &= 10{,}0° \\
\text{Karbonathärte} &= 2{,}0° \\
\text{Nichtkarbonathärte} &= 6{,}0° \\
\text{Magnesiahärte} &= 2{,}0°
\end{aligned}$$

a) an Natriumhydroxyd: Karbonathärte plus Magnesiahärte mal 14,3; also $4 \times 14{,}3 = 57{,}2$ mg NaOH auf 1 l Wasser,

b) an Kalk: Karbonathärte plus Magnesiahärte, minus Nichtkarbonathärte mal 10; also $4 - 6 = 0$.

c) an Soda: Nichtkarbonathärte minus Karbonathärte minus Magnesiahärte mal 19; also $2 \times 19 = 38$ mg Na_2CO_3 auf 1 l Wasser. Bei diesen Wässern wird also der Natronzusatz nicht aus der Nichtkarbonathärte, sondern aus der Karbonat- plus Magnesiahärte berechnet.

Durch einen Sodaüberschuß, durch Wärme und längere Wirkungsdauer werden die Härtebildner vollkommener gefällt.

Permutit-Reinigung.

Das Permutit-Reinigungsverfahren[1]) unterscheidet sich grundlegend von den besprochenen Fällungsverfahren. Es beruht auf der Austauschbarkeit der im Natrium-Permutit (einem künstlich hergestellten Zeolith) enthaltenen Natriumbase durch Kalk und Magnesia und geht auf dem Wege der Filtration vor sich.

I. Natrium-Permutit $+ Ca(HCO_3)_2 =$ Kalzium-Permutit $+ 2\,NaHCO_3$.

II. Natrium-Permutit $+ CaSO_4 =$ Kalzium-Permutit $+ Na_2SO_4$.

Bei der Reinigung bilden sich also im gereinigten Wasser (an Stelle eines Moleküls Kalzium-Bikarbonat im Rohwasser) zwei Moleküle doppeltkohlensaures Natron; d. h. je 1° Karbonathärte liefert 30 mg Natriumbikarbonat bzw. nach dem Kochen 19 mg Soda pro Liter Reinwasser. An Stelle von Gips im Rohwasser wird die äquivalente Menge Glaubersalz im Reinwasser wiedergefunden.

Der Reinigungsprozeß verläuft unter gewissen günstigen Verhältnissen quantitativ, d. h. sämtliche Härtebildner treten an die Stelle des

---

[1]) Permutitfilter-Co. G. m. b. H. der J. D. Riedel, A.-G., Berlin.

Natriums in das Permutit und werden umgekehrt im Reinwasser durch das Natrium des Permutits ersetzt; das Wasser wird hierbei bis auf 0° enthärtet. Die vollständige Enthärtung wird sich aber im praktischen Betriebe nicht durchführen lassen, da sich die Wirkung des Permutits infolge der Umsetzungen stark abschwächt und die Regenerierung mit Kochsalz naturgemäß nicht fortlaufend, sondern nur von Zeit zu Zeit stattfinden kann.

Ist das Permutit erschöpft, d. h. ist sämtliches Natrium des Permutits durch Kalzium und Magnesium ersetzt, so wird es wirkungslos. Seine Wirksamkeit wird durch die umgekehrte Umsetzung erneuert, indem das Kalzium und Magnesium durch Behandlung mit Kochsalzlösung aus ihm wieder entfernt und durch Natrium wiederersetzt wird:

III. Kalzium-Permutit $+ 2\,NaCl =$ Natrium-Permutit $+ CaCl_2$.

Die großen Vorteile des Verfahrens bestehen in der leichten Handhabung des Permutitfilters und in der meist glatten Enthärtung des Wassers.

Diesen Vorteilen stehen andererseits auch Nachteile gegenüber, die folgendermaßen zusammengefaßt werden können[1]):

1. Die Filtrationsgeschwindigkeit ist eine langsame (in der Stunde 3—4 m). Es sind daher sehr große und teure Apparate notwendig.

2. Zur Regeneration muß 6—8 mal so viel Kochsalz verwendet werden als Kalk von Permutit gebunden worden ist.

3. Ein zu hoher Chloridgehalt des zu reinigenden Wassers beeinträchtigt die Wirkung, wenn das Chlor an Alkalien gebunden ist, aber auch an Magnesium.

4. Die zu reinigenden Wässer müssen neutral sein, weil jeder Säuregehalt (freie Kohlensäure) die Wirkung des Permutits beeinträchtigt.

5. Die Anreicherung von Bikarbonat-Alkali bzw. Soda im gereinigten Wasser ist meist nachteilig. Bei Verwendung des permutierten Wassers für Kesselspeisezwecke müssen deshalb täglich 1—2 cbm Wasser abgelassen und alle vier Wochen muß der ganze Kessel entleert und neu gefüllt werden.

Aus diesen und anderen Gründen ist eine ganz besondere Sorgfalt auf die Bedienung der Permutitfilter zu verwenden. Sie haben es deshalb auch nicht vermocht, die alte Kalksoda- und die Natronreinigung zu verdrängen. Die Kontrolle des permutierten Wassers gestaltet sich ähnlich wie diejenige bei anderen Reinigungsverfahren; insbesondere ist bei Betrieben, bei denen sodahaltiges Wasser schwere Schäden verursachen kann (Seidenstrangfärberei) die Anreicherung des Wassers an Soda dauernd scharf zu verfolgen.

Baryt-Reinigung.

Eine nur ganz untergeordnete Rolle in der Technik der Wasserreinigung spielt die Barytreinigung. Für normale Fälle ist sie viel zu kostspielig; nur in besonderen Fällen, wo es auf ein möglichst salzarmes Reinwasser ankommt, wird sie mitunter angewandt, so vorzugsweise für

---

[1]) S. a. Preu, Ztschr. f. angew. Chem. 1920, 61.

Lokomotivspeisezwecke. Diese Art Reinigung zeichnet sich, wie angedeutet, dadurch aus, daß das aus Gips sonst entstehende und in Lösung verbleibende Glaubersalz überhaupt nicht zur Bildung gelangt, statt dessen vielmehr das unlösliche Bariumsulfat entsteht. Die hier vor sich gehende Reaktion verläuft nach der Gleichung:

$$BaCO_3 + CaSO_4 = BaSO_4 + CaCO_3.$$

Das Verfahren eignet sich also in erster Linie für gipsreiche Wässer. Die Fällung geht langsam vor sich. Auf nähere Einzelheiten über das Verfahren kann hier nicht eingegangen werden.

Grenzen der Wasserreinigung.

Da alle Fällungsprodukte zu einem geringen Teile wasserlöslich sind und nicht alle Fällungen quantitativ vor sich gehen, so behält nach den Fällungsverfahren gereinigtes Wasser einen geringeren oder größeren Teil seiner Härte noch zurück. Wieweit ein Wasser enthärtet werden kann, hängt von mancherlei Umständen ab: Von der ursprünglichen Härte und Zusammensetzung des Wassers, von der richtigen Dosierung der Zusätze, der Dauer des Wasserdurchlaufs, der Art und des Alters des Filters usw. Im allgemeinen kann angenommen werden, daß ein Wasser nach dem Fällungsverfahren bestenfalls bis auf etwa $2{,}5°$ Härte enthärtet werden kann, ohne einen nennenswerten Überschuß von Fällungsmitteln zu enthalten[1]).

Das nach dem Permutitverfahren gereinigte Wasser kann dagegen bestenfalls bis auf $0°$ Härte enthärtet werden.

Beurteilung eines Kesselspeisewassers.

Welcher Härtegrad für Speisewasser noch zulässig ist, läßt sich allgemein nicht sagen, weil dieses von dem Kesselsystem, von der Beschaffenheit des Wassers, sowie von der Betriebsdauer und der Beanspruchung des Kessels abhängt (Barth).

Die Aufgabe der Wasserreinigung für Speisezwecke läßt sich nach Pfeifer in folgendem zusammenfassen: Möglichst sämtliche Kohlensäure fix zu binden, sowie die Kalk- und Magnesiasalze tunlichst vollkommen zu fällen. Entspricht ein Reinigungsverfahren diesen Anforderungen, resultiert nach demselben ein schwach alkalisches Speisewasser, das keinen nennenswerten Überschuß an Zusätzen enthält, dessen Härte $3\text{--}4°$ niemals übersteigt, so sind alle im Wasser verbliebenen oder demselben zugeführten löslichen Bestandteile völlig belanglos, seien sie Chlorverbindungen, schwefelsaure, salpetersaure Salze oder organische Substanzen, vorausgesetzt, daß diese durch periodisches Abblasen des Kessels sich nicht derart anhäufen, daß Salzausscheidungen erfolgen und Nieten und Fugen gelockert werden. Schwerer als $3°$ Bé soll ein Kesselwasser nie werden[2]).

---

[1]) Nach v. Cochenhausen $2{,}37°$, nach Singer $1{,}5\text{--}5°$, nach Drawe $2°$ d. H.

[2]) S. a. Basch, Dampfkesselchemie, Ztschr. f. angew. Chem. 1909, 1933; Chem.-Ztg. 1910, 645. Blacher, Wasserchemie, Chem.-Ztg. 1911, 353 u. a. m.

Gelten diese Grundsätze für Kesselspeisewasser, dessen Dampf zum Antrieb von Maschinen und zur indirekten Erhitzung dient, so ändern sich die Verhältnisse grundlegend in den Fällen, wo der Dampf zur direkten Heizung von Arbeitsbädern dient. In salzreichen Kesselspeisewässern, deren Siedepunkt bis zu 110° liegen kann, wird leicht ein Überschäumen des Wassers hervorgerufen. Dadurch werden auch nichtflüchtige Bestandteile mit dem Dampf in die Dampfleitungen mitgerissen und in die Arbeitsbäder (Farbbäder usw.) übertragen. Hier kann unter Umständen ein gewisser Gehalt an Soda sehr bedenklich sein, besonders in der Färberei von feinen Seidengarnen, die äußerst empfindlich gegen Alkali sind. Bedenkt man noch, daß sich die Soda im Kessel unter hohem Druck (und bei Gegenwart von Magnesia?) zum Teil in Ätznatron umsetzen kann, was etwa die Hälfte der Wasseralkalität ausmachen könnte, so können diese Einwirkungen unter Umständen von verhängnisvollem Einfluß sein ($Na_2CO_3 + H_2O = 2\,NaOH + CO_2$). Dahingehende Versuche im Betriebe haben erwiesen, daß diese Übertragung des Ätznatrons durch die Dampfleitung in die Farbbäder nicht zu den Seltenheiten gehört. Bei Verwendung des Dampfes zur direkten Heizung der Arbeitsbäder ist also besondere Vorsicht in bezug auf die Alkalinität des Kesselwassers geboten.

Kontrolle der Wasserreinigung.

Zu den Obliegenheiten des Färbereichemikers gehört auch die regelmäßige Kontrolle des Reinwassers. Die Hauptbedingung ist, daß das Reinwasser möglichst geringe Schwankungen in seiner Zusammensetzung aufweist.

Die Prüfung in bezug auf stattgehabte Klärung, Enteisenung usw. wird nach den bereits ausgeführten Verfahren ohne weitere Schwierigkeiten durchgeführt. Erheblich schwieriger ist die Kontrolle der Enthärtung und der richtigen Dosierung der Fällungsmittel.

Kontrolle der Enthärtung.

Die Kontrolle des Reinwassers soll sowohl anzeigen, ob das Wasser richtig gereinigt ist, als auch, warum das Wasser gegebenenfalls schlecht und was an ihm versehen ist. Die in der Praxis heute noch viefach üblichen Verfahren sind ungeeignet und fehlerhaft. Ristenpart empfiehlt folgende zwei Wege, die sich in der Praxis gut bewährt haben: Das Prüfungsverfahren von Reisert-Köln und ein von ihm selbst ausgearbeitetes Verfahren.

Reiserts Reinwasserkontrolle. a) Wenn das Wasser ätzalkalisch ist, wenn also zuviel Kalkwasser zugesetzt ist, so tritt nach Zugabe von Chlorbarium und Phenolphthalein Rotfärbung ein. Die Menge an Ätzalkali wird (nach Zugabe von Chlorbarium) direkt titrimetrisch mit Säure bis zum Verschwinden der Rötung gemessen. b) Ein zu großer Sodazusatz wird durch Bestimmung der Gesamtalkalität geprüft, indem unter Zusatz von Phenolphthalein (ohne Chlorbarium) wieder mit $n/10$ Säure titriert wird. c) Ein etwaiger Mangel an Soda wird durch die etwa verbliebene zu hohe Härte des Reinwassers erwiesen (Titration mit Seifenlösung o. ä.). Die drei Zahlenwerte müssen sich mit den erfahrungsgemäß festgelegten Zahlen bei normal gereinigtem Wasser decken.

Ristenparts Reinwasserkontrolle. Wenn das Wasser normal und richtig gereinigt ist, müssen drei Werte untereinander in einem ganz bestimmten Verhältnis stehen. Diese drei Werte sind: P = die zur Neutralisierung verbrauchten Kubikzentimeter $n/_{28}$ Schwefelsäure (Phenolphthalein); M = die zur Neutralisierung verbrauchten Kubikzentimeter $n/_{28}$ Schwefelsäure (Methylorange); H = die bei der Härtebestimmung benötigten Kubikzentimeter $n/_{28}$ Seifenlösung (s. 2 b).

Das Verhältnis dieser drei Werte untereinander soll dann sein:

$$1. \quad P > 0,84.$$
$$2. \quad M > 2\,P.$$
$$3. \quad H < M.$$

Ist P also größer, aber nicht erheblich größer als 0,84, M größer als $2\,P$, H kleiner als M, so ist nach Ristenpart[1]) immer ein brauchbares, weiches Wasser gesichert, das frei von Ätzalkalien ist und nur Spuren Soda und Kalziumbikarbonat enthält. Ein solches Wasser muß auch den höchsten Anforderungen der Textilindustrie genügen.

Beispiele: Ein Wasser mit 6,5° Karbonat- und 1,5° Mineralsäurehärte wurde falsch gereinigt und ergab bei der Prüfung des Reinwassers folgende Ergebnisse.

    a) P = 0,3; M = 5,5; H = 6.   Es floß zu wenig Kalk und Soda.
    b) P = 2; M = 3; H = 4.   Es floß zu viel Kalk.
    c) P = 0,8; M = 3; H = 5.   Es floß zu wenig Soda.
    d) P = 1,8; M = 4,5; H = 2,5.   Es floß zu viel Soda.

Bei richtiger Reinigung ergaben sich die Werte: P = 1; M = 3; H = 2,5.

Nach Noll findet die Reinwasserkontrolle statt, indem zunächst die Gesamthärte nach Blacher und die Karbonathärte durch Titration mit $n/_{10}$ Salz- oder Schwefelsäure bestimmt wird. Wird die Karbonathärte höher gefunden als die Gesamthärte, so ist Soda im Überschuß vorhanden, wird dagegen die Gesamthärte höher gefunden, so ist die Nichtkarbonathärte nicht völlig zur Ausfällung gekommen. Bei gleich hoher Gesamt- und Karbonathärte besteht die Härte nur aus Karbonathärte. Bei der aus der Differenz zwischen Karbonat- und Gesamthärte gefundenen Sodahärte entspricht ein jeder Grad 19 mg Na_2CO_3 im Liter Wasser. Will man sich davon überzeugen, in welcher Höhe die einzelnen Härtebildner im Wasser vorhanden sind, so wird die Magnesiabestimmung ausgeführt. Aus der Differenz der Gesamthärte und der Magnesiahärte ergibt sich dann die Kalkhärte.

Eine genaue Tabelle zur Beurteilung des Reinwassers gibt auch noch Singer[2]).

---

[1]) Ristenpart, „Das Wasser in der Textilindustrie" und „Grundsätze der Wasserreinigung für die Textilindustrie", Leipz. Monatsschr. f. Textilind. 1909, S. 156; Ztschr. f. angew. Chem. 1910, 392.
[2]) Chem.-Ztg. 1918, 76.

Für die Kontrolle des Reinwassers eignet sich der bereits erwähnte Purfixapparat von Huggenberg und Stadlinger[1]). Dieser Apparat, sowie das Ristenpartsche System sind auch für die Untersuchung von Rohwasser und für Reinigungsversuche im kleinen geeignet.

Wasserreinigungsversuch im kleinen.

Den ersten Versuchen sollte stets eine wenn auch nur annähernde Wasseruntersuchung voraufgehen, auf Grund deren die ungefähren Reinigungszusätze berechnet werden. Das im kleinen gereinigte Wasser fällt stets erheblich härter aus als das im Großbetrieb gereinigte, weil die wirksame Kiesfilterschicht fehlt.

Ristenpart verwendet für die Versuche im kleinen mit Erfolg den Purfixapparat von Huggenberg und Stadlinger und verfährt wie folgt. Zwecks Bemessung des richtigen Kalkzusatzes versetzt er zunächst fünfmal je 1 l eines Wassers von bekannter Härte mit 15, 20, 25, 30 und 35 ccm Kalkwasser und untersucht, welches Wasser bei verhältnismäßig geringstem Kalkzusatz und -überschuß am weichsten geworden ist. Es mögen sich z. B. für P und H folgende Werte ergeben haben:

15	20	25	30	35 ccm Kalkwasser
P = 1,2	1,4	1,7	1,8	1,9 ccm $n/_{28}$ Säure
H = 10	9	8,6	8,5	8,5 ccm $n/_{28}$ Seifenlösung.

Alsdann werden weiter zu je 1 l des Rohwassers jedesmal die als richtig befundenen 30 ccm Kalkwasser, sowie ferner ansteigend 10, 11, 12, 13 und 14 ccm einer $1^0/_{00}$ igen Sodalösung zugesetzt. Je 100 ccm des Wassers werden mit $n/_{28}$ Säure und Phenolphthalein bis zur Entfärbung titriert (P). Nun wird Methylorange zugegeben und weiter bis zum Farbenumschlag mit derselben $n/_{28}$ Säure titriert (M). Darauf wird in Abständen von 0,5 ccm $n/_{28}$ Seifenlösung hinzugefügt, jedesmal kräftig umgeschüttelt und das Verhalten des Seifenschaumes beobachtet (H). Es ergaben sich nun folgende Werte:

10	11	12	13	14 ccm Sodalösung
P = 2	2,3	2,5	3,2	2,8 ccm $n/_{28}$ Säure (Phenolphthalein)
M = 6,3	6,6	6,8	7,4	7,8 ccm $n/_{28}$ Säure (Methylorange)
H = 6,3	6	6,5	6,5	6,5 ccm $n/_{28}$ Seifenlösung.

Alle fünf Wässer sind richtig gereinigt; die richtigsten Zusätze hat das erste Wasser erhalten, da der vermehrte Sodazusatz keine weitere Enthärtung bewirkt. Die Reinigung bis nur $6-6^1/_2°$ ist nicht auffällig, da die letzten Reste der Härtebildner sich erst auf dem Wege durch das Kiesfilter abscheiden und bei den Kleinversuchen ohne ein solches Filter gearbeitet wird. Bei der Reinigung im großen würde das Reinwasser im Kiesfilter noch 3—4 Härtegrade verlieren und als vorzüglich weiches Wasser von 2—3° aus demselben austreten.

---

[1]) Stadlinger, Leitlinien der technischen Wasserreinigung (Seifenindustrie-Kalender 1910). S. a. v. Cochenhausen, Ztschr. f. angew. Chem. 1906, 1987. Weißenberger, ebendas. 1913, 140.

Wasserkorrektur.

Unter Wasserkorrektur versteht man im Gegensatz zur Wasser-reinigung vielfach die Neutralisation der Bikarbonathärte durch Essig-säure o. ä., wodurch die temporäre Härte eliminiert und die permanente Härte um denselben Betrag erhöht wird. Diese Operation wird in der Färberei vielfach vorgenommen, wo die Bikarbonathärte störend wirkt (z. B. beim Beizen mit Tannin). Die zur Wasserkorrektur benötigte Menge Säure hängt unmittelbar von der Alkalinität des Wassers ab, also von dem Verbrauch des Wassers beim Titrieren desselben mit $n/_{10}$ Säure gegen Methylorange. Aus diesem Wert kann die erforderliche Menge Säure direkt berechnet werden. Auf je 10 ccm $n/_{10}$ Säurever-brauch pro Liter Wasser werden pro 100 Liter Rohwasser benötigt rund:

20 g Essigsäure 6° Bé ($= 30\%$) oder 15 g Essigsäure 7° Bé, oder 13 g Essig-säure 8° Bé.

Genauer berechnet, setzt man auf je 1° temporäre Härte 71,3 g 30%ige Essigsäure pro Kubikmeter (1000 l) Wasser zu.

Sind größere Mengen Wasser auf diese Weise zu korrigieren, so kann ein Teil der teureren Essigsäure (oder Ameisensäure) durch billigere Mineralsäure (Schwefelsäure) ersetzt werden und nur der Rest (etwa $^1/_4$ der insgesamt zuzusetzenden Säure) als Essig- oder Ameisensäure ver-wendet werden. Über die Äquivalenzverhältnisse zwischen Essig- und Ameisensäure siehe weiter unter Säuren.

Praktische Prüfung der Brauchbarkeit eines Wassers.

Ob sich ein bestimmtes Wasser für eine jeweilige Verwendung in der Färberei, Druckerei, Bleicherei usw. eignet und inwieweit es das End-resultat beeinflußt, kann außer nach den besprochenen chemischen Ver-fahren durch technische Versuche festgestellt werden. Solche Versuche werden zweckmäßig neben einem Parallelversuch ausgeführt, zu dem destilliertes oder als brauchbar erkanntes Wasser benutzt wird.

Die Versuche werden der jeweilig beabsichtigten Verwendung des Wassers angepaßt und können deshalb verschiedener Art sein. Handelt es sich um Färbereiwasser ganz allgemein ohne besondere Sonderbestim-mung, so kann Baumwolle, Wolle und Seide mit Hilfe des Wassers fertig-gestellt, gebeizt, gefärbt, gewaschen, eventuell auch bedruckt usw. werden. Weichen dabei die Farbtöne unvorteilhaft von dem mit gutem Wasser hergestellten Kontremuster ab, oder stellen sich sonst Nachteile beim Beizen usw. heraus, so ist das Wasser zu verwerfen oder einer Reinigung zu unterziehen; im anderen Falle ist es als brauchbar zu bezeichnen. Im allgemeinen eignen sich zu solchen Versuchen Farbstoffe wie Blau-holz, Gelbholz, Vesuvin, Safranin, Alizarin auf Tonerde, Rhodamin u. a. m.[1]). Zur Beurteilung des Eisengehaltes wird zweckmäßig ein Streifen unappretierten Kattuns mit dem betreffenden, mit etwas Soda versetzten Wasser ausgekocht, mit demselben gewaschen und in eine Tanninlösung eingelegt. Hat der Stoff nach mehrstündigem Liegen in

---

[1]) H. Lange, Färb.-Ztg. 1891, Nr. 23.

derselben eine graue bis schmutziggraue Farbe angenommen, so deutet dieses auf vorhandenen bzw. zu großen Eisengehalt. Wenn der Streifen alsdann durch Brechweinsteinlösung gezogen und mit Fuchsin, Safranin o. ä. ausgefärbt wird, so tritt der Mißton noch deutlicher zutage.

Lohmann[1]) verwendet zum Probefärben Baumwollgarn, das über Nacht eingebrüht, dann gut gewaschen und gebleicht wird. Je zwei Garnproben von etwa 5 g werden alsdann in eine Tanninlösung von 2 g im Liter und $^{1}/_{2}$ ccm Salzsäure von 10° Bé bei 40° während 6 Stunden eingelegt, alsdann gut abgewunden, 20 Minuten kalt in Brechweinstein (1 : 1000) behandelt und gut gewaschen. Schließlich wird in einer Farbflotte von $^{1}/_{2}$ l unter Zusatz von z. B. 20 ccm Auramin und 10 ccm Neu-Viktoriagrün (beides 1 : 1000) ausgefärbt. Man geht bei 20° ein und erwärmt in $^{1}/_{2}$ Stunde allmählich auf 40°. Nach dem Spülen wird in einer Lösung von 1 g Marseiller-Seife und 3 g Türkischrotöl im Liter bei 30° $^{1}/_{4}$ Stunde geseift und nach gutem Abwinden getrocknet. Zu sämtlichen vorbezeichneten Operationen wird neben destilliertem oder sonst brauchbarem Wasser das zu prüfende Wasser verwendet. Bei unbrauchbarem oder weniger geeignetem Wasser kommen deutliche Unterschiede in bezug auf Reinheit und Lebhaftigkeit des Farbtons zum Vorschein.

Säuren.

Schwefelsäure. $H_2SO_4 = 98{,}07$; in jedem Verhältnis mit Wasser mischbar. Die Schwefelsäure kommt in den Handel als Kammersäure von 50—53° Bé, als 60grädige, als rohe 66grädige (93—95%), als gereinigte 66er Säure (97—98%), als technisches Monohydrat (99$^{1}/_{2}$%) und als rauchende Schwefelsäure. Die in den Färbereien meist gebrauchte Schwefelsäure ist die 66er mit einem Schwefelsäuregehalt von rund 97,5—98%.

Gehaltsbestimmung. a) Der Gehalt einer Säure wird entweder aräometrisch oder analytisch (volumetrisch, gewichtsanalytisch) ermittelt. Für die aräometrische Prüfung kommen überall außer in England Baumé-Aräometer zur Verwendung. Für die höheren Grade sind aräometrische Bestimmungen unzuverlässig, da das höchste spezifische Gewicht der Schwefelsäure bei 97—98% liegt (1,8415), während chemisch reine 100%ige Säure bei 15°C ein spezifisches Gewicht von nur 1,838 besitzt.

b) Zuverlässiger wird der Säuregehalt titrimetrisch festgestellt. In Mischungen mit anderen Säuren wird einerseits die Gesamtsäure, andererseits die Schwefelsäure gewichtsanalytisch oder nach einer besonderen Methode titrimetrisch gemessen. Zur Titration der Gesamtsäure werden 25 g Säure zu einem Liter verdünnt und 50 ccm dieser Lösung mit n. Natronlauge (Methylorange oder Phenolphthalein) titriert.

$$1 \text{ ccm n. Lauge} = 0{,}049 \text{ g } H_2SO_4 = 0{,}04 \text{ g } SO_3.$$

Verunreinigungen. In der gewöhnlichen Schwefelsäure des Handels können vorhanden sein: Sulfate des Natriums (seltener des Kaliums), des Ammoniums, des Kalziums, des Aluminiums, des Eisens und des Bleis, ausnahmsweise auch des Zinks und Kupfers; Arsen, Selen, Thallium, Titan; ferner Stickstoff-Sauerstoffverbindungen, Salzsäure,

---

[1]) Färb.-Ztg. 1895, 378.

schweflige Säure, Flußsäure. Die meisten der genannten Verbindungen in geringen Mengen sind für die Zwecke der Färberei belanglos.

Schweflige Säure wird durch Entfärbung schwachgebläuter Jodstärkelösung oder durch Überführung der schwefligen Säure vermittels Zink (oder Aluminium) zu Schwefelwasserstoff mit Bleipapier (oder einer alkalischen Lösung von Nitroprussidnatrium) nachgewiesen.

Salzsäure wird vermittels Silberlösung bestimmt und nach Neutralisation der Gesamtsäure mit Silberlösung titriert (s. u. Salzsäure bzw. Chloriden).

Stickstoffsäuren werden vermittels der Diphenylaminreaktion, salpetrige Säure vermittels Jodkaliumstärkelösung oder Metaphenylendiamin (s. Wasser) nachgewiesen.

Flußsäure ist nachzuweisen durch Erwärmen in einer Platinschale, die man mit einer Glasplatte bedeckt, welche in Wachs eingeritzte Figuren enthält.

Ammoniak läßt sich nach Verdünnung und Übersättigung mit reinem Kali- oder Natronhydrat mit Neßlers Reagens nachweisen.

Alkalisalze werden im Verdampf- und Glührückstande gefunden. Der Gehalt an denselben darf höchstens Zehntelprozente betragen.

Der Arsengehalt ist ein sehr schwankender. Derselbe kann nach Marsh oder Treadwell-Commert[1]) oder mit Bettendorfs Reagens nachgewiesen bzw. bestimmt werden. Letzteres Reagens läßt noch 0,01 mg Arsenik in 1 ccm Schwefelsäure auffinden.

Blei. Man verdünnt die Säure mit dem gleichen Volumen Wasser und dem doppelten Volumen Alkohol, läßt einige Zeit stehen, filtriert einen etwa vorhandenen Niederschlag von Bleisulfat ab, wäscht mit verdünntem Alkohol aus, trocknet und glüht in Porzellan.

$$1 \text{ g } PbSO_4 = 0,6832 \text{ g } Pb.$$

Eisen kann kolorimetrisch (s. u. Wasser) oder bei größeren Mengen titrimetrisch (s. Eisenbeizen) bestimmt werden.

Bestimmung der Schwefelsäure in Sulfaten. Die Schwefelsäure in freier Säure gravidimetrisch zu bestimmen ist meist unnötig. Nur wenn es sich um Säuremischungen und Sulfate handelt, ist dieses weit zeitraubendere Verfahren angebracht. In solchen Fällen wird man sich vor allem der gewichtsanalytischen

Bariumsulfatmethode bedienen. Man fällt zu diesem Zwecke eine siedend heiße, stark verdünnte Lösung (1—2 g : 300—400 ccm) mit wenig überschüssigem Bariumchlorid, läßt ¼ Stunde stehen, fitriert, wäscht gut aus und glüht unter den bekannten Vorsichtsmaßregeln. Es ist auf etwaig okkludiertes Bariumchlorid und gelöst gebliebenes Bariumsulfat Rücksicht zu nehmen.

Bei der Bestimmung der Schwefelsäure in Metallsalzen sind die Verhältnisse viel verwickelter, weil sich Bariumsulfat in Salzlösungen leichter löst als in saurem Wasser und besonders wegen der Fähigkeit des Bariumsulfats, außer Bariumchlorid noch andere Salze einzuschließen. So enthält Bariumsulfat aus Sulfaten der dreiwertigen Metalle, nament-

---

[1]) S. Treadwell, Lehrbuch der analytischen Chemie.

lich aus Ferri-, Aluminium- und Chromisulfat, erhebliche Mengen dieser Salze, die beim Glühen SO_3 abgeben und Oxyd hinterlassen. Das zurückbleibende Gemenge von $BaSO_4 + R_2O_3$ wiegt weniger, als wenn alle Schwefelsäure als Bariumsalz vorhanden wäre, wodurch die Ergebnisse zu niedrig ausfallen. Man muß also in diesen Fällen (Eisen-, Tonerde-, Chromsulfat usw.) vor der Abscheidung der Schwefelsäure die dreiwertigen Metalle von der Schwefelsäure trennen. Dieses geschieht bei Ferriverbindungen durch Fällen der verdünnten, schwach salzsauren Lösung bei etwa 70° mit einem großen Überschuß von Ammoniak. Die zweiwertigen Metalle werden in der Regel nur in sehr geringem Grade von Bariumsulfat okkludiert und es ist daher nicht nötig, das Metall vorher zu entfernen. Nur ist die Anwesenheit von viel Kalzium schädlich; es muß deshalb, wenn in größeren Mengen vorhanden, durch Fällen mit Ammoniumkarbonat und Ammoniak entfernt werden. Die Lösung wird hierauf angesäuert und das Bariumsulfat gefällt. — Etwa vorhandene Salpetersäure und Chlorsäure müssen vor der Schwefelsäurefällung durch Eindampfen mit Salzsäure zerstört werden. — Da ferner auch Alkalisalze und überschüssige Salzsäure Bariumsulfat verunreinigen bzw. lösend auf dasselbe einwirken, muß in ganz verdünnter Lösung und mit einem nur kleinen Salzsäureüberschuß gearbeitet werden. Für eine Schwefelsäuremenge, entsprechend 1—2 g Bariumsulfat, führt man nach Treadwell die Fällung am besten in einer Lösung aus, welche 350—400 ccm beträgt und 1 ccm konzentrierte Salzsäure enthält. Man erhitzt die Lösung zum Sieden und fügt in einem Gusse zum Sieden erhitzte Bariumchloridlösung unter beständigem Umrühren im Überschuß zu, läßt ¹/₂ Stunde stehen, filtriert, wäscht, glüht den Niederschlag und wägt. 1 g $BaSO_4$ = 0,343 g SO_3 = 0,4 g H_2SO_4.

Unlösliche Sulfate. Kalziumsulfat wird durch längere Digestion mit Ammonkarbonat zersetzt. — Bleisulfat wird mit Sodalösung gekocht, die Lösung nach dem Erkalten mit Kohlensäure gesättigt und filtriert. Das Blei bleibt vollständig als Karbonat zurück, während das Filtrat alle Schwefelsäure enthält und direkt wie oben gefällt werden kann. — Silikate werden mit Soda geschmolzen, mit Wasser ausgelaugt, mit Salzsäure zur Trockne verdampft, mit heißem Wasser aufgenommen, von der Kieselsäure abfiltriert und die Schwefelsäure im Filtrate als Bariumsulfat gefällt.

Spezifische Gewichte von Schwefelsäurelösungen nach Lunge, Isler und Naef.

Spez. Gew. bei $\frac{15°}{4°}$ (luftl. R.)	Grad Baumé	Grad Twaddell	100 Gewichtsteile entsprechen bei chemisch reiner Säure Proz. H_2SO_4	Spez. Gew. bei $\frac{15°}{4°}$ (luftl. R.)	Grad Baumé	Grad Twaddell	100 Gewichtsteile entsprechen bei chemisch reiner Säure Proz. H_2SO_4
1,000	0	0	0,09	1,050	6,7	10	7,37
1,010	1,4	2	1,57	1,060	8,0	12	8,77
1,020	2,7	4	3,03	1,070	9,4	14	10,19
1,030	4,1	6	4,49	1,080	10,6	16	11,60
1,040	5,4	8	5,96	1,090	11,9	18	12,99

Spez. Gew. bei $\frac{15^0}{4^0}$ (luftl. R.)	Grad Baumé	Grad Twaddell	100 Gewichtsteile entsprechen bei chemisch reiner Säure — Proz. H_2SO_4	Spez. Gew. bei $\frac{15^0}{4^0}$ (luftl. R.)	Grad Baumé	Grad Twaddell	100 Gewichtsteile entsprechen bei chemisch reiner Säure — Proz. H_2SO_4
1,100	13,0	20	14,35	1,620	55,2	124	70,42
1,110	14,2	22	15,71	1,630	55,8	126	71,27
1,120	15,4	24	17,01	1,640	56,3	128	72,12
1,130	16,5	26	18,31	1,650	56,9	130	72,96
1,140	17,7	28	19,61	1,660	57,4	132	73,81
1,150	18,8	30	20,91	1,670	57,9	134	74,66
1,160	19,8	32	22,19	1,680	58,4	136	75,50
1,170	20,9	34	23,47	1,690	58,9	138	76,38
1,180	22,0	36	24,76	1,700	59,5	140	77,17
1,190	23,0	38	26,04	1,710	60,0	142	78,04
1,200	24,0	40	27,32	1,720	60,4	144	78,92
1,210	25,0	42	28,58	1,730	60,9	146	79,80
1,220	26,0	44	29,84	1,740	61,4	148	80,68
1,230	26,9	46	31,11	1,750	61,8	150	81,56
1,240	27,9	48	32,28	1,760	62,3	152	82,44
1,250	28,8	50	33,43	1,770	62,8	154	83,51
1,260	29,7	52	34,57	1,780	63,2	156	84,50
1,270	30,6	54	35,71	1,790	63,7	158	85,70
1,280	31,5	56	36,87	1,800	64,2	160	86,92
1,290	32,4	58	38,03	1,805	64,4	161	87,60
1,300	33,3	60	39,19	1,810	64,6	162	88,30
1,310	34,2	62	40,35	1,815	64,8	163	89,16
1,320	35,0	64	41,50	1,820	65,0	164	90,05
1,330	35,8	66	42,66	1,821	…	…	90,20
1,340	36,6	68	43,74	1,822	65,1	…	90,40
1,350	37,4	70	44,82	1,823	…	…	90,60
1,360	38,2	72	45,88	1,824	65,2	…	90,80
1,370	39,0	74	46,94	1,825	…	165	91,00
1,380	39,8	76	48,00	1,826	65,3	…	91,25
1,390	40,5	78	49,06	1,827	…	…	91,50
1,400	41,2	80	50,11	1,828	65,4	…	91,70
1,410	42,0	82	51,15	1,829	…	…	91,90
1,420	42,7	84	52,15	1,830	…	166	92,10
1,430	43,4	86	53,11	1,831	65,5	…	92,43
1,440	44,1	88	54,07	1,832	…	…	92,70
1,450	44,8	90	55,03	1,833	65,6	…	92,97
1,460	45,4	92	55,97	1,834	…	…	93,25
1,470	46,1	94	56,90	1,835	65,7	167	93,56
1,480	46,8	96	57,83	1,836	…	…	93,90
1,490	47,4	98	58,74	1,837	…	…	94,25
1,500	48,1	100	59,70	1,838	65,8	…	94,60
1,510	48,7	102	60,65	1,839	…	…	95,00
1,520	49,4	104	61,59	1,840	65,9	168	95,60
1,530	50,0	106	62,53	1,8405	…	…	95,95
1,540	50,6	108	63,43	1,8410	…	…	96,38
1,550	51,2	110	64,26	1,8415	…	…	97,35
1,560	51,8	112	65,20	1,8410	…	…	98,20
1,570	52,4	114	66,09	1,8405	…	…	98,52
1,580	53,0	116	66,95	1,8400	…	…	98,72
1,590	53,6	118	67,83	1,8395	…	…	98,77
1,600	54,1	120	68,70	1,8390	…	…	99,12
1,610	54,7	122	69,56	1,8385	…	…	99,31

Rauchende Schwefelsäure (Oleum). $H_2S_2O_7 + xH_2SO_4$ bzw. $H_2SO_4 + xSO_3$. Die rauchende Schwefelsäure besteht aus einer Lösung von Schwefelsäureanhydrid (SO_3) in Schwefelsäurehydrat oder richtiger aus Pyroschwefelsäure ($H_2S_2O_7$) mit oder ohne Schwefelsäurehydrat (oder Anhydrid). Das sogenannte 45%ige Oleum besteht aus reiner Pyroschwefelsäure, bei Gehalten unter 45% liegt ein Gemenge von Pyroschwefelsäure mit Hydrat, bei Gehalten über 45% ein solches mit Anhydrid (SO_3) vor. Der Gehalt wird stets in Prozenten von überschüssigem Anhydrid angegeben. Oleumsorten von 0 bis etwa 40% und 60—70% SO_3 sind ölige Flüssigkeiten, die übrigen (40—60% und über 70% SO_3) sind fest. Für Hilfszwecke der Färberei kommen nur die flüssigen, meist schwach anhydridhaltigen Säuren in Betracht.

Der Wert des Oleums hängt vor allem von seinem Anhydridgehalt ab, ferner ist noch der Gehalt an schwefliger Säure, die in technischen Produkten fast nie fehlt, zu berücksichtigen. Zum Abwägen des Oleums sind viele Verfahren in Vorschlag gebracht worden, die ihren Zweck mehr oder weniger erfüllen[1]). Am einfachsten dürfte wohl folgendes schnell und sicher auszuführende Verfahren sein. Ein gewöhnliches dünnwandiges trockenes Reagenzglas (etwa 18 mm breit) wird etwa 4 cm vom Boden zu einer 3—4 cm langen Kapillare ausgezogen, gewogen und mit der Kapillare in gut durchgeschütteltes Oleum getaucht, welches sich am besten in einer enghalsigen Flasche befindet. Dann wird der obere Teil des Reagenzglases mit einem Bunsenbrenner erhitzt, bis sich durch Luftverdrängung ein genügend großes Vakuum gebildet hat, um beim Erkalten 8—10 g Oleum aufzunehmen. Die Kapillare wird alsdann sofort zugeschmolzen, das Glas abgeputzt, wieder gewogen und in eine dickwandige, etwa 200—300 ccm Wasser haltende Literflasche mit eingeschliffenem Stöpsel gebracht. Hier wird das Gläschen durch Schütteln zertrümmert und der die Flasche anfangs erfüllende Anhydriddampf in wenigen Minuten vom Wasser absorbiert. Ist dieses geschehen und die Flasche abgekühlt, so wird vermittels eines Trichters von den Scherben getrennt, diese gut ausgewaschen, die Lösung auf 1000 ccm aufgefüllt und 100—250 ccm mit Normallauge titriert. Die Ergebnisse der Titrierung werden zuerst auf Prozente Gesamt-SO_3 berechnet, wobei jedes Kubikzentimeter n. Natronlauge 0,04 g SO_3 anzeigt; die weitere Berechnung auf Hydrat und Anhydrid ergibt sich aus folgendem Beispiel: 9,7104 g Oleum : 1000 ccm gelöst, 250 ccm verbrauchen 52,38 ccm Normallauge; $52{,}38 \times 0{,}04 \times 4 = 8{,}3808$ g SO_3 in 9,7104 g Oleum = 86,3% SO_3, demnach $100 - 86{,}3 = 13{,}7\%$ Wasser, das jedoch an SO_3 gebunden ist. 13,7 Wasser entsprechen $13{,}7 \cdot 4{,}44 = 60{,}82\%$ an Wasser gebundenem Schwefelsäureanhydrid, also sind $86{,}3 - 60{,}82 = 25{,}48\%$ SO_3 als freies Anhydrid vorhanden.

Findet man weiter bei der Titration der schwefligen Säure mit Jod z. B. 0,16% SO_2, so bleiben (da 0,16 SO_2 = 0,20 SO_3) $25{,}48 - 0{,}20 = 25{,}28\%$ SO_3 als freies Anhydrid.

---

[1]) Von neueren Vorschlägen und Apparaten s. Vernon, Chem.-Ztg. 1910, 792; Finch, Ztschr. f. angew. Chem. 1910, 2093; Knorr, Chem.-Ztg. 1912, 1262.

Bei häufig vorkommenden Oleumanalysen bedient man sich zweckmäßig spezieller Tabellen, welche den Gehalt an freiem SO_3 aus dem analytisch gefundenen Gehalt an gesamtem SO_3 angeben[1]).

Salzsäure. HCl = 36,47, bei 15° bis 39,11% in Wasser löslich. Der Wert der Salzsäure wird durch den Gehalt und die Verunreinigungen bedingt. Unter den Verunreinigungen ist hauptsächlich auf Schwefelsäure und Eisen Rücksicht zu nehmen. Die wichtigste Handelsmarke ist 20grädige Salzsäure.

Gehaltsbestimmung. a) Der Gehalt einer Salzsäure wird oft nur aräometrisch festgestellt, wozu die untenstehende Tabelle dient.

b) Genauer wird die Gehaltsbestimmung titrimetrisch ausgeführt. Etwa 10—20 g der Säure werden in ein genau mit Wasser (etwa 50 bis 100 ccm) gewogenes Gläschen eingeschüttet, abgewogen, auf 200—500 ccm aufgefüllt und 50 ccm der Lösung mit n. Natronlauge (Methylorange oder Phenolphthalein) titriert (= Gesamtsäure).

$$1 \text{ ccm n. Lauge} = 0,03647 \text{ g HCl.}$$

c) Enthält die Salzsäure noch andere freie Säuren als Verunreinigung, so muß sie als Chlorid bestimmt werden. Man bedient sich hierbei am besten der Silbertitrationsmethode. Etwa 10 ccm der obigen Stammlösung werden nach der Abtitrierung mit Normallauge mit $^1/_{10}$ n. Silberlösung und neutralem Kaliumchromat als Indikator bis zur beginnenden Braunfärbung titriert (= Gesamtchlor).

$$1 \text{ ccm } ^1/_{10} \text{ n. Silberlösung} = 0,003647 \text{ g HCl.}$$

Nach diesem Verfahren werden etwaig vorhandene Chloride mitbestimmt. Sind solche vorhanden, so müssen sie im Abdampfrückstand gesondert durch Titration mit Silberlösung bestimmt und von dem ersten Befund (Gesamtchlor) in Abzug gebracht werden (= freie Salzsäure). Die Differenz zwischen b (Gesamtsäure) und c (freie Salzsäure) ergibt den Gehalt an fremden Säuren.

Verunreinigungen. Schwefelsäure. Etwaig vorhandene Schwefelsäure wird vermittels Chlorbarium qualitativ nachgewiesen und (wie unter Schwefelsäure beschrieben) quantitativ bestimmt. Man nimmt in der Regel in roher Ware einen Schwefelsäuregehalt von 1% als zulässige Höchstmenge an; für besondere Zwecke (s. Chlorzinn) wird ein nur ganz geringer Schwefelsäuregehalt zugelassen.

Eisen. Technische Salzsäure ist stets eisenhaltig. Die Ermittelung des Eisengehaltes geschieht entweder nach voraufgegangener Oxydation etwaig vorhandenen Eisenoxyduls zu Eisenoxyd nach der kolorimetrischen Methode oder nach der volumetrischen Methode (s. u. Eisensalzen).

Der Eisengehalt soll möglichst gering sein. Er ist besonders da schädlich, wo er einen Farbenton beeinflussen kann, z. B. beim Absäuern gebleichter Ware, bei der Herstellung von Paranitranilinrot (zulässiger Maximalgehalt 0,02—0,03%), wo er Materialverlust bedingt (z. B. beim Berlinerblau-Prozeß) oder sonstwie fleckige Ware usw. erzeugen kann.

---

[1]) Z. B. Tabelle von Knietsch, Berl. Ber. 1901, S. 4114; s. a. Lunge-Berl.

Andere Verunreinigungen sind mitunter: Freies Chlor und Salpetersäure, die vermittels der Diphenylamin- und Jodkaliumstärke-Reaktion o. ä. nachgewiesen werden können (s. u. Wasser). — Ein geringer Arsengehalt, der bei guter Handelsware nicht wesentlich über 0,002% hinauszugehen pflegt, kommt in der Färberei kaum in Frage, wenn es sich nicht etwa um die Herstellung von Zinnbeizen o. ä. handelt. Ferner kommen organische Substanzen als Verunreinigung vor. — Ein Verdampfungsversuch gibt Aufschluß über etwaig vorhandene nicht flüchtige Bestandteile. Gute technische Ware läßt nur minimale Spuren zurück. — Schweflige Säure, welche seltener in störenden Mengen vorkommt, wird durch Entfärbung schwach gebläuter Jodstärke nachgewiesen und in größeren Mengen durch Jodtitration bestimmt. — Schwefelwasserstoff ist auch bisweilen als Verunreinigung vorhanden.

Bestimmung des Chlors in Chloriden. Gravimetrische Methode. Das Chlor wird in der Technik selten gewichtsanalytisch bestimmt. Wo dieses nötig ist, bedient man sich bei löslichen Salzen der bekannten Silberfällung. Die Lösung wird in der Kälte schwach mit Salpetersäure angesäuert, worauf unter beständigem Umrühren Silbernitratlösung zugesetzt wird, bis sich der Niederschlag zusammengeballt hat und keine weitere Fällung entsteht. Nun erhitzt man zum Sieden, läßt den Niederschlag im Dunkeln absitzen, filtriert durch einen Goochtiegel und wägt nach dem Trocknen bei 130° C bis zum konstanten Gewicht.

$$1 \text{ g AgCl} = 0,2474 \text{ g Chlor.}$$

Enthält die Lösung Chloride von schweren Metallen, so können basische Salze mitgefällt werden. In hohem Grade ist dieses bei Stanni- und Ferrisalzen der Fall. (Ferrosalze können bei Salpetersäuremangel das Silbernitrat in der Hitze zu Metall reduzieren.) Unter solchen Umständen fällt man in der Kälte ohne nachträgliches Erhitzen oder entfernt (noch sicherer) vorher das schwere Metall durch Ausfällen mit Ammoniak, Natronlauge oder Soda. Nach Winkler[1]) verursacht die Gegenwart von fremden Salzen (auch von Ferrieisen; Zinnsalze werden nicht erwähnt) keine wesentliche Störung. Nur bei Gegenwart von Quecksilber kann keine auch nur annähernd richtige Chloridbestimmung ausgeführt werden. Bei Gegenwart von Ferroeisen werden der salpetersauren Lösung noch einige Kubikzentimeter Wasserstoffsuperoxyd konz. (Perhydrol) zugesetzt und dann die Bestimmung ohne weiteres vorgenommen.

Im übrigen empfiehlt Winkler für die Chloridbestimmung einen Wattebausch als Filter. Die 100 ccm betragende kalte Lösung wird mit 5 ccm (bei Gegenwart von Ferroeisen mit 10—20 ccm) n. Salpetersäure angesäuert und in mäßigem Überschuß mit annähernd n. Silbernitratlösung versetzt. Man läßt eine Stunde stehen und erhitzt dann bis zum Aufkochen. Tags darauf wird der Niederschlag im „Kelchtrichter" auf den Wattebausch gebracht, nachdem der zusammengeballte Niederschlag mit einer sehr kleinen Federfahne gut verteilt worden ist. Als Waschwasser nimmt man 50 ccm kaltes dest. Wasser, das mit

---

[1]) Ztschr. f. angew. Chem. 1918, 101.

2—3 Tropfen starker Salpetersäure angesäuert ist; schließlich wäscht man mit 50 ccm kaltem Wasser nach, dem einige Tropfen starker Essigsäure zugesetzt sind. Der Niederschlag wird abgesaugt, bei 132° getrocknet, gewogen und nach Winklers Tabelle korrigiert: Bei einem Chlorsilbergewicht von 1,5 g werden 0,9 mg, bei 1 g 0,8 mg, bei 0,5 g 0,3 mg, bei 0,4 g 0,1 mg abgezogen, dagegen bei 0,3 g 0,1 mg, bei 0,2 g und weniger 0,2 mg zugerechnet.

Titrimetrische Methoden. a) Die einfachste Methode ist die Mohrsche, wenn es sich um geringere Chlormengen handelt. Die eventuell neutralisierte Lösung wird mit einigen Tropfen Kaliumchromatlösung (oder nach Lunge besser mit Natriumarseniatlösung) versetzt und mit $^1/_{10}$ n. Silbernitratlösung titriert, bis eine bleibende rötliche Färbung der Flüssigkeit eintritt (Korrektur s. Chlor in Wasser).

$$1 \text{ ccm } ^1/_{10} \text{ n. Silberlösung}$$
$$= 0,003546 \text{ g Chlor} = 0,005846 \text{ g Chlornatrium.}$$

b) Nach Volhard wird die Lösung des Chlorids, nachdem sie vorher schwach mit Salpetersäure angesäuert und mit einigen Kubikzentimetern Eisenalaunlösung versetzt worden ist, mit einem Überschuß an $^1/_{10}$ n. Silberlösung versetzt. Der Überschuß der Silberlösung wird darauf mit $^1/_{10}$ n. Rhodanammoniumlösung zurücktitriert. Sobald alles Silber gebunden ist, tritt die Reaktion zwischen Rhodan und Ferrisalz ein, die sich durch rötlichbräunliche Färbung zu erkennen gibt. Die zugesetzte Menge Silberlösung, abzüglich der verbrauchten Menge Rhodanlösung, entspricht der zur Absättigung des Chlors verbrauchten Menge Silberlösung. $1 \text{ ccm } ^1/_{10} \text{ n. Silberlösung} = 0,003546 \text{ g Chlor.}$

Bestimmung des Chlors in unlöslichen Salzen. Man kocht die Salze mit konzentrierter, chlorfreier Sodalösung bzw. mit Kali- oder Natronlauge, filtriert, neutralisiert das Filtrat und bestimmt das Chlor wie oben. — In Aschen oder Gesteinen wird das Chlor nach vorhergegangener Schmelze mit der 4—5fachen Menge Soda, in organischen Verbindungen durch Aufschließen im zugeschmolzenen Rohr nach Carius, bestimmt.

Besondere Verfahren in sauren Salzen s. z. B. unter Chlorzinn.

Spezifische Gewichte von Salzsäurelösungen nach Lunge und Marchlewski.

Volum-Gew. bei $\frac{15°}{4°}$ (luftl. Raum)	Grad Baumé	100 Gewichtsteile entsprechen bei chemisch reiner Säure Proz. HCl	Volum-Gew. bei $\frac{15°}{4°}$ (luftl. Raum)	Grad Baumé	100 Gewichtsteile entsprechen bei chemisch reiner Säure Proz. HCl
1,000	0,0	0,16	1,040	5,4	8,16
1,005	0,7	1,15	1,045	6,0	9,16
1,010	1,4	2,14	1,050	6,7	10,17
1,015	2,1	3,12	1,055	7,4	11,18
1,020	2,7	4,13	1,060	8,0	12,19
1,025	3,4	5,15	1,065	8,7	13,19
1,030	4,1	6,15	1,070	9,4	14,17
1,035	4,7	7,15	1,075	10,0	15,16

Volum-Gew. bei $\frac{15°}{4°}$ (luftl. Raum)	Grad Baumé	100 Gewichtsteile entsprechen bei chemisch reiner Säure Proz. HCl	Volum-Gew. bei $\frac{15°}{4°}$ (luftl. Raum)	Grad Baumé	100 Gewichtsteile entsprechen bei chemisch reiner Säure Proz. HCl
1,080	10,6	16,15	1,150	18,8	29,57
1,085	11,2	17,13	1,152	19,0	29,95
1,090	11,9	18,11	1,155	19,4	30,55
1,095	12,4	19,06	1,160	19,8	31,52
1,100	13,0	20,01	1,163	20,0	32,10
1,105	13,6	20,97	1,165	20,3	32,49
1,110	14,2	21,92	1,170	20,9	33,46
1,115	14,9	22,86	1,171	21,0	33,65
1,120	15,4	23,82	1,175	21,4	34,42
1,125	16,0	24,78	1,180	22,0	35,39
1,130	16,5	25,75	1,185	22,5	36,31
1,135	17,1	26,70	1,190	23,0	37,23
1,140	17,7	27,66	1,195	23,5	38,16
1,1425	18,0	28,14	1,200	24,0	39,11
1,145	18,3	28,61			

Salpetersäure. $HNO_3 = 63,02$, bis 94—95% stark. Die Salpetersäure stellt im reinen Zustande eine wasserhelle, die technische Säure eine gelblich gefärbte Flüssigkeit dar, die bei starker Konzentration raucht. Sie kommt in den verschiedensten Stärkegraden in den Handel, meist als 35/36grädige Ware vom spezifischen Gewicht 1,32 mit einem Gehalt von rund 50% Salpetersäure. Die technische Säure ist durch mancherlei Stoffe (salpetrige Säure, Untersalpetersäure, Salzsäure, Eisen, Natriumsulfat, Jod usw.) verunreinigt. Bei der untergeordneten Rolle, welche die Salpetersäure in der Textilveredlungsindustrie spielt, kann von einer eingehenden Beschreibung der Untersuchungsmethoden abgesehen werden.

Verunreinigungen. Die meisten Verunreinigungen, wie Salzsäure, Schwefelsäure, Eisen, werden nach bereits besprochenen Methoden ermittelt. — Im Abdampfrückstand werden außer Eisen Alkalisalze, Erdalkalisalze aufgefunden. — Zur Ermittelung der Untersalpetersäure verfährt man nach Lunge[1]).

Gehaltsbestimmung. a) Aräometrisch s. Tabelle.

b) Volumetrisch. 50 g Säure werden zu 1 l gelöst und 50 ccm der Lösung mit Normalnatronlauge (Phenolphthalein oder Methylorange) titriert (Gesamtsäure).

$$1 \text{ ccm n. Lauge} = 0,06302 \text{ g } HNO_3.$$

Da nach dieser Methode etwa vorhandene Salz- und Schwefelsäure mitbestimmt werden, müssen diese unter Umständen einzeln nach einer der beschriebenen Methoden ermittelt und von dem Gesamtsäuregehalt in Abzug gebracht werden. Bei Anwesenheit von salpetriger Säure, welche Methylorange zersetzt, wird Phenolphthalein angewandt.

---

[1]) S. a. Lunge-Berl.

c) **Gravimetrische Nitronmethode nach Busch**[1]). Die von Busch entdeckte Base „Nitron"[2]) bildet mit Salpetersäure ein schwer lösliches Salz, worauf die Bestimmung beruht. Störend wirken dabei: Bromwasserstoff, Jodwasserstoff, salpetrige Säure, Chromsäure, Chlorsäure, Perchlorsäure, Rhodanwasserstoff, Ferro- und Ferrizyanwasserstoff, Pikrin- und Oxalsäure, die abwesend sein oder vorher entfernt werden müssen. Etwa 0,1 g Salpetersäure haltende Substanz löst man in 80—100 ccm Wasser, fügt 10 Tropfen verdünnte Schwefelsäure zu, erhitzt fast zum Sieden und gibt in einem Guß 10—12 ccm Nitronazetatlösung (10 g Nitronbase in 100 ccm 5%iger Essigsäure gelöst) hinzu. Man läßt 1—2 Stunden in Eiswasser stehen, filtriert dann (am besten durch einen Gooch-Neubauer-Platintiegel), saugt gut ab und wäscht noch mit 10—12 ccm Eiswasser nach. Man trocknet bei 110° und wägt das Nitronnitrat, $C_{20}H_{16}N_4 \cdot HNO_3 = 375{,}29$.

$$1 \text{ g Nitronnitrat} = 0{,}168 \text{ g } HNO_3 = 0{,}144 \text{ g } N_2O_5.$$

Die Löslichkeit des Nitronnitrates in schwach angesäuertem Wasser bei gewöhnlicher Temperatur beträgt 0,0099 g (= 0,0017 g HNO_3) in 100 ccm. Trotzdem fallen die Resultate nicht zu niedrig aus und eine Korrektur braucht nicht angebracht zu werden.

Winkler[3]) arbeitet ohne Eiswasser, läßt dafür 24 Stunden bei Zimmerwärme stehen, wäscht mit reichlichem, mit Nitronnitrat gesättigtem Wasser, saugt gut ab und filtriert im „Kelchtrichter" auf einen Wattebausch. 100 ccm der neutralen Lösung, die 0,01—0,05 g HNO_3 enthält, werden mit 1 ccm Eisessig angesäuert, auf 60—70° erwärmt und mit 10 ccm 10%iger Nitronazetatlösung versetzt. Man läßt im Dunkeln 24 Stunden bei 15—20° stehen, sammelt den Niederschlag auf einem kleinen Wattebausch im Kelchtrichter und wäscht mit 50 ccm gesättigter Nitronnitratlösung aus; der letzte Anteil des Waschwassers wird scharf abgesaugt. Getrocknet wird 2—3 Stunden bei 100°. — Reichliche Verunreinigungen von Schwefelsäure oder Jodsäure verursachen fast keine Störung, dagegen ist das Ergebnis bei Gegenwart von Chloriden etwas zu hoch, wofür er Korrektionswerte festgelegt hat.

d) **Alkalische Reduktion zu Ammoniak.** Das Nitrat wird entweder (Stutzer) in alkalischer Lösung mit Aluminium[4]) und Natronlauge, oder (Sievert) in alkoholischer Kalilösung mit reinem (staubfreiem) Zink- und Eisenpulver, oder am besten[5]) mittels der Devardaschen Legierung (in vorzüglicher Qualität von der Aluminiumfabrik in Neuhausen zu beziehen) zu Ammoniak reduziert. Nach der Reduktion wird die Lösung destilliert, das gebildete Ammoniak in titrierter, vorgelegter Säure aufgefangen, die überschüssige Säure mit titrierter Lauge zurückgemessen und aus dem Verbrauche an Säure das Ammoniak bzw. die Salpetersäure berechnet.

e) Neuerdings beschreibt Arnd[6]) ein neues, alkalisches Reduktionsverfahren, das noch einfacher und sicherer arbeitet als das mit der De-

---

[1]) Berl. Ber. 1905, 861; Ztschr. f. angew. Chem. 1905, 494; Treadwell.

[2]) 1,4-Diphenyl-3,5-endanilodihydrotriazol.

[3]) Ztschr. f. angew. Chem. 1921, 46.

[4]) Das hierzu verwendete Aluminium muß bestimmten Bedingungen entsprechen und wird von der Aluminium- und Magnesiumfabrik zu Hemelingen bei Bremen in richtiger Zusammensetzung geliefert.

[5]) S. a. Treadwell.   [6]) Ztschr. f. angew. Chem. 1917, 169.

vardaschen Kupfer-Aluminium-Zinklegierung. Man ermittelt nach diesem Verfahren den gesamten Nitrat- und Nitritstickstoff als Ammoniak. Bei Anwesenheit von Ammoniak- und Amidstickstoff werden diese vorher durch Destillation mit Magnesiumoxyd entfernt bzw. gesondert ermittelt und nach Auffüllen des im Destillationskolben verbliebenen Rückstandes auf 250—300 ccm und Zugabe von Magnesiumchlorid und Legierung, die sich in der Porzellanschale leicht zu feinem Pulver zerreiben läßt, wird die Bestimmung des Nitrat- und Nitritstickstoffs ausgeführt. Arnd gibt seiner Methode folgende Ausführungsform.

Zu der etwa 50 mg Nitrat- oder Nitritstickstoff enthaltenden, 250 bis 300 ccm betragenden Lösung im Destillationskolben werden 5 ccm einer 20%igen Lösung von kristallisiertem Chlormagnesium und etwa 3 g der zu feinem Pulver zerriebenen Reduktionslegierung (bestehend aus 60 T. Kupfer und 40 T. Magnesium) zugesetzt. Durch sofortiges Erhitzen mit voller Flamme werden 200—250 ccm der Lösung abdestilliert; das übergetriebene Ammoniak wird in titrierter Säure aufgefangen und in üblicher Weise bestimmt. Bei 100 mg Nitrat- bzw. Nitritstickstoff genügen 5 g Reduktionslegierung. Letztere wird von der Aluminium-Magnesiumfabrik A.-G. in Hemelingen bei Bremen bezogen.

f) Saure Reduktion zu Ammoniak. Vielfach wird bei Salpetersäureverunreinigungen auch nach Ulsch[1]) in verdünnter schwefelsaurer Lösung vermittels Eisenpulver (Ferrum hydrogenio reductum) erst ohne Erwärmen reduziert; dann wird zur Beschleunigung bei mäßiger Flamme auf Asbest allmählich zum Sieden gebracht. In etwa 15 Minuten ist die Reduktion beendet. Nach dem Abkühlen wird mit 150 ccm Wasser verdünnt, mit Natronlauge bis zur deutlichen alkalischen Reaktion und einigen Körnchen Zink versetzt und destilliert. Das Destillat wird in vorgelegter, genau gemessener, überschüssiger Normalschwefelsäure aufgefangen und der Überschuß, wie unter d), nach Beendigung der Operation ($^3/_4$—$1^1/_4$ Stunde) mit n. Natronlauge zurücktitriert und berechnet:

1 ccm verbrauchter n. Schwefelsäure = 0,014 g N = 0,017 g NH_3 = 0,054 g N_2O_5 = 0,063 g HNO_3 = 0,085 g $NaNO_3$ = 0,101 g KNO_3.

Andere Analytiker nehmen statt Schwefelsäure-Eisenpulver zur Reduktion Zink-Eisenstaub und Eisessig. Bei der Bestimmung von Nitraten löst man z. B. 20 g Salz zu 1 l und benutzt 50 ccm der Lösung zur Reduktion (= 1 g Nitrat), welche man in einem Literkolben mit 1 g Eisenpulver und 20 ccm Schwefelsäure (1 : 2) ausführt. Handelt es sich um die Bestimmung von Salpetersäure-Verunreinigungen in Beizen, so müssen wesentlich größere Mengen in Arbeit genommen werden als bei reinen Salzen.

Bei manchen Beizen ist Rücksicht darauf zu nehmen, ob sie nicht bereits Ammoniak bzw. Ammonsalze und Hydroxylamin als Verunreinigung enthalten (s. auch unter Chlorzinn). In solchen Fällen ist die Methode d) nicht anwendbar und die Ulschsche Methode die geeignetste. v. Knorre[2]) arbeitete ein besonderes Verfahren für solche Fälle, wo

---

[1]) Ztschr. f. anal. Chem. 1891, 175.   [2]) Ztschr. f. d. chem. Ind. 1899, 254.

Hydroxylamin und Ammoniak anwesend sind, aus. — Zu erwähnen ist ferner noch das Verfahren von Pelouze-Fresenius, das auf der Oxydation von Ferrochlorid zu Ferrichlorid durch Salpetersäure beruht.

Spezifische Gewichte von Salpetersäurelösungen nach Lunge.

Volum-Gew. bei $\frac{15^0}{4^0}$ (luftl. Raum)	Grad Baumé	100 Gewichtsteile enthalten HNO₃	Volum-Gew. bei $\frac{15^0}{4^0}$ (luftl. Raum)	Grad Baumé	100 Gewichtsteile enthalten HNO₃
1,000	0	0,10	1,360	38,2	57,57
1,010	1,4	1,90	1,370	39,0	59,39
1,020	2,7	3,70	1,380	39,8	61,27
1,030	4,1	5,50	1,3833	40,0	61,92
1,040	5,4	7,26	1,385	40,1	62,24
1,050	6,7	8,99	1,390	40,5	63,23
1,060	8,0	10,68	1,400	41,2	65,30
1,070	9,4	12,33	1,410	42,0	67,50
1,080	10,6	13,95	1,420	42,7	69,80
1,090	11,9	15,53	1,430	43,4	72,17
1,100	13,0	17,11	1,440	44,1	74,68
1,110	14,2	18,67	1,450	44,8	77,28
1,120	15,4	20,23	1,460	45,4	79,98
1,130	16,5	21,77	1,470	46,1	82,90
1,140	17,7	23,31	1,480	46,8	86,05
1,150	18,8	24,84	1,490	47,4	89,60
1,160	19,8	26,36	1,495	47,8	91,60
1,170	20,9	27,88	1,500	48,1	94,09
1,180	22,0	29,38	1,501	—	94,60
1,190	23,0	30,88	1,502	—	95,08
1,200	24,0	32,36	1,503	—	95,55
1,210	25,0	33,82	1,504	—	96,00
1,220	26,0	35,28	1,505	48,4	96,39
1,230	26,9	36,78	1,506	—	96,76
1,240	27,9	38,29	1,507	—	97,13
1,250	28,8	39,82	1,508	48,5	97,50
1,260	29,7	41,34	1,509	—	97,84
1,270	30,6	42,87	1,510	48,7	98,10
1,280	31,5	44,41	1,511	—	98,32
1,290	32,4	45,95	1,512	—	98,53
1,300	33,3	47,49	1,513	—	98,73
1,310	34,2	49,07	1,514	—	98,90
1,320	35,0	50,71	1,515	49,0	99,07
1,325	35,4	51,53	1,516	—	99,21
1,330	35,8	52,37	1,517	—	99,34
1,3325	36,0	52,80	1,518	—	99,46
1,335	36,2	53,22	1,519	—	99,57
1,340	36,6	54,07	1,520	49,4	99,67
1,350	37,4	55,79			

Schweflige Säure (Schwefeldioxyd, Schwefelwasser). $SO_2 = 64,06$; in kaltem Wasser bis zu $10,75\%$ SO_2 löslich. Die schweflige Säure kommt entweder als wässerige Lösung (auch Schwefelwasser genannt) oder komprimiert als flüssige schweflige Säure (Schwefeldioxyd) in den Handel, letztere in nahtlosen Stahlzylindern (Mannesmann-Verfahren) von 60 bis

100 kg Inhalt[1]) mit einem Gehalt von 99,5—100% SO_2. Die wässerige schweflige Säure kommt meist als 5—6%ige Ware auf den Markt, eignet sich aber wegen der Frachtkosten nicht zum Versand; ihre Herstellung ist demnach mehr oder weniger auf den Platz ihres Verbrauches beschränkt. Außerdem wird die schweflige Säure gasförmig von dem Verbraucher selbst durch Verbrennen von Schwefel[2]) hergestellt (Schwefelkammer, Schwefelkasten). — Die wässerige Säure unterliegt einer allmählichen Oxydation durch den atmosphärischen Sauerstoff, wobei sie zu Schwefelsäure oxydiert wird. Außerdem nimmt der Gehalt bei längerem Aufbewahren infolge der Verflüchtigung der Säure dauernd ab. Diesen beiden Umständen ist durch guten Verschluß der Behälter und Vermeidung längeren Lagerns entgegen zu wirken.

Gehaltsbestimmung. a) Aräometrisch. Reine wässerige Lösungen können annähernd aräometrisch bestimmt werden. Im allgemeinen wird man sich damit aber nicht zufrieden geben können, da sämtliche Verunreinigungen mitgemessen werden und die Zunahme des spezifischen Gewichtes bei höheren Konzentrationen sehr gering ist (s. Tabelle).

b) Azidimetrisch. Reine Lösungen können azidimetrisch bestimmt werden. Hierbei ist zu bemerken, daß 1. die Gesamtsäure, also etwaig vorhandene Schwefelsäure, auch bestimmt wird, und daß 2. nicht der gesamte Sulfitgehalt ermittelt wird, sondern je nach Wahl des Indikators entweder freie Säure und Bisulfit (Phenolphthalein) oder nur die freie Säure (Methylorange). Von Wichtigkeit ist deshalb die Kenntnis des Verhaltens der Indikatoren zur schwefligen Säure und deren Alkalisalzen: Lackmus ist überhaupt nicht verwendbar, Phenolphthalein zeigt den Umschlag (unscharf!) in Rot bei Bildung des normalen Salzes (Na_2SO_3), Methylorange den Umschlag in Gelb bei Bildung des sauren Salzes ($NaHSO_3$).

$$H_2SO_3 + 2\,NaOH = Na_2SO_3 + 2\,H_2O \text{ (mit Phenolphthalein)},$$
$$H_2SO_3 + NaOH = NaHSO_3 + H_2O \text{ (mit Methylorange)}.$$

Genauer fallen die Titrationen mit Methylorange aus, weil hierbei die fast stets vorhandene Kohlensäure ohne Einwirkung bleibt und Phenolphthalein keinen scharfen Umschlag gibt.

$$1 \text{ ccm n. Lauge (Methylorange)} = 0{,}064 \text{ g } SO_2.$$
$$1 \text{ ccm n. Lauge (Phenolphthalein)} = 0{,}032 \text{ g } SO_2.$$

c) Jodometrisch. Die jodometrische Methode läßt im Gegensatze zur azidimetrischen das Gesamt-SO_2 finden, gleichgültig ob als freie Säure, als Bisulfit oder als normales Sulfit vorhanden, während auf der anderen Seite Schwefelsäure und alle Verunreinigungen, die gegen Jod

---

[1]) 1 kg flüssiges Schwefeldioxyd entspricht bei 0° und 760 mm Druck einem Gasvolumen von 348 Litern. Siedepunkt bei 760 mm Druck: — 10°; Schmelzpunkt: — 79°; spez. Gew. bei 0°: 1,434; amtliche Prüfung der Transportzylinder auf 30 Atm. Druck.

[2]) Schwefel kommt in Stangen und als sogenannte Schwefelblumen in den Handel. Letztere enthalten immer schweflige Säure. Beim Verbrennen des Schwefels soll ein möglichst geringer Rückstand übrig bleiben.

passiv sind, unberücksichtigt bleiben. Die Bestimmung beruht auf der Oxydation der schwefligen Säure zu Schwefelsäure:

$$SO_2 + H_2O + 2\,J = 2\,HJ + SO_3.$$

Diese Reaktion verläuft nur dann quantitativ, wenn die Lösung der schwefligen Säure höchstens 0,04 Gewichtsprozente SO_2 enthält. Bei größerem Gehalt werden schwankende Zahlen erhalten, wenn man die Jodlösung in die schweflige Säure einlaufen läßt. Läßt man aber umgekehrt die schweflige Säure (verdünnt oder konzentriert) unter beständigem Rühren zu der Jodlösung zufließen, so findet auch dann vollständige Oxydation statt. Bei der Analyse von Sulfiten läßt man deshalb die Sulfitlösung zu einer mit Salzsäure angesäuerten Jodlösung fließen.

Man verdünnt entweder 1. die schweflige Säure derart, daß 100 ccm höchstens 0,04 g SO_2 enthalten, säuert mit Schwefelsäure an und titriert mit $^1/_{10}$ n. Jodlösung unter Zusatz von Stärkelösung bis zur beginnenden Blaufärbung. (Auch kann man einen Überschuß an Jodlösung zusetzen und mit $^1/_{10}$ n. Natriumthiosulfatlösung bis zur Entfärbung zurücktitrieren.) Oder man titriert 2. eine vorgelegte Menge (etwa 50 ccm) $^1/_{10}$ n. Jodlösung mit einer Lösung der schwefligen Säure (beliebiger Konzentration) unter Zusatz von Stärkelösung bis zur Entfärbung. Die Stärkelösung wird vorteilhaft gegen Schluß der Titration zugegeben; die Konzentration der schwefligen Säure darf nicht so hoch sein, daß Verdunstung der schwefligen Säure stattfindet.

$$1\ ccm\ ^1/_{10}\ n.\ \text{Jodlösung} = 0{,}0032\ g\ SO_2.$$

Die direkte Titration in bikarbonatalkalischer Lösung ergibt keine genauen Resultate; man müßte gegebenenfalls eine überschüssige Jodlösung $^1/_4$ Stunde auf die schweflige Säure einwirken lassen und dann den Überschuß zurücktitrieren[1]).

Bei der Untersuchung der flüssigen, schwefligen Säure wird das Druckgefäß mit einem gewogenen, mit verdünnter Natronlauge beschickten Absorptionsapparat (bestehend aus einem Erlenmeyerkolben und einem Kugelrohr) verbunden, einige Gramm Gas eingeleitet, die Zunahme des Apparates durch Wägung bestimmt, die alkalische Sulfitlösung zu 1 l mit ausgekochtem Wasser aufgefüllt und die schweflige Säure wie oben durch Einfließenlassen in eine vorgelegte Menge titrierter und mit Salzsäure angesäuerter Jodlösung bestimmt.

d) Kedesdy[2]) bestimmt die schweflige Säure (auch in Mischung mit Schwefelsäure, z. B. in Oleum, oder mit Sulfaten) alkalimetrisch, indem er zuerst mit Natronlauge (Methylorange) bis zur Gelbfärbung titriert. Hierbei wird Schwefelsäure und schweflige Säure in Sulfat und Bisulfat übergeführt. Gibt man dann eine genügende Menge neutrales Wasserstoffsuperoxyd zu, so wird das Bisulfit in Sulfat und freie Schwefelsäure (bzw. in Bisulfat) übergeführt, wodurch die Lösung wieder rot wird. Nun wird weiter titriert, wobei der bis zur erneuten Gelbfärbung erforderliche Zusatz von Natronlauge der Hälfte der ursprünglich vorhandenen schwefligen Säure entspricht. Beispiel: Bis zur ersten Gelbfärbung

---

1) Treadwell.   2) Chem.-Ztg. 1914, 601.

des Methylorange sind 16,0 ccm $n/_{10}$ Natronlauge verbraucht. Nach Zusatz von H_2O_2 wurden bis zur zweiten Gelbfärbung weitere 0,8 ccm der Lauge (also im ganzen 16,8 ccm) verbraucht. Die Menge der ursprünglich vorhanden gewesenen schwefligen Säure entspricht dann 1,6 ccm Lauge (im Sinne des Phenolphthalein-Neutralpunkts: Na_2SO_3).

d) **Gewichtsanalytisch.** Die schweflige Säure kann mit Chlor, Brom, Wasserstoffsuperoxyd (s. u. d.) u. a. zu Schwefelsäure oxydiert und letztere gravimetrisch als Bariumsulfat bestimmt werden. Man läßt beispielsweise zu einer Lösung von schwefliger Säure oder von Sulfit Chlor- oder Bromwasser zufließen, vertreibt den Überschuß des Halogens durch Kochen und fällt mit Chlorbarium.

Verunreinigungen. Die flüssige schweflige Säure wird außer nach der erwähnten jodometrischen Gehaltsbestimmung auch noch gasometrisch geprüft. Etwas Schwefligsäuregas wird in ein mit verdünnter Natronlauge gefülltes Eudiometer eintreten gelassen und beobachtet, ob alles absorbiert wird, also keine Luft bzw. Stickstoff enthalten ist. Außerdem werden die Druckgefäße nach dem Abblasen auf einen eventuell darin zurückgebliebenen Rückstand, Wasser oder Schwefelsäure, untersucht. **Schwefelsäure** ist die weitaus häufigste Verunreinigung der schwefligen Säure und ist in Mengen bis zu 20% beobachtet worden[1]). Sie wird in bekannter Weise mit Chlorbarium nachgewiesen und bestimmt.

Im **Abdampfrückstand** werden alle metallischen, erdalkalischen und alkalischen Verunreinigungen gefunden. Es kommen hauptsächlich Natriumsalze, sowie Kalzium- und Magnesiumsulfit in Frage. Letztere meist dann, wenn die schweflige Säure einen Zusatz von sogenannter „Sulfitlauge" der Zellulosefabriken erhalten hat oder mit Hilfe dieser Sulfitlauge hergestellt worden ist.

Spezifische Gewichte der wässerigen **schwefligen Säure** verschiedener Konzentration bei 15,5° (**Giles** und **Shearer**).

Spez. Gew.	Gew. Proz. SO_2	Spez. Gew.	Gew. Proz. SO_2
1,0051	0,99	1,0438	8,68
1,0102	2,05	1,0492	9,80
1,0148	2,87	1,0541	10,75
1,0204	4,04	1,0597	11,65
1,0252	4,99	(bei 12,5°)	
1,0297	5,89	1,0668	13,09
1,0353	7,01	(bei 11°)	
1,0399	8,08		

Essigsäure. $CH_3COOH = 60,04$; mit Wasser in jedem Verhältnis mischbar. Die Essigsäure kommt in den verschiedensten Konzentrationen und Reinheitsgraden in den Handel. Die Konzentration kann zwischen 100% (Eisessig) und einer beliebigen Verdünnung, die Reinheit kann zwischen chemisch reiner Ware und rohem nicht rektifiziertem

---

[1]) Lunge-Berl.

Holzessig schwanken; die Essigsäure kann ferner Karbid-, Oxydations-, Gärungs- oder Holzessigsäure sein.

Roher Holzessig von Laubhölzern wiegt gewöhnlich 4—5° Bé und enthält, die Gesamtsäure auf Essigsäure berechnet, 8—11% Säure. Neben Essigsäure enthält dieses Produkt noch viele andere organische Stoffe. Holzessig von Nadelhölzern enthält weniger Essigsäure und Holzgeist, aber mehr teerige Produkte.

Destillierter Holzessig, das Destillat von rohem Holzessig, ist teerarm, $1\frac{1}{2}$—2° Bé schwer und enthält 6—9% Essigsäure (die Gesamtsäure auf Essigsäure berechnet); er ist auch meist holzgeistfrei, hat aber wie der rohe Holzessig einen stark brenzlichen Geruch.

Rohe Essigsäure kommt wohl nicht mehr in den Handel. Die sogenannte technische Essigsäure von 30—60% ist mehr oder weniger vorgereinigt, frei von Metallen und Mineralsäuren.

Technische Essigsäure. Die technische Essigsäure wurde früher zum größten Teil durch Destillation von holzessigsaurem Kalk (Graukalk) mit Schwefelsäure erhalten; heute kommt im Inlande vorzugsweise die synthetisch hergestellte Karbidessigsäure zur Verwendung. Sie kommt meist als 30%ige, ferner auch als 50%ige oder 60%ige Säure in den Verkehr. Mitunter wird sie nach Baumégraden gehandelt, z. B. Essigsäure 6°, 7°, 8° Bé usw. Bei höherer Konzentration wird meist eine reinere Ware geliefert, worunter z. B. die „Essigessenz" (80%) zu erwähnen ist. Eine noch stärkere Säure, 99% (Eisessig), wird in der Textilveredlungsindustrie nicht verwendet.

Gehaltsbestimmung der Essigsäuren. a) Die aräometrische Prüfung bei rohen Essigsäuren und rohem Holzessig gibt keinen ausreichenden Aufschluß über den Gehalt, weil diese Produkte eine große Menge von Nebenbestandteilen führen. Bei der aräometrischen Prüfung reiner Ware (s. untenstehende Tabelle) muß bei einem spezifischen Gewicht über 1,0553 näher geprüft werden, welchem Gehalt die Säure entspricht, indem die Säure mit etwas Wasser verdünnt und nochmals gespindelt wird. Nimmt das spezifische Gewicht zu, so war die Säure stärker als 78%ig, nimmt es ab, so war sie schwächer als 78%ig.

b) Volumetrische Gehaltsbestimmung. Etwa 20—50 g der Säure (je nach der Stärke) werden zu einem Liter gelöst und 50 ccm der Lösung mit n. Natronlauge (Phenolphthalein) titriert.

1 ccm n. Natronlauge = 0,06 g Essigsäure (Gesamtsäure).

Rohe, stark gefärbte Säuren können mitunter durch direkte Titration nicht genau bestimmt werden. In solchen Fällen bedient man sich der Tüpfelmethode mit Lackmuspapier.

c) Mohrsche Methode (bei stark gefärbten Säuren). 5 g Essigsäure werden mit genau gewogenem, reinem, überschüssigem Kalziumkarbonat bei Siedehitze behandelt, filtriert, der Rückstand mit heißem Wasser ausgewaschen, das unzersetzte Kalziumkarbonat titriert und hieraus das verbrauchte Kalziumkarbonat berechnet.

$$1 \text{ g } CaCO_3 = 1{,}2 \text{ g Essigsäure.}$$
$$(1 \text{ ccm n. Säure} = 0{,}05 \text{ g } CaCO_3 = 0{,}06 \text{ g Essigsäure.})$$

d) **Destillationsmethode.** In vielen Fällen kann auch die Mohrsche Methode nicht angewandt werden, z. B. bei beträchtlichem Teergehalt, welcher mit der Kreide ausfällt, dieselbe okkludiert, die ganze Masse unlöslich macht oder dunkel färbt. In solchen Fällen bedient man sich der Destillationsmethode. Man neutralisiert eine gewogene Probe der Essigsäure mit Kalziumkarbonat, dampft zur Trockne und bringt den Trockenrückstand in einen Kolben. Dann fügt man für je 5 g desselben 50 ccm Phosphorsäure vom spezifischen Gewicht 1,2 sowie 50 ccm Wasser zu, destilliert mit einem Liebigschen Kühler, fängt das Destillat in einer Vorlage auf und titriert dasselbe nach Beendigung der Operation mit Normallauge (Phenolphthalein). S. a. u. Azetaten.

1 ccm n. Lauge = 0,06 g Essigsäure.

Verunreinigungen. Salz- und Schwefelsäure[1]) wird nach bereits besprochenen Methoden ermittelt und von der Gesamtsäure, falls als freie Säure vorhanden, in Abzug gebracht.

Metalle werden ermittelt, indem die Säure zunächst stark verdünnt und dann Schwefelwasserstoff eingeleitet wird (Schwermetalle); ferner wird mit Schwefelammonium, Ammoniumoxalat (Kalk) usw. nach gewöhnlichen analytischen Methoden geprüft.

Im Abdampfrückstand, welcher bei reiner Essigsäure nur wenige Milligramm pro 100 g Säure betragen darf, werden Alkalisalze, sowie alle Metalle (Eisen, Blei usw.), Teerstoffe u. a. gefunden. Grenzwerte für hohen Holzessig lassen sich im allgemeinen nicht geben. Ist freie Schwefelsäure neben Sulfaten vorhanden, so wird sie durch Aufnehmen des Abdampfrückstandes mit Alkohol von den Salzen getrennt. Nach der Filtration und dem Auswaschen mit Alkohol wird die Schwefelsäure mit $1/10$ n. Lauge titriert oder mit Chlorbarium als Bariumsulfat bestimmt.

Gehalt an freier Mineralsäure. Nach Hilger[2]). 20 ccm Essig bzw. etwa 2—3 g Essigsäure 30%ig werden mit Normalnatronlauge nach der Tüpfelmethode unter Anwendung von empfindlichem violetten Lackmuspapier genau neutralisiert, auf etwa $1/10$ des Vol. in einer Porzellanschale eingedampft und nach Zusatz einiger Tropfen Methylviolettlösung in der Siedehitze mit Normalschwefelsäure bis zum Farbenübergang titriert. Was an Normallauge mehr verbraucht wurde, als an Normalsäure bei der Rücktitration, entspricht der freien Mineralsäure in der Essigsäure.

Ameisensäure. Der Nachweis von Ameisensäure in Essigsäure und umgekehrt hat infolge der technischen Darstellung billiger Ameisensäure Bedeutung erlangt. Näheres s. u. Ameisensäure.

Schweflige Säure, die mitunter in Essigsäure vorkommt, wird an der Entfärbung von Jodstärkekleister erkannt.

Empyreumatische Bestandteile werden an dem brenzlichen Geruch, besonders nach dem Verdünnen und Neutralisieren erkannt. Außerdem wirken diese Stoffe reduzierend auf Chamäleonlösung. Aus dem Verbrauch an Chamäleon läßt sich die Menge der empyreumatischen Stoffe annähernd bestimmen. Reine Essigsäure reduziert Chamäleon-

---

[1]) S. a. u. Essigsprit.   [2]) S. Lunge-Berl.

lösung (im Gegensatz zu Ameisensäure) nicht. Der Nachweis der Ameisensäure (Guyot) vermittels dieser Reaktion ist unsicher, wenn nicht das Fehlen anderer, Chamäleon reduzierender Stoffe erwiesen ist.

Arsen kann vermittels der Bettendorfschen Reaktion (Zinnchlorür) nachgewiesen werden.

Volumgewicht der Essigsäure bei 15° nach Oudemann.

Vol.-Gew.	Proz.	Vol.-Gew.	Proz.	Vol.-Gew.	Proz.	Vol.-Gew.	Proz.
1,0007	1	1,0185	13	1,0571	45	1,0746	75
1,0022	2	1,0228	16	1,0615	50	1,0748	80
1,0037	3	1,0284	20	1,0653	55	1,0739	85
1,0052	4	1,0350	25	1,0685	60	1,0713	90
1,0067	5	1,0412	30	1,0712	65	1,0660	95
1,0098	7	1,0470	35	1,0733	70	1,0553	100
1,0142	10	1,0523	40				

Anmerkung. Das Dichtigkeitsmaximum der Essigsäure liegt bei 78—80 % (1,0748). Volumengewichte über 1,0553 können zweierlei Konzentrationen entsprechen. Um festzustellen, ob eine Säure einen Gehalt an Essigsäure hat, der das Dichtigkeitsmaximum (80%) übertrifft, so wird etwas Wasser zugesetzt und wieder gespindelt. Nimmt das Volumengewicht zu, so war die Säure stärker als 78—80%, im entgegengesetzten Falle schwächer.

Essigsprit und Essig. Unter dem Namen Essigsprit kommt in der Färberei eine Gärungsessigsäure von 8—12% zur Anwendung. Während an die technische Essigsäure, was Empyreuma und Verunreinigungen betrifft, nicht so hohe Anforderungen gestellt werden, so sind diese Anforderungen an den Essigsprit um so höhere. Derselbe muß vor allen Dingen frei von Empyreuma und jeglichen Spuren von Mineralsäure sein, welch letztere Bedingung allerdings auch bei guter technischer Essigsäure zu stellen ist. Die Untersuchung des Essigsprits ist im allgemeinen dieselbe wie bei Essigsäure: Essigsäuregehalt, Mineralsäuren, Abdampfrückstand, Metalle usw. In nachfolgendem seien nur die besonderen Unterscheidungsmerkmale zwischen technischer Essigsäure und Gärungsessigsäure, sowie die qualitative Prüfung auf Mineralsäuren besprochen.

Freie Mineralsäuren. Zum Nachweis von freien Mineralsäuren in Essigsprit bedient man sich außer den bereits erwähnten Methoden einer Methylviolettlösung (0,1 g Methylviolett 2 B, Nr. 56 der Farbenfabriken Bayer in 1 l Wasser). Der Essigsprit wird bis auf einen Essigsäuregehalt von etwa 2% verdünnt, und zu 20—25 ccm dieser Lösung werden 4—5 Tropfen obiger Violettlösung zugesetzt. Bei Eintritt von Grünfärbung ist auf viel, bei Eintritt von Blaufärbung auf wenig freie Mineralsäure zu schließen. Zweckmäßig wird zum Vergleich ein Parallelversuch mit reinem Essig, dem etwas Schwefelsäure oder Salzsäure zugesetzt ist, ausgeführt. Freie Schwefelsäure wird ferner durch Eindampfen von etwa 50 ccm des Musters und Prüfung des Rückstandes mit Kongorotpapier oder durch Eindampfen von 50 ccm der Probe mit 0,01 g Stärke auf $^1/_5$ des Vol. nachgewiesen. Falls freie Schwefelsäure vorhanden ist, wird die Stärke invertiert und liefert mit Jodlösung keine Blaufärbung mehr. Oder es wird mit etwas Zucker bis zur Trockne eingedampft, wobei etwa vorhandene Schwefelsäure infolge der Verkohlung des Zuckers einen schwarzen Ring hinterläßt. — Freie Salzsäure wird im Destillat mit Silberlösung, Salpetersäure im Destillat mit Bruzin oder Schwefelsäure-Eisenvitriol nachgewiesen.

Charakteristische Bestandteile. Die Gärungsessigsäure enthält im allgemeinen einen größeren Abdampfrückstand als reine Essigsäure. Der Rückstand weist eine Anzahl charakteristischer Bestandteile auf: Weinstein, freie Weinsäure, Glyzerin, Dextrin, Phosphorsäure (Wein-, Bier-, Malzessig). Der Spritessig weist dagegen einen geringeren Gehalt an Extrakt und Asche auf; letztere reagiert entweder neutral oder schwach alkalisch. Diese Merkmale sind aber keine untrüglichen Zeichen für die Echtheit eines Essigsprits oder einer Essigsorte, weil die Bestandteile auch in reinen Naturprodukten fehlen, bzw. künstlich zugesetzt sein können.

Unterscheidung der Gärungsessigsäure von Essigsäure[1]), die durch Destillation von Hölzern bzw. aus essigsaurem Kalk hergestellt ist.

Die Unterscheidungsmethode durch Entfärbung von Chamäleonlösung ist sehr unzuverlässig. Der mikroskopische Nachweis von Essigpilzen in Gärungsessigsäure hat nur für schlecht filtrierten Essig Geltung.

a) Besser ist die Rothenbachsche Methode. 50 ccm Essig werden mit 20—30 ccm reinem Chloroform geschüttelt, die Chloroformschicht durch ein trockenes Filter filtriert und stark abgekühlt. Bei Gärungsessigsäure (bzw. Gärungsessig) wird dabei die Chloroformschicht trübe. Zu der abgekühlten Flüssigkeit werden 2—3 ccm Salpeterschwefelsäure (10 T. konzentrierte Schwefelsäure und 11 T. rauchende Salpetersäure) zugesetzt. Bei Gegenwart von Gärungsessigsäure tritt zwischen den zwei Schichten und auf der Oberfläche eine rötliche Färbung auf. Beim Mischen der Flüssigkeiten nimmt das Chloroform allmählich eine ziegelrötliche Färbung an, die um so intensiver ist, je stärker die Essigsäure ist. Chemisch reine Essigsäure bzw. Destillationsessigsäure (Essigessenz usw.) bleibt bei dieser Probe ungefärbt.

b) Eine andere Methode von Rothenbach[2]) beruht auf der Parowschen Reaktion und besteht darin, daß man zu 1 ccm Essig 0,1 ccm $^1/_{10}$ n. Jodlösung und 0,2 ccm konzentrierte Schwefelsäure zusetzt, vorsichtig umschüttelt und 5—10 Minuten lang abkühlt. Konzentrierte Essenz wird dabei rot, verdünnte Essigsäure gelb, Gärungsessig dunkelrot gefärbt und die Lösung wird bald trübe und undurchsichtig; auf der Oberfläche erscheint eine grünliche Schicht. Mischungen ergeben gelblichrote Zwischenfarben.

c) Kraszewski und Schmidt vervollständigen diese Methode, indem sie den Essig zuerst alkalisch machen und mit Amylalkohol ausschütteln, letzteren verdampfen, den Rest mit Wasser verdünnen, mit Schwefelsäure ansäuern und Jodjodkaliumlösung zusetzen. Nach dem Abkühlen treten bei Gärungsessigsäure die unter b) erwähnten Reak-

---

[1]) Schmidt, Ztschr. f. angew. Chem. 1906, 1610.
[2]) Die Deutsche Essigindustrie 1909, 293 und 305; Chem.-Ztg. Rep. 1909, 571.

tionen ein, bei Essigessenzessig nicht, bei Mischungen schwach. Wenn die untersuchte Essigsäure weder Niederschlag noch Trübung gibt, so kann dennoch ein geringer Teil Gärungsessigsäure zugegen sein. Zum Nachweis desselben werden 100 ccm bis auf einen kleinen Rückstand abdestilliert und der letztere mit Jod geprüft. Schmidt erhält nach dieser Methode bei einem Mischessig (1 T. Gärungsessig und 2 T. Essigessenz) noch einen bedeutenden Niederschlag, während nach Methode a) nur minimale Trübung erzeugt wird; bei einem Mischessig von 1 T. Gärungs- und 6 T. Essenzessig erhält er noch eine bedeutende Trübung (nach der Rothenbachschen Prüfung dagegen keine Reaktion). Bei einiger Übung läßt sich demnach in einem Gemisch annähernd die Menge der beiden Produkte bestimmen. Die Reaktion verdankt ihr Entstehen gewissen Bakterienprodukten.

Bestimmung der Essigsäure in Azetaten. Qualitativ kann gebundene Essigsäure durch Erhitzen des Salzes mit Schwefelsäure an dem Geruch der entweichenden Dämpfe erkannt werden.

Quantitativ. · a) Wasserlösliche, ungefärbte Azetate können beispielsweise nach der Hilgerschen Methode (s. S. 80) bestimmt werden. Genau neutralisierte Lösung eines Azetates wird in der Siedehitze mit Normalschwefelsäure und Methylviolett als Indikator bis zum Farbenumschlag titriert. Hierzu eignen sich am besten Alkalisalze der Essigsäure; die Methode ist also keine universelle. Bei essigsauren Salzen, welche mit Schwefelsäure sauer reagierende Salze liefern, z. B. Tonerde, versagt die Methode.

$$1 \text{ ccm n. Schwefelsäure} = 0{,}06 \text{ g Essigsäure.}$$

b) Verdrängungsmethode. Ullrich[1]) bestimmt die Essigsäure in essigsaurem Natrium mit gutem Erfolge, indem er 5 g desselben mit 50 ccm n. Schwefelsäure übergießt und die Essigsäure auf dem Wasserbade verjagt, was nach 2—3 maliger Aufnahme des Rückstandes mit destilliertem Wasser erreicht ist. Sodann wird mit Wasser aufgenommen und das gebildete Bisulfat mit n. Lauge (Methylorange) titriert.

$$1 \text{ ccm der verbrauchten n. Schwefelsäure} = 0{,}06 \text{ g Essigsäure}$$
$$= 0{,}082 \text{ g essigsaures Natron (NaC}_2\text{H}_3\text{O}_2\text{).}$$

Die Abwesenheit anderer flüchtiger Säuren (Salzsäure, Kohlensäure usw.) muß festgestellt sein; andernfalls sind sie in Abrechnung zu bringen.

c) Eine allgemein anwendbare Methode ist die Destillationsmethode. Sie beruht auf der Flüchtigkeit der Essigsäure, die durch stärkere Säuren, wie Schwefelsäure, Phosphorsäure usw., aus ihren Salzen frei gemacht wird. Nach Fresenius wird beispielsweise wie folgt verfahren. Etwa 5 g des zu prüfenden Salzes (z. B. Kalziumazetat) werden mit 50 ccm Wasser und 50 ccm Phosphorsäure (frei von flüchtigen Säuren) vom spezifischen Gewicht 1,2 aus einer tubulierten Retorte mit sich anschließendem Liebigschen Kühler bis fast zur Trockne destilliert. Nach Erkalten des Retorteninhaltes werden nochmals 50 ccm Wasser hineingegeben und nochmals bis fast zur Trockne abdestilliert. Dieselbe Operation wird dann noch ein drittes Mal ausgeführt. Das

---

[1]) Chem.-Ztg. 1905, 1207.

Destillat wird in einem 250 ccm-Kolben aufgefangen, nach Schluß der dritten Destillation auf 250 ccm ergänzt und 50 ccm der Lösung mit n. Lauge (Phenolphthalein) titriert Genauere Resultate werden nach Wenzel und andererseits Heuser[1]) erhalten, wenn man zur Zurückhaltung der Luftkohlensäure und der Phosphorsäure vor dem Destillierkolben eine Waschflasche mit Natronlauge und hinter demselben ein mit Glasperlen gefülltes Sicherheitskölbchen einschaltet, den Destillationsinhalt rechtzeitig verdünnt, durch den Destillierkolben Luft durchsaugt und unter vermindertem Druck arbeitet.

1 ccm n. Natronlauge = 0,06 g Essigsäure = 0,079 g Kalziumazetat.

Nach dieser Methode werden auch etwaig vorhandene andere, flüchtige Säuren, wie Ameisensäure, mitbestimmt.

Ameisensäure. $HCOOH = 46,02$; mit Wasser in jedem Verhältnis mischbar. Die Ameisensäure ist eine farblose, stechend riechende Flüssigkeit, die bei 100° siedet, unter 0° erstarrt, bei 8,5° schmilzt und das spezifische Gewicht 1,227 hat. Beim Erwärmen mit Silbernitrat wird metallisches Silber, mit Quecksilberchlorid Quecksilberchlorür ausgeschieden; beim Erwärmen der Ameisensäure mit gelbem Quecksilberoxyd entsteht zunächst eine farblose Lösung, die bei weiterem Erhitzen unter Entwicklung von Kohlensäure metallisches Quecksilber abscheidet. Durch konzentrierte Schwefelsäure wird Ameisensäure zu Kohlensäure und Wasser oxydiert, worauf die Wegenersche Ameisensäurebestimmung aufgebaut ist[2]).

Die Säure kommt in verschiedenen Konzentrationen, meist als 80 bis 85%ige Ware von vorzüglicher Reinheit in den Handel.

Gehaltsbestimmung. a) Volumetrische Methode. 20 g Ameisensäure werden zu 500 ccm gelöst und 50 ccm der Lösung mit n. Natronlauge (Phenolphthalein) titriert (= Gesamtsäure).

1 ccm n. Lauge = 0,046 g Ameisensäure.

b) Volumetrisch-aräometrische Methode. Neben der Titration der freien Säure wird zweckmäßig zugleich auch das spezifische Gewicht bestimmt. Weicht dieses bei dem gegebenen Gehalt wesentlich von dem normalen spezifischen Gewicht ab, so ist auf Verunreinigungen oder Verfälschungen, besonders auf Abdampfrückstand und fremde Säuren zu prüfen (s. untenstehende Tabelle).

c) Quecksilbermethode. Diese Methode beruht auf der quantitativen Umsetzung der Ameisensäure mit Quecksilberchlorid zu Kohlensäure und Quecksilberchlorür:

$$2\,HgCl_2 + HCOOH = Hg_2Cl_2 + 2\,HCl + CO_2.$$

Die Ameisensäure wird neutralisiert, verdünnt und mit sechsfach überschüssiger Quecksilberchloridlösung auf dem Wasserbade mehrere Stunden erwärmt. Das entstandene unlösliche Quecksilberchlorür wird auf einem gewogenen Filter gesammelt, ausgewaschen, getrocknet und gewogen. Auch in Mischungen mit Essigsäure anwendbar.

1 g Hg_2Cl_2 = 0,0975 g Ameisensäure.

---

[1]) Heuser, Chem.-Ztg. 1915, 57. [2]) Ztschr. f. anal. Chem. 1903, 427.

Franzen und Egger stellen sich für laufende Untersuchungen eine Lösung her aus: 200 g Sublimat, 300 g Natriumazetat und 80 g Kochsalz in 1 l, schütten nach 2 Tagen vom Bodensatz ab und verwenden für 0,5 g Ameisensäure 50 ccm dieser Lösung. Sie erhitzen das Gemisch 3—3$1/_2$ Stunden auf dem Wasserbade und saugen den Niederschlag im Goochtiegel ab.

d) **Chamäleonmethode nach Lieben**[1]). Die Ameisensäure wird in sodaalkalischer Lösung bei Wasserbadtemperatur mit $1/_5$ n. Chamäleonlösung titriert, bis nach dem Absitzen des Niederschlages die überstehende Lösung rötlich erscheint.

$$2\,KMnO_4 + 3\,HCOOK = 2\,K_2CO_3 + KHCO_3 + H_2O + 2\,MnO_2.$$

1 ccm $1/_5$ n. Kaliumpermanganatlösung = 0,00276 g Ameisensäure.

Verunreinigungen. Mineralsäuren. Freie und gebundene Mineralsäuren werden wie bei Essigsäure nachgewiesen und bestimmt. Besonders ist auf Salzsäure zu fahnden. Gesamtsäure minus Mineralsäure entspricht dem Ameisensäuregehalt (+ Essigsäure). Starke Ameisensäure reagiert auf Tropäolin.

Abdampfrückstand. 20 ccm Ameisensäure werden auf dem Wasserbade verdampft und der Rückstand gewogen. Eine gute Ware enthält nur Spuren Rückstand.

Anorganische Stoffe. Im Rückstand können Alkalisalze (Sulfat), sowie Blei-, Kupfer- und Eisenverbindungen gefunden werden. Ameisensäure (1 : 20) soll nach dem Übersättigen mit Ammoniak durch Schwefelwasserstoffwasser nicht verändert werden.

Oxalsäure ist nach dem Übersättigen mit Ammoniak vermittels Chlorkalziumlösung nachweisbar.

Akrolein, Allylalkohol, brenzliche Stoffe werden an dem Geruche nach Übersättigen mit Natronlauge erkannt.

Ameisensäure-Essigsäure-Mischungen. a) Schon aus dem spezifischen Gewicht bei gegebenem Säuregehalt kann eine starke Verfälschung nachgewiesen werden. Zur genaueren Orientierung verfährt man nach folgenden Methoden.

b) Erwärmt man 1 ccm Ameisensäure mit 20 ccm Wasser und 6 g gelbem Quecksilberoxyd unter öfterem Umschütteln so lange auf dem Wasserbade, bis keine Gasentwicklung mehr stattfindet, und filtriert, so ist das Filtrat bei reiner Ameisensäure neutral, bei Gegenwart von Essigsäure sauer. Über die quantitative Bestimmung der Essigsäure nach dieser Methode liegen noch keine Mitteilungen vor.

c) Verfahren von **Macnair**[2]). Die Ameisensäure wird 10 Minuten lang mit einem Gemisch von 12 g Kaliumbichromat, 30 g konzentrierter Schwefelsäure und 100 ccm Wasser mit aufgesetztem Kühler gekocht, wobei die Ameisensäure zerstört, die Essigsäure (und Buttersäure) unverändert bleibt. Die Essigsäure kann abdestilliert und im Destillat titriert werden. Die Differenz zwischen dem Gesamtsäurebefund und dem Essigsäurebefund entspricht dem Ameisensäuregehalt. Die Methode

---

[1]) Treadwell.
[2]) Ztschr f. anal. Chem. 1888, 398. Ost und Klein, Chem.-Ztg. 1908, 815.

ergibt nach Ost und Klein ungenaue Resultate, weil Essigsäure verloren geht. Sie titrieren deshalb lieber den Überschuß von Chromsäure mit Jodkalium und Thiosulfat zurück. Oder sie verwenden stark verdünnte Lösungen, die 8fache der berechneten Menge von Chromkali, erwärmen $1/_2$ Stunde auf dem Wasserbade und gewinnen so die gesamte Menge Essigsäure im Destillat wieder.

d) Verdrängungsmethode nach Heermann [1]). Sie beruht darauf, daß die Ameisensäure die Essigsäure aus ihren Salzen freimacht und die Essigsäure durch Eindampfen entfernt wird. Aus dem resultierenden Gewicht des ameisensauren Natriums läßt sich der Essigsäuregehalt berechnen. — Eine bestimmte Menge des Säuregemisches wird mit n. Natronlauge neutralisiert, auf dem Wasserbade zur Trockne gedampft, bei 125° getrocknet und der Rückstand gewogen. Darauf wird die Essigsäure mit überschüssiger, reiner Ameisensäure freigemacht und durch Eindampfen (sowie wiederholtes Aufnehmen mit Wasser) verjagt. Der Rückstand wird gewogen und aus der Gewichtsdifferenz der Essigsäuregehalt berechnet.

Beispiel: 2,050 g krist. essigsaures Natrium puriss. Merck ergaben nach dem Trocknen bei 120—130°: 1,2360 g wasserfreies Natriumazetat. Mit reiner Ameisensäure eingedampft und bei 120—130° getrocknet, wurden erhalten: 1,0240 g ameisensaures Natrium. Verlust = 0,2120 g = 17,15%. Molekulargewicht des wasserfreien Natriumazetats = 82,08, des Natriumformiats = 68,07. Der theoretische Verlust wäre demnach 17,07%; gefunden 17,15%. — Koeffizient = 5,858 (5,858 × 17,07 = 100). Der Gewichtsverlust, in Prozenten ausgedrückt, mit 5,858 multipliziert, ergibt den Gehalt an Azetat (oder je 1% Gewichtsverlust = 5,858% Azetat), mit 4,2843 multipliziert, den Prozentgehalt an wasserfreier Essigsäure.

Bestimmung der Ameisensäure in Formiaten. Die Ameisensäure in Formiaten kann u. a. bestimmt werden nach: a) der Destillationsmethode [2]), wie Essigsäure (s. d.), b) der Ullrichschen Methode für Essigsäure (s. d.), c) der Liebenschen Chamäleonmethode (s. Ameisensäure), d) der Heermannschen Verdrängungsmethode (s. Ameisensäure).

Die Methode a) kann für sämtliche Formiate angewandt werden, die Methoden b) und c) sind hauptsächlich für Alkalisalze und die Methode d) für Mischungen von Alkaliformiaten mit Alkaliazetaten geeignet.

Spezifische Gewichte von Ameisensäure bei 15°.

Volum.-Gew.	Gew. Proz. Säure	Volum.-Gew.	Gew. Proz. Säure	Volum.-Gew.	Gew. Proz. Säure
1,0025	1	1,0390	15	1,1570	65
1,0050	2	1,0530	20	1,1700	70
1,0075	3	1,0665	25	1,1820	75
1,0100	4	1,0800	30	1,1900	80
1,0125	5	1,0925	35	1,2020	85
1,0150	6	1,1050	40	1,2130	90
1,0175	7	1,1150	45	1,2170	92
1,0200	8	1,1240	50	1,2190	94
1,0225	9	1,1380	55	1,2230	97
1,0250	10	1,1470	60	1,2270	100

[1]) Chem.-Ztg. 1915, 124. — Laufmann, Chem.-Ztg. 1915, 575.
[2]) Heuser, Chem.-Ztg. 1915, S. 57.

Oxalsäure. $COOH \cdot COOH + 2\,H_2O = 126{,}06$; L. k. W. $= 10:100$; L. h. W. $= 40:100$. Die kristallisierte Oxalsäure (auch Zuckersäure, Kleesäure genannt) kommt meist sehr rein in den Handel.

Gehaltsbestimmung. a) Azidimetrisch (Gesamtsäure). 20 bis 25 g Oxalsäure werden zu 500 ccm gelöst und 25—50 ccm der Lösung mit n. Natronlauge (Phenolphthalein) titriert.

1 ccm n. Lauge $= 0{,}063$ g Oxalsäure krist. (Gesamtsäure).

b) Oxydimetrisch (Gesamtoxalsäure $+$ Oxalat). Von obiger Lösung werden 20—25 ccm mit 20 ccm Schwefelsäure $(1:3)$ versetzt, auf etwa 70° auf dem Wasserbade erwärmt und mit $^1/_2$ n. Chamäleonlösung titriert.

1 ccm $^1/_2$ n. Chamäleonlösung $= 0{,}0315$ g Oxalsäure krist.

Enthält die Oxalsäure freie Schwefelsäure und ist aschefrei, so entspricht die Differenz der beiden Bestimmungen (a—b) der vorhandenen Schwefelsäure. Ist sie dagegen schwefelsäurefrei aber oxalathaltig, so entspricht die Differenz beider Bestimmungen (b—a) der gebundenen Oxalsäure, a $=$ der freien Oxalsäure.

Verunreinigungen. Als Hauptverunreinigungen kommen vor: Schwefelsäure, Alkalisalze, Kalksalze. Die Schwefelsäure wird nach den unter Schwefelsäure besprochenen Methoden bestimmt. Alkalisalze können in der Asche aufgefunden und näher bestimmt werden. Kalksalze werden ebenfalls in der Asche gefunden. Außerdem können sie direkt nachgewiesen werden. Nur ganz geringe Mengen Kalksalze sind in oxalsaurer Lösung löslich; sie werden beim Übersättigen der Oxalsäure mit Ammoniak vollständig gefällt und können so quantitativ bestimmt werden. Als sonstige Verunreinigungen werden mitunter geringe Mengen Kupfer, Blei, Eisen, Chloride, Salpetersäure gefunden.

Bestimmung der Oxalsäure in Oxalaten. Diese geschieht am besten nach der oxydimetrischen Methode nach Übersättigung mit Schwefelsäure durch Titration mit Chamäleonlösung bei etwa 70° (s. o.). Sie kann aber auch auf gewichtsanalytischem Wege durch Fällung mit Kalziumchlorid erfolgen. Die neutrale Alkalioxalatlösung wird zu diesem Zwecke mit einigen Tropfen Essigsäure versetzt, zum Sieden erhitzt und mit kochender Chlorkalziumlösung gefällt. Nach 12 Stunden wird filtriert, mit heißem Wasser gewaschen, das Kalziumoxalat im Platintiegel naß verbrannt, das Kalziumoxyd gewogen und die Oxalsäure berechnet. 56 T. CaO $= 63$ T. kristallisierte Oxalsäure $= 45$ T. wasserfreie Oxalsäure.

Liegen statt oder neben Alkalioxalaten Oxalate schwerer Metalle vor, so wird es sich empfehlen, die Metalle zunächst zu entfernen und die Oxalsäure dann erst zu fällen.

Weinsäure, Weinsteinsäure. $C_2H_2(OH)_2(COOH)_2 = 150{,}07$; L. k. W. $= 135:100$. Die raffinierte Weinsäure kommt in Kristallen oder gemahlen in den Handel. Sie ist meist recht rein, die gemahlene eher verunreinigt als die Kristalle. Als Verunreinigungen kommen vor: Salzsäure, Schwefelsäure, Oxalsäure und Spuren von Metallen (Blei, Eisen, Kalk).

Gehaltsbestimmung. a) Volumetrisch. In den allermeisten Fällen genügt eine azidimetrische Titration. 25 g Säure werden zu 500 ccm gelöst und 25—50 ccm der Lösung mit Normallauge (Phenolphthalein) titriert (= Gesamtsäure).

$$1 \text{ ccm n. Lauge} = 0{,}075 \text{ g Weinsäure.}$$

Starkgefärbte Ware kann durch Tüpfelung (Lackmuspapier) bestimmt werden.

b) Gewichtsanalytisch nach Scheurer-Kestner. Kommt besonders bei stark verunreinigten Waren oder Salzen in Betracht. Die Säure wird mit Natronlauge neutralisiert und mit Chlorkalziumlösung als weinsaurer Kalk gefällt. Der Niederschlag wird filtriert, gewaschen, getrocknet und kalziniert. Der so erhaltene kohlensaure Kalk kann volumetrisch bestimmt oder durch Erhitzen vor dem Gebläse in Kalziumoxyd übergeführt werden.

$$1 \text{ g CaO} = 2{,}6765 \text{ g Weinsäure.}$$

Verunreinigungen. Gute Weinsäure soll klarlöslich sein, der Glührückstand betrage nur geringe Spuren. Schwefelsäure wird mit Chlorbarium, Oxalsäure mit Gipswasser, Kalk mit oxalsaurem Ammon in bekannter Weise nachgewiesen. Geruch nach verbranntem Zucker und die Form von blätterigen, flachen Kristallen weisen darauf hin, daß die Säure aus überhitzten und verunreinigten Laugen gewonnen ist. Die mit Ammoniak übersättigte Lösung von 3 g darf mit frisch bereitetem Schwefelwasserstoffwasser keine Färbung oder Fällung geben.

Bestimmung der Weinsäure in Tartraten. a) In wasserlöslichen, sauren Alkalitartraten, die hinreichend rein sind, kann das Bitartrat durch direkte Titration mit n. Lauge (Phenolphthalein) bestimmt werden.

$$1 \text{ ccm n. Lauge} = 0{,}1882 \text{ g Weinstein} \ (= \text{Gesamtsäure}).$$

b) Einer allgemeineren Anwendung fähig ist die Scheuer-Kestnersche Kalkmethode (s. o.). Schwermetalle, wie beim Brechweinstein, werden zunächst entfernt (z. B. durch Schwefelwasserstoff), die Weinsäure nach Neutralisierung des Filtrates als Kalziumsalz gefällt und, wie oben beschrieben, weiter behandelt.

c) Fresenius[1]) bestimmt die Weinsäure als Weinstein und titriert diesen mit n. Lauge. Diese Methode ist besonders für Rohweinstein geeignet. Man kocht z. B. 10 g Weinstein mit 7 g Kaliumkarbonat und 150 ccm Wasser 20—30 Minuten lang, füllt auf 200 ccm auf, filtriert 100 ccm ab, dampft auf 25 ccm ein, setzt 5 ccm Essigsäure zu, rührt um und erwärmt 15 Minuten lang zugedeckt auf dem Wasserbade. Nun fügt man 100 ccm absoluten Alkohol zu, rührt kräftig um und läßt wieder 15 Minuten stehen. Der ausgeschiedene reine Weinstein wird abgesaugt, mit 96%igem Alkohol gewaschen und mit n. Lauge titriert (wie unter a).

Milchsäure. $CH_3 \cdot CH(OH) \cdot COOH = 90{,}06$; in Wasser zerfließlich. Die Milchsäure (Gärungsmilchsäure) kommt als gelblich gefärbte, sirup-

---

[1]) Ztschr. f. anal. Chem. 1883, 270.

dicke Flüssigkeit meist mit einem Gehalt von 50 und 80% Milchsäure[1])
in den Handel. Die chemisch reine Milchsäure bildet bei 18° schmelzende,
hydroskopische Kristalle. Als bester Identitätsnachweis gilt die Kristall-
bildung ihrer Zink- und Kalziumsalze. Meist benutzt man die einfachere
Probe: Erwärmt man 3 ccm Milchsäure mit 10 ccm Chamäleonlösung
(1 : 1000), so entwickelt sich ein charakteristischer Geruch nach Aldehyd.

Gehaltsbestimmung. a) Volumetrisch. Die technische Milchsäure enthält meist neben freier Milchsäure auch mehr oder weniger
Milchsäureanhydrid, das als wirksamer Bestandteil mitgemessen werden
muß. Durch direkte Titration wird der Gehalt an freier Säure, durch
Aufkochen mit überschüssiger Lauge und Rücktitration des Alkali-
überschusses der Rest des Milchsäureanhydrids bestimmt. 25 g Milchsäure werden zu 500 ccm gelöst und 50 ccm der Lösung mit n. Lauge
(Phenolphthalein) titriert (= freie Säure); alsdann werden weitere 3 bis
5 ccm n. Lauge zugesetzt, aufgekocht und der Rest des Alkalis mit
n. Schwefelsäure zurücktitriert (= Gesamtsäure).

$$1 \text{ ccm n. Lauge} = 0{,}09 \text{ g Milchsäure.}$$

Nach Klapproth und andererseits Besson[2]) arbeitet man heute
zweckmäßiger wie folgt. Die genau abgewogene Milchsäure (etwa 1—2 g,
eventuell ein aliquoter Teil einer Generallösung) wird mit n. Natronlauge
und Phenolphthalein bis zum Neutralpunkt titriert (= freie Säure, d. h.
Milchsäure $+ \; ^1/_2$ Milchsäureanhydrid). Alsdann wird ein kleiner Überschuß von der n. Natronlauge zugegeben (1—3 ccm), aufgekocht, mit n.
Schwefelsäure zurücktitriert, ein weiterer Überschuß der Säure (1—3 ccm)
zulaufen gelassen und mit n. Lauge bis zur Rotfärbung fertigtitriert.
Der Gesamtverbrauch an Normallauge, vermindert um die verbrauchte
Menge n. Säure, gibt dem Gesamtsäuregehalt (freie Säure $+$ Milchsäureanhydrid) an.

b) Nach Ulzer-Seidel[3]) wird die Milchsäure durch Permanganat
in Oxalsäure übergeführt und diese dann titrimetrisch bestimmt. 1 ccm
$^1/_{10}$ n. Chamäleonlösung $= 0{,}0045$ g Milchsäure.

c) Durch Erhitzen der Milchsäure mit verdünnter Chromsäurelösung
wird Milchsäure quantitativ zu Essigsäure oxydiert. Diese kann alsdann durch Destillation und Titration des Destillates bestimmt und in
Milchsäure umgerechnet werden. Andere organische, nichtflüchtige
Säuren wie Zitronensäure, Oxalsäure, Äpfelsäure usw. werden durch die
Chromsäurebehandlung zu Kohlensäure verbrannt und können nach
diesem Verfahren von Milchsäure genau differenziert werden.

Szeberényi[4]) arbeitet mit gutem Erfolge wie folgt. Zunächst werden die
flüchtigen Säuren (Essigsäure, Ameisensäure usw.) sowie etwa vorhandener Alkohol, Azeton und Ester durch Destillation mit Wasserdampf abdestilliert. Die
nichtflüchtigen organischen Säuren wie Weinsäure, Zitronensäure, Oxalsäure und

---

[1]) Für Gerbereizwecke wird noch eine Milchsäure von 50 Vol.% = 43,5 Gew.%
gehandelt.

[2]) Klapproth, Chem.-Ztg. 1911, 1026. — Besson, Ledermarkt, Kollegium
1910, S. 73 und Chem.-Ztg. 1911, S. 26; 1911, 1210.

[3]) Chem. Ztg. 1897, 204.

[4]) Ztschr. f. anal. Chem. 1917, S. 505.

fast die gesamte Milchsäure bleiben zurück. Von diesem Rückstande wird eine, etwa 20—40 ccm n. Lauge entsprechende Menge in einen $1/2$ l-Kolben gebracht, mit einem Überschuß von 50%iger wässeriger Chromsäurelösung (etwa 10—30 ccm) sowie mit 20 ccm Schwefelsäure (1 : 1) versetzt, mit Wasser auf etwa 100 ccm ergänzt und 15 Minuten unter dem Rückflußkühler gekocht. Falls zu wenig Chromsäurelösung zugesetzt war (was leicht an der Färbung der Lösung erkannt wird), so wird ein neuer Versuch mit mehr Chromsäure angesetzt. Hierbei werden die genannten, nichtflüchtigen Säuren, außer der Milchsäure, glatt zu Kohlensäure verbrannt, während Milchsäure zu Essigsäure oxydiert wird. Nur etwa 3% der Milchsäure werden zu Kohlensäure verbrannt, wofür eine Korrektur angebracht werden kann. Nach der Oxydation destilliert man die gebildete Essigsäure mit Wasserdampf ab, titriert das Destillat und rechnet auf Milchsäure um (1 Molekül Milchsäure = 1 Molekül Essigsäure). — Da Milchsäure mit Wasserdämpfen etwas flüchtig ist, so kann die etwa übergegangene Milchsäure im Vordestillat (zur Entfernung der flüchtigen Säuren) besonders bestimmt werden. Szeberényi titriert zu diesem Zwecke das Vordestillat mit n. Lauge gegen Phenolphthalein ab (L ccm n. Lauge, wobei x ccm auf Essigsäure und y ccm auf Milchsäure kommen mögen), trocknet bei 130—140° C (G g Trockensubstanz) und berechnet den Anteil an Essig- bzw. Milchsäure nach den Gleichungen:

$$82\,x + 112\,y = G$$
$$x + y = L.$$

Nach Szeberényi ist dieses Verfahren demjenigen von Ulzer und Seidel[1]), nach dem Milchsäure mit kochender alkalischer 5%iger Chamäleonlösung zu Oxalsäure oxydiert und letztere bestimmt wird, vorzuziehen.

Verunreinigungen. Fremde Säuren. Es kommen in Betracht: Schwefelsäure, Salzsäure, Essigsäure, Oxalsäure, Buttersäure. — Die Gesamtschwefelsäure (freie Säure und Sulfat) wird vermittels Chlorbarium nachgewiesen und bestimmt. Freie Schwefelsäure bestimmt Eberhard folgendermaßen: 1 T. Milchsäure wird mit 5 T. 96%igem Alkohol durchgeschüttelt, 15 Minuten stehen gelassen, filtriert und 5 bis 10 ccm des klaren Filtrates nach Zusatz von etwas Salzsäure mit 10%iger Chlorkalziumlösung versetzt und gekocht. Wenn auf diese Weise nicht sofort oder nach kurzer Zeit eine Trübung entsteht, so ist die Milchsäure technisch frei von freier Schwefelsäure. Geringere Mengen werden in bekannter Weise mit Chlorbarium nachgewiesen oder bestimmt. — Gesamtchlor (freie Salzsäure und Chlorid) wird in bekannter Weise vermittels Silbernitrat nachgewiesen und bestimmt.

Flüchtige Säuren in Milchsäure werden nach den Vorschriften der für die Analyse eingesetzten Kommission in der Weise bestimmt, daß 100 ccm der 1 : 5 verdünnten Säure auf dem Wasserbade dreimal bis auf 50 ccm eingedampft und jedesmal mit Wasser wieder zu 100 ccm ergänzt werden. Der nun nach dreimaligem Eindampfen ermittelte Säuregehalt wird von dem im Originalmuster ermittelten Säuregehalt in Abzug gebracht, und diese Differenz entspricht dem Gehalt an flüchtiger Säure.

Eisen, Kupfer, Blei und Zink werden in bekannter Weise mit Schwefelwasserstoffwasser, mit Ferrozyankalium oder in der Asche nachgewiesen. Kalzium wird durch Ammoniumoxalat nach Übersättigen mit Ammoniak gefällt. Zucker: 5 ccm Milchsäure werden vor-

---

[1]) Monatsh. f. Chem. 1897, S. 138; s. a. Rosenthaler, Der Nachweis organischer Verbindungen.

sichtig über 5 ccm konzentrierte Schwefelsäure geschichtet, wobei eine Temperatursteigerung über 15° zu vermeiden ist, da andernfalls auch reine Milchsäure Bräunung verursacht. Wenn innerhalb 15 Minuten keine Bräunung stattfindet, so ist Zucker nicht vorhanden. Bei der Prüfung mit Fehlingscher Lösung muß eine sehr geringe Ausscheidung von Kupferoxydul vernachlässigt werden, die auf Kosten der Milchsäure erfolgen kann. Glyzerin: Man erwärmt 5 ccm Milchsäure mit einem Überschuß von Zinkkarbonat und trocknet die Mischung bei 100°. Die Masse wird mit kaltem, absolutem Alkohol ausgezogen und der Alkohol verdampft. Ein süß schmeckender Rückstand deutet auf die Anwesenheit von Glyzerin. — Reine Milchsäure ist in Äther klar löslich; darauf beruht der Nachweis mancher Beimengungen wie Mannit, Milchzucker, Rohrzucker, Glyzerin. 1 ccm Milchsäure wird in 2 ccm Äther getropft; reine Milchsäure gibt weder vorübergehende, noch bleibende Trübung. — Fleischmilchsäure verursacht durch Zusatz von Kupfersulfatlösung zu 10%iger Milchsäure eine Trübung, desgleichen Äpfelsäure und Glykolsäure durch Zusatz von Bleiessig zu 10%iger Milchsäure.

Bestimmung der Milchsäure in Laktaten. Dieselbe wird in den meisten Fällen nach der obenerwähnten Methode von Ulzer und Seidel ausgeführt. Es kommt ferner die technische Prüfung, wie sie unter Hilfsbeizen (s. Chromkali) beschrieben ist, in Frage.

Zitronensäure und Zitronensaft. $C_3H_4(OH)(COOH)_3 + H_2O = 210{,}11$; L. k. W. = 133 : 100; L. h. W. = 200 : 100. Die kristallisierte Säure ist selten verunreinigt. Als Verunreinigungen kommen in Frage: Kalziumnitrat (Übersättigen mit Ammoniak und Fällen mit Ammonoxalat), Blei, Kupfer, Eisen (Schwefelwasserssoff auf nahezu neutralisierte Säurelösung), Schwefelsäure, Zucker, Weinsäure, Oxalsäure, Glührückstand. Löst man 0,1 g Säure in 1 ccm Wasser und gibt 40—50 ccm Kalkwasser bis zur alkalischen Reaktion zu, so bildet Zitronensäure beim Kochen einen weißen, flockigen Niederschlag, der sich beim Abkühlen innerhalb 3 Stunden wieder löst.

Der Zitronensaft kommt als dickflüssige, dunkelbraun gefärbte Lösung in den Handel. Er wird aus dem Saft der Früchte der echten Zitrone (Citrus medica), der Bergamotte (Citrus Bergamia) und einiger anderer Citrusarten (Citrus Limonum u. a.) gewonnen. Der frisch gepreßte und durch eine Art Gärung von Eiweißsubstanzen befreite und geklärte Saft enthält im Liter etwa 45—75 g kristallisierte Zitronensäure und kommt entweder in dieser Verdünnung oder für Exportzwecke meist in eingedampfter Form auf den Markt: Der italienische Zitronensaft meist mit etwa 32% (spezifisches Gewicht 1,25), der Bergamottesaft mit etwa 25—25½% kristallisierter Zitronensäure[1]). Beide Sorten

---

[1]) Die in Italien üblichen Angaben verstehen sich auf Unzen (1 Unze = 28,35 g) in einer Imperial-Gallone (à 4,536 l). Der Zitronensaft mit etwa 32 Gew.% ist also ein Saft mit 64 Unzen in 1 Gallone, ein solcher mit etwa 25 Gew. % ein Saft mit 48 Unzen in 1 Gallone. Die Preisnotierungen in den Handelsberichten beziehen sich auf 1 Pipe (= 108 Gallonen = 490 Liter) auf Basis von 64 Unzen Zitronensäure in der Gallone, also auf 196 kg Zitronensäure. Auch in der Zitronensäure-Industrie wird vielfach nach Volumen-Prozenten gerechnet.

finden in der Textilindustrie Verwendung; häufiger der 25%ige Bergamottesaft, der ebenfalls unter dem Sammelnamen Zitronensaft gehandelt wird.

Gehaltsbestimmung. a) **Volumetrisch** (= Gesamtsäure). 50 g Zitronensaft oder 20 g kristallisierte Zitronensäure werden zu 500 ccm gelöst und 50—100 ccm der Lösung mit n. Natronlauge (Phenolphthalein) titriert (= Gesamtsäure).

$$1 \text{ ccm n. Lauge} = 0{,}07 \text{ g kristallisierte Zitronensäure.}$$

Bei sehr stark gefärbtem Saft ist man mitunter gezwungen, ein geringeres Quantum der Titration zu unterwerfen, um den Farbenumschlag deutlich beobachten zu können. In besonderen Fällen wird man sich auch der Tüpfeltitration mit Lackmuspapier bedienen müssen. Etwaig andere vorhandene freie Säuren werden von dem so ermittelten Gehalt an Gesamtsäure in Abzug gebracht.

b) **Fällungsmethode nach Warington.** Diese gründet sich auf der Schwerlöslichkeit des zitronensauren Kalkes und ist da anwendbar, wo keine anderen, mit Kalzium schwerlösliche Salze liefernde Säuren (wie Oxalsäure, Weinsäure, Schwefelsäure) zugegen sind. Trotz der Mängel der Methode[1]) ist sie bis heute durch keine bessere ersetzt worden. 3 g konzentrierten Saftes (etwa 1 g kristallisierte Säure) werden genau mit verdünnter Kalilauge ($^1/_5$ n.) neutralisiert. Die etwa 50 ccm betragende Lösung wird zum Sieden erhitzt, mit überschüssiger Chlorkalziumlösung gefällt, $^1/_2$ Stunde im schwachen Sieden erhalten, filtriert und mit siedendem Wasser ausgewaschen. Filtrat und Waschwasser werden (nach eventueller Neutralisation mit einem Tropfen Ammoniak) auf 10—15 ccm eingedampft, durch ein zweites kleines Filterchen abfiltriert und das Filter fünf- bis sechsmal mit kleinen Mengen kochenden Wassers ausgewaschen. Zur Kontrolle kann nochmals eingedampft und filtriert werden. Die Niederschläge des Kalziumzitrates $(C_6H_5O_7)_2Ca_3 + 4\,H_2O$, werden mit den Filtern vorsichtig im Platintiegel verascht. Die Asche wird in genau gemessener $^1/_5$ n. Salzsäure gelöst und mit $^1/_5$ n. Alkalilauge zurücktitriert.

c) **Fällungsmethode nach Creuse.** Eine 1 g Zitronensäure entsprechende Menge Saft wird, wie oben, mit Kalilauge neutralisiert und zur Trockne verdampft. Der Rückstand wird mit 20—30 ccm Alkohol von 63% aufgenommen, wobei Kaliumzitrat in Lösung geht, Kaliumsulfat u. ä. ungelöst bleiben. Man filtriert, wäscht mit 63%igem Alkohol, fällt das neutrale Filtrat (nach eventueller Neutralisation mit einem Tropfen Essigsäure bzw. Ammoniak) mit einem geringen Überschuß einer neutralen, alkoholischen Lösung von Bariumazetat und versetzt noch mit dem doppelten Vol. 95%igen Alkohols. Der Niederschlag von Bariumzitrat $(C_6H_5O_7)_2Ba_3$, wird filtriert, mit Alkohol von 63% gewaschen, verascht und entweder das Barium als Sulfat oder durch Lösen in genau gemessener $^1/_5$ n. Salzsäure und Rücktitration mit titrierter Alkalilauge bestimmt.

---

[1]) v. Spindler, Chem.-Ztg. 1903, 1263.

Verunreinigungen. Schwefelsäure wird in bekannter Weise nachgewiesen und bestimmt. Zur Erkennung und Bestimmung von Oxalsäure (und größeren Mengen Weinsäure) dient die Unlöslichkeit des Kalziumoxalates in kalten Lösungen, aus denen Kalziumzitrat nicht ausfallen wird (die neutralisierte Lösung wird mit Chlorkalzium versetzt). Die Unterscheidung und Trennung von der Weinsäure wird mit Hilfe des schwerlöslichen Kaliumbitartrates nach den Weinsäurebestimmungsmethoden vorgenommen. Alkalisalze, Kalksalze (auch direkt mit Ammonoxalat aus ammoniakalischer Lösung fällbar), Schwermetalle (Blei, Kupfer, Eisen auch durch Schwefelwasserstoff nachweisbar) werden in dem Glührückstande bestimmt. Zucker wird vermittels der bekannten Schwefelsäurebräunung erkannt (s. u. Milchsäure). Die kristallisierte Zitronensäure ist meist rein, der Saft durch vielfache Beimengungen verunreinigt, die zum großen Teile aus der Zitrone selbst bzw. der Bergamotte stammen.

Bestimmung der Zitronensäure in Zitraten. Dieselbe wird nach einer der oben erwähnten Fällungsmethoden ausgeführt. Bei Abwesenheit von Sulfaten und Schwefelsäure wird de Waringtonsche, im anderen Falle die Methode von Creuse vorzuziehen sein.

Ammoniak und Ammoniumsalze.

Ammoniak, Ammoniakwasser, Kaustisches Ammoniak, Ätzammoniak, Salmiakgeist. $NH_3 = 17{,}03$; 1 l Wasser absorbiert bei $0°$ 1050 Liter NH_3-gas. $(NH_4)OH$; wässerige Lösung, bei $15°$ bis 35% NH_3 enthaltend. Das Ammoniak kommt als wässeriges und in Stahlbomben als verdichtetes Ammoniak in den Handel. Wegen des genügend hohen Gehaltes der wässerigen Lösungen wird das komprimierte Ammoniak in der Färberei wohl kaum angewendet. Meist wird ein Salmiakgeist vom spezifischen Gewicht 0,91, entsprechend 25% NH_3, vielfach auch, wo Frachtunkosten nicht in Frage kommen, die offizinelle Lösung vom spezifischen Gewicht 0,96, etwa 10% stark, gebraucht. Der Preis richtet sich nach Grädigkeit und Reinheit.

Gehaltsbestimmung. a) Aräometrisch. S. untenstehende Tabelle.

b) Volumetrisch. 25 g des Musters werden unter Vorsichtsmaßregeln (unter Vermeidung von Verdunstung) zu 500 ccm gelöst und 50 ccm der Lösung mit n. Säure (Lackmus oder Methylorange) titriert. Phenolphthalein ist für die Titration des Ammoniaks unbrauchbar, da es keinen scharfen Farbenumschlag gibt.

$$1 \text{ ccm n. Säure} = 0{,}017 \text{ g } NH_3.$$

Verunreinigungen. Das technische Ammoniak kommt meist in genügender Reinheit in den Handel. Bei dem garantierten Gehalt an Ammoniak ist eine farblose (nicht gelblich gefärbte) Ware meist für alle Zwecke der Färberei hinreichend rein genug. Zur näheren Prüfung nehme man einen Verdampfungsversuch und einen Glühversuch des Abdampfrückstandes vor; es dürfen dabei kaum wägbare Rückstände hinterbleiben. Als anorganische Verunreinigungen kommen in Betracht: **Schwefelwasserstoff** und **Kohlensäure**, wenn es bei der Destillation an Kalk fehlte; **Chlor, Kalk, Eisen, Kupfer, Schwefelsäure.** Man prüft hierauf der Reihe nach qualitativ mit folgenden Reagenzien: ammoniakalische Bleiazetatlösung, Chlorkalzium, Gemisch von Essigsäure und Silberlösung, Oxalsäurelösung, Schwefelammonium, Rhodanammonium. Vom Salmiakgeist des Handels kann verlangt werden, daß er von den genannten Verunreinigungen nahezu frei ist. Dagegen fehlen **empyreumatische Bestandteile** selten vollkommen d. s. pyridinartige Körper, welche dem Salmiakgeist den schlechten Geruch verleihen und die auch das mitunter auftretende Nachdunkeln der ursprünglich farblosen Flüssigkeit verursachen. Durch Eintauchen eines Stückes Filtrierpapier in den Salmiakgeist kann man nach Verflüchtigung des Ammoniaks den empyreumatischen Geruch wahrnehmen; in kurzer Zeit verfliegt indes auch dieser. Viel deutlicher tritt der Geruch in die Erscheinung, wenn man den Salmiakgeist genau mit Schwefelsäure neutralisiert (Ost). **Pfeiffer**[1]) versetzt mit Lackmustinktur, übersäuert wenig mit Schwefelsäure und bindet den Säureüberschuß durch etwas Schlämmkreide. **Wittstein**[2]) weist teerige Stoffe bzw. organische Basen im Salmiakgeist nach durch tropfenweises Hinzufügen desselben zu Salpetersäure, die mit $^1/_4$ ihres Volumens mit Wasser verdünnt ist. Es tritt alsdann eine rosenrote Färbung auf, die bei weiterem Zutröpfeln wieder verschwindet. — Wasserfreies Ammoniak enthält mitunter bis zu 3% Verunreinigungen. Letztere bestehen u. a. aus Methyl-, Äthyl-, Isopropylalkohol, Azeton, Azetonitril, Aminen, Pyridin, Benzin, Naphthalin, kohlensaurem Ammoniak, Schmieröl und festen Körpern, wie Eisenoxyd und Sand.

Bestimmung des Ammoniaks in Salzen. a) **Destillationsmethode.** Das abgewogene Ammonsalz bringt man in einen Kolben, löst die Substanz in etwa 200 ccm Wasser, fügt überschüssige (etwa 10 ccm), ausgekochte, 10%ige Natronlauge hinzu, destilliert und fängt das Destillat in der mit einer gemessenen überschüssigen Menge Normalsäure beschickten Vorlage auf. Der Überschuß der Säure wird unter Anwendung von Methylorange mit Normalalkali zurücktitriert und das Ammoniak aus dem Rest der Säure berechnet[3]).

$$1 \text{ ccm verbrauchter n. Säure} = 0{,}017 \text{ g } NH_3.$$

Von technisch reinen Salzen, z. B. Ammonsulfat, nimmt man zweckmäßig $^1/_{10}$ des Grammäquivalents des Ammoniaks, also 1,7034 g (oder löst 17,034 g zu 500 und verwendet 50 ccm der Lösung). Bei diesem

---

[1]) **Lunge-Berl.**

[2]) Dingl. Polyt. Journ. 213, 512.

[3]) In den letzten Jahren ist eine Reihe verschiedener Apparatevorrichtungen für die Ammoniakdestillation empfohlen worden. Erwähnt seien u. a. folgende Veröffentlichungen: Destilliertisch für Ammoniakbestimmungen der Deutschen Ammoniak-Verkaufs-Vereinigung (Chem.-Ztg. 1912, 710), **Dittmer** (Ebenda, 1912, 848), **Grimme** (Ebenda, 1914, 404), **van Eyndhoven** (Ztschr. f. angew. Chem. 1913, 472), **Knublauch** (Ebenda, 1913, 425), **Lickfett** (Ebenda, 1913, 688), **Delattre** (Ebenda, 1914, S. 14), **Wempe** (Ebenda, 1914, 624).

Quantum werden 10 ccm 10%ige Natronlauge zum Zersetzen des Ammonsalzes und 25 ccm n. Schwefelsäure als Vorlage am Platze sein. Bei stark verdünnten Salzen, Lösungen u. ä. wird entsprechend mehr angewandt.

b) Verdrängungsmethode. Etwa 1—2 g des neutralen, eventuell neutralisierten, Salzes werden mit gemessener, überschüssiger n. Natronlauge versetzt, auf dem Wasserbade zur Trockne verdampft, mit Wasser aufgenommen und nochmals zur Trockne gedampft, bis alles Ammoniak verschwunden ist. Alsdann wird mit Wasser aufgenommen und mit n. Schwefelsäure und Methylorange titriert. Das so ermittelte Manko an Alkali entspricht dem Ammoniakgehalt.

1 ccm verschwundener n. Lauge = 0,017 g NH_3.

c) Kolorimetrisch. Bei geringen Mengen bzw. Verunreinigungen (s. u. Wasser).

Spezifische Gewichte von Ammoniaklösungen bei 15° C. (Lunge und Wiernik.)

Spez. Gew. bei 15°	Proz. NH_3	Spez. Gew. bei 15°	Proz. NH_3	Spez. Gew. bei 15°	Proz. NH_3
1,000	0,00	0,956	11,03	0,912	24,33
0,996	0,91	0,952	12,17	0,908	25,65
0,992	1,84	0,948	13,31	0,904	26,98
0,988	2,80	0,944	14,46	0,900	28,33
0,984	3,80	0,940	15,63	0,896	29,69
0,980	4,80	0,936	16,82	0,892	31,05
0,976	5,80	0,932	18,03	0,888	32,50
0,972	6,80	0,928	19,25	0,886	33,25
0,968	7,82	0,924	20,49	0,884	34,10
0,964	8,84	0,920	21,75	0,882	34,95
0,960	9,91	0,916	23,03		

Ammoniaksalze.

Die meisten Ammoniumsalze, wie Sulfat, Chlorid, Karbonat usw., hinterlassen beim Glühen keinen Rückstand; Verunreinigungen mit Alkalisalzen werden hierbei aufgefunden. Salze, wie Ferrozyanammonium, vanadinsaures Ammonium u. ä., sind nicht ohne Rückstand flüchtig. Quantitativ wird der Ammoniakgehalt, wie bereits unter Ammoniak beschrieben, festgestellt. Die Säurereste werden gleichfalls nach unter den betreffenden Säuren besprochenen Methoden bestimmt. Hydroskopische Salze sind auf Feuchtigkeitsgehalt besonders zu prüfen.

Die gewöhnlichen Verunreinigungen technischer Präparate sind: Wasserunlösliches, Schwefelsäure, Salzsäure, Kalk, organische Substanz. Man löst 50 g in Wasser, sammelt das Unlösliche auf einem getrockneten und gewogenen Filter und wägt nach dem Trocknen (= Unlösliches). Das Filtrat wird zum Liter verdünnt; je 250 ccm desselben dienen zur Bestimmung gelegentlicher Verunreinigung durch Schwefelsäure oder Chlorwasserstoffsäure und durch Kalk. Findet man mehr SO_3 oder Cl, als das gefundene CaO zu binden vermag, so verrechnet man den Überschuß auf Ammoniumsalz. Andernfalls würde der vorhandene Kalk als Chlorkalzium bzw. Gips anzusprechen sein. Weitere 250 ccm der Stammlösung werden mit verdünnter Schwefelsäure versetzt, zum Kochen erhitzt und mit einer etwa 0,1%igen Chamäleonlösung zur Ermittelung der organischen Substanz titriert. Da es nur auf Vergleichswerte ankommt, kann man annehmen, daß ein Gewichtsteil Chamäleon fünf Gewichtsteile organische Substanz oxydiert[1]).

Ammoniumsulfat. $(NH_4)_2SO_4 = 132,14$. Das Salz kommt fast immer in etwas feuchtem Zustande in den Handel, oft auch noch etwas sauer und durch organische Basen schwach gefärbt. Die Feuchtigkeit wird ermittelt durch zweistündiges Trocknen von etwa 5 g Salz auf einem Uhrglas bei 110° C und Rückwägung. Für die Ammoniakbestimmung wird etwa 1 g angewandt; chemisch reines Salz enthält 25,81% Ammoniak; das Destillat von 1 g Salz würde also 15,13 ccm n. Schwefelsäure verbrauchen. Freie Schwefelsäure wird durch Titration von 1 g Substanz mit $^1/_{10}$ n. Lauge und Methylorange bestimmt. Der Glührückstand wird durch Wegrauchen und Glühen von etwa 2 g Salz in bedecktem Platintiegel festgestellt.

Chlorammonium, Salmiak. $NH_4Cl = 53,5$. Kommt in Kuchen oder kleinen Kristallen in den Handel. Die Lösung reagiert neutral. Das feste Salz ist hydroskopisch. Die technische Ware enthält etwa 94—95% Chlorammonium. Seine Hauptverunreinigungen sind: Ammoniumsulfat, Eisen, Feuchtigkeit. Das Eisen verleiht der Ware ein schlechtes Aussehen und ist in der Färberei oft schädlich. Die Einzelbestimmungen sind wie bei Sulfat auszuführen (Ammoniakgehalt, Glührückstand); der Chlorgehalt wird durch Titration mit Silberlösung bestimmt (s. Chloride); der Feuchtigkeitsgehalt wird bei einer 100° nicht übersteigenden Temperatur ermittelt. Der Eisengehalt wird nach Reduktion mit Zink vermittels $^1/_{100}$ n. Chamäleonlösung oder kolorimetrisch festgestellt. Die Löslichkeit des Salzes ist geringer als die des Sulfates. Die gesättigte Lösung vom spezifischen Gewicht 1,07375 enthält 26% Chlorammonium.

Kohlensaures Ammoniak, Hirschhornsalz, flüchtiges Laugensalz. Man unterscheidet je nach dem Sättigungsgrad neutrales Salz $(NH_4)_2CO_3 + H_2O$, halbsaures Salz, $(NH_4)_4H_2(CO_3)_3 + H_2O$, saures Salz, $(NH_4)H(CO_3)$, karbaminsaures Salz, $(NH_4)CO_2(NH_2)$. Das käufliche kohlensaure Ammoniak, das Hirschhornsalz des Handels, kann als in der Mitte zwischen den beiden letztgenannten stehend aufgefaßt werden; es enthält etwa 31% Ammoniak. Ein englisches Produkt, das im Handel anzutreffen ist (modo anglico), nähert sich mehr der Zusammensetzung des sauren Salzes mit nur 21—23% Ammoniak. Die Analyse dieser Salze beschränkt sich im allgemeinen auf die Ammoniakbestimmung und den Glührückstand. Der an Kohlensäure gebundene Ammoniakgehalt kann außer nach der Destillationsmethode auch direkt titrimetrisch mit Säure und Methylorange bestimmt werden, wobei Chlorid und Sulfat nicht mitbestimmt werden.

Das Salz löst sich langsam in Wasser, die Lösung reagiert stark alkalisch. Da das Salz an der Luft Ammoniak abgibt, muß es ver-

---

[1]) Lunge-Berl.

schlossen aufbewahrt werden. Eine konzentrierte Lösung von 44,9%
Hirschhornsalz hat das spezifische Gewicht 1,1414 oder 17,9° Bé.

Essigsaures Ammoniak. $CH_3COONH_4 = 77,1$. Es wird durch Neutralisieren technischer Essigsäure mit Ammoniak meist vom Verbraucher
selbst bereitet und stellt eine ammoniakalisch (und mitunter brenzlich)
riechende Flüssigkeit dar. Beim Kochen wird Ammoniak abgespalten.

Oxalsaures Ammoniak. $(COONH_4)_2 + H_2O = 142,1$. Es wird
durch Neutralisieren von Ammoniak mit einer konzentrierten Oxalsäurelösung erhalten. Das feste Salz löst sich in 20 T. Wasser. Die wässerige
Lösung reagiert gegen Lackmus neutral.

Rhodanammonium. $NH_4 \cdot SCN = 76,12$. Das Rhodanammonium
bildet farblose, zerfließliche Kristalle. Der Rhodangehalt bedingt den
Wert des Präparates und muß kontrolliert werden.

Bestimmung des Rhodangehaltes. a) Volumetrisch nach
dem Prinzip der Volhardschen Chloridbestimmung. Man versetzt die
Rhodanlösung (z. B. 20 ccm einer Lösung von 7,6 g : 1000, zu 100 ccm
verdünnt) mit einem Überschuß von $^1/_{10}$ n. Silberlösung (20 ccm), säuert
mit Salpetersäure an, fügt Eisenammoniumalaun hinzu und titriert den
Überschuß des Silbers mit $^1/_{10}$ n. Rhodankaliumlösung zurück. Reines
Salz enthält 76,28%—CNS.

$$1 \text{ ccm verbrauchte } ^1/_{10} \text{ n. Silberlösung} = 0,005908 \text{ g HCNS.}$$
$$(0,005807 \text{ g—CNS}).$$

b) Treadwell und Meyr[1]) versetzen eine rhodanhaltige Lösung mit
einer gemessenen Menge von überschüssigem Bromat und Bromid, säuern
dann mit Salzsäure an und titrieren nach Beendigung der Oxydation
das überschüssige Brom zurück, indem sie Jodkalium zufügen und das
ausgeschiedene Jod mit Thiosulfat und Stärke zurückmessen. Kaliumbromat und -bromid liefern in saurer Lösung freies Brom, durch das
Rhodanwasserstoff glatt zu Schwefelsäure und Blausäure oxydiert wird.

c) Gravimetrisch als Kuprorhodanid, $Cu_2(CNS)_2$. Man versetzt
die neutrale oder schwach salz- oder schwefelsaure Lösung des Alkalirhodanids mit 20—50 ccm gesättigter schwefliger Säure und fügt solange
Kupfersulfatlösung unter Umrühren hinzu, bis die Lösung schwach
grünlich gefärbt erscheint (also ein Überschuß wahrnehmbar ist), läßt
einige Stunden stehen, filtriert durch einen Gooch-Neubauer-Platintiegel, wäscht mit kaltem SO_2haltigen Wasser, dann einige Male mit
Alkohol nach, trocknet bei 130—140° bis zum konstanten Gewicht und
wägt. (Man kann auch auf getrocknetem, tariertem Filter filtrieren.)

$$1 \text{ g Kupferrhodanür} = 0,4857 \text{ HCNS } (0,4775 \text{ g—CNS}).$$

d) Gravimetrisch als Bariumsulfat. 1 g Substanz wird in
Wasser gelöst und mit etwas Salzsäure und Chlorbarium versetzt. Falls
durch vorhandene Schwefelsäure Trübung entsteht, wird filtriert, das
klare Filtrat erhitzt und nun tropfenweise soviel Bromwasser (das Rhodanwasserstoff quantitativ zu Schwefelsäure oxydiert) zugesetzt, bis
ein kleiner Überschuß davon durch Gelbfärbung der Flüssigkeit bemerk-

---

[1]) Ztschr. f. anorg. Chem. 1915, 127.

bar wird. Der ausgefallene schwefelsaure Baryt wird zur Wägung gebracht.

$$1 \text{ g Bariumsulfat} = 0,2488 \text{ g—CNS.}$$

Bestimmung des Ammoniakgehaltes. Man ermittelt denselben nach der Destillationsmethode unter Anwendung von Magnesia (an Stelle von Ätznatron). Reines Salz enthält 22,4% NH_3.

Vanadinsaures Ammoniak. $(NH_4)_4V_2O_7$ und NH_4VO_3. Weißes oder schwach gelblich gefärbtes Kristallpulver. Es wird bei dem hohen Preise nur sehr sparsam gebraucht, um so mehr als eine spezifische Wirkung als Sauerstoffüberträger schon in äußerst verdünnten Lösungen zur Geltung kommt. Bei seiner Beurteilung kommt lediglich die Löslichkeit und der Vanadinsäuregehalt in Frage.

Gehaltsbestimmung. a) Gravimetrisch nach Fresenius. Das Ammonvanadat wird durch gesättigte Chlorammoniumlösung aus der hergestellten Stammlösung gefällt, wobei etwaige Verunreinigungen in Lösung bleiben; darauf wird filtriert, mit Chlorammonlösung nachgewaschen und geglüht. Der Glührückstand besteht aus Vanadinsäureanhydrid, V_2O_5.

$$(NH_4)_4V_2O_7 = 2\,NH_4VO_3 \text{ (Metavanadat)} + 2\,NH_3 + H_2O.$$

Über die b) oxydimetrische und c) jodometrische Bestimmungsmethoden s. Treadwell.

Ammoniumpersulfat, $(NH_4)_2S_2O_8$. S. Peroxyde.

Ammoniumbisulfit, $NH_4 \cdot HSO_3$. S. Natriumsalze.

Ammoniumhydrosulfit, $(NH_4)_2S_2O_4$. S. Natriumsalze.

Ammoniumphosphat, $(NH_4)_2HPO_4$. S. Natriumsalze.

Ferrozyanammonium, $(NH_4)_4Fe(CN)_6$, wird nach Kertesz wie folgt bereitet: 1800 g Ferrozyankalium werden in 32 l Wasser und 9000 g Ammoniumsulfat in 13 l Wasser gelöst; die Lösungen werden kochend vereinigt und das Kaliumsulfat auskristallisieren gelassen. S. Natriumsalz.

Ammoniumtartrat. Aus Weinsäure und Ammoniak hergestellt.

Ammoniumformiat. Konzentrierte Lösungen mit einem annähernden Gehalt von 50% an reinem Salz. Ameisensäurebestimmung s. u. Ameisensäure. $1 \text{ g } Hg_2Cl_2 = 0,098 \text{ g Ameisensäure} = 0,1339 \text{ g ameisensaures Ammonium } (HCOONH_4)$.

Natriumverbindungen.

Ätznatron, Natronhydrat, Natriumhydroxyd, Kaustische Soda, Kaustisches Natron (Seifenstein). $NaOH = 40,01$; leicht wasserlöslich (s. Tabelle). — **Natronlauge, kaustische Lauge** = wässerige Lösung von $NaOH$. Das Ätznatron kommt als geschmolzene, weiße Masse in eisernen Trommeln in den Handel. Es zieht aus der Luft begierig Wasser und Kohlensäure an. Die Handelsware enthält zwischen 77—97% (gewöhnlich 94%) Natriumhydroxyd. Die Natronlauge ist eine wässerige Lösung des Ätznatrons und kommt meist in einer Stärke von 38/40° Bé in den Handel. Die Hauptverunreinigungen der kaustischen Soda sind Wasser, Karbonat, Natriumchlorid, Natriumsulfat, Natriumsilikat und Natriumaluminat, welche den Wert des Ätznatrons verringern.

Bei der Probenahme des Ätznatrons ist zu beachten, daß der Inhalt einer Trommel keine gleichförmige Zusammensetzung in allen seinen Teilen zeigt. Die schnell erstarrten, dem Boden und den Seitenwänden der Trommel zunächst befindlichen Teile repräsentieren am besten die durchschnittliche Zusammensetzung. Anders dagegen ist es mit der langsamer erstarrten, im Innern befindlichen Masse. Hier haben die Verunreinigungen, besonders das Chlorid und Sulfat, Zeit, sich in den am längsten flüssig bleibenden Kern zurückzuziehen, wodurch die Zusammensetzung ungleichmäßig wird. Man muß deshalb die Proben an möglichst vielen Stellen entnehmen. Ein Pulvern der Probe vor dem Abwägen ist nicht ratsam, weil bei noch so rascher Manipulation Feuchtigkeit und Kohlensäure angezogen werden und dadurch erheblich größere Fehler als 1% verursacht werden können[1]).

Die chemische Prüfung der kaustischen Soda beschränkt sich in der Regel auf die Ermittlung der Gesamtalkalität und des Ätznatrons (oder richtiger des nutzbaren Natrons, einschließlich Natriumsilikat und Natriumaluminat). Außerdem kann man auf Chlornatrium, Natriumsulfat, Wasser, Silikat und Aluminat prüfen.

Bestimmung des „Gesamttiters". Man löst etwa 50 g Substanz zu einem Liter, pipettiert 50 ccm der Lösung heraus (=2,5 g Substanz) und titriert mit n. Säure und Methylorange. Der Gehalt wird verschieden zum Ausdruck gebracht:

1 ccm n. Säure = 0,04 g $NaOH$ = 0,031 g Na_2O = 0,053 g Na_2CO_3.

Die „Grädigkeit" der kaustischen Soda und Soda wird in verschiedenen Ländern verschieden ausgedrückt. In Deutschland bedeuten die „Grade" Prozente Natriumkarbonat, so daß z. B. chemisch reines Ätznatron 132,4°, die beste technische Ware 128° zeigen würde. Unter „englischen Graden" versteht man den Gehalt der Gesamtkalinität, berechnet auf Prozente Na_2O. Diese von Gay-Lussac vorgeschlagene Bezeichnung nach Graden von „nutzbarem" Natron (englisch: available soda) umfaßt alles, was auf die Normalsäure wirkt, also Hydrat, Karbonat, Silikat, Aluminat. Chemisch reines Ätznatron würde danach 77,5 Gay-Lussac-Grade, chemisch reine Soda 58,53 solcher Grade zeigen. Diese Bezeichnung ist in England nur nominell allgemein angenommen worden; in Wirklichkeit werden dort die Grade höher angegeben, bestenfalls unter Annahme des Äquivalentes für Na_2CO_3 = 54 (statt 53), für Na_2O = 31,6 (statt 31) (= Newcastler Grade). Für den „Liverpool test" läßt sich vollends gar keine Tabelle aufstellen, weil er von den Handelschemikern ganz willkürlich ausgeführt wird. In Frankreich und Belgien bezeichnet man Soda, Ätznatron (auch Pottasche, Baryt usw.) nach Graden Descroizilles. Diese geben die Menge von Schwefelsäuremonohydrat (H_2SO_4) an, welche von 100 T. des betreffenden Ätznatrons (Soda usw.) neutralisiert werden (gleichgültig ob als Hydrat, Karbonat o. a. vorhanden). Die „Descroizilles-Schwefelsäure" enthält genau 100 g reine H_2SO_4 im Liter. Da nun 10 g chemisch reine Soda (bzw. 7,55 g chemisch reines Ätznatron) 9,252 g H_2SO_4 äquivalent sind, so

---

[1]) Lunge-Berl.

brauchen 5 g chemisch reine Soda oder 3,775 g chemisch reines Ätznatron
genau 46,26 ccm der Descroizilles-Säure.

Bestimmung des wirklichen Ätznatrongehaltes. Bei der
Bestimmung des Gesamttiters wird neben dem Ätznatron auch das
Karbonat, Silikat und Aluminat mitgemessen. Zur Bestimmung des
wirklichen Ätznatrongehaltes eignet sich am besten die Chlorbariummethode. Sie beruht darauf, daß das Karbonat durch überschüssiges
Bariumchlorid ausgefällt und das in Lösung verbleibende Natriumhydroxyd bzw. Barythydrat mit n. Säure (Phenolphthalein) titriert wird.

$$1 \text{ ccm n. Salzsäure} = 0{,}031 \text{ g } Na_2O = 0{,}04 \text{ g } NaOH.$$

Das Abfiltrieren des gefällten Bariumkarbonates (aus einem aliquoten
Teil der Lösung) ist hierbei unnötig.

Aräometrische Bestimmung. Diese gibt bei technischer kau-
stischer Lauge nicht so genaue Resultate wie bei Säuren, weil die kaustische Lauge stärker verunreinigt zu sein pflegt. S. untenstehende Tabelle.

Bestimmung des Sodagehaltes. Da die praktisch vorkommenden Verunreinigungen von Silikat und Aluminat verschwindend klein
sind, begnügt man sich in der Regel mit der Differenzbestimmung. Man
bestimmt einerseits die Gesamtalkalinität, andererseits das wirkliche
Ätznatron nach oben beschriebenem Verfahren. Die Differenz beider
Bestimmungen wird als Sodagehalt angenommen.

Nicht ganz zuverlässig, aber in der Praxis häufig ausgeführt, ist
die Titration einerseits mit Phenolphthalein, andererseits mit Methylorange als Indikator, wobei die Lösung tunlichst auf 0° abgekühlt werden muß. Man titriert z. B. 50 ccm der Stammlösung (2,5 g Substanz)
unter Zuhilfenahme von Phenolphthalein mit n. Säure bis zum Verschwinden der Rotfärbung (a ccm), was eintritt, wenn alles NaOH
neutralisiert und das vorhandene Na_2CO_3 in $NaHCO_3$ übergeführt ist
($= NaOH + $ Hälfte des Na_2CO_3); dann setzt man derselben Lösung
Methylorange zu und titriert (kalt oder bei Zimmertemperatur) weiter
bis zum Auftreten der Rotfärbung (weitere b ccm), was eintritt, wenn
sämtliches $NaHCO_3$ in NaCl (bzw. Na_2SO_4) übergeführt ist.

$$a + b = \text{Gesamtalkalinität.}$$
$$2\,b = \text{Sodaalkalinität.}$$
$$a - b = \text{Ätznatronalkalinität.}$$

Tillmanns und Heublein titrieren in stark verdünnter Lösung
in geschlossenem Kölbchen zur Vermeidung des Entweichens von Kohlensäure. Noch bessere Resultate erhalten sie, wenn sie erst mit Methylorange titrieren und dann erst auf Zusatz von Phenolphthalein die frei-
gewordene Kohlensäure mit Lauge bis zur Rotfärbung zurücktitrieren.
Näheres hierüber s. u. Natriumbikarbonat.

Bestimmung des Wassergehaltes. Festes Ätznatron kann bis
zu 25—30% Wasser enthalten. Die Bestimmung desselben durch direktes Erhitzen im Porzellantiegel verursacht Verluste durch Verspritzen.
Das Erhitzen im Trockenschrank bei 140° bringt infolge Kohlensäure-
aufnahme Gewichtszunahme. Böckmann[1]) wägt etwa 5g kaustische Soda

---

[1]) Lunge-Berl.

in einen (14—15 cm hohen, $^1/_4$ l fassenden) trockenen, nebst aufgesetztem Trichter tarierten Erlenmeyer-Kolben hinein und trocknet mit aufgesetztem Trichter 3—4 Stunden auf dem Sandbade bei 150°. Er läßt den Kolben schließlich samt aufgesetztem Trichter an freier Luft auf einer Marmorplatte erkalten und wägt zurück.

Verunreinigungen. Die Hauptverunreinigungen sind außer der erwähnten Soda: Choride, Sulfate, Aluminate und Silikate. Außerdem ist Ätznatron oft durch Eisenoxyd verunreinigt, das den Wert des Produktes herabsetzt.

Spezifische Gewichte von Ätznatronlösungen (15°).

Spez. Gewicht	Grade Baumé	Proz. NaOH	Spez. Gewicht	Grade Baumé	Proz. NaOH	Spez. Gewicht	Grade Baumé	Proz. NaOH
1,007	1	0,61	1,142	18	12,64	1,320	35	28,83
1,014	2	1,20	1,152	19	13,55	1,332	36	29,93
1,022	3	2,00	1,162	20	14,37	1,345	37	31,22
1,029	4	2,71	1,171	21	15,13	1,357	38	32,47
1,036	5	3,35	1,180	22	15,91	1,370	39	33,69
1,045	6	4,00	1,190	23	16,77	1,383	40	34,96
1,052	7	4,64	1,200	24	17,67	1,397	41	36,25
1,060	8	5,29	1,210	25	18,58	1,410	42	37,47
1,067	9	5,87	1,220	26	19,58	1,424	43	38,80
1,075	10	6,55	1,231	27	20,59	1,438	44	39,99
1,083	11	7,31	1,241	28	21,42	1,453	45	41,41
1,091	12	8,00	1,252	29	22,64	1,468	46	42,83
1,100	13	8,68	1,263	30	23,67	1,483	47	44,38
1,108	14	9,42	1,274	31	24,81	1,498	48	46,15
1,116	15	10,06	1,285	32	25,80	1,514	49	47,60
1,125	16	10,97	1,297	33	26,83	1,530	50	49,02
1,134	17	11,84	1,308	34	27,80			

Natriumsuperoxyd (Natriumperoxyd). $Na_2O_2 = 78$; in Wasser nicht unzersetzt löslich. Das Natriumsuperoxyd kommt als weißes bis schwach gelbliches Pulver in starken Blechbüchsen mit luftdicht schließendem Deckel in den Handel. Es ist wegen Explosionsgefahr sorgfältig geschlossen zu halten und besonders vor Verunreinigung durch Stroh, Holz, Papier usw. zu schützen. Es kommt mit einem durchschnittlichen Gehalt von 95% Na_2O_2 auf den Markt. Als Verunreinigungen kommen darin hauptsächlich vor: Ätznatron, Soda, Spuren Eisen und Tonerde Sulfat, Chlorid, Phosphat. Der Eisen- und Tonerdegehalt beträgt bei guter Ware etwa 0,01% ($Fe_2O_3 + Al_2O_3$). Der Wert der Handelsware hängt in erster Linie von dem Gehalt an Natriumsuperoxyd ab. Während die gasvolumetrische Methode etwas höhere Werte ergibt (den wirklichen Gehalt an Superoxyd), wird in der Technik meist der technische Wirkungswert ermittelt, wobei die Analysenmethode bereits den beim Ansetzen der Natriumsuperoxydbäder eintretenden geringen Sauerstoffverlust berücksichtigt.

Gehaltsbestimmung (Wirkungswert). a) 0,2—0,3 g Na_2O_2 werden in einem Wägegläschen schnell abgewogen und in 300 ccm 10%ige Schwefelsäure vorsichtig unter Umrühren eingetragen. Die so erhaltene stark saure Wasserstoffsuperoxydlösung wird mit $^1/_5$ n. Chamäleonlösung bis zur Rosafärbung titriert. Milbauer trägt etwa 0,5 g Natriumperoxyd in eine Lösung von 5 g Borsäure und 5 ccm konz. Schwefelsäure in 100 ccm Wasser unter Umrühren ein und titriert mit Permanganat[1]).

$$1 \text{ ccm } \frac{1}{5} \text{ n. Chamäleonlösung} = 0,0078 \text{ g } Na_2O_2.$$

b) Oder man trägt die Substanz in eine Lösung von 2 g Jodkalium in 200 ccm verdünnter Schwefelsäure (1 : 20) ein und titriert mit Thiosulfat.

c) Man zersetzt das Natriumperoxyd mittels Wasser und mißt das Sauerstoffgas volumetrisch. Hierbei wird vorteilhaft statt Kobaltnitrat Kupfersulfat (0,05%) als Katalysator benutzt.

Alle drei Methoden liefern zufriedenstellende Ergebnisse; die erste ist die einfachste und gebräuchlichste, aber nicht immer anwendbar, z. B. bei Betriebsbleichbädern, die stark verunreinigt sind. In solchen Fällen kommt Methode b) zur Anwendung. S. a. u. Wasserstoffsuperoxyd. Das Abwägen hat rasch zu geschehen, da sich das Natriumsuperoxyd, besonders an feuchter Luft, schnell zersetzt.

Natriumsalze.

Die Natriumbase wird in den allerseltensten Fällen quantitativ bestimmt. Man wird sich meist, wo andere Alkalisalze ausgeschlossen sein sollen, des umgekehrten Weges bedienen und die Verunreinigungen ermitteln. In besonderen Fällen kann das Natrium in Form des Chlorids oder Sulfats bestimmt werden. Bei Anwesenheit von Kalium wird die Summe der Chloride festgestellt, alsdann das Kalium z. B. als Kaliumchloroplatinat abgeschieden und daraus die entsprechende Menge Chlorkalium berechnet, die man dann von der Summe beider Chloride abzieht und so die Menge des Chlornatriums erhält (Differenzmethode).

Kochsalz, Chlornatrium, Steinsalz. NaCl = 58,46.

% NaCl:	5	10	15	20	25	26,4 = gesättigt bei 15°
Sp. G.:	1,0362	1,0733	1,1114	1,1510	1,1923	1,2043

Das Kochsalz wird entweder rein oder, um die bedeutende Salzsteuer zu ersparen, als (unter steueramtlicher Kontrolle) denaturiertes und steuerfreies „Gewerbesalz“ oder „Viehsalz“ gebraucht. Als für die Färberei am besten geeignete Denaturierungsmittel, sind Seife, Petroleum ($\frac{1}{4}$%) und Lösungen von Anilinfarbstoffen zu bezeichnen. Für andere Zwecke wird Kochsalz außerdem denaturiert mit: Eisenoxyd, Wermutpulver (Geruch!), Kienruß (graue Färbung), Eisenvitriol (grünliche Färbung), Kienöl u. a. Bei der Beurteilung eines Kochsalzes kommen hauptsächlich folgende Momente in Frage: Der Feuchtigkeitsgehalt (Erhitzen im Erlenmeyerkolben wie bei Ätznatron), Klarlöslichkeit, Unlösliches in Wasser, seltener: Säure, Kalkgehalt, Magnesiagehalt, Eisengehalt, Sulfat, organische Substanz. Zänker und Weyrich[2]) fanden in einem Kochsalz die eigentümliche Verunreinigung durch Mangan, die Anlaß zu Störungen in der Färberei gab. Das Denaturierungsmittel schließt unter Umständen den Gebrauch des Gewerbesalzes für Färbereizwecke aus.

---

[1]) Journ. f. prakt. Chem. 1918, 1. Chem. Zentralbl. 1919, II, S. 318.
[2]) Färb.-Ztg. 1912, Nr. 16.

Glaubersalz, Natriumsulfat, schwefelsaures Natron, Sulfat. Na_2SO_4 + 10 aq = 322,22; Na_2SO_4 = 142,06.

100 T. Wasser lösen:

bei 0°	10°	15°	20°	25°	30°	33°	40°	103° C	
5	9	13	19	28	40	50	49	42,6 T. Na_2SO_4.	

% Na_2SO_4	1	2	3	4	6	8	10	11	12
Spez. Gew.	1,009	1,018	1,027	1,036	1,055	1,073	1,093	1,102	1,112.

Das Glaubersalz kommt als kristallisiertes Glaubersalz und als kalziniertes Glaubersalz, letzteres kurzweg auch „Sulfat" genannt, in den Handel. 1 T. des letzteren entspricht $2^1/_4$ T. des ersteren. Die kristallisierte Ware kommt ziemlich rein in den Handel und enthält 44,1% wasserfreies Salz und 55,9% Wasser; sie verwittert an der Luft und verändert dadurch ihren Wirkungswert. Das „Sulfat" ist wesentlich unreiner als die Kristallware. Seine Hauptverunreinigung ist freie Säure bzw. Bisulfat. 4 g Sulfat werden mit n. Lauge (Methylorange) titriert, wobei jedes Kubikzentimeter der Lauge je 1% SO_3 entspricht. Man berechnet die ganze Azidität auf SO_3, wobei auch Salzsäure und sauer reagierende Eisen- und Tonerdesalze mitgemessen werden. Man trifft oft Sulfate von mehr als 1% SO_3 in dem Handel an. Der Gehalt an Eisen ist ebenfalls manchmal recht beträchtlich (bis 0,5% Fe_2O_3), in der Regel aber nur 0,03—0,15%. Das Eisen wird titrimetrisch, gravimetrisch oder kolorimetrisch bestimmt. Ferner kommen in Frage: Chlornatrium, Wasserunlösliches, Kalk, Magnesia, Tonerde, Feuchtigkeitsgehalt (normaler Glühverlust: 1—2%).

Natriumbisulfat, Weinsteinpräparat, Präparat. $NaHSO_4 + H_2O$ = 138,08; leicht wasserlöslich. Weiße Brocken bis grobkörniges Pulver. Die Reinheitsprüfung geschieht nach denselben Grundsätzen wie beim Glaubersalz. Allenfalls käme noch eine Verunreinigung durch Salpetersäure in Frage. 8 T. kristallisiertes Glaubersalz und 3 T. Schwefelsäure von 60° Bé liefern 7 T. Präparat.

Gehaltsbestimmung. Etwa 2 g der Substanz werden unter Zusatz von Methylorange mit n. Lauge titriert.

$$1 \text{ ccm n. Lauge} = 0,13808 \text{ g } NaHSO_4 + H_2O.$$

Soda, Natriumkarbonat, kohlensaures Natron. Na_2CO_3 (kalzinierte Soda) = 106; $Na_2CO_3 + 10 H_2O$ (Kristallsoda oder Feinsoda) = 286,16. Soda kommt als weißes Pulver (kalzinierte Soda, Solvaysoda, Ammoniaksoda) oder in Form von Kristallen (Kristallsoda, Kristallkarbonat) in den Handel. In kleinen Kristallen hergestellte Soda heißt auch Feinsoda. Erstere ist wasserfrei und luftbeständig, letztere enthält etwa 63% Kristallwasser und verwittert an der Luft, indem sie allmählich in wasserfreie bzw. wasserärmere Soda übergeht und zu Pulver zerfällt. An feuchter Luft ballt sich die kalzinierte Soda ohne wesentliche Wasseraufnahme zu harten Klumpen zusammen. Soda löst sich in Wasser am reichlichsten bei 32,5° C. 100 T. Wasser lösen bei:

0°	5°	10°	15°	20°	30°	32,5°	34°	und 79°	100°	
7,1	9,5	12,6	16,5	21,4	38,1	59		46,2	45,1 T. Na_2CO_3.	

Grädigkeit. Der Gehalt der Soda wird in Graden ausgedrückt, und zwar unterscheidet man deutsche Grade (Prozente Natriumkarbonat), englische Gay-Lussac-Grade (Prozente Na_2O) und französische, sogenannte Grade Descroizilles, genau wie bei der kaustischen Soda. Die zwei Haupthandelsprodukte sind Kristallsoda (36—37°) und Solvaysoda (95—98°). Außerdem kommt noch kalzinierte Soda in anderen Stärkegraden vor, die aber von untergeordneter Bedeutung sind: Soda mit 81% und 88—95% Natriumkarbonat. 100 T. kalzinierte Soda (98%ig) entsprechen rund 270 T. Kristallsoda.

Reinheit der Soda. Die Verunreinigungen hängen zum Teil von den Fabrikationsmethoden ab. So wird z. B. eine nichtkarbonisierte Leblanc-Soda (Kristallsoda) etwas Ätznatron und Schwefelnatrium enthalten können, was bei der Ammoniaksoda (Solvaysoda) so gut wie unmöglich ist. Dagegen wird die letztere ein wenig Bikarbonat enthalten können, was bei der Leblanc-Soda nicht vorkommt. Die letztere enthält als Hauptverunreinigung Sulfat, die Ammoniaksoda Chlorid. Es ist auch zu beachten, daß Kristallsoda bisweilen in der Zwischenfabrikation aus kalzinierter Soda, die sich billiger stellt, bereitet wird. In solchen Fällen wird man in der Kristallsoda (die dann aber nicht Leblanc-Soda, sondern nur umkristallisierte Solvaysoda darstellt) zum Teil mit den spezifischen Verunreinigungen der kalzinierten Soda zu rechnen haben.

Die chemische Untersuchung der Handelssoda umfaßt in den meisten Fällen nur die Ermittlung ihres alkalimetrischen Gehaltes, Titers oder ihrer Grädigkeit; ausnahmsweise werden auch noch weitere Bestimmungen ausgeführt.

Bestimmung des Gehaltes oder Titers. 20 g wasserfreie Soda oder 50 g Kristallsoda werden zu 1 l gelöst und 50 ccm der Lösung mit n. Salz- oder Schwefelsäure (Methylorange) in der Kälte bis zum Farbenumschlag titriert.

$$1 \text{ ccm} \quad \text{n.} \quad \text{Säure} = 0{,}053 \text{ g} \quad Na_2CO_3 = 0{,}14308 \text{ g} \quad Na_2CO_3 + 10 \ H_2O$$
$$= 0{,}031 \text{ g} \ Na_2O = 0{,}036 \text{ g} \ \text{Newcastler-}Na_2O.$$

1° deutsch = 1% Na_2CO_3; 1° Gay-Lussac-englisch = 1% Na_2O; 1° Newcastle-englisch = 1% Na_2O (Wertigkeitsgewicht 31,6); 1° Descroizilles = 1% H_2SO_4, die durch die Soda neutralisierbar ist.

1° Gay-Lussac = 1,81° deutsch = 1,02° Newcastle = 1,58° Descroizilles.

Nach den Vereinbarungen der deutschen Sodafabrikanten sowie Lunges Vorschriften wird kalzinierte Soda stets nach dem Glühen titriert und der Gehalt für den geglühten, trockenen Zustand angegeben; dies ist der eigentlich maßgebende Titer. Für den Zwischenhandel kommt dieses Verfahren wohl weniger in Betracht, da oft gerade überschüssige Feuchtigkeit eine Ware entwertet und Soda mit einem Wassergehalt bis zu 18% im Handel vorkommt. Lunge verwendet zur Titration 2,65 g der geglühten Soda, löst und titriert ohne zu filtrieren mit n. Salzsäure, wobei jedes Kubikzentimeter Normalsäure 2% Na_2CO_3 anzeigt. Nach diesem „deutschen Verfahren" wird also alles Unlösliche (kohlensaurer Kalk, kohlensaure Magnesia, Eisenoxyd usw.) im Titer mitgefaßt. Nach dem „englischen Verfahren" wird dagegen auf Volumen gefüllt, ein aliquoter Teil filtriert und dieser titriert. Einen wesentlichen Unterschied bedeutet dieses bei einem Produkte wie Soda, deren Gesamtunlösliches nicht über $^1/_4\%$ zu betragen pflegt, nicht.

Aräometrische Gehaltsbestimmungen von Sodalösungen nach untenstehender Tabelle leisten im Betriebe oft schnelle Hilfe, doch kann niemals der Titer der Lösung mit Bestimmtheit daraus berechnet werden, da unlösliche Verunreinigungen wie Chloride und Sulfate das Resultat verschieben.

Verunreinigungen. Nach bereits besprochenen Verfahren können in bestimmten Fällen Wasserunlösliches, Kochsalz, Sulfat, Feuchtigkeit, Ätznatron (Bariumchloridfällung s. u. Ätznatron) bestimmt werden. Im Wasserunlöslichen können weiter Eisenoxyd, Sand, Kohle, Tonerde, kohlensaurer Kalk und kohlensaure Magnesia festgestellt werden. Vor dem etwaigen Glühen ist auf Ätznatron, Schwefelnatrium und schwefligsaures Natrium zu prüfen. Qualitativ wird Ätznatron, das in geringen Mengen unschädlich ist, nachgewiesen, indem Sodalösung mit überschüssigem Chlorbarium gefällt und filtriert und das Filtrat mit empfindlichem Lackmuspapier geprüft wird. Eine weitere Portion Sodalösung wird mit einer alkalischen Lösung von Nitroprussidnatrium oder mit Bleipapier auf Schwefelnatrium und eine dritte nach dem Ansäuern mit Essigsäure und Zusatz von Jod-Stärkelösung auf Sulfit geprüft. Kleine Mengen Bikarbonat lassen sich schwer nachweisen[1]. Kristallsoda enthält vielfach etwas überschüssiges Wasser, welches aber 1% nicht überschreiten sollte. Nicht selten ist sie etwas verwittert und enthält dann einen Wasserunterschuß, was dem Konsumenten trotz des etwas unscheinbaren Aussehens zugute kommt. Der Sulfatgehalt der Kristallsoda soll 1—2% nicht übersteigen. Im Zwischenhandel wird aus kalzinierter Soda hergestellte Kristallsoda angetroffen, die mitunter stark mit Glaubersalz bis zu 10, 20 und mehr Prozent, verfälscht ist. Man kann verlangen, daß Kristallsoda, mit Rücksicht auf alle Verunreinigungen, nicht unter 34% Na_2CO_3 titrieren soll; meist wird sie 35% zeigen. Der Gehalt an Kochsalz sollte 0,5% nicht übersteigen. Die gelbliche Farbe der Kristallsoda rührt entweder von Eisen oder bisweilen von organischer Substanz her.

Spezifische Gewichte von Sodalösungen (15°).

Spez. Gewicht	Grade Baumé	Gew.-Proz.		Spez. Gewicht	Grade Baumé	Gew.-Proz.	
		Na_2CO_3	Na_2CO_3, 10 aq.			Na_2CO_3	Na_2CO_3, 10 aq.
1,007	1	0,67	1,807	1,083	11	7,88	21,252
1,014	2	1,33	3,587	1,091	12	8,62	23,248
1,022	3	2,09	5,637	1,100	13	9,43	25,432
1,029	4	2,76	7,444	1,108	14	10,19	27,482
1,036	5	3,43	9,251	1,116	15	10,95	29,532
1,045	6	4,29	11,570	1,125	16	11,81	31,851
1,052	7	4,94	13,323	1,134	17	12,61	34,009
1,060	8	5,71	15,400	1,142	18	13,16	35,493
1,067	9	6,37	17,180	1,152	19	14,24	38,405
1,075	10	7,12	19,203				

[1]) Näheres s. u. Bikarbonat S. 106.

Natriumbikarbonat, doppelkohlensaures Natron. $NaHCO_3 = 84{,}01$; L. k. W. = 11 : 100. Weißes, wasserlösliches Pulver oder harte, weiße, poröse Krusten. Es reagiert, selbst wenn es mit Kohlensäure vollständig gesättigt ist, gegenüber Lackmus alkalisch, gegenüber Phenolphthalein in konzentrierten Lösungen nahezu neutral, in verdünnten Lösungen infolge von Hydrolyse schwach alkalisch. Beim Lagern an der Luft verliert das Pulver und die Lösung allmählich Kohlensäure und geht in normales Karbonat über. Die technische Ware ist meist durch Soda verunreinigt, außerdem durch etwas Ammoniak (Ammoniakverfahren). Chlorid und Sulfat sind nur in Spuren vorhanden. Thiosulfat dürfte heute wohl kaum noch darin vorkommen.

Bestimmung des nutzbaren Natrons (alkalimetrischer Titer) und der Soda. a) Man löst 5 g in etwa 100 ccm ausgekochtem und auf 15—20° abgekühltem destillierten Wasser unter Vermeidung von Umschütteln durch vorsichtiges Zerdrücken mittels eines Glasstabes. setzt etwa 10 g reines Chlornatrium zu, kühlt auf etwa 0° ab, gibt Phenolphthalein zu und titriert mit n. Salzsäure[1]), bis die Rötung eben verschwunden ist (= Sodagehalt); Verbrauch a ccm n. Säure.

$$1 \text{ ccm n. Säure} = 0{,}106 \text{ g } Na_2CO_3.$$

Darauf setzt man Methylorange zu und titriert mit der Säure bis zum Farbenumschlag weiter; Verbrauch weitere b ccm n. Säure. $b{-}a$ ccm zeigen das ursprünglich vorhanden gewesene Bikarbonat an.

$$1 \text{ ccm n. Säure} = 0{,}084 \text{ g } NaHCO_3.$$
$$a + b = \text{Gesamtalkalinität.}$$

Bei Vernachlässigung des Sodagehaltes kann direkt gegen Methylorange titriert werden, auch sind dann die Lösungstemperatur und die übrigen Vorsichtsmaßregeln belanglos.

Nach Tillmanns und Heublein[2]) wird in stark verdünnter Lösung mit $n/_{10}$ Salzsäure, und zwar im geschlossenen Kölbchen titriert, um keine Kohlensäure entweichen zu lassen. Noch genauere Ergebnisse erhält man nach letztgenannten Beobachtern, wenn man erst die Methylorange-Alkalität feststellt, dann die hierbei verbrauchte Säuremenge zu einer neuen Portion der zu untersuchenden Lösung zusetzt und mit Natronlauge und Phenolphthalein die in Freiheit gesetzte Kohlensäure im geschlossenen Kölbchen zurücktitriert. Der Umschlag in Rot ist dabei schärfer als der Umschlag in Farblos bei der umgekehrten Titration. Die Berechnung findet wie oben statt, indem der Phenolphthaleinwert (in diesem Falle die Differenz zwischen Gesamtsäureverbrauch mit Methylorange und Rücktitrationslaugenverbrauch bis zur Rotfärbung des Phenolphthaleins), mit 2 multipliziert (= $0{,}106$ g Na_2CO_3 pro Kubikzentimeter n. Säure), auf das Karbonat, der Rest auf das Bikarbonat (= $0{,}08405$ g $NaHCO_3$ pro Kubikzentimeter n. Säure) verrechnet wird.

b) Nach Böckmann bestimmt man das Bikarbonat neben dem Karbonat auch in der Weise, daß man die Ware mit einer überschüssigen, genau gemessenen, karbonatfreien Menge $n/_2$ Natronlauge versetzt, das

---

[1]) Nach Lunge soll die Bürettenspitze in die Lösung eintauchen.
[2]) Ztschr. f. angew. Chem. 1911, S. 874.

hierbei gebildete und das ursprünglich vorhanden gewesene Karbonat mit Chlorbarium fällt und, ohne zu filtrieren, den Überschuß der Natronlauge mit titrierter Säure und Phenolphthalein zurückmißt. Nach Lunge[1]) arbeitet man noch zuverlässiger, wenn man mit Ammoniak versetzt und den Überschuß des Ammoniaks durch Titration zurückmißt. Die sich hierbei abspielenden Prozesse sind folgende:

1. $NaHCO_3 + NaOH = Na_2CO_2 + H_2O$.
   $Na_2CO_3 + BaCl_2 = BaCO_3 + 2\,NaCl$.
2. $NaHCO_3 + NH_3 + BaCl_2 = BaCO_3 + NaCl + NH_4Cl$.

Sowohl das ursprünglich vorhandene als das erzeugte Karbonat wird durch die Chlorbariumfällung ausgeschaltet. Das jeweils überschüssig zugesetzte Ammoniak oder Ätznatron wird gemessen und hieraus der Verbrauch an demselben ermittelt, der auf Kosten des Bikarbonats zu verrechnen ist.

Natriumbisulfit, doppelschwefligsaures Natron[2]). $NaHSO_3 = 104{,}07$; L. k.W. $= 25 : 100$. Auch mit 3 Molekülen Wasser kristallisierend: $NaHSO_3 + 3\,H_2O$[3]). Das saure schwefligsaure Natrium kommt in verschiedener Form und Zusammensetzung in den Handel, fest und flüssig, mit geringerem und größerem Überschuß an freiem Schwefeldioxyd. Das feste Bisulfit bildet weiße Kristalle, die sich an der Luft unter Erhitzen zersetzen; es wird auch als Meta-Sulfit und Pyro-Sulfit bezeichnet. Die wässerige Lösung bildet eine farblose oder gelbliche (durch Spuren von Eisen gefärbte), stark nach Schwefeldioxyd riechende Flüssigkeit und wird meist mit einem Gehalt von 24—25% Schwefeldioxyd, 38/40° Bé schwer, gehandelt. Das feste Bisulfit enthält in der Regel 60 bis 62% SO_2.

Die Höchster Farbwerke [M] bringen zwei Natriumbisulfit- und eine Pyrosulfitmarke in den Handel. Ihr Gehalt an SO_2 ist folgender:

Natriumbisulfit krist., Gesamt-SO_2-gehalt $= 61—62\%$.
Natriumbisulfit flüssig, 36—40 Bé, Gesamt-SO_2-gehalt $= 23—26\%$.
Natriumpyrosulfit krist. (Metasulfit), Gesamt-SO_2-gehalt $= 66—67\%$.

Der Schwefligsäuregehalt wird jodometrisch in üblicher Weise bestimmt.

Die B. A. S. F. bringt zwei Lösungen, „Bisulfit A" und „B", sowie zwei feste Bisulfite als „Bisulfit fest" und „Bisulfit in Pulver" in den Handel. Beide Lösungen, Bisulfit A und B, sind hinsichtlich ihrer Konzentration (38/40° Bé), sowie ihres Gesamtgehaltes an Schwefeldioxyd, der 24—25% beträgt, gleich; unterscheiden sich aber dadurch voneinander, daß Marke A ein saures, freie schweflige Säure haltendes Bisulfit darstellt, während Bisulfit B gewöhnlich noch 0,5—1% neutrales Sulfit enthält. Infolge seines Gehaltes an freier schwefliger Säure kann die Marke A nicht (wie B) in eisernen Gefäßen verschickt werden, sondern gelangt in Emballagen aus Holz zum Versand. „Bisulfit fest" ist eine

---

[1]) Handbuch der Soda-Industrie.
[2]) Der veraltete Name „Leukogen" dürfte wohl kaum mehr angetroffen werden. — Lignorosin ist ein schwefligsäurehaltiges Produkt, das in der Wollbeizerei Verwendung findet und aus der Sulfitablauge gewonnen wird.
[3]) Schüler und Wilhelm, Ztschr. f. angew. Chem. 1919, S. 198.

feuchte Kristallmasse, die 60—62% Schwefeldioxyd enthält und stark danach riecht. Der Luft ausgesetzt, verliert das Produkt unter gleichzeitiger Oxydation beständig an schwefliger Säure, hält sich dagegen unter Verwendung geeigneter Emballage, z. B. in verlöteten Bleiblechtrommeln, ziemlich gut. „Bisulfit in Pulver" ist ein vollkommen trockenes, sandiges Kristallpulver, das trotz seines Gehaltes von 60—62% SO_2 geruchlos und an trockener Luft völlig beständig gegen Oxydation ist. Es kommt daher in hölzernen Emballagen zum Versand und kann unverändert aufbewahrt werden, sofern nur für trockene Lagerung gesorgt wird.

Gehaltsbestimmung. S. unter schweflige Säure. Normalsulfit kann mit Normalsäure und Methylorange bis zum Umschlag in Gelb titriert werden ($NaHSO_3$-Bildung).

Verunreinigungen. Als Hauptverunreinigungen kommen Eisen und Schwefelsäure vor. Der Eisengehalt soll bei gutem Handelsbisulfit 0,008% nicht überschreiten, bleibt aber meist hinter dieser Zahl zurück. Über den Schwefelsäuregehalt lassen sich keine Normen aufstellen. In frischem Bisulfit ist Schwefelsäure mitunter nur in geringen Spuren vorhanden, in älteren Fabrikaten oft in sehr großen Mengen von 5, 10% und mehr. Man verwendet deshalb mit Vorliebe möglichst frische Ware.

Natriumthiosulfat, unterschwefligsaures Natron, Antichlor. $Na_2S_2O_3$ $+ 5 H_2O = 248,2$; L. k. W. $= 102 : 100$. Reines Salz soll sich ohne alle Trübung in Wasser lösen, mit Chlorbarium keinen Niederschlag geben (was auf Sulfat, Sulfit oder Karbonat deuten würde) und Phenolphthalein nicht röten (Karbonat). Auch Chlorid und Sulfid sind höchstens in Spuren zugegen. Aus der Lösung des Thiosulfats wird durch Zusatz von Salzsäure Schwefel als feinst präzipitiertes Pulver (Schwefelmilch) abgeschieden. Wird heute nur wenig gebraucht.

Gehaltsbestimmung. Der Gehalt an Thiosulfat wird durch Titration mit Jodlösung festgestellt: $2 Na_2S_2O_3 + 2 J = 2 NaJ + Na_2S_4O_6$. 25 g des Salzes werden zu 1 l gelöst und 25 ccm der Lösung mit $^1/_{10}$ n. Jodlösung unter Zusatz von Stärkelösung titriert.

1 ccm $^1/_{10}$ n. Jodlösung $= 0,02482$ g $Na_2S_2O_3 + 5 H_2O$.

Natriumhydrosulfit wasserfrei: $Na_2S_2O_4$.

„　　　　　　wasserhaltig: $Na_2S_2O_4 \cdot 2 H_2O$.

Natriumhydrosulfit-Formaldehyd: $Na_2S_2O_4 \cdot 2CH^2O$. (Formaldehyd-Natriumhydrosulfit).

Natriumsulfoxylat (unbeständig): $NaHSO_2$.

Natriumsulfoxylat-Formaldehyd: $NaHSO_2 \cdot CH_2O$. (Formaldehyd-Natriumsulfoxylat).

Die Konstitution der Hydrosulfite und Sulfoxylate ist in letzter Zeit immer mehr geklärt worden[1]). 1869 stellte Schützenberger zuerst das Natriumhydrosulfit durch Reduktion von Natriumbisulfitlösung mit Zinkstaub und Fällen

---

[1]) Bernthsen, Berl. Ber. 1900, 127; Henri Schmid, Bull. Mulh. 1904, 63; Baumann, Thesmar, Frossard, Bull. Mulh. 1904, 348 und Ztschr. f. Farben- u. Textil-Ind. 1905, 392. Schützenberger; Binz, Ztschr. f. angew. Chem. 1917, 163; Chem.-Ztg. 1917, 636 u. a. m.

mit Alkohol her. Die dem Hydrosulfit erst irrtümlich zugeschriebene Formel $NaHSO_2$ wurde später von Bernthsen als $Na_2S_2O_4$ erkannt. Die Entstehung dieser Verbindung läßt sich so erklären, daß das Bisulfit zunächst primär im Sinne der Gleichung $NaHSO_3 + Zn = NaHSO_2 + ZnO$ reduziert wird und sich dann sekundär in einer weiteren Reaktionsphase mit unverändertem Bisulfit kondensiert: $NaHSO_2 + NaHSO_3 = Na_2S_2O_4 + H_2O$. Dementsprechend kann man sich das Hydrosulfit durch Hinzutritt eines Moleküls Wasser zerlegt denken: $Na_2S_2O_4 + H_2O = NaHSO_2 + NaHSO_3$. Die B. A. S. F. [B] stellte zuerst das an der Luft unbeständige, reine kristallwasserhaltige Salz $Na_2S_2O_4 \cdot 2\,H_2O$ für die Küpenfärberei her, später das vollkommen luftbeständige, wasserfreie Salz $Na_2S_2O_4$. Durch die Höchster Farbwerke [M] wurde 1899 erstmalig eine Mischung von Hydrosulfit mit Formaldehyd hergestellt. Doch erkannte erst bald darauf die Manufaktur Zündel in Moskau die Bedeutung dieser Formaldehydverbindungen für die Druckerei (Ätzen von Paranitranilinrot). Hydrosulfit ohne Formaldehyd hat diese Ätzwirkung beim Drucken nicht, da es sich beim Drucken bereits zersetzt, während Hydrosulfit + Formaldehyd beim Drucken beständig ist und erst beim Dämpfen seine Reduktionswirkung entfaltet. Die B. A. S. F. [B] fand späterhin, daß sich Hydrosulfit durch Einwirkung von Formaldehyd spaltet in: $NaHSO_2 \cdot CH_2O + NaHSO_3 \cdot CH_2O$. Die erstere dieser Komponenten, $NaHSO_2 \cdot CH_2O$, wurde dann von dieser Firma als Rongalit in den Handel gebracht. Die dem Rongalit theoretisch zugrunde liegende Säure H_2SO_2 ist die hypothetische Sulfoxylsäure, die im freien Zustande nicht existenzfähig ist. Das Rongalit und die entsprechenden Erzeugnisse der anderen Firmen (s. w. u.) sind also das Natriumsulfoxylat-Formaldehyd oder das Formaldehyd-Natriumsulfoxylat. Binz betrachtet die hypothetische Sulfoxylsäure, H_2SO_2, im wesentlichen als einen Dioxyschwefelwasserstoff, $S(OH)_2$, mit zweiwertigem Schwefel (vielleicht neben einer anderen tautomeren Verbindung). Darnach würde das Formaldehydsulfoxylat die Konstitution haben: $CH_2OH \cdot O \cdot S \cdot ONa$, und das Hydrosulfit selbst: $Na \cdot O \cdot S \cdot O \cdot SO_2Na$. Die Sulfoxylsäure verbindet sich mit zwei Molekülen Formaldehyd zu Diformaldehydsulfoxylsäure: $H_2SO_2 \cdot 2\,CH_2O$, die durch Kondensation mit Aminen beständige Derivate bildet. Es entstehen dabei teils reduzierende Sulfoxylate, teils nichtreduzierende Sulfone.

Früher wurde das Hydrosulfit von dem Verbraucher selbst hergestellt[1]), die Selbstherstellung tritt aber immer mehr in den Hintergrund, seitdem im Handel haltbare Hydrosulfite bzw. Formaldehyd-Hydrosulfite zu haben sind. Die haltbaren Handelsprodukte besitzen vor Hydrosulfitlösungen den Vorteil des gleichbleibenden Wirkungswertes. Besonderen Wert haben die Hydrosulfite auch durch die haltbaren, heute für den Zeugdruck unentbehrlich gewordenen Formaldehydverbindungen erlangt, deren wirksames Agens das Formaldehyd-Natriumsulfoxylat $(CH_2O \cdot NaHSO_2)$ ist. In nachfolgender Zeit sind weitere wertvolle Beobachtungen gemacht worden, dahingehend, daß ein Zusatz aromatischer Amidobasen (Anilin, o-Tolidin, Xylidin, o-Anisidin, a-Naphthylamin usw.) in Gemeinschaft mit Natriumsulfoxylat-Formaldehyd die Wirkung des letzteren noch erhöht. Ferner wurde von den Farbwerken das Hydrosulfitazeton bzw. Sulfoxylatazeton als ein noch stärker wirkendes Agens erkannt. Für das Abziehen von Farben haben auch die Zinkverbindungen große Bedeutung erlangt.

---

[1]) 1 kg Zinkstaub wird allmählich in ein Gemisch von 10 l Bisulfit 35° und 10 l Wasser in der Kälte eingetragen, gut gerührt, absitzen gelassen und die klare Lösung abgegossen. Zum Abziehen der Farben nimmt man auf 100 l Wasser 5—6 l Hydrosulfitlösung und $\frac{1}{2}$ l Essigsäure und zieht die Ware bei 50—60° $\frac{1}{4}$—$\frac{1}{2}$ Stunde um. Die Lösungen oxydieren sich an der Luft und müssen gut verschlossen aufbewahrt werden. Durch Zusatz von Soda zu diesem Zinkhydrosulfit wird das Natriumsalz erhalten.

Handelsmarken. Von der sehr großen Anzahl von Hydrosulfitpräparaten seien folgende wichtigsten Handelsmarken erwähnt. Ihre

Nr.	Hauptbestandteile	Fabrikationsmarken und Firmen
1.	Natriumhydrosulfit	Hydrosulfit konz. Pulver [B], Hydrosulfit konz. Pulver [C], Hydrosulfit konz. Pulver [M].
2.	Natrium-Sulfoxylat-Formaldehyd	Hydrosulfit NF konz. [M], Hyraldit C extra [C], Rongalit C [B], Blankit [B] mit den Spezialmarken: Blankit I, Deflavit G, Palatinit, Burneol (sämtlich für Bleichzwecke [B]).
3.	Wie 2, nur mit Zinkoxydzusatz	Hydrosulfit NFW konz. [M], Hyraldit CW extra [C], Rongalit CW [B].
4.	Doppelverbindungen von 2 mit Bisulfit-Formaldehyd (leichter zersetzlich als 2 und 3	Hydrosulfit NF [M], Hyraldit A [C], Rongalit C einfach [B].
5.	Wie 4, nur mit Zinkoxydzusatz	Hydrosulfit NFW [M], Hyraldit W [C], Rongalit CW einfach [B].
6.	Wie 2, nur mit Leukotropzusatz (Präparate mit Jndulinscharlachzusatz nicht mehr im Handel)	Hydrosulfit CL [M], Hyraldit CL [C], Rongalit CL [B].
7.	Wasserunlösliches Zink-Sulfoxylat-Formaldehyd (in Essig- und Ameisensäure löslich)	Hydrosulfit AZ[1]) [M], Hydrosulfit AZA[1]) [M], Hyraldit Z zum Abziehen [C], Dekrolin [B].
8.	Wasserlösliches Zink-Sulfoxylat-Formaldehyd	Hydrosulfit AZ lösl. konz.[1]) [M], Hyraldit Z lösl. konz. [C], Dekrolin lösl. konz. [B].
9.	Natriumhydrosulfit-Azetaldehyd (haltbare Lösung von Hydrosulfit mit Azetaldehyd, reaktionsfähiger als Hydrosulfit NF und NF konz.) Reduziert schon bei 80° C und ätzt schwer ätzbares Naphtylaminbordeaux ohne Zusatz von Katalyten	Hydrosulfit NFA [M] 100 T. Hydrosulfit NF konz. 200 T. „ NF 200 T. „ NFA.
10.	Schwer wasserlösliches Zink-Sulfoxylat-Azetaldehyd	Dekrolin A [B].

[1]) 100 T. Hydrosulfit AZ lösl. konz.
150 T.   „   AZ
150 T.   „   AZA.

Verwendung ist eine verschiedene; zum Teil dienen sie zum Ätzen von Baumwolle, zum Teil von Wolle, weiter zum Abziehen von Färbungen, zum Ansetzen der Küpen, zum Ätzen des Indigos usw.[1]). Untereinander identische, nebenstehend angegebene Zusammensetzung zeigen u. a. folgende Gruppen von Handelsmarken (s. Tabelle S. 110).

Chemische Untersuchung. Die Feststellung, ob ein reines Natrium- oder ein zink-, kalkhaltiges o. ä. Hydrosulfit vorliegt, geschieht auf gewöhnlichem analytischen Wege nach dem Zersetzen mit Säure usw. — Formaldehyd läßt sich beim Erhitzen durch den Geruch erkennen. Bei 120° beginnt das reine Hydrosulfit-Formaldehyd sein Kristallwasser abzugeben und bei 125° beginnt Formaldehyd (und Schwefelwasserstoff) zu entweichen. — Die Hauptbestimmung, die den Wert des Produktes bedingt, ist die des Gehaltes an Sulfoxylat. Die Berechnung kann verschieden erfolgen: bei Natriumhydrosulfit auf $Na_2S_2O_4$, bei der Formaldehydverbindung auf das wirksame Agens $NaHSO_2 . CH_2O + 2 H_2O$ oder als Wirkungswert auf das Quantum reduzierten Indigotins; in letzterem Falle wird das von 1 T. Hydrosulfit reduzierte Indigotin angegeben. Diese Berechnungsart, die sich einer Hauptverwendung des Produktes anpaßt, dürfte für praktische Zwecke die übersichtlichste sein. Ein bestimmter Gehalt wird von den Fabriken meist nicht garantiert, sondern nach bestimmtem, feststehendem Typ gehandelt.

Quantitative Bestimmungen. Für die quantitative Bestimmung des Hydrosulfits existiert eine recht große Zahl von Verfahren. Sie sind meist zeitraubend und erfordern eine komplizierte Apparatur. Eine Zusammenstellung der heutigen Verfahren haben Bosshard und Grob[2]) gegeben, auf die zwecks speziellen Studiums verwiesen wird. Nachstehend sollen nur die wichtigsten Verfahren beschrieben werden.

a) Kupfermethode. Die ursprünglich von Schützenberger und Risler angegebene, von Bernthsen und Jellinek weiter ausgebildete, von Baumann, Thesmar und Frossard empfohlene Methode ist zuletzt von Bosshard und Grob[2]) weiter ausgebildet und vereinfacht worden. Sie beruht auf der Gleichung: $2 CuSO_4 + Na_2S_2O_4 + 4 NH_3 + 2 H_2O = Cu_2SO_4 + Na_2SO_3 + (NH_4)_2SO_3 + (NH_4)_2SO_4$, so daß $2 Cu = 1 Na_2S_2O_4$ entsprechen.

Die Hauptschwierigkeiten des Verfahrens bestehen darin, daß 1. der Reduktionsprozeß von Kupferoxyd zu Kupferoxydul leicht noch weiter bis zur Bildung von metallischem Kupfer gehen kann (nach der Gleichung: $Cu_2SO_4 + Na_2S_2O_4 + 2 H_2O + 4 NH_3 = 2 Cu + Na_2SO_4 + 2 (NH_4)_2SO_3$) und 2. daß aller Luftsauerstoff aus dem Reaktionsgemisch ferngehalten werden muß. Die erste Schwierigkeit hatte bereits Bernthsen dadurch überwunden, daß er überschüssige Kupferlösung anwandte und den Überschuß mit titrierter Hydrosulfitlösung zurückmaß. Dadurch wurde das Verfahren aber wieder umständlicher. Bosshard und Grob ist es nun gelungen, ohne Kupferüberschuß zu arbeiten. Die Fernhaltung

---

[1]) Näheres hierüber s. in technologischen Werken, sowie in den Veröffentlichungen der Farbenfabriken.

[2]) Chem.-Ztg. 1913, 423.

des Luftsauerstoffes wird durch Arbeiten in einer Wasserstoff- oder Stickstoffatmosphäre erreicht.

Die von Bosshard-Grob gegebene Ausführungsform ist folgende. Genau abgewogenes Hydrosulfit (etwa 0,1 g)wird trocken (also ungelöst) und unter weitgehendstem Luftabschluß derartig in einen vollkommen trockenen, doppelhalsigen Erlenmeyer-Kolben eingebracht, daß die Substanz auf einer Bodenseite des Kolbens (also nicht in der Mitte) zu liegen kommt. (Vorher muß der ganze Apparat und Kolben luftfrei hergerichtet werden. S. w. u.) Zur Titration wird eine stark mit Ammoniak übersättigte Kupfersulfatlösung (von etwa 5 g krist. Kupfervitriol im Liter frisch ausgekochten, destillierten Wassers) verwendet, deren Kupfergehalt, am besten elektrolytisch, genauestens bestimmt ist. Von dieser Kupferlösung wird eine bestimmte, für die eingebrachte Hydrosulfitmenge fast ausreichende[1]) Menge vorsichtig auf die der Substanz entgegengesetzte Seite des Kolbenbodens (was durch Neigung des Kolbens leicht erreichbar ist) einlaufen gelassen, ohne daß beim Einlaufen eine Berührung der Lösung mit dem Hydrosulfit stattfindet. Dann erst wird Hydrosulfit und Kupferlösung durch Umschütteln auf einmal zusammengebracht. Da Hydrosulfit im Überschuß vorhanden ist, wird die Kupferlösung entfärbt. Man setzt nun 1—2 Tropfen Indigokarminlösung (1 : 1000), die sich ebenfalls entfärben bzw. hellgelb werden, zu und titriert den Rest des Hydrosulfits mit derselben Kupferlösung tropfenweise zu Ende, was an dem Umschlag des Indigokarmins in Hellblau scharf zu erkennen ist.

Der Berechnung wird das Verhältnis von $2\,Cu$ zu $1\,Na_2S_2O_4$ zugrunde gelegt. Enthält 1 ccm der Kupferlösung c gramm Cu, sind im ganzen t ccm der Kupferlösung verbraucht und a g Hydrosulfit eingewogen worden, so berechnet sich die absolute Menge $Na_2S_2O_4$ in der eingewogenen Substanz nach der Gleichung: $2\,Cu : Na_2S_2O_4 = t \cdot c : x$;

$$x = \frac{Na_2S_2O_4 \cdot t \cdot c,}{2\,Cu}$$, und der Prozentgehalt beträgt entsprechend:

$$\frac{Na_2S_2O_4 \cdot t \cdot c \cdot 100}{2\,Cu \cdot a}, \text{ oder: } \frac{136,95 \cdot t \cdot c}{a}.$$ Beispiel: $a = 0,0896$ g, $t = 42,71$ ccm, $c = 0,001332$ g. Prozentgehalt $= 86,95\%\ Na_2S_2O_4$.

Bei der Apparatur ist vor allem Bedacht darauf zu nehmen, daß jeglicher Luftsauerstoff (sowie Kohlensäure und Wasserdampf) vom Kolbeninhalt ferngehalten wird. Bosshard-Grob verwenden mit Vorliebe Stickstoff, weniger bequem finden sie die Verwendung von Wasserstoff[2]). Nachstehend ist die von den Verff. vorgeschlagene Apparatur in einer Skizze (s. Abb. 1) wiedergegeben, die der Reihe nach folgende Einzelteile aufweist: Kippscher Wasserstoffapparat (mit Heber zur Luft-

---

[1]) Durch orientierende Vorprüfung oder Berechnung nach dem ungefähren Hydrosulfitgehalt läßt sich dieser Kupferzusatz leicht so regeln, daß 2—3 ccm zu wenig (für die Oxydation) zugesetzt werden, d. h. daß bei der Endtitration noch 2—3 ccm Kupferlösung erfordert werden.

[2]) Durch Verwendung von in geeigneter Weise gewaschenem Leuchtgas dürfte die Apparatur für technische Laboratorien eine Vereinfachung erfahren, ohne daß das Verfahren dadurch an technischer Genauigkeit einbüßen würde.

entleerung), Waschflasche mit KOH (zur Absorption von H_2S, AsH_3, CO_2), Waschflasche mit alkalischer Hydrosulfitlösung und U-Rohr mit $Fe(OH)_2$ und KOH (beides zur Absorption von Sauerstoff), Chlorkalzium-U-Rohr und Waschflasche mit konzentrierter Schwefelsäure (beides zur Absorption von Feuchtigkeit). Nach einstündigem Durchleiten von Wasserstoff ist der Apparat frei von Sauerstoff, und dann kann erst mit der Einbringung der Substanz usw. begonnen werden.

Der Einfluß von technischen Verunreinigungen des Hydrosulfits auf die Ergebnisse des Verfahrens ist sehr gering. Sulfid und Thiosultat sind praktisch ohne Belang, weil sie im Hydrosulfit nicht oder in ganz geringen Mengen vorkommen. Ein etwaiger Bisulfitgehalt hat einen meßbaren Einfluß, derselbe beträgt jedoch nach Bosshard-Grob bei hohem Bisulfitgehalt höchstens 0.3%.

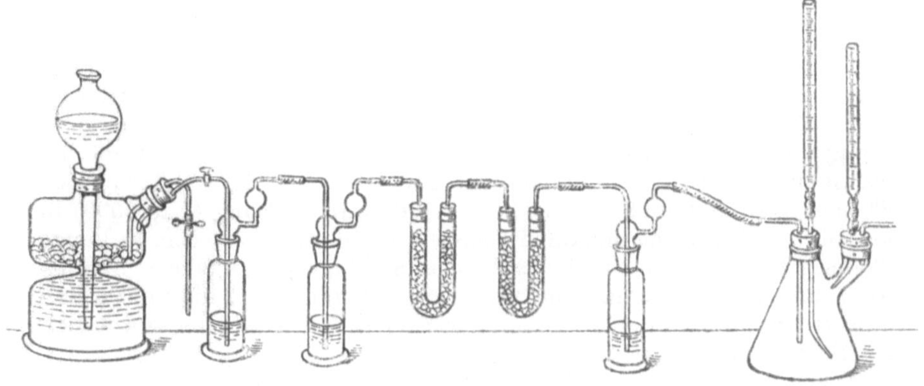

Abb. 1.

b) Indigomethode. Allgemeiner eingeführt ist die Indigoreduktionsmethode. Man kann hierbei entweder die Hydrosulfitlösung mit Indigosulfosäurelösung oder umgekehrt titrieren. Je nachdem, ob man Natriumhydrosulfit oder Natriumhydrosulfit-Formaldehyd titriert und auf diese berechnet, nimmt man zweckmäßig Indigolösungen von verschiedenem Gehalt, welcher sich aus folgendem Wertverhältnis ergibt:

0,1505 g Indigo chemisch rein entspricht 0,1 g $Na_2S_2O_4$.

0,1705 g Indigo chemisch rein entspricht 0,1 g $NaHSO_2 \cdot CH_2O + 2 H_2O$.

Man löst demnach für die Titrationen des ersteren 15,05 g bzw. 1,505 g Indigo (100% g), für diejenigen des zweiten 17,05 bzw. 1,705 g Indigo zu 1 l. Es entsprechen dann 10 bzw. 100 ccm der Indigolösung 0,1 g $Na_2S_2O_4$, bzw. 0,1 g $NaHSO_2 \cdot CH_2O + 2 H_2O$.

Der Indigo wird entweder mit der 6—7fachen Menge Schwefelsäuremonohydrat bei 40—50° oder in 1—2 Stunden im Dampfbade mit 66°iger Schwefelsäure bei etwa 95° C gelöst, verdünnt, filtriert und auf 1 l gebracht.

Hydrosulfit flüssig und fest, Verfahren [M]. 1 ccm flüssiges oder 0,4 g festes Hydrosulfit (20 ccm einer Lösung von 10 g Hydrosulfit fest und 5 ccm Natronlauge 40° in ¹/₂ l) läßt man aus einer Pipette in ein Kölbchen mit 20 ccm destilliertem Wasser auf den Boden unter dem Wasser auslaufen und titriert mit Indigolösung (15,05 : 1000), bis die Flüssigkeit in blaugrün umschlägt. Die Titration muß möglichst rasch unter vorsichtigem Umschwenken geschehen. Hat man die Zahl der verbrauchten Kubikzentimeter durch die erste Titration festgestellt, so läßt man bei einer zweiten Titration fast die ganze Menge Indigolösung in starkem Strahl rasch zulaufen, so daß nur noch wenige Tropfen zur Beendigung der Titration genügen. Je 1 ccm verbrauchter Indigolösung entspricht 0,01 g $Na_2S_2O_4$, oder (bei Anwendung von 1 ccm flüssigen Hydrosulfits): die verbrauchten Kubikzentimeter Indigolösung zeigen die Menge $Na_2S_2O_4$ in 100 ccm an; bei Anwendung von 0,4 g festen Hydrosulfits zeigen die verbrauchten Kubikzentimeter Indigolösung, mit 2,5 multipliziert, den Prozentgehalt an $Na_2S_2O_4$ an.

Formaldehydsulfoxylate, Verfahren [M][1]). Diese können ebenfalls mit Indigolösung oder aber mit Jod titriert werden. Im letzteren Falle werden beispielsweise 2,5 g der Probe zu 500 ccm in Wasser gelöst und 25 ccm dieser Lösung direkt mit Jod in neutraler Lösung titriert. Man erhält so das Sulfoxylat. Dann titriert man unter Zusatz von Sodalösung die vorhandenen Bisulfitverbindungen weiter. Zur Bestimmung des Gesamtaldehyds werden 50 ccm der Lösung (2,5 : 500) weiter zu 500 ccm verdünnt und 50 ccm dieser verdünnten Lösung (0,25 : 500) in 50 ccm $n/_{10}$ Jodlösung einlaufen gelassen und dann mit 25 ccm n. Lauge alkalisch gemacht. Nach minutenlangem Stehen wird mit 30 ccm n. Salzsäure angesäuert und das überschüssige Jod mit $n/_{10}$ Thiosulfatlösung zurücktitriert. Aus der Differenz der beiden Jodtitrationen ergibt sich der Gehalt an Formaldehyd.

Nach dem Verfahren [C][2]) bedient man sich zweckmäßig einer Indigolösung von 1,705 g Indigo 100%ig im Liter. Die Lösung wird in gut verschlossener Flasche vor Licht geschützt aufbewahrt und ist so einige Wochen haltbar, zersetzt sich aber allmählich. Die verschiedenen Hyralditpräparate und das Hydrosulfit untersucht die Firma Cassella & Co. wie folgt.

Hydrosulfit konz. Pulver. In einen Literkolben gibt man 8—10 ccm Ammoniak 25%ig, etwas Wasser und dann 10 g der abgewogenen Probe, füllt rasch auf 1000, schüttelt und saugt die fertige Lösung unter Gasabschluß in eine Bürette. In einen Erlenmeyerkolben mit zweifach durchbohrtem Stopfen gibt man alsdann 100 ccm der Indigolösung (1,705 : 1000) und 15 ccm Eisessig, erhitzt unter Gasabschluß 5 Minuten, kühlt auf Zimmertemperatur ab und titriert mit obiger Hydrosulfitlösung bis zur Gelbfärbung. Die Zahl der verbrauchten Kubikzentimeter dieser Lösung, in 1132 dividiert, ergibt den Prozentgehalt des Hydrosulfits. (Bei Anwendung einer Indigolösung 1,505 : 1000 ist in die Zahl 1000 zu dividieren. 1505 : 1705 = 1000 : 1132.)

Hyraldit C extra [C]. 10 g der Probe werden zu 1000 gelöst und in die Bürette gefüllt. 100 ccm der Indigolösung 1,705 : 1000 und 15 ccm Eisessig werden unter Gasabschluß erhitzt und heiß mit obiger Hyralditlösung bis zur Gelbfärbung titriert. Die Zahl der verbrauchten Kubik-

<hr>

[1]) Privatmitteilung der Farbwerke vorm. Meister Lucius & Brüning, Höchst a. M.
[2]) Privatmitteilung der Firma Leopold Cassella & Co., Frankfurt a. M.

zentimeter in 1000 dividiert ergibt den Prozentgehalt an Natrium-Sulf-oxylat-Formaldehyd.

Hyraldit A [C]. 20 g der Probe werden zu 1000 gelöst und wie bei Hyraldit C extra verfahren. Die Zahl der verbrauchten Kubik-zentimeter Hyralditlösung, mit 2 multipliziert und in 1000 dividiert, ergibt den Prozentgehalt an Natrium-Sulfoxylat-Formaldehyd.

Hyraldit C W extra wird wie Hyraldit C extra,

Hyraldit W wie Hyraldit A untersucht; nur läßt man die Lösung vor dem Einfüllen in die Bürette kurze Zeit zum Klären stehen.

Hyraldit C L [C]. 20 g der Probe werden unter Zusatz von 10 ccm Ammoniak 25%ig schnell zu 1000 gelöst und heiß auf 100 ccm Indigo-lösung, 1,705 : 1000, titriert. Berechnung wie bei Hyraldit A.

Hyraldit Z zum Abziehen. 10 g der Probe, 68 g Chlorammonium und 40 g Ammoniak 25%ig werden zu 1000 gelöst und in eine Bürette gegeben. 100 ccm Indigolösung, 1,705 : 1000, und 25 ccm Schwefelsäure 1 : 5 werden unter Gasabschluß erhitzt und heiß mit obiger Hyraldit-lösung titriert. Die Zahl der verbrauchten Kubikzentimeter, in 1094 dividiert, ergibt den Prozentgehalt an basischem Zink-Sulfoxylat-Formaldehyd. (Hierbei wird das basische Salz vom Molekulargewicht 336,8 und dem Äquivalentgewicht 168,4 zugrunde gelegt,

$$CH_2O \cdot HSO_2Zn - O - ZnHSO_2 \cdot CH_2O;$$

Natriumsulfoxylat $= 154$; $154 : 168,4 = 100 : x$; $x = 109,4$.)

Hyraldit Z lösl. konz. [C]. 10 g der Probe werden zu 1000 gelöst und in eine Bürette gefüllt. 100 ccm der Indigolösung und 15 ccm Eis-essig werden unter Gasabschluß erhitzt und heiß mit obiger Hyraldit-lösung titriert. Die Zahl der verbrauchten Kubikzentimeter, in 829 dividiert, ergibt den Prozentgehalt an Zink-Sulfoxylat-Formaldehyd. (Hierbei wird das basische Salz vom Molekulargewicht 255,4 und dem Äquivalentgewicht von 127,7 zugrunde gelegt, $Zn(HSO_2)_2 \cdot 2 CH_2O$; Natriumsulfoxylat $= 154$; $154 : 127,7 = 100 : x$; $x = 82,9$.)

c) Bruhns[1]) schlägt ein vereinfachtes Schnellverfahren vor, das einheitliche Werte ergibt und auf der Reduktion des Ferrizyankaliums durch Hydrosulfit gemäß der Gleichung beruht:

$$Na_2S_2O_4 + 2 K_3Fe(CN)_6 = 2 SO_2 + 2 K_3NaFe(CN)_6.$$

Wird eine schwach alkalisch gemachte Auflösung des Hydrosulfits in ausgekochtem Wasser, der man etwas Ferrosulfat als Indikator zusetzt, mit Ferrizyankaliumlösung titriert, so tritt Blaufärbung durch Bildung von Turnbulls Blau ein, sobald alles Hydrosulfit oxydiert und Ferri-zyankaliumlösung im Überschuß vorhanden ist. Bei dieser Art der Titration einer Hydrosulfitlösung mit Ferrizyankaliumlösung leidet indes die Genauigkeit infolge des Sauerstoffgehaltes der Lösungen und der Luft. Bruhns modifiziert deshalb das Verfahren, indem er die Auf-lösung des Hydrosulfits vermeidet und eine kleine Menge von 0,5—0,8 g des trockenen, gewogenen Hydrosulfits (auf einer kleinen Blechschaufel) in eine abgemessene Menge einer bekannten Ferrizyankaliumlösung vor-

---

[1]) Ztschr. f. angew. Chem. 1920, 92.

sichtig unter Umrühren hereinstreut, bis die ursprüngliche blaue Färbung über Blaugrün plötzlich in Rotgelb umschlägt. Alsdann wird der Rest des abgewogenen Hydrosulfits zurückgewogen und daraus der Verbrauch ersehen. Man verwendet beispielsweise 20 ccm einer Ferrizyankaliumlösung (80 : 1000) und wägt etwa 0,8 g trockenes Hydrosulfit ab. Da 174 Teile reines Natriumhydrosulfit ($Na_2S_2O_4$) 658,5 Teilen Ferrizyankalium entsprechen, so sind zur Reduktion von 20 ccm der Lösung 0,4228 g Hydrosulfit erforderlich. Werden z. B. 0,7675 g des technischen Hydrosulfits verbraucht, so berechnet sich demnach der Gehalt des Versuchsmaterials zu 55,1% an reinem $Na_2S_2O_4$. Die Ergebnisse fallen wegen der unvermeidlichen Sauerstoffwirkung um etwa 0,5% zu niedrig aus, liefern aber gut vergleichbare Werte bei verschiedenen Vergleichsobjekten. Auch kann die Reduktionskraft des höchstwertigen Erzeugnisses = 100 gesetzt werden. — Formhals[1]) titriert unmittelbar mit $n/_{10}$ Ferrizyankaliumlösung (32,92 : 1000) unter Zusatz von Ferroammonsulfatlösung. 1 ccm dieser Lösung entspricht 0,0096 g $Na_2S_2O_4 \cdot H_2O$ + H_2O. Vom Ferrosalz darf nur so wenig zugesetzt werden, daß keine flockige Ausfällung von Turnbulls Blau entsteht.

d) Silber-Reduktionsmethode. Nach Seyewetz und Bloch[2]) läßt sich der Hydrosulfitgehalt durch Reduktion einer Lösung von Chlorsilber in Ammoniak und Wägung des ausgeschiedenen Silbers bestimmen. Die Reaktion verläuft nach der Gleichung:

$$Na_2S_2O_4 + 2\,AgCl + 4\,NH_4OH = 2\,(NH_4)_2SO_3 + 2\,NaCl + 2\,H_2O + 2\,Ag.$$

Smith[3]) arbeitet volumetrisch, indem er das Silber auf dem Goochtiegel sammelt, in Salpetersäure löst und nach Volhard (s. S. 71) titriert. Statt Chlorsilber in Ammoniak zu lösen, verwendet er ammoniakalische Silbernitratlösung, erwärmt die Flüssigkeit bis zur vollständigen Ausscheidung des Silbers nicht, wäscht das fein verteilte Silber mit Ammoniumnitratlösung und löst das Silber kochend in verdünnter Salpetersäure.

Die Hauptverunreinigungen der Hydrosulfitverbindungen sind überschüssiges Wasser und Bisulfit, sowie Sulfit und Sulfat. So fanden Baumann, Thesmar und Frossard in einem Handelsprodukt 42,1% $NaHSO_2 \cdot CH_2O + 2\,H_2O$, ferner 54,5% $NaHSO_3 \cdot CH_2O + H_2O$ (während ein äquimolekulares Gemenge nur 41,6% ergeben sollte) und 3,4% Beimengungen (Sulfit, Sulfat) und Wasser, welches Produkt also einem Gehalt von 83,7% (42,1 + 41,6) Hydrosulfit-Formaldehyd ($Na_2S_2O_4 \cdot 2\,CH_2O + 4\,H_2O$) entsprechen würde. — Bosshard und Grob (a. a. O.) fanden in den von ihnen analysierten Präparaten kein Sulfid und nur sehr geringe Spuren Thiosulfat. Sulfit und Bisulfit waren dagegen in meßbaren Mengen vorhanden.

Schwefelnatrium, Natriumsulfid. $Na_2S = 78,06$; $Na_2S + 9\,H_2O =$ 240,2; leicht wasserlöslich. Das Schwefelnatrium kommt entweder als kristallisiertes, wasserhaltiges, gelbbraunes Produkt, oder auch als

[1]) Chem.-Ztg. 1920, 869. [2]) Nach Chem. Zentralbl. 1906, II, S. 358. [3]) Nach Chem. Zentralbl. 1922, II, S. 110.

kalzinierte Ware in Form von grauen bis grauschwarzen, unregelmäßigen Stücken in den Handel. Es zieht aus der Luft Wasser, Kohlensäure und Sauerstoff an und zerfließt dabei unter teilweiser Umwandlung in kohlensaures und schwefelsaures Natron. Es ist daher gut verschlossen und nicht zu lange zu lagern. Die gewöhnlichen Verunreinigungen bestehen aus freiem Alkali und Thiosulfat. Bei seiner Beurteilung kommt es auf Klarlöslichkeit, den Gehalt an Sulfid und möglichstes Fehlen von Eisen und größeren Mengen freien Alkalis an.

Gehaltsbestimmung. a) Jodtitration. Die Titration mit Jodlösung stellt einen Oxydationsprozeß nach der Gleichung dar: $H_2S + 2 J = 2 HJ + S$. Man löst 11—12 g wasserfreies Schwefelnatrium zu 1 l und titriert damit 25 ccm $n/_{10}$ Jodlösung, die zu 100 ccm mit Wasser verdünnt, mit etwas Salzsäure angesäuert und mit etwas Stärkelösung versetzt sind, bis Entfärbung der Jodlösung stattfindet. 1 ccm $n/_{10}$ Jodlösung $= 0{,}01201$ g $Na_2S + 9 H_2O$ bzw. $= 0{,}003903$ g Na_2S wasserfrei. Hierbei wird das etwa vorhandene Thiosulfat mitgemessen und als Sulfid angegeben (s. w. u.).

Genauer wird die Bestimmung, wenn man zu einer abgemessenen Menge Sulfidlösung einen Jodüberschuß zusetzt und diesen Überschuß mit Thiosulfat zurückmißt. 11—12 g kalziniertes oder 36—38 g kristallisiertes Natriumsulfid wird zu 1 l gelöst und die Lösung mehrere bis 24 Stunden zwecks Absetzung des meist vorhandenen Eisensulfids stehen gelassen. Alsdann werden 25 ccm der klaren Sulfidlösung zu 25 ccm einer mit Salzsäure angesäuerten $n/_{10}$ Jodlösung zufließen gelassen und der Jodüberschuß unter Zusatz von Stärkelösung (am besten gegen Schluß der Titration) mit $n/_{10}$ Thiosulfatlösung zurücktitriert. Berechnung wie vorher.

Ist außer Sulfid auch Thiosulfat zugegen, so wird aus einer neuen Portion der Stammlösung das Sulfid z. B. mit Kadmiumkarbonat ausgefällt und im Filtrat das Thiosulfat allein mit Jodlösung titriert. Zu 5 g mit 100 ccm Wasser angeriebenem Kadmiumkarbonat werden langsam 10 ccm der obigen Natriumsulfidlösung und 10 ccm $n/_{10}$ Schwefelsäure zugegeben, das Ganze gut gemischt und nach 15 Minuten filtriert. Man wäscht den Rückstand auf dem Filter mit Wasser gut aus und titriert das Filtrat mit dem Thiosulfat mit $n/_{100}$ Jodlösung. Die Differenz beider Titrationen entspricht dem Sulfidgehalt des Schwefelnatriums. Etwa vorhandenes Sulfit kann gleichfalls in dem Schwefelkadmiumfiltrat nach der Methode von Finkener-Volhard[1]) ermittelt werden.

Auf einfachere Weise kann das Sulfid wohl mit Hilfe von Zinkvitriollösung entfernt werden. Hierzu werden etwa 100 ccm der Schwefelnatriumlösung in einen 250 ccm Meßkolben gebracht, mit 50 ccm Zinkvitriollösung (50 : 1000) gefällt, aufgefüllt und durch ein trockenes Filter filtriert, wobei die ersten Aufgüsse verworfen werden. 100 ccm dieses Filtrates werden dann ebenfalls mit Jodlösung titriert. Aus der Differenz der verbrauchten Jodmengen beider Titrationen ergibt sich der Schwefelnatriumgehalt.

---

[1]) Näheres s. Treadwell, II. T., ferner Sander, Chem.-Ztg. 1915, 945.

b) **Kadmium-Tüpfelmethode von Battegay**[1]). Das Verfahren beruht auf der Fällungstitration mit Zinkvitrollösung, wobei Kadmiumsulfatpapier als Indikator dient. Man löst 40—50 g der Kristallware zu 1 l und titriert in 50 ccm dieser Lösung nach Zusatz von etwas Phenolphthalein zunächst das überschüssige Alkali bis zum Verschwinden der Rotfärbung mit verdünnter Essigsäure ab, damit kein Zinksalz durch Alkali absorbiert wird. Alsdann läßt man solange Zinkvitrollösung ($ZnSO + 7\,H_2O$) von bestimmtem Gehalt zufließen, bis alles Natriumsulfid in das unlösliche Zinksulfid übergeführt ist. Diesen Augenblick erkennt man am zweckmäßigsten durch Kadmiumsulfatpapier. Man betupft weißes, dickes Löschpapier (kein gewöhnliches Filtrierpapier) mit einer konzentrierten Lösung von Kadmiumsulfat und bringt von Zeit zu Zeit einen Tropfen der titrierten Flüssigkeit auf die frisch erzeugten Flecke. Solange Alkalisulfid vorhanden ist, entsteht gelbes Kadmiumsulfid. Man erkennt bei einiger Übung das Ende der Reaktion sehr genau. Die Anwendung von Kadmiumsulfatpapier ist alkalischer Bleilösung vorzuziehen. Die Tüpfelprobe mit letzterer muß nach Lunge[2]) so geschehen, daß je ein Tropfen beider Lösungen nebeneinander auf Filtrierpapier aufgetragen wird, so daß sich nur die Ränder der auslaufenden Flüssigkeiten berühren. — Zur Titration verwendet Battegay $^1/_5$ und $^2/_5$ n. Zinkvitrollösung, doch dürfte für technische Analysen eine $^1/_2$ n. Lösung genügen. Zur Herstellung einer $^1/_2$ n. Zinkvitrollösung löst man 71,875 g chemisch reines Salz ($ZnSO_4 + 7\,H_2O$) zu 1 l, 1 ccm $n/_2$ Zinkvitrollösung $= 0,06$ g $Na_2S + 9\,H_2O = 0,0195$ g Na_2S.

Anstelle der Tüpfelung mit Kadmium- oder Bleipapier kann die Titration mit Zinksulfatlösung direkt gegen **Nitroprussidnatrium** als Indikator ausgeführt werden. Nach **Herbig** (s. w. u.) ist der Farbenumschlag dabei derart, daß bei Zugabe von 1—2 Tropfen einer 2,5%igen Nitroprussidnatriumlösung die zunächst rein violette Färbung in Blau und am Ende der Titration in Rötlichgelb übergeht. Vorteilhaft ist es hierbei, gegen Ende der Titration mit kleinen Tröpfchen der Nitroprussidlösung zu prüfen, ob beim Einfallen des Indikatortröpfchens noch ein violetter Farbton zu beobachten ist. Der Endpunkt ist bei reinen Lösungen — im Gegensatz zu gebrauchten Farbbädern — gut zu erkennen. Die Ergebnisse stimmen gut mit denjenigen der Jodtitration überein.

c) **Formaldehydverfahren von Podreschetnikoff**[3]). Man löst 9—10 g Sulfid in 500 ccm destilliertem, frisch ausgekochtem Wasser. 10 ccm dieser Lösung werden mit 150 ccm Wasser verdünnt und mit $n/_{10}$ Schwefelsäure gegen Phenolphthalein auf Farblos titriert (Verbrauch a ccm). Hierauf werden zu dieser titrierten Lösung 10 ccm neutrale Formaldehydlösung zugesetzt, worauf die ursprüngliche Rotfärbung wieder auftritt. Jetzt titriert man wieder mit $n/_{10}$ Säure weiter auf Farblos (b ccm). Während der ersten Titration (a ccm) wird das freie Alkali (das sich im käuflichen Produkt stets findet) und die Hälfte des Schwefelnatriums (bis zur Bildung von NaHS) gemessen. Nach Zusatz von Formaldehyd wird aus dem NaHS Ätznatron, NaOH, frei gemacht,

[1]) Ztschr. f. Farben- und Textil-Ch. 1903, 349.
[2]) Handbuch der Sodaindustrie.   [3]) Ztschr. f. Farben-Ind., 1907, 388.

und somit die andere Hälfte des Schwefelnatriums gemessen, das bis zur Bildung von Na_2SO_4 titriert wird. a—b entspricht dem Ätznatrongehalt, 2 b dem Schwefelnatriumgehalt und jedes Kubikzentimeter verbrauchter $n/_{10}$ Säure entspricht = 0,003903 g Na_2S bzw. 0,01201 g $Na_2S + 9 H_2O$. Bei der ersten Titration wird das aus Schwefelnatrium und Wasser hydrolytisch gebildete NaOH titriert ($Na_2S + H_2O = NaHS + NaOH$); bei der zweiten bildet sich aus $NaHS + HCOH + H_2O = H_2COHSH + NaOH$, welch letzteres mit Säure abtitriert wird.

Von großer Bedeutung für das Färbereilaboratorium ist mitunter die Bestimmung des Schwefelnatriumgehaltes in den stehenden Farbbädern der Schwefelfarbstoffe. Durch die verschiedene Natur und Zusammensetzung der Schwefelfarbstoffe, die sich hier abspielenden, noch nicht aufgeklärten Vorgänge und die vielfach dunklen Färbungen der selbst ausgesalzenen Farbbäder stehen dieser Bestimmung aber erhebliche Schwierigkeiten im Wege. Nach Herbigs[1]) Versuchen versagt die Jodbestimmung hier völlig, während die Zinktitration mit Nitroprussidnatrium untereinander ziemlich übereinstimmende Werte liefert, und zwar merkwürdigerweise nur bei gebrauchten, nicht aber bei frisch angesetzten Farbbädern. Herbig bringt 100 ccm des Farbbades in einen 200 ccm-Meßkolben, versetzt zwecks Ausfällung der Soda mit 30 ccm Chlorbariumlösung (5 : 100), alsdann zwecks Aussalzung der Farbstoffe mit 50 g Kochsalz, füllt auf und läßt absitzen. Die je nach Art des Farbbades sehr verschieden gefärbte Lösung wird auf Zusatz von Nitroprussidnatrium mehr oder weniger tief- bzw. graublau und schlägt beim Titrieren in ein helleres Blau und schließlich nach Graublau bis Grauviolett um. Bei einiger Übung und gutem Tageslicht soll der Übergang leidlich gut erkennbar sein. Zu bemerken ist noch, daß Herbig keine Betriebsfarbbäder, sondern Laboratoriumsbäder geprüft hat.

Chlorsaures Natron, Natriumchlorat. $NaClO_3 = 106,46$; L. k. W. = 100 : 100. Das chlorsaure Natrium ist nicht immer von so großer Reinheit wie das entsprechende Kaliumsalz; immerhin kommt heute ein Produkt auf den Markt, welches allen technischen Anforderungen genügt. Seine Hauptverunreinigungen sind Alkalichloride und Kalziumchlorid, eventuell auch Eisensalze. Es hat vor dem Kaliumsalz den Vorzug größerer Wasserlöslichkeit.

Gehaltsbestimmung. Wie beim Kaliumchlorat.

Unterchlorigsaures Natron, Natriumhypochlorit, Chlorsoda, Eau de Javelle. $NaOCl = 74,76$; nur in Lösung verwendet. Die Natriumhypochloritlauge, auch „Bleichlauge" genannt, war früher das ursprüngliche „Eau de Labarraque", während die entsprechende Kaliumlauge das ursprüngliche „Eau de Javelle" war. Heute wird die das Natronsalz zugrunde habende Lauge fast allgemein auch als Eau de Javelle bezeichnet. Das reine, wasserfreie Salz ist nicht darstellbar, die wässerige Lösung nicht lange haltbar; beim Erhitzen zerfällt das Hypochlorit in Chlorid und Chlorat. Infolge der geringen Haltbarkeit, der starken Verdünnung und der damit verbundenen großen Frachtkosten kommt das Produkt als Handelsprodukt wenig in Frage. Seine Herstellung ist auch eine so einfache, daß jede größere Bleicherei sich die Lauge selbst bereiten kann.

Bereitung der Lauge. a) Zur Herstellung 1° Bé starker Lauge wird 1 kg Chlorkalk in einem geeigneten Gefäße mit $2^1/_2$ l Wasser an-

---

[1]) Ztschr. f. angew. Chem. 1921, 89.

geteigt und gut zerrieben; dann wird unter fortwährendem Umrühren eine konzentrierte Lösung von 700 g kalzinierter Soda zugegeben. Der Brei wird mit 3 l Wasser versetzt, gut umgerührt und der Kreidebrei absitzen gelassen. Die klare Flüssigkeit gießt man ab, preßt und laugt den Niederschlag aus und stellt mit Wasser auf 1° Bé ein. Nach denselben Verhältnissen können auch stärkere Lösungen bereitet werden.

b) Obige Bereitung der Alkalihypochlorite ist fast vollständig durch die elektrolytisch aus Kochsalz hergestellte „Elektrolytlauge“ verdrängt, wo es sich um regelmäßigen Gebrauch handelt[1]).

Gehaltsbestimmung. Der Wert der Bleichlauge hängt in erster Linie von dem Gehalt an „wirksamem Chlor“ ab, in zweiter Linie von den anwesenden Verunreinigungen und dem überschüssigen Alkali. Das wirksame Chlor kann nach einer der unter Chlorkalk besprochenen Methoden, die einzelnen Beimengungen können wie bei elektrolytischen Laugen bestimmt werden (s. d.).

Bleichflüssigkeiten und elektrolytische Laugen. Die „Bleichflüssigkeiten“ bestehen im wesentlichen aus Gemengen von Hypochloriten und Chloriden, in vielen Fällen mit freier unterchloriger Säure. Die Basis derselben kann Kalk, Kali, Natron, auch Magnesia, Zink u. dgl. sein. Gleichviel, ob sie durch Doppelzersetzung von Chlorkalk mit anderen Salzen oder durch Einleiten von Chlor in Kalkmilch, Soda u. a. oder durch Elektrolyse von Chloriden dargestellt worden sind, werden wir als ihre Bestandteile finden: Hypochlorit, Chlorid, freie unterchlorige Säure, Chlorat, mit den Basen: Alkalien, Kalk usw., und zwar können Karbonate und Ätzalkalien vorhanden sein.

Von den technisch verwendeten Hypochloritflüssigkeiten sind nach Herstellung und Zusammensetzung zu unterscheiden: a) Chlorkalklösung, durch Lösen von käuflichem, festem Chlorkalk bzw. Elektronbleichpulver der Griesheimer Werke in Wasser erhalten; wirksamer Bestandteil: $Ca(OCl)_2$. b) Sogenannter flüssiger Chlorkalk, durch Einleiten von Chlor in Kalkmilch erhalten; wirksamer Bestandteil: $Ca(OCl)_2$. c) Das sogenannte Eau de Javelle (richtiger Eau de Labarraque), aus Chlorkalk und Soda erhalten; wirksamer Bestandteil: $NaOCl$. d) Tonerdebleichflüssigkeit, aus Chlorkalk und Alaun; wirksamer Bestandteil: $Al(OCl)_3$ neben $HOCl$. e) Zinkbleichflüssigkeit, aus Chlorkalk und Zinkvitriol; wirksamer Bestandteil: $Zn(OCl)_2$ neben $HOCl$. ı) Magnesiableichflüssigkeit, aus Chlorkalk und Bittersalz; wirksamer Bestandteil: $Mg(OCl)_2$ neben $HOCl$. g) Hermitebleichflüssigkeit, aus Magnesiumchlorid, mit oder ohne Kochsalzzusatz, durch Elektrolyse erzeugt; wirksamer Bestandteil: $Mg(OCl)_2$. h) Die eigentliche Elektrolytbleichlauge, durch Elektrolyse von Kochsalzlösungen erhalten; wirksamer Bestandteil: $NaOCl$. Die Hauptbedeutung haben die Kalzium- und Natriumhypochlorite (a) und (h), die übrigen werden nur vereinzelt in der Technik angewandt. Alle diese Bleichlaugen enthalten eine große Anzahl von Verbindungen, die durch den Bleichprozeß noch weiter vermehrt werden. Diese Fremdkörper können ohne Wirkung sein, sie können auch den Bleichprozeß günstig oder ungünstig beeinflussen, oder die Haltbarkeit bzw. Selbstzersetzung der Hypochlorite beeinflussen, beschleunigen oder verzögern. Die Kenntnis dieser Fremdkörper ist deshalb für die Praxis von Wichtigkeit, ebenso wie diejenige ihrer Wirkung auf den gesamten Arbeitsgang.

Chlorkalklösungen können enthalten: $Ca(OCl)_2$, $CaCl_2$, $Ca(OH)_2$, $Ca(ClO_3)_2$. $HOCl$, freies Cl, ausnahmsweise freie HCl und $CaSO_4$. Ferner können noch Salze

---

[1]) Näheres s. Ebert und Nußbaum, Hypochlorite und elektrische Bleiche; Heermann, Technologie der Textilveredelung.

anderer Basen zugegen sein, z. B. von Magnesium, in gewissen Fällen auch organische Stoffe und wohl auch wasserlösliche, organische Kalkverbindungen. — Eau de Javelle-Laugen können enthalten: $NaOCl$, $NaCl$, $NaClO_3$, Na_2CO_3, $NaHCO_3$, $NaOH$, $HOCl$, CO_2, Na_2SO_4, ferner, wenn zu wenig Soda genommen wurde, Kalzium- und auch Magnesiumsalze, schließlich auch durch das Bleichen hineingelangende organische Stoffe und Salze organischer Säuren. — In der Elektrolytbleichlauge sind im allgemeinen dieselben Stoffe enthalten wie in Eau de Javelle, wenn auch in anderen Verhältnissen, sie können neben $NaOCl$ insbesondere reichliche Mengen von $NaCl$ enthalten, ferner $NaClO_3$ und wahrscheinlich auch $NaClO_2$, ferner Na_2CO_3, $NaHCO_3$, $NaOH$, Na_2SO_4, $HOCl$, CO_2. Außerdem können in geringen Mengen Salze anderer Basen, sowie anderer Säuren aus Verunreinigungen des Kochsalzes, des Wassers usw. zugegen sein.

Im allgemeinen wird man den Wert einer Bleichlauge zunächst nach ihrem wichtigsten Bestandteil, dem Natrium- oder Kalziumhypochlorit bemessen, bzw. nach dem Gehalt an aktivem Chlor. Hierunter versteht man den chlorometrisch meßbaren Chlorgehalt oder diejenige Menge Chlor, die man durch Ansäuern mit Salzsäure in Form von freiem Chlor erhält. Neben Hypochlorit erhält man bei der chlorometrischen Messung auch etwa vorhandenes Chlorit (chlorigsaures Salz) bei der Titration gemeinsam. — Von den Fremdkörpern a) erhöhen manche die Haltbarkeit der Laugen, vor allem die Alkalien, b) andere verringern sie, vor allem sauer reagierende Stoffe, Neutralsalze in größeren Mengen, Schwermetallverbindungen (die katalytisch wirken), c) andere sind wieder indifferent, wie Neutralsalze in kleineren Mengen. Im allgemeinen wirken diejenigen Stoffe, die die Haltbarkeit der Hypochloritlösungen erhöhen, auf den Bleichprozeß selbst verzögernd, und umgekehrt. Besonders ist zu erwähnen, daß freie unterchlorige Säure nach Foerster und Jorre die Hauptursache der Selbstzersetzung von Bleichlaugen ist; andererseits ist sie in geringen Mengen für das Bleichen selbst notwendig.

Die chemische Untersuchung der Bleichlauge[1]). Gleichgültig, ob Kalzium- oder Natriumbleichlaugen vorliegen, kann sich die Untersuchung vor allem auf folgende Bestimmungen erstrecken:

1. Die Bestimmung des aktiven Chlors (Hypochlorits, neben etwa vorhandenen Chlorits und freien Chlors),

2. Die Bestimmung der Alkalität (überschüssiges Alkali) bzw. der Azidität (freier unterchloriger Säure),

3. Die Bestimmung der fremden Salze,

4. Die Prüfung auf Erdalkaliverbindungen,

5. Die Bestimmung des Chlorats,

6. Die Prüfung auf freies Chlor.

1. Die Bestimmung des aktiven Chlors geschieht nach einer der unter Chlorkalk beschriebenen Methoden, am besten nach der Bunsenschen jodometrischen oder der Methode von Pontius (s. d.). Ebert und Nußbaum empfehlen für die Praxis die jodometrische Methode in nachfolgender Ausführungsart. Einige Körnchen Jodkalium werden in Wasser gelöst, unter Umrühren 10 ccm Bleichlauge in diese Lösung einlaufen gelassen und alsdann ein paar Kubikzentimeter verdünnter Salzsäure (1 : 2) zugegeben. Die mehr oder weniger gelb, bräunlich oder dunkelrotbraun gefärbte Lösung soll völlig klar sein, andernfalls ist noch Jodkalium bis zur Klärung zuzugeben. Das ausgeschiedene Jod wird nun mit Thiosulfatlösung, zuletzt unter Zusatz von etwas ganz dünn gekochtem, frischem Stärkekleister, auf farblos titriert. Wurde

---

[1]) S. a. Ebert und Nußbaum, a. a. O., S. 218.

nun zur Titration von 10 ccm Bleichlauge eine Natriumthiosulfatlösung
verwendet, die genau 70 g reines Natriumthiosulfat im Liter enthält.
so entspricht je 1 ccm dieser Lösung genau 0,01 g aktives Chlor.

2. Die Bestimmung der Alkalität bzw. Azidität.

a) Annähernde Prüfung nach Blattner. Man versetzt 10 ccm der
Bleichlauge mit etwas Phenolphthaleinlösung. Tritt dabei keine Rötung
ein oder verschwindet sie sofort beim Umschütteln, so ist freie unterchlorige Säure vorhanden. Tritt Rotfärbung ein, die nach etwa 5 Sekunden langem Schütteln verschwindet (Hydrolyse des Hypochlorits),
so liegt Hypochlorit vor, das höchstens Spuren von freier, unterchloriger
Säure oder überschüssigen Alkalis enthält. Bleibt die Rötung dagegen
längere Zeit bestehen und verschwindet nur allmählich, so ist mehr
oder weniger überschüssiges Alkali zugegen. Im letzteren Falle kann
dieses überschüssige Alkali annähernd bestimmt werden, indem 10 ccm
der Bleichlauge mit 150 ccm frisch ausgekochtem und wieder abgekühltem
destillierten Wasser verdünnt, mit Phenolphthalein versetzt und unter
Schütteln mit $n/_{10}$ Säure titriert werden, bis nach Zusatz eines Tropfens
Säure die Färbung durch 5 Sekunden langes Schütteln verschwindet.
In diesem Moment ist alles überschüssige Alkali abgesättigt und jedes verbrauchte Kubikzentimeter $n/_{10}$ Säure entspricht 0,0031 g Na_2O. Durch
Verwendung von Methylorange bzw. Fällung des Karbonates mit Chlorbarium können weiter Alkalikarbonat und Alkalihydrat unterschieden
werden (s. u. Soda).

b) Verfahren von Foerster und Jorre[1]). Erheblich genauer ist das
nachstehende Verfahren. Zu demselben sind erforderlich: Genau aufein-
ander eingestellte $n/_5$ Lösungen von Ätznatron und Salzsäure, ferner
eine etwa 10%ige Wasserstoffsuperoxydlösung. Mit letzterer wird das
gesamte Hypochlorit nach der Gleichung zerstört:

$$NaOCl + H_2O_2 = NaCl + H_2O + O_2.$$

Zu der genau abgemessenen Menge Bleichlauge (etwa 50 ccm) gibt
man 2—5 ccm $n/_5$ Natronlauge, dann 10 ccm Wasserstoffsuperoxyd von
etwa 10 Gew.% (Perhydrol verdünnt) und färbt nun mit Phenolphthalein
schwach rot. Alsdann wird mit der $n/_5$ Salzsäure bis zur Entfärbung
des Indikators titriert. In gleicher Weise ermittelt man die Azidität
des Wasserstoffsuperoxydes (ohne Bleichlauge) und bringt den Säuregehalt desselben als Korrektur an. Aus dem Verbrauch an Säure oder
Alkali ergibt sich die Azidität oder Alkalität der Bleichlauge. Liegt
also genau neutrales Hypochlorit vor, so wird genau soviel Säure wieder
nötig sein, wie an Natronlauge ursprünglich zugesetzt war. Ist die Bleichlauge sauer (enthält also freie unterchlorige Säure), so wird nach dem
jeweiligen Grade der Azidität der Bleichlauge mehr oder weniger Alkali
verbraucht, immer wird aber zum Zurücktitrieren weniger Säure erforderlich sein, als an Natronlauge zugesetzt war. Enthält die Bleichlauge umgekehrt überschüssiges Alkali (Soda, Ätznatron), so wird mehr
Säure zum Zurücktitrieren gebraucht, als an Alkali zugesetzt war. — Zur
Differenzierung des überschüssigen Alkalis (als Soda, Ätznatron usw.)

---

[1]) Ztschr. f. angew. Chem. 1900, 181.

wird nach den an anderer Stelle beschriebenen Verfahren (s. u. Ätznatron, Soda, Seife) z. B. nach dem Chlorbariumfällungsverfahren gearbeitet.

c) Nach Lunge ließe sich auch noch ein Verfahren darauf begründen,
daß bei der Einwirkung von Jodkalium auf Hypochlorit 2 Moleküle
Basis, bei der Einwirkung von Jodkalium auf unterchlorige Säure nur
1 Molekül Basis frei wird.

1. $NaOCl + 2 KJ + H_2O = NaCl + 2 KOH + J_2$,

2. $HOCl + 2 KJ = KCl + KOH + J_2$.

Man kann also nach Entfernung des freigewordenen Jods durch Thiosulfat den Fall 1. von 2. alkalimetrisch unterscheiden. Aber man muß
dann die Gegenwart von etwa vorhandenem kohlensauren Salz beim
Titrieren in Rechnung ziehen.

3. Die Bestimmung des Salzgehaltes. Da fremde Salze in
größeren Mengen für den Bleichprozeß nachteilig sein können, so ist auch
ihre Bestimmung von Interesse. In Frage kommt vor allem der Kochsalzgehalt in Elektrolytbleichlaugen. Indes kommt es in den meisten
Fällen der Praxis nicht auf eine exakte Bestimmung an; man wird sich
deshalb in der Regel auf die Ermittelung des spezifischen Gewichtes
mit Hilfe eines genauen Aräometers (Spindelung) beschränken. Aus
dem spezifischen Gewicht kann man dann (unter Berücksichtigung des
Hypochloritgehaltes und des durch diesen bedingten spezifischen Gewichtes) mit hinreichender Sicherheit auf den Salzgehalt schließen. Will
man den genauen Chloridgehalt bestimmen, so arbeitet man zweckmäßig nach Lunges Methode. Zuerst wird das bleichende Chlor nach
Penot (s. Chlorkalk) festgestellt, wobei alles Hypochlorit in Chlorid
und das Arsenit in Arsenat übergeht, welch letzteres wie Kaliumchromat
bei der Silbertitration des Chlorids verwendet werden kann. Man braucht
also nur den Überschuß des Alkalis annähernd durch Salpetersäure
wegzunehmen und mit Silberlösung, eventuell einen aliquoten Teil, zu
titrieren, bis der Niederschlag durch Bildung von Silberarsenat rötlich
wird. Eine Korrektur wie bei Kaliumchromat ist bei Anwendung von
Arsenat nicht nötig. Die Differenz beider Bestimmungen entspricht
dem Chloridchlor. Eine gewichtsanalytische Bestimmung des Gesamt-
chlors ist zeitraubender und kommt seltener in Frage.

4. Die Prüfung auf Kalk und Magnesia. Bisweilen wird es
von Interesse sein, zu prüfen, ob in Elekrolytlaugen größere Mengen,
von Kalk- und Magnesiasalzen zugegen sind. Einen ungefähren Einblick
in diese Verhältnisse erhält der praktische Bleicher, wenn er der klaren
Bleichlauge etwas Sodalösung zusetzt; aus dem Grade der etwa eintretenden Trübung oder Fällung ersieht man, ob und etwa wieviel
Erdalkalisalze vorhanden sind. Im einzelnen können Kalk- und Magnesiasalze nach den an anderer Stelle beschriebenen Verfahren getrennt und
quantitativ bestimmt werden.

5. Die Bestimmung des Chlorats. Zunächst wird das bleichende
oder aktive Chlor nach einem der unter Chlorkalk beschriebenen Verfahren ermittelt (= a %). Alsdann wird Hypochlorit- und Chloratchlor
zusammen bestimmt, entweder a) durch Destillation mit konzentrierter

Salzsäure im Bunsenschen Chlordestillationsapparat, Auffangen des entweichenden Chlors in Jodkaliumlösung und Titration des ausgeschiedenen Jods nach der bekannten Weise mit Thiosulfat (= b %), oder aber b) durch Kochen mit einer genau bekannten, überschüssigen Menge Ferrosulfatlösung und Zurücktitrieren des Ferrosulfats mit Permanganat (= b %). Die Differenz b—a entspricht dem Chloratchlor.

6. Die Prüfung auf freies Chlor. a) Lunge gründet eine einfache Methode zur Unterscheidung von unterchloriger Säure und freiem Chlor, und weiterhin zur Bestimmung von unterchloriger Säure (gesondert von freiem Chlor) auf der Beobachtung, daß HOCl aus neutraler Jodkaliumlösung Ätzkali frei macht, was bei freiem Chlor nicht zutrifft.

$$1. \ HOCl + 2\,KJ = KCl + KOH + J_2,$$
$$2. \ Cl_2 + 2\,KJ = 2KCl + J_2.$$

Wenn man von Anfang an eine bestimmte Menge titrierter Salzsäure zusetzt, so wird die Sekundärreaktion zwischen dem KOH und J_2 (der 1. Gleichung) verhindert und man kann die überschüssige Säure alkalimetrisch feststellen.

$$1a) \ HOCl + 2\,KJ + HCl = 2\,KCl + J_2 + H_2O,$$
$$2a) \ Cl_2 + 2\,KJ + HCl = 2\,KCl + J_2 + HCl.$$

Bei unterchloriger Säure wird also auf jedes Molekül derselben ein Molekül Salzsäure neutralisiert, bei freiem Chlor bleibt die zugesetzte Menge Säure unverändert. Im Falle 1a) wird man also, wenn man zuerst mit $^1/_{10}$ n. Thiosulfat und dann mit $^1/_{10}$ n. Natronlauge (Methylorange) titriert, von dem ersten doppelt soviel brauchen, als dem Unterschiede zwischen der ursprünglich zugesetzten und der zuletzt wiedergefundenen Salzsäure entspricht (Säureverbrauch); im Falle 2a) wird kein solcher Unterschied auftreten. In den dazwischen liegenden Fällen ist dann das Verhältnis zwischen HOCl und Cl_2 leicht zu berechnen, da für jedes Kubikzentimeter der verschwundenen $^1/_{10}$ n. Salzsäure immer 2 ccm $^1/_{10}$ n. Thiosulfat auf Hypochlorit kommen. Die Differenz zwischen dem aktiven Gesamtchlor und dem so ermittelten Hypochloritchlor entspricht dem freien Chor. Auf freies oder kohlensaures Alkali braucht nicht Rücksicht genommen zu werden, da in solchen Fällen freies Chlor nicht gut anzunehmen ist.

b) Nach D.enert und Wandenbulke[1]) bestimmt man das freie Chlor in Hypochloritlösungen, indem man 5 ccm einer Hypochloritlösung mit destilliertem Wasser so weit verdünnt, daß die Konzentration des freien Chlors 500 mg Chlor im Liter nicht übersteigt, nach und nach Ammoniumsulfat und einige Kristalle Jodkalium zusetzt und das durch das Chlor in Freiheit gesetzte Jod mit titrierter arseniger Säure titriert. Nimmt man 150 Teile Ammoniumsulfat auf 1 Teil Chlor zum Titrieren, so wird die Bildung von Jodat verhindert und man kann das Chlor in alkalischer Lösung direkt mit arseniger Säure bestimmen.

Natriumnitrit, salpetrigsaures Natrium, Nitrit. $NaNO_2 = 69{,}01$; leicht wasserlöslich. Kleine, leicht lösliche, nicht hydroskopische, gelb-

---

1) Nach Ztschr. f. angew. Chem. 1918, II, 411.

liche, bis fast schneeweiße Kristalle. Der Gehalt an $NaNO_2$ in der guten technischen Ware beträgt 96—98%. Seine Verunreinigungen bestehen aus Nitrat, Chlorid, Sulfat und Feuchtigkeit. Den Wert des Produktes bedingt der Gehalt an $NaNO_2$; deshalb wird wohl in den meisten Fällen nur diese eine Bestimmung ausgeführt; nebenbei wird auf weißes Aussehen und Klarlöslichkeit Rücksicht genommen.

Gehaltsbestimmung. a) Chamäleontitration nach Lunge[1]). Die direkte Titration einer angesäuerten Nitritlösung mit Chamäleon bis zur Rotfärbung führt zu Verlusten und ergibt zu niedrige Werte. Nach Lunge wird deshalb die Nitritlösung in eine abgemessene Menge von Chamäleonlösung, die mit verdünnter Schwefelsäure stark angesäuert und auf 40—50° erwärmt ist, einlaufen gelassen, wobei langsam titriert und gut umgeschüttelt werden muß. Das Ende der Reaktion ist eingetreten, sobald die Rosafarbe eben verschwunden ist. Man verwendet z. B. 20 ccm $^1/_2$ n. Chamäleonlösung, mit Schwefelsäure angesäuert und auf 40—50° erwärmt, und läßt eine Lösung von 1 g Natriumnitrit in 100 ccm aus einer Bürette einlaufen, bis eben Entfärbung eingetreten ist. $5\ NaNO_2 + 3\ H_2SO_4 + 2\ KMnO_4 = 5\ NaNO_3 + K_2SO_4 + 2\ MnSO_4$.

$$1\ ccm\ {}^1/_2\ n.\ Chamäleonlösung = 0{,}01725\ g\ NaNO_2.$$

Die Methode ist auf $+\ 0{,}1\%$ genau. Bei Gegenwart von ameisensauren Salzen werden nach Wegner zu hohe Resultate erhalten.

b) Nach Raschig[2]) erhält man noch genauere Ergebnisse, wenn man die Nitritlösung mit einem geringen Überschuß an Chamäleonlösung versetzt, dann erst ansäuert und nach zwei Minuten Jodkaliumlösung zusetzt, wodurch eine klare Jodlösung ohne Braunsteinausscheidung entsteht. Die Jodlösung wird durch Thiosulfat unter Zusatz von Stärkelösung zurücktitriert. Man mischt z. B. 50 ccm $n/_{10}$ Chamäleonlösung mit 34—35 ccm Nitritlösung (5 : 1000) und setzt dann aus einer Bürette sehr vorsichtig und tropfenweise unter Umschütteln 20 ccm $n/_5$ Schwefelsäure ohne Erwärmen zu. Nach 2—3 Minuten fügt man 5 ccm einer 10% gen Jodkaliumlösung zu und titriert den Jodüberschuß mit $n/_{10}$ Thiosulfatlösung zurück, wobei man zweckmäßig nicht mehr als 1—3 ccm der letzteren verbrauchen sollte. Schließlich stellt man den Wirkungswert der Thiosulfatlösung gegen Chamäleonlösung fest, indem man 1—3 ccm $n/_{10}$ Permanganatlösung unter denselben Verhältnissen nach Zusatz von Jodlösung usw. mit der Thiosulfatlösung titriert, ohne eine besondere Titerstellung der Jodlösung vorzunehmen.

c) Nach der Methode der Vereinigten deutschen Nitritfabrikanten[3]), die in Handelskreisen am meisten eingeführt sein dürfte, wird zunächst der ungefähre Gehalt festgestellt und dann fast die gesamte nötige Menge Chamäleonlösung zu der angesäuerten Nitritlösung auf einmal zugegeben, um nur die letzten Reste salpetriger Säure abzutitrieren. 100 g Nitrit werden zu 1 l gelöst, von dieser Lösung werden wiederum 100 ccm zu 1 l verdünnt (= 10 g Salz in 1 l, oder

---

[1]) Ztschr. f. angew. Chem. 1891, 629; Chem.-Ztg. 1904, 501.
[2]) Berl. Ber. 1905, 3913.
[3]) Privatmitteilung.

1 ccm Lösung = 0,01 g Salz). Die zur Verwendung kommende Lösung von Kaliumpermanganat ist so eingestellt, daß 100 ccm derselben genau 1 g $NaNO_2$ entsprechen[1]), also die verbrauchte Anzahl Kubikzentimeter direkt die Prozente $NaNO_2$ angibt. Zur endgültigen Analyse werden 100 ccm der Nitritlösung (= 1 g Salz) mit Wasser zu 1 l verdünnt, die durch Vorprüfung festgestellte Menge der Kaliumpermanganatlösung hinzugegeben, dann mit reiner Schwefelsäure stark angesäuert und nach jedesmaliger Entfärbung tropfenweise noch so viel Chamäleonlösung hinzulaufen gelassen, bis eine schwache, mindestens drei Minuten bleibende Rötung entsteht.

Je 1 ccm Chamäleonlösung = 1% $NaNO_2$.

d) **Sulfanilsäuremethode.** Von Schultz, Vaubel[2]) u. a. wird die Titration mit sulfanilsaurem Natron empfohlen. Sie steht bezüglich Einfachheit der Chamäleonmethode nach. 14,4375 g sulfanilsaures Natron werden zu 250 ccm gelöst. Von dieser Lösung entspricht je 1 ccm 0,01725 g $NaNO_2$. 50 ccm der Lösung werden auf 250 ccm verdünnt, mit 10 ccm Salzsäure versetzt und mit Nitritlösung (etwa 20 g im Liter) titriert, bis Jodkaliumstärkepapier gebläut wird. Hierbei ist der Moment maßgebend, wo beim Auftropfen die Reaktion sofort eintritt und einige Minuten anhält. Die zur Anwendung gelangende Stärkelösung muß frisch sein. Zur Darstellung eines reinen Sulfanilates wird mehrmals umkristallisiertes, zwischen Fließpapier gut getrocknetes, sulfanilsaures Natrium zwei Tage im Exsikkator über konzentrierter Schwefelsäure getrocknet.

Nach Muhlert[3]) kann die Sulfanilsäure mit Vorteil durch die Amidobenzoesäuren ersetzt werden. Der Endpunkt der vollkommenen Diazotierung ist sehr scharf, die Diazoverbindungen sind beständig, und die Amidobenzoësäuren sind leicht rein zu erhalten und in verdünnten Mineralsäuren leicht löslich. Von den drei Isomeren dürfte die o-Amidobenzoësäure, die Anthranilsäure, am leichtesten rein im Handel zu haben und deshalb die geeignetste sein.

Natriumphosphat, phosphorsaures Natron (Kuhkotsalz). Na_2HPO_4 + 12 H_2O = 358,24; L. k. W. = 15 : 100; L. h. W. = 96 : 100. Das gewöhnliche Natronphosphat des Handels ist das sekundäre, einfachsaure oder Dinatriumphosphat. Für wenige Zwecke wird auch das tertiäre, normale, gesättigte oder Trinatriumphosphat $(Na_3PO)_4$, sowie das Pyrophosphat $(Na_4P_2O_7 + 10 H_2O)$ gebraucht. Das Produkt kommt in kleineren bis größeren, leicht verwitternden Kristallen von sehr verschiedener Reinheit in den Handel.

Verhalten zu Indikatoren. Die dreibasische Phosphorsäure gibt mit Methylorange die Neutralreaktion, wenn das erste Wasserstoffatom gesättigt ist, also die Verbindung NaH_2PO_4 entstanden ist. Sie verhält sich gegen diesen Indikator also wie eine einbasische Säure, während

---

[1]) Eine solche Lösung würde 9,1611 g chemisch reines $KMnO_4$ im Liter enthalten.

[2]) Ztschr. f. Farben- und Textil-Ch. 1902, 37, 149, 339.

[3]) Ztschr. f. angew. Chem. 1921, 448.

sie gegenüber Phenolphthalein zweibasisch ist, d. h. der Farbenumschlag bei der Bildung von Na_2HPO_4 eintritt. Lackmus ist bei Phosphaten unbrauchbar.

Die Basizität des Salzes kann demnach azidimetrisch mit Phenolphthalein einerseits und mit Methylorange andererseits bestimmt werden. Das Handelsprodukt enthält in der Regel etwas tertiäres Salz und reagiert dann gegen Phenolphthalein deutlich alkalisch. Titriert man also mit Normalsäure bis zur Entfärbung des Phenolphthaleins, so erhält man $^1/_3$ des als Na_3PO_4 gebundenen Natriums. 1 ccm n. Säure = 0,031 g Na_2O tertiär. Setzt man nun zu der entröteten Flüssigkeit Methylorange zu, so reagiert das sekundäre Natriumphosphat, Na_2HPO_4, gegen diesen Indikator alkalisch. Titriert man jetzt mit n. Säure weiter, so bleibt die Lösung gelb, bis alles sekundäre Salz in das primäre NaH_2PO_4 übergeführt ist und schlägt dann in Rot um. Man erhält so die Hälfte des als Na_2HPO_4 gebundenen Natriums: 1 ccm n. Säure = 0,031 g Na_2O sekundär. Würde das Salz kein tertiäres, sondern primäres Phosphat enthalten, so würde einerseits Phenolphthalein nicht gerötet, andererseits Methylorange nicht gelb, sondern gleich rot gefärbt werden. Man könnte dann das primär gebundene Natrium direkt mit n. Lauge bis zur Gelbfärbung von Methylorange und bis zur Rotfärbung des Phenolphthaleins titrieren. Die stehenden Phosphatbäder bei der Seidenerschwerung werden allmählich saurer, indem die Seide kleine Mengen Salzsäure in die Bäder verschleppt. Diese Bäder müssen dann durch Alkalizusatz bis zur Rotfärbung von Phenolphthalein auf die ursprüngliche Basizität gebracht werden.

Nach Smith[1]) verfährt man noch genauer, indem man wie folgt arbeitet. Tritt auf Zusatz von Phenolphthalein keine Rosafärbung ein, so sind Triphosphat und Soda nicht anwesend. Dann wird die Lösung auf 55° erwärmt und nach Zugabe von etwas Kochsalz mit n. Natronlauge bis schwachrosa titriert. Die zu diesem Endpunkt A verbrauchte Anzahl Kubikzentimeter wird mit a bezeichnet. Nunmehr titriert man mit n. Salzsäure und Methylorange zurück bis zu dem zweiten Endpunkt B mit einem Verbrauch von b ccm zwischen A und B. Ist nur Di- und Monophosphat oder Monophosphat und Phosphorsäure oder nur einer dieser Körper vorhanden, so entspricht, wenn a größer ist als b, die Menge a—b der Phosphorsäure und b dem Monophosphat. Wenn b größer ist als a, so ist b—a = Diphosphat und a = Monophosphat. Ist a = b, so ist jedes gleich der Monophosphatmenge, während, wenn a = 2 b, nur Phosphorsäure vorliegt. — Um alle Gemische von Phosphorsäure und deren Alkalisalze sowie etwa vorhandenes Karbonat und Natriumoxyd bestimmen zu können, wird noch eine dritte Titration ausgeführt, indem man noch eine etwa gleichgroße Menge Salzsäure wie b (b') zugibt und 15 Minuten stark kocht. Dadurch gehen alle Metaphosphate in die Orthoform über und gleichzeitig werden alle Karbonate zerstört. Man kühlt wieder auf 55° ab und titriert mit n. Natronlauge bis zum Endpunkt B mit b'' ccm zurück und schließlich weiter bis zu einem dritten Punkt C, wo die Rosafärbung des Phenolphthaleins wieder auftritt, c ccm. b'' ist praktisch, außer bei Gegenwart von Polyphosphaten, fast gleich b'. Fällt C wieder zusammen mit B, so sind Metaphosphate und Karbonate nicht vorhanden. Wenn c größer ist als b, so liegt Metaphosphat vor, während bei Anwesenheit von Karbonaten, die sich im Triphosphat fast immer vorfinden, c kleiner als b sein wird. In letzterem Falle, wenn auch a kleiner als b ist, ergibt sich: Na_3PO_4 = a + c — b; Na_2HPO_4 = b — a und Na_2CO_3 = b — c. Sind keine Karbonate

---

[1]) J. Soc. Chem. Ind. 1917, 415. Ztschr. f. angew. Chem. 1918, 311.

vorhanden, und ist a größer als b, so wird Na_3PO_4 = b und Na_2O = $^1/_2$ (a—b)
sein. Ist bei Gegenwart von Kohlensäure a größer als b, so berechnet sich
Na_2CO_3 = b — c, Na_3PO_4 = c und Na_2O = $^1/_2$ (a—b).

Die Hauptverunreinigungen des Natronphosphates bestehen aus
Sulfat, Chlorid und Karbonat, welche den Wert eines Phosphates oft
recht erheblich herabsetzen. Feubel[1]) fand auch Verunreinigungen
durch arsensaures Natron. Gute Handelsware enthält meist 98%
Na_2HPO_4 + 12 H_2O oder etwa 19,4—19,5% P_2O_5. Der theoretische
Gehalt des reinen Salzes = 19,83% P_2O_5.

Gehaltsbestimmung. Zur Wertbestimmung eines Natronphosphates gehört (außer der Klarlöslichkeit, Farblosigkeit und Basizität)
der Gehalt an Phosphorsäure.

a) Als pyrophosphorsaure Magnesia[2]). (Bei Abwesenheit von
alkalischen Erden, Schwermetallen usw.) 25 g Salz werden zu 1 l gelöst, 20 ccm (0,5 g Salz) der klaren, eventuell filtrierten Lösung mit etwas
Salzsäure, einem großen Überschuß Magnesiamixtur (55 g kristallisiertes
Magnesiumchlorid und 105 g Ammoniumchlorid zu 1 l gelöst) und 10
bis 20 ccm gesättigter Ammoniumchloridlösung versetzt. Darauf wird
bis zum beginnenden Sieden erhitzt. Nun läßt man $2^1/_2$%iges Ammoniak
unter beständigem Umrühren langsam zufließen, bis der Niederschlag
anfängt sich abzuscheiden und reguliert dann den Ammoniakzufluß so,
daß etwa 4 Tropfen pro Minute der Lösung zugesetzt werden. Entsteht
eine milchartig Trübung, so muß diese in Salzsäure wieder gelöst werden.
Man muß also sehr darauf achten, daß der zuerst ausfallende Niederschlag kristallinisch ist[3]). In dem Maße, wie der Niederschlag sich ausscheidet, beschleunigt man den Zufluß des Ammoniaks, bis die Flüssigkeit nach Ammoniak riecht. Nun läßt man erkalten, fügt dann $^1/_5$ des
Flüssigkeitsvolumens an konzentriertem Ammoniak hinzu und kann
schon nach 10 Minuten filtrieren. Der Niederschlag wird mit $2^1/_2$% gem
Ammoniak dreimal durch Dekantation, dann auf dem Filter gewaschen,
zuletzt bei 100° getrocknet, geglüht und gewogen. Noch besser ist es,
den Niederschlag durch einen Gooch-Neubauer-Tiegel zu filtrieren. Das
so erhaltene Magnesiumpyrophosphat ($Mg_2P_2O_7$) muß absolut weiß sein.

$$1 \text{ g } Mg_2P_2O_7 = 0{,}6379 \text{ g } P_2O_5.$$

Nötigenfalls kann das Pyrophosphat durch Lösen in überschüssiger
Salzsäure und Erhitzen auf dem Wasserbade (3—4 Stunden) — wobei
die Pyrophosphorsäure in die Orthosäure übergeht — und Wiederfällen
gereinigt werden.

b) Wie a) nach voraufgegangener Fällung als Ammonphosphormolybdat. Bei Anwesenheit von alkalischen Erden, schweren Metallen, oder bei sehr geringen Mengen Phosphorsäure ist es nötig,
die Phosphorsäure zunächst als Ammonphosphormolybdat zu fällen.

---

[1]) Färb.-Ztg. 1912, 235.
[2]) Treadwell, II. Methode von Schmitz. S. a. Winkler, Ztschr. f. angew. Chem. 1919, 99.
[3]) Unter diesen Bedingungen wird stets $Mg(NH_4)PO_4$ + 6 H_2O zur Fällung
gebracht. Unter anderen Bedingungen bildet sich zum Teil $Mg_3(PO_4)_2$ und
$Mg(NH_4)_4(PO_4)_2$.

Hierzu eignet sich vorzüglich die Methode von Woy[1]). Dieselbe ist immer anwendbar, wenn die Phosphorsäure als Orthosäure vorliegt, auch bei Gegenwart beliebiger Metalle. Kieselsäure, organische Substanz (Weinsäure, Oxalsäure) und merkliche Mengen Choride dürfen nicht zugegen sein. Auf 1 g P_2O_5 müssen ferner mindestens 11,6 g HNO_3 angewandt werden. Woy bedient sich folgender Lösungen: 1. 120 g Ammonmolybdat zu 4 l gelöst (1 ccm fällt 0,001 g P_2O_5), 2. 340 g Ammonnitrat zu 1 l, 3. Salpetersäure 1,153 spezifisches Gewicht oder 25%ig, 4. 200 g Ammonnitrat und 160 ccm Salpetersäure zu 4 l als Waschwasser. 50 ccm Lösung mit höchstens 0,1 g P_2O_5 werden zu 400 ccm verdünnt, mit 30 ccm Ammonnitratlösung und 10—20 ccm Salpetersäure versetzt und bis zum Blasenwerfen erhitzt. In diese heiße Lösung werden 120 ccm ebenso erhitzte Ammonmolybdatlösung in dünnem Strahle unter stetem Umschwenken eingegossen. Das gelbe Ammoniumphosphormolybdat,

$$(NH_4)_3PO_4 \cdot 12\,MoO_3 \cdot 2\,HNO_3 \cdot H_2O,$$

scheidet sich augenblicklich quantitativ ab. Man schwenkt eine Minute um, läßt $^1/_4$ Stunde stehen, gießt die überstehende Flüssigkeit durch ein Filter, dekantiert mit 50 ccm heißer Waschflüssigkeit (4.), löst den Niederschlag hierauf in 10 ccm 8%igem Ammoniak, fügt 20 ccm Ammonnitrat, 30 ccm Wasser und 1 ccm Ammonmolybdat hinzu, erhitzt bis zum Blasenwerfen und setzt 20 ccm heiße Salpetersäure tropfenweise unter Umschwenken zu. Der Niederschlag scheidet sich wieder ab und ist nunmehr rein. Nach 10 Minuten wird filtriert, dann in warmem, $2^1/_2$%igem Ammoniak gelöst und die Lösung mit Salzsäure solange versetzt, bis der entstehende gelbe Niederschlag sich nur langsam wieder löst. Nun fügt man nach Schmitz (a) einen Überschuß saurer Magnesiamixtur hinzu und erhitzt zum Sieden. Nach Zusatz von einem Tropfen Phenolphthalein läßt man unter beständigem Umrühren etwa $2^1/_2$%iges Ammoniak schnell bis zur schwachen Rötung zufließen und erkalten, fügt dann $^1/_5$ des Volumens an konzentriertem Ammoniak hinzu und kann schon nach 10 Minuten filtrieren usw. wie bei a).

c) Als Ammonphosphormolybdat nach Finkener. Der nach b) abgeschiedene gelbe Niederschlag wird durch einen Goochtiegel filtriert, mit der Waschflüssigkeit (4.) gewaschen, bis das Filtrat mit Ferrozyankalium keine Braunfärbung mehr erzeugt, in einem Luftstrome bei 160° (Paulscher Trockenschrank) bis zum konstanten Gewicht getrocknet und gewogen. Die so erhaltene Verbindung hat die Zusammensetzung $(NH_4)_3PO_4 \cdot 12\,MoO_3$ und enthält theoretisch 3,784% P_2O_5. Durch Multiplikation des gefundenen Gewichtes mit 0,03753[2]), also nicht genau theoretisch, wird die vorhandene Menge P_2O_5 erhalten.

d) Schnellmethode nach Schultze[3]). Sie beruht auf der Alkaliabsorption des Ammonphosphormolybdates nach folgender Gleichung: $2\,(NH_4)_3PO_4 \cdot 12\,MoO_3 + 23\,K_2O = 2\,(NH_4)_2HPO_4 + 23\,K_2MoO_4 + (NH_4)_2MoO_4$. Wenngleich der Reaktionsverlauf nicht genau in diesem

---

[1]) Chem.-Ztg. 1897, 442 und 469. Treadwell, II.
[2]) Finkener benutzt den Faktor 0,03794; Hundeshagen und Treadwell 0,03753. [3]) Chem.-Ztg. 1905, 509.

Sinne verläuft, so läßt sich darauf dennoch eine praktisch genaue Methode aufbauen. 0,25 g Salz entsprechende Lösung wird nach b) als Ammonphosphormolybdat gefällt, einmal mit 1% Salpetersäure haltendem Wasser, dann zweimal mit kaltem Wasser dekantiert, filtriert und bis zur neutralen Reaktion im Filtrate (6—8 maliges Aufspritzen) gewaschen. Der Trichter wird alsdann auf den Erlenmeyer, in welchem sich der Niederschlag zuerst befand, zurückgesetzt, das Filter durchstochen, der Niederschlag in den Erlenmeyer gespritzt und das Filter gleichfalls in denselben gegeben. Zu dem Niederschlage im Erlenmeyer werden 25 ccm n. Kalilauge (genauestens gegen Phosphorsäurelösung eingestellt) zulaufen gelassen, bis zur Lösung des Niederschlages umgeschwenkt, Phenolphthaleinlösung zugesetzt und mit n. Salzsäure bis zum Verschwinden der Rotfärbung titriert (a ccm). 25—a, mit dem für die Kalilauge festgestellten Phosphorsäurefaktor multipliziert, ergibt den Phosphorsäuregehalt. Bei n. Kalilauge beträgt der Faktor 0,003—0,0031.

Je 1 ccm verbrauchte n. Kalilösung $= 0,00305$ g P_2O_5.

Technische Untersuchung der Phosphatbäder der Seidenfärbereien (nach Ley)[1]. Die Phosphatbäder der Seidenfärbereien sind stehende Bäder mit einem Gehalt von meist 130—150 g kristallisiertem Phosphat im Liter, mitunter von 200 : 1000. Die technische Untersuchung derselben erstreckt sich auf a) den Phosphorsäuregehalt, b) Sodagehalt, c) Zinngehalt, d) sonstige Verunreinigungen.

a) Außer den angegebenen Bestimmungen der Phosphorsäure ist folgende Betriebsmethode in Gebrauch. 25 ccm Phosphatbad von etwa 50° C werden mit 25 ccm dest. Wasser verdünnt und gegen Methylorange mit n. Schwefelsäure bis zur Rosafärbung titriert und aufgekocht. Nach dem Erkalten fügt man Phenolphthaleinlösung (nicht mehr als einen Tropfen) zu und titriert mit n. Natronlauge bis zur Rosafärbung zurück. Je 1 ccm n. Natronlauge $= 0,35824$ g $Na_2HPO_4 + 12$ aq, bzw. $0,14205$ g Na_2HPO_4 wasserfrei.

b) Die Differenz zwischen dem Säureverbrauch gegen Methylorange und dem Laugenverbrauch gegen Phenolphthalein nach a) entspricht dem Gehalt des Bades an Soda, Bikarbonat u. ä. Berechnet wird in der Regel auf wasserfreie Soda, wobei die Differenz von je 1 ccm n. Säure $= 0,053$ g Na_2CO_3 bzw. $0,143$ g $Na_2CO_3 + 10$ aq entspricht. Nach Ley fällt der so ermittelte Gehalt an Soda in alten Bädern immer höher aus, als an Soda zugesetzt worden war, weil sich die Bäder je nach der Arbeitsweise mit mehr oder weniger Bikarbonat anreichern.

c) Zinngehalt. 10 ccm Bad werden mit 5 ccm Schwefelnatriumlösung (1 : 5) versetzt und 2—3 Minuten gekocht. Nach dem Abkühlen wird bis zur stark sauren Reaktion Salzsäure zugesetzt. Das mit reichlichem Schwefel verunreinigte Zinnsulfid wird abfiltriert, getrocknet, geglüht, der Glührückstand mit etwas Salpetersäure abgeraucht und nochmals geglüht. Beim direkten Einleiten von Schwefelwasserstoff in das angesäuerte Phosphatbad wird das Zinn selbst bei stundenlangem Einleiten nur unvollkommen abgeschieden.

d) Kochsalzgehalt. 5 ccm Bad werden mit Wasser verdünnt, mit Salpetersäure stark angesäuert, mit 10—20 ccm $^1/_{10}$ n. Silbernitratlösung sowie mit etwas Eisenalaunlösung versetzt und mit $^1/_{10}$ n. Rhodanammonlösung bis zur bleibenden Rotfärbung zurücktitriert. Die zugesetzte Menge Silberlösung, abzüglich der verbrauchten Menge Rhodanlösung, entspricht der zur Absättigung des Chlors verbrauchten Menge Silberlösung (Volhards Verfahren, s. S. 71).

Der Sulfatgehalt wird in bekannter Weise durch Fällung mit Chlorbarium bestimmt (s. S. 65).

---

[1] Die neuzeitliche Seidenfärberei.

Salpetrige Säure wird nachgewiesen, indem eine Probe mit Schwefelsäure angesäuert und mit Jodzinkstärkelösung versetzt wird, wobei bei Gegenwart von salpetriger Säure Blaufärbung auftritt.

Ammoniak wird in bekannter Weise mit Neßlers Reagens nachgewiesen.

Arsen. 1 ccm Bad wird mit 5 ccm Bettendorfs Reagens (Zinnsalz in Salzsäure, s. S. 5) versetzt und $1/_2$—1 Stunde stehen gelassen. Bei Anwesenheit von Arsen tritt bräunliche Färbung oder dunkler Niederschlag auf.

Die Betriebsphosphatbäder sollen möglichst farblos (durch Seidenbast und unreine Wässer sind sie mitunter gelblich bis gelbbraun gefärbt) und klar sein. Eine Trübung kann von Rohseiden herrühren und ist dann harmlos. Weniger harmlos ist die durch Ausscheidung von phosphorsaurem Kalk und phosphorsaurer Magnesia verursachte Trübung, die die zu behandelnde Seide trüben kann. Noch nachteiliger können Trübungen des Phosphatbades auf die Seide einwirken, die auf ausgeschiedenes Zinnphosphat zurückzuführen sind. Bis zu einem Betrage von $1^1/_2$—2% Zinn können Phosphatbäder in Lösung halten; steigt der Zinngehalt darüber, so treten leicht Ausscheidungen von Zinnphosphat ein, die die Seide schädigen und trüben können. — Bäder von 5—7° Bé sollen etwa 130—150 g kristallisiertes Natronphosphat im Liter enthalten. Die Alkalität soll mindestens derjenigen des frischen Dinatriumphosphates entsprechen. Um diese Alkalität zu erhalten, muß den Betriebsbädern nach Gebrauch Soda zugesetzt werden, deren Menge von der Art der Erschwerung abhängt, im allgemeinen etwa 1% vom Gewicht der gepinkten Seiden. Der Zusatz von Ammoniak anstatt Soda hat sich nicht bewährt, weil Ammoniumphosphat angeblich mehr Zinn von der Faser abzieht. Eigentümlicherweise geben alte Phosphatbäder vielfach sowohl die Reaktion auf salpetrige Säure (Jodzinkstärke), als auch die Salpeterreaktion mit Diphenylaminschwefelsäure, ohne daß zu ersehen ist, woher diese Körper stammen (Eisengehalt ist z. B. ausgeschlossen). Ein Zinngehalt der Phosphatbäder über 0,1% bei Strang- und über 0,2% bei Stückerschwerung ist nach Ley zu verwerfen und soll auf die Haltbarkeit der Seide sehr nachteilig wirken. Sowohl die Alkalität der Phosphatbäder als auch die Höhe der Pinkzüge sollen die Anreicherung des Bades mit Zinn beschleunigen. Phosphatbäder mit Zinngehalten, die über die genannte Grenze hinausgehen, müssen regeneriert werden. Chloride und Sulfate wirken nicht unmittelbar schädlich auf die Seide ein, verschleiern aber den wirklichen Phosphatgehalt bei dem üblichen Spindeln der Lösungen und müssen von Zeit zu Zeit kontrolliert werden. Arsenhaltiges Phosphat ist wegen der Giftigkeit mit Vorsicht zu verwenden, möglichst zu verwerfen. Der Phosphatierprozeß bildet die Grundlage für das Auftreten der verschiedensten Fehler und Flecke in der Ware und ihm sollte besondere Beachtung gewidmet werden.

Wasserglas, Natronwasserglas, Natriumsilikat. Gemisch von $Na_2Si_3O_7$ und $Na_2Si_4O_9$. Das feste Handelsprodukt stellt weißliche glasartige Stücke dar; durch Eisengehalt ist es häufig grünlich (Eisenoxydul) oder graugelb (Eisenoxyd) gefärbt. Das feste Glas kommt, weil nicht unmittelbar löslich, für die Färberei nicht direkt in Betracht, sondern die wässerige, sirupartige Lösung von meist 37—40°, seltener 30—33° Bé. Die Lösungen müssen unter Luftabschluß aufgehoben werden, da sich unter dem Einfluß der Luftkohlensäure, besonders in Betriebsbädern, gallertartige Kieselsäure abscheidet.

Bei der Beurteilung eines Wasserglases kommt es an auf: Gesamtkieselsäure, gebundenes Natron, Verunreinigungen wie Unlösliches, Kochsalz, Neutralsalze. Das Wasserglas soll ferner möglichst klar, farblos und in Wasser klar löslich sein. Der Kieselsäuregehalt soll mindestens 24—25% betragen, das Gesamtalkali höchstens $1/_3$ der Kieselsäure ausmachen. Vor allem wichtig erscheint dieses Verhältnis von Kieselsäure zu gebundenem Natron, weil der Wirkungswert davon abhängt. Man

kann im allgemeinen das Verhältnis von SiO_2 zu gebundenem $Na_2O = 3,5$
—3,3 : 1 als normal annehmen, d. h. man kann von einem Ia Wasserglas
verlangen, daß der Kieselsäuregehalt etwa das $3^1/_2$- bis $3^1/_3$fache des
Na_2O-Gehaltes beträgt. Ein solches Wasserglas stellt ein Gemisch von
Natriumtri- und Natriumtetrasilikat[1]) dar; es hält sich zwar in den
Gebrauchsbädern weniger gut als ein alkalireicheres, dafür ist seine Wir-
kung, speziell diejenige der Kieselsäureabgabe an die Faser bei der
Seidenerschwerung, eine um so günstigere. Der Kieselsäuregehalt des
handelsüblichen Wasserglases von 38° Bé beträgt etwa 28% SiO_2, der
Natrongehalt etwa 8% Na_2O.

Gebundenes + freies Alkali. 15—20 g Wasserglas werden zu
500 ccm gelöst. Die Lösung sei absolut klar und setze auch bei mehr-
tägigem Stehen nicht ab. 100 ccm der Lösung werden mit n. Salz- oder
Schwefelsäure (Methylorange) titriert.

1 ccm n. Säure = 0,031 g Na_2O, bzw. 0,04 g NaOH.

Kieselsäure. Weitere 100 ccm der Stammlösung werden mit einigen
Kubikzentimetern konzentrierter Salzsäure in der Platinschale zersetzt,
auf dem Wasserbade zur Trockne gedampft, mit konzentrierter Salzsäure und zweimal mit Wasser befeuchtet und eingedampft, zuletzt
$1^1/_2$—2 Stunden im Trockenschranke bei 110—120° C getrocknet, mit
warmer, ganz verdünnter Salzsäure (1—2 Tropfen konzentrierte Salzsäure auf 1 l Wasser) aufgenommen, filtriert, gut ausgewaschen, getrocknet, stark geglüht und gewogen = SiO_2. Als Probe auf die Reinheit
der Kieselsäure kann diese mit reiner Flußsäure und Schwefelsäure abgeraucht werden. Bei Wiederholung dieser Operation etwa zurückbleibende, nichtflüchtige Bestandteile werden von dem anfänglich als
Kieselsäure gefundenen Wert in Abzug gebracht.

Kochsalz, Neutralsalze. Das Filtrat von der Kieselsäure wird
mit Ammoniak, kohlensaurem Ammonium und oxalsaurem Ammonium
versetzt, auf dem Wasserbade kurze Zeit erwärmt, 24 Stunden stehen
gelassen, filtriert (Eisen, Tonerde, Kalk) und eingedampft; die Ammonsalze werden alsdann durch schwaches Glühen verjagt, der Rückstand
bis zum konstanten Gewicht schwach geglüht und gewogen = NaCl u. ä.
Nach Abzug des zu berechnenden, aus der Natronbase des Wasserglases durch Neutralisation mit Salzsäure (Alkalitätsbestimmung) entstandenen Kochsalzes wird das überschüssige Kochsalz ermittelt.

Verunreinigungen. Außer den erwähnten Verunreinigungen
(Wasserunlösliches und Chloride) finden sich in der technischen Ware
mitunter beträchtliche Mengen von Soda, Eisen-, Tonerde (Aluminat),
ferner geringe Mengen Phosphorsäure und Sulfate der Alkalien, die auf
gewöhnliche analytische Weise ermittelt werden. Von diesen Verunreinigungen werden in der Regel nur Kochsalz und Tonerdeverbindungen
in größeren Mengen im Wasserglas vorgefunden. Ley fand z. B. bis
zu 6,5% Kochsalz und bis zu 2,6% wasserfreie Tonerde.

---

[1]) Das Verhältnis von SiO_2 zu Na_2O in den verschiedenen Natriumsilikaten
beträgt z. B. bei Monosilikat $Na_2SiO_3 = 0,97 : 1$; bei Disilikat, $Na_2Si_2O_5 = 1,95 : 1$;
bei Trisilikat, $Na_2Si_3O_7 = 2,92 : 1$; bei Tetrasilikat, $Na_2Si_4O_9 = 3,89 : 1$; bei
Pentasilikat, $Na_2Si_5O_{11} = 4,86 : 1$.

Freies Alkali. Früher wurde bei Wasserglas auch das freie Alkali bestimmt[1]). Es hat sich jedoch herausgestellt, daß diese Prüfung zwecklos und anzweifelbar ist und daß das Verhältnis $Na_2O : SiO_2$ die Alkalität ausreichend zum Ausdruck bringt. Nach dem Verfahren von Heermann, das in der Praxis doch zum Teil noch ausgeführt wird, wird das Silikat mit Chlorbarium gefällt und im Filtrate das freie Ätznatron titrimetrisch bestimmt. Es gleicht im Grundsatze dem Verfahren von Heermann zur Bestimmung des freien Alkalis in Seifen (s. daselbst). 10 g Wasserglas werden in einem 250 ccm-Meßkolben in etwa 100 ccm Wasser gelöst und die Lösung mit einer konzentrierten Lösung von 10 g Chlorbarium in Wasser unter fortwährendem Schütteln in dünnem Strahl versetzt. Hierbei werden Silikat und Karbonat als Barytsalze gefällt, während das freie Ätznatron in Lösung bleibt. Nach Auffüllung auf 250 ccm wird filtriert und nach Verwerfung des ersten Aufgusses werden 100 ccm des Filtrates mit $n/_{10}$ Säure gegen Phenolphthalein titriert. 1 ccm verbrauchte $n/_{10}$ Säure $= 0,004$ g freies NaOH.

Borax, Natriumbiborat. $Na_2B_4O_7 + 10\,H_2O = 382,16$; L. k. W. $= 6 : 100$; L. h. W. $= 200 : 100$. Der Borax kommt in weißen Kristallen mit Kristallwasser oder als weißes Pulver ohne Kristallwasser[2]) in den Handel. Der Rohborax enthält neben Chloriden und Sulfaten beträchtliche Mengen unlöslicher Bestandteile; außerdem die Verunreinigungen der Rohborsäure: Eisenoxyd, Tonerde, Kalk, Magnesia, Kieselsäure und organische Stoffe. In der Färberei wird wohl nur der raffinierte Borax (aber auch nur wenig) angewandt, welcher meist von guter Beschaffenheit ist.

Gehaltsbestimmung. Nach der Methode von Jörgensen[3]) werden 30 g des Salzes zu 1 l gelöst. In 50 ccm der klaren Lösung bestimmt man mit Hilfe von Methylorange und $^1/_2$ n. Säure das Alkali. Zu dieser gegen Methylorange neutralen Lösung, welche nunmehr alle Borsäure in freiem Zustande enthält, werden 2—3 Tropfen Phenolphthaleinlösung und 50 ccm Glyzerin zugesetzt, und nun wird mit $^1/_2$ n. Lauge bis zur Rotfärbung titriert. Man setzt nun solange je 10 ccm Glyzerin und $^1/_2$ n. Lauge zu, bis ein erneuter Glyzerinzusatz die Violettfärbung nicht mehr zum Verschwinden bringt. Jedes verbrauchte Kubikzentimeter $^1/_2$ n. Lauge entspricht $0,0175$ g B_2O_3, bzw. $0,09554$ g kristallisiertem Borax.

$$B_2O_3 + 2\,NaOH = 2\,NaBO_2 + H_2O.$$

Natriumperborat, Perborat[4]). $NaBO_2 \cdot H_2O_2 \cdot 3\,H_2O = 154,06$; L. k. W. $= 2,5 : 100$; $10,4\%$ aktiver Sauerstoff. Dem von Tanatar zuerst dargestellten Natriumperborat kommt nach heutiger Auffassung die obige Formel und nicht die oft gebrauchte Formel $NaBO_3 \cdot 4\,H_2O$

---

[1]) S. Heermann, Chem.-Ztg. 1904, 879.

[2]) Sogenannter „gebrannter Borax", $Na_2B_4O_7 = 202,1$, wird seltener verwendet.

[3]) Ztschr. f. angew. Chem. 1897, 5. modifiziert von Hörig und Spitz, Ztschr. f. angew. Chem. 1896, 549; Ztschr. f. anal. Chem. 1903, 119.

[4]) Über Darstellung s. a. Bosshard und Zwicky, Ztschr. f. angew. Chem. 1912, 938. Neuerdings wird auch Perkarbonat mit 10% akt. O technisch hergestellt.

zu. Besonders durch die Versuche von Riesenfeld ist erwiesen, daß das Natriumperborat ein Additionsprodukt von Borat und Wasserstoffsuperoxyd ist; dieses geht aus dem Verhalten des Salzes hervor. Weißes Kristallpulver. Im reinen (frei von Chlor und Schwermetallen) und trockenen Zustande ist das Produkt sehr gut haltbar. Die wässerige Lösung entwickelt langsam Sauerstoff, beim Erhitzen schnell. Dabei zerfällt das Perborat in Borat und Sauerstoff: $NaBO_2 + H_2O_2$; $H_2O_2 = H_2O + O$. Katalysatoren beschleunigen den Zerfall, insbesondere Kupfer- und Manganverbindungen. Andere Salze z. B. Natriumpyrophosphat, Wasserglas u. a. m. schützen mehr oder weniger vor dem Zerfall, spielen die Rolle der sogenannten Stabilisatoren oder Antikatalysatoren. Es wird als mildes Bleichmittel, Ersatz für Wasserstoffsuperoxyd, verwendet (Enka IV des Handels). Insbesondere findet es weitgehende Verwendung als Zusatz zu Waschpulvern und Seifenpulvern (Persil u. a.).

Perborax, $Na_2B_4O_8$, enthält nur etwa 4% aktiven Sauerstoff und ist mit dem weit höherwertigen Perborat nicht zu verwechseln.

Die Gehaltsbestimmung[1]) erstreckt sich meist nur auf den Gehalt an aktivem Sauerstoff. 0,2—0,5 g Perborat werden in 100 ccm lauwarmem bis 50—60° warmem Wasser gelöst, stark mit Schwefelsäure (etwa 20 ccm 25%ige Schwefelsäure) angesäuert und mit $n/_{10}$ Chamäleonlösung titriert. Je 1 ccm $n/_{10}$ Chamäleonlösung = 0,0008 g aktiver Sauerstoff = 0,003904 g Na_2O_2 = 0,007704 g $NaBO_2 \cdot H_2O_2$, $\cdot 3 H_2O$; 20 $NaBO_2 \cdot H_2O_2 + 8 KMnO_4 + 17 H_2SO_4 = 8 MnSO_4 + 4 K_2SO_4 + 17 H_2O + 5 Na_2B_4O_7 + 5 Na_2SO_4 + 20 O_2$.

Die Gehaltsbestimmung von Perborat in Seifenpulvern u. ä. Erzeugnissen wird entweder durch unmittelbare Titration der mit Schwefelsäure angesäuerten Lösung mit Kaliumpermanganat oder nach Abscheidung der Fettsäure ausgeführt. Letzteres Verfahren ist genauer. Grün und Jungmann[2]) schütteln die Fettsäure mit Tetrachlorkohlenstoff aus und titrieren den wirksamen Sauerstoff jodometrisch. Die jodometrische Titration hat besonders bei saponinhaltigen Präparaten den Vorteil, daß der zähe Saponinschaum nicht störend wirkt. Fuhrmann löst eine abgewogene Menge des Präparates in einem besonderen Fläschchen mit 100 ccm Wasser, versetzt mit 10 ccm Chloroform und dann mit 30 ccm 10%iger Schwefelsäure und säuert an. Die abgeschiedene Fettsäure wird durch Umschütteln in dem Chloroform gelöst, das sich zu Boden setzt. Nach kurzer Zeit wird mit Chamäleonlösung titriert. Nach diesem Verfahren wird, wie Bosshard und Zwicky[3]) fanden, zuviel aktiver Sauerstoff gefunden; auch Litterscheid-Guggiari[3]) fanden 0,2—0,4% Sauerstoff zuviel. Letztere verbesserten das Verfahren, indem sie das Chloroform ausschalteten. Sie lösen das abgewogene Waschmittel durch Schütteln im Maßkolben mit Wasser von 50—60°, soweit dies möglich, geben nach 5 Minuten vorsichtig nach und nach 10%ige Schwefelsäure in einem zur Neutralisation der Soda und zur

---

[1]) S. a. Litterscheid und Guggiari, Chem.-Ztg. 1913, 677.
[2]) Seifenfabrikant 1916, S. 753.
[3]) Ztschr. f. angew. Chem. 1910, 1153.

Zersetzung der Seife weitaus ausreichenden Überschuß und alsdann 1 g ausgeglühte Kieselgur hinzu. Die umgeschüttelte Mischung wird zur Marke aufgefüllt und ein aliquoter Teil des klaren Filtrates mit Permanganat titriert. Beispiel: 2—4 g Waschpulver, 500 ccm Meßkolben, 100 ccm Wasser, 100 ccm 10%iger Schwefelsäure, Auffüllen auf 500 ccm, 100—250 ccm des Filtrates titrieren.

Natriumwolframat, Wolframsaures Natron. $Na_2WO_4 + 2 H_2O =$ 330,03; L. k. W. = 25 : 100; L. h. W. = 50 : 100. Gehaltsbestimmung. Bei Anwesenheit von Alkali wird mit Salpetersäure nahezu neutralisiert (z. B. in Sodaschmelzen der Wolframsäure). Reines Salz wird direkt mit Merkuronitratlösung gefällt, bis keine weitere Fällung entsteht. Die Lösung wird zum Sieden erhitzt, der Niederschlag absitzen gelassen, filtriert, mit merkuronitrathaltigem Wasser gewaschen, getrocknet und unter gut ziehendem Abzug geglüht, zuletzt zweckmäßig vor dem Gebläse. Der Rückstand, WO_3, wird gewogen.

Essigsaures Natrium, Natriumazetat, Rotsalz. $CH_3 \cdot COONa +$ $3 H_2O = 136,08$; L. k. W. = 33 : 100. Farblose oder schwach gelbliche, nadelförmige Kristalle, die nur wenig verwittern. Sein Wert hängt von seinem Gehalt an Essigsäure, sowie von dem Fehlen von Verunreinigungen, wie Eisen u. a. ab. Gehaltsbestimmung s. u. Essigsäure.

Ameisensaures Natron, Natriumformiat. Dieses Salz kommt neuerdings in sehr reiner Form in den Handel. Es enthält nur Spuren Verunreinigungen, die in dem zur Fabrikation benutzten Ätznatron zugegen waren. Gehaltsbestimmung s. u Ameisensäure. Wenn außer Ameisensäure keine flüchtigen Säuren vorliegen, behandelt man am besten mit gemessener titrierter Schwefelsäure, dampft ein und titriert den Überschuß an Schwefelsäure zurück (s. Ullrichsches Verfahren unter Essigsäure).

Zitronensaures Natron, Natriumzitrat. $C_6H_5O_7Na_3 = 258,07$; leicht wasserlöslich. Über Gehaltsbestimmung s. u. Zitronensäure. In vielen Fällen wird das Salz vom Verbraucher selbst durch Neutralisation der Zitronensäure mit Alkali gewonnen.

Kaliumverbindungen.

Bestimmung des Kaliums.

Während die Bestimmung der Natronbase nur selten direkt ausgeführt wird, wird das teurere Kali bisweilen zu bestimmen sein, wenn es sich darum handelt, festzustellen, ob dasselbe nicht zum Teil durch Natronbase verunreinigt oder verfälscht ist. Es muß dann eine Trennung des Kaliums vom Natrium ausgeführt werden. Bei Abwesenheit von Natrium wird das Kalium indes als Sulfat oder Chlorid bestimmt. Da ersteres viel weniger flüchtig ist als das Chlorid, so empfiehlt es sich, das Kalium möglichst als Sulfat zu bestimmen.

Trennung des Kaliums vom Natrium. Wie unter Natriumsalzen ausgeführt, verwandelt man (nachdem alle Basen außer Ammonium entfernt sind) Kalium und Natrium z. B. in die Chloride, ermittelt die

Summe derselben, scheidet das Kalium als Kaliumchloroplatinat ab und berechnet aus der Differenz. Die Abscheidung des Kaliums beruht auf der praktischen Unlöslichkeit des Kaliumplatinchlorides, $K_2(PtCl_6)$, im Gegensatz zur Löslichkeit des entsprechenden Natriumsalzes in absolutem Alkohol. Die Lösungen der Chloride des Kaliums und des Natriums (nach eventuellem Ausfällen der Schwefelsäure mit Bariumchlorid) werden mit einem geringen Überschuß an Platinchloridlösung versetzt und bei möglichst niedriger Temperatur auf dem Wasserbade fast bis zur Trockne verdampft. Nun versetzt man nach dem Erkalten mit einigen Kubikzentimetern absoluten Alkohols, zerdrückt die Salzmasse gut zu feinem Pulver und dekantiert mehrmals durch ein mit Alkohol befeuchtetes Filter, bis der abfließende Alkohol absolut farblos ist. Dann spült man den Niederschlag auf das Filter und trocknet bei 80—90°. Der Hauptniederschlag wird vom Filter auf ein Uhrglas gebracht, und die im Filter zurückbleibenden Reste werden durch heißes Wasser gelöst, das in einer gewogenen Porzellan- oder Platinschale gesammelt wird. Man verdampft bei möglichst niedriger Temperatur zur Trockene, bringt die Hauptmenge des Niederschlages vom Uhrglas gleichfalls in die Schale, trocknet bei 160° C und wägt.

1 g des so erhaltenen $K_2(PtCl_6)$ = 0,3056 g KCl.

(Hierbei ist das alte Atomgewicht für Platin = 197,2 zugrunde gelegt; bei Berechnung mit dem neu kontrollierten Atomgewicht für Platin = 195,2 usw. würde sich der Faktor 0,3067 ergeben, welcher aber nicht so gut stimmende Werte ergibt[1]).

Man kann auch[2] das Platindoppelsalz direkt auf einem bei 120 bis 130° getrockneten und gewogenen Filter sammeln, trocknen und wägen. Die Trocknungstemperatur des Niederschlages beträgt gleichfalls 120 bis 130° C und die Trocknungsdauer etwa 20 Minuten. Das Filter wird vor- und nachher im warmen Zustande gewogen. Die Menge der angewandten Substanz sei je nach dem Kaligehalt 0,2—0,5 g.

Ätzkali, Kalihydrat, Kaliumhydroxyd, kaustisches Kali. KOH = 56,1; leicht wasserlöslich. Das in Textilbetrieben kaum noch angewandte Ätzkali wird genau so untersucht wie das Ätznatron. Auch kommen dieselben Verunreinigungen in Frage.

1 ccm n. Säure = 0,0561 g KOH.

Pottasche, Kaliumkarbonat, kohlensaures Kali. K_2CO_3 = 138,2; $K_2CO_3 + 2 H_2O$ = 174,33; L. k. W. = 100 : 100. Im wasserfreien Zustande stellt die auch nur beschränkt verwendete Pottasche ein weißes Pulver dar, im hydratisierten Zustande krümelige Stücke oder Klumpen. Sie ist im Gegensatz zur Soda stark hydroskopisch.

Die reinere, aus den Chlorkaliumsalzen von Staßfurt usw. hergestellte Pottasche enthält etwa 96—98% K_2CO_3; die unreinere, Melassen- oder Schlempekohlenpottasche ist wesentlich gehaltärmer, meist etwa 92%ig und in der Regel charakterisiert durch einen merklichen Gehalt an Kaliumphosphat; außerdem enthält letztere häufig: Ätzkali, verschiedene

---

[1] Treadwell.
[2] Methode der Staßfurter Laboratorien, Lunge.

Schwefel- und Zyanverbindungen. Die hochkonzentrierte Ware enthält als gewöhnliche Verunreinigungen: Soda ($^1/_2$—$2^1/_2\%$), Chlorkalium ($^1/_2$—$2^1/_2\%$), Kaliumsulfat ($^1/_2$—3%), sowie Spuren von Tonerde und Kieselsäure. Da Pottasche begierig Feuchtigkeit aus der Luft anzieht, so ist auch überschüssiges Wasser meist als wichtige Verunreinigung im Auge zu behalten (10 g im Platintiegel zur Gewichtskonstanz erhitzen).

Die Gesamtalkalinität und die übrigen Einzelbestimmungen (Ätzkali usw.) werden wie bei Soda ausgeführt.

$$1 \text{ ccm n. Säure} = 0{,}0691 \text{ g } K_2CO_3.$$

Grobe Verfälschungen der Pottasche mit Soda können leicht durch den Säuretiter nachgewiesen werden, da gleiche Mengen Soda mehr Säure verbrauchen als dieselben Mengen Pottasche. Z. B. werden 3,455 g reine, wasserfreie Pottasche gegen Methylorange 50 ccm n. Salzsäure verbrauchen, während 3,455 g reine, wasserfreie Soda 65,1 ccm n. Salzsäure beanspruchen. Werden also bei der Titration von 3,455 g der Ware 50 ccm n. Salzsäure verbraucht, so ist Soda nicht von vornherein anzunehmen. Für jedes Kubikzentimeter Mehrverbrauch an n. Säure sind rund 6,62% Sodagehalt anzusetzen. Etwaige Verunreinigungen und deren Minderverbrauch an Säure sind hierbei zu berücksichtigen bzw. in Abzug zu bringen (Wassergehalt, Chloride, Sulfate usw.).

Chlorsaures Kali, Kaliumchlorat. $KClO_3 = 122{,}56$; L. k. W. = 6,5 : 100; L. h. W. = 50 : 100. Dieses Salz kommt meist in Form von harten, farblosen, glänzenden Kristallen, zuweilen auch in Pulverform in den Handel. Es ist luftbeständig. Infolge Sauerstoffabgabe wirkt es kräftig oxydierend; diese oxydierende Wirkung ist bisweilen von solcher Heftigkeit, daß Explosion eintritt. Es muß daher besonders beim Zusammenbringen mit oxydabeln Körpern, aber auch für sich allein, mit großer Vorsicht behandelt werden, da es schon durch Reiben, durch Stoß oder Druck, z. B. beim Öffnen eines Fasses, explodieren kann. Gartenmeister[1]) schreibt der Verunreinigung des chlorsauren Kalis durch Chloroxyd bzw. Kaliumhypochlorit die Explosionsfähigkeit zu, während er mit Couleru[2]) die Perchloratverunreinigung für unbedenklich hält.

Das Produkt kommt in der Regel in fast chemisch reinem Zustande in den Handel. In Betracht kommen als Verunreinigungen: 1. Chlorid, meistens in Spuren von etwa 0,05%. Zum Nachweis so kleiner Mengen müssen etwa 50 g in absolut chlorfreiem Wasser gelöst und mit Silbernitrat gefällt werden; 2. Metalle wie Eisen, Mangan und Blei (Schwefelammonium darf absolut keine Färbung geben); 3. Salpeter kann nur als Verfälschung vorkommen. Die deutsche Pharmakopöe will diesen durch die alkalische Reaktion der geschmolzenen Masse nachweisen, was aber trügerisch ist, da auch reines Kaliumchlorat nach dem Schmelzen alkalisch reagiert. Besser ist Krauchs Vorschrift: Man erwärmt 1 g des Salzes mit 5 ccm Natronlauge und treibt eventuell vorhandenes Ammoniak durch Kochen aus. Sodann bringt man in die erkaltete Flüssigkeit je 0,5 g Zinkfeile und Eisenpulver und erwärmt von neuem. Jetzt auftretendes Ammoniak rührt von einem Gehalte an Nitrat her. 4. Aktives Chlor, niedere Chloroxyde. Nach Carlson und Gelhaar[3]) ist die Prüfung auf Chloroxyd bzw. Hypochlorit mit äußerster Vorsicht aus-

---

[1]) Chem.-Ztg. 1907, 174; 1908, 677.   [2]) Chem.-Ztg. 1907, 217.   [3]) Chem.-Ztg. 1908, 604 und 633.

zuführen, da auch Chlorat durch stärkere Säuren u. ä. leicht aktives
Chlor abspalten kann. Genannte Autoren lösen 5 g Chlorat in 100 ccm
kaltem Wasser und geben einen Tropfen Jodidstärke zu. Tritt dann
eine Blaufärbung nicht sofort ein, so ist Hypochlorit nicht zugegen.
Darauf werden 2 ccm $n/_{10}$ Schwefelsäure zugefügt. Tritt Blaufärbung
auch jetzt nicht augenblicklich ein, so ist auch kein Chlorit vorhanden.
Chlorit reagiert in größeren Verdünnungen träger als Hypochlorit. Bei
0,001% Kaliumchloritgehalt der Lösung tritt die Färbung augenblicklich, bei 0,0001% in einigen Sekunden ein; bei 0,0002% Hypochlorit
in der Lösung tritt noch sofort deutliche, bei 0,000002% noch schwache,
nach einigen Minuten wahrnehmbare Reaktion ein. Größerer Gehalt
an Eisenoxydsalzen wirkt nicht störend.

Gehaltsbestimmung. a) Gravimetrisch als Chlorid. 0,3 g
des Chlorats werden in 100 ccm Wasser gelöst, mit einer Lösung von
5 g Ferrosulfat versetzt, unter beständigem Umrühren zum Sieden erhitzt, 15 Minuten lang gekocht, erkalten gelassen, das basische Ferrosulfat wird durch Salpetersäure in Lösung gebracht und das entstandene
Chlorid mit Silberlösung gefällt, filtriert und gewogen. Etwaiger Chloridgehalt des Chlorats ist in Abzug zu bringen.

$$1 \text{ g Silberchlorid} = 0{,}855 \text{ g } KClO_3.$$

b) Titrimetrisch mit Ferrosulfat. Man kocht die Lösung des
Chlorats mit $n/_{10}$ schwefelsaurer Ferrosulfatlösung im Kölbchen mit
Bunsenventil (am besten unter Sauerstoffabschluß). Der Überschuß
des abgemessenen Ferrosulfats wird mit $n/_{10}$ Permanganatlösung unter
Zusatz von 40 ccm einer 10%igen Mangansulfatlösung zurücktitriert[1]).
1 ccm $n/_{10}$ Ferrosulfatlösung = 0,0020433 g $KClO_3$. Der Prozeß verläuft: $KClO_3 + 4 H_2SO_4 + 6 FeSO_4 = 3 Fe_2(SO_4)_3 + KHSO_4 + HCl +$
$3 H_2O$.

c) Jodometrisch. Das Chlorat wird mit Salzsäure unter Chlor-
abscheidung zersetzt und dieses jodometrisch bestimmt[2]).

Bromsaures Kali, Kaliumbromat. $KBrO_3 = 167$; L. k. W. = 7 : 100;
L. h. W. = 50 : 100. Findet nur sehr beschränkte Anwendung. Das
Bromat wird in ähnlicher Weise bestimmt wie das Chlorat. Hierbei
wird etwa vorhandenes Chlorat mitbestimmt. Die Trennung von Bromid und Chlorid wird gegebenenfalls nach Treadwell[3]) ausgeführt.

Übermangansaures Kali, Kaliumpermanganat, Chamäleon. $KMnO_4$
= 158,03; L. k. W. = 6,5 : 100; L. h. W. = 33 : 100. Das Chamäleon
bildet tiefviolettrote, nadelförmige Kristalle, die sich in Wasser mit tief-
purpurvioletter Farbe lösen. Es ist ein starkes Oxydationsmittel und
vermag Oxydulsalze, schweflige Säure, Hydrosulfit, Oxalsäure, Ameisensäure usw. zu oxydieren. Für seine Beurteilung ist außer der Klarlöslichkeit fast lediglich sein Wirkungswert bestimmend.

Gehaltsbestimmung. Man löst 15,803 g zu 1 l. Bei chemisch
reiner Ware würde diese Lösung genau ½ normal sein. In bekannter

---

[1]) Lunge, Handbuch der Sodaindustrie.
[2]) Näheres s. bei Treadwell, II. T.
[3]) Treadwell, II.

Weise werden nun 20 ccm n. Oxalsäurelösung[1]) mit 6 ccm konzentrierter Schwefelsäure versetzt auf 60—70° erwärmt und mit der Chamäleonlösung titriert. Aus dem Verbrauch an Permanganatlösung berechnet sich direkt der Gehalt an reinem $KMnO_4$. Von chemisch reinem Chamäleon würden 40 ccm der Lösung verbraucht werden. Wenn a ccm verbraucht sind, so enthält das Muster $\dfrac{4000}{a}$ % $KMnO_4$.

Rhodankalium. $KCNS = 97{,}18$; zerfließlich. Wasserhelle, an der Luft sich leicht rötende und zerfließliche Kristalle. Seine **Gehaltsbestimmung** erfolgt wie beim Ammoniumsalz (s. d.).

Ferrozyankalium, Kaliumferrozyanid, gelbes Blutlaugensalz, Gelbkali, gelbes blausaures Kali, Blaukali[2]). $K_4FeC_6N_6 + 3\ H_2O = 422{,}38$; L. k. W. $= 28 : 100$; L. h. W. $= 50 : 100$. **Ferrozyannatrium.** $Na_4FeC_6N_6 + 10\ H_2O = 484{,}09$; leicht wasserlöslich. Wohlausgebildete, luftbeständige Prismen von bernstein- oder zitronengelber Farbe und meist sehr großer Reinheit. Das Kaliumsalz ist in der Regel 97—98%ig, das Natriumsalz weniger rein; soll aber mindestens 95%ig sein. Die Lösung liefert mit Eisenoxydsalzlösungen die bekannte und sehr empfindliche **Berlinerblau**-Reaktion.

Als **Verunreinigungen** können auftreten: Schwefelsaures Kalium (Natrium), kohlensaures Kalium (Natrium) und Chlorkalium (Chlornatrium). Chlorid wird durch Kochen der wässerigen Lösung mit chlorfreiem Quecksilberoxyd, Abfiltrieren, Ansäuern mit Salpetersäure und Versetzen des Filtrates mit Silberlösung erkannt. Schwefelsäure und Karbonat werden in gewöhnlicher Weise nachgewiesen.

Gehaltsbestimmung. Man bedient sich fast stets der ebenso einfachen wie zuverlässigen Methode von de Haën[3]). Danach wird die stark verdünnte Lösung (etwa: 1 : 1000) mit Schwefelsäure angesäuert und mit Permanganatlösung titriert. Man löst etwa 20 g Salz zu 1 l. verdünnt 20 ccm dieser Lösung (= 0,4 g Salz) zu etwa 400 ccm mit Wasser, setzt 20 ccm Schwefelsäure (1 : 4) zu und titriert mit $^1/_5$ n. Chamäleonlösung bis zur beginnenden Rotfärbung.

1 ccm $^1/_5$ n. Chamäleonlösung $= 0{,}08448$ g $K_4FeC_6N_6 + 3\ H_2O$
1 ccm $^1/_5$ n. Chamäleonlösung $= 0{,}09682$ g $Na_4FeC_6N_6 + 10\ H_2O$.

Um den Farbenumschlag am Endpunkt der Titration zu verschärfen. setzt Gintl[4]) der Lösung eine Spur Ferrichlorid zu und titriert auf Verschwinden der Blaufärbung. Kielbasinski[5]) benutzt zu diesem Zweck Indigosulfosäure. Er versetzt die Lösung mit 5 ccm einer 1%igen Indigosulfosäurelösung und erkennt das Ende der Reaktion an dem Verschwinden der grünen Färbung. Der Verbrauch der zugesetzten 5 ccm Indigolösung an Permanganat wird besonders bestimmt und in Abzug gebracht.

Gemischte Kalium-Natriumsalze. Es sind drei Ferrozyankalium-Natriumdoppelverbindungen existenzfähig[6]). Die Untersuchung

---

[1]) Bzw. 1,3410 g Natriumoxalat-Sörensen, bei 240° getrocknet.
[2]) Die mitunter gebrauchte Bezeichnung „Blausaures Kali" ist zu verwerfen.
[3]) Annalen d. Chem. u. Pharm. 90, 160.   [4]) Ztschr. f. anal. Chem. 6, 446.
[5]) Ztschr. f. Farben- u. Textil-Ch. 1903, 114.   [6]) Lunge-Berl.

derartiger Salze bietet keine Schwierigkeiten. Der Ferrozyangehalt wird nach obiger de Haënschen Methode, Kalium und Natrium in bekannter Weise bestimmt.

Ferrizyankalium, rotes Blutlaugensalz, Rotkali, rotes blausaures Kali. $K_3FeC_6N_6 = 329{,}23$; L. k. W. $= 40 : 100$; L. h. W. $= 66 : 100$. Es kristallisiert ohne Kristallwasser in Prismen von braunroter Farbe. Die Lösungen färben sich am Lichte dunkler und scheiden einen blauen Niederschlag aus. Mit Eisenoxydsalzlösungen gibt es keinen, dagegen mit Eisenoxydulsalzlösungen sofort einen Niederschlag von Turnbulls Blau.

Die in dem technischen Produkt vorkommenden Verunreinigungen sind dieselben wie in dem gelben Blutlaugensalz, aus dem es durch Oxydation gewonnen wird, also: Sulfate, Chloride usw. Sie werden ebenso wie beim Ferrozyansalz nachgewiesen und bestimmt. Außerdem kommt unoxydiertes Ferrozyansalz als Verunreinigung vor, welches durch direkte Titration mit $^1/_5$ n. Chamäleonlösung bestimmt werden kann. Infolge der dunklen Färbung der Ferrizyankaliumlösungen kann diese Bestimmung nur in ganz verdünnten Lösungen ausgeführt werden, weswegen sie in dieser Form auch wegen des schlecht erkennbaren Farbenumschlages keine sehr hohen Anforderungen auf Genauigkeit erheben kann. Vielleicht leistet hier die Ruppsche jodometrische Methode wegen der deutlicher auftretenden Jodstärkereaktion bessere Dienste.

Gehaltsbestimmung. Der Gehalt an Ferrizyanid wird nach Reduktion zu Ferrozyanid durch Titration mit Chamäleonlösung ermittelt (= Ferrizyanid + Ferrozyanid), von dem ein etwa vorher bestimmter Ferrozyanidgehalt in Abzug gebracht wird. Eine Lösung von 2 g rotem Blutlaugensalz in 100 ccm Wasser wird mit überschüssiger Kali- oder Natronlauge versetzt und hierauf so viel Eisenvitriollösung in kleinen Portionen zugesetzt, bis die Farbe des Niederschlages schwarz erscheint, ein Zeichen, daß sich Eisenoxyduloxyd niedergeschlagen hat. Ein Überschuß ist zu vermeiden und führt zu falschen Resultaten. Man verdünnt nunmehr die Lösung auf 500 ccm, filtriert 250 ccm ab (= 1 g Substanz), säuert mit Schwefelsäure an und titriert nach de Haën mit $^1/_5$ n. Chamäleonlösung wie gelbes Blutlaugensalz.

1 ccm $^1/_5$ n. Permanganatlösung = 0,1317 g Ferrizyankalium.

Außer der Reduktion vermittels Eisenvitriol wird z. B. nach Gintl in sehr einfacher Weise mit Natriumamalgam reduziert. Einige erbsengroße Stücke Amalgam werden in die neutrale oder alkalische Lösung gebracht, welche in 10 Minuten quantitativ reduziert wird. Nun säuert man an und titriert wie oben.

Saures milchsaures Kali, Kaliumbilaktat, Laktolin.

$$CH_3CH(OH)COOK \cdot CH_3CH(OH)COOH = 218{,}22.$$

(Laktolin A[1]) = saures, milchsaures Natron, Laktolin B[1]) = saures, milchsaures Ammonium.) Das gewöhnliche Laktolin des Handels stellt eine Mischung von milchsaurem Kali und freier Milchsäure dar. Es

---

[1]) Fabrikationsmarken der Firma C. H. Boehringer Sohn, Nieder-Ingelheim a. Rh.

kommt als bräunlichgelbe, dicke Flüssigkeit mit einem Gehalt von 50 Gew. % in den Handel und wird von C. H. Boehringer Sohn neben zwei anderen Marken, Laktolin A und Laktolin B, welche das entsprechende Natrium- bzw. Ammoniumsalz repräsentieren, hergestellt.

Die im Laktolin vorkommenden Verunreinigungen sind die nämlichen wie in der technischen Milchsäure, die Prüfung erfolgt demgemäß nach den unter Milchsäure dargelegten Methoden.

Gehaltsbestimmung. a) Basizität. Die Basizität des Laktolins wird durch Titration mit n. Alkali (Phenolphthalein) ermittelt. Hierbei wird lediglich die freie Milchsäure titriert. Zur Feststellung eines Milchsäureanhydridgehaltes wird, wie bei Milchsäure, mit überschüssigem Alkali aufgekocht und der Überschuß mit Säure zurücktitriert.

$$1 \text{ ccm n. Alkali} = 0,09 \text{ g Milchsäure.}$$

Etwa vorhandene andere freie Säuren werden hierbei mitbestimmt. Ein Schluß aus dem Gehalt an freier Milchsäure auf denjenigen an milchsaurem Salz kann nicht gezogen werden, da nicht immer auf ein Molekül Milchsäure ein Molekül Alkalilaktat zugegen zu sein braucht. So gibt A. Ganswindt[1]) beispielsweise das Verhältnis von 43,57% Gesamtmilchsäure und 14,62% Kali an. Die Basizität eines Produktes kann also nur auf Grund der azidimetrischen Titration (bei Abwesenheit anderer freier Säuren) in Verbindung mit einer Gesamtmilchsäurebestimmung ermittelt werden.

b) Gesamtmilchsäure. Die Gesamtmilchsäure wird mangels besserer und einfacherer Methoden nach der Methode von Ulzer und Seidel festgestellt (s. u. Milchsäure).

c) Basen. Die Basen (Kalium, Natrium, Ammonium) werden nach den unter den entsprechenden Salzen besprochenen Methoden ermittelt.

Technische Prüfung des Wirkungswertes. Neben der analytischen Prüfung des Laktolins wird man zweckmäßig eine technische Wertbestimmung ausführen und sich hierbei genau den Anwendungsbedingungen der Technik anpassen (s. u. Chromkali).

Weinstein, Kaliumbitartrat, saures weinsaures Kali, Cremor Tartari. $C_2H_2(OH)_2COOH\ COOK = 188,16$; L. k. W. = 0,5 : 100; L. h. W. = 5 : 100. Der Weinstein kommt in sehr verschiedenen Reinheitsgraden in den Handel; als roher Weinstein, als „Halbkristall" und als raffinierte Ware. Die Untersuchungsmethoden haben sich zum Teil nach der Reinheit und der Färbung des Salzes zu richten. Der rohe Weinstein kommt meist in Form von grau bis rötlichgrau gefärbten, kristallinischen Krusten, als Pulver oder auch als sogenannte Halbkristalle in den Handel. Der in beschränktem Maße in Färbereien gebrauchte, gereinigte oder raffinierte Weinstein ist farblos und bildet harte Kristalle oder ein Pulver (gemahlener Weinstein). Für die Beurteilung des Weinsteins ist der Bitartratgehalt und der Gesamtweinsteinsäuregehalt wichtig.

Als Verunreinigung kommt überschüssiges Wasser (Trocknen bei 100°), Kalk, Tonerde, Eisen und Phosphorsäure vor. Man verascht,

---

[1]) Einführung in die moderne Färberei, S. 108.

löst die Asche in Salzsäure und prüft in bekannter Weise mit Ammoniak, oxalsaurem Ammonium und Molybdänsäurelösung.

Bitartratbestimmung. a) **Direkte Titration.** Reiner Weinstein kann direkt mit n. Alkali (Phenolphthalein) titriert werden.

1 ccm n. Alkali = 0,18816 g Kaliumbitartrat.

Niedere und mittlere Qualitäten liefern nach dieser Methode nur annähernde Resultate, eventuell muß mit Lackmuspapier getüpfelt werden. Etwaige Verfälschungen und Verunreinigungen durch saure Salze z. B. Alaun, Oxalsäure, Bisulfat u. a. werden hierbei mitgemessen.

b) **Oulmansche Methode.** Man bringt 3,76 g des feingepulverten Weinsteins in eine Literflasche, fügt 750 ccm Wasser hinzu, erhitzt zum Sieden und kocht höchstens 5 Minuten. Dann füllt man auf 1 l auf, filtriert und dampft 250 ccm zur Trockne. Der noch heiße Rückstand wird mit 5 ccm Wasser angefeuchtet und nach dem Erkalten mit 100 ccm Alkohol (95%ig) gründlich verrührt. Nach $^1/_2$ Stunde dekantiert man den Alkohol durch ein trockenes Filter und löst nach völligem Abtropfen des Alkohols den etwa auf das Filter gekommenen Weinstein durch siedendes Wasser in die Schale zum Hauptquantum des Weinsteins zurück, bringt das Volumen der Flüssigkeit auf etwa 100 ccm und titriert mit $^1/_5$ n. Alkali. Zu der Zahl der verbrauchten Kubikzentimeter addiert man als Korrektur 0,2 ccm.

1 ccm $^1/_5$ n. Alkali = 0,03763 g Weinstein.

Gesamtweinsäurebestimmung. Goldenbergsche Salzsäuremethode[1]). 6 g Weinstein werden mit 9 ccm Salzsäure (spezifisches Gewicht 1,1) angerührt und eine Stunde stehen gelassen; dann verdünnt man mit 9 ccm Wasser, läßt wieder unter zeitweiligem Umrühren eine Stunde stehen und füllt auf 100 ccm. 50 ccm des Filtrates werden mit 18 ccm Pottaschelösung (enthaltend 3,6 g K_2CO_3) 10 Minuten gekocht, auf 10—20 ccm eingedampft und mit 5 ccm Eisessig $^1/_4$ Stunde auf dem Wasserbade erwärmt. Der gebildete Weinstein wird durch Einrühren von 100 ccm 95%igem Alkohol gefällt, mit 90%igem Alkohol mehrmals gewaschen, in siedendem Wasser gelöst und mit Natronlauge und Phenolphthalein titriert. In den sogenannten Ersatzprodukten des Weinsteins (Redarin, Tartarin, Wollsalz, Veradin, Krematin usw.) werden nach diesem Verfahren Zusätze von geringerem Werte wie Oxalsäure, Weinsteinpräparat, Bittersalz, Glaubersalz u. a. nicht mitbestimmt.

Kaliumsulfit, K_2SO_3. S. das Natriumsalz.

Kaliumpyrosulfit (Metasulfit) $K_2S_2O_5$.

Kaliumhypochlorit, KOCl. S. Eau de Javelle (das Natriumsalz).

Kaliumbioxalat, $C_2O_4HK + H_2O$.

Überbleisaures Kali wird durch Lösen von Bleisuperoxyd in kochender Kalilauge erhalten und kann zur Erzeugung des Bonnetschen Bleibisters auf Baumwolle verwendet werden. Durch überschüssiges Wasser wird Bleisuperoxyd auf der Faser fixiert.

---

[1]) Ztschr. f. angew. Chem. 1908, 1507.

Magnesiumverbindungen.

Bestimmung der Magnesia.

a) **Als Pyrophosphat.** Nach B. Schmitz[1]) versetzt man die saure, ammonsalzhaltige Magnesiumsalzlösung, die außer Alkalimetallen keine anderen Metalle enthält, mit überschüssigem Alkaliphosphat, erhitzt zum Sieden und gibt zu der heißen Lösung sofort $1/_3$ ihres Vol. 10%iges Ammoniak zu, läßt erkalten, filtriert nach einigem Stehen, wäscht mit $2^1/_2$%igem Ammoniak, trocknet, glüht und wägt als $Mg_2P_2O_7$ (s. a. u. Natronphosphat).

Nach der Methode von Gibbs erhält man ebenso genaue Resultate: Die neutrale Magnesiumsalzlösung wird bei Siedehitze mit einer n. Lösung von Natriumammoniumphosphat

$$(NaNH_4HPO_4 + 4\,H_2O)$$

versetzt, bis keine weitere Fällung mehr entsteht. Man läßt erkalten und fügt unter Umrühren $1/_3$ des Volumens 10%iges Ammoniak hinzu. Nach 2—3 Stunden wird dekantiert, filtriert, wie oben gewaschen, getrocknet, geglüht und als $Mg_2P_2O_7$ gewogen.

$$1\ g\ Mg_2P_2O_7 = 0{,}3627\ g\ MgO.$$

b) **Als Magnesiumammoniumphosphat.** Nach Winkler[2]) werden in 100 ccm, die höchstens 0,5 g Magnesium enthalten, 3 g Ammoniumchlorid gelöst und die Lösung bis zu eben beginnendem Sieden erhitzt. Das Becherglas wird von der Flamme abgenommen und mit 10 ccm 10%igem Ammoniak versetzt, dann werden bei 80—90° unter fortwährendem Umschwenken in dünnem Strahle 10 ccm 10%ige Dinatriumphosphatlösung einfließen gelassen. Der anfänglich amorphe Niederschlag beginnt bereits nach 10 Minuten kristallinisch zu werden. Nach 24 Stunden wird im Kelchtrichter über einem Wattebausch filtriert, mit 50 ccm 1%igem Ammoniak gewaschen, gut abgesaugt, mit 10 ccm Methylalkohol nachgewaschen, trocken gesaugt und im Exsikkator mit Chlorkalzium getrocknet. Nach weiteren 24 Stunden ist das Gewicht konstant und wird im Wägegläschen festgestellt. (Die sonst üblichen großen MengenAmmoniak sind nach Winkler überflüssig und belästigend. Das Trocknen bei 100° verursacht bei Verwendung des Wattebausches Verluste von einigen Milligrammen.) Nach diesem Verfahren wird das Magnesium als Magnesiumammoniumphosphat bestimmt, das genau der Formel $Mg(NH_4)PO_4 \cdot 6\,H_2O$ entspricht.

c) **Kolorimetrische Bestimmung**[3]) kleiner Mengen. Die Magnesia wird wie oben als Magnesiumammoniumphosphat gefällt, dieses in Salpetersäure gelöst und die in dem Niederschlag enthaltene Phosphorsäure kolorimetrisch durch Fällen mit Ammoniummolybdat bestimmt. Die störende Wirkung der Kalksalze wird dadurch beseitigt, daß die zu untersuchende Lösung vor der Fällung mit Phosphat mit einigen Tropfen Ammoniumoxalatlösung versetzt wird.

[1]) Treadwell, II.   [2]) Ztschr. f. angew. Chem. 1918, 211.
[3]) Schreiner und Ferris, Ztschr. f. angew. Chem. 1905, 903.

Magnesiumoxyd, gebrannte Magnesia. $MgO = 40{,}32$. Es bildet ein weißes, amorphes Pulver, das zur Herstellung von Magnesiumsalzen und zum Abstumpfen von Säuren bei Vermeidung. einer alkalischen Lösung dient.

Chlormagnesium, Magnesiumchlorid. $MgCl_2 + 6\,H_2O = 203{,}34$; L. k. W. $= 166 : 100$; L. h. W. $= 333 : 100$. Zerfließliche, farblose Kristalle (oder Kristallmasse), welche meist noch kleine Anteile von Bittersalz, Glaubersalz, Kochsalz und Chlorkalium enthalten. Durch Behandeln mit absolutem Alkohol, in dem Chlormagnesium löslich ist, können die Verunreinigungen leicht getrennt und bestimmt werden. Das Salz sei möglichst klar löslich und von neutraler Reaktion.

Chlormagnesium dient u. a. als Appreturzusatz (bis zu 100 g auf 1 kg Appreturmasse). Pflanzenfasern, insbesondere Baumwollwaren, die hinterher höheren Temperaturen ausgesetzt werden (Kalandern, Bügeln Formen usw.) leiden durch die sich aus dem Chlormagnesium abspaltende Salzsäure mehr oder weniger, je nach der Menge des Chlormagnesiums, der Höhe und der Dauer der Erhitzung. Diese Faserschädigung geht vielfach bis zur völligen Vermorschung. Die Gefahrengrenze liegt nach Ristenpart bei 106°; bei 120° tritt sehr schnell Faserzerstörung ein[1]).

Schwefelsaure Magnesia, Magnesiumsulfat, Bittersalz. $MgSO_4 + 7\,H_2O = 246{,}5$; L. k. W. $= 26 : 100$; L. h. W. $= 71{,}5 : 100$. Farblose Kristalle, die vielfach durch Chloride und Alkalisulfat verunreinigt sind.

Salpetersaure Magnesia, Magnesiumnitrat. $Mg(NO_3)_2 = 148{,}34$. Meist durch Sättigen verdünnter Salpetersäure mit kohlensaurer Magnesia vom Verbraucher selbst hergestellt. Zum Schluß wird noch etwas gebrannte Magnesia zugesetzt, gelinde erwärmt, absitzen gelassen und auf 15° Bé gestellt.

Kohlensaure Magnesia, Magnesiumkarbonat. $MgCO_2 = 84{,}32$; wasserunlöslich. Leichtes, schaumiges Pulver, das nur in geringem Maße gebraucht wird.

Magnesiumhypochlorit, unterchlorigsaure Magnesia, Ramsays Bleichflüssigkeit, Grouvelles Bleichflüssigkeit. $MgOCl_2 = 111{,}24$. Die Lösung wird durch Wechselwirkung von Chlorkalk und Bittersalz gewonnen und ist eine dem Chlorkalk analoge Verbindung. Sein Wirkungswert wird wie bei Chlorkalk oder Alkalihypochloriten bestimmt. Neuerdings wird von E. Merck, Darmstadt, unter der Bezeichnung „Magnocid" ein im wesentlichen aus basischem Magnesiumhypochlorit bestehendes, pulverförmiges Produkt hergestellt, das etwa 40% aktives Chlor enthält, sehr gut haltbar und schwer wasserlöslich ist. Seine Verwendung ist besonders für sehr milde und schonende Bleiche geeignet.

Essigsaure Magnesia, Magnesiumazetat. $Mg(CH_3 \cdot COO)_2 = 142{,}4$; $Mg(CH_3 \cdot COO)_2 + 4\,H_2O = 214{,}46$. Das Salz wird durch Sättigen von Essigsäure mit kohlensaurer Magnesia erhalten und dient ähnlichen Zwecken wie essigsaurer Kalk. H. Koechlin benutzt diese Verbindung

---

[1]) Ristenpart, Ztschr. f. angew. Chem. 1912, 289; s. a. Lummerzheim, Leipz. Monatsschr. f. Textilind. 1921, S. 51 u. ff. Nrn.

im Zeugdruck in Kombination mit essigsaurer Tonerde und essigsaurem Chrom als „Doppelbeize“ oder „gemischte Beize“.

Magnesiumperborat. Die dem Natriumperborat entsprechende Magnesiaverbindung, Enka V des Handels. Enthält 10—11% aktiv. Sauerstoff. Die Untersuchung erfolgt wie beim Natriumsalz. Die Zersetzungstemperatur liegt höher (über 50°) als bei letzterem.

Kalziumverbindungen.

Bestimmung des Kalks.

a) **Gravimetrisch als Kalk, CaO.** Die neutrale oder schwach ammoniakalische Lösung, welche außer Alkalien keine anderen Metalle enthalten darf, wird mit Chlorammonium versetzt, zum Sieden erhitzt und mit einer siedenden Lösung von Ammonoxalat gefällt. Nach 4 bis 12stündigem Stehen dekantiert man dreimal mit warmem, ammonoxalthaltendem Wasser, filtriert und wäscht mit heißem, ammonoxalathaltigem Wasser bis zum Verschwinden der Chlorreaktion im Filtrate. Das so erhaltene Kalziumoxalat wird getrocknet und im Platintiegel vorsichtig verbrannt, dann bei bedecktem Tiegel kräftig, zuletzt 20 Minuten vor dem Gebläse bis zum konstanten Gewicht geglüht und als CaO gewogen.

b) **Gravimetrisch als Kalziumoxalat, $CaC_2O_4 \cdot H_2O$.** Winkler[1]) gibt der unmittelbaren Bestimmung des Kalkes als Oxalat in bestimmten Fällen den Vorzug, z. B. bei Gegenwart von Sulfaten. In diesem Falle soll sich zum Teil Gips bilden, der wegen des fast gleichen Molekulargewichtes wie Kalkoxalat bei dieser Bestimmung keinen Fehler verursacht, wohl aber bei der Überführung des Oxalates in Kalk, wobei der Gips unverändert bleibt und das Endgewicht erhöht. 100 ccm der neutralen Lösung (eventuell gegen Methylorange zu neutralisieren), die höchstens 0,1 g Kalzium enthalten soll, werden mit 3 g Chlorammonium und 10 ccm n. Essigsäure versetzt, zum Aufkochen erhitzt, mit 20 ccm 2,5%iger Ammoniumoxalatlösung tropfenweise versetzt und weitere 5 Minuten in gelindem Sieden erhalten. Der Niederschlag fällt bei dieser Arbeitsweise körnig aus. Bei genauen Untersuchungen, besonders bei kleinen Kalkmengen, läßt man über Nacht stehen, sonst genügen einige Stunden. Der Niederschlag wird auf einem Wattebausch, Papierfilter oder im Goochtiegel gesammelt, mit 50 ccm kaltem Wasser ausgewaschen, bei 100° bis zur Konstanz getrocknet und als Kalkoxalat, $CaC_2O_4 \cdot H_2O$ gewogen. — Zur Kontrolle kann dieser Niederschlag nach a) geglüht, nach c) titriert werden usw.

c) **Alkalimetrisch.** Der nach a) erhaltene Kalk wird in Wasser gelöst und mit $^1/_{10}$ n. Salzsäure (Phenolphthalein) titriert.

$$1 \text{ ccm n. Salzsäure} = 0{,}028035 \text{ g CaO.}$$

d) **Oxydimetrisch.** Man fällt das Kalzium nach a) als Oxalat, filtriert, wäscht mit heißem Wasser vollständig aus, spült den noch

---

[1]) Ztschr. f. angew. Chem. 1918. 187.

feuchten Niederschlag mit Wasser in ein Becherglas, läßt mehrmals verdünnte warme Schwefelsäure durch das Filter laufen, um alles Kalziumoxalat sicher zu zersetzen, fügt noch 20 ccm Schwefelsäure (1 : 1) zu der trüben Lösung, verdünnt auf etwa 300—400 ccm mit heißem Wasser und titriert mit $^1/_{10}$ n. Chamäleonlösung bei 60—70°.

1 ccm $^1/_{10}$ n. Chamäleonlösung = 0,0020035 g Ca = 0,0028035 g CaO.

e) **Differenztitrationsmethode.** 0,25—0,5 g Substanz werden in einem $^1/_4$ l-Meßkolben mit genau gemessener, titrierter Ammonoxalatlösung (z. B. 50 ccm einer Lösung von 25 g zu 1 l, gegen Permanganat eingestellt) im Überschuß wie oben gefällt, auf Marke aufgefüllt und in einem aliquoten Teil des klaren Filtrates (etwa 100 ccm, entsprechend 0,1—0,2 g Substanz) die überschüssige Oxalsäure nach Zusatz von Schwefelsäure bei 60—70° mit Chamäleonlösung zurücktitriert. Aus dem Überschuß der Oxalsäure wird der Verbrauch (reduziert auf das Gesamtquantum) und hieraus der Kalkgehalt berechnet.

1 ccm $^1/_{10}$ n. Chamäleonlösung = 0,0028 g CaO.

Großfeld[1]) hat beobachtet, daß feinporiges Kieselgurfiltrierpapier (Lieferanten: **Macherey, Nagel & Co.,** Düren) auch kaltgefälltes Kalziumoxalat, das durch andere Papiere trübe durchläuft, unter Bildung eines ganz klaren Filtrates zurückhält. Hierauf gründet er ein Verfahren, indem er den Kalk als Kalziumoxalat mit einer bekannten Menge Ammoniumoxalat kalt fällt und den Überschuß des Oxalates nach dem Filtrieren durch ein Filter aus Kieselgurfiltrierpapier, wie oben beschrieben, mit Permanganatlösung zurückmißt.

Trennung der Magnesia vom Kalk. Bei der gewöhnlichen Kalkfällung als Oxalat wird etwa anwesende Magnesia meist in beträchtlichen Mengen okkludiert und muß durch wiederholtes Lösen und Wiederfällen entfernt werden. Nach folgender Vorschrift **Treadwells**[2]) wird der Kalk rein gefällt und enthält höchstens 0,1—0,2% Magnesia, welcher Betrag durch ein Manko an Kalk, der bei der Magnesia gefunden wird, gerade kompensiert wird. Man verdünnt die Lösung mit heißem Wasser so, daß das Magnesium in einer Konzentration von höchstens $^1/_{50}$ n. vorhanden ist und fügt eine reichliche Menge Ammonchlorid zu. Zu dieser Lösung gießt man eine hinreichende Menge kochender Oxalsäurelösung, die mit der 3—4fach äquivalenten Menge Salzsäure versetzt ist. Zu der kochenden mit etwas Methylorange gefärbten Lösung setzt man unter Rühren allmählich — innerhalb $^1/_2$ Stunde — sehr verdünntes Ammoniak bis zur Gelbfärbung zu. Alsdann wird ein großer Überschuß an heißer Ammonoxalatlösung hinzugegeben, 4 Stunden stehen gelassen, filtriert und mit warmer 1%iger Ammonoxalatlösung gewaschen, bis das Filtrat nach dem Ansäuern mit Salpetersäure keine Chlorreaktion zeigt. Schließlich wird wie bei a) weiter verfahren.

Ätzkalk, gebrannter Kalk, ungelöschter Kalk, Kalk. CaO = 56,07; L. k. W. = 1 : 778; L. h. W. = 1 : 1270. **Gelöschter, abgelöschter Kalk.** Ca(OH)$_2$ = 74,16. Ein gut gebrannter Kalk bildet harte, staubig trockene, graulich oder gelblich weiße Stücke, welche in der Hauptsache

---

₁) Chem.-Ztg. 1917, 842.   ₂) Treadwell.

aus Ätzkalk bestehen, aber je nach dem Ursprung des zum Brennen verwendeten Kalksteines mit wechselnden Mengen Magnesia, Tonerde und Eisenoxyd verunreinigt sind. Beim Liegen an feuchter Luft wird er allmählich bröcklig und zerfällt zu einem weißen Pulver, welches zum Teil aus Kalkhydrat, zum Teil aus kohlensaurem Kalk besteht. Beim Übergießen mit wenig Wasser erhitzt er sich erheblich und zerfällt unter Ausstoßung reichlicher Wasserdämpfe und Verbreitung eines laugenartigen Geruches unter Wasseraufnahme zu Kalkhydrat oder gelöschtem Kalk; bei weiterem Wasserzusatz bildet der Kalk einen zarten, weißen Brei, den Kalkbrei, und, weiter verdünnt, die sogenannte Kalkmilch. Der in Wasser klar gelöste Kalk liefert das sogenannte Kalkwasser, welches bei einem Gehalte von etwa 1,28 g CaO in 1 l gesättigtes Kalkwasser darstellt. Charakteristisch für den Kalk ist, daß er sich in heißem Wasser viel schwerer löst als in kaltem.

Von einem guten Kalk wird verlangt, daß er beim Löschen ein feines Pulver ergibt und sich weich anfühlt, daß er ferner beim Anrühren mit wenig Wasser einen zähen und glatten, schlüpfrigen Brei liefert, d. h. daß er „fett" ist. Im anderen Falle nennt man den Kalk „mager", was auf größeren Gehalt an Magnesia und Tonerde hinweist. Er darf vor allen Dingen nicht beträchtliche Mengen Steine enthalten, die nicht nur völlig wertlos, sondern meist äußerst störend sind. Der Kalk muß sich ferner in Salpetersäure bis auf einen geringen Rückstand klar lösen und zwar ohne oder fast ohne Aufbrausen.

Die Probenahme eines Kalkes ist meist recht schwierig, da er keine homogene Masse darstellt. Deshalb muß ein möglichst großer Posten für das Durchschnittsmuster herangezogen werden.

Bestimmung des freien Ätzkalks. Man wägt 100 g des gut gezogenen Durchschnittsmusters ab, löscht sorgfältig, bringt den Brei in einen Halbliterkolben, füllt mit kohlensäurefreiem Wasser zur Marke auf und pipettiert unter Umschütteln 100 ccm heraus, läßt diese in einen Halbliterkolben fließen, füllt auf und nimmt von dem gut gemischten Inhalt 25 ccm (= 1 g Substanz) zur Untersuchung. Man setzt Phenolphthalein zu und titriert mit n. Salzsäure, bis die Rosafärbung verschwunden ist. Dieses tritt ein, wenn aller freie Kalk gesättigt, aber $CaCO_3$ noch nicht angegriffen ist. Sehr genaue Resultate werden nur erhalten, wenn die Entnahme der Lösungen aus dem Meßkolben unter gutem Umschütteln stattfindet.

$$1 \text{ ccm n. Salzsäure} = 0,028035 \text{ g CaO}.$$

Nach einem anderen Verfahren[1]) wird freier Kalk in Ätzkalk und Kalklaugen ermittelt, indem zuerst etwa vorhandenes Ammoniak durch Kochen vertrieben und dann ein bestimmtes Quantum des Kalkes oder der Lauge mit überschüssigem Chlorammonium in eine Säurevorlage destilliert wird, wobei die dem freien Ätzkalk entsprechende Menge Ammoniak frei wird, in die Vorlage übergeht und titrimetrisch bestimmt wird (s. a. Ammoniakbestimmung).

---

[1]) Ztschr. f. angew. Chem. 1908, 2080.

Bestimmung der Kohlensäure. Man bestimmt CaO und $CaCO_3$ zusammen durch Auflösen in überschüssiger n. Salzsäure und Zurücktitrieren des Überschusses mit n. Alkali und Methylorange. Nach Abzug des vorher gefundenen CaO-Gehaltes erhält man die Menge des $CaCO_3$.

Bestimmung des Wassers in gelöschtem Kalk. Man wägt aus einem verschlossenen Wägeröhrchen etwa 1 g ab und erhitzt im Platintiegel allmählich, zuletzt bis zur starken Rotglut, läßt im Exsikkator erkalten und wägt zurück. Der Gewichtsverlust = Wasser + Kohlensäure.

Gehalte von Kalkmilch nach Blattner.

Grad Baumé	CaO im 1 g	Grad Baumé	CaO im 1 g	Grad Baumé	CaO im 1 g
1	7,5	11	104	21	218
2	16,5	12	115	22	229
3	26	13	126	23	242
4	36	14	137	24	255
5	46	15	148	25	268
6	56	16	159	26	281
7	65	17	170	27	295
8	75	18	181	28	309
9	84	19	193	29	324
10	94	20	206	30	339

Kohlensaurer Kalk, Kalziumkarbonat, Kreide, Schlämmkreide. $CaCO_3 = 100,07$; L. k. W. = 1 : 10600; L. h. W. = 1 : 8834. Kommt meist in geschlämmtem Zustande als weiches, in Wasser fast unlösliches, sehr fein verteiltes Pulver auf den Markt, welches fast ganz aus kohlensaurem Kalk mit geringem Gehalt an kohlensaurer Magnesia besteht. Die Kreide darf keine harten, steinigen Stücke enthalten und muß in Salzsäure und Essigsäure ohne Rückstand löslich sein. Für manche Verwendungsarten kommt ein etwaiger Eisengehalt in Betracht. Bei einer vollständigen Analyse kann noch das Unlösliche (in Salzsäure), das organische Unlösliche und der Magnesiagehalt bestimmt werden.

Gehaltsbestimmung. Wie beim Ätzkalk der Karbonatgehalt. Man löst 1 g in 25 ccm n. Salzsäure und titriert den Überschuß mit n. Alkali zurück.

1 ccm verbrauchte n. Salzsäure = 0,028035 g CaO = 0,050035 g $CaCO_3$.

Kalziumsulfat, schwefelsaurer Kalk, Gips. $CaSO_4 + 2 H_2O = 172,16$; L. k. W. = 1 : 490; L. h. W. = 1 : 460. Ist mitunter mit Karbonat (Aufbrausen mit Säure), Alkalisulfat und Chlorid verunreinigt. Es kommt als geschlämmtes, höchst feines, weißes Pulver in den Handel. Das wasserfreie Salz wird auch „Anhydrid" genannt.

Kalziumbisulfit. $Ca(HSO_3)_2$. Aus Kalziumbisulfit bzw. der „Sulfitlauge" wird das Lignorosin [K] hergestellt. Letzters dient als Reduktionsmittel beim Chromsud der Wolle (3% Lignorosin, $1\frac{1}{4}$% Chromkali, 1% Schwefelsäure). Für die Beurteilung des Produktes kommt in erster Linie ein technischer Versuch in Frage (s. Chromkali).

Chlorkalk, Bleichkalk. Der Zusammensetzung des technischen Chlorkalks trägt wohl am besten die Formel von Ditz[1]) Rechnung; sie lautet: $CaOCl_2 + CaO \cdot CaOCl_2 \cdot 2 H_2O$. Der wirksame Bestandteil hierbei ist $CaOCl_2$, der aus $Ca(OCl)_2 + CaCl_2$ zusammengesetzt gedacht werden kann; nicht klar löslich. Der technische Chlorkalk ist ein wechselndes Gemenge von unterchlorigsaurem Kalk, Chlorkalzium, Kalziumhydroxyd und Wasser.

Außer dem bekannten technischen Chlorkalk kommt seit einiger Zeit ein reiner unterchlorigsaurer Kalk (Kalziumhypochlorit) seitens der Chemischen Fabrik Griesheim-Elektron unter dem Namen Elektron-Bleichpulver (für Desinfektionszwecke als Caporit) für technische Zwecke in den Handel. Er zeichnet sich insbesondere durch seine trockene pulverige Beschaffenheit, gute Haltbarkeit und Wasserlöslichkeit aus und ist von stets gleichbleibendem Gehalt an aktivem Chlor (z. B. auf 50% aktives Chlor eingestellt). In diesen Beziehungen ist er dem üblichen Chlorkalk erheblich überlegen. Seine Untersuchung ist dieselbe wie diejenige des Chlorkalks.

Grädigkeit des Chlorkalks. Die technische Analyse umfaßt hauptsächlich dessen Gehalt an bleichendem oder aktivem Chlor. Unter diesem bleichenden oder aktiven Chlor ist diejenige Menge Chlor zu verstehen, die beim Ansäuern mit Salzsäure in Freiheit gesetzt wird, entsprechend den folgenden Gleichungen:

$$CaOCl_2 + 2 HCl = CaCl_2 + Cl_2 + H_2O,$$
$$Ca(OCl)_2 + 4 HCl = CaCl_2 + 2 Cl_2 + 2 H_2O,$$
$$NaOCl + 2 HCl = NaCl + Cl_2 + HO_2.$$

Wenn auch Chlorit vorhanden ist, so kommt noch die nach folgender Gleichung entstehende Menge Chlor hinzu:

$$NaClO_2 + 4 HCl = NaCl + 2 Cl_2 + 2 H_2O.$$

Man drückt in England und Amerika allgemein, in Deutschland und anderen Ländern gewöhnlich das bleichende Chlor in Gewichtsprozenten aus. Dagegen sind in Frankreich und teilweise auch in anderen Ländern die Gay-Lussac-Grade gebräuchlich, welche die von 1 kg Chlorkalk erzeugte Anzahl Liter Chlorgas, auf 0° und 760 mm reduziert, angeben. Da 1 l Chlor bei 0° und 760 mm = 3,17763 g wiegt, so ergeben sich durch Multiplikation der französischen Grade mit 0,317763 die Prozente Chlor. Bester Handelschlorkalk enthält etwa 39% wirksames Chlor. Mindere Sorten enthalten häufig 30% und noch weniger.

Gehaltsbestimmung. Bei der Zersetzlichkeit des Chlorkalks muß auf die richtige Entnahme und Aufbewahrung der Proben ganz besonderes Gewicht gelegt werden. Berührung mit der Luft, dem Tageslicht und besonders direktem Sonnenlicht wirken zersetzend ein. Die Proben müssen deshalb in gut verschlossenen Gefäßen an einem kühlen und dunklen Orte aufbewahrt werden. Auch Katalysatoren (Nickel-, Eisen-, Kupfer- und Mangansalze) bewirken den Zerfall des Chlorkalks.

---

[1]) Ztschr. f. angew. Chem. 1902, 749.

Von gasometrischen Bestimmungen abgesehen, sind folgende die wichtigsten:

a) Die Gay-Lussac-Methode ist die älteste und heute noch in Frankreich herrschende Methode, dagegen ist sie in allen übrigen Ländern als ungenau verlassen. Sie beruht auf der Behandlung des Chlorkalks mit salzsaurer Lösung von arseniger Säure (Auflösen von 4,409 g As_2O_3 in Salzsäure und Wasser zu 1 l, Indigolösung als Indikator). 10 ccm der Arsenlösung werden mit Indigolösung versetzt und nun von der durch Verreiben von 10 g Chlorkalk mit Wasser auf 1 l dargestellten Lösung solange zugesetzt, bis die blaue Farbe verschwunden ist. 0,04409 g As_2O_3 (= 10 ccm obiger Lösung) entsprechen gerade 10 ccm Chlorgas von 0° und 760 mm Druck. Die Methode ist ungenau ,weil 1. die arsenige Säure in verdünnten Lösungen nicht mehr wirkt und 2. beim Auslaufen des Chlorkalkbreies aus der Bürette nie vollkommen gleichförmige Verteilung erreicht werden kann.

b) Bunsens jodometrische Methode. 7,1 g Chlorkalk werden zerrieben und auf 1 l aufgefüllt. 50 ccm der Lösung (= 0,355 g Substanz) werden unter Umschütteln mitsamt dem Ungelösten in 1 l Wasser pipettiert und 1 g Jodkalium sowie etwa 10 Tropfen Salzsäure zugegeben. Man rührt einmal vorsichtig um und titriert rasch, ohne zu rühren, mit $^1/_{10}$ n. Thiosulfatlösung, bis die Färbung schwach gelb erscheint. Dann versetzt man mit Stärkelösung und titriert bis zum Verschwinden der Blaufärbung unter Rühren langsam zu Ende. $2 Cl + 2 KJ = 2 KCl + 2 J$; $2 J + 2 Na_2S_2O_3 = Na_2S_4O_6 + 2 NaJ$; 1 ccm $^1/_{10}$ n. Thiosulfatlösung = 0,00355 g bleichendes Chlor oder bei der obigen angewandten Menge: je 1 ccm $^1/_{10}$ n. Thiosulfat = 1% bleichendes Chlor. Bei sorgfältiger Ausführung gibt diese Methode gute Resultate, aber auch keine besseren als das Penotsche Verfahren (s. w. u.).

c) Pontius' Methode[1]). Pontius empfiehlt seine Methode besonders zur schnellen Orientierung; sie ist auch von anderer Seite nachgeprüft und als recht zuverlässig befunden worden. Man löst 7,1 g Chlorkalk wie gewöhnlich zu 1 l Wasser, nimmt 50 ccm (= 0,355 g Substanz) unter Umschütteln heraus, löst darin 3 g festes Natriumbikarbonat, fügt 1—2 ccm Stärkelösung hinzu und titriert sofort (bevor die freiwerdende unterchlorige Säure auf die Stärke einwirken kann) unter gutem Umrühren mit $^1/_{10}$ n. Jodkaliumlösung, bis die rotbraune, später blaue Farbe nicht mehr verschwindet, sondern eine bleibende, hellblaue Färbung entsteht. Die Reaktion beruht auf der Umsetzung der unterchlorigen Säure mit $NaHCO_3$ und KJ in Kaliumjodat:

$$3 CaOCl_2 (= 6 Cl) + 6 NaHCO_3 + KJ = KJO_3 + 3 CaCO_3 + 6 NaCl + 3 CO_2 + 3 H_2O.$$

Auf 1 Atom bleichendes Chlor braucht man also $^1/_6$ Molekül KJ = 27,67 g. Auf 1 l $^1/_{10}$ n. Jodkaliumlösung werden demnach 2,767 g Jodkalium gelöst. Jedes Kubikzentimeter dieser Lösung zeigt dann 0,00355 g bleichendes Chlor an. Die Jodkaliumlösung wird zweckmäßig gegen einen Chlorkalk von bekanntem Gehalt eingestellt.

---

[1]) Chem.-Ztg. 1904, 59.

Pontius empfiehlt seine Methode auch zur Analyse von Bleich-flüssigkeiten (Alkalihypochloriten). Da nur die freie, unterchlorige Säure quantitativ reagiert, wird das Salz durch Borsäure freigemacht.

d) Penotsche Methode. Die für genaue Bestimmungen gebräuch-lichste Methode ist diejenige von Penot, welcher von Lunge[1]) folgende Form gegeben worden ist. Darstellung der Natriumarsenitlösung: Man wägt 4,950 g reine arsenige Säure (Handelsware ist zu prüfen: gelb-liches Sublimat rührt von As_2S_3 her, soll vollständig flüchtig sein, über Schwefelsäure im Exsikkator getrocknet) genau ab, kocht mit etwa 10 g Natriumbikarbonat und etwa 200 ccm Wasser bis zur völligen Auflösung, setzt noch einmal 10 g Bikarbonat zu und verdünnt nach dem Erkalten auf 1 l. Diese $^1/_{10}$ n. Lösung ist haltbar; 1 ccm derselben entspricht 0,003546 g bleichendes Chlor oder 0,012692 g Jod.

$$As_2O_3 + 4\,Cl + 5\,H_2O = 4\,HCl + 2\,H_3AsO_4.$$

Man wägt 7,1 g des gut gemischten Chlorkalkmusters ab, zerreibt im Porzellanmörser mit wenig Wasser zu einem gleichmäßigen Brei, verdünnt weiter, spült in einen Literkolben und füllt bis zur Marke auf 1 l. 50 ccm des Kolbeninhaltes werden unter Umschütteln heraus-pipettiert (= 0,355 g Chlorkalk) und unter fortwährendem Umschwenken mit obiger Arsenitlösung titriert, bis man nicht mehr weit vom Ende entfernt ist. Dann bringt man ein Tröpfchen des Gemisches auf ein Stück Filtrierpapier, das mit einer jodkaliumhaltigen Stärke-lösung angefeuchtet ist. Je nach Tiefe der blauen Farbe (bei großem Chlorüberschuß wird der Fleck braun) setzt man wieder mehr oder weniger Arsenlösung zu und wiederholt das Tüpfeln, bis das Reagenz-papier nur noch kaum merklich oder gar nicht gebläut wird.

1 ccm $^1/_{10}$ n. Arsenitlösung = 0,003546 g = 1 % bleichendes Chlor.

Man kann auch einen Überschuß an Arsenlösung zugeben und mit $^1/_{10}$ n. Jodlösung zurücktitrieren, was jedoch keinen Vorteil bietet und nur bei Übertitrationen Zweck hat. Bei der Rücktitration wird, wie gewöhnlich, Stärkelösung zugegeben und auf Blaufärbung titriert.

Verunreinigungen des Chlorkalks. Außer dem wirksamen Kalziumhypochlorit enthält die Handelsware vorzugsweise schwankende Mengen von Chloridchlor, Kohlensäure, freiem Ätzkalk und Wasser. Ditz[2]) fand z. B. in einem guten technischen Chlorkalk: 40,4 % blei-chendes Chlor; 4,9 % „freies" CaO; 4,45 % $CaCO_3$; 0,35 % $CaCl_2$ und 17,56 % H_2O.

Bleichbäder (s. a. u. Bleichflüssigkeiten S. 120). Für die lau-fende Kontrolle von Bleichbädern (auch Alkalihypochloriten) be-nutzt man in Betrieben außer den bereits mitgeteilten Untersuchungs-methoden (s. unter Chlorkalk und unter Bleichflüssigkeiten, S. 149) bisweilen auch Indigolösungen. Etwa 15 g Indigokarmin-Teig werden mit 10 g Schwefelsäure zu 1 l gelöst und empirisch gegen eine Chlorkalklösung von bekanntem Gehalt eingestellt, indem 10 ccm der Indigolösung mit der Chlorkalklösung titriert werden, bis die Farbe von Blau nach Gelb-

---

1) Lunge-Berl.
2) Ztschr. f. angew. Chem. 1901, 3, 25, 49, 105; 1905, 1690 usw.

braun umschlägt. Entsprechend werden 10 ccm Indigolösung mit den
zu prüfenden Bleichlösungen abtitriert.

Aräometrische Messungen, die in der Praxis zur Beurteilung von
Chlorkalkbädern vielfach üblich sind, können unter Umständen sehr un-
zuverlässig sein, da alte, bereits zersetzte Chlorkalklösungen (ebenso wie
Natriumhypochloritlösungen) noch fast genau das gleiche spezifische
Gewicht haben, wie frische Lösungen, selbst wenn sie beinahe gar kein
wirksames Chlor mehr enthalten. Spindelungen sollten deshalb nur
für annähernde Orientierungen und nur bei frisch zubereiteten Lösungen
vorgenommen werden. Die von Ebert und Nußbaum[1] wiedergegebenen
Werte sind folgende; sie beziehen sich auf frisch hergestellte, wässerige
Lösungen aus gutem Chlorkalk.

Grad Bé	Spez. Gew. (15° C)	g akt. Cl im 1	Grad Bé	Spez. Gew. (15° C)	g akt. Cl im 1
0,0	1,0000	0,0	6,0	1,0434	25,6
0,2	1,0014	0,8	6,2	1,0449	26,5
0,4	1,0028	1,6	6,4	1,0464	27,4
0,6	1,0042	2,4	6,6	1,0479	28,3
0,8	1,0056	3,1	6,8	1,0495	29,3
1,0	1,0070	3,9	7,0	1,0510	30,2
1,2	1,0084	4,7	7,2	1,0525	31,1
1,4	1,0099	5,5	7,4	1,0541	32,1
1,6	1,0113	6,3	7,6	1,0556	33,1
1,8	1,0127	7,2	7,8	1,0571	34,0
2,0	1,0141	8,0	8,0	1,0587	35,0
2,2	1,0155	8,8	8,2	1,0602	36,0
2,4	1,0170	9,6	8,4	1,0618	37,0
2,6	1,0184	10,5	8,6	1,0634	38,0
2,8	1,0198	11,3	8,8	1,0649	39,0
3,0	1,0212	12,2	9,0	1,0665	40,0
3,2	1,0227	13,0	9,2	1,0681	41,1
3,4	1,0241	13,9	9,4	1,0697	42,1
3,6	1,0256	14,8	9,6	1,0713	43,1
3,8	1,0270	15,7	9,8	1,0729	44,2
4,0	1,0285	16,6	10,0	1,0745	45,2
4,2	1,0300	17,5	10,2	1,0761	46,2
4,4	1,0315	18,4	10,4	1,0777	47,3
4,6	1,0329	19,3	10,6	1,0793	48,3
4,8	1,0344	20,2	10,8	1,0809	49,4
5,0	1,0359	21,2	11,0	1,0825	50,5
5,2	1,0374	22,0	11,2	1,0841	51,6
5,4	1,0389	22,9	11,4	1,0858	52,7
5,6	1,0404	23,8	11,6	1,0874	53,7
5,8	1,0419	24,7	11,8	1,0891	54,8

Alkalität (s. a. u. Bleichflüssigkeiten S. 120). Außer dem Gehalt
an wirksamem Chlor ist die Kontrolle der Alkalität der Bleichbäder,
die möglichst gering sein soll, von Wichtigkeit. In 100 ccm des Bleich-
bades wird zuerst das Hypochlorit durch Kochen mit neutraler (bzw.
auf Säuregehalt geprüfter) Wasserstoffsuperoxydlösung zerstört. Hierbei

---

[1] Hypochlorite und elektrische Bleiche.

geht der Prozeß vor sich: $Ca(OCl)_2 + 2 H_2O_2 = CaCl_2 + 2 H_2O + 2 O_2$[1])
Alsdann wird mit n. Schwefelsäure und Phenolphthalein titriert und der
Säuregehalt des Wasserstoffsuperoxyds in Abzug gebracht.

Schwalbe[2]) bestimmt freie Säure in Chlorkalkbädern, indem er
von einer aus äquivalenten Mengen Natriumsulfit und Soda (25,22 g
$Na_2SO_3 + 7 H_2O + 10,6$ g $Na_2CO_3 : 1000$) bestehenden Lösung solange
vorsichtig in die Bleichlauge zutropfen läßt, bis Jodkaliumstärkepapier
nicht mehr gebläut wird. (Ein Überschuß der alkalischen Sulfitlösung
ist zu vermeiden.) Alsdann kann direkt mit Lackmuspapier auf freie
Säure geprüft werden.

Durch Luftkohlensäure wird unterchlorige Säure frei gemacht; die
dabei entstehende Salzsäure macht ihrerseits unterchlorige Säure frei,
so daß durch diesen kontinuierlichen Prozeß das Bleichbad allmählich
in Chlorat und Chlorid umgesetzt wird: $4 HOCl + Ca(OCl)_2 = Ca(ClO_3)_2$
$+ 4 HCl$; $4 HCl + 2 Ca(OCl)_2 = 2 CaCl_2 + 4 HOCl$. Auch beim Erhitzen von Hypochlorit wird letzteres in Chlorat und Chlorid übergeführt:
$3 Ca(OCl)_2 = Ca(ClO_3)_2 + 2 CaCl_2$.

Essigsaurer Kalk, Kalziumazetat. $Ca(C_2H_3O_2)_2 + 2 H_2O = 194,17$;
$Ca(C_2H_3O_2)_2 = 158,14$. Der rohe, essigsaure oder holzessigsaure Kalk,
auch „Graukalk" genannt, kommt als grauweiße Masse in den Handel und
ist mehr oder weniger mit Kalziumkarbonat, empyreumatischen und zersetzten organischen Substanzen verunreinigt. Er war früher das Haupt-
ausgangsprodukt für die Essigsäurefabrikation und dürfte in der Textilindustrie in dieser Form überhaupt nicht Anwendung finden. Der reine,
essigsaure Kalk (eisenfrei) wird, meist vom Verbraucher selbst durch
Lösen von Kreide oder Ätzkalk in Essigsäure bereitet und als Lösung direkt
verwendet. Hierbei sind die Verunreinigungen der Ausgangsprodukte,
soweit sie in Essigsäure löslich sind, im Endprodukt wiederzufinden.

Gehaltsbestimmung. Wertbedingend ist außer der Abwesenheit von Eisen der Gehalt an Essigsäure, welcher am besten nach der
Destillationsmethode (s. u. Essigsäure) bestimmt wird. Die Berechnung
erfolgt entweder auf Essigsäure oder wasserfreies Kalksalz:

1 ccm n. Alkali = 0,06 g Essigsäure = 0,07907 g Kalziumazetat.

Neben Essigsäure werden auf diesem Wege auch etwaige andere
flüchtige Säuren wie Ameisensäure u. ä. mitbestimmt.

Ameisensaurer Kalk kommt fest und als Lösung in den Handel.
Seine Untersuchung erfolgt nach den unter Ameisensäure bzw. Kalk
beschriebenen Methoden.

Milchsaurer Kalk.

Rhodankalzium, $Ca(SCN)_2 + 3 H_2O$. Farbloses, kristallisierbares,
wasserlösliches Salz.

Kalziumsulfoglyzerat.

Bleisaurer Kalk, Kalziumplumbat, Ca_2PbO_4.

Chlorkalzium, $CaCl_2$. Ersatz für Chlormagnesium. Die letztgenannten
sechs Kalksalze werden wenig gebraucht.

---

[1]) Auf dieser Reaktion ist eine gasvolumetrische Bestimmung der Hypochloritlösungen begründet (s. Ztschr. f. angew. Chem. 1918, 311).

[2]) Wochenbl. Papierfabr. 1911, 2145; Chem.-Ztg. Rep. 1911, 307.

Bariumverbindungen.

Bestimmung des Baryts.

Gravimetrisch als Bariumsulfat. Man erhitzt die schwach saure Lösung zum Sieden und fällt mit überschüssiger, siedend heißer verdünnter Schwefelsäure, läßt im Wasserbade stehen, bis sich der Niederschlag abgesetzt hat, gießt die Lösung durch ein Filter und wäscht durch Dekantation viermal mit 50 ccm Wasser, dem man einige Tropfen Schwefelsäure zugesetzt hat, dann bringt man den Niederschlag auf das Filter und wäscht mit reinem, heißem Wasser bis zum Verschwinden der Schwefelsäurereaktion, trocknet den Niederschlag ein wenig, verbrennt naß im Platintiegel, glüht mäßig (nicht vor dem Gebläse) und wägt als $BaSO_4$ (in 344 000 T. Wasser löslich).

$$1 \text{ g } BaSO_4 = 0{,}5885 \text{ g } Ba = 0{,}657 \text{ g } BaO.$$

Chlorbarium, Bariumchlorid. $BaCl_2 + 2 H_2O = 244{,}32$; L. k. W. $= 38{,}4 : 100$; L. h. W. $= 78{,}1 : 100$. Das Salz ist wie alle löslichen Bariumsalze stark giftig.

Schwefelsaures Barium, Bariumsulfat, Schwerspat, Mineralweiß, Blanc fixe. $BaSO_4 = 233{,}43$; in Wasser fast unlöslich $(1 : 344\,000)$. Ist wegen seiner blendenden Weiße, seiner Wasserunlöslichkeit, seiner Unveränderlichkeit gegenüber den Atmosphärilien und seines hohen spezifischen Gewichtes geschätzt.

Rhodanbarium, $Ba(SCN)_2 + 2 H_2O = 289{,}55$, bildet farblose, wasserlösliche Kristalle, welche zur Darstellung von Rhodantonerde und Rhodanchrom Verwendung finden.

Chlorsaurer Baryt, $Ba(ClO_3)_2 + H_2O = 322{,}31$, bildet farblose, in 4 T. Waser lösliche Kristalle. Ersatz für chlorsaures Kali.

Unterchlorigsaurer Baryt, Bariumhypochlorit, $BaOCl_2 = 224{,}3$; an Stelle von Chlorkalk zum Bleichen empfohlen.

Chromsaurer Baryt, Bariumchromat, gelbes Ultramarin, Barytgelb, $BaCrO_4 = 253{,}4$, wird als schöner, gelber Niederschlag durch Fällen von Alkalibichromatlösungen durch neutrale Barytsalzlösungen auf der Faser erzeugt oder als fertiges Pigment angewandt.

Bariumsuperoxyd, $BaO_2 = 169{,}4$, wasserunlöslich. Hauptausgangsmaterial für das Wasserstoffsuperoxyd. Meist stark durch Bariumoxyd verunreinigt. Der Gehalt an BaO_2 wird titrimetrisch wie bei Natriumsuperoxyd bestimmt. 1 ccm $^1/_5$ n. Chamäleonlösung $= 0{,}01694$ g BaO_2. Beste Marken enthalten 90—91 %, mittlere Marken 80—85 % BaO_2.

Die Bariumsalze werden in der Färberei und Appretur nur wenig angewandt.

Aluminium- oder Tonerdeverbindungen.

Bestimmung der Tonerde.

a) Da das Aluminiumhydroxyd in einer löslichen Form (Hydrosol) und einer unlöslichen Form (Hydrogel) existiert, so sind bestimmte Bedingungen für eine quantitative Fällung erforderlich. Die Aluminiumsalzlösung (die keine Phosphorsäure und, außer Tonerde, keine durch Ammoniak fällbaren Substanzen enthalten darf), versetzt man mit viel Salmiak oder Ammoniaknitrat, erhitzt zum Sieden, fügt Ammoniak in geringem Überschuß zu, läßt absitzen, dekantiert dreimal mit heißem Wasser, dem man einen Tropfen Ammoniak und etwas Ammonnitrat zugesetzt hat, filtriert, wäscht mit derselben heißen Waschflüssigkeit, bis das Filtrat chlorfrei ist, saugt mit der Pumpe den Niederschlag möglichst trocken und verbrennt naß im Platintiegel. Zuletzt erhitzt man 10 Minuten vor dem Gebläse und überzeugt sich von der Gewichtskonstanz (= Al_2O_3). Tonerdesulfat, Alaun usw. läßt leicht basisches Aluminiumsulfat mitfallen, das Auswaschen ist beschwerlich und durch Glühen werden die letzten Spuren Schwefelsäure nur sehr schwer entfernt.

b) Letzteren Übelstand vermeidet die Methode von Stock[1]). Die saure Lösung wird bis zur schwach sauren Reaktion mit Natronlauge abgestumpft (etwaige Fällung durch einen Tropfen Säure wieder entfernt), ein Überschuß einer Mischung aus gleichen Teilen etwa 25%iger Jodkaliumlösung und gesättigter Kaliumjodatlösung (etwa 7%iger) zugesetzt, nach 5 Minuten die Lösung durch Natriumthiosulfat entfärbt (eventuell nochmals Kaliumjodid-Kaliumjodatlösung und Thiosulfat zugegeben) und eine halbe Stunde im Wasserbade erwärmt. Der reinweiße Niederschlag setzt sich gut ab, wird durch ein weitporiges Filter fitriert, mit siedendem Wasser gewaschen, naß verbrannt, geglüht und als Al_2O_3 gewogen. Die Anwesenheit von Kalzium, Magnesium und Borsäure wirkt hierbei nicht störend, wohl aber von Phosphorsäure und organischen Substanzen.

c) Eine weitere Vereinfachung ist in der Methode von Schirm[2]) zu erblicken. Nach dieser wird ohne Jodverbindungen wie folgt gearbeitet. Eine Lösung mit 0,1—0,2 g des Metalls wird, wenn nötig, zur Abstumpfung der Säure mit Ammoniak neutralisiert (solange kein Niederschlag entsteht) und auf 250 ccm verdünnt. Man fügt nun kalt oder heiß 20 ccm einer 6%igen bariumfreien Ammoniumnitritlösung hinzu und erhitzt solange zum Sieden, bis der Geruch nach Stickoxyden verschwunden ist. Nach $^1/_4$—$^1/_2$ stündigem Absitzen auf dem Wasserbade wird der feinflockige Niederschlag zunächst durch 1—2 malige Dekantation mit heißem Wasser ausgewaschen, dann fitriert und hier endgültig ausgewaschen, getrocknet, im Rosetiegel samt Filter verbrannt, geglüht und gewogen. Enthält die auf 250 ccm verdünnte Lösung mehr als 1% Ammonsalze, so fügt man nach dem Wegkochen der Stickoxyde tropfenweise Ammoniak bis zum deutlichen Geruch danach zu und verfährt wie vorher. Die Filtrationsfähigkeit und Reinheit des Niederschlages wird dadurch nicht ungünstig beeinflußt.

d) Schoeller und Schrauth[3]) verwenden als Fällungsmittel Anilin. 0,1—0,2 g metallhaltende Lösung wird auf etwa 300 ccm verdünnt, zum Sieden erhitzt und in drei Portionen mit je 1 ccm Anilin versetzt. Die Lösung bleibt nach gutem Durchrühren noch 5 Minuten im Sieden.

---

1) Berl. Ber. 1900. 548; Treadwell, II.   2) Chem.-Ztg. 1909, 877.
3) Chem.-Ztg. 1909, 1237.

Dann ist die vollkommene Hydrolyse beendet, und man kann den fein-körnigen Niederschlag auf dem Wasserbade absitzen lassen. Alsdann wird, wie üblich, nach mehrmaligem Dekantieren filtriert, ausgewaschen, geglüht und als Oxyd gewogen.

Die letzterwähnten Modifikationen b, c und d eignen sich in gleicher Weise für die Sesquioxyde des Aluminiums, Eisens und Chroms. Die Methode d) bietet besondere Vorteile für die Chrombestimmung.

e) Für annähernde Bestimmungen dürfte sich bisweilen die von Kraus[1]) empfohlene Schnellmethode in der Praxis eignen. Neutrale oder sehr schwach saure Tonerdesulfatlösung wird mit Dinatriumphosphatlösung von bekanntem Gehalt gegen Silbernitrat als Indikator titriert, bis alle Tonerde weiß gefällt und ein Überschuß von Phosphatlösung durch Bildung von Silberphosphat Gelbfärbung erzeugt. Sowohl in der Kälte als auch in der Wärme soll der Prozeß nach der Gleichung verlaufen:

$$Al_2(SO_4)_3 + 2\,Na_2HPO_4 = 2\,AlPO_4 + 2\,Na_2SO_4 + H_2SO_4.$$

Eisen und sonstige mit Phosphat Niederschläge liefernde Metalle dürfen nicht zugegen sein. Da Silberphosphat in der Hitze intensiver gelb gefärbt ist, arbeitet Kraus bei Siedehitze. 1 ccm einer Lösung, die im Liter 132,2 g $Na_2HPO_4 + 12\,H_2O$ enthält, entspricht 0,01 g Aluminium. Die Tonerdesulfatlösungen dürfen nicht zu konzentriert sein: nach den von Kraus mitgeteilten Beleganalysen enthielten sie in 50 ccm 0,015—0,08 g Aluminium; die Differenz vom Sollgehalt beträgt — 0,25—0,3% rel.

Ton. Unter dem Namen Ton, Kaolin oder China-Clay kommt eine Ver-bindung von Tonerde mit Kieselsäure in den Handel. Sie bildet ein weißes Pulver und dient mitunter als Substrat für Farblacke. Seine Hauptanwendung findet der Körper in der Appretur.

Walkerde ist unreiner Ton, von grünlicher, gelblicher, bräunlicher bis röt-licher Farbe. Sie fühlt sich fest an und zerfällt in Wasser zu Brei. Sie dient zum Walken und Waschen von Wollwaren, die mit Beizenfarbstoffen usw. gefärbt sind. Sie soll vor allem frei von sandigen und steinigen Beimischungen sein.

Tonerdehydrat, Tonerdepaste, Tonerde en pâte, Tonerdegelee. $Al(OH)_3 = 78,12$; wasserunlöslich. Die Tonerdepaste kommt in verschie-denen Konzentrationen in den Handel, ist vielfach durch überschüssige Soda und schwefelsaures Natron verunreinigt und ist dann eigentlich ein sehr basisches Sulfat. Sie muß feucht aufbewahrt werden, da sie beim Austrocknen ihre Säurelöslichkeit einbüßt und dadurch unbrauchbar wird. Von einem guten Hydrat wird deshalb Klarlöslichkeit in ver-dünnter Essigsäure verlangt. In vielen Fällen stellt sich der Verbraucher die Paste durch Fällen von Tonsalzen mit Soda selbst her. 48 T. kalzi-nierte Soda werden in 200 T. warmem Wasser gelöst, und in diese Soda-lauge (nicht umgekehrt) wird die Auflösung von 100 T. kristallisierter schwefelsaurer Tonerde (bzw. 142 T. Alaun) in 300 T. Wasser langsam eingegossen. Das gefällte Hydrat wird durch Waschen gereinigt und auf 93 T. abgepreßt. Diese Paste enthält dann 25% Tonerdehydrat oder 16,4% wasserfreie Tonerde (Al_2O_3).

Da sowohl Soda als auch Ätznatron und Ätzkali die Tonerde nicht rchwefelsäurefrei fällen, sondern etwas gebundene Schwefelsäure mit-seißen, hat man es eigentlich mit einem sehr basischen unlöslichen Ton-erdesulfat zu tun. Nach E. Schlumberger kommt einem Tonerde-

---

[1]) Chem.-Ztg. 1921, 1173.

gelee, das z. B. mit 5 Molekülen KOH auf 1 Molekül Tonerdesulfat[1])
hergestellt worden ist, die Formel zu: $Al_4(OH)_{10}SO_4 + 2 H_2O$, was einer
Basizitätszahl[2]) von 0,90 entsprechen würde. Dieselbe Verbindung bildet
sich, wenn man Tonerdesulfat in der Kälte mit Soda abstumpft, solange
sich der anfänglich gebildete Niederschlag beim Umrühren wieder löst
und dann die Lösung zum Sieden erhitzt; ebenso, wenn man eine Lösung
von Natriumaluminat in eine Lösung von Tonerdesulfat gießt und genau
neutralisiert, oder wenn man den gewöhnlichen Rotmordant zum Sieden
erhitzt (D. Koechlin, W. Crum):

$$Al_4(C_2H_3O_2)_{10}SO_4 + 10 H_2O = 10 C_2H_4O_2 + Al_4(OH)_{10}SO_4.$$

Gehaltsbestimmung. In reiner Paste wird der Gehalt durch
Glühen ermittelt, in stark mit Salzen oder sonst verunreinigter Ware
durch Lösen in Salzsäure und Fällen nach S. 154.

Kohlensaures Alkalialuminat. $Al_2O_3 \cdot K_2O \cdot 2 CO_2 \cdot 5 H_2O$ mit 41,7%
Tonerdehydrat oder 27,2% Al_2O_3 und 24% Wasser. Weiße, kreide-
artige Stücke, die sich leicht pulvern lassen. Der Wassergehalt wird
durch Erhitzen auf 100°, der Tonerdegehalt nach dem Lösen in gewöhnlicher Weise bestimmt. Letzterer ist nicht immer ganz konstant, beträgt aber meist 40—41%. Das Produkt soll in Säuren klar löslich und
eisenfrei sein.

Schwefelsaure Tonerde, Aluminiumsulfat, Tonerdesulfat. Die han-
delsübliche Ware ist $Al_2(SO_4)_3 + 18 H_2O = 666,67$; L. k. W. $= 85 : 100$;
L. h. W. $= 1130 : 100$; enthält: 15,33% Al_2O_3 bzw. 23,44% $Al(OH)_3$,
48,64% Wasser und 36,03% SO_3. Außerdem kommt seltener vor:
$Al_2(SO_4)_3 + 12 H_2O = 558,57$; enthält: 18,3% Al_2O_3 bzw. 28% $Al(OH)_3$,
37% H_2O und 43% SO_3. Formlose, weiße Massen, Brocken und Körner,
seltener in ausgesprochener kristallinischer Form[3]). Die wässerige
Lösung reagiert stark sauer und greift Metalle wie Eisen, Zink, Blei u. a.
unter Bildung basischer Tonsalze an. Das Aufbewahren der Lösungen
in Bleibehältern ist deshalb zu vermeiden.

Die Prüfung des Salzes kann sich erstrecken auf: Wassergehalt,
Unlösliches (meist geringe Spuren Kieselsäure, Tonerde, Kalk), Ton-
erdegehalt (s. o.), Eisen, freie und gebundene Schwefelsäure.
Weniger in Betracht kommen geringe Verunreinigungen durch Kalk,
Kieselsäure, Zink, Blei, Alkalisalze, Halogen. Kupfer und Chrom fanden
Kéler und Lunge in den von ihnen untersuchten Handelssorten nie an;
dagegen fast immer Spuren Arsen und selten Vanadin, Wolfram, Titan.
Das Salz soll sich möglichst klar in Wasser lösen; basische Salze sollen
sich auf Zusatz von Schwefelsäure leicht lösen.

Gesamtschwefelsäure und Tonerde werden nach bereits besprochenen Methoden bestimmt. Bei Abwesenheit anderer Basen und
Säuren läßt sich hieraus die Basizität des Salzes berechnen, also fest-

---

[1]) Mit 5 Molekülen KOH ist die Fällung nach Schlumberger vollständig.
Das 6. Molekül, das theoretisch nötig wäre, wirkt schon lösend ·auf die Tonerde
ein, ohne eine völlige Entsäuerung hervorzurufen.

[2]) Über „Basizitätszahl" s. u. Schwefelsaure Tonerde, S. 161.

[3]) Wo im nachfolgenden nichts Besonderes erwähnt, wird überall das Salz
mit 18 Molekülen Kristallwasser verstanden.

stellen, ob freie Säure vorhanden oder ein basisches Salz vorliegt. Die „azide“ Schwefelsäure kann wie bei Ferrisulfat annähernd bestimmt werden (s. d.)[1].

Freie Schwefelsäure kommt in der Handelsware nicht selten vor; so fanden Kéler und Lunge in 13 Handelssorten zwischen 0,53 und 1,05% freie H_2SO_4. Diese Gehalte dürften für die meisten Zwecke als die höchst zulässigen anzusehen sein. Diese Autoren erklären die Methode von Beilstein und Grosset[2] als die einzig brauchbare. Dagegen erklären Zschokke und Häuselmann (s. w. u.) dieselbe wegen der teilweisen Löslichkeit des Alauns in wässerigem Alkohol für unsicher. Nach ihrer Ansicht müßten die Endwerte mindestens eine Korrektur erfahren, indem der Löslichkeitsfaktor besonders bestimmt und berücksichtigt wird.

a) Nach Beilstein und Grosset werden 1—2 g des Salzes in 5 ccm Wasser gelöst, zu der Lösung 5 ccm einer kalt gesättigten Ammonsulfatlösung zugesetzt, $1/4$ Stunde unter häufigem Umrühren stehen gelassen und dann mit 50 ccm 95%igem Alkohol gefällt, wobei sämtliches Tonerdesulfat als Ammoniakalaun ausgefällt wird, während die freie Schwefelsäure in Lösung bleibt. Man filtriert, eventuell einen aliquoten Teil, wäscht mit 50 ccm 95%igem Alkohol nach, verdunstet das Filtrat auf dem Wasserbade, nimmt den Rückstand mit wenig Wasser auf und titriert mit $1/10$ n. Alkali (Phenolphthalein).

b) Nach Iwanow[3] ist vorstehendes Verfahren zu verwerfen, da in sauren Salzen durchschnittlich 0,25% Schwefelsäure zu viel gefunden werden, während basische Salze vollständig falsche Werte liefern und sogar freie Säure finden lassen. Iwanow fand bei folgendem Verfahren übereinstimmende und für saure und basische Salze zutreffende Werte. Die Methode gründet sich darauf, daß das neutrale Tonerdesalz mit Ferrozyankalium in nahezu kochender Lösung (bei 85°) gefällt wird, während die Säure in Lösung bleibt und mit Alkali titriert werden kann. Unmittelbar nach dem Zusatz von Ferrozyankalium gibt man überschüssiges Chlorbarium hinzu, wodurch aus diesem die der freien Schwefelsäure äquivalente Menge Salzsäure frei wird, während der Überschuß an Chlorbarium sich mit dem Ferrozyankali verbindet. Eisen stört die Reaktion nicht und setzt sich mit dem übrigen Niederschlag ab.

Die von Iwanow ursprünglich gegebene Ausführungsart ist nach Zschokke und Häuselmann[4] insofern mit Mängeln behaftet, als sie nicht einmal nach 12stündigem Stehen klare, einwandfrei titrierbare Lösungen liefert. Letztere haben das Verfahren zu einem für die Praxis brauchbaren umgestaltet und arbeiten wie folgt. Sie verwenden folgende Reagenzien: 1. 10%ige Chlorbariumlösung, 2. 10%ige Ferrozyankaliumlösung, 3. 2%ige Gelatinelösung. (2 g hellster Gelatine werden über Nacht in Wasser quellen gelassen und am nächsten Tage zu 100 ccm gelöst. Durch Zugabe von einigen Tropfen Nitrobenzol wird die Lösung haltbar gemacht. Sie ist nur solange zu gebrauchen, als sie bei Zimmer-

---

[1] S. a. Herbig, Färb.-Ztg. 1912, 418.
[2] Ztschr. f. anal. Chem. 1890, 73.
[3] Chem.-Ztg. 1913, 805 und 814.   [4] Chem.-Ztg. 1922, S. 302.

temperatur immer wieder gelatiniert. Vor dem Gebrauch wird die Gelatinelösung durch Einstellen der Flasche in heißes Wasser verflüssigt.) In ein Meßkölbchen von 100 ccm bringt man 10 ccm der zu untersuchenden Tonerdelösung (mit etwa 7—9 g Al_2O_3-Gehalt im Liter), gibt 10 ccm der obigen Chlorbariumlösung und 5 ccm der Ferrozyankaliumlösung (die nie über 6 Tage alt sein soll) und fügt hierauf 60 ccm siedendes Wasser zu. Nun gibt man unter Umschütteln tropfenweise von der obigen Gelatinelösung zu, bis der Niederschlag flockig wird und sich leicht absetzt, was nach Zusatz von 1—1,5 ccm der Fall ist. Nach dem Abkühlen wird auf 100 ccm aufgefüllt, 1—2 Minuten absetzen gelassen und durch ein Faltenfilter filtriert. Von dem farblosen, klaren Filtrat werden 50 ccm abpipettiert, mit 50 ccm Wasser verdünnt und mit $n/_{10}$ Natronlauge gegen Methylorange bis zum Neutralpunkt titriert. Je 1 ccm $n/_{10}$ Lauge = 0,0049 g freie H_2SO_4, oder bei der angewandten Menge: 1 ccm $n/_{10}$ Lauge × 2 × 0,49 = g freie H_2SO_4 im Liter der Tonerdelösung. Zu beachten sind noch folgende Punkte: 1. Die Temperatur nach dem Zusatz des siedenden Wassers soll 85° C nicht übersteigen, da sich andernfalls die entstandene Ferrozyanwasserstoffsäure zersetzen kann. 2. Der Überschuß an Ferrozyankalium darf nicht zu groß sein, da sonst die Resultate herabgedrückt werden. Obiges Verhältnis ist für Lösungen von 7—9 g Al_2O_3 im Liter bestimmt. 3. Ist die zu titrierende Lösung auf Zusatz von Methylorange neutral, so muß eine neue Probe angesetzt werden, wenn der eventuelle Säureunterschuß ermittelt werden soll (basische Salze). Man setzt der neuen Probe dann vorher einige Kubikzentimeter $n/_{10}$ Schwefelsäure zu und arbeitet wie angegeben; die zugesetzte Menge Schwefelsäure wird am Schlusse der Titration in Abzug gebracht und die etwaige Basizität berechnet. Entspricht der Alkaliverbrauch genau dem Säurezusatz, so liegt neutrales Salz vor. 4. Ist der Säureüberschuß der Versuchsprobe ein großer, z. B. über 6 g im Liter, so bleibt das Filtrat trübe. In solchem Falle wird die Versuchslösung vor dem Ausfällen mit einigen Kubikzentimetern $n/_{10}$ Lauge korrigiert und der Laugenzusatz der bei der Titration verbrauchten Menge Alkali zugerechnet.

Eisen. Bei der fast stets vorkommenden, aber sehr geringen Menge Eisen ist man meist auf die kolorimetrische Bestimmung angewiesen (andernfalls wird nach einem vorbeschriebenen Verfahren das Eisen gravi- oder volumetrisch bestimmt). Da Eisenoxydsalze durchweg schädlicher sind als Oxydulsalze, kann die kolorimetrische Bestimmung der oxydierten und der nichtoxydierten Lösung nebeneinander stattfinden. Lunge[1]) gab der Bestimmung folgende Form. 1—2 g Tonerdesulfat werden in wenig Wasser aufgelöst, genau 1 ccm eisenfreie Salpetersäure zugesetzt, einige Minuten erwärmt, abgekühlt und auf 50 ccm verdünnt. Die Lösung kommt dann in den einen Kolorimeterzylinder, während der andere Zylinder mit der titrierten Eisenalaunlösung oder sonst einer Eisenoxydsalzlösung von bekanntem Gehalt beschickt wird (s. a. u. Wasser).

---

[1]) Ztschr. f. angew. Chem. 1894, 670; 1896. 3.

Kéler und Lunge fanden auf diese Weise in 13 Handelssorten Tonerdesulfat im Minimum 0,0005% Gesamteisen (davon 0,00027% als Oxyd und 0,00023% als Oxydul) und im Maximum 0,00524% Gesamteisen (davon 0,00406% als Oxyd und 0,00118% als Oxydul). Sie stellten durch praktische Versuche im großen fest, daß die Schönheit und Reinheit der beim Türkischrotfärben erhaltenen Nüancen mit dem Steigen des Eisengehaltes deutlich abnimmt. Hierbei setzten sie als äußerste erlaubte Grenze für die Türkischrotfärberei einen Gehalt von 0,001% Gesamteisen fest, wobei Oxydulsalze weniger schaden als Oxydsalze. Für den Zeugdruck kann unbedenklich ein Eisengehalt von 0,005% zugelassen werden. Selbst bei Zusätzen von 1% Eisen konnten genannte Autoren beim Rot- und Rosadruck keine Unterschiede wahrnehmen, weil zu wenig Beize fixiert wird. Für die meisten anderen Zwecke kann ein Eisengehalt bis zu 0,01 % zugelassen werden, so z. B. nach Ley für die Zwecke der Seidenerschwerung.

Die Trennung des Eisens vom Aluminium geschieht entweder nach dem bekannten Verfahren mit Ätznatron, in dem Tonerde löslich, Eisen unlöslich ist oder durch Erhitzen der beiden Oxyde in einem Gemisch von Luft- und Salzsäuregas, wobei sich das Eisen verflüchtigt, während die Tonerde quantitativ zurückbleibt[1]).

Zink. Da das Zink in der Türkischrotfärberei und beim Seidendruck einen schädlichen Einfluß ausübt, so muß es unter Umständen quantitativ bestimmt werden. Dieses geschieht am einfachsten in der Weise, daß man die Lösung des Tonerdesufates mit überschüssigem, essigsaurem Baryt versetzt, somit alle Schwefelsäure fällt und im Filtrat das Zink als Schwefelzink bestimmt. Kéler und Lunge fanden nur in einem französischen Fabrikat 0,00156% Zink. Unterhalb 0,01% ist ein Zinkgehalt unbedenklich.

Von anderen Verunreinigungen fanden genannte Autoren in den 13 Handelssorten 0,17—0,20% Natron und 0,13—0,43% unlöslichen Rückstand. Dagegen haben sie in keinem Falle Kali feststellen können.

Basische Salze. Das basische schwefelsaure Aluminium kann durch Auflösen von Tonerdepaste in einer ungenügenden Menge von Schwefelsäure oder durch Zusatz von Alkali zu normalem Sulfat hergestellt werden. Die Vorgänge spielen sich dabei wie folgt ab.

1. $Al_2(SO_4)_3 + Na_2CO_3 + H_2O = Al_2(SO_4)_2(OH)_2 + Na_2SO_4 + CO_2.$

2. $Al_2(SO_4)_3 + 2\,Na_2CO_3 + 2\,H_2O = Al_2(SO_4)(OH)_4 + 2\,Na_2SO_4 + 2\,CO_2.$

Man erhält also beim Zusatz von 1 Molekül Soda (16% kalzinierte Soda) auf 1 Molekül schwefelsaure Tonerde das einfach-basische Salz. Beim Zusatz von 2 Molekülen, oder rund 32% Soda, wird das zweifachbasische Tonsulfat erhalten, das keine klare Lösung mehr ergibt. Durch Zusatz von 3 Molekülen Soda wird die Tonerde vollständig ausgefällt und die Tonerdepaste bzw. ein sehr basisches Salz (s. o.) erhalten;

3. $Al_2(SO_4)_3 + 3\,Na_2CO_3 + 3\,H_2O = 2\,Al(OH)_3 + 3\,Na_2SO_4 + 3\,CO_2.$

---

[1]) S. a. Borck, Chem.-Ztg. 1914, S. 7. Den hierfür erforderlichen Apparat fertigen die Vereinigten Fabriken für Laboratoriumsbedarf, Berlin N, an.

Zwischen diesen einzelnen Hauptstufen und dem normalen Salz sind unendlich viele Zwischenstufen möglich, die sich zum Teil nur durch die kompliziertesten Formeln ausdrücken lassen. Um den Basizitätsgrad scharf zum Ausdruck zu bringen, führte Heermann[1]) den Begriff der „Basizitätszahl" ein. Er bezeichnet unter „Basizitätszahl" den Quotienten aus Säuregehalt und Basengehalt (S/M), oder, was dasselbe ist, den relativen Säuregehalt, bezogen auf die Einheit des Metallgehaltes (Basengehaltes), die Säure als freie Säure (Hydrat), die Base als freies Metall gerechnet. Diese Zahl gestattet es, die Basizität einer Beize oder eines Salzes in exakter Form auszudrücken. Bei mehrsäurigen Beizen, z. B. Sulfatazetaten o. ä., müßte die Basizitätszahl mit zwei Zahlen, bei dreisäurigen Beizen mit drei Zahlen ausgedrückt werden, z. B. Tonerdesulfazetat der Formel $Al_2(SO_4)(C_2H_3O_2)_2(OH)_2$ = Basizitätszahl: 1,81/1,11 usw. Nach oben Gesagtem würde das normale schwefelsaure Aluminium, $Al_2(SO_4)_3 + 18\,H_2O$, die Basizitätszahl haben: $3 \times 98,06 : 2 \times 27,1 = x : 1$; $x = 5,43$. Dem einfach-basischen Salz, $Al_2(SO_4)_2(OH)_2$, würde die Basizitätszahl $2 \times 98,06 : 2 \times 27,1 = x : 1$; $x = 3,62$; dem zweifach-basischen Salz, $Al_2(SO_4)(OH)_4$, die Basizitätszahl $98,06 : 2 \times 27,1 = x : 1$; $x = 1,81$ usw. zukommen. Die neutrale essigsaure Tonerde, $Al(C_2H_3O_2)_3$, hätte die Zahl $(3 \times 60 : 27,1 = x : 1$; $x =) 6,64$; das Salz $Al(C_2H_3O_2)_2(OH)$ die Zahl $(2 \times 60 : 27,1 =) 4,43$; das Salz $Al(C_2H_3O_2)(OH)_2$ die Zahl $(60 : 27,1 =) 2,21$ usw. Das Sulfazetat, $Al_2(SO_4)(C_2H_3O_2)(OH)_2$, hätte die Basizitätszahl $98,06 : 2 \times 27,1 = 1,81$; $60 : 2 \times 27,1 = 1,11$; also die Schwefelsäurebasizität von 1,81 und die Essigsäurebasizität von 1,11 (1,81/1,11).

$$Al_2(SO_4)_3 \times 1,947 = Al_2(SO_4)_3 + 18\,H_2O;$$
$$Al_2(SO_4)_3 \times 1,631 = Al_2(SO_4)_3 + 12\,H_2O.$$

Volumengewicht und Gehalt der Lösungen von Tonerdesulfat (15° C).

Grad Bé	% $Al_2(SO_4)_3$	Grad Bé	% $Al_2(SO_4)_3$	Grad Bé	% $Al_2(SO_4)_3$	Grad Bé	% $Al_2(SO_4)_3$
2,3	1	10,3	7	17,3	13	23,7	19
3,7	2	11,5	8	18,5	14	24,7	20
5	3	12,7	9	19,6	15	25,7	21
6,3	4	13,8	10	20,7	16	26,6	22
7,6	5	15	11	21,7	17	27,6	23
9	6	16,2	12	22,7	18	28,5	24
						29,4	25

Alaune. Kalialaun, $K_2SO_4 + Al_2(SO_4)_3 + 24\,H_2O = 948,9$; L. k. W. = 9,5 : 100; L. h. W. = 357 : 100. Natronalaun, $Na_2SO_4 + Al_2(SO_4)_3 + 24\,H_2O = 916,7$; L. k. W. = 110 : 100; Ammoniakalaun $(NH_4)_2SO_4 + Al_2(SO_4)_3 + 24\,H_2O = 906,6$: L. k. W. = 9 : 100; L. h. W. = 422 : 100. Von technischer Bedeutung für die Färberei ist nur der Kalialaun, der auch stets unter „Alaun" schlechtweg verstanden wird.

---

[1]) Färb.-Ztg. 1904, 76.

100 T. Wasser lösen bei:

$10°$	$20°$	$30°$	$40°$	$70°$	$100°$ C	
9,5	15,1	22,0	30,9	90,7	357,5 T.	Kalialaun.
9,1	13,6	19,3	27,3	72,0	421,9 T.	Ammoniakalaun.

Man unterscheidet gewöhnlichen Alaun, römischen, kubischen, ungarischen Alaun. Nur der erstere, der aus Tonerdesulfat und Kaliumsulfat hergestellt wird, hat größere Bedeutung für die Färberei.

Der chemisch hergestellte Alaun ist meist von sehr großer Reinheit; insbesondere kann er gänzlich eisenfrei erhalten werden. Auch ist der Gehalt an freier Schwefelsäure verschwindend gering oder überhaupt nicht vorhanden.

Die Prüfung des Alauns erfolgt wie bei schwefelsaurer Tonerde. Der Wassergehalt kann durch Trocknen bei $110—120°$ C festgestellt werden; solch ein wasserfreier Alaun heißt auch „gebrannter" Alaun. Bei $61°$ C verliert der Alaun 18 Moleküle Kristallwasser.

Durch Abstumpfen mit Soda wird der basische, abgestumpfte oder „neutrale" Alaun erhalten: $Al_2(SO_4)_3 \cdot K_2SO_4 \cdot 2\,Al(OH)_3$. Dieser Zusammensetzung entsprechen auch die erwähnten römischen, kubischen und ungarischen Alaune, die meist durch Eisenverunreinigungen gelblichrötlich gefärbt sind.

Essigsaure Tonerde, Tonerdeazetat, Rotbeize; Rotmordant, essigschwefelsaure Tonerde, Tonerdesulfazetate. Die Verbindungen kommen in verschiedenster Zusammensetzung als Lösungen in den Handel oder werden als solche vom Verbraucher selbst hergestellt. Ihr Wert ist deshalb ein sehr wechselnder. Die Untersuchung der Lösungen erstreckt sich nach bereits besprochenen Methoden auf Tonerdegehalt, Essigsäure-, Schwefelsäuregehalt, Alkalisalze, Basizität, Verunreinigungen wie Eisen, Blei, Kalk u. ä. Außerdem ist bei ihrer Beurteilung die Wirksamkeit, Zersetzbarkeit, Haltbarkeit von Wichtigkeit. Die Wirksamkeit, wird am besten durch einen der jeweiligen Verwendung angepaßten technischen Versuch festgestellt.

Die Darstellung dieser Salze kann nach folgenden Grundsätzen erfolgen: Auflösen von Tonerdehydrat in Essigsäure (normales Azetat), Umsetzen des Tonerdesulfats mit Bleiazetat (normales Azetat und Sulfazetate), Lösen von Tonerdehydrat in normalem Tonerdeazetat (basisches Azetat), Abstumpfen von normalem Tonerdeazetat mit Soda (basisches Azetat), Umsetzen des basischen Tonerdesulfats mit Bleizucker (basisches Azetat, basisches Sulfazetat), Lösen von stark basischem Aluminiumsulfazetat in Essigsäure (basisches Sulfazetat) usw. An die Stelle von Tonerdehydrat kann das Alkalialuminiumkarbonat, an die Stelle von Bleizucker bei weniger reinen Lösungen der essigsaure Kalk treten. Eine der wichtigsten Verbindungen ist das normale Sulfazetat, das gewöhnliche Rotmordant, von der Formel $Al_4(C_2H_3O_2)_{10}SO_4$, welches durch Lösen des basischen Sulfats, $Al_4(OH)_{10}SO_4$ in Essigsäure erhalten wird (s. Tonerdehydrat). — Bei der Umsetzung des Tonerdesulfats mit Bleizucker können verschiedene Verbindungen erhalten werden, je nachdem wieviel Schwefelsäure durch Essigsäure ersetzt wird. Die Eliminierung der gesamten Schwefelsäure ist jedoch nicht erreichbar. So entsteht beispielsweise durch Wechselwirkung von 68 g Bleizucker und 120 g Tonerdesulfat die Verbindung: $Al_2(SO_4)_2(C_2H_3O_2)_2$, von 136 g Bleizucker und 120 g Tonerdesulfat die Verbindung: $Al_2(SO_4)(C_2H_3O_2)_4$ usf. — Eine gute Vorschrift zur Bereitung der essigschwefelsauren Tonerde aus Bleizucker ist folgende: 7,2 kg Bleizucker werden in 7,2 l kochendem Wasser gelöst und 9,6 kg

Tonerdesulfat, in 7,2 l kochendem Wasser gelöst, hinzugegeben. Nach dem Absetzen wird die klare Lösung abgegossen, eventuell filtriert und auf beliebige Grade gebracht. — Eine andere Vorschrift: 853 T. Tonerdegelee (mit 11% Al_2O_3) werden in 147 T. Essigsäure von $7\,1/2°$ Bé gelöst. Es entsteht eine Lösung von 15° Bé (Stein). — Ferner: 1 T. Tonerdesulfat, in 2 T. Wasser gelöst, wird mit 1 T. essigsaurem Kalk, in 2 T. Wasser gelöst, vermischt, absetzen gelassen und abgegossen. Diese Lösung ist etwas kalkhaltig, was für viele Zwecke nicht schädlich, für manche nützlich ist. — Ferner: 6 T. Tonerdesulfat, 7 T. essigsaurer Baryt, 18 T. Wasser. Diese normalen Salze können durch Zusatz von Tonerdegelee oder Alkali basischer gemacht werden. So verfährt z. B. W. Crum: 30 T. Tonerdesulfat, in 80 T. Wasser gelöst, werden mit 36 T. Essigsäure (spez. Gew. 1,041) versetzt und langsam 13 T. Kreide, in 20 T. Wasser angerührt, eingetragen. Nach 24stündiger Einwirkung wird abgegossen oder filtriert. Die Lösung enthält die Verbindung: $Al_2(C_2H_3O_2)_4(OH)_2$.

Reine essigsaure Tonerde findet sich kaum im Handel und wird in der Färberei nicht verwendet. Die Sulfazetate, besonders dasjenige, wo 2 Al_2O_3 auf 1 SO_3 kommen, sind sowohl bezüglich ihrer Haltbarkeit als auch Wirksamkeit vorzuziehen. Durch E. Schlumberger, D. Koechlin, W. Crum, Liechti, Suida, Schwitzer, u. a. Forscher sind die Verhältnisse klargelegt worden; trotzdem findet sich die reine, essigsaure Tonerde noch in vielen Lehrbüchern als Rotbeize erhalten. Selbst durch einen Überschuß an Bleizucker wird nicht die gesamte Schwefelsäure aus dem Tonerdesulfat ausgefällt. Je basischer ein Salz ist, desto weniger haltbar ist es, desto leichter zersetzt es sich beim Erhitzen und beim Trocknen der damit behandelten Textilien, ohne dadurch nachweisbar wirksamer zu werden[1]. Aus diesem Grunde werden die basischen Salze nur selten bevorzugt. Selbst ein Überschuß an freier Essigsäure in reiner essigsaurer Tonerde vermag die leichte Zersetzlichkeit der Beizen nicht zu beeinträchtigen.

Ameisensaure Tonerde, Tonerdeformiat. Kommt in Lösung auf den Markt. Die Bestimmung der Tonerde geschieht durch Ausfällung, diejenige der Ameisensäure wie bei den übrigen Formiaten. Als Hauptverunreinigung sind je nach der Darstellung größere oder geringere Mengen schwefelsaure und Eisensalze zu erwähnen.

Chloraluminium, Aluminiumchlorid. $AlCl_3 = 133,48$ und $AlCl_3 + 6\,H_2O = 241,58$. Im wasserfreien Zustande harte, an der Luft rauchende, zerfließliche und leicht zersetzbare, gelbliche Körner; auch als Lösung im Handel. Bei seiner Beurteilung ist der Gehalt an Tonerde und Salzsäure maßgebend. Schwefelsäure, sowie Alkalisalze setzen die Wirksamkeit des Salzes herab. Unter Umständen kann ein Eisengehalt schädlich wirken. Das Salz zersetzt sich unter Salzsäureabspaltung bei 125°.

Tonerdebisulfit. Das Produkt kann durch Einleiten von schwefliger Säure in Tonerdehydrat bis zur erfolgten Lösung hergestellt werden. Die Bestimmung der schwefligen Säure erfolgt wie bei den Natriumsalzen.

Unterchlorigsaure Tonerde, Tonerdehypochlorit. Dieses Salz, auch „Wilsons Bleichflüssigkeit" genannt, kann durch Wechselwirkung einer klaren Chlorkalklösung mit Tonerdesulfatlösung gewonnen werden. Der Hypochloritgehalt wird wie bei Chlorkalk bestimmt.

Chlorsaure Tonerde, Tonerdechlorat. Kann durch Umsetzung von chlorsaurem Kali mit schwefelsaurer Tonerde als dicke Flüssigkeit ge-

---

[1] Liechti und Schwitzer ermittelten bei gutem Sulfazetat, basischem Sulfazetat und basischem Azetat etwa 90%, bei dem neutralen Sulfat und Azetat, sowie bei dem basischen Sulfat im Maximum etwa 50% Absorption durch die Faser.

wonnen werden. Ein Teil des dabei entstehenden Kaliumsulfats kann durch Ausfrieren ausgeschieden werden[1]).

Salpetersaure Tonerde, Tonerdenitrat; Tonerdenitrazetat, Nitratbeize. Wird durch Lösen von Tonerdehydrat bzw. basischem Tonerdeazetat in Salpetersäure erhalten und meist als Nitrazetat benützt. Die Beize kann auch durch Umsetzung gewonnen werden, z. B. aus 6 T. Alaun, 4 T. Bleizucker und 2 T. Bleinitrat oder aus 667 g Tonsulfat, 786 g essigsaurem Kalk (15° Bé) und 886 g salpetersaurem Kalk (36° Bé).

Rhodantonerde, Tonerdesulfozyanat. $Al(CSN)_3 = 201{,}32$. Die Rhodantonerdelösung wird durch Umsetzung von schwefelsaurer Tonerde mit Rhodanbarium oder Rhodankalzium erhalten. 3 kg schwefelsaure Tonerde werden bei 60° in 2,5 l Wasser gelöst und mit 4,1 kg kristallisiertem Rhodanbarium (bzw. 3 kg Rhodankalzium), in 2,5 l Wasser gelöst, versetzt, absetzen gelassen, abgegossen, eventuell filtriert und auf 20° Bé gebracht.

Natronaluminat, Tonerdenatron. $Al_2Na_2O_4$ bzw. $Al_2Na_4O_5$ oder $Al_2Na_6O_6$. In diesem Produkt spielt die Tonerde die Rolle einer Säure. Es kommt als weiße, kristallinische Masse von schwankender Zusammensetzung (meist als $Al_2Na_4O_5$) in den Handel[2]).

Bestimmung des Natrons und der Tonerde[3]). Man löst 20 g der Probe zu 100 ccm und titriert 1) 10 ccm (= 0,2 g Substanz) ganz heiß (wobei etwa vorhandene Kohlensäure kaum Einfluß ausübt) mit $^1/_5$ n. Salzsäure (Phenolphthalein) bis zum Verschwinden der Rotfärbung. 1 ccm $^1/_5$ n. Salzsäure = 0,00621 g Na_2O. Alsdann setzt man einen Tropfen Methylorange zu und titriert 2) bei Blutwärme mit der Salzsäure bis zur beginnenden Rotfärbung weiter. 1 ccm bei der zweiten Titration verbrauchter $^1/_5$ n. Salzsäure = 0,0034 g Al_2O_3.

Als Verunreinigungen kommen in Betracht: Unlöslicher Rückstand, Kieselsäure, Eisen, überschüssiges Alkali.

Von untergeordneter Bedeutung sind:

Aluminium-Thiosulfat, -Arsenat, -Tartrat, -Oxalat, -Sacharat, Ton, Kaolin, China-clay (kieselsaure Tonerde, weißes Pulver von unfühlbarer Korngröße).

Chromverbindungen.

Bestimmung des Chroms in Chromisalzen.

Gravimetrisch als Chromoxyd. Ist das Chrom als Chromisalz in Lösung, so wird es genau wie die Tonerde unter Zusatz von viel Ammonsalz, aber möglichst wenig überschüssigem Ammoniak, oder besser mit frisch dargestelltem Ammonsulfid bei Siedehitze als Hydroxyd gefällt, mit ammonnitrathaltigem Wasser gewaschen, naß im Platintiegel verbrannt, geglüht und als Cr_2O_3 gewogen. Die Resultate fallen stets

---

[1]) Über die Wertbestimmung s. a. Herbig, Färb.-Ztg. 1912, 208.
[2]) Über alkalische Ton-, Chrom- und Eisenbeizen s. a. Erban, Chem.-Ztg. 1913, 709.
[3]) Lunge, Ztschr. f. angew. Chem. 1890, 227 und 293.

um einige Zehntelprozente zu hoch aus, indem nachweisbare Mengen Alkalichromat entstehen. Etwa anwesende Phosphorsäure befindet sich zum Teil mit im Chromniederschlage und kann durch Schmelzen mit Soda und Salpeter, Lösen der Schmelze in Wasser, Ansäuern mit Salpetersäure, Übersättigen mit Ammoniak und Fällung mit Magnesiamixtur abgeschieden werden. Aus dem Nitrat fällt man nach Ansäuern mit Essigsäure das Chrom als Bariumchromat. — Bessere Dienste leistet die Stocksche Tonerdebestimmungsform (s. d.), desgleichen die Schirmsche und vor allem die Schoeller-Schrauthsche Modifikation (s. u. Tonerdebestimmungen c und d). Letztere gibt keine zu hohen Werte. Der flockige Niederschlag von Chromhydroxyd setzt sich rasch ab, wird mit heißem Wasser gewaschen, im Platintiegel naß verbrannt und als Cr_2O_3 gewogen.

Chromisalze können auch durch Schmelzen mit Natriumperoxyd in Chromate übergeführt und nach folgenden Verfahren bestimmt werden.

Bestimmung des Chroms und der Chromsäure in Chromaten.

a) **Quecksilberfällung.** Wenn Alkalichromat frei von Chloriden und größeren Mengen Schwefelsäure ist, so läßt es sich sehr genau bestimmen, indem man es mit Merkuronitratlösung als Merkurochromat fällt, dieses durch Glühen in Cr_2O_3 überführt und als solches wägt. Die neutrale oder schwach salpetersaure Lösung wird kalt gefällt und dann zum Sieden erhitzt, wobei das braune, basische Merkurochromat ($4\,Hg_2O \cdot 3\,CrO_3$) in das rote neutrale Salz (Hg_2CrO_4) übergeht, welches filtriert, mit merkuronitrathaltigem Wasser gewaschen, getrocknet, das Filter gesondert verascht und der Niederschlag unter gutem Abzug allmählich bis zum starken Glühen erhitzt wird. Das so erhaltene Cr_2O_3 wird gewogen.

1 g Cr_2O_3 = 1,3157 g CrO_3 = 1,9355 g Chromkali = 1,7237 g Chromnatron.

b) **Bariumfällung.** Bei Anwesenheit von Chloriden eignet sich die Bariumfällung. Die sulfatfreie, neutrale oder schwach essigsaure Chromatlösung wird bei Siedehitze tropfenweise mit Bariumazetatlösung gefällt, nach einigem Stehen filtriert (am besten durch einen Goochtiegel), mit verdünntem Alkohol gewaschen, getrocknet, erst langsam, dann stark geglüht und als $BaCrO_4$ gewogen.

$$1\ g\ BaCrO_4 = 0{,}30\ g\ Cr_2O_3$$

Winkler[1]) arbeitet unter künstlichem Kochsalzzusatz wie folgt. 100 ccm der Lösung, die weder freie Säure, noch freies Alkali und Sulfate enthalten darf, mit einem Gehalt von 0,2 g Alkalichromat, wird mit 1 ccm $n/_{10}$ Essigsäure angesäuert, mit 1 g Natriumchlorid versetzt, bis zum beginnenden Sieden erhitzt, tropfenweise mit 5 ccm 10%iger Bariumchloridlösung versetzt und dann noch 2—3 Minuten in ruhigem Sieden erhalten. Tags darauf wird der Niederschlag im Kelchtrichter oder Goochtiegel gesammelt, mit 50 ccm kaltem Wasser ausgewaschen und 2—3 Stunden bei 132° getrocknet und gewogen. Wird der Inhalt im

---

[1]) Ztschr. f. angew. Chem. 1918, 46.

Goochtiegel behutsam geglüht, so erleidet er einen Verlust von 0,25%.
Alkali- und Erdalkalichloride stören nicht; Nitrate, Chlorate, Azetate
erhöhen etwas das Gewicht. Etwa anwesende Pyrochromsäure wird
durch 10 Minuten dauerndes Kochen mit etwas sulfatfreiem, gefälltem
Kalziumkarbonat in Chromsäure umgewandelt, filtriert und als solche
bestimmt. Bei Gegenwart von Alkalikarbonaten werden diese tropfenweise mit verdünnter Salpetersäure zerstört, bis die gelbe Flüssigkeit
eben rotgelb geworden ist; dann wird auch wieder Kalziumkarbonat
zugesetzt, die Kohlensäure durch Kochen vertrieben, die Lösung filtriert
und wie oben mit Bariumsalz gefällt.

Bei Gegenwart von Sulfaten empfiehlt Winkler die Fällung der Chromsäure als Silberchromat. Die gleiche Menge Lösung mit 0,2 g Alkalichromat
wird aufgekocht und unter Umschwenken mit 5 ccm 10%iger Silbernitratlösung
versetzt. Am nächsten Tag wird der Niederschlag filtriert, mit 50 ccm mit Silberchromat gesättigtem Wasser gewaschen, bei 132° getrocknet und gewogen. Die
Operationen sind wegen der Zersetzung des Silberchromats bei Tageslicht möglichst bei künstlicher Beleuchtung vorzunehmen. Fremde Salze — außer natürlich Chloriden — haben keinen Einfluß auf die Ergebnisse. Bei Gegenwart von
viel Sulfat wird etwas Silbersulfat mitgerissen. Bei Gegenwart von Pyrochromsäure und Alkalikarbonaten wird wie oben (Bariumsalzfällung) verfahren.

c) Reduktionsmethode. Die Chromatlösung (etwa 1 g Alkalichromat entsprechend) wird mit 3—5 ccm Salzsäure zersetzt, erwärmt,
mit wässeriger schwefliger Säure versetzt, bis sich ein Überschuß durch
den Geruch zu erkennen gibt und gekocht. Das gesamte Chromat wird
dabei in Chromisalz übergeführt und durch Fällung als Cr_2O_3 bestimmt
(s. o.). Die Reduktion kann auch durch Eindampfen mit konzentrierter
Salzsäure und Alkohol geschehen.

d) Jodometrisch. Nicht zu verdünnte (1 : 10) saure Jodkaliumlösung reduziert die Chromsäure in der Kälte quantitativ zu grünem
Chromisalz unter Freisetzung der äquivalenten Jodmenge:

$$K_2Cr_2O_7 + 6\,KJ + 14\,HCl = 8\,KCl + 2\,CrCl_3 + 7\,H_2O + 6\,J.$$

Etwa 5 g Alkalichromat werden zu 1 l gelöst, 25 ccm der Lösung
zu einer sauren Jodkaliumlösung (etwa 4—5 g Jodkalium und 20 ccm
Schwefelsäure 50%ig) zugesetzt, dann erst auf etwa 5—600 ccm mit
Wasser verdünnt und mit $^1/_{10}$ n. Natriumthiosulfatlösung und Stärkelösung bis zum Umschlag von blau nach hellgrün titriert. Bei zu konzentrierten Lösungen ist der Umschlag undeutlich.

1 ccm $^1/_{10}$ n. Thiosulfatlösung = 0,003333 g CrO_3 = 0,004367 g $Na_2Cr_2O_7$
$$= 0,004903\ \text{g}\ K_2Cr_2O_7.$$

e) Oxydimetrisch. Die alte oxydimetrische Methode steht der
obigen d) in Genauigkeit und schneller Ausführung nach, sie mag hier
aber Platz finden, weil nach derselben auch umgekehrt (bei Anwendung
titrierter Bichromatlösung) Ferrosalze bestimmt werden können. Knecht,
Rawson und Löwenthal[1]) geben der Analyse folgende Form. 5 g des
Musters werden zu 1 l gelöst und mit dieser Lösung die Auflösung von
1 g reinem Ferroammoniumsulfat (Mohrsches Salz) in 50—60 ccm
Schwefelsäure (1 : 10) titriert, bis ein Tropfen der Eisenlösung beim

---

[1]) Handbuch der Färberei.

Tüpfeln mit Ferrizyankaliumlösung auf Porzellan keine blaue oder blau-grüne Färbung mehr erzeugt, also alles Ferrosalz zu Ferrisalz oxydiert ist. Da 1 g Mohrsches Salz 0,0851 g CrO_3 (0,12513 g $K_2Cr_2O_7$) beansprucht, so enthalten die verbrauchten Kubikzentimeter der Chromatlösung 0,0851 g CrO_3. Der ersten orientierenden Titration muß stets eine zweite genaue folgen, wobei höchstens 2—3 Tropfen der Lösung durch die Tüpfelungsversuche verloren gehen dürfen.

f) **Kolorimetrisch** (für geringe Mengen und Spuren). Chromisalz wird durch Schmelzen mit chlorsaurem-kohlensaurem Kali oder salpeter-kohlensaurem Kali bzw. Natriumsuperoxyd zu Chromat oxydiert und das Chromat direkt verwandt. Nun kann man entweder 1. direkt die gelbe Farbe des Chromates mit einer Lösung von bekanntem Gehalte an Chromat, der etwas Alkali zugefügt ist, vergleichen; man kann aber auch 2. die blaue Farbe der Jodstärke nach dem Umsetzen des Chromates mit Jodkalium, Schwefelsäure und Stärkelösung zum Vergleich heranziehen. Oder man benutzt 3. die Reaktion mit Diphenylkarbazid. 2 g Diphenylkarbazid werden unter Zusatz von 10 ccm Essigsäure mit Alkohol zu 200 ccm gelöst. Als Vergleichslösung dient eine Chromsäurelösung mit 0,05 g CrO_3 im Liter. Die zu prüfende Lösung wird mit Essigsäure genau neutralisiert. Zum Vergleich werden je 2 ccm der Karbazidlösung mit 70 ccm Wasser verdünnt, diesem die Chromsäurelösungen zugegeben und im Kolorimeter verglichen[1]).

Schwefelsaures Chrom, Chromsulfat. $Cr_2(SO_4)_3 + 15 H_2O$[2]) $= 662,4$; L. k. W. $= 100 : 100$. Das Salz bildet schwer kristallisierende, violette Oktaeder und ist ebenso wie die schwefelsaure Tonerde und das Ferrisulfat befähigt, basische Salze zu bilden. Nach Liechti und Schwitzer[3]) gab das normale Sulfat von seinem Chromgehalt unter bestimmten Arbeitsbedingungen nur 12,8%, das basische Salz, $Cr_4(SO_4)_3(OH)_6$, unter gleichen Bedingungen 86,4% an die Baumwollfaser ab. Scheurer erhielt durch Einwirkung von schwefliger Säure auf Bichromatlösung ein Salz von der Zusammensetzung $Cr_2O_3(SO_4)_2$, das von grüner Farbe ist, während durch Basifizierung von Chromalaun mit Pottasche ein violettes, basisches Sulfat entsteht. Die Verunreinigungen dieses Salzes sind dieselben wie im Chromalaun: Kalziumsulfat, freie Schwefelsäure, teerige und andere organische Stoffe.

Chromalaun. $Cr_2(SO_4)_3 . K_2SO_4 + 24 H_2O = 998,9$; L. k. W. $= 20 : 100$; L. h. W. $= 50 : 100$; enthält: 15,2% Cr_2O_3, 9,41% K_2O, 32,04% SO_3. Der Chromalaun ist das leichtest zugängliche Chromsalz. Die kalte, wässerige Lösung ist bläulich-violett und wird in der Hitze, bei etwa 65° beginnend, grün. Nach Liechtis und Schwitzers Versuchen gab eine Lösung, welche pro Liter 225 g normalen Chromalaun gelöst enthielt, nur 1,8% des verfügbaren Chroms an die Baumwollfaser ab, während eine gleichstarke basische Lösung des Salzes $K_2Cr_2(SO_4)_2(OH)_4$ 87,5% abgab. Die aus dem Alaun hergestellten basischen Lösungen zer-

---

[1]) Moulin, Bull. Soc. chim. Paris, 31, 295; Ztschr. f. angew. Chem. 1905. S. 28.

[2]) Nach Sievert mit 18 H_2O.

[3]) Liechti und Schwitzer, Mitt. Technol. Gew.-Mus. Wien, 1883—1886.

setzen sich langsamer als die aus schwefelsaurem Chrom hergestellten. Der Natrium-, Chrom- und Ammoniakchromalaun sind von untergeordnetem Interesse.

Als Verunreinigungen können namentlich Kaliumsalze, freie Schwefelsäure, teerige und andere organische Stoffe auftreten.

Chromchlorid, Chlorchrom. Das Chromchlorid des Handels entspricht nicht der Zusammensetzung des normalen Salzes, $CrCl_3$, sondern mehr oder weniger basischen Salzen. Das von der B. A. S. F. in den Handel gebrachte Produkt, dunkelgrüne Lösung von 20° und 30° Bé, entspricht annähernd der Formel $CrCl(OH)_2$. Es kommen aber auch Lösungen vor, deren Zusammensetzung der Verbindung $CrCl_2(OH)$ entspricht. Meist entspricht die Basizität aber nicht genau dieser Zusammensetzung, sondern stellt Zwischenstufen dar. Heermann[1] nimmt als normalbasische Beize eine solche von der Zusammensetzung $Cr_2Cl_3(OH)_3$ und der Basizitätszahl 1,05 an, und fand, daß das fixierte Chromoxyd sehr von der Basizität abhängt. Es muß von einem Chromchlorid demnach hohe Basizität verlangt werden, welche durch Bestimmung des Chroms und des Chlors ermittelt wird. Auch kann ein technischer Versuch schnell zum Ziele führen.

Das Chromchlorid ist vielfach durch Alkalisalze, Sulfate und Eisen stark verunreinigt, so daß die aräometrische Messung leicht täuschen kann.

Der Chromgehalt wird nach den besprochenen Verfahren ermittelt. Den Säuregehalt bestimmt man wie bei Eisenbeize (s. d.) durch direkte Titration von etwa 1—2 ccm der Beize mit n. Lauge und Phenolphthalein, ohne den hierbei entstehenden Niederschlag zu beachten. Wenn sich der Niederschlag absetzt, ist der Farbenumschlag scharf zu erkennen.

Fluorchrom, Chromfluorid. $CrF_3 + 4 H_2O = 181,1$; leicht wasserlöslich. Grünes Pulver, das sich in Wasser klar mit grüner Farbe lösen und etwa 42% Chromoxyd enthalten soll. Die Lösungen wirken auf Glas und die meisten Metalle ätzend. Für den Gebrauch wird das Salz am besten in hölzernen oder kupfernen[2] Gefäßen gelöst. Der Eisengehalt betrage nur geringe Spuren. Das Salz wird als Beize im Vigoureuxdruck verwendet, für Färbereizwecke immer weniger. Ebenso werden Chromchlorid, Chrombisulfit, essigsaures und ameisensaures Chrom in der Färberei nur in beschränktem Maße verwendet.

Gehaltsbestimmung. Das Chrom wird nach bereits erwähnten Methoden, das Fluor aus der Differenz etwa anderer vorhandener Säuren oder direkt durch Fällung als Kalziumfluorid und Überführung in Kalziumsulfat wie folgt bestimmt. Das von Chromoxyd befreite schwach sodahaltige Filtrat wird bei Siedehitze mit überschüssiger Chlorkalziumlösung gefällt, filtriert und heiß gewaschen. Der aus Fluorkalzium und Kalziumkarbonat bestehende Niederschlag wird getrocknet, im Platintiegel geglüht und mit verdünnter Essigsäure übergossen,

---

[1]) Färb.-Ztg. 1904, 108.
[2]) Kupfer wird kaum angegriffen, wenn nach Kertesz einige Zinkstreifen in den Kessel hineingehängt werden, oder wenn man (nach Vorschriften der Farbwerke Höchst) dem Färbebade Rhodanammonium zusetzt. Bei Verwendung von Holzgefäßen verwendet man am besten Bleichschlangen.

wobei das Kalziumkarbonat in Lösung geht, das Fluorkalzium aber un-
angegriffen bleibt. Man verdampft zur Trockne, nimmt mit Wasser
auf, filtriert, wäscht und trocknet. Das so erhaltene Fluorkalzium kann
zur Kontrolle in Kalziumsulfat übergeführt werden. 1 g CaF_2 = 1,7434 g
$CaSO_4$. Aus dem Gesamtsäuregehalt und Gesamtmetallgehalt läßt sich
die Basizität berechnen.

Chrombisulfit. $Cr(HSO_3)_3$. Das saure, schwefligsaure Chrom wird
durch Lösen von frischem Chromoxydhydrat in wässeriger schwefliger
Säure, oder (durch Alkalisulfat verunreinigt) durch Mischen konzentrierter Lösungen von Chromsulfat und Natriumbisulfit als grüne Lösung
erhalten. Die Lösungen zersetzen sich beim Erwärmen sehr leicht. Die
B. A. S. F. bringt das Produkt in drei Konzentrationen in den Handel:
21°, 28° und 40° Bé, mit einem Chromoxydgehalt von 9%, 12% und 18%.

Die Bestimmung der schwefligen Säure geschieht wie bei Natriumbisulfit, diejenige des Chroms wie bei Chromisalzen.

Chromazetat, essigsaures Chrom; Chromsulfazetat. $Cr(C_2H_3O_2)_3$
= 229,1. Das Chromazetat kann auf verschiedene Weise bereitet werden:
Durch Lösen des frisch gefällten Chromhydroxydes (510 T. 20%ig) in
Essigsäure (550 T. 6° Bé); durch Umsetzung von Chromalaun (100 T.)
mit Bleizucker (114 T.); durch Reduktion von Chromkali in schwefelsaurer Lösung und Umsetzung mit Bleizucker. Es stellt eine grüne
Lösung dar, die sich ohne Zersetzung zur Trockne verdampfen läßt
und bildet in fester Form dunkelpurpurviolette Kristallkrusten. Durch
Sodazusatz oder Auflösen von Chromhydroxyd in neutralem Chromazetat werden basische Salze erhalten, welche je nach der Herstellung
und Basizität violette oder grüne Lösungen bilden. Die B. A. S. F. liefert
unter der Bezeichnung „Essigsaures Chrom 20° Bé" und „Essigsaures
Chrom trocken" das basische Salz von der Formel $Cr(OH)(C_2H_3O_2)_2$;
unter der Bezeichnung „Grünes essigsaures Chrom 24° Bé" das neutrale
Salz $Cr(C_2H_3O_2)_3$. — Durch Ersetzung eines Teiles der Essigsäure durch
Schwefelsäure entstehen die essigschwefelsauren Salze oder die Chrom-
sulfazetate, welche wiederum normale oder basische Salze bilden können.
Das basische Sulfazetat $Cr_3(SO_4)(C_2H_3O_2)(OH)_6$ gibt in der Warm-Hänge
84% seines Chromoxydgehaltes an die Baumwolle ab.

Chromformiat, ameisensaures Chrom. $Cr(HCO_2)_3$ = 187,04. Das
ameisensaure Chrom kommt als klare Lösung in den Handel und dissoziiert nicht so leicht wie das essigsaure Salz (Scheurer). Man verlangt
von der Handelsware Haltbarkeit. Durch Lösen von frisch gefälltem
Chromhydroxyd in warmer Ameisensäure kann es vom Verbraucher
selbst dargestellt werden, wobei das normale Salz die Zusammensetzung
$Cr(HCO_2)_3$, das basische Salz, das leichter dissoziiert, die Formel
$Cr(OH)(HCO_2)_2$ usf. besitzt.

Rhodanchrom, Chromrhodanür. $Cr(CNS)_3$ = 226,22. Die Beize, die
als 20° Bé starke, grüne Lösung in den Handel kommt, kann durch
Umsetzung von Rhodanbarium mit normalem Chromsulfat gewonnen
werden. Ihr Rhodangehalt kann durch Fällung als Kupferrhodanür
bestimmt werden (s. u. Kupfer).

Chromnitrat, salpetersaures Chrom. $Cr(NO_3)_3 + 9 H_2O = 400,17$. Das im Handel erscheinende Salz ist im auffallenden Lichte blau, im durchfallenden rot gefärbt. Lösungen werden aus Chromhydroxyd und Salpetersäure oder Chromalaun und Bleinitrat (bzw. Kalziumnitrat) gewonnen. Durch Alkali oder Chromhydroxyd werden basische Salze erzeugt, so z. B. das H. Schmidsche $Cr_2(OH)_3(NO_3)_3$. Die Nitrate dissoziieren leichter als die Chloride.

Salpeteressigsaures Chrom, Chromnitrazetat. Durch teilweisen Ersatz der Salpetersäure durch Essigsäure entstehen die salpeteressig sauren Salze von verschiedener Zusammensetzung: $Cr_2(NO_3)_3(C_2H_3O_2)_3$, $Cr(NO_3)(C_2H_3O_2)_2$ u. ä.

Chlorsaures Chrom, Chromchlorat. $Cr(ClO_3)_3 = 302,4$. Die violette oder grüne Lösung kann durch Umsetzung von 499 T. Chromalaun mit 644 T. Bariumchlorat gewonnen werden. In der Kälte erzeugt, ist die Lösung violett, über 65° grün. Durch Auflösen von Chromhydroxyd entstehen basische Salze. Die Haltbarkeit der Lösungen ist sehr beschränkt; schon in wenigen Tagen tritt Zersetzung ein.

Chromsaures Chromoxyd, Chromchromat[1]**.** $Cr_2(CrO_4)_3 + 9 H_2O$. Es wird nach v. Gallois durch Lösen von frisch gefälltem Chromhydroxyd in warmer Chromsäure erhalten[2].

Basisches Chromchromat, $Cr(OH)(CrO_4)$, ist eine nicht haltbare Verbindung, die durch Abstumpfen des normalen Salzes erhalten wird.

Chromsulfatchromat, $Cr_2(OH)_2(SO_4)(CrO_4)$, ist eine gut haltbare Lösung, die nach v. Gallois bereitet wird: 1 kg Chromalaun wird mit 860 g Kristallsoda gefällt, der Niederschlag in 196 g konzentrierter Schwefelsäure gelöst und dieser Lösung 150 g Natriumbichromat hinzugegeben.

Chromoxydnatron, alkalische Chrombeizen. Nach H. Schmid kann eine alkalische Beize durch direktes Lösen von Chromoxydhydrat in Natronlauge erhalten werden. 1000 T. Chromalaun werden mit 330 T. kalzinierter Soda gefällt und der gewaschene Niederschlag in 50 T. Natronlauge (30° Bé) gelöst. — H. Koechlin benutzt glyzerinhaltige Beizen, die er durch Mischen von 250 ccm Chromazetat (20° Bé), 320 ccm Natronlauge (38° Bé), 10 ccm Glyzerin (30° Bé) und 420 ccm Wasser erhält. Diese alkalischen Beizen, die zum Teil nicht lange haltbar sind, geben ihr Chromoxyd mit Leichtigkeit an die Baumwollfaser ab und erfordern keine Fixierungsmittel[3].

Chrom-Ammoniumsulfit wird nach Prud'homme durch Mischen von 45 T. Chromkali, 20 T. Soda, 100 T. Ammoniumbisulfit 36° Bé, 100 T. Ammoniak und 1 l Wasser erhalten und soll von der Zusammensetzung $Cr(NH_4SO_3)_3$ sein.

Chromoxalat.

Chromlaktat und Chromtartrat.

---

[1]) Auch als Chrombeize GAII [M], die neben der Beize noch Essigsäure enthält, im Handel.

[2]) 1 kg Chromalaun wird mit 860 g krist. Soda gefällt und das Chromoxyd in 300 g Chromsäure gelöst.

[3]) S. a. Erban, Chem.-Ztg. 1913, 709.

Kaliumbichromat, rotes oder doppeltchromsaures Kali, Chromkali. $K_2Cr_2O_7 = 294{,}2$; L. k. W. $= 10 : 100$; L. h. W. $= 94 : 100$; $68{,}1\%$ CrO_3. Luftbeständige, wasserfreie Kristalle. Seine Hauptverunreinigung ist Kaliumsulfat und ein geringer wasserunlöslicher Rückstand. Auch Natriumsalze[1]) und neutrales chromsaures Salz sind im Chromkali mitunter anzutreffen. Das Salz ist stark giftig und ätzend. Die Wasserlöslichkeit bei verschiedenen Temperaturen wird verschieden angegeben. Nach Alluard lösen 100 T. Wasser bei

0°	10°	20°	30°	40°	50°	60°	70°	80°	90°	100° C
4,6	7,4	12,4	18,4	25,9	35,0	45,0	56,7	68,6	81,1	94,1 T. $K_2Cr_2O_7$.

Der Chromsäuregehalt einer guten Ware beträgt gewöhnlich 67,5 bis 68,0% CrO_3, was beinahe einer chemisch reinen Ware entspricht. Der Gesamtchromsäuregehalt wird meist jodometrisch (s. o.), die Schwefelsäure gravimetrisch bestimmt. — Freie Chromsäure kann durch die Blaufärbung der Ätherschicht auf Zusatz von säurefreiem Wasserstoffsuperoxyd nachgewiesen werden. 2,5—5 g Chromkali, in 40—50 ccm Wasser gelöst, werden mit 10 ccm H_2O_2 und 20 ccm Äther versetzt und gut gemischt.

Neutrales Chromat im Bichromat bestimmt Mc. Culloch, indem er 2,5—5 g Bichromat in 40—50 ccm Wasser löst, dieser Lösung 10 ccm H_2O_2 und 20 ccm Äther zusetzt und die Lösung in einem Glasstöpselzylinder von 100—120 ccm unter häufigem Schütteln tropfenweise mit $^1/_{10}$ n. Schwefelsäure bis zur Blaufärbung des Äthers titriert. In diesem Moment ist alles Chromat in Bichromat übergegangen, und die ersten Spuren freier Chromsäure veranlassen Blaufärbung.

1 ccm $^1/_{10}$ n. Säure $= 0{,}01942$ g $K_2CrO_4 = 0{,}0162$ g Na_2CrO_4, bzw. 0,01 g CrO_3 als normales Chromat.

Bichromat. Nach den auf S. 164 ff. besprochenen Chrom- und Chromsäurebestimmungsmethoden wird das gesamte Chrom bzw. die gesamte Chromsäure, gleichgültig, ob als normales oder saures Chromat vorliegend, bestimmt. Alkalimetrisch kann ferner das Bichromat, vom normalen Chromat gesondert, ermittelt und aus diesem Befund unter Berücksichtigung der Gesamtchromsäure berechnet werden, wieviel saures und wieviel normales Chromat in einem Salz vorhanden ist. Die Titration beruht darauf, daß das normale Chromat gegen Phenolphthalein neutral reagiert, während das saure Salz Phenolphthalein entfärbt. Die Chromatlösung wird direkt mit $^1/_{10}$ n. Lauge (Phenolphthalein) bis zur beginnenden Rotfärbung titriert[2]). Besser gibt man einen Überschuß an Lauge zu und titriert mit Säure zurück. Da die Eigenfarbe der Chromate an sich schon sehr intensiv ist, muß man mit stark verdünnten Lösungen arbeiten.

1 ccm $^1/_{10}$ n. Alkali $= 0{,}01$ g CrO_3 als Bichromat.

---

[1]) Besonders in gemahlener Ware wird Natriumbichromat bisweilen als Verfälschung angetroffen (Lauber, Färb.-Ztg., 1890/91, 296).

[2]) Nach Lunge mit recht guten Ergebnissen.

Für die meisten Zwecke der Färberei ist es gleichgültig, ob die Chromsäure als normales oder saures Chromat vorliegt; beispielsweise überall da, wo die Chromsäure durch Säure freigemacht wird.

Natriumbichromat, saures oder doppeltchromsaures Natron, Chromnatron. $Na_2Cr_2O_7 + 2 H_2O = 298{,}03$; zerfließlich; $67{,}1\%$ CrO_3. Das Natriumsalz ist im Gegensatz zum Kaliumsalz kristallwasserhaltig, hydroskopisch und in Wasser zerfließlich. Es verliert bei etwa $100°$ sein Kristallwasser und bildet dann das wasserfreie Salz mit $76{,}4\%$ CrO_3. Auch als solches wird es in Form einer bröckeligen Masse bzw. in Platten oder Krusten in den Handel gebracht mit einem durchschnittlichen Gehalt von $73—74\%$ CrO_3. Es ist stärker verunreinigt als das Kaliumsalz. Außer dem Gehalt an Natriumsulfat und unlöslichen kohligen Substanzen ist der Wassergehalt durch Trocknen bei etwas über $100°$, ferner der Gesamtsäuregehalt (wie beim Chromkali) zu kontrollieren.

Ammoniumbichromat, Metachrombeize [A] oder Autochrombeize [M], $(NH_4)_2Cr_2O_7$. Die Meta- oder Autochrombeize entsteht im Bade durch Umsetzung von Chromkali und Ammonsulfat.

Technische Prüfung der Chrombeizen und deren Hilfsbeizen.

Bei der praktischen Beurteilung der Chrombeizen und vor allem der Hilfsbeizen (wie Ameisensäure, Laktolin, Milchsäure, Weinstein, Lignorosin, Vegetalin usw.[1]) kommt es auf eine ganze Reihe von Gesichtspunkten an, die sich wiederum je nach den mehr oder weniger günstigen Beizansätzen und Verhältnissen der Beize zu der Hilfsbeize verschieben: 1. Abgabe der absoluten und relativen Chrommenge an die Faser, 2. Verhältnis von fixiertem Chromoxyd zu der fixierten Chromsäure, 3. etwaige ungünstige Beeinflussung der Reißfestigkeit der gebeizten Wollfaser, 4. Beeinflussung der Qualität der Färbung in bezug auf Egalität und Echtheit, 5. Wirtschaftlichkeit und Kostenfrage. Diese Fragen hat v. Kapff zum Teil recht eingehend untersucht[2]).

Die Gesamt-Chrommenge der Faser wird durch Veraschen der gebeizten Wolle gewichtsanalytisch oder durch Ausfärbung der gebeizten Wolle mit einem Überschuß eines chromziehenden Farbstoffes bestimmt. Bei Ausführung der letzteren Methode werden die gebeizten Wollproben, um etwaige Chromsäure auf der Faser zu Chromoxyd zu reduzieren, zunächst eine Stunde mit 3% Milchsäure und 1% Schwefelsäure gekocht und dann nach v. Kapff am zweckmäßigsten mit Cochenille oder reinem Alizarin ausgefärbt. Man verwendet 20% pulverisierte Cochenille oder 40% Alizarin in Teig vom Gewicht der Wollfaser. Die Tiefe der Färbungen ist der fixierten Chrommenge proportional. Auf solche Weise fand v. Kapff, daß Ameisensäure oder Laktolin mit Säure (bei $1^1/_2\%$ Chromkali) 100%, Laktolin ohne Säure etwa 80%, Vegetalin

---

[1]) Von den früheren Geheimpräparaten, die heute keine Rolle mehr spielen, seien noch erwähnt: Flickolin, Chromfixateur, Tartarfluvin, flüssiger Weinsteinersatz, Chromredukteur, Egalisol, Framolin usw.

[2]) Leipz. Monatschr. f. Textilind. 1902, 664; Färb.-Ztg. 1902, Nr. 20 und 21.

etwa 90% und Lignorosin etwa 90% des gesamten in der Beizflotte enthaltenen Chroms fixierten.

Chromoxyd oder Chromsäure. Je mehr oder je wirksamere Reduktionsmittel beim Ansieden verwendet werden, um so mehr Chromsäure wird in Chromoxyd verwandelt, um so klarer fallen im allgemeinen die Farbtöne aus und um so mehr wird die Wolle geschont. In bezug auf Reduktionskraft nehmen die Hilfsbeizen folgende Reihenfolge ein: Milchsäure, Weinstein, Ameisensäure, Oxalsäure, Schwefelsäure.

Je mehr Chromsäure auf der Faser fixiert ist, desto trüber fallen im allgemeinen die Farbtöne aus, desto größer pflegt aber dafür die Walkechtheit zu sein.

Je schneller die Chromsäure auf dem Faden zu Chromoxyd reduziert wird, desto unegaler fällt die Beizung und die Färbung aus.

Das Verhältnis von Chromsäure zu Chromoxyd stellt v. Kapff färberisch durch vergleichende Ausfärbungen mit reinem Hämatoxylin bzw. reinem Hämatein (von E. Merck, Darmstadt) fest. Hämatoxylin gibt mit Chromoxyd keinen, dagegen mit Chromsäure einen schönen blauschwarzen Lack. Hämatein wird andererseits durch Chromsäure zu einem unscheinbaren Grau überoxydiert, während es mit Chromoxyd ein blumiges Blauschwarz ergibt. Zu einer vergleichenden Ausfärbung auf normal starker Chrombeize genügen 0,8% Hämatoxylin bzw. 0,15% Hämatein.

In gleicher Weise können andere chromsäureempfindliche Farbstoffe, wie z. B. Säurealizarinblau BB [M] als Reagens auf Chromsäuregehalt der Faser verwendet werden.

Aber auch das bloße Auge gibt schon einen guten Anhalt dafür, ob die Faser stark chromsäurehaltig ist, da der Chromsäuregehalt den reingrünen Farbton des Chromoxyds sichtbar gelber erscheinen läßt. In gleicher Weise läßt sich die Erschöpfung des Bades mit bloßem Auge beurteilen: Wenn alles Chrom auf die Faser gezogen ist, dann erscheint das Beizbad wasserhell, im anderen Falle mehr oder weniger gelb gefärbt. In besonderen Fällen kann das Bad in exakt-analytischer Weise untersucht werden.

Faserschwächung. Die etwaige Faserschwächung der chromgebeizten bzw. ausgefärbten Wolle wird auf dynamometrischem Wege bestimmt, und zwar im Vergleich zu der ungebeizten und ungefärbten Wolle[1]. Bei diesen und den vorher erwähnten Versuchen sollte man sich, falls es sich um die Ausprobierung eines Beizverfahrens handelt, nicht auf Laboratoriums- Beiz- und Färbeversuche beschränken, sondern im Fabrikbetrieb hergestellte Muster benutzen.

Becke arbeitete zur Ermittelung der Wollschädigung zwei analytische Methoden aus[2]. Er bedient sich bei der einen dieser Methoden der Biuretreaktion mit Natronlauge und Kupfersulfat. Um festzustellen, wieviel Wollsubstanz beim Ansieden mit Bichromat in Lösung

---

[1] Über das Nähere der Ausführungen s. Heermann, Mechanisch- und physikalisch-technische Textiluntersuchungen. Berlin: Julius Springer.

[2] Färb.-Ztg. 1912, 45; 1912, 305.

gegangen ist, wird zunächst in 200 ccm der Badflüssigkeit die überschüssige Chromsäure mit Bleiazetat gefällt, filtriert, im Filtrat das
überschüssige Blei mit Bisulfit gefällt, wieder filtriert, im Filtrat das
Chromhydroxyd kochend mit Ammoniak gefällt, wieder filtriert und
dieses Filtrat von 200 ccm auf 30 ccm eingedampft. Hiervon werden
5 ccm mit 5 ccm n. Natronlauge und 1 ccm $n/_{20}$ Kupfersulfatlösung versetzt, umgeschüttelt und nach einstündigem Stehen die Tiefe der Violettfärbung der überstehenden klaren Lösung kolorimetrisch mit einer
Wollösung von bestimmtem Gehalt verglichen. Je tiefer diese Färbung
ist, um so mehr Wollsubstanz ging in Lösung. Becke fand auf diese
Weise folgende Wollsubstanzverluste: Bei Verwendung von Milchsäure
0,075%, bei Weinstein 0,1%, bei Weinstein und Schwefelsäure 0,15%,
bei Ameisensäure 0,15%, bei Oxalsäure 0,25%.

Die Vergleichslösungen von Wolle stellt Becke wie folgt her. 1 g genau
gewogener Kaschmirstoff wird in 50 ccm n. Natronlauge auf dem Wasserbade
gelöst, mit etwa 200 ccm Wasser verdünnt, mit 50 ccm n. Salzsäure neutralisiert
und zur Vertreibung des freigemachten Schwefelwasserstoffs $^1/_4$ Stunde gekocht,
wobei sich die Wollsubstanz teilweise in käsigen Flocken abscheidet. Durch
5—10 ccm n. Lauge wird sie wieder in Lösung gebracht. Nach dem Abkühlen
wird die Lösung auf 500 ccm gebracht. Zur Herstellung der Vergleichsskala werden
0—0,5—1; 1,5 usw. bis 5 ccm der Lösung (entsprechend 0—0,001 usw. bis 0,01 g
Wollsubstanz) mit 5 ccm n. Lauge und 1 ccm $n/_{20}$ Kupfervitriollösung vermischt,
auf gleiche Volumina mit Wasser gebracht und 1 Stunde stehen gelassen. Die
Wollösung hält sich mindestens 14 Tage lang.

Die gebräuchlichsten oder früher gebräuchlich gewesenen Beizansätze mit Chromkali sind:

1. $1^1/_2$% Chromkali $+ 1^1/_2$—2% Ameisensäure, 85%ig.
2. $1^1/_2$—2% Chromkali $+ 3$—4% Laktolin (eventuell $+ 0,5$% Schwefelsäure).
3. 2—3% Chromkali $+ 3$—4% Milchsäure.
4. $1^1/_2$% Chromkali $+ 3$% Milchsäure $+ ^1/_2$% Schwefelsäure.
5. 2% Chromkali $+ 3$—4% Lignorosin $+ 1$% Schwefelsäure.
6. 2% Chromkali $+ 3$—4% Vegetalin $+ 3$% Essigsäure.
7. 3—4% Chromkali $+ 2^1/_2$—3% Weinstein.
8. 3—4% Chromkali $+ 2$—4% Oxalsäure.
9. 3—4% Chromkali $+ 1$% Schwefelsäure.

Eisenverbindungen.

Bestimmung des Eisens.

Bei der Bestimmung des Eisens hat man zu berücksichtigen, daß
es als Oxydulsalz oder Oxydsalz vorliegen kann. Man hat also oft
außer dem Gesamteisengehalt das Verhältnis von Eisenoxydul zu
Eisenoxyd zu bestimmen. a) Gesamteisen. Gravimetrisch als
Eisenoxyd. Die Eisenlösung wird nach etwaiger Oxydation von Ferrosalz zu Ferrisalz (mit chlorsaurem Kali o. ä.) mit Salmiak versetzt, in
einer Porzellanschale (oder im Jenaer Becherglas) auf etwa 70° erhitzt,
mit Ammoniak in geringem Überschuß gefällt, filtriert, mit heißem
Wasser gewaschen, getrocknet, im Porzellantiegel verbrannt, dann all-

mählich erhitzt und zuletzt über dem Bunsenbrenner geglüht und als Fe_2O_3 gewogen. Starkes Erhitzen vor dem Gebläse verwandelt das Fe_2O_3 zum Teil in Fe_3O_4 und ist deshalb zu vermeiden.

b) **Oxydul und Oxyd. Titrimetrisch mit Chamäleonlösung.** Ferrosalze werden in saurer Lösung durch Kaliumpermanganat zu Ferrisalzen oxydiert:

$$2\,KMnO_4 + 10\,FeSO_4 + 8\,H_2SO_4 = K_2SO_4 + 2\,MnSO_4 + 8\,H_2O$$
$$+\,5\,Fe_2(SO_4)_3.$$

Man ist danach in der Lage, 1. den Eisenoxydulgehalt eines Salzes oder einer Lösung durch direkte Titration, 2. den Gesamteisengehalt nach Reduktion des Ferrisalzes zu Ferrosalz, 3. den Oxydgehalt aus der Differenz zu bestimmen.

$$1\ ccm\ ^1/_{10}\ n.\ Chamäleonlösung = 0,005584\ g\ Fe = 0,007184\ g\ FeO$$
$$= 0,007984\ g\ Fe_2O_3.$$

Die Ferrosalzlösung muß mit Schwefelsäure stark angesäuert (auf 100 ccm Lösung etwa 5 ccm konzentrierte Schwefelsäure), mit ausgekochtem Wasser auf 4—500 ccm verdünnt und in der Kälte mit Chamäleonlösung bis zur bleibenden Rötung titriert werden. Bei Anwesenheit von Salzsäure bzw. Chloriden wird ein Überschuß von Mangansalz[1]), am besten Manganosulfat, der zu titrierenden Lösung zugesetzt. Die Reduktion der Ferrisalze zu Ferrosalz kann u. a. auf einfache Weise durch metallisches Zink geschehen, dessen Wirkungswert Chamäleon gegenüber festzustellen ist. Verbraucht das Zink meßbare Mengen Permanganat, so wird das für die Reduktion benutze Zink abgewogen, nötigenfalls auch das ungelöst zurückbleibende zurückgewogen und der Wirkungswert von den verbrauchten Kubikzentimetern Chamäleonlösung in Abzug gebracht. Man reduziert mit etwa 3—5 g Zink in der Kälte oder besser auf dem Wasserbade, bis ein mittels eines Kapillarrohres herausgenommener Tropfen mit Rhodankalium keine Rotfärbung mehr gibt, die Reduktion also vollendet ist. Zwecks Abschließung des atmosphärischen Sauerstoffs verwendet man einen sogenannten Ventilkolben oder den Contat-Göckelschen Aufsatz[2]).

c) **Oxydul. Titrimetrisch mit Bichromatlösung.** Wie Bichromat (s. S. 166) mit Eisenoxydulsalz, so kann umgekehrt Eisenoxydulsalz mit Bichromatlösung titriert werden. Der Endpunkt wird durch Tüpfelung mit verdünnter, höchstens 2%iger Ferrizyankaliumlösung erkannt. Die Konzentration der Ferrosalzlösung soll etwa 0,1 bis 0,15 g Eisen in 100 ccm betragen, die Reaktion soll sauer sein. Man verwendet meist $^1/_{10}$ n. Kaliumbichromatlösung, welche durch Lösen von 4,904 g chemisch reinem, bei 130° C getrocknetem Salz zu 1 l bereitet wird.

$$1\ ccm\ ^1/_{10}\ n.\ Kaliumbichromatlösung = 0,005584\ g\ Fe = 0,007184\ g\ FeO$$
$$= 0,039214\ g\ Mohrsches\ Salz.$$

---

[1]) Zimmermann und Reinhardt benutzen von folgender Mangansalzlösung 6—8 ccm auf 500 ccm zu titrierender Lösung: 67 g krist. Mangansulfat, 138 ccm Phosphorsäure (spez. Gew. 1,7) und 130 ccm Schwefelsäure (spez. Gew. 1,82) in 1 l.

[2]) Von Lunge empfohlen. Zu beziehen von Dr. Göckel, Berlin NW 6.

d) **Gesamteisen. Kolorimetrische Methode** s. u. Wasser S. 42.

Eisenvitriol, grüner Vitriol, Ferrosulfat, schwefelsaures Eisenoxydul (Kupferwasser, Vitril). $FeSO_4 + 7\,H_2O = 278{,}01$; L. k. W. $= 60:100$; L. h. W. $= 333:100$; $25{,}84\%$ FeO. Der reine grüne Vitriol bildet blaß-bläulichgrüne Kristalle, die in trockener Luft unter Verwitterung undurchsichtig weiß, in feuchter Luft unter Oxydation gelbbraun anlaufen. Die wässerigen Lösungen setzen an der Luft braunes Oxydhydrat bzw. basisches Oxydsulfat ab.

Der Gehalt an Eisenoxydul und Gesamteisen wird nach S. 174 ermittelt. Man verwendet zum Lösen frisch ausgekochtes luftfreies Wasser.

Absichtliche Verfälschungen des Salzes kommen kaum vor. Als Verunreinigungen kommen in Betracht: Eisenoxyd und Eisenoxydsalze, welche in schwach salzsaurer Lösung durch Ferrozyankalium und Rhodankalium nachgewiesen werden. Kupfer weist man nach, indem man die salzsaure Lösung mit Salpetersäure bei Siedehitze oxydiert, mit überschüssigem Ammoniak fällt und filtriert; die bläuliche Farbe des Filtrates deutet auf Kupfer. Geringere Mengen werden noch deutlich nachgewiesen, indem man das ammoniakalische Filtrat mit Salzsäure schwach ansäuert und etwas Ferrozyankaliumlösung zusetzt, wodurch eine rotbraune Fällung oder Trübung von Kupfereisenzyanür entsteht. Zink wird durch Einleiten von Schwefelwasserstoff in die neutrale oder schwach essigsaure, von Kupfer und Eisen befreite Lösung als Schwefelzink nachgewiesen. Mangan, das sehr häufig im Eisenvitriol vorkommt, erkennt man an der braunen Fällung, welche das Filtrat vom basischen Eisenazetatniederschlage beim Erhitzen nach Zusatz von Natronlauge und Bromwasser gibt. Zum Nachweis von Tonerde (welche für manche Verwendungszwecke besonders schädlich ist) behandelt man den Eisenniederschlag mit heißer, reiner Natronlauge in einer Platinschale, verdünnt, filtriert ab, neutralisiert das Filtrat mit Essigsäure und kocht (oder setzt Chlorammonium zu der schwach alkalischen Lösung im Überschuß zu), wodurch vorhandene Tonerde ausfällt (s. a. u. Tonerde).

Basisches Ferrisulfat, Eisenoxydsulfat, Eisenbeize, Schwarzbeize, Rostbeize, Rouille. $Fe_4(OH)_2(SO_4)_5$ bis $Fe_2(OH)_2(SO_4)_2$ (Basizitätszahl 2,19—1,75). Im Mittel etwa: $Fe_8(OH)_6(SO_4)_9$, Basizitätszahl 2,00. Die Eisenbeize kommt meist als $50°$ Bé schwere, sirupdicke, braunrote Flüssigkeit in den Handel. Sie soll möglichst klar und frei von kristallinischen Niederschlägen sein. Bei $50°$ Bé beträgt ihr Gesamteisengehalt etwa 13—14%, der Schwefelsäuregehalt etwa 26—28%. Der Gehalt an Eisenoxydul soll höchstens 1% betragen. Die Bezeichnung „salpetersaures Eisen“, welche der Herstellung der Eisenbeize mit Hilfe von Salpetersäure ihre Entstehung verdankt, ist irreführend und sollte bei dieser Beize lieber vermieden werden. Das normale Ferrisulfat, $Fe_2(SO_4)_3$, wird in der Färberei nicht gebraucht, da das basische Salz als Beize wirksamer ist und zwar um so wirksamer, je basischer es ist. Der Basizität sind aber durch die notwendig verlangte Haltbarkeit Schranken gestzt. Eine Beize von der Basizität 2,00 entspricht sowohl allen Anforderungen an Haltbarkeit als auch an Wirksamkeit bzw. Metallabgabe an die Faser. Die Basizität läßt sich in der Fabrikation noch wesentlich weiter treiben. So stellte Heermann[1]) fest, daß die Basizitätszahl durch direkte Alkalizugabe bis auf etwa 1,87[2]) heruntergedrückt werden kann, daß diese Beize weit wirksamer ist und sich auch unbenutzt leidlich hält. Durch Kontakt mit Faserstoffen, mechanischen Verunreinigungen usw. scheidet sich aber leicht ein noch basischeres, unlösliches Salz aus, von der Zusammensetzung $Fe_5(OH)_7(SO_4)_4$ und der Basizitätszahl 1,41—1,42, wodurch die Beize unbrauchbar wird.

Man kann demnach von einer gut gearbeiteten Eisenbeize die Basizitätszahl 2,00 und zugleich gute Haltbarkeit im Betriebe verlangen. Liechti und Suida gaben, allerdings vor längerer Zeit (1884), als normale Zusammensetzung einer Beize $Fe_4(OH)_2(SO_4)_5$, Basizitätszahl etwa 2,2, an. Eine solche Beize muß heute als eine recht saure bezeichnet werden, und ihre Metallabgabe bei der primären Beizung der Seide beträgt nach Heermann[3]) etwa nur 60% gegenüber der normalbasischen Beize von der Basizitätszahl 2,00.

Basizitätsbestimmung. Etwa 5 ccm der konzentrierten Eisenbeize werden genau gewogen, mit 500—600 ccm Wasser verdünnt und auf dem Wasserbade erhitzt oder mit kochendheißem Wasser übergossen. Bei basischem Salz tritt schnell Spaltung ein. Die heiße Lösung wird nach flockiger Ausscheidung des Eisenoxydhydrats 1. entweder filtriert, das Filter bis zur neutralen Reaktion ausgewaschen und das Filtrat gegen Phenolphthalein mit n. Lauge titriert, oder aber 2. ohne zu filtrieren direkt mit dem Eisenniederschlag titriert. Im letzteren Falle wirkt das gefällte Eisenoxydhydrat nur insoweit hinderlich, als es den Endpunkt etwas verdeckt. Man läßt gegen Schluß der Titration von Zeit zu Zeit den Niederschlag einen Augenblick absetzen und beobachtet, ob die klare Flüssigkeitsschicht rosa gefärbt ist. Meist ist der Säuregehalt annähernd bekannt, so daß die Titration schnell beendet ist.

$$1 \text{ ccm n. Alkali} = 0{,}049 \text{ g } H_2SO_4.$$

Das Gesamteisen wird nach Reduktion von 1 ccm der 50grädigen oder 2 ccm einer 30grädigen Beize, welche genau abgewogen werden, mit Zink durch nachfolgende Titration mit $^1/_5$ n. Chamäleonlösung ermittelt.

$$1 \text{ ccm } ^1/_5 \text{ n. Chamäleonlösung} = 0{,}011168 \text{ g Fe.}$$

Die Basizitätszahl wird durch Division des Schwefelsäuregehaltes (als H_2SO_4 berechnet) durch den Eisengehalt (als metallisches Eisen berechnet) erhalten. H_2SO_4 : Fe = Basizitätszahl.

Beispiel: 26,95% H_2SO_4, 12,86% Fe, Basizitätszahl: 2,09.
26,95% H_2SO_4, 13,45% Fe, Basizitätszahl: 2,00.

Verunreinigungen. Als normale Verunreinigungen kommen Eisenoxydulsalze (0,1—0,2%) und Salpetersäure (0,02—0,1%) vor. Der Eisenoxydulgehalt wird direkt durch Chamäleontitration einer größeren Menge Eisenbeize (etwa 10 g) nach Verdünnung und starkem Ansäuern mit

---

[1]) Färber-Ztg. 1904, 89.
[2]) Dieser Beize käme etwa die Formel zu: $Fe_{15}(OH)_{13}(SO_4)_{16}$.
[3]) Färb.-Ztg. 1904, 90.

Schwefelsäure festgestellt. 1 ccm $^1/_{10}$ n. Chamäleonlösung = 0,005584 g Fe bzw. 0,007184 g FeO. Salpetersäure wird qualitativ nach einer der bekannten Methoden nachgewiesen. Quantitativ kann sie (nach Ausfällung des Eisens) nach der Arndschen oder Ulschschen Methode oder durch Titration mit Indigokarmin (s. Salpetersäure in Wasser) oder kolorimetrisch bestimmt werden.

Technischer Versuch. Wird die Beize, was meist der Fall ist, für Seide gebraucht, so wird die Abgabe von Eisen an die Faser untersucht. Man beizt entbastete Seide eine Stunde in einer 30° Bé starken Eisenbeize kalt, wäscht darauf gut in fließendem Wasser, reinigt mit 50° warmem Wasser, seift kochend, reinigt wieder, trocknet bei gewöhnlicher Temperatur oder bei 110° bis zur Konstanz und bestimmt den Aschengehalt. Je mehr Eisenoxyd eine Beize seifenkochecht an die Seidenfaser abgibt, desto wirksamer ist sie.

Eisenammoniakalaun, Ferriammoniumsulfat. $Fe_2(SO_4)_3 + (NH_4)_2SO_4 + 24 H_2O$; in 3—4 T. Wasser löslich. Das Salz kann von der Herstelllung kleine Mengen Ferrosulfat und Salpetersäure einschließen.

Eisenkalialaun, Ferrikaliumsulfat. $Fe_2(SO_4)_3 + K_2SO_4 + 24 H_2O$; in 5 T. k. W. löslich.

Eisenchlorid, Ferrichlorid. $FeCl_3 + 6 H_2O = 270,32$; zerfließlich. Feste, gelbe Stücke oder konzentrierte Lösung. Es muß in Wasser klar löslich sein und nur Spuren Ferrochlorid (Prüfung mit Ferrizyankalium) enthalten. Als Verunreinigungen kommen noch Kupfer, Zink und Mangan vor. Freie Salzsäure erkennt man an dem Salmiaknebel, der sich bei Annäherung von Ammoniak an die schwach erwärmte, konzentrierte Lösung bildet; freies Chlor und salpetrige Säure verursachen Blaufärbung von angefeuchtetem Jodzinkstärkepapier, das dicht über die erwärmte Lösung gehalten wird.

Eisennitrat, Ferrinitrat; Ferrinitrosulfat, salpeterschwefelsaures Eisenoxyd. Reines Ferrinitrat kommt kaum vor; die als solche in dem Handel befindlichen Lösungen von braunroter Farbe sind mehr oder weniger Salpetersäure haltende Ferrisulfatlösungen von sehr schwankender Zusammensetzung. Sie werden ebenso untersucht wie Ferrisulfatbeize. Der Salpetersäuregehalt wird am besten nach Entfernung des Eisens nach der Methode von Arnd oder Ulsch (s. d.) bestimmt.

Essigsaures, holzessigsaures, holzsaures Eisen; Schwarzbeize[1]). Diese Eisenoxydulbeize kommt als schwarzgrüne, stark nach Holzteer riechende Lösung in den Handel. Das reine essigsaure Eisen kann durch Umsetzung von Bleizucker mit Ferrosulfat erzeugt werden. Es heißt auch, da für Chamois empfohlen, „Chamoisbeize“. Der wichtigere Handelsartikel wird durch Sättigen von roher Holzessigsäure mit Eisenspänen gewonnen und in Stärke von meist 12—15° Bé, zuweilen auch 20—30° Bé, in den Handel gebracht. Letztere Konzentrationen enthalten mehr teerige Bestandteile, die sich zum Teil schon beim Verdünnen ausscheiden. Je länger die Ware verschlossen lagert, desto besser und teerfreier wird sie.

---

[1]) Nicht zu verwechseln mit basischem Ferrisulfat, das auch „Schwarzbeize“ genannt wird.

Die Prüfung des holzsauren Eisens erstreckt sich meist nur auf die Grädigkeit, Haltbarkeit in unverdünntem und verdünntem Zustande und auf die Wirksamkeit, welche durch einen technischen, der Verwendung angepaßten Versuch bestimmt wird. Man verlangt eine Beize, die gut abgelagert ist, also keinen Überschuß an ungelösten, teerigen Bestandteilen enthält, die in der zu beizenden Faser Flecke verursachen kann. Ein gewisser Teergehalt in gelöster Form ist hingegen notwendig, da er nicht nur die Oxydation der Beize im Bade hintanhält, sondern auch die Fixation der Beize auf der Faser erleichtert und der Beize ihre spezifischen koloristischen Eigenschaften verleiht.

Als häufige Verunreinigung kam früher Eisenvitriol vor, welcher stets zu beanstanden und auf Verfälschung oder Betriebsmängel zurückzuführen ist. So enthält beispielsweise eine Ware beträchtliche Mengen Sulfat, die durch Umsetzung von Ferrosulfat mit holzsaurem Kalk hergestellt worden ist (5—6—7% SO_3). Zulässig in guter Ware sind nur Spuren von Schwefelsäure und anderen Mineralsäuren. Desgleichen sollen keine nennenswerten Mengen Ferrisalze (Nachweis durch Ferrozyankalium in angesäuerter Lösung) zugegen sein.

Kleine Mengen überschüssiger freier Säure lassen sich bei der starken Färbung der Beize schwer bestimmen. Eine nicht ganz einwandfreie Feststellung der Gesamtsäure läßt sich durch Titrieren und Kochen mit überschüssiger Normallauge und Rücktitration des Laugenüberschusses mit Normalsäure annähernd bestimmen; dabei muß die Beize aber sehr stark verdünnt werden. Außerdem könnte die Gesamtessigsäure durch Destillation und Titration des Destillates festgestellt werden (s. S. 80).

Eine gute, „gesunde"Beize von 12—13° Bé mit reinem Wasser auf etwa das 250fache verdünnt und damit geschüttelt, soll allmählich eine schöne blaue Färbung geben, die langsam ins Grünliche umschlägt und undurchsichtig wird.

Die teerigen Bestandteile der Beize sind dieselben wie bei der rohen Holzessigsäure (s. S. 79 und 80).

Volumen-Gewicht und Gehalt von holzsaurem Eisen (18° C).

°Bé	gFe_2O_3 im Liter	°Bé	gFe_2O_3 im Liter	°Bé	gFe_2O_3 im Liter	°Bé	gFe_2O_3 im Liter
15,0	80	11,7	60	8	40	4,3	20
14,1	75	10,7	55	7,1	35	3,4	15
13,2	70	9,9	50	6,1	30	2,4	10
12,4	65	9,0	45	5,2	25	1,4	5

Zinkstaub und Zinkverbindungen.

Bestimmung des Zinks.

a) Als Zinkoxyd. Karbonat, Nitrat, Azetat und Oxalat des Zinks gehen beim Glühen an der Luft quantitativ in Zinkoxyd über. Das Zinksulfat läßt sich so nicht bestimmen. Es kann durch Fällung als

12*

Karbonat ausgeschieden und durch Glühen in Zinkoxyd verwandelt werden. Die schwach saure (ammonsalzfreie) Zinklösung wird kalt mit Sodalösung bis zur beginnenden Trübung versetzt, zum Sieden erhitzt und nun unter Zusatz von Phenolphthalein mit Sodalösung bis zur deutlichen Rosafärbung titriert. Sämtliches Zink fällt alkalifrei als Karbonat aus.

b) **Als Zinkoxyd nach Volhard.** Chlorzink geht beim Kochen mit überschüssigem Merkurioxyd quantitativ in Zinkoxyd über. Die neutrale Zinkchloridlösung wird in gewogener Platinschale mit einem großen Überschuß von in Wasser aufgeschlämmtem, gelbem Merkurioxyd versetzt und im Wasserbade zur Trockne verdampft. Die trockene Masse wird unter gutem Abzug erst gelinde erhitzt, dann kräftig geglüht und als Zinkoxyd (ZnO) gewogen.

c) **Als Zinksulfid.** Zur Trennung des Zinks aus ammonsalzhaltigen Lösungen von alkalischen Erden oder Alkalien wird das Zink mit Schwefelwasserstoff aus ammoniakalischer oder essigsaurer Lösung als Sulfid gefällt, mit Schwefel im Wasserstrom erhitzt und als Schwefelzink (ZnS) gewogen.

d) **Titrimetrisch nach Schaffner.** Die Zinksalzlösung die von Schwermetallen (mit Schwefelwasserstoff), vom Eisen, Mangan (mit Brom) usw. befreit sein muß, wird mit einer Schwefelnatriumlösung von bekanntem Gehalt (s. a. u. Schwefelnatrium) titriert, bis ein Überschuß der letzteren durch Tüpfelung auf Bleikarbonatpapier (sogenanntem „Polkapapier“) erkannt wird (Schwärzung des Papiers). Die Methode liefert nur bei einiger Übung brauchbare Ergebnisse; sonst entstehen leicht Differenzen bis zu 1% und mehr.

e) **Titrimetrisch nach Galetti-Springer.** Die alte Galettische Methode beruht auf der Umsetzung des Zinks mit Ferrozyankalium in erster Phase zu Ferrozyanzink und zu einem Doppelsalz im weiteren Verlauf:

$$1.\ 2\,ZnCl_2 + K_4FeCy_6 = Zn_2FeCy_6 + 4\,KCl.$$
$$2.\ 3\,Zn_2FeCy_6 + K_4FeCy_6 = 2\,Zn_3Fe_2K_2Cy_{12}.$$

Nach der Modifikation von Springer[1]) werden gegebenenfalls erst die störenden Kupfer-, Kadmium-, Bleisalze usw. durch Schwefelwasserstoffgas aus saurer Lösung entfernt. Ein aliquoter Teil des auf Volumen gebrachten Filtrates wird alsdann im Kochbecher mit Bromwasser erwärmt, bis klare Lösung eingetreten ist, das Eisen und Mangan mit 25 ccm Ammoniak gefällt und bis zum beginnenden Sieden erhitzt; dann wird sofort von der Flamme entfernt und mit einer Kaliumferrozyanidlösung titriert, bis ein Tropfen der Reaktionsflüssigkeit, in eine essigsaure Eisenchloridlösung (0,05 g $FeCl_3$ + 10 ccm Eisessig zu 100 ccm gelöst) getüpfelt, durch Blaufärbung den Überschuß von Ferrozyankalium anzeigt. Die ausgeschiedenen Hydrate von Eisen und Mangan beeinträchtigen hierbei das Ergebnis nicht.

Die Titerstellung der Ferrozyankaliumlösung geschieht empirsich, indem 0,25 g chemisch reines Zink in 5 ccm Salzsäure gelöst, mit Wasser

---

[1]) Ztschr. f. angew. Chem. 1917, 173. Berlin: Julius Springer.

auf etwa 200 ccm verdünnt, mit 25 ccm Ammoniak versetzt, zum Sieden erhitzt und mit einer Kaliumferrozyanidlösung von 32,49 g chemisch reinem Salz in 1000 ccm titriert werden. 0,25 g Zink verbraucht 24,9 bis 25 ccm dieser Lösung.

Neuerdings erhöht die Genauigkeit dieses Verfahrens und vereinfacht es Urbach[1]), indem er das Tüpfeln ausschaltet. Er setzt der Zinksalzlösung direkt 0,3—0,4 mg Eisen in Form von Eisenchlorid zu, ferner 3 Tropfen Salzsäure (1 : 1) auf 150 ccm Lösung und titriert bei Siedehitze mit Ferrozyankaliumlösung. Zunächst werden schätzungsweise 5—10 ccm an Ferrozyankaliumlösung weniger zugegeben, als im ganzen erforderlich sind; nach etwa 10 Sekunden tritt Entfärbung der ursprünglich eintretenden Blaufärbung ein, und dann wird langsam weiter titriert, bis nach je 10 Sekunden langem Warten kein Verschwinden der Blaufärbung eintritt. Man hat dann den Endpunkt gewöhnlich überschritten und titriert mit der Zinksalzlösung — immer wieder in der noch heißen Lösung — auf Weiß zurück. Auf solche Weise kann mehrmals hin und her titriert und der Endpunkt ganz genau getroffen werden. Der blaue Endton ist stundenlang haltbar. Durch Vorschaltung eines Wasserstoffentwicklungsapparates kann die sonst sich leicht oxydierende Ferrozyankaliumlösung monatelang unverändert gehalten werden; durch Zusatz von 0,2 g Soda im Liter wird diese Lösung zweckmäßig schwach alkalisch gehalten.

Zinkstaub. $Zn = 65{,}37$; wasserunlöslich. Der Zinkstaub besteht aus einem Gemisch von fein verteiltem metallischen Zink und Zinkoxyd mit etwas Kadmium, Eisen, Blei, Arsen, mitgerissenen Erzpartikelchen und Kohle. Bisweilen enthält er erhebliche Mengen Chlor (Binder). Im Handel wird gewöhnlich ein Produkt mit einem garantierten Metallgehalt von 90% verlangt.

Von einem guten Zinkstaub wird ferner verlangt, daß er äußerst fein verteilt ist, weder sichtbare, noch beim Verreiben zwischen den Fingern fühlbare Körnchen enthält und sich gleichmäßig staubartig anfühlt. Über die Gleichmäßigkeit des Pulvers gibt eine mikroskopische Beschauung bei geringer Vergrößerung guten Aufschluß. Der Gehalt an metallischem Zink wird nach Reduktions- und gasometrischen Verfahren bestimmt. Am gebräuchlichsten dürfte die Chromatmethode sein.

Gehaltsbestimmung. Drewsens Chromatmethode[2]) beruht auf dem Reduktionsprozeß: $2\,CrO_3 + 6\,H = Cr_2O_3 + 3\,H_2O$, bzw. $K_2Cr_2O_7 + 3\,Zn + 7\,H_2SO_4 = Cr_2(SO_4)_3 + 3\,ZnSO_4 + K_2SO_4 + 7\,H_2O$ und $K_2Cr_2O_7 + 6\,FeSO_4 + 8\,H_2SO_4 = Cr_2(SO_4)_3 + 3\,Fe_2(SO_4)_3 + KHSO_4 + 7\,H_2O$. Vermittels des Zinks wird Chromsäure reduziert und der Überschuß der Chromsäure durch Ferrosalz zurückgemessen.

Durch Auflösen von 40 g reinem geschmolzenen Chromkali in 1 l wird die Chromatstammlösung hergestellt; die Ferrosulfatlösung wird durch Auflösen von etwa 200 g unverwittertem Salz in 10%iger Schwefelsäure zu 1 l bereitet. Zur Feststellung des Verhältnisses beider Lösungen zueinander werden 20 ccm der Ferrosalzlösung genau abgemessen, einige

---

[1]) Chem.-Ztg. 1922, S. 54. [2]) Ztschr. f. anal. Chem. 1880, 50.

Kubikzentimeter Schwefelsäure und 50 ccm Wasser zugesetzt und mit der Bichromatlösung titriert, bis ein Tropfen der Eisenlösung mit einem Tropfen Ferrizyankaliumlösung auf einer Porzellanplatte keine blaue oder grünliche Färbung mehr erzeugt. Nach einer Vorprobe wird eine zweite Titration ausgeführt.

Alsdann werden 0,5 g Zinkstaub in ein Becherglas geschüttet, 50 ccm der Bichromatlösung und 5 ccm verdünnte Schwefelsäure (1 : 3) zugesetzt, mehrfach umgerührt, nochmals 5 ccm derselben Schwefelsäure zugegeben und während $^1/_4$ Stunde häufig umgerührt. Wenn alles bis auf einen kleinen erdigen Rest gelöst ist, setzt man 100 ccm Wasser, 10 ccm reine Schwefelsäure und 25 ccm der Ferrosulfatlösung hinzu, rührt um und läßt von der Eisenlösung aus der Bürette weitere Mengen von je 1 ccm solange unter Umrühren zufließen, bis ein Tropfen der Lösung beim Tüpfeln mit Ferrizyankalium eine deutliche, blaue Färbung gibt. Darauf wird mit der Bichromatlösung bis zum Verschwinden dieser Reaktion zurücktitriert. Man zieht von dem Gesamtverbrauch an Bichromatlösung die Anzahl Kubikzentimeter ab, welche dem zugesetzten Ferrosulfat entsprechen, multipliziert das in den übrig bleibenden Kubikzentimetern Bichromatlösung enthaltene Gewicht des $K_2Cr_2O_7$ mit 0,6666 und findet so das in der angewandten Menge Zinkstaub enthaltene metallische Zink[1]).

$$1 \text{ g verbrauchtes } K_2Cr_2O_7 = 0{,}6666 \text{ g metallisches Zink.}$$

In diesem Wirkungswert des Zinks sind auch andere reduzierend wirkende Metalle, Eisen und Kadmium, eingeschlossen; der gefundene Wert für den Zinkgehalt ist also in Wirklichkeit stets etwas zu hoch.

Lithopone ist ein Gemisch von Zinksulfid und Bariumsulfat in wechselnden Mengen und dient als Deckfarbe und als Substrat für Lackfarben.

Zinkvitriol, Zinksulfat. $ZnSO_4 + 7\,H_2O = 287{,}54$; L. k. W. = 140 : 100, L. h. W. = 650 : 100. Farblose Kristalle, welche äußerlich dem Bittersalz ähnlich sind und an trockener Luft verwittern. Eine häufiger vorkommende Verunreinigung ist Mangansulfat. Seltener kommen Sulfate von Eisen, Kupfer, Kalzium und Magnesium vor. Ein Eisengehalt ist zu beanstanden: Die Ware darf weder mit gelbem noch mit rotem Blutlaugensalz Blaufärbung oder -Fällung erzeugen. Mangan scheidet sich mit Eisen beim Übersättigen der wässerigen Lösung mit Ammoniak beim Stehen an der Luft als Hydroxyd aus. Kupfer wird vermittels Schwefelwasserstoffes aus der angesäuerten Lösung abgeschieden.

Chlorzink, Zinkchlorid. $ZnCl_2 = 136{,}3$; zerfließlich. Das wasserfreie Chlorid ist eine durchscheinende, weißliche Masse vom spezifischen Gewicht 2,75 (Zinkbutter) und stark ätzenden Eigenschaften. In den Handel kommt es in Form von Stücken, die man gewöhnlich nur auf ihre Löslichkeit in Wasser (Freisein von Oxychlorid) prüft. Die ebenfalls im Handel vorkommenden Lösungen prüft man auf freie Säure (Entfärbung von Ultramarinpapier) und auf ihr spezifisches Gewicht.

---

[1]) Nach Lunge-Berl.

Spez. Gewicht und Gehalt wässeriger Lösungen bei $19,5°$ C (Krämer).

% $ZnCl_2$	spez. Gew.	% $ZnCl_2$	Spez. Gew.	% $ZnCl_2$	Spez. Gew.
5	1,045	25	1,238	45	1,488
10	1,091	30	1,291	50	1,566
15	1,137	35	1,352	55	1,650
20	1,186	40	1,420	60	1,740

Zinkazetat, essigsaures Zink. $Zn(C_2H_3O_2)_2 + 2\ H_2O = 219,47$; leicht wasserlöslich. Das Handelsprodukt stellt kleine, perlmutterglänzende Kristalle dar. Eine Lösung wird leicht durch Mischen von 8—10 T. Zinkvitriol und 4—5 T. essigsaurem Natron in 100 T. Wasser erhalten. Man prüft das Handelsprodukt wie Zinkvitriol.

Zinkbisulfit, $Zn(HSO_3)_2$, kommt als $20°$ Bé starke Lösung vor.

Zinkhypochlorit, auch „Varrentrappsches Bleichsalz“ genannt, kommt vereinzelt an Stelle anderer unterchlorigsaurer Salze zur Verwendung. Die Prüfung findet wie bei diesen statt.

Zinknitrat, $Zn(NO_3)_2 + 6\ H_2O$. Farbloses, zerfließliches Salz.

Zinkoxydnatrium, Natriumzinkat wird durch Lösen von 0,5 kg Zinkoxyd in 1 kg 30%iger Natronlauge und 10 l Wasser erhalten.

Milchsaures Zink, Zinklaktat.

Ferrozyanzink. Wird als Beize für basische Farbstoffe zweckmäßig in der Faser selbst durch Ferrozyankalium und Zinkvitriol erzeugt.

Zinkweiß, Schneeweiß, $ZnO = 81,37$; wasserunlöslich. Das Zinkweiß von blendend weißer Farbe wird auch Schneeweiß genannt, dasjenige mit geringem Stich ins Gelbliche heißt Zinkweiß. Die Produkte müssen locker, geruch- und geschmacklos sein. Sie sollen sich in Essigsäure leicht und ohne Rückstand und ohne Aufbrausen (Karbonat!) lösen, und der in der Lösung durch Ätzkali bewirkte Niederschlag soll im Überschuß des Fällungsmittels vollkommen löslich sein. Beim Befeuchten mit Schwefelammonium darf sich Zinkoxyd weder dunkel (Blei, Eisen) noch gelblich (Kadmium) färben. Es muß bei Luftabschluß aufbewahrt werden, da es sonst unter Aufnahme von Kohlensäure und Wasser körnig wird. Der Wassergehalt, der bei sehr niedriger Temperatur zu bestimmen ist, darf 2—3% nicht übersteigen. Es findet als Substrat für Lackfarben Verwendung.

Kupferverbindungen.

Bestimmung des Kupfers.

a) **Gravimetrisch als Kupferoxyd.** Die von organischer Substanz und Ammonsalzen freie Lösung wird zum Sieden erhitzt und tropfenweise mit Kalilauge versetzt, bis der Niederschlag dunkelbraun wird und die Lösung gegen Lackmuspapier schwach alkalisch reagiert. Man filtriert, wäscht mit heißem Wasser bis zur neutralen Reaktion, trocknet, äschert das Filter für sich ein, glüht in einem Porzellantiegel erst gelinde, dann bei vollem Bunsenbrenner und wägt als CuO.

b) **Als Kupfersulfür.** Man erhitzt die mit etwa 5 ccm konzentrierter Schwefelsäure pro 100 ccm versetzte Lösung zum Sieden, leitet

Schwefelwasserstoff bis zum Erkalten ein und filtriert (am besten mit Platinkonus), wäscht mit essigsäurehaltigem Schwefelwasserstoffwasser. bis Methylorange im Filter keine Schwefelsäure anzeigt, saugt nun mit schwachem Druck ab und trocknet bei 90—100°. Alsdann wird der getrennte Niederschlag und das getrennt verbrannte Filter im Roseschen Tiegel mit reinem Schwefel im Wasserstoffstrom erst gelinde, dann bei vollem Teclubrenner erhitzt, wobei das Cuprisulfid in Cuprosulfid übergeht. Man läßt im Wasserstoffstrom erkalten und wägt das braunschwarze bis schwarze Cu_2S.

c) **Als Kupferrhodanür.** Die neutrale oder schwach schwefel- oder salzsaure Lösung versetzt man mit überschüssiger schwefliger Säure und hierauf tropfenweise mit Rhodanammonium in geringem Überschuß, wobei zuerst ein grünlicher (Rhodanid), dann ein rein weißer Niederschlag entsteht. Man läßt einige Stunden absetzen, filtriert durch ein bei 110—120° getrocknetes und gewogenes Filter, wäscht erst mit kaltem SO_2haltigen Wasser, später mit reinem Wasser bis zur schwachen Rhodanreaktion (mit Ferrichlorid) des Filtrates, trocknet bei 110—120° C und wägt das $Cu_2(CNS)_2$. S. a. u. Rhodanammonium S. 97. Nach Fenner und Forschmann[1]) kann das Rhodanür durch Glühen in der Muffel quantitativ in Kupferoxyd verwandelt und als solches zur Wägung gebracht werden.

d) **Titrimetrisch nach Volhard[2]).** Silber, Quecksilber, Chlor, Brom, Jod, Zyan dürfen nicht zugegen sein und werden vorher abgeschieden. Die Methode besteht in der Ausfällung des Kupfers aus einer nahezu neutralen, heißen, mit SO_2 gesättigten Lösung als Rhodanür (c) durch einen geringen Überschuß einer abgemessenen Menge Rhodanammoniumlösung von bekanntem Gehalt und im Zurücktitrieren des Überschusses des Fällungsmittels in der Kälte (nach Zusatz von Ferrisulfat und Salpetersäure) mit einer Silbernitratlösung.

Die salpeter- oder schwefelsaure Lösung wird anähernd mit chlorfreier Soda oder Ätznatron neutralisiert; dann setzt man für je 0,5 g Cu etwa 50 ccm gesättigte, wässerige, schweflige Säure zu, erhitzt zum Sieden und fällt mit einem Überschuß einer auf Silber gestellten Rhodanammoniumlösung (der Silbertiter mit 0,5892 multipliziert, ergibt den Kupfertiter). Man nimmt die Fällung zweckmäßig in einem $^1/_2$ l-Kolben vor, verdünnt bis zur Marke, läßt kurze Zeit stehen und filtriert einen aliquoten Teil durch ein trockenes Filter. 100 ccm des Filtrates werden darauf mit 5 ccm kaltgesättigter Eisenalaunlösung und einigen Tropfen reiner Salpetersäure versetzt und bis zum Verschwinden der Eisenrhodanidfärbung mit auf Rhodanammoniumlösung gestellter Silberlösung titriert. Hieraus berechnet sich die zur Fällung des Kupfers gebrauchte Rhodanmenge und der Kupfergehalt der Substanz.

1 ccm $^1/_{10}$ n. Rhodanammonlösung = 0,006357 g Cu.

1 ccm $^1/_{10}$ n. Rhodanammonlösung = 0,010788 g Ag.

---

[1]) Chem. Ztg. 1918, 205.
[2]) S. a. Theodor, Chem.-Ztg. 1908, 889 und Kuhn, Chem.-Ztg. 1908, 1056.

e) **Kolorimetrisch.** Geringe Mengen und Verunreinigungen durch Kupfer werden kolorimetrisch durch Vergleich mit einer bekannten Kupferlösung (etwa 1 mg Cu in 1 ccm Lösung) nach Zusatz von Ammoniak ermittelt. Die Bedingungen, auch der Ammoniakgehalt, müssen für beide Lösungen genau die gleichen sein.

Kupfervitriol, Kupfersulfat, schwefelsaures Kupfer, Blaustein, Cyper. $CuSO_4 + 5 H_2O = 249,71$; L. k. W. $= 40 : 100$; L. h. W. $= 203 : 100$. Blaue, durchsichtige Kristalle. Theoretischer Gehalt an metallischem Kupfer $= 24,48\%$. 100 T. Wasser lösen bei:

$10°$	$20°$	$30°$	$50°$	$70°$	$90°$	$100°$
37	42	49	66	95	156	203 T. $CuSO_4 + 5 H_2O$.

Die Hauptverunreinigung des Salzes ist Ferrosulfat, seltener Zink- und Nickelsulfat; fast immer sind Spuren von Wismut, Arsen und Antimon vorhanden. Gewöhnlich wird nur auf Abwesenheit von Eisen geprüft, indem man die wässerige Lösung mit Ammoniak übersättigt, wobei etwa vorhandenes Eisen ausfällt.

Spezifisches Gewicht und Gehalt der Lösungen bei $15° C$.

1	5	10	15	20	25% $CuSO_4 + 5 H_2O$
1,007	1,033	1,069	1,114	1,152	1,193 spezifisches Gewicht.

Kupferchlorid. $CuCl_2 + 2 H_2O = 170,52$; L. k. W. $= 60 : 100$; in h. W. $=$ zerfließlich. Dieses Salz kommt kristallisiert oder als konzentrierte Lösung (z. B. von $40° Bé$) in den Handel. Die Hauptverunreinigungen sind Eisen, Schwefelsäure und Alkalisalze.

Spezifisches Gewicht und Gehalt der Lösungen bei $17,5° C$ (Franz).

5	10	15	20	25	30	35	40% $CuCl_2$ wasserfrei.
1,045	1,092	1,157	1,222	1,292	1,362	1,445	1,528 spezifisches Gew.

Neutrales essigsaures Kupfer, Kupferazetat. $Cu(C_2H_3O_2)_2 + H_2O = 199,65$. **Basisch essigsaures Kupfer, Grünspan, blauer Grünspan.** $Cu(C_2H_3O_2)OH + 2^1/_2 H_2O = 184,65$. Das neutrale Salz, welches auch „kristallisierter" oder „destillierter" Grünspan heißt, kommt in dunkelblaugrünen Kristallen in den Handel, die leicht wasserlöslich, gewöhnlich sehr rein und nur durch geringe Spuren Eisen verunreinigt sind. Man prüft es auf seine Reinheit wie den Kupfervitriol.

Das basische Salz, der eigentliche oder „französische Grünspan" bildet blaue Schuppen und Nadeln und ist wasserunlöslich. Er soll sich in reiner verdünnter Salpetersäure klar und ohne Aufbrausen lösen. Seine wichtigste Verunreinigung ist ebenfalls Eisen.

Holzsaures Kupfer wird bisweilen für ordinäre Artikel angewendet.

Kupfernitrat, salpetersaures Kupfer. $Cu(NO_3)_2 + 3 H_2O$ bzw. $+ 6 H_2O$; zerfließlich. Das zerfließliche Salz ist meist stark verunreinigt durch Nitrate von Blei, Zink und Natrium, sowie Sulfate von Kupfer

und Natrium. Die nicht absichtlich verunreinigte Ware enthält bis zu
7% an Verunreinigungen[1]). Geringe Verwendung.

Schwefelkupfer, Kupfersulfid. CuS = 95,63; wasserunlöslich. Das
Schwefelkupfer kommt als Paste mit einem garantierten Kupfergehalt
in den Handel. Da es sich unter Sauerstoffaufnahme leicht zu Kupfersulfat oxydiert, muß es unter Wasser aufbewahrt werden. Bei der Prüfung des Handelspräparates kommt es auf den Gesamtkupfergehalt
und auf denjenigen an gelösten Kupfersalzen an. Man bevorzugt frische
Ware mit möglichst wenig Kupfersulfat.

Zur Herstellung werden z. B. 375 T. Kupfersulfat mit 390 T. Schwefelnatrium (kristallisiert) gefällt, gewaschen und auf 540 T. abgepreßt.

Rhodankupfer, Kupferrhodanür, $Cu_2(CNS)_2$, als weißer Teig im
Handel.

Schwefelessigsaures Kupfer, von verschiedener Zusammensetzung.

**Saures weinsaures Kupfer, chlorsaures Kupfer, chromsaures
Kupfer** beanspruchen kein allgemeines Interesse.

Bleiverbindungen.

Bestimmung des Bleis.

a) **Gravimetrisch als Bleioxyd.** Karbonat, Nitrat und Peroxyd
des Bleis können durch Glühen über kleinem Flämmchen in bedecktem
Porzellantiegel in Bleioxyd, PbO, übergeführt werden. Bei dem Nitrat,
das leicht dekrepitiert, ist Vorsicht geboten.

b) **Als Bleisulfat.** Das Chlorid oder Nitrat des Bleis wird in einer
Porzellanschale mit verdünnter Schwefelsäure versetzt, im Wasserbade eingedampft, über kleiner Flamme bis zum Entweichen von SO_3-Dämpfen erhitzt und erkalten gelassen. Hierauf fügt man wenig Wasser zu, rührt
um, läßt einige Stunden stehen, filtriert, wäscht, eventuell zuletzt mit
Alkohol, bis zum Verschwinden der Schwefelsäurereaktion im Filtrat, trocknet, verascht das Filter gesondert, vereinigt die Asche mit dem Niederschlag im gewogenen Porzellantiegel, glüht und führt etwa entstandenes
Blei durch einige Tropfen verdünnter Salpeter- und Schwefelsäure wieder
in Sulfat über, glüht schwach und wägt als $PbSO_4$. Liegt das Blei als
Azetat vor, so versetzt man mit verdünnter Schwefelsäure und dem
doppelten Volumen Alkohol, filtriert nach einigen Stunden und verfährt wie oben.

$$1 \text{ g } PbSO_4 = 0{,}6832 \text{ g } Pb.$$

Bleizucker, Bleiazetat, essigsaures Blei. $Pb(C_2H_3O_2)_2 + 3\ H_2O$
= 379,32; L. k. W. = 60 : 100; L. h. W. = 200 : 100. Ist wie alle wasserlöslichen Bleisalze giftig. Es verwittert an trockener Luft unter Abgabe
von Wasser und Essigsäure sowie unter Aufnahme von Kohlensäure.
Eine gute, frische Ware muß sich in Wasser klar lösen.

Holzsaures Blei, brauner Bleizucker wird aus rohem Holzessig und Glätte hergestellt, ist schmutzig gelbbraun gefärbt und kommt
im geschmolzenen Zustande mit einem brenzlichen Geruch in den Handel.

---

[1]) Lunge-Berl.

Der Essigsäuregehalt kann entweder durch Destillation oder einfacher nach Salomon bestimmt werden, indem man die Lösung mit titrierter Kalilauge bei Gegenwart von Phenolphthalein stark alkalisch macht und den Überschuß mit gestellter Essigsäure bis zum Verschwinden der Rotfärbung zurücktitriert. Aus der Differenz ergibt sich die an Blei gebundene Essigsäure. Bleiessig wird zunächst mit titrierter Essigsäure angesäuert, Kalilauge im Überschuß zugesetzt und dann mit Essigsäure zurücktitriert.

Basisch essigsaures Blei, Bleiessig. $Pb(C_2H_3O_2)_2 + PbO$; $2\,Pb(C_2H_3O_2)_2 + PbO$ usw. Das basische Salz wird durch Lösen von 1 T. Bleiglätte in 2—3 T. Bleizucker erhalten. Das Handelsprodukt wird wie Bleizucker geprüft. Die Lösung reagiert gegen Lackmuspapier alkalisch und ist nicht haltbar.

Salpetersaures Blei, Bleinitrat. $Pb(NO_3)_2 = 331{,}22$; L. k. W. $= 60 : 100$. Farblose Kristalle, die selten nennenswert verunreinigt sind. Zur Prüfung auf Verunreinigungen führt man das Blei in Sulfat über und untersucht das Filtrat auf Kupfer, Eisen und Kalzium.

Vermittels Bleinitrats aufgedrucktes Chromorange kann beim Heißtrocknen Entzündung der Ware verursachen.

Schwefelsaures Blei, Bleisulfat. $PbSO_4 = 303{,}26$; fast unlöslich in Wasser. Wasserhaltige Paste oder Pulver, rein weiß oder gelblich gefärbt. Für die meisten Zwecke ist nur die rein weiße Ware zu gebrauchen. Die Untersuchung erstreckt sich gewöhnlich nur auf die Bestimmung des Bleigehaltes. Man löst eine Durchschnittsprobe von einigen Gramm in einer heißen konzentrierten Lösung von Ammoniumazetat, filtriert und fällt aus der verdünnten Lösung mit Schwefelsäure reines Bleisulfat. Als Verunreinigungen und Zusätze kommen vor: Bariumsulfat (Schwerspat) und Gips, die in Ammoniumazetat unlöslich sind.

Chromsaures Blei, Bleichromat, Chromgelb, $PbCrO_4$, kommt als Paste oder Pulver in den Handel und dient als Druckfarbe. Auch wird es auf der Faser selbst erzeugt. Durch Behandlung mit heißer Kalkmilch geht das neutrale Bleichromat in basisches Chromat, das Chromorange, über[1]).

Es ist eine feurig gelbe Substanz von hohem spezifischen Gewicht und großer Deckkraft. Seine Herstellung erfolgt aus Kaliumbichromat und Bleizucker, und zwar bekommt man ein rot- oder ein grünstichiges Produkt, je nachdem man die Fällung alkalisch oder sauer vornimmt. Zur Herstellung des rotstichigen Chromgelbs werden gleichzeitig a) die Lösung von 300 g Kaliumbichromat und 80 g kalzinierter Soda in 3 l Wasser und b) die Lösung von 760 g Bleizucker in 6 l Wasser in 30 l Wasser eingegossen, der Niederschlag absitzen gelassen, dreimal dekantiert und filtriert. Grünstichiges Chromgelb wird erhalten durch Zusammengießen von a) einer Lösung von 250 g Bleizucker in $2\frac{1}{2}$ l Wasser und von b) der Lösung von 50 g Kaliumbichromat in $1\frac{1}{4}$ l Wasser und 30 g Schwefelsäure von 66° Bé, Nach dem Absitzenlassen wird dekantiert und ausgewaschen.

---

[1]) S. Heermann, Technologie der Textilveredelung.

Basisch chromsaures Blei, Chromorange kommt wie das vorige in Paste oder als Pulver vor und wird zu Druckzwecken benutzt. Auf der Faser wird es aus Chromgelb und Kalkmilch hergestellt.

Überbleisaures Kali, zur Herstellung von Bleibister auf der Faser von Bonnet empfohlen.

Bleisaures Natron, Natriumplumbat, ist gleichfalls von Bonnet empfohlen.

Bleisaurer Kalk, Kalziumplumbat, Ca_2PbO_4, ist von Kaßner in Vorschlag gebracht worden.

Mennige. Pb_3O_4, rotes Bleioxyd, ist ein rotes, schweres Pulver und wird zuweilen als Substrat für rote Lackfarben verwendet.

Zinnverbindungen.

Bestimmung des Zinns.

Das Zinn kommt in der Oxydul- und in der Oxydform vor. Deshalb ist häufig nicht nur das Gesamtzinn, sondern auch die Oxydationsstufe des Zinns zu ermitteln.

a) **Gravimetrisch als Zinnoxyd bzw. Zinndioxyd** (SnO_2). Enthält die Lösung nur Zinn, und zwar in Form von **Stannisalz** (z. B. Chlorid), so versetzt man sie mit einigen Tropfen Methylorange und hierauf solange mit Ammoniak, bis die rote Farbe in Gelb umschlägt. Zu der so neutralisierten Lösung fügt man noch Ammonnitrat zu, verdünnt auf etwa 300 ccm, erhitzt zum Sieden, filtriert, wäscht mit heißem ammonnitrathaltigem Wasser, trocknet, glüht im Porzellantiegel und wägt als SnO_2.

$$1\ g\ SnO_2 = 0{,}7877\ g\ Sn.$$

Ein Neutralisieren kann unterbleiben, wenn nicht viel überschüssige Säure vorhanden ist. Löwenthal versetzt erst mit Ammoniak bis zur Gelbfärbung und dann mit Salpetersäure bis zur Rosafärbung des Methylorange, setzt noch Ammonnitrat zu, erhitzt längere Zeit zum Kochen und verfährt wie oben. Die Fällung in schwach saurer Lösung ist immer vorzuziehen, wenn außer Zinn noch Spuren anderer Salze (alkalische Erden, Eisen u. ä.) zugegen sind. Enthält die Lösung Stannosalz, so wird erst mit Wasserstoffsuperoxyd oder Bromwasser oxydiert, das Brom weggekocht und wie oben verfahren (= Gesamtzinn).

Enthält die Lösung nichtflüchtige organische Säuren, so muß das Zinn als Sulfid abgeschieden werden (s. u. b).

b) **Fällung als Zinnsulfid.** In die stark verdünnte saure Lösung, gleichgültig, ob das Zinn als Stanno- oder Stannisalz vorliegt, wird Schwefelwasserstoff bis zur Sättigung eingeleitet, stehen gelassen, bis der Geruch nach Schwefelwasserstoff fast verschwunden ist und filtriert. Nach dem Trocknen wird vorsichtig erhitzt, zuletzt bei vollem Teclubrenner oder vor dem Gebläse (nötigenfalls mit etwas Ammonkarbonat zur Entfernung der letzten Schwefelsäurereste) geglüht und als SnO_2 gewogen = Gesamtzinn.

c) Titrimetrisch. Die titrimetrische Bestimmung beruht auf der Oxydation des Stannosalzes zu Stannisalz und kann sowohl für die Bestimmung des ersteren als auch des Gesamtzinns angewandt werden. Im ersteren Falle wird das vorliegende Präparat nach Lösung direkt titriert, im zweiten Falle wird das Gesamtzinn zuerst in Stannosalz übergeführt und erst dann titriert. Die Methode eignet sich besonders für unreine Präparate (bei Gegenwart von Phosphorsäure usw.) und ergibt Resultate, die mit der gravimetrischen Bestimmung sehr gut übereinstimmen. Als oxydimetrische Titerflüssigkeit eignet sich u. a. Eisenchlorid in stark salzsaurer Lösung. Die Analyse eines Chlorzinns wird wie folgt ausgeführt[1]). Eine 0,2—0,3 g Zinn enthaltende Menge Lösung wird mit etwas verdünnter Salzsäure und mit reinen Aluminiumspänen versetzt und etwa 20—30 Minuten kalt stehen gelassen; nach dieser Zeit muß noch ein geringer Überschuß an metallischem Aluminium vorhanden sein, andernfalls ist solches zuzufügen. Nun wird Kohlensäuregas in den Kolben eingeleitet, konzentrierte Salzsäure zugesetzt und das schwammig ausgeschiedene, metallische Zinn unter Erwärmen gelöst. Nach erfolgter Lösung läßt man im Kohlensäurestrom erkalten, setzt noch einige Kubikzentimeter Salzsäure, Jodkaliumlösung sowie Stärkelösung zu und titriert mit einer Eisenchloridlösung von bekanntem Wirkungswert bis zur bleibenden Blaufärbung. Die Blaufärbung tritt mit dem Ende der Titration nicht sofort ein, man muß vielmehr einige Augenblicke warten, sobald die Titration sich dem Ende nähert. Aus dem Verbrauch an Eisenchloridlösung berechnet man den Gehalt an Zinn. $2 \, FeCl_3 + SnCl_2 = 2 \, FeCl_2 + SnCl_4$.

Die Eisenchloridlösung wird durch Lösen von 27,5 g kristallisiertem Eisenchlorid und 25 ccm konzentrierter Salzsäure zu 975 ccm bereitet und alsdann so eingestellt, daß 1 ccm der Lösung 0,01 g Zinn entspricht (in besonderen Fällen 0,001 g Zinn). Die Einstellung geschieht gegen chemisch reines Zinn. Es werden z. B. 0,4 g chemisch reines Zinn (bzw. von bekanntem Gehalt) abgewogen, mit Salzsäure im Kohlensäurestrom gelöst, und dann wird wie bei der Analyse verfahren.

d) Die Titration mit Chamäleonlösung ergibt gegenüber den theoretischen etwas zu niedrige Werte. Die Einzelbestimmungen stimmen aber untereinander scharf überein, und die Methode ist betriebsbrauchbar, wenn der Wirkungswert der Chamäleonlösung gegen Zinn festgestellt ist und die Zimmermann-Reinhardtsche Manganlösung mitverwandt wird (s. Fußnote zu S. 175).

e) Fichter und Müller[2]) empfehlen eine von Zschokke ausgearbeitete und von ihnen nachgeprüfte Titrationsmethode für die verschiedensten, auch phosphorsäurehaltigen Zinnverbindungen, die auf der Reduktion von Bromat durch Stannosalze zu Bromid beruht: $3 \, SnCl_2 + 6 \, HCl + 3 \, HBrO_3 = 3 \, SnCl_4 + HBr + 3 \, H_2O$ (oder kurzweg: $3 \, Sn^{\cdot\cdot} + 6 \, H^{\cdot} + BrO_3' = 3 \, Sn^{\cdot\cdot\cdot\cdot} + Br' + 3 \, H_2O$). Wenn alles Stannosalz

---

[1]) Methode von Th. Goldschmidt. Vgl. auch Chem.-Ztg. 1905, 179 und 1905, 276.

[2]) Chem.-Ztg. 1913, 309.

in Stannisalz übergeführt ist, so reagiert weiter zugesetztes Bromat in ausreichend salzsaurer Lösung mit Bromwasserstoff unter Freiwerden von Brom, dessen gelbe Farbe sehr scharf das Ende der Reaktion anzeigt: $HBrO_3 + 5\,HBr = 3\,Br_2 + 3\,H_2O$. Man verfährt wie folgt:

20 ccm einer schwach sauren Stanno- oder Stannichloridlösung (mit etwa 5,95 g Zinn im Liter) werden in einem Rundkölbchen mit etwa 0,15 g zerschnittenem Aluminiumdraht (bzw. mit Aluminiumspänen) versetzt, wobei das gesamte Zinn bei gewöhnlicher Temperatur in kurzer Zeit ausfällt und das Aluminium in Lösung geht. Man gibt dann eine Mischung von 30 ccm konzentrierter Salzsäure und 20 ccm Wasser zu, verschließt das Kölbchen mit gutem Bunsenventil und erwärmt gelinde bis zum Sieden und Wiederauflösen des Zinns zu Zinnchlorür. Nun verschließt man das Ventil durch Herunterstoßen des Glasstabes, kühlt ab und titriert die kalte Lösung rasch mit Kaliumbromatlösung gerade bis zur Gelbfärbung. Bei raschem Arbeiten ist Kohlensäureatmosphäre entbehrlich. Die Bromatlösung enthält $^1/_{60}$ Molekül $= 2,7837$ g $KBrO_3$ im Liter. Nach obiger Gleichung entspricht 1 l Lösung $^1/_{20}$ Grammatom $= 5,95$ g Zinn. Der Wirkungswert der aus reinem, doppelt umkristallisiertem Bromat hergestellten Lösung wird jodometrisch kontrolliert. Die Endreaktion ist äußerst scharf und steht nicht einmal derjenigen beim Jodstärkeindikator nach.

f) Die Jodtitration des Zinns nach Young liefert zu niedrige Werte. Sie ist zwar brauchbar, wenn die Jodlösung empirisch gegen Stannochloridlösung von bekanntem Gehalt eingestellt wird, bietet aber keine Vorteile gegenüber den vorbesprochenen Verfahren.

$$1 \text{ ccm } n/_{10} \text{ Jodlösung} = 0,00594 \text{ g Sn.}$$

Außer der Bestimmung des Zinns in Zinnbeizen und anderen Zinnpräparaten kommt in der Praxis der Seidenfärberei vielfach der Nachweis oder die Bestimmung von Zinn in Seiden, Zinnpasten und Zinnaschen, Arbeitsbädern u. ä. vor. Diese Untersuchungen erfordern andere Verfahren und Wege, die hier kurz angedeutet sein mögen[1]).

1. Über den Nachweis und die Bestimmung von Zinn in erschwerten Seiden s. u. Seidenerschwerung (S. 316).

2. Zinnpasten und Zinnaschen. Man unterscheidet a) nasse Zinnpasten mit etwa 10—13% Zinn und b) trockene oder geglühte Zinnpasten oder Zinnaschen mit etwa 60—70% Zinn. Die ersteren werden unmittelbar aus Seidenpinkbetrieben durch Ausfällung des Zinns aus den Zinnwaschwässern und Filtration in einer Filterpresse gewonnen, die letzteren werden außerdem geglüht oder sonstwie getrocknet. Bei der Zinngehaltsbestimmung der Zinnpasten ist vor allem auf die Verunreinigungen durch Phosphorsäure Rücksicht zu nehmen, so daß die Verfahren der unmittelbaren Fällung mit Ammoniak o. ä. vielfach nicht anwendbar sind. Die Zinnaschen erfordern außerdem eine besondere Lösungsart, da sie in Säuren nicht unmittelbar löslich sind.

a) Nasse Zinnpasten. Eine in einem Kölbchen abgewogene Menge der Zinnpaste wird mit rauchender Salzsäure übergossen und unter Aufsetzung eines Glaskühlrohrs bis zur Lösung auf einem Drahtnetz erhitzt. Alsdann wird auf Volumen aufgefüllt, ein aliquoter Teil mit Wasser verdünnt, mit Schwefelwasserstoff als Zinnsulfid gefällt (s. S. 188 Verfahren b), getrocknet, geglüht und schließlich als Zinnoxyd gewogen. Auch ist die Titration mit Eisenchlorid (S. 189 Verfahren c) oder mit Bromat (Verfahren e) ausführbar.

---

[1]) Vgl. a. Ley, Die neuzeitliche Seidenfärberei, Julius Springer.

b) **Geglühte Pasten.** (Zinnaschen). Die Zinnaschen werden erst sehr fein gepulvert und dann entweder im Eisentigel mit Natriumsuperoxyd (s. u. Seidenerschwerung S. 307) geschmolzen oder in geschmolzenes Ätzkali eingetragen und etwa 5—10 Minuten in gelindem Fluß erhalten. Nach dem Erkalten wird die Schmelze in Wasser gelöst, mit Salzsäure angesäuert und das Zinn, wie bei nassen Pasten beschrieben, gewichtsanalytisch oder volumetrisch bestimmt.

3. **Zinn in Catechu- und Blauholzbädern.** 25 ccm des Bades werden mit 4 ccm technischer Natronlauge und dann zwecks Entfärbung des Bades mit 50 ccm technischem Wasserstoffsuperoxyd (3%ig) oder, noch besser, mit 2,5 g Kaliumpersulfat versetzt. Man läßt, eventuell über Nacht, stehen und kocht dann auf. Alsdann setzt man 25 ccm Salzsäure zu, läßt abkühlen, fügt 1 g Aluminiumspäne zu und bestimmt das ausgeschiedene Zinn nach Lösung in Salzsäure titrimetrisch mit Eisenchloridlösung oder nach einem anderen, vorbeschriebenen Verfahren (nach Angaben von Ley). S. a. Zinnbestimmung in **Phosphatbädern** unter Natriumphosphat (S. 130).

Zinnsalz, Zinnchlorür. $SnCl_2 + 2 H_2O = 225,65$; L. k. W. = 271 : 100; in der Hitze zersetzlich. Farblose Kristalle, denen meist noch etwas Mutterlauge anhaftet. Es enthält gewöhnlich nur die dem Zinn und der Salzsäure eigenen Verunreinigungen, ferner überschüssiges Wasser und überschüssige freie Salzsäure. Alte, abgelagerte Ware enthält oft **Zinnoxychlorid** ($SnOCl_2$), welches beim Lösen in Alkohol oder wenig Wasser durch die dabei entstehende Trübung kenntlich ist. Als Verfälschungsmittel wurden früher in großem Umfange **Bittersalz** und **Zinkvitriol** verwandt, welche wegen ihrer mit Zinnsalz äußeren Ähnlichkeit mit bloßem Auge nicht zu erkennen waren. Heute dürfte dieser absichtliche Zusatz wohl kaum vorkommen. Beim starken Verdünnen mit Wasser dissoziiert das Salz unter Bildung von Oxychlorür ($SnOHCl$), das bei Säurezusatz (Salzsäure, Weinsäure) in Lösung geht.

Als Verunreinigungen kommen ferner vor: Blei, Kupfer, Zink, Eisen, Arsen.

Sulfate werden mit Chlorbarium in bekannter Weise nachgewiesen. Bittersalz und Zinkvitriol, sowie Zinnoxychlorid bleiben beim Lösen in der fünffachen Menge absoluten Alkohols ungelöst.

Gehaltsbestimmung. Meist wird ein Gesamtzinngehalt von 51/52% garantiert. Chemisch reines Zinnsalz enthält 52,6% Zinn, 31,43% Chlor und 15,97% Wasser. Einem Gehalt von 51/52% Zinn entspricht demnach ein Gehalt von rund 97—99% $SnCl_2 + 2 H_2O$. In jüngster Zeit kommt vielfach 99/100%ige Ware in den Handel. Gesamtzinngehalt und Zinnchlorürgehalt werden nach besprochenen Methoden ermittelt. Die Gesamtsäure bzw. das azide Chlor wird durch direkte Titration der stark verdünnten Lösung mit n. Alkali und Methylorange bestimmt. Das ausgeschiedene Zinnhydroxydul beeinflußt die Titration nicht erheblich. Für gewöhnlich unterbleibt die Säurebestimmung und man begnügt sich mit der Feststellung des Zinngehaltes.

Basizität. Aus dem gefundenen Zinngehalt wird die zur Bildung des Chlorürs erforderliche Menge Chlor bzw. Salzsäure berechnet. Ein etwa gefundenes Mehr an Salzsäure entspricht freier Säure, ein Manko deutet auf Zinnoxychlorür.

1 T. Zinn erfordert in reiner Ware 0,596 T. Chlor.

Chlorzinn, Zinnchlorid, Pinke, Doppelchlorzinn[1]). $SnCl_4$ bzw. $SnCl_4 + 5 H_2O$ bzw. $SnCl_4 + 5 H_2O + xH_2O$. Das Chlorzinn kommt als „Chlorzinn fest", mit 5 Molekülen Wasser kristallisiert, „Chlorzinn flüssig", 50—60° Bé stark, und als „wasserfreies Chlorzinn" in den Handel. Das feste Chlorzinn bildet eine kristallinische Salzmasse von weißer bis grau-gelblicher Farbe, das flüssige Chlorzinn ist eine wasserhelle bis gelblich gefärbte Flüssigkeit und das wasserfreie Chlorzinn eine wasserhelle, an der Luft stark rauchende, bei 115° siedende Flüssigkeit mit einem Zinngehalt von 45,4% Zinn und einem spezifischen Gewicht von 2,26[2]). Aus dem wasserfreien Produkt kann durch Wasserzusatz das feste und durch weiteren Wasserzusatz das flüssige Chlorzinn gewonnen werden. Außer der Untersuchung der frischen Handelsware kommt für den Betriebschemiker die Betriebskontrolle der stehenden Chlorzinn- oder Pinkbäder in Frage.

Der Gesamtzinngehalt wird entweder gewichtsanalytisch als Zinnoxyd (s. S. 188) oder titrimetrisch bestimmt (s. S. 189). Letztere Methode ist in kürzerer Zeit ausführbar und in durch Phosphorsäure verunreinigten Betriebsbädern am Platze. In Verbindung mit der Bestimmung der Gesamtsäure kann der Zinngehalt nach a) (s. unter Gesamtsäure) bestimmt werden, da sich Chlorzinn mit heißem Wasser quantitativ hydrolytisch spaltet.

Gesamtsäure, a) Etwa 1 g flüssiges Chlorzinn (50—60°) wird in etwa 3—400 ccm Wasser $^1/_2$ Stunde auf dem Wasserbade erhitzt, wobei eine quantitative Spaltung in Zinnhydroxyd und Salzsäure stattfindet[3]). Man filtriert, wäscht den Niederschlag mit heißem Wasser bis zum Verschwinden der sauren Reaktion im Filtrate und titriert das Filtrat mit n. Alkali und Phenolphthalein. 1 ccm n. Alkali = 0,03546 g azides Chlor bzw. 0,03647 g HCl. Diese Methode ist besonders da angebracht, wo zugleich eine gewichtsanalytische Zinnbestimmung auszuführen ist, da der filtrierte Niederschlag zu einer solchen Verwendung finden kann. Anstatt die Gesamtflüssigkeit zu filtrieren und zu titrieren, kann auf Volumen aufgefüllt und ein aliquoter Teil nach dem Filtrieren titriert werden.

b) Hiermit ziemlich übereinstimmende Werte liefert die direkte Titration des mit heißem Wasser zersetzten und abgekühlten Chlorzinns wenn die Verdünnung etwa 1 : 500 beträgt und nicht zu schnell titriert wird. Man benutzt n. Natronlauge und Methylorange. Das Ende ist erreicht, wenn die Lösung dauernd gelb geworden ist. Auch die direkte Titration ohne vorhergehende Zersetzung in der Hitze gibt brauchbare Resultate, wenn die nötige Verdünnung vorhanden ist und das Zulaufenlassen des Alkalis so langsam geschieht, daß keine Klumpenfällung

---

[1]) Das bei Einführung der Seidenerschwerung versuchsweise gebrauchte „Pinksalz" war das Chlorzinn-Chlorammonium-Doppelsalz und ist schnell durch das Chlorzinn ersetzt worden, das in den Betrieben heute vielfach als Pinke oder Pink bezeichnet wird.

[2]) S. a. Heermann, Wasserfreies Chlorzinn, Färb.-Ztg. 1907, 34.

[3]) Sehr großer Salzsäureüberschuß, wie er in den technischen Produkten aber kaum vorkommt, hindert die quantitative Zersetzung.

sondern eine ganz fein verteilte Ausfällung stattfindet. Man wägt eine 0,2—0,25 g Zinn entsprechende Menge Chlorzinn ab, verdünnt auf etwa 500 ccm und titriert sehr langsam. Immerhin ist zu erwägen, daß die direkten Titrationen kleine Fehler in sich einschließen können, weil Natronlauge auf das gefällte Zinnoxydhydrat einwirkt. Bei einiger Übung ist das Verfahren für Betriebszwecke aber brauchbar.

Basizität. Aus dem gefundenen Zinn- und Säuregehalt berechnet sich die Basizität der Ware. 118,7 T. Zinn brauchen 145,87 T. HCl zur Bildung des neutralen Salzes $SnCl_4$, deren Basizitätszahl[1] (145,87 : 118,7) = 1,229 ist. Der gefundene Zinngehalt, mit 1,195 multipliziert ergibt den zur Bildung des neutralen Salzes verlangten Chlorgehalt; mit 1,229 multipliziert, den berechneten Salzsäuregehalt. Mit dem gefundenen Chlorgehalt verglichen, ergibt sich ein Über- oder ein Unterschuß an azidem Chlor oder Salzsäure. Der gefundene Salzsäuregehalt, durch den gefundenen Zinngehalt dividiert, gibt die Basizitätszahl der Ware an. In der Regel wird ein Chlorzinn mit einem geringen Salzsäureüberschuß von der Basizitätszahl 1,24—1,26 verlangt, doch hängt dieses von der gewohnten Arbeitsweise und dem Fabrikationsartikel ab. Bei einem Säureunterschuß ist entweder Zinnsalz oder Zinnoxychlorid als vorhanden anzunehmen.

Verunreinigungen. Zinnchlorür, das in geringen Mengen ohne Bedenken ist, wird durch die Quecksilberchloridreaktion nachgewiesen, wobei die geringsten Spuren durch Fällung von Quecksilberchlorür erkannt werden. Quantitativ können größere Mengen durch Titration mit Eisenchloridlösung in salzsaurer Lösung bestimmt werden. Salpetersäure kann von der Oxydation des Zinnsalzes herrühren. Sie wird in bekannter Weise mit Eisenvitriol nachgewiesen, indem man verdünnte Pinke mit etwas Ferrosulfatlösung versetzt und mit konzentrierter Schwefelsäure unterschichtet. Bei Gegenwart von Salpetersäure tritt an den Berührungsstellen ein gelber bis brauner Ring auf. Die Diphenylaminschwefelsäure-Reaktion kann bei hohem Eisengehalt des Chlorzinns zu Irrtümern Anlaß geben (s. a. S. 8). Quantitativ kann Salpetersäure nach Ulsch bestimmt werden, wobei auf einen etwaigen Gehalt an Ammonsalzen und Hydroxylamin Rücksicht zu nehmen ist. Ammonsalze (Neßlers Reagens in die mit Lauge alkalisierte Lösung zugeben), Eisenoxydul- und -oxydsalz werden in bereits besprochener Weise nachgewiesen oder bestimmt. Unzulässig groß ist oft der Schwefelsäuregehalt. Derselbe verursacht leicht Gipsausscheidungen und damit Betriebsstörungen. Gute frische Ware enthält Spuren in Mengen von 0,01—0,02% SO_3; ein Gehalt von 0,03—0,04% dürfte in den meisten Fällen noch unbemerkt bleiben. Gebrauchte Chlorzinnlösungen sollten nicht mehr als 0,5—1% Schwefelsäure enthalten. Die Schwefelsäure rührt von unreiner zur Herstellung benutzter Salzsäure her; fehlt also in dem wasserfreien Chlorzinn. Blei wird nachgewiesen, indem das Zinn durch heißes Wasser ausgeschieden und das Filtrat mit Schwefelwasserstoff behandelt wird. Der etwa entstehende dunkle Niederschlag von

---

[1] S. S. 161.

Schwefelblei wird in wenig Salpetersäure gelöst, die Säure abgedampft und der Rückstand mit wenig verdünnter Schwefelsäure versetzt, wobei das Blei als weißes Bleisulfat ausfällt. Freies Chlor und salpetrige Säure können bestimmt werden, indem ein reiner Luftstrom durch schwach angewärmtes Chlorzinn in eine mit Stärkelösung versetzte Jodkaliumlösung eingeleitet wird (s. a. S. 6). Alkalisalze und sonstige Fremdkörper, darunter vor allem Kalk und Kochsalz, werden bestimmt, indem man etwa 1 g Chlorzinn durch heißes Wasser quantitativ zersetzt, filtriert, das Filtrat direkt untersucht oder eindampft, die freie Salzsäure durch wiederholtes Anfeuchten mit Wasser und Wiedereindampfen vollständig verjagt und den Rückstand weiter untersucht. Kochsalz kann, wenn in größeren Mengen vorhanden, auch durch Differenz festgestellt werden, indem einerseits die Salzsäure azidimetrisch (a) und alsdann das Gesamtchlor durch Silbertitration (s. S. 69) ermittelt wird (b). b—a = Kochsalz. Nach Heermann[1]) kann bereits 0,1% NaCl durch Fällen mit dem fünffachen Volumen alkoholischer Salzsäure in 58—60grädiger und 0,2% Kochsalz in 50grädiger Ware nachgewiesen werden, wobei in einigen Minuten Kochsalzausscheidung stattfindet. Größere Mengen werden sofort gefällt. Es sind Chlorzinnpräparate im Handel, die 5% und mehr Kochsalz enthalten, während andererseits vollständig kochsalzfreie Ware am Markte ist. Phosphorsäure wird in alten Pinkbädern mit Ammoniummolybdat und Salpetersäure direkt nachgewiesen (gelber Niederschlag). Zur quantitativen Bestimmung wird der Niederschlag gewaschen, in Ammoniak gelöst und die Phosphorsäure mit Magnesiatinktur gefällt (s. S. 128). Metazinnsäure, die sich besonders in alten Bädern der Färberei anreichert, wird als in überschüssiger Natronlauge unlöslicher Bestandteil erhalten. Gebrauchte, kalkhaltige Bäder liefern mit Natronlauge Kalkniederschläge, was zu Irrtümern in bezug auf den Gehalt an Metazinnsäure führen kann. Bei kalkhaltigen, gebrauchten Zinnbädern bedient man sich deshalb des Nachweises der Metazinnsäure nach Bayerlein[2]): Man löst 1 g arsenige Säure in 200 ccm Wasser und setzt 15 Tropfen Salzsäure vom spezifischen Gewicht 1,12 zu. Beim Überschichten mit diesem Reagens wird die Mischungszone durch Metazinnsäure getrübt. Hydroxylamin ist als stark reduzierender Körper (z. B. gegenüber Kupfersalzen) kenntlich. Es dürfte in den praktisch vorkommenden geringen Mengen ohne Bedeutung sein.

Von einem guten Chlorzinn kann nach dem heutigen Stand der Fabrikation verlangt werden, daß es klar und möglichst wasserhell, frei von Salpetersäure, freiem Chlor, Zinnsalz, Metazinnsäure ist, daß es nur Spuren Schwefelsäure und Blei enthält und daß der Eisengehalt nur ganz gering ist. Der Alkalisalzgehalt (Kochsalzgehalt) soll nur Spuren betragen. Zu bemerken ist noch, daß das wasserfreie Chlorzinn bzw. das daraus hergestellte flüssige Chlorzinn von allen Verunreinigungen am leichtesten organische Chlorverbindungen und freies Chlor enthalten kann, während die übrigen aufgeführten Verunreinigungen meist nur

---

[1]) Chem.-Ztg. 1907, 27.   [2]) Färb.-Ztg. 1907, 241.

spurenweise (von zur Lösung benutztem Wasser, Apparaten usw.) auftreten werden. Kalk und Phosphorsäure sind ständige Begleiter gebrauchter Betriebsbäder.

Alte Gebrauchspinkbäder sollen auch möglichst klar und hell sein. Trübungen rühren oft von ausgeschiedener Fettsäure aus seifenhaltigen Seiden her, oder von Seidenbast (beim Rohpinken) und sind dann relativ harmlos. Mitunter werden die Bäder durch fein verteilten Gips getrübt, der sich nur äußerst langsam absetzt und sind dann nicht immer so harmlos. Ferner kann eine Anreicherung an Metazinnsäure Trübung verursachen, die manchmal mehr eine Art von Opaleszenz ist. Infolge des Bleimantels reichert sich das Bad mitunter an Blei bzw. Bleisulfat an und verursacht Trübungen. Man nimmt heute vielfach an, daß Ausscheidungen von Bleisulfat Faulstellen in der Seide verursachen können. Gipsausscheidungen treten oft schon bei einem Kalkgehalt des Bades von 0,3 bis 0,5% auf. Sogenannte „Blaupinken“, das sind Chlorzinnbäder, auf denen mit Berlinerblau erschwerte Seiden gepinkt werden, erscheinen mehr oder weniger blau gefärbt und dürfen nur für Schwarz verwendet werden. Der Zinngehalt der Zinnchloridbäder soll möglichst dem theoretischen nahekommen (s. Tabelle). Die Basizität der Pinkbäder wird in den Betrieben verschieden gehalten. Im allgemeinen sollen dünne Pinken etwas saurer sein als starke, z. B. Bäder von 20—30° Bé einen Überschuß von 0,3—1% an Salzsäure, unter 20° Bé einen Überschuß von 0,6—1,5% enthalten. Blaupinken werden im allgemeinen weniger sauer gehalten als Rohpinken. Vor basischen Pinken pflegt man sich im allgemeinen zu hüten. Der Gehalt an Kochsalz, Phosphorsäure usw. ist unter Kontrolle zu halten und darf nicht zu hoch ansteigen[1]).

Spez. Gewicht reiner Chorzinnlösungen bei 17,5° (nach Heermann[2])).

Grad Bé	% Sn	Grad Bé	% Sn	Grad Bé	% Sn	Grad Bé	% Sn
65,7	29,45	56	24,93	46	20,38	26	11,35
65	29,12	55	24,47	34	14,90	25	10,91
64	28,64	54	24,02	33	14,45	22	9,75
63	28,17	53	23,56	32	14,00	20	8,67
62	27,70	52	23,11	31	13,56	18	7,88
61	27,24	51	22,65	30	13,11	15	6,44
60	26,77	50	22,20	29	12,67	10	4,25
59	26,30	49	21,74	28	12,23	5	2,09
58	25,84	48	21,29	27	11,79	2,5	1,04
57	25,38	47	20,83				

Zinnsolutionen, Zinnbeizen. Unter obigen Namen, sowie als „salpetersaures Zinn“, „Zinnkomposition“, „Physikbad“, „Scharlachkomposition“, „Rosiersalz“, „Zinnkrätze“ usw. kommen bzw. kamen früher die verschiedensten Mischungen in den Handel. Sie bestanden im wesentlichen aus Zinnchlorür, Chlorzinn mit wechselnden Mengen von Salz-, Salpeter- und Schwefelsäure und enthielten Verunreinigungen und Zusätze von Eisensalzen, Chlorzink, Kochsalz usw. Ihr Wert ist meist ein minderer. Die Untersuchung derselben hat festzustellen: den Gesamtzinngehalt, den Gehalt an Zinnoxydulsalz und Oxydsalz, die Gesamtsäure, den Gehalt an den einzelnen Säuren (Salzsäure, Schwefelsäure, Salpetersäure), Überschuß an Säuren, Verun-

---

[1]) S. a. Ley: Die neuzeitliche Seidenfärberei. Berlin: Julius Springer 1921.
[2]) Chem.-Ztg. 1907, 680.

reinigungen, wertlose Zusätze (Füllstoffe) und schließlich den technischen Wirkungswert.

Zinnsaures Natron, Natriumstannat, Zinnsoda, Präpariersalz. $Na_2SnO_3 + 3\,H_2O = 266{,}75$; leicht wasserlöslich; $44{,}5\%$ Zinn. Farblose, leicht verwitternde Kristalle bzw. Kristallmasse. Unter der Einwirkung der Luftkohlensäure zersetzen sich die wässerigen Lösungen schnell und scheiden Zinnoxyd ab. Die Handelsware kommt mit einem Zinngehalt von 30—44% in den Handel. Sie ist mehr oder weniger durch Soda, Ätznatron, Kochsalz und Eisen verunreinigt; sie löst sich nie vollständig klar im Wasser.

Die Hauptanforderungen sind: möglichste Klarlöslichkeit, Eisenfreiheit und nicht zu großer Alkaliüberschuß.

Gehaltsbestimmung. Das Gesamtalkali wird durch direkte Titration mit Normalsäure und Methylorange bestimmt. — Zur Bestimmung des Zinns wird etwa 1 g des Präparates gelöst, mit Salzsäure versetzt, mit Aluminium reduziert und nach S. 189 titriert.

Essigsaures Zinnoxydul, Stannoazetat. $Sn(C_2H_3O_2)_2 + xH_2O$. Das Präparat kommt als 20—$21°$ Bé schwere, farblose Flüssigkeit in den Handel oder wird vom Verbraucher selbst durch Lösen von Zinnoxydulhydrat in Essigsäure oder durch Umsetzung von Zinnchlorür mit Bleizucker hergestellt. Die Lösung ist nicht haltbar. Vermittels Bleizucker hergestellte Lösung ist bleihaltig und für manche Zwecke ungeeignet, da viele Farben dadurch getrübt werden. Greift die Faser weniger an als Zinnsalz.

Oxalsaures Zinn, Mordant OX, $Sn(C_2O_4)_2 + xH_2O$. Kommt vorzugsweise als $16°$ Bé schwere Lösung vor.

Milchsaures Zinn, $26°$ Bé, wird als konzentrierte Lösung von C. H. Boehringer Sohn in den Handel gebracht.

Rhodanzinn.

Zinnoxydulhydrat, $Sn(OH)_2$, wird durch Fällung von Zinnchlorür mit Soda erhalten.

Zinnoxydulnatron, $Sn(ONa)_2$, wird durch Lösen von frisch gefälltem Oxydulhydrat in kalter Natronlauge erhalten und kann als kräftiges, alkalisches Reduktionsmittel Verwendung finden.

Antimonverbindungen.

Bestimmung des Antimons.

a) Gravimetrisch als Trisulfid. In die kalte, schwachsaure Lösung wird Schwefelwasserstoff eingeleitet, hierauf unter weiterer H_2S-Einleitung langsam zum Sieden erhitzt, die Flamme entfernt und absitzen gelassen. Man filtriert durch ein bei 110—$120°$ getrocknetes und gewogenes Filter, trocknet bei 110—$120°$ und wägt als Trisulfid, Sb_2S_3. Genauere Resultate werden erhalten, wenn durch einen Goochtiegel filtriert erst unter Einleiten von Kohlensäure bei 100—$130°$ getrocknet und dann auf 280—$300°$ erhitzt wird, wobei etwa beigemischter Schwefel entfernt und Pentasulfid in Trisulfid übergeführt wird. $1\,g\ Sb_2S_3 = 0{,}8568\,g\ Sb_2O_3 = 0{,}7142\,g\ Sb$.

b) **Gravimetrisch als Tetroxyd.** Das nach a) erhaltene Schwefelantimon wird mit starker Salpetersäure so lange behandelt, bis aller Schwefel oxydiert ist; der Säureüberschuß wird durch Abdampfen entfernt, die Schwefelsäure vorsichtig verjagt, der Rückstand im Porzellantiegel stark geglüht und als Tetroxyd, Sb_2O_4, gewogen. 1 g Sb_2O_4 = 0,9475 g Sb_2O_3 = 0,7898 g Sb.

c) **Jodometrisch (Antimontrioxyd).** Wie bei arseniger Säure, nur unter Zusatz von Seignettesalz. Die Reaktion verläuft: $Sb_2O_3 + 4\,J + 2\,Na_2O = Sb_2O_5 + 4\,NaJ$. Bei Brechweinstein ist Weinsäurezusatz unnötig. Man versetzt eine wässerige **Brechweinsteinlösung** (8,309 g Brechweinstein: 500 ccm gelöst, 20 ccm abpipettiert) mit 20 ccm Natriumbikarbonatlösung (1 : 50), verdünnt auf 120 ccm, gibt dann etwas Stärkelösung zu und titriert mit $^1/_{10}$ n. Jodlösung auf Blau.

1 ccm $^1/_{10}$ n. Jodlösung = 0,016618 g Brechweinstein (oder bei obiger Anwendung von 0,3324 g Brechweinstein = 5% Brechweinstein bzw. = 1,809% Antimon).

1 ccm $^1/_{10}$ n. Jodlösung = 0,00721 g Sb_2O_3 = 0,00601 g Sb.

Liegen andere Antimonlösungen vor, z. B. eine saure Antimontrichloridlösung, so versetzt man sie mit Weinsäure, setzt hierauf einen Tropfen Phenolphthalein und Natronlauge bis zur Rotfärbung hinzu, entfärbt durch einen Tropfen Salzsäure, gibt auf 100 ccm 20 ccm Natriumbikarbonatlösung und titriert wie oben.

d) **Jodometrisch (Antimonpentoxyd).** Erhitzt man fünfwertige Antimonverbindungen nach **Bunsen** mit Jodkalium und konzentrierter Salzsäure, so wird die Antimonsäure unter Abscheidung von Jod zu antimoniger Säure reduziert: $Sb_2O_5 + 4\,HJ = Sb_2O_3 + 2\,H_2O + 2\,J_2$. Das Jod destilliert über, wird in Jodkalium aufgefangen und mit $^1/_{10}$ n. Thiosulfatlösung titriert. 1 ccm $^1/_{10}$ n. Thiosulfatlösung = 0,00801 g Sb_2O_5.

e) **Antimontrioxyd neben Antimonpentoxyd.** Das Trioxyd wird nach c) jodometrisch gemessen (= Trioxyd). In einem besonderen Teile der Lösung reduziert man das Pentoxyd nach Ansäuern mit etwas Schwefelsäure und Zusatz von Jodkalium durch Kochen zu Trioxyd, entfärbt durch genauen Zusatz einer verdünnten wässerigen Lösung von schwefliger Säure, kühlt ab, neutralisiert usw. und titriert wie oben mit Jodlösung (= Gesamtantimon). Die Differenz beider Titrationen entspricht dem Gehalt an Pentoxyd. Auch reine fünfwertige Antimonverbindungen können nach dieser Methode statt nach d) bestimmt werden[1]).

Antimonoxyd. Sb_2O_3 = 288,4. Weißes Pulver.

Brechweinstein, Antimonylkaliumtartrat, weinsaures Antimonoxydkali $K(SbO)C_4H_4O_6 + ^1/_2\,H_2O$ = 332,36; L. k. W. = 7 : 100; L. h. W. = 53 : 100. Dieses (wie alle wasserlöslichen Antimonverbindungen giftige) Salz kommt in feinen Kristallen, in Pulver oder in unregelmäßigen Stücken mit einem Gehalt von etwa 43% Antimonoxyd in den Handel.

---

[1]) Methode von **Gooch** und **Gruener**, Lunge-Berl.

Chemisch reine Ware enthält 43,4% Antimonoxyd. Häufig findet man auch mit billigeren Antimonsalzen oder gänzlich wertlosen Stoffen verfälschte Sorten Brechweinstein. Zu den billigeren Surrogaten gehört das Oxalat und andere nachstehend erwähnte Antimonpräparate. Eine Verfälschung kann auch dann noch vorliegen, wenn der Antimongehalt normal ist, da manche Ersatzprodukte des Brechweinsteins einen höheren Antimongehalt besitzen, so z. B. das de Haensche Antimonsalz mit 47% und das Antimonnatriumfluorid mit 66% Antimonoxyd. Das Produkt soll völlig eisenfrei sein.

Die Prüfung des Brechweinsteins hat vor allem den Gehalt an Antimonoxyd festzustellen, was am besten jodometrisch nach c) geschieht. Außerdem kann der Weinsäuregehalt kontrolliert werden. Zu diesem Zwecke wird das Antimon mit Schwefelwasserstoff gefällt, das Filtrat eingedampft und die darin befindliche Weinsäure nach S. 89 bestimmt.

Der Natriumbrechweinstein, $Na(SbO)C_4H_4O_6 + 1/_2 H_2O = 316,26$, wird seltener gebraucht. Da er wesentlich leichter löslich ist, wird er zur Herstellung konzentrierter Lösungen (z. B. zu Brechweinsteinreserven) benützt.

Volumgewichte von Brechweinsteinlösungen bei 17,5°.

Spez. Gew.	% Brechw.	Spez. Gew.	% Brechw.	Spez. Gew.	% Brechw.
1,005	0,5	1,015	2,5	1,031	4,5
1,007	1,0	1,018	3,0	1,035	5,0
1,009	1,5	1,022	3,5	1,038	5,5
1,012	2,0	1,027	4,0	1,041	6,0

Brechweinsteinersatzmittel. Von den Ersatzmitteln für den Brechweinstein haben sich einige gut eingeführt. Die Fluoride wirken saurer als das Tartrat und in allen Fällen, wo diese Eigenschaft unerwünscht ist (Metallgefäße, im Kattundruck, Halbseidenfärberei u. ä.), sind sie möglichst zu vermeiden. Die oxalsauren Verbindungen haben den Nachteil, daß sie mit hartem Wasser Niederschläge von oxalsaurem Kalk bilden. — Sämtliche Produkte sollen u. a. eisenfrei sein.

Antimonkaliumoxalat, „Brechweinsteinersatz", „Antimonoxalat", $K_3Sb(C_2O_4)_3 + 6 H_2O$; leicht wasserlöslich; 23,7% Sb_2O_3. Es dissoziiert in wässerigen Lösungen schneller als Brechweinstein und gibt sein Metall schneller an die Faser ab. Kalkhaltiges Wasser bereitet Schwierigkeiten. Nachdem es sich anfangs gut eingeführt hatte, mußte es später hinter den Doppelfluoriden zurücktreten.

Antimonnatriumoxalat, 25,4% Sb_2O_3, befindet sich gleichfalls im Handel. Es entspricht dem vorhergehenden.

Antimontrichlorid, $SbCl_3$, kommt als kristallinische, butterartige Masse oder in Lösung, z. B. 34° Bé stark, vor. Mit Wasser tritt Zersetzung in Oxychlorid und Salzsäure ein. Durch Salzsäure-, Weinsäure-, Kochsalz-, Chlormagnesiumzusatz kann die Trübung der Bäder hintangehalten werden. Das Produkt hat sich wegen der stark sauren und ätzenden Eigenschaften nicht bewährt.

Antimontrifluorid, SbF_3, zersetzt sich an der Luft unter Verlust von Flußsäure. Die Lösungen greifen Metall und Glas an und sind deshalb für den allgemeinen Gebrauch untauglich. Das Salz dient zur Herstellung der Doppelfluoride.

Antimonfluorid-Ammonsulfat, „Antimonsalz", de Haens Antimonsalz. $SbF_3 + (NH_4)_2SO_4$; 47% Sb_2O_3. Dieses von de Haen in den Handel gebrachte Doppelsalz bildet luftbeständige Kristalle, von denen sich 140 T. in 100 T. Wasser lösen. Die Lösungen sind haltbar, stark sauer und greifen Metall und Glas an. Scheurer empfiehlt, einer Lösung von 400 g Antimonsalz in 100 l Wasser einen Zusatz von 200 g Kristallsoda zu geben und das Bad bei 50° C anzuwenden.

Antimon-Natriumfluorid, Doppelantimonfluorid, „Patentsalz", SbF_3 + NaF, 66% Sb_2O_3. Dieses von R. Koepp & Co. in Östrich im Rheingau in den Handel gebrachte Produkt ist kristallinisch, leicht wasserlöslich, schwach sauer, Metall und Glas angreifend und luftbeständig. Auch diesem Salz wird zweckmäßig soviel Soda vor dem Gebrauch zugesetzt, daß das Bad eben noch klar bleibt (etwa 25% Kristallsoda vom Gewicht des Salzes). 100 T. kaltes Wasser lösen 63 T., 100 T. kochendes Wasser 166 T. Patentsalz. Das Salz, das schwefelsäurefrei sein soll, kommt sehr rein in den Handel und hat sich gut eingebürgert.

Antimon-Ammoniumfluorid, „Patentsalz", SbF_3 + NH_4F. Es ist dem vorstehenden sehr ähnlich, aber nicht so rein darstellbar. Sein theoretischer Gehalt an Antimonoxyd ist 67,3%; nach Kielmeyer enthält es aber nur 63%, ferner 33% Fluor und 3% Ammoniak.

„Antimonin", Natrium-Kalzium-Antimonyllaktat. Von C. H. Boehringer Sohn in Niederingelheim mit einem Gehalt von 15% Sb_2O_3 hergestellt. Es ist kristallinisch, hydroskopisch und soll in schwach saurer Lösung, unter Zusatz von 2 l Essigsäure auf 1000 l Flotte gebraucht werden. Das Produkt wird ziemlich viel angewendet, besonders wo ein saures Antimonbad nicht angebracht ist. Es gestattet ferner eine vorzügliche Ausnützung von etwa 75—90% des Antimons, so daß es als allgemein anwendbares und bestes Ersatzmittel des Brechweinsteins anzusehen ist. Auf 5% Tannin sollen nur $2^1/_2$% Antimonin kommen.

Wertverhältnis der Antimonverbindungen zueinander. Man wäre geneigt anzunehmen, daß die Beizkraft der Antimonsalze in direktem Verhältnis zu ihrem Antimongehalt steht. Das ist aber nicht der Fall, da die Ausnützung bzw. die Abgabe der Beize an die Faser von der Dissoziation, Basizität und sonstigen Bedingungen abhängt. So fand z. B. Noelting, daß das Antimonoxalat mit 25% Sb_2O_3 dieselbe Wirksamkeit zeigte wie Brechweinstein mit 43%; Düring[1]) und andere stellten fest, daß Antimonin mit 15% Sb_2O_3 annähernd denselben Wirkungswert hat wie Brechweinstein. Bei der Beurteilung dieser Körper kommt es also, sobald es sich um verschiedene Verbindungen handelt, auf den praktischen Wirkungswert an. Infolgedessen haben die nachstehend folgenden Vergleiche der Brechweinsteinersatzmittel nach ihrem Antimongehalt nur relativen Wert. 100 T. Brech-

---

[1]) Färb.-Ztg. 1900, 319.

weinstein entsprechen ihrem Antimongehalt nach annähernd 181 T. „Antimonoxalat", 170 T. Natrium-Antimonoxalat, 91 T. „Antimonsalz", 65 T. Natrium-„Patentsalz", 68 T. Ammonium-„Patentsalz", 286 T. Antimonin.

Katanol [By]. Seit einigen Jahren bringen die Farbenfabriken Bayer & Co. ein Ersatzprodukt für Tannin-Brechweinstein unter dem Namen Katanol in den Handel. Man beizt mit diesem die Baumwolle einbadig; die basischen Farbstoffe werden waschecht fixiert. 3 T. Katanol werden in kochendheiße Lösung von 1 T. kalzin. Soda eingestreut und umgerührt. Zum Beizen der Baumwolle verwendet man eine kurze Flotte von 1 : 10—1 : 15. Für dunkle Farben kommen 6% Katanol zur Verwendung; dem Bade werden noch 50% Kochsalz oder 100% kristallisiertes Glaubersalz zugegeben. Mit der Ware wird bei 70—80° eingegangen und diese 2 Stunden im erkaltenden Bade belassen. Zum Schluß wird abgewunden, gut gespült und bei gewöhnlicher Temperatur bis lauwarm in neutralem Bade (ohne Essigsäure) mit basischen Farbstoffen gefärbt. — Über die Prüfung dieses Erzeugnisses ist noch nichts bekannt, man wird es deshalb nach Probefärbungen beurteilen müssen.

Phenoresin „D flüssig" **[M]** der Höchster Farbwerke dient ähnlichen Zwecken wie das Katanol. Es wird besonders für die Herstellung von Batikartikeln auf Seide, Baumwolle und anderen pflanzlichen Fasern empfohlen. Die mit Phenoresin fixierten Färbungen der basischen Farbstoffe weichen zwar im Farbton in einigen Fällen in der Tiefe von den auf Tannin-Antimon erhaltenen ab, sie besitzen aber ohne eine Metallnachbehandlung dieselbe gute Wasch-, Seifen- und Lichtechtheit, wobei vielfach die Lebhaftigkeit der Farben erhöht ist. Phenoresin erfordert kein Dämpfen zur Fixierung der Farbstoffe. Die Fixation erfolgt durch Behandlung der Färbung während 3—5 Minuten bei 40° C in einer Lösung von 40—80 g Phenoresin im Liter; dann wird erst kalt gespült. bei 70—80° gewaschen und zum Schluß bei 60° C geseift.

Seltener angewandte Metallsalze.

Manganchlorür, $MnCl_2 + 4 H_2O = 197,9$; L. k. W. $= 150 : 100$; L. h. W. $= 650 : 100$. Kommt außer in wasserhaltiger Form auch noch wasserfrei als geschmolzene, hellbräunliche Masse vor, die eine rosenrote wässerige Lösung liefert. Es ist meist mit Kalziumchlorid verunreinigt, das weniger schadet als ein etwaiger Eisengehalt.

Mangansulfat, $MnSO_4 + 5 H_2O = 241,1$; leicht wasserlöslich. Bildet wie das Chlorür blaßrote Kristalle.

Manganazetat wird durch Umsetzung des Sulfats mit Bleizucker gewonnen.

Nickelsulfat, $NiSO_4 + 7 H_2O = 280,8$. Grüne, wasserlösliche Kristalle.

Nickelammonsulfat, $NiSO_4 + (NH_4)_2SO_4 + 7 H_2O$.

Nickelammonchlorid, $NiCl_2 + 2 NH_4Cl$.

Nickelazetat, $Ni(C_2H_3O_2)_2$, bildet grüne Kristalle und wird als Lösung von 10° Bé gehandelt.

Kobaltvitriol und **Kobaltazetat** können an Stelle der entsprechenden Nickelsalze Verwendung finden.

Kadmiumsulfat, $CdSO_4 + 2\,{}^2/_3\,H_2O = 256{,}5$.

Uransulfat, $U(SO_4)_2 + 8\,H_2O$; **Urannitrat,** $UO_2(NO_3)_2 + 6\,H_2O$; **Uranazetat,** $UO_2(C_2H_3O_2)_2 + H_2O$. Die Uransalze sind giftig.

Molybdänsaures Ammoniak liefert nach K n e c h t mit einigen Beizenfarbstoffen Lacke, die echter sind als die entsprechenden Chromlacke.

Titansalze. Titansalze sind vor etwa 20 Jahren versuchsweise in der Färberei verwendet worden (Barnes). Später nahm die Firma Peter S p e n c e & Sons in Manchester die Fabrikation in die Hand, welche auf Grund weiterer Arbeiten von K n e c h t , L a m b , D r e h e r u. a. weiter gefördert wurde. Sie haben keine allgemeine Verwendung gefunden. Die wichtigsten Salze sind folgende.

Titanchlorür, Titantrichlorid, $TiCl_3$, wirkt stark reduzierend, zwanzigmal so stark wie Zinnsalz. Es hat gegenüber Zinnsalz den Vorzug, daß das auf der Faser zurückbleibende Titan schwefelwasserstoffecht ist und daß die Faser bei den geringeren Mengen anzuwendenden Materials weniger geschwächt wird. Der Reduktionsprozeß verläuft: $TiCl_3 + 3\,H_2O = TiH_2O_3 + 3\,HCl + H$. Die Faser kann durch Zugabe von Rhodansalz, Formiat o. ä. geschützt werden. Durch das Hydrosulfit ist das Titanchlorür zurückgedrängt worden[1]). Der Wirkungswert kann durch die Reduktionskraft bestimmt werden.

Titansulfat, $Ti_2(SO_4)_3$, kann für dieselben Zwecke verwendet werden. Zu bemerken ist, daß fixiertes Titan bei Nachbehandlung mit Gerbsäure gelbes Titantannat liefert, was für die meisten Färbungen hinderlich ist.

Titanchlorid, $TiCl_4$, kann unter Zusatz des vierfachen Gewichts an Weinstein zum Ansieden der Wolle als Beize Verwendung finden.

Oxalsaure Salze. Unter ihnen sind Titanammoniumoxalat und Titankaliumoxalat zu nennen (auch das oxalsaure Titanoxyd). Die Tannin-Titanbeize läßt sich nicht nur als fixiertes Tannin mit basischen Farbstoffen überfärben, sondern das fixierte Titanoxyd kann auch als Beize für Beizenfarbstoffe dienen, wie dies D r e h e r[2]) in der Lederfärberei versucht hat. Ferner kann der gelbe Grund, der von sehr großer Wasch- und Kochechtheit ist, nach Vorschlag E r b a n s[3]) für echtes basisches Rot und Grün praktisch in Betracht gezogen werden.

Titansäure macht Textilstoffe in höherem Maße unverbrennlich als Tonerde, Wolframsäure u. a.

Titanlaktat, als „C o r i c h r o m" im Handel, wird speziell in der Lederfärberei verwandt.

Seltene Erdmetalle, speziell C e r o s a l z e , D i d y m s a l z e und L a n t h a n s a l z e sind verschiedentlich für die Anilinschwarzfärberei (Cerbisulfat als Sauerstoffüberträger), in Form der Superoxyde als färbende Pigmente (Cer-, Praseodym-, Didym-, Lanthansuperoxyde) und als Bei-

---

[1]) Näheres: Journ. Soc. Dy. & Col. 1902, 259.
[2]) Färb.-Ztg. 1902, 293. Dortselbst näheres über vierwertiges Titan als Beize.
[3]) Chem.-Ztg. 1906, 145.

zen für Holz- und Alizarinfarbstoffe versuchsweise verwendet worden[1]). Cerochlorid ist speziell von den Farbwerken Höchst zur Oxydation des Diphenylschwarz auf der Faser empfohlen worden. Ferner sind Cersalze versuchsweise in der Technik der Seidenerschwerung angewandt worden[2]).

Verschiedene Verbindungen.

Wasserstoffsuperoxyd, Hydroperoxyd. $H_2O_2 = 34,016$; mit Wasser in jedem Verhältnis mischbar. Das technische Wasserstoffsuperoxyd kommt meist als wasserhelle, 3% H_2O_2 haltende Lösung in den Handel. Der Gehalt wird bisweilen auch in Vol. $\%$ Sauerstoff angegeben. Da 1 ccm 3%ige Ware etwa 10 Vol. Sauerstoff entwickelt, entsprechen 3 Gew. $\% = 10$ Vol. Sauerstoff, fälschlich auch als „Vol. $\%$" bezeichnet.

Diese frühere Bezeichnung „10 Vol. $\%$ Sauerstoff" ist irreführend. Sie will besagen, daß 1 l der Ware = 10 l Sauerstoff enthält und sollte deshalb folgerichtig heißen: „Volumina Sauerstoff" (statt: „Vol. $\%$ Sauerstoff"). Unter „Volumenprozenten" versteht man sonst gegenüber den Gewichtsprozenten etwas ganz anderes: So bedeutet die Bezeichnung „H_2O_2 konz. 30 Gew. $\%$" eine H_2O_2-lösung, die in 1 kg Ware 300 g H_2O_2 enthält. Unter „H_2O_2 konz. 30 Vol. $\%$" ist deshalb eindeutig eine H_2O_2-lösung zu verstehen, die in 1 l Ware 300 g H_2O_2 enthält. In diesem Sinne wird heute der Gehalt des Wasserstoffsuperoxydes für höhere Konzentrationen in Gew. $\%$ oder Vol. $\%$ angegeben. Nicht zu verwechseln hiermit ist also die alte, heute leider noch vielfach angetroffene Bezeichnung „Vol. $\%$" statt „Volumina", die unter Umständen zu Mißverständnissen Anlaß geben kann. — Im übrigen entwickelt eine Ware mit 30 Gew. $\%$ H_2O_2 nicht 100, sondern rund 110 Volumina Sauerstoff (bei $0°$ und 760 mm gemessen); umgekehrt enthält eine Ware, die 100 Volumina Sauerstoff entwickelt nicht 30, sondern rund 27,5 Gew. $\%$ H_2O_2.

Der Wert des Präparates hängt vor allem von dem Gehalt an Superoxyd ab; ferner kommen etwaige Verunreinigungen und die Haltbarkeit der Ware in Frage. Chemisch reines Wasserstoffsuperoxyd für analytische Zwecke wird von E. Merck unter dem Schutznamen Perhydrol (30% H_2O_2) hergestellt.

Gehaltsbestimmung. Etwa 2—3 g der 3%igen Handelslösung werden zu 300—400 ccm verdünnt, mit 30 ccm verdünnter Schwefelsäure (1 : 3) versetzt und langsam mit $^1/_5$ n. Chamäleonlösung bis zur dauernden Rosafärbung titriert.

1 ccm $^1/_5$ n. Chamäleonlösung $= 0,0034$ g $H_2O_2 = 0,0016$ g aktiver O.
(1 g Sauerstoff bei $0°$ und 760 mm $= 697,5$ ccm).

Verunreinigungen. Die technische Handelsware ist stets schwach sauer und enthält etwas freie Salzsäure, Schwefelsäure oder Phosphorsäure. Ist die Ware neutral, oder enthält sie gar Spuren Alkali, so ist sie schneller Zersetzung ausgesetzt und kann bei fest verschlossenen Flaschen gelegentlich zu Explosionen führen. Der Säuregehalt erhöht also die Haltbarkeit und schadet nicht, da er vor dem Gebrauch neutralisiert wird. Weitere spezifische Verunreinigungen sind: Mineralische

---

[1]) Näheres s. Wagner u. Müller, Ztschr. f. Farben- u. Textil-Ch. 1903, 290.
[2]) S. Patente der Auer-Gesellschaft, von Stern u. a.

Salze wie Kochsalz, Chlormagnesium, Natriumsulfat, Barium-, Tonerde-verbindungen, welche direkt oder im Abdampfrückstand als Gesamt-rückstand bestimmt werden können. Nach Sisley[1]) enthält käufliche Ware mitunter Oxalsäure und Flußsäure; letztere kommt in dem aus Natriumsuperoxyd dargestellten Produkt vor. Wenn man das damit verunreinigte Wasserstoffsuperoxyd mit Ammoniak neutralisiert, einen Überschuß von Essigsäure und dann Chlorkalzium zusetzt, so fallen Kalziumoxalat und Kalziumfluorid aus. Das Oxalat kann durch Lösen in verdünnter Säure mit Chamäleon titriert werden, das Fluorid nach Zersetzung mit konzentrierter Schwefelsäure durch die entstehenden Flußsäuredämpfe nachgewiesen werden. Das Oxalat geht beim Glühen in Karbonat über, das in Essigsäure löslich ist; das Fluorid ist glüh-beständig und unlöslich in Essigsäure.

Ist Oxalsäure vorhanden, so ist die Chamäleontitration nicht ein-wandfrei. Ebenso können Wasserstoff- oder Natriumsuperoxyd-bäder der Betriebe nicht mit Chamäleonlösung titriert werden, sobald sie verschiedene Zusätze enthalten, die auf Permanganat einwirken (Seife, Ammoniak usw.). Man wendet in solchen Fällen das jodometrische Verfahren an.

Jodometrische Bestimmung. 1—2 g der Handelsware werden mit etwa 20 ccm verdünnter Schwefelsäure (1 : 3) und überschüssigem Jod-kalium versetzt und das ausgeschiedene Jod nach 5—10 Minuten mit $^1/_{10}$ n. Thiosulfatlösung und Stärke auf Entfärbung titriert.

1 ccm $^1/_{10}$ n. Thiosulfatlösung = 0,0017 g H_2O_2 = 0,0008 g O.

Von Betriebsbädern verwendet man zweckmäßig 25 ccm des Bleich-bades, die in einer Glasstöpselflasche mit 1 g Jodkalium und 25 ccm verdünnter Schwefelsäure (1 : 3) versetzt und etwa $^1/_2$ Stunde unter häufigerem Umschütteln verschlossen stehen gelassen werden. Darauf titriert man das ausgeschiedene Jod mit $^1/_{10}$ n. Thiosulfatlösung und Stärkelösung (die man am besten gegen Schluß der Reaktion zugibt) bis zum Verschwinden der Blaufärbung. Die Berechnung erfolgt wie bei reinen Superoxydlösungen.

Der Säuregehalt wird durch direkte Titration mit $^1/_{10}$ n. Alkali unter Anwendung von Methylorange bestimmt; nur bei Gegenwart von organischen oder sehr schwachen anorganischen Säuren verwendet man das sonst weniger günstige Phenolphthalein[2]).

Haltbarkeit. Von einer guten Ware kann verlangt werden, daß sie in etwa 14 Tagen, bei Zimmertemperatur und zerstreutem Tages-licht gelagert, um höchstens 0,01—0,02% absolut zurückgeht, während Produkte im Handel sind, die in dieser Zeit 0,1% und mehr einbüßen. Je reiner die Ware ist, desto besser hält sie sich; je mehr Verunreini-gungen sie gelöst enthält und besonders auch durch mechanische Fremd-körper (Stücke Kork, Stroh, Sand usw.) verunreinigt ist, desto schneller zersetzt sie sich. Ebenso fördert das Licht, besonders direktes Sonnen-licht und Wärme die Zersetzung; man lagert das Präparat deshalb tun-

---

[1]) Rev. gén. des matières colorantes, 1901, 209; 1904, 164.
[2]) Vgl. a. Wöhler und Frey, Ztschr. f. angew. Chem. 1910, 2353.

lichst an einem kühlen und dunklen Orte gut verschlossen. Zusätze von 1 g Naphthalin oder 20 g Alkohol oder Äther pro Liter erhöhen die Haltbarkeit. Ebenso wirken viele andere Stoffe: Borsäure, Phenol, Thymol, Menthol, Kampfer, β-Naphthol, Glyzerin, Chlorzink, Formalin, Azetamid, Azetanilid, Phenazetin, Benzylharnstoff, Succinimid u. a.

Glyzerin. $C_3H_5(OH)_3 = 92{,}08$; mit Wasser in jedem Verhältnis mischbar. Das Glyzerin kommt in sehr verschiedenen Konzentrationen und Reinheitsgraden in den Handel. Das Rohglyzerin wird als Saponifikationsrohglyzerin, als Destillationsrohglyzerin und Seifenrohglyzerin (Laugenrohglyzerin) unterschieden; die daraus durch Destillation gewonnene Ware heißt Destillations- oder Dynamitglyzerin und das absolut reine — chemisch reines Glyzerin. Die spezifischen Verunreinigungen der einzelnen Marken sind sehr verschieden, ebenso der Glyzeringehalt bei einem und demselben spezifischen Gewicht. Die Farbe der Glyzerine schwankt zwischen farblos, hellgelb, gelb, bräunlich und braun; desgleichen schwanken Geruch und Geschmack. Die Textilindustrie verwendet meist destillierte Ware.

Verunreinigungen. Einige Gramm der Probe werden in einer Platinschale im Trockenschrank langsam auf 160° erhitzt; von Zeit zu Zeit werden einige Tropfen Wasser zugesetzt. Nach erreichter Gewichtskonstanz wird der Rückstand als Summe von Asche und organischer Substanz erhalten. Man glüht und stellt den Aschengehalt fest; die Differenz beider Wägungen entspricht der organischen Substanz.

Säure. 10 ccm der Probe werden verdünnt und mit $^1/_{10}$ n. Alkali (Phenolphthalein) bis zur Rötung titriert. Destilliertes Glyzerin soll fast säurefrei sein.

Glyzeringehalt. a) Aräometrisch oder pyknometrisch darf nur ein reines Glyzerin bestimmt werden. Es ist darauf zu achten, daß die Ware frei von Luftblasen ist, was am einfachsten durch Erwärmen und Wiederabkühlen des Glyzerins in einer verkorkten Flasche erreicht wird. Im Handel kommen Glyzerine von 24° (76%), 26° (84%), 28° (92%) und 30° Bé (etwa 100% Glyzerin) vor. Chemisch reines, 100%ig. Glyzerin hat das spezifische Gewicht 1,262. Die Tabelle von Gerlach zur Bestimmung des Glyzeringehaltes aus den spezifischen Gewichten gilt als die zuverlässigste.

b) **Differenzmethode.** Das Glyzerin wird 8—10 Stunden auf 100° erhitzt und nach erhaltener Gewichtskonstanz der Verlust als Wasser in Rechnung gebracht. Eine andere Probe wird wie oben auf Verunreinigungen geprüft (Rückstand bei 160°). Nach Abzug von Wasser und Rückstand wird das „Reinglyzerin" erhalten.

c) **Chemische Verfahren.** Es gibt eine sehr große Zahl chemischer Bestimmungsverfahren. Das „internationale Komitee" (November 1910 in London) bestimmte das Azetinverfahren[1]) als das bei Streitigkeiten ausschlaggebende Verfahren. Bei Reinglyzerinen, die in der Färberei und Appretur allein in Frage kommen, stimmen die Resultate des Azetinverfahrens mit denen der Bichromatmethode von Hehner-Stein-

---

[1]) S. z. B. Grünewald, Ztschr. f. angew. Chem. 1911, 865.

fels[1]) überein. Allgemeine Zustimmung hat keines der bisherigen Verfahren gefunden[2]). In Färbereilaboratorien werden diese analytischen Glyzerinbestimmungen seltener ausgeführt, weil das Glyzerin hier eine nur untergeordnete Rolle spielt. Es kann deshalb davon abgesehen werden, im einzelnen die verschiedenen Untersuchungen an dieser Stelle näher zu beschreiben. Es sei lediglich e.n Verfahren wiedergegeben, das für Kontrollzwecke von rektifiziertem Glyzerin in Färbereilaboratorien leicht ausgeführt werden kann und eine Kombination des Hehner-Steinfelsschen Verfahrens mit dem Tortellischen darstellt.

Danach wird der Glyzeringehalt erst aräometrisch, pyknometrisch analytisch annähernd bestimmt. Eine 0,25 g Reinglyzerin (chlorhaltiges Glyzerin muß erst mit Bleiessig und Silberoxyd entchlort werden) entsprechende Menge der zu untersuchenden Probe (z. B. 25 ccm einer Lösung Reinglyzerin von 10 : 1000) wird in einem 250 ccm Meßkolben mit genau abgewogenem, fein kristallisiertem, chemisch reinem, Kaliumbichromat, dessen Menge 1,95—2,05 g betragen soll[3]), ferner mit Wasser bis etwa 100 ccm Gesamtvolumen und schließlich mit 25 ccm konzentrierter Schwefelsäure[4]) versetzt und 15 Minuten über freier Flamme im gelinden Sieden erhalten, oder 2 Stunden auf kochendem Wasserbade erhitzt. Alsdann wird abgekühlt und auf 250 ccm mit Wasser aufgefüllt. Nun werden 25 ccm (eventuell auch 50 ccm) nach starker Verdünnung und Zusatz von etwas festem Jodkalium, zuletzt unter Zusatz von Stärkelösung, mit $n/10$ Thiosulfatlösung bis zum Verschwinden der Jodstärkereaktion titriert. Pro Kubikzentimeter verbrauchter Thiosulfatlösung werden von der angewandten Menge Chromkali je 0,0049 g in Abzug gebracht; von dem so verbleibenden, zur Oxydation des Glyzerins verbrauchten Chromkali entspricht je 1 T. $K_2Cr_2O_7 = 0{,}1341$ T. Glyzerin. Bei a g der Oxydation unterworfenem Glyzerin, b g angewandtem Chromkali und c Kubikzentimeter zur Rücktitration von 25 ccm verbrauchter $n/10$ Thiosulfatlösung beträgt der Glyzeringehalt der Probe =

$$\frac{(b - 0{,}049\ c)\ 13{,}41}{a}$$

Der Oxydationsprozeß verläuft unter Weglassung der Beiläufigkeiten nach der Gleichung:

$$7\,K_2Cr_2O_7 + 3\,C_3H_8O_3 + nH_2SO_4 = 9\,CO_2 + 7\,Cr_2(SO_4)_3 \text{ usw.}$$

Hiernach oxydiert also 1 T. Chromkali = 0,1341 T. Glyzerin und 1 T. Glyzerin verbraucht = 7,4552 T. $K_2Cr_2O_7$. (1 ccm einer Lösung

---

[1]) Einheitsmethoden zur Untersuchung von Fetten, Ölen, Seifen und Glyzerinen, vom Verband der Seifenfabrikanten Deutschlands, 1910.

[2]) Tortelli und Ceccherelli, Chem.-Ztg. 1913, 1505 u. ff.; Steinfels, Seifensieder-Ztg. 1915, 721.

[3]) Bei häufiger vorkommenden Bestimmungen bedient man sich einer Lösung von 40 g $K_2Cr_2O_7$ im Liter, von der 50 ccm zu verwenden wären.

[4]) Nach Kellner liegt das Optimum bei einem Schwefelsäuregehalt der Oxydationslösung von etwa 31% (spez. Gew. 1,23). Diesem Erfordernis entspricht das obige Verhältnis von 100 ccm wässeriger Glyzerinlösung und 25 ccm Monohydrat (= 46 g Monohydrat).

von 74,552.g $K_2Cr_2O_7$ im Liter oxydiert also $= 0,01$ g Glyzerin). Bei der Rücktitration des überschüssigen Chromats bzw. der Chromsäure entspricht 1 $K_2Cr_2O_7 = 6$ J $= 6$ Thiosulfat, woraus hervorgeht, daß jedem Kubikzentimeter $n/_{10}$ Thiosulfatlösung $= 0,004903$ g $K_2Cr_2O_7$ entsprechen.

Glykol. $C_2H_4(OH)_2 = 62,07$. Als Ersatz für das Glyzerin wurde bei Glyzerinknappheit das Glykol empfohlen; es kommt unter verschiedenen Namen wie „Glyzerinersatz", „Glyzerol" u. a. m. in den Handel. Seine Eigenschaften sind denjenigen des Glyzerins sehr ähnlich; sein Siedepunkt liegt bei 198° (Glyzerin siedet bei 290°). Die Gehaltsbestimmung erfolgt ähnlich wie bei Glyzerin durch Oxydation mit Bichromat und Rücktitration der unverbrauchten Chromsäure. Das Glyezin [M] befindet sich nicht mehr im Handel.

Anilinöl und Anilinsalz. $C_6H_5NH_2 = 93,1$; $C_6H_5NH_2 \cdot HCl = 129,56$. Man unterscheidet bei den technischen Anilinölen zwischen Blauanilin und Rotanilin. Das Blauanilin, in der Färberei schlechtweg Anilin genannt, ist ein nahezu chemisch reines Anilin, während das Rotanilin meist aus annähernd gleichen Mengen Anilin, Orthotoluidin und Paratoluidin besteht und in der Anilinschwarzfärberei kaum angewandt werden dürfte.

Prüfung des Anilins (Blauanilins). Das reine Anilin hat bei 15° ein spezifisches Gewicht von 1,0265—1,0267. 10 ccm des Öls sollen mit 50 ccm Wasser und 40 ccm Salzsäure eine völlig klare Lösung geben. Verunreinigungen wie Nitrobenzol und Kohlenwasserstoffe bleiben dabei ungelöst und können durch Ausschütteln mit Äther getrennt werden. Als weitere Verunreinigung kommt Schwefel vor, das durch Kochen des Öls am Rückflußkühler in Schwefelwasserstoff übergeführt wird. Wasser über 0,3% wird nachgewiesen, indem man 100 ccm Öl destilliert, die ersten 10 ccm mit 1 ccm gesättigter Kochsalzlösung versetzt, schüttelt und die eventuelle Volumenzunahme der wässerigen Schicht mißt.

Gehaltsbestimmung. a) Fraktionierte Destillation. 100 ccm Öl werden der Destillation unterworfen und das bei langsamer Destillation (in 25—30 Minuten) von Grad zu Grad übergehende Destillat in einem graduierten Zylinder aufgefangen. Es sollen 80% des Öls innerhalb $^1/_2$° übergehen, und etwa 96% innerhalb 1—2°. Die Siedetemperatur liegt je nach dem Barometerstand zwischen 181—183°. Von Rotanilin wird verlangt, daß es zwischen 182 und 198° ziemlich vollständig übergeht und ein spezifisches Gewicht von 1,026—1,029 hat.

Prüfung des Anilinsalzes. Das salzsaure Anilin stellt große, meist etwas grau bis grünlich gefärbte Blätter oder Nadeln dar, die in Wasser und Alkohol leicht löslich sind und bei 196,5° schmelzen. Die wässerige Lösung soll klar sein, Safrosinpapier nicht entfärben und mit Chlorbariumlösung nicht oder kaum getrübt werden. Freies Anilin weist man mit völlig säurefreier Kupfersulfatlösung nach, welche durch die geringste Menge freien Öls grünlichbraun wird, während Chlorhydrat diese Färbung nicht hervorruft. Die Feuchtigkeit wird durch Trocknen von etwa 5 g Salz bis zur Gewichtskonstanz (24—48 Stunden) im Exsikkator ermittelt. Der Gewichtsverlust soll 1% nicht übersteigen.

Das mittels Ammoniak aus der wässerigen Lösung abgeschiedene und mit gepulvertem Natriumhydroxyd getrocknete Anilin soll wie „Blauanilin" (s. o.) destillieren. Um die freie Säure zu ermitteln, wird eine Lösung von 5 g des Salzes in 10 ccm Wasser mit 5 Tropfen einer Kristallviolettlösung (1 : 1000) versetzt und mit einer genau gleich zubereiteten Lösung eines reinen Salzes verglichen; nun titriert man mit $^1/_{10}$%iger wässeriger Anilinlösung, bis die Färbung beider Lösungen gleich ist (Liebmann und Studer). Gesamtsäure: Eine gewogene Menge des Salzes wird in Wasser gelöst, Phenolphathleinlösung zugesetzt und mit n. Natronlauge bis zur schwachen Rotfärbung titriert.

Anilingehalt. a) Nach dem Ölvolumen. Noelting bestimmt den Gehalt des Salzes an Gesamtöl annähernd, indem er in einem graduierten Glasstöpselzylinder von 200 ccm Kapazität 20 g Anilinsalz (in 40 ccm heißen Wassers gelöst) mit 7 g Ätznatron (in 20.ccm Wasser) und 30 g Kochsalz versetzt, gut umschüttelt, abkühlen läßt, auf 200 ccm auffüllt und das Volumen des abgeschiedenen Öles abliest. Die Anzahl Kubikzentimeter Öl, mit 5,13 multipliziert, ergibt den Gehalt an Anilinöl in Gewichtsprozenten.

b) Diazotierungsmethode. Man löst eine gewogene Menge Anilinsalz oder Öl in verdünnter Salzsäure, kühlt die Lösung mit Eis und läßt Natriumnitritlösung von bekanntem Gehalt einfließen, bis beim Tüpfeln Jodkaliumstärkepapier gebläut wird. Der Moment ist maßgebend, wo beim Auftropfen die Reaktion sofort eintritt. Die Stärkelösung muß stets frisch sein. Die Nitritlösung (etwa 23 g im Liter Wasser) wird in gleicher Weise gegen chemisch reines Anilinchlorhydrat gestellt.

Diese in Farbenfabriken vielfach übliche Methode wird auch von Lunge und neuerdings auch von Sabalitschka und Schrader[1]) als recht brauchbar bezeichnet. Letztgenannte Beobachter arbeiten im einzelnen wie folgt. Zur Diazotierung dient Normal-Natriumnitritlösung, deren Gehalt durch Einstellen gegen reines sulfanilsaures Natrium (s. u. Natriumnitrit) oder chemisch reines Anilinöl ermittelt wird. Bei der Diazotierung von Anilin sind 2—3 Mol. Schwefelsäure auf 1 Mol. Anilin zuzusetzen. Die Titration des Anilins wird ebenso ausgeführt wie diejenige des sulfanilsauren Natriums, indem Nitritlösung tropfenweise zu der mit Eis abgekühlten Lösung zuzugeben und nach jedem Tropfen gut durchzuschütteln oder durchzurühren ist. Anfangs verläuft die Diazotierung ziemlich rasch, gegen Ende der Reaktion immer langsamer. Dann ist die Tüpfelprobe auf Jodkaliumstärkepapier immer erst mehrere Minuten nach dem letzten Zusatz der Nitritlösung auszuführen. Die Diazotierung ist beendet wenn die Lösung das Jodkaliumstärkepapier sofort blau färbt, obwohl seit dem Zusatz des letzten Tropfens Nitritlösung bereits eine Viertelstunde vergangen ist. Die Konzentration der titrierten 100 ccm Anilinlösung beträgt vorteilhaft 1—2 g Anilin. Die Ergebnisse sind genau; je 1 ccm n. Natriumnitritlösung entspricht 0,093 g Anilin. — An der Schnelligkeit des Nitritverbrauchs beim Titrieren ist zu erkennen, wie weit man vom Endpunkt der Reaktion entfernt ist. Anfangs können deshalb mehrere Tropfen auf einmal zugegeben werden, später nur einzelne Tropfen. Die Titration von 1—3 g Anilin dauert etwa 1 Stunde. Zur Orientierung über den Anilingehalt kann erst eine annähernde, dann eine genaue Titration ausgeführt werden, bei welch letzterer der Verlust der Lösung durch die Tüpfelproben erheblich verringert werden kann. Während der ganzen Zeit müssen bei genauen Bestimmungen Eisstücke in der Lösung zugegen sein.

---

[1]) Ztschr. f. angew. Chem. 1921, 45.

c) **Bromierungsmethode nach Reinhardt-Schaposchnikoff**[1]).
Reinhardts Methode hat die Bromierung der Amine in bromwasserstoffsaurer Lösung mit Kaliumbromat zur Grundlage. Das Anilin geht
dabei in Tribromanilin, die Toluidine in Dibromtoluidine über. Die
Bromierungslauge (490 g Brom, 336 g 100%iges Kalihydrat und 1 l
Wasser werden 2—3 Stunden mäßig gekocht und auf 9 l verdünnt) ersetzt Schaposchnikoff durch das gleichmäßigere Kaliumbromat. Er
verwendet durch Umkristallisieren gereinigtes käufliches Kaliumbromat,
von dem er 8 g im Liter (ungefähr $^1/_7$ normal) löst. Zur Titerstellung
wird Jod angewandt: $KBrO_3 + 6 HBr + 6 KJ = 3 J_2 + 7 KBr + 3 H_2O$.
Man versetzt 25 ccm der $KBrO_3$-Lösung mit 5 g Jodkalium und 3 ccm
25%iger Bromwasserstoffsäure. Das ausgeschiedene Jod wird mit bekannter Thiosulfatlösung titriert. Diese Titerstellung deckt sich aufs
genaueste mit der empirischen Einstellung gegen chemisch reines Anilin.
3 Moleküle Jod = 1 Molekül Kaliumbromat = 1 Molekül Anilin = $1^1/_2$
Moleküle Toluidin.

1 g J = 0,22083 g $KBrO_3$ = 0,1223 g Anilin = 0,1406 g Toluidin.

Zur Ausführung der Titration werden 5 g Anilin in der 60fachen
Menge (300 g) 25%iger Bromwasserstoffsäure gelöst und zu 500 ccm
mit Wasser aufgefüllt. Diese 1%ige Lösung wird mit der Kaliumbromatlösung titriert. Das Ende der Titration wird nach Reinhardt
mit Jodkaliumstärkepapier erkannt. Nach Schaposchnikoff ist die
Anwendung desselben nicht nötig, da nach vollendeter Bromierung die
oberhalb des Bromürniederschlages stehende Flüssigkeit ganz klar wird
und von dem geringsten Überschuß an Kaliumbromat eine leicht sichtbare, gelbliche Färbung annimmt. Diese Färbung zeigt das Ende der
Reaktion sehr scharf an[2]). Größere Mengen Toluidin beeinträchtigen
die scharfe Endreaktion etwas. — Die Methode liefert auf ± 0,3% genaue Resultate.

Formaldehyd, Formalin, Formol. $CH_2O = 30,02$. Das technische
Produkt stellt eine 35—40%ige wässerige Lösung dar. Als Verunreinigungen kommen vor: Freie Säure (bisweilen bis zu 0,2% Ameisensäure), Salz- und Schwefelsäure, Schwermetalle (zuweilen bis zu 0,01%
Kupferoxyd), anorganische Salze (im Verdampfrückstande nachweisbar)
Methylalkohol.

Gehaltsbestimmung. Von zahlreichen Methoden seien folgende
drei erwähnt, die gut eingeführt sind.

a) Verfahren von **Blank** und **Finkenheimer** für konzentrierte
Lösungen. Formaldehyd wird bei Gegenwart von Natronlauge mit
Wasserstoffsuperoxyd zu Ameisensäure oxydiert und die überschüssige
Lauge mit Schwefelsäure zurücktitriert. Die Reaktion verläuft nach
der Gleichung:

$$2 CH_2O + 2 NaOH + H_2O_2 = 2 HCO_2Na + H_2 + 2 H_2O.$$

---

[1]) Reinhardt, Chem.-Ztg. 1893, 413; Ztschr. f. anal. Chem. 1894, 89; Schaposchnikoff und Sachnovsky, Ztschr. f. Farben- und Textil-Chem. 1903, 7.
Lunge, III. Daselbst: Bestimmung von Toluidin neben Anilin usw.

[2]) S. a. Zinnbestimmung nach Fichter und Müller, S. 189.

b) In verdünnten Lösungen arbeitet man besser nach dem jodometrischen Verfahren von Romijn, bei dem man den Formaldehyd mit Jod in alkalischer Lösung in Ameisensäure überführt, entsprechend der folgenden Gleichung:

$$CH_2O + J_2 + 3\,NaOH = HCO_2Na + 2\,NaJ + 2\,H_2O.$$

Etwa 4 g einer konzentrierten, etwa 35—40%igen Formaldehydlösung (bei geringerer Konzentration entsprechend mehr) werden zu 1 l verdünnt, 25 ccm der Lösung mit 50 ccm $^1/_{10}$ n. Jodlösung versetzt und mit reiner Natronlauge schwach alkalisch gemacht. Nach 10 Minuten säuert man mit Salzsäure an und titriert das unverbrauchte Jod mit $^1/_{10}$ n. Thiosulfatlösung zurück. 254 T. Jod = 30 T. Formaldehyd oder 1 ccm $^1/_{10}$ n. Jodlösung = 0,0015 g CH_2O.

c) Schließlich kann das Formaldehyd durch Ammoniak in statu nascendi in Hexamethylentetramin übergeführt werden, indem Ammoniak aus Salmiak durch Zugabe von titrierter Natronlauge entwickelt wird. Der Säuregehalt des Formaldehyds ist vorher zu bestimmen und in Korrektur zu bringen. Aus dem Verbrauch an Ammoniak bzw. der ihm äquivalenten Menge titrierter Natronlauge ergibt sich der Gehalt an Formaldehyd. Die Reaktion verläuft nach der Gleichung:

$$6\,CH_2O + 4\,NH_4Cl + 4\,NaOH = (CH_2)_6N_4 + 4\,NaCl + 10\,H_2O.$$

Geringe Mengen und Spuren von Formaldehyd lassen sich leicht durch die Fuchsin-Schwefligsäurereaktion oder durch Resorzin-Schwefelsäure nachweisen. Mit schwefliger Säure eben entfärbte Fuchsinlösung wird durch Spuren Formaldehyd rot bis rotviolett gefärbt. Das zu untersuchende Objekt (Appretur, Kleister, geklebte Kartonnagen u. ä.) wird in das Reagens eingelegt und auf Rotfärbung beobachtet. Nach Cohn wird bei der Unterschichtung einer formaldehydhaltigen Resorzinlösung mit konz. Schwefelsäure an der Berührungszone ein dichter weißer Ring, und dicht darunter eine violettrote Zone gebildet. Liegen feste Versuchsobjekte vor, so können diese unmittelbar in eine Lösung von wenig reinem Resorzin in konz. Schwefelsäure eingelegt werden, wobei gegebenenfalls Rotfärbung entsteht. Beide Reaktionen sind sehr scharf und geben noch ganz geringe Spuren von Formaldehyd an[1]).

Alkohol, Weingeist, Spiritus. $C_2H_5OH = 46,06$. Der Gehalt an Alkohol wird in der Regel nur aräometrisch oder pyknometrisch, am einfachsten vermittels des Alkoholometers, bestimmt. Er wird offiziell in Gew.%, bisweilen in Vol.% angegeben. Die Hauptverunreinigungen sind Wasser und Denaturierungsmittel, mitunter auch geringe Mengen Säure und Wasserbadrückstand.

Methylalkohol, Holzgeist, CH_3OH, kaum angewandt, stark giftig. Destillationsprüfung. Abdampfrückstand.

Äther, Äthyläther, Schwefeläther, vereinzelt benutzt. Destillationsprüfung, Wasserbadrückstand.

Benzin, Petroleumbenzin, Petroläther, Ligroin, bildet ein Gemisch niederer und höherer Kohlenwasserstoffe. Der Wert desselben wird nach dem spezifischen Gewicht (0,7—0,75), der fraktionierten Destillation

---

[1]) Ristenpart, Textilberichte 1921, S. 213, 1922, S. 27. Cohn, Chem.-Ztg. 1921, S. 997. Heermann, Textilberichte über W., I. u. H. 1922, S. 101.

(dem Siedeintervall) und dem bei Wasserbadtemperatur nichtflüchtigen
Anteil bestimmt. Ferner wird Wert auf möglichste Geruchlosigkeit und
wasserhelle Farbe gelegt.

Chloroform und **Schwefelkohlenstoff** werden meist nach Probe-
destillation und Rückstand beurteilt.

Tetrachlorkohlenstoff, „Tetra“, „Benzinoform“. Der Siedeintervall
bei einer guten Ware darf 1° nicht übersteigen; außerdem darf kein
wägbarer Rückstand zurückbleiben. Als Verunreinigung kommen in der
gewöhnlichen Marke Schwefelverbindungen vor; die Marke „Tetrachlorkohlenstoff schwefelfrei“ darf beim Vermischen mit Alkohol, Silbernitrat und Anilin keine Schwarzfärbung zeigen. Ein Nachteil des Tetra
ist, daß es betäubend wirken kann.

Azetin bildet ein Gemenge von Mono-, Di- und Triazetin (Glyzerin-
Essigsäureester) mit freier Essigsäure. Beim Dämpfen findet Spaltung
in Essigsäure und Glyzerin statt.

Solutionsäther, ein hochprozentiges Diäthylamin (Siedepunkt 57°C).

Terpentin, eine farblose Flüssigkeit vom spezifischen Gewicht
0,68—0,89.

Tetralin, Tetrahydronaphthalin. Spezifisches Gewicht 0,975. Siedepunkt 205—210°.

Dekalin, Dekahydronaphtalin.

Tetralin extra, Gemisch von Tetralin und Dekalin. Spezifisches
Gewicht 0,9, Siedepunkt 185—195°.

Protectol Agfa [A], ein der Aktiengesellschaft für Anilinfabrikation
geschütztes Erzeugnis, das als Faserschutzmittel in der Woll- und Kunst-
wollfärberei Verwendung findet. Es wird den Farbbädern in Mengen
von 2—5% vom Gewicht der Ware zugesetzt, ohne eine weitere Änderung
des Färbeverfahrens zu bedingen. Seine Wirkung ist: Bessere Netzung
und Durchfärbung; besseres Egalisieren des Farbstoffes; Erhaltung von
Weichheit, Griff und Elastizität der Wollfaser; Verhinderung oder Mil-
derung der Hitzfalten, Knittern, sowie des Einrollens der Leisten. Seine
Anwendung ermöglicht auch vielfach die Anwendung der Einbadmethode
bei solchen Waren, bei denen diese sonst nicht zulässig ist. Die Firma
[A] bringt zurzeit die Marken I, II, extra III und extra IV in den Handel.
Die beiden letzteren Marken besitzen in höherem Grade als die beiden
ersteren die wertvolle Eigenschaft, tierische Fasern vor dem schädigenden
Einfluß der Alkalien zu schützen. Protectol extra III ist der Marke I
ähnlich, besitzt aber die dreifache Wirksamkeit; es kommt hauptsächlich als Faserschutzmittel in Frage beim Merzerisieren von Halbseiden-
geweben, Entbasten der Seide mit Natronlauge u. ä. Protectol extra IV
ist der Marke II ähnlich, aber etwa doppelt so stark. Es wird besonders
empfohlen als Zusatz zu Waschbädern beim Waschen von Wolle, zu
Farbbädern beim Färben von Halbwolle u. ä.

Eulan F. Die Farbenfabriken Bayer [By] bringen seit kurzem unter dem Namen Eulan F ein Präparat zur mottenechten Ausrüstung
von Wollwaren heraus. Nach den bisherigen Versuchen stellt Eulan
ein sicheres Mottenmittel dar, dessen sich die Wollindustrie bzw. die
Wollfärberei und -ausrüstung dringend annehmen sollte. Die gut ge-

schleuderte Ware wird in einem Bade von 6 g Eulan F und 3 g konz. Schwefelsäure (bzw. 6 g Ameisensäure 90%ig) im Liter Wasser gut durchgearbeitet, herausgenommen, abtropfen gelassen oder ausgewunden und erst nach mehrstündiger Einwirkung gespült. Eulan- und Spülbad werden weiter benutzt, ersteres ergänzt bzw. verstärkt, indem im Spülbade 9 g Eulan und 4,5 g konz. Schwefelsäure (bzw. 9 g Ameisensäure) gelöst und dieses dem gebrauchten Eulanbade zugesetzt wird.

Gerbstoffe.

Die Gerbstoffe sind in verschiedenen Teilen bestimmter Pflanzen enthalten: in den Blättern, im Stengel, in der Rinde, in den Früchten, im Holz, in krankhaften Auswüchsen. Die für die Färberei wichtigsten Gerbstoffträger[1]) mit ihren stark schwankenden Gerbstoffgehalten sind etwa folgende:

Chinesische und japanische Galläpfel . . . etwa 70—80% Gerbsäure,
Aleppo- und Levante-Galläpfel . . . . . . ,, 55—60% ,,
(Ungarische, italienische, französische, deutsche Eichengalläpfel sind viel ärmer an Gerbstoff)
Knoppern (österreichische Galläpfel) . . . etwa 25—35% Gerbsäure,
Sizilianischer Sumach . . . . ,, 15—25% ,,
(Sumach von Malaga 15%, von Virginia 10%, von Carolina 5%)
Sumachextrakt 30° Bé . . . . etwa 25—30% Gerbsäure,
Myrobalanen gemahlen . . . . ,, 30—40% ,,
Wallonen, Valonien (Ackerdoppen) . . . . ,, 25—35% ,,
Divi-Divi, Libi-Divi . . . . ,, 30—35% ,,
Eichenrinde (jung) . . . . ,, 15—20% ,,
Quebrachoholz . . . . ,, 15—20% ,,
Catechu in Block (Blockgambier) . . . . ,, 30—35% ,,
Catechu in Würfeln (Würfelgambier) . . . ,, 45—50% ,,

Die in diesen und anderen Gerbstoffträgern enthaltenen Gerbstoffe sind zum Teil sehr verschieden unter sich. Der aus den Gallen erhaltene Gerbstoff ist die sogenannte Gallusgerbsäure, Digallussäure oder das Tannin. Denselben Gerbstoff mit mehr oder weniger Ellagengerbsäure enthalten auch der Sumach, der Dividivi, die Myrobalanen u. a. m. Die in vielen Gerbstoffen (besonders Sumach, aber auch Tannin) enthaltene Gallussäure wirkt teilweise auch gerbend oder schwellend, wird aber im allgemeinen als minderwertigeres Nebenprodukt betrachtet.

Qualitative Gerbstoffunterscheidungen. Bei der Beurteilung der Gerbstoffe kommt es nicht nur auf den Gehalt an Gesamtgerbstoff, sondern auch auf die Natur der Gerbstoffe an. Letztere sind sämtlich Abkömmlinge des zweiwertigen Phenols Pyrokatechin oder des dreiwertigen Pyrogallol, während einige außerdem noch Phlorogluzin enthalten. Sie sind durch eine Reihe gemeinschaftlicher Re-

---

[1]) Die künstlichen Gerbstoffe (Neradole der B. A. S. F.) haben bisher nur in der Gerberei, nicht aber in der Färberei Verwendung gefunden.

aktionen charakterisiert: Sie fällen Gelatine und verwandte Körper aus
ihren Lösungen aus, gerben tierische Haut, geben mit Eisenoxydsalzen
schwarze Fällungen, mit anderen Metallen unlösliche Salze usw. Andererseits reagieren die Gerbstoffe auf gewisse Reagenzien verschieden; solche
Reaktionen dienen zumNachweis der einzelnen Gerbstoffarten. H. Procter[1]) stellte bereits vor längerer Zeit folgende Unterscheidungsrsaktionen
auf:

1. Einprozentige Eisenalaunlösung liefert mit Pyrokatechin und
Protokatechusäure dunkelgrüne Färbungen, während Pyrogallol und
Gallussäure blauschwarze Färbungen erzeugen.

2. Bromwasser ist ein Reagens auf Pyrokatechingerbstoffe. Es
fällt alle diejenigen Gerbstoffe, welche mit Eisenalaun grünschwarze
Färbungen geben und auch viele, welche blau- oder violettschwarze
Färbungen erzeugen (die auch Pyrokatechin enthalten). Es fällt nicht
die ausgesprochenen Pyrogallolgerbstoffe, mit Ausnahme einiger, die
Ellagsäure bilden (z. B. Eichenrinde).

Danach kann man die Gerbstoffe in folgende drei große Gruppen
einteilen:

I. diejenigen, die mit 2. einen Niederschlag und mit 1. eine grünschwarze Färbung geben = Pyrokatechingerbstoffe. (Hierher gehören:
Katechu, Gambier, Gerberinde, Korkeichenrinde, Querzitronrinde, Hemlockrinde, Fichtenrinde, Weidenrinde, Quebracho u. a. m.)

II. diejenigen, die mit 2. einen Niederschlag, mit 1. eine blau- oder
violettschwarze Färbung geben = gemischte oder unbestimmte Gerbstoffe. (Hierher gehören: Canaigre, Mimosarinde, Eichenrinde u. a. m.)

III. die mit 2. keinen Niederschlag, mit 1. blauschwarze Färbung
geben = Pyrogallolgerbstoffe[2]). (Hierher gehören: Aleppo-Gallen, Sumach, Myrobalanen, Algarobilla, Dividivi, Valonea, reine Gallussäure
bzw. Tannin u. a. m.)

Stiasny teilt die Gerbstoffe nach ihrem Verhalten gegenüber Formaldehyd in salzsaurer Lösung in drei Hauptgruppen ein, deren jede
wieder Untergruppen enthält[3]).

I. Mit Formaldehyd starker Niederschlag. Das Filtrat gibt mit
Eisenalaun und Natriumazetat keine Violettfärbung, mit Essigsäure
und Bleiazetat keinen Niederschlag, mit Brom dagegen einen Niederschlag. Gruppenreagens: Ammoniumhydrosulfid (Ia und Ib).

Ia. Kein Niederschlag. Grünfärbung mit Eisenalaun zeigt an:
Quebracho, Mangrove, Ulmo, Gambier, Pine-bark, Hemlock.

Ib. Ein Niederschlag. Blauviolettfärbung mit Eisenalaun: Mimosa,
Malet.

II. Mit Formaldehyd nach 15 Minuten Kochen kein Niederschlag.
Das Filtrat gibt mit Brom keinen Niederschlag, mit Ammoniumhydrosulfid dagegen einen Niederschlag. Gruppenreagens: Essigsäure und
Bleiazetat, dem Filtrat wird Eisenalaun zugesetzt (IIa und IIb).

---

[1]) Journ. Soc. Chem. Ind. 1894, 487.
[2]) Näheres s. bei Procter-Paeßler, Leitfaden für gerbereichemische Untersuchungen.
[3]) Journ. Am. Leath. Chem. Assoc. 1914, 19—25.

IIa. Keine Färbung: Eichenholz, Valonea.

IIb. Violettfärbung: Kastanie, Myrobs.

III. Mit Formaldehyd nach 15 Minuten Kochen starker Niederschlag. Das Filtrat gibt mit Eisenalaun und Natriumazetat tiefe Violettfärbung. Gruppenreagens: Brom (IIIa und IIIb).

IIIa. Fällung: Eichen, Pistazien.

IIIb. Keine Fällung: Sumach, Dividivi, Algarobilla, Galläpfel, Bablah, Teri.

Durch Spezialreaktionen der einzelnen Gerbstoffe können diese weiter erkannt werden. Stiasny gibt hierfür eine ausführliche Tabelle.

Tannin. $C_{14}H_{10}O_9 = 322,15$. Außer den erwähnten natürlichen Gerbstoffträgern kommen Extrakte und Raffinate, mehr oder weniger hochkonzentrierte, flüssige und feste Produkte in den Handel, von denen das Tannin oder die Digallussäure eins der wichtigsten ist. Es wird in zahlreichen Marken und Reinheitsgraden hergestellt. als weißes bis braunes Pulver, in Form von Nadeln, Schuppen, Körnern, Schaum usw. mit verschiedenen, garantierten Gehalten an Gerbstoff. Von einem guten Tannin wird meist Klarlöslichkeit in Wasser und Alkohol verlangt. Reine Gallusgerbsäure löst sich auch in Ätheralkohol (1 : 1), klar. Ungelöst bleiben dabei: Stärke, Milchzucker, Dextrin, Zucker, Extraktivstoffe, anorganische Salze (Magnesiasalze, Glaubersalz), Gummistoffe. Der Aschengehalt soll möglichst gering sein.

Catechu in Block (Blockgambier) ist ein wichtiges Hilfsmittel der Seidenfärberei und wird hier für Erschwerungszwecke gebraucht. Er ist der eingedickte Extrakt von Uncaria Gambier. Man unterscheidet den rohen, ungereinigten, von den Eingeborenen gewonnenen Catechu und den fabrikmäßig gewonnenen, gereinigten, z. B. Indragiri-Catechu, der vor allem von mechanischen Fremdstoffen befreit ist, sich aber auch färbetechnisch anders verhält als der rohe Catechu der Eingeborenen. Der Blockcatechu soll von schöner braungelber Farbe und schmieriger, tonartiger Beschaffenheit sein. Im Querschnitt des Ballens dürfen sich keine Einlagerungen von Füllstoffen (Sägespänen u. ä.) befinden. Der Geruch soll angenehm-aromatisch, nicht aber stinkend und ammoniakalisch sein. In destilliertem Wasser soll sich der Catechu nach $^1/_2$stündigem Kochen möglichst klar lösen, und die Lösung soll nach dem Erkalten möglichst wenig Bodensatz aufweisen. Der Catechu soll ferner möglichst trocken sein und nicht mehr als 40% Wasser enthalten (Trocknen bei 105°). Der Gehalt an Gesamtlöslichem soll etwa 40—60% betragen, davon soll der Gerbstoffgehalt möglichst 30—35%, mindestens aber 25% betragen. Demgegenüber enthält der gereinigte Catechu, z. B. Indragiri-Catechu 40—45% Gerbstoff. Über die technische Wert-bestimmung siehe weiter unten. Catechu gehört zu den Importartikeln, die mit allen Fehlern gehandelt werden und für deren Eigenschaften die Einbringer keine Gewähr leisten[1]).

----

[1]) S. Heermann, Zur Gewährleistungsfrage des Catechu und des Gambiers, Mitt. a. d. Materialprüfungsamt, 1910, Heft 4. Mitt. d. Ver. d. Dtsch. Textil-vered.-Ind. 1910, Heft 2, S. 87.

Gerbstoffbestimmung.

Zur Bestimmung des Gerbstoffgehalts ist eine große Anzahl von Methoden vorgeschlagen worden. Die Spindelmethode versagt infolge der meist vorhandenen Verunreinigungen. Außerdem muß für jeden Gerbstoff eine eigene Tabelle ausgearbeitet sein. Die Spindelung der Gerbstofflösungen kann deshalb nur ganz beschränkte Anwendung finden und wird wohl nur als Betriebskontrolle angewandt. Die zwei wichtigsten Methoden sind: Die Chamäleon- und die Hautpulvermethode. Erstere verliert immer mehr an Bedeutung, nachdem sich der „Internationale Verein der Lederindustrie-Chemiker" auf die Hautpulvermethode als maßgebende Methode geeinigt hat und weil die Ausführung des Verfahrens bei exakteren Resultaten weniger zeitraubend ist als diejenige der Chamäleonmethode.

1. Chamäleonmethode nach Löwenthal. Sie hat den Vorzug, daß sie selbst bei verdünnten Lösungen direkt (ohne Einengung) angewandt werden kann und daß die Gegenwart von Gallussäure, die bei der Hautpulvermethode zum großen Teil oder vollständig als „gerbende Substanz" bestimmt wird, weniger störend wirkt. Deshalb eignet sie sich vorzugsweise zur Analyse von schwachen Brühen, zum systematischen Vergleich von gebrauchten Gerbmaterialien, zur Analyse von gallussäurereichen Stoffen (wie Sumach und Myrobalanen) und reinem Tannin.

Die Ausführung der Methode besteht aus zwei selbständigen Operationen: a) Der Titration der gesamten oxydabeln Stoffe, b) der Titration der vom Gerbstoff befreiten Lösung. a—b ergibt den Gerbstoffgehalt. Die von Procter angenommene Arbeitsweise ist folgende. Erforderliche Lösungen: Chamäleonlösung 0,5 g im Liter. 2. Indigokarminlösung (5 g Indigotin und 50 g konzentrierte Schwefelsäure im Liter). 25 ccm dieser Lösung sollen etwa 30 ccm Chamäleonlösung verbrauchen und ein reines Gelb ergeben; andernfalls ist zu verdünnen. 3. Lösung von 3 g Tannin pro Liter. Da chemisch reines Tannin nicht existiert, verwendet man vom reinsten Handelstannin statt 1 g Trockensubstanz 1,05 g desselben. a) 25 ccm Indigolösung werden zunächst allein mit der Chamäleonlösung langsam und gleichmäßig titriert und der Verbrauch notiert. Dann werden in derselben Weise 25 ccm Indigolösung und 5 ccm der reinen Tanninlösung in etwa $^3/_4$ l Wasser titriert und der Titer der Chamäleonlösung (nach Abzug der für die Indigolösung verbrauchten Menge) gegen Tannin festgelegt. Die auf Kosten des Tannins kommenden Kubikzentimeter Chamäleonlösung sollen auf keinen Fall größer sein als zwei Drittel der für die Indigolösung erforderlichen Menge Permanganat. In gleicher Weise werden die zu prüfenden Gerbstofflösungen titriert. b) Ein zweiter Teil der Gerbstofflösung wird mit Hautpulver (s. Hautpulvermethode) oder Gelatine ausgefällt und ein aliquoter Teil des Filtrates wieder zusammen mit Indigokarmin in gleicher Weise titriert; hierbei werden die Permanganat verbrauchenden Nichtgerbstoffe bestimmt. a — b = Gerbstoff, ausgedrückt durch eine äquivalente Menge Tannin. — Die Huntsche Fällung mit Gelatine geschieht durch zwei

Lösungen: 1. Gelatinelösung 20 : 1000; 2. gesättigte Kochsalzlösung mit
50 g konzentrierter Schwefelsäure pro Liter. 50 ccm der Gerbstofflösung
(Konzentration wie bei der Hautpulvermethode) werden mit 25 ccm
Gelatinelösung, 25 ccm Salzlösung und einem Teelöffel voll Kaolin oder
Bariumsulfat 5 Minuten lang kräftig geschüttelt und dann filtriert.
10 ccm des völlig klaren Filtrates werden dann wie oben mit Chamäleonlösung unter Zusatz von 25 ccm Indigolösung titriert.

2. Hautpulvermethode. Diese Methode setzt sich ebenfalls aus
zwei Einzelbestimmungen zusammen: a) Bestimmung des Gesamt-
extraktgehaltes („löslichen Gesamtrückstandes"), b) Bestimmung
des Nichtgerbstoffextraktgehaltes (der löslichen „Nichtgerbstoffe"). a — b = „Gerbstoffgehalt". a) Zur Bestimmung des Gesamtrückstandes wird eine Lösung bzw. ein Auszug des Gerbstoffs bereitet,
welcher im Liter 6—8 g Trockensubstanz bzw. 4 g Gerbstoff enthält.
50 ccm der völlig klaren, filtrierten Lösung werden zur Trockne gedampft
und bei 105—110° bis zur Konstanz getrocknet. Absolute Gewichtskonstanz ist wegen der schließlich eintretenden Oxydation (und Gewichtszunahme) nicht möglich. Aus dem Gewicht des Rückstandes wird der
Gehalt an Gesamtlöslichem oder der „lösliche Gesamtrückstand" berechnet.

b) Die Bestimmung des löslichen „Nichtgerbstoffes" geschieht mit
Hilfe von Hautpulver. Simand und Weiß führen die Entgerbung
der Lösung aus, indem sie zu 250 ccm der Stammlösung des Gerbstoffes
1 g trockenes, reines Hautpulver geben, mehrere Stunden unter häufigem Rühren an einem kühlen Orte stehen lassen, dann durch Leinwand
filtrieren, nochmals 2 g Hautpulver zugeben und während der nächsten 12—16 Stunden, unter allmählichem Zusatz von weiteren 2 g Hautpulver, öfters schütteln. Hierauf wird die Flüssigkeit durch Papier
filtriert und 100 ccm des Filtrats eingedampft und getrocknet. Der
Rückstand enthält den „löslichen Nichtgerbstoff"; wird dieser vom
Gesamtrückstand a) abgezogen, so verbleibt die „gerbende Substanz".
Zur Verkürzung der Zeit führte Yokum die Schüttelmethode ein,
wobei die Lösung durch einen mechanischen Schüttelapparat innerhalb
$^{1}/_{2}$ Stunde entgerbt wird. Procter[1]) führte seinerseits zur schnelleren
Adsorption des Gerbstoffes durch das Hautpulver das sogenannte „Hautpulverfilter" ein. Die Gerbstofflösung durchdringt hier langsam die
Hautpulverschicht, verliert schon in den ersten Schichten die Hauptmenge des Gerbstoffes, während die letzten intakten Schichten des Filters
die letzten Reste des Gerbstoffes adsorbieren. Die Filterform Procters
wurde seitdem verbessert. Das sogenannte „Glockenfilter" besteht aus
einer für diesen Zweck hergestellten kleinen Glocke (s. Abb. 2); durch den
den Hals verschließenden Gummistopfen geht ein etwa 30 cm langes,
heberförmig gebogenes Kapillarrohr. Vor das in der Flasche ausmün-
dende Ende wird etwas Baumwolle oder Glaswolle gelegt und alsdann
die Flasche nicht zu fest und gleichmäßig mit einem lockeren, wolligen
Hautpulver gestopft, was einige Übung erfordert. Dann wird

---

[1]) Journ. Soc. Chem. Ind. 1887, 94.

das Hautpulver durch ein Gazestück mit Hilfe eines Gummibandes fest-
gehalten, das Filter in ein Becherglas gestellt, die Gerbstofflösung allmählich
in dem Maße wie sie vom Hautpulver aufgesogen wird, zugesetzt ($^1/_4$ Stunde)
und die Flüssigkeit am Ende des Glasröhrchens angesogen. Die ersten
30 ccm werden verworfen und die nächsten 60 ccm gesondert aufgefangen. Diese sollen absolut klar sein und einige Tropfen derselben
sollen mit den ersten 30 ccm (welche etwas lösliche Hautsubstanz enthalten) keine Trübung erzeugen. Ist das Filtrat nicht vollständig gerb-
säurefrei, so wird die Operation wiederholt, oder es wird (weniger genau)
etwas Hautpulver und Kaolin zugegeben, öfters kräftig durchgeschüttelt,
1 Stunde kalt stehen gelassen und durch ein Papierfilter filtriert. Die
Temperatur soll 18—20° und die Gesamtdauer der Filtration 1—1$^1/_2$
Stunden betragen. 50 ccm des klaren, entgerbten Filtrates werden wie
bei a) eingedampft, getrocknet und gewogen. Zieht man den so erhal-

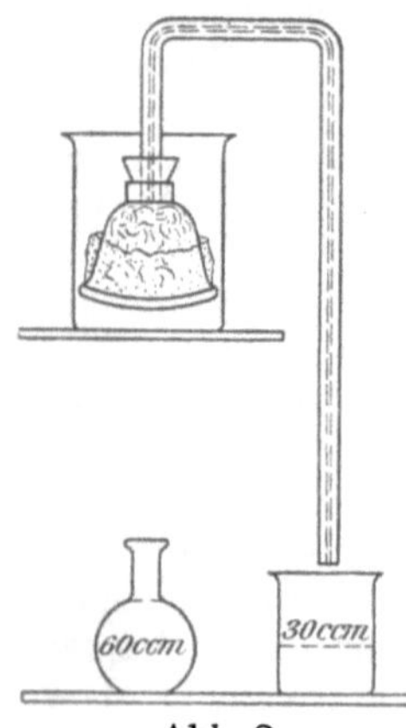

Abb. 2.

tenen Gehalt an „löslichen Nichtgerbstoffen" vom
Gesamtrückstand a) ab, so erhält man die „gerbende Substanz" oder den Gerbstoffgehalt, einschließlich Gallussäure, welche wie andere Säuren
vom Hautpulver zum größten Teile mit adsor-
biert wird.

Das Hautpulver[1] soll weiß, weich, wollig und
adsorptionskräftig sein. 10 g Hautpulver, mit
200 ccm kaltem Wasser 4 Stunden lang geschüttelt,
dürfen beim Eindampfen des Filtrates in 100 ccm
einen Trockenrückstand von höchstens 12—15 mg
hinterlassen (Wiener Versuchsstation). Schlechtes
Hautpulver erkennt man meist an seinem fauligen
Geruch und grauen Aussehen.

Der Internationale Verein der Lederindustrie-
Chemiker vereinbart von Zeit zu Zeit die analytischen Grundsätze in bezug auf Ausführung der
Analyse. Früher war das Proctersche Glockenfilter vorgeschrieben,
seit 1910 wieder die Schüttelmethode. Näheres s. in der Spezialliteratur.

Der Analysenbericht über eine vollständige Analyse soll enthalten: 1. gerbende Substanz, 2. lösliche Nichtgerbstoffe,
3. Unlösliches (durch Abziehen des „Gesamtlöslichen" von der „Ge-
samttrockensubstanz" erhalten), 4. Feuchtigkeit (durch Trocknen bei
100—105° C ermittelt). 5. Aschengehalt (durch Verglühen des Ori-
ginalmusters bestimmt).

Von anderen Gerbstoffbestimmungsverfahren seien nur erwähnt dasjenige von Wislicenus mit Tonpräparaten[2], von Wilhelm mit Me-

---

[1] Chromiertes Hautpulver (Weiß) und Formaldehyd-Hautpulver haben sich
nicht allgemein bewährt und besitzen mehr Nachteile als Vorzüge (Paeßler,
Procter, Schweitzer). Auch wird leichtchromiertes Hautpulver empfohlen,
welches weniger Wasserlösliches enthält.

[2] Ztschr. f. angew. Chem. 1904, 801, 1515; 1906, 637. Der Gerber, 1905,
Nr. 745.

thylenblau[1]) und das Kasein-Fällungsverfahren, die bisher keine allgemeine Bedeutung erlangt haben.

Technische Versuche. Statt bzw. neben den analytischen Prüfungen sind zweckmäßig auch technische Versuche auszuführen. Diese haben sich wie immer an die Praxis und an die jeweilige Bestimmung des Gerbstoffes anzulehnen, so daß man entsprechende Färbe-, Druck- oder Erschwerungsversuche ausführen kann.

Man löst beispielsweise genau gewogene Mengen des zu untersuchenden und des zum Vergleich dienenden Gerbstoffes (von reinem Tannin etwa 0,5 g) in heißem Wasser, füllt bis zu 500 ccm mit heißem Wasser auf, gibt 10 g Kochsalz in jedes Gefäß und beizt darin je 10 g gut abgekochtes Baumwollgarn 3 Stunden lang, während die Flüssigkeit erkaltet; alsdann wird jedes Strängchen für sich gut (und untereinander gleichmäßig stark) abgewunden, ohne zu spülen in ein Becherglas mit 200 ccm basisch schwefelsaurem oder holzsaurem Eisen von 1—2° Bé gebracht und 15—20 Minuten lang darin umgezogen. Schließlich wird gespült, getrocknet und die Stärke des Gerbstoffes aus der Tiefe der Färbung beurteilt.

Um zu prüfen, inwieweit der Gerbstoff für helle Farbtöne geeignet ist, bzw. inwieweit die Färbung des Gerbstoffes bei Erzeugung heller Nüancen störend wirkt, wird wie oben mit Gerbstoff gebeizt, mit einem Antimonsalz (Brechweinstein o. ä.) fixiert und mit basischen Farbstoffen in zarten Tönen ausgefärbt, z. B. mit Fuchsin, Methylenblau u. a. Der eine Gerbstoff ist mitunter mehr für blaue, der andere für rote Farben geeignet.

Gerbstoffe, die zur Erschwerung der Seide dienen, wie Catechu, Dividivi, Sumach- und Gallusextrakt werden in anderer Weise geprüft. Manche Gerbstoffe zeigen der Seide gegenüber trotz hohen Gerbstoffgehaltes geringe Affinität. Man prüft hier beispielsweise in der Weise, daß man 100—200% des Gerbstoffes (vom Gewichte der Seide) in dem zwanzigfachen Volumen Wasser löst, auf etwa 95° C erhitzt, die abgekochte, lufttrockene und genau gewogene Seide einbringt, 15 Minuten kräftig bewegt und dann drei Stunden bis über Nacht einlegt. Die Seide wird aus dem gänzlich erkalteten Bade herausgenommen, ausgewunden, sehr gut in fließendem, kalten Wasser gewaschen und bei gewöhnlicher Temperatur (möglichst bei 65% Luftfeuchtigkeit) getrocknet. Nach 24 Stunden wird gewogen und die Gewichtszunahme berechnet. Statt abgezogener, reiner Seide wird zweckmäßig auch metallisch vorerschwerte Seide verwendet werden; doch ist hierzu genaue Kenntnis der technischen Arbeitsweise erforderlich[2]).

Zwecks Prüfung des Dekolorierungsgrades von für die Seidenfärberei bestimmten Gerbstoffextrakten wird ähnlich verfahren. Man benützt nur statt ungefärbter Seide am besten zartblau oder zartrosa

---

[1]) Rev. gén. mat. color. 1897, II. S. 307; Noelting, Färb.-Ztg. 1903, 234.
[2]) Vgl. a. Heermann, Die Affinität der Gerbstoffe zur Seidenfaser, Färber-Ztg. 1908, Heft 1.

vorgefärbte Seide und führt nebenbei eine Parallelbeizung mit einem als gut bekannten Typgerbstoff aus. Aus der Trübung der Färbung im Vergleich zu der ungebeizten Seide und zu dem Typgerbstoff wird der Dekolorierungsgrad beurteilt. Eine kolorimetrische Prüfung der Gerbstofffärbung ist nicht maßgebend, da es lediglich auf die fixierbaren Farbstoffe des Gerbstoffes ankommt und diese nicht immer mit der Eigenfärbung des Gerbstoffes Hand in Hand gehen.

Fette und Öle[1]).

Klassifizierung.

Je nach Herkunft unterscheidet man pflanzliche und tierische Fette bzw. Öle, die im wesentlichen Ester des Glyzerins und höherer Fettsäuren sind. Alle Öle und Fette pflanzlichen Ursprungs enthalten in geringen Mengen (0,1—0,3%, selten mehr) als charakteristischen Bestandteil einen hochmolekularen Alkohol der aromatischen Reihe, das Phytosterin; alle tierischen Fette einen diesem isomeren Alkohol, das Cholesterin, in Mengen von 0,1—0,5%. Die pflanzlichen flüssigen Öle zerfallen in a) nicht trocknende Öle mit einer Jodzahl unter 100 (z. B. Olivenöl, Mandelöl, Erdnußöl), b) halbtrocknende Öle mit Jodzahlen bis etwa 130 (z. B. Rüböl, Sesamöl, Baumwollsamenöl, Maisöl), c) trocknende Öle mit Jodzahlen von 130—190, charakterisiert durch hohen Gehalt an stark ungesättigten Säuren (Linolsäure, Linolensäure, Eläomargarinsäure). Zu diesen trocknenden Ölen gehören z. B. Leinöl, Hanföl, Mohnöl. Die pflanzlichen festen Fette teilt man in a) Fette mit hohem Gehalt an niedrig schmelzenden und flüchtigen Säuren, z. B. Kokosfett, Palmkernöl, b) Fette mit hohem Gehalt an hochschmelzenden, nichtflüchtigen Säuren, z. B. Dikafett, Malabartalg, Muskatbutter. Die tierischen Öle kann man gruppieren in a) Öle von Landtieren, welche vorwiegend Ölsäure enthalten, z. B. Klauenöl, Talg- und Schmalzöl, mit Jodzahlen unter 80, b) Öle von Seetieren (Trane), welche stark ungesättigte Säuren, wie Therapinsäure, Clupanodonsäure u. a. enthalten, z. B. Dorschlebertran, Walfischtran, Robbentran. Die tierischen festen Fette stammen nur von Landtieren und sind z. B. Rindertalg, Hammeltalg, Butterfett.

Allgemeine Analyse der Fette und Öle.

Man unterscheidet a) physikalische und b) chemische Untersuchungsverfahren.

a) Zu den physikalischen Bestimmungen gehören u. a. die-

---

[1]) Näheres s. in Sonderwerken, z. B. Holde, Untersuchung der Kohlenwasserstoffe und Fette, Benedikt-Ulzer, Analyse der Fette und Wachsarten, Lewkowitsch, Chemische Technologie und Analyse der Öle, Fette und Wachse, Ubbelohde und Goldschmidt, Handbuch der Öle und Fette. Als kürzere Anleitung, der auch ich in nachfolgendem gefolgt bin, sei empfohlen: Marcusson, Die Untersuchung der Fette und Öle.

jenigen auf: 1. **Äußere Beschaffenheit**. Konsistenz, Farbe, Fluoreszenz und Geruch werden in 15 mm weitem Reagensglas, bei festen Fetten in beliebig großen Gefäßen beurteilt. 2. **Löslichkeit**. Sämtliche Öle und Fette sind in Äther, Chloroform, Schwefelkohlenstoff und — mit Ausnahme von Rizinusöl — auch in Benzin und in Mineralölen leicht löslich. In absolutem Alkohol lösen sich die meisten Fette wenig, mit zunehmender Ranzidität (Fettsäuregehalt) mehr. In jedem Verhältnis in Alkohol völlig löslich sind nur Rizinusöl und Traubenkernöl; erheblich löslich in Alkohol sind Öle und Fette mit niedrigmolekularen Säuren (Kokosfett, Butter u. ä.). 3. **Spezifisches Gewicht**. Die meist gebrauchten Apparate sind die **Aräometer** und **Pyknometer**. Von letzteren sind die von Göckel[1]) hergestellten, möglichst mit Eichschein versehenen, für 10 ccm Inhalt sehr zu empfehlen. Dickflüssige Öle werden zur Entfernung der eingeschlossenen Luft $^1/_4$ Stunde auf etwa 50° erwärmt, nötigenfalls im Vakuum vollständig entlüftet und nach Abkühlung gewogen. Für feste und salbenartige Fette sind besondere Apparate konstruiert worden[2]). 4. **Schmelz- und Erstarrungspunkt** (näheres hierüber s. u. Seifen). 5. **Tropfpunkt**. Hierunter versteht man den Wärmegrad, bei dem ein Tropfen unter seinem eigenen Gewicht von einer gleichmäßig erwärmten Masse des tropfenbildenden Stoffes abfällt. Als „Beginn des Fließens" wird dabei diejenige Temperatur bezeichnet, bei der die Fettmasse in Form einer Kuppe aus dem Apparat heraustritt. „Beginn des Abtropfens" ist die Temperatur, bei welcher der erste Tropfen abfällt. 6. **Lichtbrechungsvermögen**. Dieses spielt hauptsächlich in der Butter- und Schweineschmalzuntersuchung eine Rolle. 7. **Zähigkeit (Viskosität, Flüssigkeitsgrad)**. Für diese Bestimmung wird meist das **Englersche Viskosimeter** angewendet. 8. **Kältepunkt von Ölen**. Hierunter versteht man die Temperatur, bei der ein Öl vom flüssigen in den salbenartigen Zustand übergeht. Hat lediglich für die Schmieröluntersuchung Bedeutung.

b) **Chemische Untersuchungen**.

Während die physikalischen Untersuchungsverfahren im allgemeinen nur mehr oder weniger zuverlässige Anhaltspunkte für die Unterscheidung der verschiedenen Fette und Öle liefern, wird die chemische Prüfung in der Regel eine ausreichendere Beurteilung des Versuchsmaterials ermöglichen. Es kommen zunächst folgende **allgemeine** Untersuchungen in Betracht.

1. **Wasserbestimmung**. a) **Qualitative Probe**. 3—4 ccm Öl oder eine entsprechende Menge festen Fettes werden nach **Holde** in einem Reagensglas, dessen Wände man vorher mit dem schwach erwärmten Fett benetzt hat, in einem Ölbade bis 160° erhitzt. Wasserhaltige Öle zeigen bei der Abkühlung Emulsionsbildung an den benetzten Wandungen des Reagensglases; außerdem beobachtet man bei beträchtlichem Wassergehalt Schäumen und Stoßen.

---

[1]) Zu beziehen von Dr. H. Göckel, Berlin, Luisenstraße 21.
[2]) S. Marcusson, Die Untersuchung der Fette und Öle, S. 23.

b) **Quantitative Bestimmung.** Diese erfolgt zweckmäßig nach Marcusson[1]) durch Destillation mit Xylol und Messen des übergegangenen Wassers. Je nach dem zu erwartenden Wassergehalt werden 20—100 g Fett in einem Literkolben mit 100 ccm Xylol unter Zusatz von einigen Stückchen Bimstein auf einem Ölbade erhitzt. Das durch einen kurzen Kühler verdichtete Destillat wird in einem 100 ccm fassenden, nach unten sich verengenden und in $^1/_{10}$ ccm geteilten Meßzylinder aufgefangen (s. Abb. 3). Die Fettmenge ist so zu bemessen, daß das Volumen des Wassers höchstens 10 ccm und mindestens einige Zehntel Kubikzentimeter beträgt. Man destilliert das angewandte Xylol fast vollständig ab. Im Kühlerrohr etwa sich noch befindliche kleine Wasserbläschen spült man mit etwas Xylol nach. Den das Destillat enthaltenden Meßzylinder stellt man bis zur klaren Trennung der Xylol- und Wasserschicht in warmes Wasser und stößt die an den Wandungen

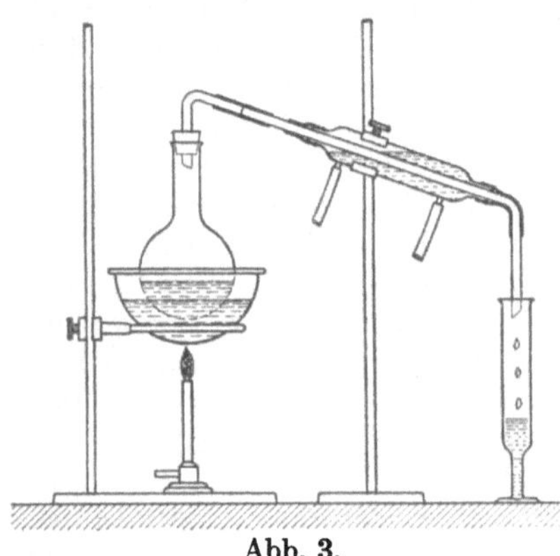

Abb. 3.

haftenden Wasserbläschen nach unten. Die Ablesung erfolgt nach Einstellen des Destillates in Wasser von 15°. Die Versuchsdauer beträgt etwa $^1/_2$ Stunde. Das Verfahren liefert sehr genaue Ergebnisse, bietet außerdem den Vorteil, allgemein, und zwar auch dann anwendbar zu sein, wenn außer Wasser noch sonstige flüchtige Stoffe, z. B. flüchtige Fettsäuren, ätherische Öle, Benzin, Tetrachlorkohlenstoff usw. vorliegen. Auch für Seifen, Rotöle und derartige Erzeugnisse ist das Verfahren sehr zu empfehlen. Um hier das störende Überschäumen zu verhindern, empfiehlt Marcusson einen Zusatz von Oxalsäure oder etwas Kaliumbisulfat.

2. **Mechanische Verunreinigungen und Beschwerungsmittel.** Fremdkörper, wie Schmutz, Pflanzenteile usw. oder Beschwerungsmittel, wie Stärke, Ton, Kreide u. dgl. bleiben beim Behandeln der Fette mit Benzin ungelöst und werden auf einem gewogenen Filter gesammelt und gewogen. Sind größere Mengen Fremdstoffe zugegen, so empfiehlt sich die Extraktion im Soxhlet-Apparat, dessen Hülse man vorher bis zum konstanen Gewicht bei 105° getrocknet hat. Über die Bestimmung von Füll- und Beschwerungsstoffen in Seifen s. w. unten unter Seife.

3. **Mineralsäuren, freies Alkali.** 50—100 g der Probe schüttelt man gut mit dem halben Volumen heißen Wassers und prüft den wässerigen Auszug mit Methylorange. Zu berücksichtigen ist, daß außer

---

[1]) Der komplette Apparat ist durch die „Vereinigten Fabriken für Laboratoriumsbedarf“, Berlin N, zu beziehen. Er läßt sich aber leicht im Laboratorium zusammenstellen.

freien Mineralsäuren auch wasserlösliche Fettsäuren Methylorange röten können. Bei positivem Ausfall der Probe ist die Mineralsäure durch Fällungsreaktionen oder sonstwie besonders nachzuweisen. Die Menge der freien Säure kann durch Titration des wässerigen Auszuges mit $^1/_{10}$ n. Alkali bestimmt werden. Bei genauen Bestimmungen wird die Probe mehrmals mit Wasser ausgeschüttelt, die Auszüge werden vereinigt und titriert.

Freies Alkali in Fetten und Ölen, welches sich fast ausschließlich bei gleichzeitiger Gegenwart von Seifen vorfindet, weist man in alkoholischer oder alkoholisch-ätherischer Lösung mit Phenolphthalein nach. Eintretende Rötung weist auf freies Alkali hin. Die quantitative Bestimmung erfolgt durch Titration der alkoholisch-ätherischen Lösung mit $^1/_{10}$ n. Salzsäure. Auf geringe Mengen von freiem Ammoniak, welches in sogenannten wasserlöslichen Ölen häufig vorkommt, reagiert Phenolphthalein nicht. Es wird durch Destillation in eine Vorlage von titrierter Säure bestimmt (s. a. unter Ammoniak und -salzen).

4. Ätherische Öle, z. B. Rosmarinöl, das Olivenöl und Cottonölen häufig zur Denaturierung zugesetzt wird, oder Terpentinöl, geben sich meist schon durch den Geruch zu erkennen und können durch Destillation mit Wasserdampf vom Öl getrennt werden.

5. Schleim und Eiweiß, welches sich in nicht oder in schlecht raffinierten Ölen gelöst oder fein suspendiert befindet (z. B. in Sulfurölen), wird bestimmt, indem 50—100 g des Öls in einem Becherglase auf 250° erhitzt werden. Dabei scheiden sich die Schleime und Eiweißteile in flockiger Form aus und können vom Öl durch Behandeln mit Benzin in der Kälte getrennt werden. Man sammelt das Unlösliche auf getrocknetem und gewogenem Filter, wäscht aus, trocknet bei 105° und wägt.

6. Der Aschengehalt wird, je nach erwarteter Menge, durch Veraschen einer kleineren oder größeren Probe in einem Porzellantiegel bestimmt. Man erhitzt erst mit kleiner Flamme, bis die Oberfläche von selbst weiterbrennt und erhitzt vorsichtig weiter, wenn die Flamme zu erlöschen beginnt. Für genaue Bestimmungen hängt man nach Marcusson über dem Tiegel einen größeren abgesprengten Glastrichter auf, um an dessen Wandungen fortgerissene Ruß- und Aschenteile aufzufangen. Nach Ausbrennen des Öles werden letztere in den Tiegel zurückgebracht und schließlich mit starker Flamme, eventuell vor dem Gebläse oder unter Überleiten von Sauerstoff bis zum Verschwinden der Kohle geglüht, erkalten gelassen und gewogen. Sind bei Glühhitze flüchtige Salze der Alkalien zugegen, so sind diese vor dem starken Erhitzen mit Wasser auszuziehen und die verbleibende kohlige Masse nebst dem verwendeten Filter allein zu Ende zu glühen. Dann bringt man den wässerigen Auszug in eine Schale, verdampft, glüht schwach, wägt und verrechnet beide Teile zusammen als „Mineralstoffe".

7. Schwefel, Halogen, Stickstoff, Phosphor. Qualitativ prüft man auf diese Elemente in der üblichen Weise mit metallischem Natrium. Quantitativ wird Stickstoff (von Eiweiß in Rohfetten stammend) durch Kjeldahlisieren (s. u. Seidenerschwerungen) bestimmt. Schwefel, Halogen und Phosphor bestimmt man am besten nach Liebig. Eine

Probe wird im Nickeltiegel mit konzentrierter alkoholischer Kalilauge verseift. Nach Eindampfen bis zur Sirupdicke gibt man etwas festes Kalihydrat, Kalisalpeter und wenig Wasser hinzu, trocknet und erhitzt, bis die Masse weiß wird. Dann löst man in Wasser, säuert an und fällt die gebildeten Säuren, wie Schwefel-, Phosphor- oder Halogenwasserstoffsäure in üblicher Weise. Flüchtige Schwefelverbindungen, die aber selten vorkommen, können hierbei verloren gehen. Gegebenenfalls wird ihre Bestimmung dann nach dem Hempel-Graefeschen Verfahren[1]) vorgenommen.

Chemische Konstanten oder Kennzahlen.

Außer obigen allgemeinen Prüfungsverfahren sind zur Kennzeichnung und Unterscheidung von Fetten und Ölen im Laufe der Zeit immer mehr bestimmte Konstanten oder Kennzahlen für bestimmte Öle und Fette aufgefunden worden, die für die Fettchemie von größter Bedeutung geworden sind. Die Ausführung dieser Bestimmungen erfordert Übung in fettchemischen Arbeiten. Nachstehend sollen die wichtigsten dieser Bestimmungen nur kurz in ihren Grundzügen umrissen werden; im übrigen wird auf die Spezialliteratur verwiesen.

Vor Ausführung der Bestimmungen sind die Öle bzw. Fette zu reinigen, d. h. von allen Nichtfetten zu befreien. Wasser in geringen Mengen wird durch Erwärmen der Probe mit Alkohol bis zum Verschwinden der Schaumbläschen auf siedendem Wasserbade oder durch Filtration des erwärmten Öles durch ein trockenes Filter, eventuell durch einen Heißwassertrichter entfernt. Hierbei werden auch Fremdstoffe und Beschwerungsmittel, die mechanische Verunreinigungen bilden, auf dem Filter zurückgehalten. Bei größerem Wassergehalt wird die Hauptmenge des Wassers durch längeres Erhitzen auf dem Wasserbade zum Absetzen gebracht und dann im Scheidetrichter oder durch Abhebern entfernt. Nötigenfalls isoliert man das Fett bei vorherrschenden Mengen von mechanischen Verunreinigungen durch Extraktion der Probe mit flüchtigen Lösungsmitteln und durch Verdampfung der letzteren. Die so vorgereinigten Fette können noch fettähnliche Stoffe enthalten, wie Seifen, Harz usw. Auf diese Verunreinigungen ist zu prüfen. Seife wird z. B. durch den hohen Aschengehalt, Harz durch die Morawskische Reaktion (s. w. unten) nachgewiesen. Mit der reinen Fettsubstanz erst werden die chemischen Konstanten ermittelt.

Säurezahl.

Die Säurezahl, als Maß für den Gehalt an freien Fettsäuren, gibt an, wieviel Milligramme Kalihydrat zur Sättigung der in 1 g Fett oder Wachs enthaltenen freien Säure erforderlich sind. 5—10 g Substanz werden in 150 ccm eines Gemisches von 4 T. Äther und 1 T. 96%igem, neutralisiertem Alkohol gelöst und mit $^{1}/_{10}$ n. alkoholischer (Alkohol mindestens 50%ig) Natronlauge gegen Phenolphthalein (bei sehr dunklen Fetten

---

[1]) Chem.-Ztg. 1910, S. 417.

gegen Alkaliblau 6 B) titriert. Beispiel: 5 g Talg verbrauchten 10 ccm $^1/_{10}$ n. Lauge, entsprechend = 56,16 mg KOH. Für 1 g Talg erforderliche Menge Kalihydrat, d. h. die Säurezahl ist daher.=.11,23.

Außer als Säurezahl wird die freie Säure auch vielfach als Schwefelsäureanhydrid oder als Ölsäure angegeben. Der Säuregrad nach Köttsdorfer bezeichnet die Anzahl von Kubikzentimetern Normalalkali, welche 100 g Öl neutralisieren. Die genannten Werte verhalten sich zueinander wie folgt: Säurezahl 1 = Ölsäure % 0,5027 = Schwefelsäureanhydrid % 0,0713 = Säuregrad Köttsdorfer 1,782.

Verseifungszahl (Köttsdorfersche Zahl).

Die Verseifungszahl als Maß für die Sättigungskapazität der gesamten Fettsäuren, gibt an, wieviel Milligramm Kalihydrat zur vollständigen Verseifung von 1 g Fett oder Wachs erforderlich sind, d. h. die zur Verseifung erforderliche Menge KOH in Zehntelprozenten. Etwa 2 g Substanz werden mit 25 ccm etwa $^1/_2$ n. alkoholischer Kalilauge unter Zusatz von Siedestäbchen $^1/_4$—$^1/_2$ Stunde am Rückflußkühler zum lebhaften Sieden erhitzt. Das überschüssige Ätzkali wird dann gegen Phenolphthalein mit $^1/_2$ n. Salzsäure zurücktitriert und von der angewandten Menge Alkali in Abzug gebracht. Bei genauen Bestimmungen ist ein Blindversuch zu empfehlen, um den Titerwert der Lauge und die Einwirkung des Alkalis auf das Glas zu ermitteln und den gefundenen Wert als Korrektur anzubringen. Bei dunklen und ranzigen Fetten empfiehlt sich die Anwendung von Alkaliblau 6 B als Indikator. Beispiel: 2,2334 g Öl verbrauchten für die Verseifung 15,36 ccm $^1/_2$ n. Lauge = 0,43 g KOH. 1 g Öl braucht also 192,6 mg KOH. Verseifungszahl ist also 192,6. Wachse sind schwerer verseifbar und erfordern eine entsprechende Behandlung. Bei Gegenwart größerer Mengen von Mineralöl, Paraffin u. ä. wird das Fett erst in Benzol gelöst und dann mit n. Lauge $^1/_2$ Stunde gekocht.

Ätherzahl.

Die Ätherzahl, als Maß für den Gehalt an Triglyzeriden und anderen Fettsäureestern, gibt an, wieviel Milligramm KOH zur Verseifung des Neutralfettes in 1 g Fett oder Wachs erforderlich sind. Sie ist mithin bei Fetten mit freier Fettsäure die Differenz zwischen Verseifungs- und Säurezahl. Bei Fetten, die keine freie Fettsäure enthalten, ist sie identisch mit der Verseifungszahl. Zur direkten Bestimmung der Ätherzahl neutralisiert man die freie Fettsäure in 2 g mit $^1/_2$ n. Lauge, verjagt das Lösungsmittel und verseift den Rückstand nach II. Der Verbrauch an Alkali entspricht dem vorhandenen Neutralfett.

Jodzahl (Hüblsche Zahl).

Die Jodzahl, als Maß für den Gehalt an ungesättigten Säuren, gibt an, wieviel Prozent Halogen, berechnet als Jod, ein Fett aufzunehmen vermag. Von festen Fetten werden etwa 0,5 g, von flüssigen 0,2 g in eine $^1/_2$—$^3/_4$ l Glasstöpselflasche gebracht, in 20 ccm Chloroform gelöst und zu dieser Lösung 25, bei trocknenden Ölen 30 ccm Hüblscher Jodlösung (Herstellung s. S. 7) zugesetzt. Dann schüttelt man um und überläßt die Flüssigkeit, vor direktem Sonnenlicht geschützt, etwa 24 Stunden der Ruhe. Gleichzeitig wird ein blinder Versuch, ohne Fett, in gleicher Weise angesetzt, um den veränderlichen Titerwert der Jodlösung festzulegen. Der Jodüberschuß muß mindestens 50% der erforderlichen Menge betragen. Ist deshalb die Reaktionslösung nach mehreren Stunden oder nach beendeter Reaktion nicht stark braun gefärbt, so ist weitere Jodlösung zuzusetzen. Nach 24 Stunden setzt man zu jeder Probe 20 ccm einer 10%igen Jodkaliumlösung und 100 bis 150 ccm Wasser zu. Scheidet sich hierbei ein roter Niederschlag von Jodquecksilber aus, so war die zugesetzte Menge Jodkali ungenügend, und es ist bis zur Lösung des Niederschlages weiteres Jodkali zuzugeben. In beiden Ansätzen (Probe und Blindversuch) wird nun der Gehalt an wirksamem Jod durch Titrieren mit $^1/_{10}$ n. Thiosulfatlösung, gegen Ende unter Zusatz von Stärkelösung, ermittelt. Die Differenz zwischen dem so bestimmten Jodgehalt der Probe und des Blindversuchs gibt die von der angewandten Fettmenge absorbierte Menge Jod an. Man berechnet, wieviel Gramm Jod von 100 g Fett aufgenommen worden sind und erhält so die Jodzahl des Fettes. Alte Jodlösungen nach Hübl werden leicht zu unwirksam; man soll im allgemeinen die Jodlösung nur so lange benutzen, als 25 ccm derselben beim Blindversuch noch mindestens 35 ccm $^1/_{10}$ n. Thiosulfatlösung beanspruchen. Beispiel: Einwage = 0,1996 g Olivenöl; verwendete Jodlösung = 25 ccm; zurücktitriert = 24,20 ccm Thiosulfatlösung, Verbrauch für 25 ccm Thiosulfatlösung beim Blindversuch = 37,35 ccm Thiosulfatlösung; das absorbierte Jod entspricht also = 13,15 ccm Thiosulfatlösung; 1 ccm Thiosulfatlösung = 0,01197 g Jod; mithin entsprechen 13,15 ccm Thiosulfatlösung = 0,1564 g Jod; demnach beträgt die Jodzahl = 0,1564 : 0,1996 = 78,9.

Wijs kürzt die Versuchsdauer durch Verwendung einer Lösung von Jodmonochlorid in Eisessig ab. 9,4 g Jodtrichlorid und 7,2 g Jod werden in warmem Eisessig gelöst und mit Eisessig zu einem Liter aufgefüllt. Statt Chloroform wird Tetrachlorkohlenstoff verwendet. Die übrige Versuchsausführung ist die gleiche wie bei Hübl, nur ist die Reaktion nach $^1/_2$—2 Stunden beendet. Ein Blindversuch ist nicht nötig. Die nach dem Wijsschen Verfahren erhaltenen Werte fallen um einige Einheiten höher, bei manchen Fetten bis zu 34 Einheiten höher aus[1]). Die Angaben der Literatur beziehen sich fast durchweg auf die mit Hübl-scher Lösung ermittelten Konstanten.

Reichert-Meißlsche und Polenske-Zahl.

Diese Zahlen dienen als Maß für den Gehalt an flüchtigen Fettsäuren. Die Reichert-Meißlsche Zahl gibt die Anzahl Kubikzentimeter $^1/_{10}$ n. Lauge an, welche zur Neutralisation der aus 5 g Fett nach konventionellem Destillationsverfahren erhältlichen flüchtigen, wasserlöslichen Fettsäuren erforderlich sind. Die Polenske-Zahl mißt in gleicher Weise die flüchtigen wasserunlöslichen Fettsäuren. Die Bestimmung

---

[1]) Nach Angaben von Marcusson, a. a. O., S. 45.

beider Zahlen ist von großer Wichtigkeit für die Untersuchung der Speisefette, insbesondere der Butter und Kunstbutter. Da diese Zahlen für die Beurteilung technischer Öle kaum in Frage kommen, erübrigt sich die nähere Beschreibung ihrer Ermittelung.

Hehnerzahl.

Diese Zahl gibt den Prozentgehalt eines Fettes an wasserunlöslichen Fettsäuren an und ist besonders für die Wertbestimmung von Rohprodukten der Stearinindustrie, sowie zur Beurteilung von Seifen von Wichtigkeit. 3—4 g Fett werden mit 15 ccm 2 n. alkoholischer Kalilauge verseift, der Alkohol wird verdampft, und dann wird mit verdünnter Schwefelsäure schwach angesäuert. Nun erwärmt man, bis sich die Fettsäuren als klares Öl an der Oberfläche der Flüssigkeit abscheiden und filtriert durch ein rundes Filter aus dichtem Papier von 11 cm Durchmesser, das vor dem Filtrieren zweckmäßig zur Hälfte mit heißem Wasser gefüllt wird und auf dem die Säuren mit heißem Wasser solange ausgewaschen werden, bis das Filtrat gegen Lackmuspapier neutral reagiert. Schließlich wird der Filterinhalt mit Äther oder heißem Alkohol gelöst, das Lösungsmittel verdampft und der Rückstand in einer Glasschale bei 100° bis zur annähernden Gewichtskonstanz getrocknet. Die Hehnerzahl der meisten Fette liegt bei 95.

Azetylzahl (Hydroxylzahl).

Die Azetylzahl gibt Aufschluß über den Gehalt an Oxyfettsäuren, an freien Alkoholen und Laktonen. Sie gibt die Anzahl Milligramme KOH an, die zur Neutralisation der bei Verseifung von 1 g azetyliertem Fett gebildeten Essigsäure erforderlich ist. Die wichtigste Anwendung findet die Azetylzahl zur Kennzeichnung des fast ausschließlich aus Oxysäuren bestehenden Rizinusöls (und Traubenkernöls) sowie von Rizinusölpräparaten; ferner zur Bestimmung des Oxydationsgrades erhitzter oder geblasener Öle. Die Normannsche Arbeitsweise ist besonders zu empfehlen: 2 g klares Öl oder Fett werden im Kölbchen mit 4—6 ccm Essigsäureanhydrid 1 Stunde am Rückflußkühler gekocht. Dann bringt man den Kolben bis an den Hals in ein Wasser- oder Dampfbad und leitet durch ein Glasröhrchen, welches den Kolbeninhalt nicht zu berühren braucht, einen kräftigen Strom von Kohlensäure, Wasserstoff oder (bei nicht oxydierbaren Fetten) Luft hindurch. In höchstens einer halben Stunde ist sämtliches überschüssige Essigsäureanhydrid verjagt. (Statt dieser Ausführungsart kann man auch nach der Azetylierung den Kolbeninhalt mit etwas Äther in ein Porzellanschälchen spülen und das Essigsäureanhydrid auf dem Wasserbade abdampfen.) Der Rückstand im Kolben wird jetzt mit etwas Äther verdünnt, mit 5 ccm Wasser versetzt und mit einigen Tropfen wässeriger Lauge behufs Bindung noch vorhandener Spuren Essigsäureanhydrid, sowie freier Fettsäuren neutralisiert. Dann bestimmt man in üblicher Weise die Verseifungszahl nach II. Zieht man diese von der bekannten oder eigens ermittelten Verseifungszahl des nicht azetylierten Fettes ab, so erhält man die Azetyl- oder Hydroxylzahl. Die meisten Fette und Fettsäuren haben eine Azetylzahl unter 10, Rizinusöl eine solche von 153—156. Zum Nachweis von Rizinusöl bietet die Azetylzahl also ein ausgezeichnetes Mittel.

Neutralisationszahl von Fettsäuren (und mittleres Molekulargewicht).

Die Neutralisationszahl von Fettsäuren gibt die Anzahl Milligramme KOH an, die zur Sättigung von 1 g Fettsäure erforderlich sind. Sie wird ähnlich wie die Säurezahl ermittelt, nur mit dem Unterschiede, daß zur Lösung der Fettsäure nur Alkohol und zur Titration wässerige Normallauge zur Anwendung gelangen kann. Etwa 5 g reiner, wasserfreier Fettsäure werden in 95%igem Alkohol gelöst und gegen Phenolphthalein mit n. Lauge abtitriert. Aus der verbrauchten Menge Alkali wird die Neutralisationszahl und das mittlere Molekulargewicht berechnet. Je 1 ccm n. Lauge entspricht 56,108 mg KOH. Sind z. B. a g Fettsäure angewandt und von diesen b ccm n. Lauge verbraucht worden, so ist die Neutralisationszahl $= \dfrac{56{,}108 \cdot b}{a}$ und das mittlere Molekulargewicht $= \dfrac{1000 \cdot a}{b}$. Aus der gegebenen Neutralisationszahl allein berechnet sich das mittlere Molekulargewicht als Quotient aus 56 108 und der Neutralisationszahl (56 108 : Neutralisationszahl). Neutralisationszahl und mittleres Molekulargewicht sind mitunter zur Beurteilung von in Seifen enthaltenen Fettsäuren von Interesse.

Neutralfett, unverseifbare Bestandteile.

Während die Verseifungs-, die Säure- und Ätherzahl Milligramme KOH angeben, ist es in der Praxis der Färbereilaboratorien manchmal von Wichtigkeit, den Anteil an Neutralfett (unverseiftem Fett) oder an unverseifbaren Bestandteilen direkt in Prozenten des Fettes zum Ausdruck zu bringen. Das Neutralfett wird entweder aus der Differenz von Gesamtfett und der freien Fettsäure (aus der Säurezahl unter Zugrundelegung des Molekulargewichts berechnet) erhalten oder direkt durch Neutralisation der freien Fettsäure mit Alkali und Extraktion des Neutralfettes in geeigneter Weise ermittelt. Die Extraktion geschieht z. B. durch wiederholtes (erschöpfendes) Ausschütteln der wässerigen Seifenlösung mit Petroläther, Eindampfen und Wägen des Rückstandes (s. a. unter Seife). Das Unverseifbare wird z. B. ermittelt, indem man das Fett zunächst dem Verseifungsprozesse nach beschriebenem Verfahren unterwirft, mit Wasser verdünnt und mit Petroläther, Äther o. ä. wiederholt ausschüttelt, das Lösungsmittel verdampft usw. wie eben angegeben. Auch kann das verseifte Fett, mit Sand versetzt und getrocknet in festem Zustande im Soxhlet extrahiert werden. Diese Arbeitsverfahren beziehen sich hauptsächlich auf Fette, die nur geringe Mengen Unverseifbares enthalten und für die Zwecke der Seifenfabrikation bestimmt sind (s. a. unter Seife).

Harz, Harzsäuren.

Zum qualitativen Nachweis von Harz oder Kolophonium in Fetten und Ölen schüttelt man nach Holde 5—10 g Fett im Reagensglas heiß mit dem gleichen Volumen 70%igem Alkohol. Nach dem Erkalten wird die alkoholische Schicht abfiltriert und eingedampft. Der Rückstand hat bei Gegenwart von Kolophonium harzartige, nicht ölige Konsistenz und gibt die Morawskische (Liebermann-Storchsche) Reaktion, nämlich Rotviolettfärbung beim Verrühren mit 1—2 ccm Essigsäureanhydrid und nachfolgenden Versetzen der Lösung mit einem Tropfen Schwefelsäure vom spezifischen Gewicht 1,53.

Harzsäuren werden von fettsauren Alkalien getrennt, indem man die Seifenlösung nach Gottlieb zum Sieden erhitzt und so lange mäßig konzentrierte Magnesiumsulfatlösung zusetzt, bis keine Ausscheidung mehr stattfindet. Dann läßt man unter stetigem Durchkneten der fettsauren Magnesia noch 2—3 Minuten kochen, filtriert die heiße Lösung und säuert das Filtrat mit Schwefelsäure an, wobei sich Harzsäuren durch eine Trübung bis Fällung zu erkennen geben. Der gesammelte Niederschlag wird der Morawskischen bzw. der Liebermann-Storchschen Reaktion, wie oben angegeben, unterworfen (s. a. unter Seife). Quantitativ wird der Harzsäuregehalt nach Twitchell bzw Twitchell-Wolff bestimmt.

Farbenreaktionen.

Die zahlreichen Farbenreaktionen, welche zur Unterscheidung der Fette und Öle dienen, haben durch Ausbildung der Fettanalyse an Bedeutung stark verloren. Vor allem sind sie noch für die Nahrungsmittelkontrolle von einiger Bedeutung; für die Textillaboratorien kommen sie nur ausnahmsweise in Betracht. Es muß deshalb von ihrer Beschreibung abgesehen werden. Die wichtigsten dieser Reaktionen seien nur kurz erwähnt.

a) Baudouinsche Reaktion auf Sesamöl. Man löst 0,1 g Rohrzucker in 10 ccm Salzsäure 1,19 im Reagensglas, setzt 20 ccm des Öles zu und schüttelt energisch kurze Zeit. Ist Sesamöl in kleinen Mengen (0,5%) vorhanden, so ist die Salzsäureschicht nach erfolgter Trennung der beiden Schichten schwach rosa, bei 1% deutlich rot gefärbt usw. Gewisse reine Olivenöle (z. B. von Algier und Bari) geben auch schwache Rosafärbung. Bei den freien Fettsäuren tritt die Reaktion dagegen nur im Falle der Gegenwart von Sesamölfettsäure auf. Im Zweifelsfalle führt man die Reaktion deshalb mit den Fettsäuren aus.

b) Halphensche Reaktion auf Baumwollsaatöl. Je 2 ccm Öl, Amylalkohol und 1%ige Lösung von präzipitiertem Schwefel in Schwefelkohlenstoff werden in einem Reagenzglase, das zur Hälfte in siedende Kochsalzlösung eingetaucht ist, erhitzt. Sollte nach 10 Minuten eine rote oder orange Färbung nicht eingetreten sein, so wird der abgedampfte Schwefelkohlenstoff wiederholt erneuert und noch je 5—10 Minuten erhitzt. Die Reaktion zeigt noch 5% Baumwollsaatöl in anderen Ölen und Fetten durch Rotfärbung an.

15*

c) **Holdes Reaktion auf rohes Rüböl.** Rohes Rüböl gibt beim Schütteln mit Schwefelsäure 1,53—1,62 (ebenso wie Senföl) intensiv gras- bis bläulichgrüne Färbungen der Mischung bzw. der abgesetzten Säureschicht. Beim Raffinieren verliert das Rüböl die Eigenschaft für diese Reaktion.

d) **Farbenreaktionen der Trane.**

e) **Farbenreaktionen des Wollfettes.**

Olein. Im Laufe der Zeit sind zahlreiche Färbereien dazu übergegangen, sich Oleinseifen selbst darzustellen. Das Olein ist somit auch ein Hilfsrohstoff der Färberei geworden. Die Beurteilung des Oleins geschieht nach den allgemeinen, bereits entwickelten Gesichtspunkten; insbesondere ist der Gesamtfettgehalt, der Gehalt an Unverseifbarem und die Jodzahl von Bedeutung. Nach Ley ist für die Beurteilung des Oleins für die Seidenschwarzfärberei der Gehalt an freien Fettsäuren wichtiger als die Verseifungs- und Jodzahl. Man wägt etwa 5 g Olein genau ab, löst es in neutralisiertem Alkohol und titriert mit $^1/_2$ n. alkoholischer Kalilauge gegen Phenolphthalein. Je 1 ccm $^1/_2$ n. Kalilauge = 0,141 g freie Fettsäure. Der so ermittelte Fettsäuregehalt soll nach Ley mindestens 97% betragen, da Oleine mit einem Fettsäuregehalt von 96% bereits Betriebsstörungen in der Seidenschwarzfärberei verursachen sollen. Zu empfehlen ist ferner die Bestimmung des Erstarrungspunktes (s. o.) sowie die Prüfung auf Schwermetalle, wobei das Eisen (aus eisernen Fässern herrührend) eine Rolle spielen soll. Für letzteren Nachweis wird eine Probe des Oleins mit verdünnter Schwefelsäure ausgeschüttelt und die Säure mit Ferrozyankalium auf Eisen geprüft. Stark eisenhaltige Oleine sollen nach Ley für besagten Zweck nicht verwendet werden.

Bienenwachs ist eine gelbliche, plastische, in Wasser und kaltem Alkohol unlösliche Substanz vom spezifischen Gewicht 0,965. Es schmilzt bei 64° C und ist in Schwefelkohlenstoff und Terpentinöl leicht löslich. Als Verfälschungsmittel trifft man Zusätze von Talg, Paraffin, Ceresin. Es dient in geringem Grade als Zusatz zu Appreturmassen.

Pflanzenwachs kommt als Japanwachs, Carnaubawachs usw. in den Handel und dient als billigerer Ersatz für Bienenwachs. Zusammensetzung und Eigenschaften ähneln denen des Bienenwachses.

Kolophonium ist der Rückstand der Terpentinölfabrikation und bildet goldgelbe bis braune, spröde Stücke mit muscheligem Bruch. Er löst sich in kochender Sodalösung und wird besonders in der Form der Harzseifen verwendet.

Fettsäurepasten. Aus Seifenbädern herrührende Fettsäurepaste (Fettsäureregenerat) wird in der Regel nur nach ihrem Gesamtfettgehalt bewertet. In einem mit Glasstab gewogenen Becherglase wird eine Probe der Fettpaste bei etwa 105° getrocknet und dann durch wiederholtes Aufgießen von Äther und Zerdrücken der festen Partikelchen mit dem Glasstabe erschöpfend ausgezogen. Die Auszüge werden in ein Fettkölbchen durch ein Papierfilter filtriert, das Filter mit Äther gut nachgespült, der Äther abgedampft und der Fettsäure·rückstand getrocknet und gewogen.

Zusammenstellung einiger Konstanten der wichtigsten in Färberei und Appretur angewandten Fette und Öle.

Die wichtigsten Öle, Fette und Wachse der Färberei und Appretur sind etwa folgende: Olivenöle, Sulfuröle, Rizinusöl und Rizinuspräparate, Sesamöl, Kottonöl, Kokosöl, Rüböl, Schweinefett, Talg, Stearine, Paraffin, Bienenwachs bzw. Seifen aus den vorbenannten und anderen Fetten und Ölen. Einige wichtige Konstanten dieser Fette sind nebenstehend tabellenförmig zusammengestellt worden.

Einige Konstanten von Ölen, Fetten und Wachsen (nach Lewkowitsch).

Öl, Fett usw.	Spezif. Gewicht °C	Spezif. Gewicht	Erstarr.-Punkt °C	Schmelz-punkt °C	Verseif.-Zahl KOH mg	Jodzahl (nach Hübl)	Azetyl-zahl	Säurezahl KOH mg	Unver-seifbares %	Neutralis.-Zahl KOH mg
Leinöl	15	0,9315—0,9345	—27	—20	192—195	171—201	3,98	0,8—8,4	0,42—1,1	—
Fettsäure daraus	15,5	0,9233	13—17	17—21	—	179—182	—	—	—	197
Baumwollsamenöl	15	0,922—0,925	—	3—4	193—195	108—110	7,6—18	0	0,73—1,64	—
Fettsäure daraus	15,5	0,9206—0,922	32—35	35—38	—	111—115	—	—	—	202—208
Sesamöl	15	0,923—0,9237	—5	—	189—193	103—108	—	0,23—66 (!)	0,95—1,32	—
Fettsäure daraus	—	—	23,5	26—32	—	110,45	—	—	—	200,4
Rüböl	15,5	0,9132—0,9168	-2 bis -10	—	170—179	94—102	14,7	1,4—13,2	0,58—1	—
Fettsäure daraus	100	0,8758	16	16—19	—	99—103	—	—	—	185
Olivenöl	15	0,916—0,918	-6 bis -2	—	185—196	79—88	10,64	1,9—50	0,46—1	—
Fettsäure daraus	100	0,8749	22—17	24—27	—	86—90	—	—	—	193
Rizinusöl	15,5	0,96—0,968	-10 bis -18	—	183—186	83—86	154	0,14—14,61	—	—
Fettsäure daraus	15,5	0,9509	3	13	—	87—93	—	—	—	192,1
Palmöl	15	0,921—0,9245	—	27—42,5	196—202	51,5	18	24—200	—	—
Fettsäure daraus	100	0,8701	—	47—50	—	53,3	—	—	—	205,6
Palmkernöl	15	0,952	20,5	23—28	242—250	13—14	1,9—8,4	8,36	—	—
Fettsäure daraus	—	—	—	25—28,5	—	12	—	—	—	258—264
Kokosnußöl	40	0,9115	22—14	21—24	246—260	8—9,5	0,9—12,3	5—50	—	—
Fettsäure daraus	99	0,8354	20—16	25—27	—	8,4—9,3	—	—	—	258—266
Schweinefett	15	0,934—0,938	27—30	36—40,5	195,4	50—70	2,6	0,54—1,28	0,23	—
Fettsäure daraus	99	0,8445	39	43—44	—	64	—	—	—	201,8
Rindertalg	15	0,943—0,952	35—27	40—45	193—200	38—46	2,7—8,6	3,5—50	—	—
Fettsäure daraus	100	0,8698	—	43—44	—	41,3	—	—	—	197,2
Hammeltalg	15	0,937—0,953	36—41	44—45	192—195	35—46	—	1,7—14	—	—
Fettsäure daraus	—	—	41	49—50	—	34,8	—	—	—	210
Wollfett	17	0,941—0,945	30—30,2	31—35	102,4	17—29	23,3	—	—	—
Bienenwachs	15	0,964—0,97	60,5—62,8	61,5—64,4	90—98	7,9—11	15,24	16,8—21,2	—	—
Walrat	15	0,905—0,96	42 47	42—49	123—135	—	2,63	—	—	—

Seifen.

Unter Seifen versteht man die nach bekannten Methoden hergestellten Alkalisalze der höheren Fettsäuren, hauptsächlich jene der Öl-, Palmitin- und Stearinsäure. Die technischen Seifen enthalten stets noch Wasser und häufig größere oder geringere Verunreinigungen durch Kochsalz, kohlensaures Alkali, Ätzalkali, unverseiftes Fett, Unverseifbares, Glyzerin, Füllstoffe usw.

Die Natronseifen, vom Prozeß des Auskernens her auch Kernseifen genannt, sind meist feste Seifen. Enthalten die Kernseifen künstlichen Wasserzusatz, so nennt man sie geschliffene Seifen. Sind sie nicht durch Auskernen, sondern unmittelbar durch Erstarrenlassen des Seifenleimes hergestellt, so werden sie Leimseifen genannt und enthalten dann die Bestandteile der Unterlauge (Glyzerin usw.). Werden den Seifen Fremdstoffe, sogenannte Füllstoffe zugesetzt, so heißen sie auch gefüllte Seifen oder Füllseifen.

Die Kaliseifen sind weiche Seifen; sie dürfen (wegen der sonst eintretenden Umsetzung zu Natronseifen) mit Kochsalz nicht ausgesalzen werden und enthalten also sämtliche Bestandteile der Lauge. Ihrer weichen Konsistenz wegen heißen sie auch Schmierseifen.

Auch Gemische von Natron- und Kaliseifen sind im Handel zu finden. Sowohl bei den festen als auch bei den weichen (Schmierseifen) Seifen kann ein Teil der Fettsäuren durch Harz (Kolophonium) ersetzt sein.

Die Textilveredlungsindustrie verwendet in normalen Wirtschaftszeiten vorzugsweise technisch reine Seifen. Von manchen Betriebszweigen (z. B. der Seidenfärberei) werden sogar sehr hohe Anforderungen in bezug auf Reinheit gestellt (s. S. 240).

Der Verband der Seifenfabrikanten Deutschlands einerseits und die Schweizer Einheitsbeschlüsse andererseits haben bestimmte Anforderungen und Begriffsbestimmungen betreffend Kernseife usw. festgelegt. Während des Krieges waren ferner Verordnungen[1]) erlassen worden, auf die hier jedoch im einzelnen nicht eingegangen werden kann.

Nach den Vereinbarungen des Verbandes der Seifenfabrikanten Deutschlands[2]) dürfen unter der Bezeichnung „Kernseifen" nur in den Handel gebracht werden alle lediglich aus festen oder flüssigen Fetten oder Fettsäuren mit oder ohne Zusatz von Harz hergestellten, technisch reinen Seifen, die im frischen Zustande einen Gehalt von mindestens 60% Seife bildenden Fettsäuren, einschließlich Harzsäuren, aufweisen. Zusätze von Salzen, Wasserglas, Mehl oder ähnlichen Füllmitteln sind nicht gestattet. Seifen, die der vorstehenden Kernseifendefinition nicht genügen, dürfen in ihrer Handelsbezeichnung das Wort „Kernseife" nicht enthalten.

Unter „reinen Schmierseifen" werden nur solche verstanden, die mindestens 38% Fettsäuren, einschließlich Harzsäuren, enthalten und technisch rein sind; insbesondere sind Zusätze von Wasserglas und Mehl unzulässig.

---

[1]) Bundesratsverordnung vom 5. Okt. 1916 und die Verordnung des Reichskanzlers vom 19. April 1917 betreffend Seifen, K. A. Seifen, Wasch- und Reinigungsmittel, die sich zunächst auf die Kriegszeit bezogen und heute aufgehoben sind.

[2]) S. a. Einheitsmethoden zur Untersuchung von Fetten, Ölen usw. Julius Springer.

Soweit nicht Harzfreiheit einer Seife gewährleistet wird, wira vei Festsetzung des Fettsäuregehaltes Harzsäure als Fettsäure gerechnet. Eine Umrechnung in Fettsäure-Anhydride findet nicht statt.

Nach den Schweizer Einheitsbeschlüssen (1916[1]) werden die Seifen eingeteilt in feste und weiche Seifen. Zu den festen Seifen gehören:

1. Prima (Ia) Kernseifen und Harzkernseifen, sogenannte abgesetzte Seifen, die durch Aussalzen erhalten sind und im frischen Zustande mindestens 60% seifenbildende Fettsäuren, einschließlich Harzsäuren, aufweisen. Bei Harzkernseifen beträgt der Harzsäuregehalt weniger als 50% des Gesamtfettsäuregehaltes. Als gemahlene Kernseifen sind nur solche zu bezeichnen, die durch Zerkleinern von reinen Kernseifen oder diesen gleich zu achtenden Seifen ohne weitere Zusätze erhalten worden sind. Prima Kernseifen, Harz- und Halbkernseifen dürfen keine absichtlichen Zusätze von Füllmitteln wie von Salzen, Wasserglas, Stärkemehl usw. enthalten. Bei diesen reinen Seifen pflegt der Gehalt an freiem Ätzkali 0,15%, an Alkalikarbonat 0,6% (auf einen Fettsäuregehalt von 60% berechnet) nicht zu übersteigen.

2. Sekunda (IIa) Kernseifen oder Halbkernseifen sollen im frischen Zustande mindestens 46% Fettsäure enthalten.

3. Leimseifen sind ohne Aussalzen, unmittelbar aus dem Seifenleim gewonnene Seifen. Sie weisen im frischen Zustande 15—45% Fettsäure auf. Bei Harzleimseifen beträgt der Harzsäuregehalt in der Regel nicht mehr als 50% des Gesamtfettsäuregehaltes.

Zu den weichen Seifen gehören:

4. Schmierseifen, gelb bis braun. „Reine Schmierseifen" dürfen keine Füllstoffe enthalten und sollen mindestens 36% Fettsäure (einschließlich Harzsäuren aufweisen.) Gefüllte oder Sekunda-Schmierseifen enthalten Zusätze von Stärkemehl, Wasserglas, Chlorkalium usw. Sie werden vorzugsweise nach ihrem Fettsäuregehalt bewertet.

5. Silberseifen, weiß, sind meist Kali-Natron-Talgseifen.

Außer den eigentlichen Seifen kommen noch andere Waschmittel unter den verschiedensten Bezeichnungen, mit und ohne Seifengehalt auf den Markt. Nach den Schweizer Beschlüssen unterscheidet man bei diesen:

6. Seifenpulver (Seifenextrakt usw.), d. s. Gemische von Seife mit Soda und anderen, zum Teil indifferenten Stoffen. Sie sollen mindestens 25% Fettsäure enthalten.

7. Gemahlene Seife, d. i. eine in Pulverform übergeführte, feste Seife.

8. Waschpulver (Waschmehl, Fettlaugenmehl usw.): Gewöhnliche Waschpulver und Sauerstoffwaschmittel. Erstere bestehen meist aus einem Gemisch von Seife, Soda, Wasserglas und Wasser; letztere enthalten außerdem noch ein bleichendes, Sauerstoff abgebendes Mittel wie Natriumperborat, -perkarbonat, -superoxyd o. ä. Als „Seifenpulver" in den Handel gebracht, enthalten die sauerstofffreien Waschpulver mindestens 25% Fettsäure, die Sauerstoff entwickelnden mindestens 15% Fettsäure und 1% aktiven Sauerstoff. Im übrigen brauchen „Waschpulver" nicht seifenhaltig zu sein.

Untersuchung der Seifen.

Vorausgesetzt, daß die zu untersuchende Seife keine für den jeweiligen Verwendungszweck schädlichen Bestandteile enthält, ist es üblich, die Seife vor allem nach dem Fettsäuregehalt zu bewerten. Die Schweizer Beschlüsse empfehlen statt dessen den Gehalt an Reinseife zugrunde zu legen (s. w. u.).

---

[1] „Beschlüsse über Einheitsmethoden zur Untersuchung von Seifen, Seifenpulvern und Waschpulvern und deren Begutachtung", aufgestellt vom Schweizerischen Verein analytischer Chemiker und vom Verband der Schweizerischen Seifenfabrikanten (Seifensieder-Ztg. 1916, S. 935 ff.).

Im übrigen kommt es bei einer genaueren Untersuchung bzw. Beurteilung einer Seife noch auf eine ganze Reihe anderer Momente an. Zu solchen sind außer Gesamtfettsäure u. a. folgende zu rechnen: Gesamtalkali, gebundenes und freies Alkali (Karbonat und Hydrat), unverseiftes Neutralfett, freie Fettsäuren, unverseifbare fettartige Stoffe, Harzgehalt, Zusatzstoffe, Glyzerin, Kochsalz, Farbstoffe, Wasserglas u. a. m. Waschpulver und Seifenpulver enthalten vielfach auch noch sauerstoffentwickelnde Substanzen. Der Wassergehalt wird vielfach nur indirekt aus der Differenz bestimmt. Der Probeentnahme und dem Abwägen ist gleichfalls Beachtung zu widmen.

Außer Seifen, d. h. vollkommen verseiften Fetten oder Ölen kommen in der Praxis auch teilweise verseifte Fette vor. Zu solchen gehören u. a. die Softenings. Das sind im wesentlichen Emulsionen oder Mischungen von Fetten in Seife, vielfach mit Glyzerin, Wasserglas, Stärke u. dgl. versetzt. Sie geben mit Wasser mehr oder weniger trübe Lösungen oder Emulsionen und finden als geschmeidig machende Zusätze insbesondere in der Schlichterei und Appretur von Baumwollwaren Verwendung. Sie werden meist aus Talg, Kokosöl oder Gemischen dieser beiden durch mehr oder weniger vollständige Verseifung mit Natron oder Kalilauge hergestellt. Ihre Untersuchung erfolgt nach denselben Grundsätzen wie diejenige der Fette bzw. Seifen.

Probeentnahme[1]). Bei Block- und Riegelseifen sowie Schmierseifen ist die zur Analyse bestimmte Probe aus der Mitte (also ohne die „Rinde") zu entnehmen. Seifenpulver sind vor der Probeentnahme gut durchzumischen. Das Abwägen hat möglichst rasch zu erfolgen; nötigenfalls sind Wägegläschen zu verwenden (*).

Bestimmung des Wassergehaltes. a) Man ermittelt die Summe der Einzelbestandteile und bezeichnet den Rest zu 100 als Wasser (Differenzmethode). b) Falls außer Wasser keine anderen, flüchtigen Bestandteile zugegen sind, kann der Wassergehalt durch direkte Austrocknung ermittelt werden. 5—8 g gut zerkleinertes Probematerial werden am besten in einer flachen Platinschale nebst ausgeglühtem Sand oder Bimsstein sowie Glasstäbchen (das zum zeitweiligen Umrühren der Seifenmasse dient) abgewogen und erst bei 60—70° und schließlich bei 100—105° bis zur annähernden Gewichtskonstanz getrocknet. Der Gewichtsverlust entspricht dem Wassergehalt (*). Schneller gelangt man zum Ziele, wenn man 50 ccm einer Lösung (25 : 1000) in gleicher Weise mit Sand zur Trockne verdampft und dann bei 100—105° zu Ende trocknet. Gegen Schluß der Trocknung werden zweckmäßig ein paar Kubikzentimeter Alkohol zugesetzt, um die Verdampfung der letzten Wasserreste zu beschleunigen. Schmierseifen und Seifen mit erheblichem Ätzalkaligehalt werden zweckmäßig im Erlenmeyer mit vorgelegtem

---

[1]) Nachfolgend werden vorzugsweise die sogenannten „Konventionsmethoden", d. i. die vom Verband der Seifenfabrikanten Deutschlands festgelegten Grundsätze bzw. Verfahren berücksichtigt und diese mit einem Sternchen versehen (*). Die für die Textilveredlungsindustrie nicht zutreffenden Vorschriften, z. B. diejenigen in bezug auf den Kleinhandel mit Stückenseifen usw. sind in Fortfall gekommen.

Natronkalkrohr getrocknet, um die atmosphärische Kohlensäure abzuschließen. c) Destillationsmethode nach Marcusson s. unter Wasserbestimmung in Fetten und Ölen (S. 220) und in Türkischrotöl (S. 245).

Bestimmung des Fettsäuregehaltes. Unter dem „Gesamtfettgehalt" versteht man bei Seifen gewöhnlich die Summe der vorhandenen „fettartigen" Bestandteile: Fettsäuren, Harzsäuren, Neutralfett, Unverseifbares usw. Da in der Regel Neutralfett und Unverseifbares nur in Spuren oder höchstens geringen Mengen zugegen sind, fällt die Bestimmung von Fettsäure und Gesamtgehalt meist zusammen. Nur in besonderen Fällen ist eine Trennung von Neutralfett, Unverseifbarem oder auch von Harzsäuren von den eigentlichen Fettsäuren erforderlich.

1. Gravimetrische Methoden. a) Liegen keine flüchtigen Fettsäuren vor (s. w. u.), so werden 100 ccm einer Seifenlösung von 20—25 g im Liter mit 20 ccm Normalschwefelsäure in einem samt Glasstab gewogenen, dünnwandigen Becherglase zersetzt und auf dem Wasserbade unter Umrühren erhitzt, bis sich die Fettsäure als eine klare Schicht abgeschieden hat und die untenstehende wässerige Lösung fast ganz durchsichtig geworden ist. Alsdann wird heiß durch ein bei 100° getrocknetes und gewogenes Filter filtriert und mit heißem Wasser gewaschen, bis das Filtrat auf Lackmuspapier nicht mehr sauer reagiert. Das die Fettsäure enthaltende Filter wird alsdann in das vorher gewogene und zur Zersetzung benutzte Becherglas gebracht, der Trichter, falls er Fettspuren zeigt, getrocknet, mit ein paar Kubikzentimetern Petroläther in dasselbe Glas gespült und unter zeitweiligem Einblasen von Luft bei 100° bis zur Konstanz getrocknet. Das Mehrgewicht des Becherglases = Filter + Fettsäurehydrat.

b) Anstatt mit gewogenem Filter zu wägen, löst man die Fettsäure in Petroläther. Man benetzt das Filter erst mit einigen Kubikzentimetern Alkohol und löst dann die Fettsäure mit Petroläther, bis im Filtrat keine Fettspuren mehr nachweisbar sind. Dieses geschieht am besten durch Verdunsten von etwa 10 Tropfen des Filtrates auf einem Uhrglase. Schließlich verdampft man das Lösungsmittel, trocknet unter zeitweiligem Einblasen von Luft bei 100° und wägt das Fett.

c) Wachsmethode. Statt die mit Schwefelsäure ausgeschiedene Fettsäure zu filtrieren, kann sie auch mit etwa 10 g Hartparaffin, Stearinsäure oder reinem Wachs (trocken und an Wasser nichts abgebend) zu einem Kuchen verschmolzen werden. Die Seife wird in einer tarierten Porzellanschale zersetzt, mit dem Wachs verschmolzen, die wässerige Lösung abgegossen, der Wachskuchen mit Fließpapier von den Wassertröpfchen vorsichtig befreit, im Exsikkator (oder Trockenschrank) getrocknet, gewogen und der Fettgehalt aus der Gewichtszunahme des Wachses berechnet. Krüger[1] schmilzt den Wachskuchen mehrmals mit frischem Wasser bis zur neutralen Reaktion um und trocknet dann den Wachskuchen die erste Stunde bei 70°, die zweite bei 100° unter geringem Alkoholzusatz. Er vermeidet dadurch, daß der Wachskuchen im Inneren Wassertröpfchen einschließt. Zur Vermeidung

---

[1] Chem.-Ztg. 1906, 123.

von Bläschen wird der Wachskuchen vor dem Erstarren vorsichtig mit
einem Gasbrenner angefächelt o. ä. verfahren. Die Methode ist nur für
reine Seifen brauchbar, da Stärke, Wasserglas und andere Füllmittel z. T.
mit in den Wachskuchen übergehen.

Zu den Verfahren a—c ist noch zu bemerken, daß Kokos- und Palm-
kernfettsäuren beim Erwärmen flüchtig sind. Diese Fettsäuren können
nach Fendler[1]) als Alkalisalze zur Wägung gebracht werden. Leinölfettsäuren oxydieren sich an der Luft und werden zweckmäßig nach
der Ausschüttelungsmethode (s. w. u.) bestimmt und im Kohlensäurestrom getrocknet. Olivenöl- und Talgfettsäuren können bei Luftzutritt
getrocknet werden.

d) Ausschüttelungsmethode. 10—20 g Seife oder Seifenpulver
werden in warmem Wasser gelöst, im Scheidetrichter mit überschüssiger,
verdünnter Schwefelsäure zersetzt und die ausgeschiedene Fettsäure mit
100 ccm leicht siedendem (bis 65° übergehendem) Petroläther ausgeschüttelt. Die wässerige Flüssigkeit wird in einen zweiten Scheidetrichter abgelassen und nochmals mit 100 ccm Petroläther ausgeschüttelt.
Die mit Wasser säurefrei gewaschenen Petrolätherfettsäurelösungen werden vereinigt, im gewogenen Kölbchen auf nicht über 70° warmem
Wasserbade verdunstet und unter zeitweiligem Einblasen von Luft bis
zur Gewichtskonstanz im Wasserbadtrockenschrank getrocknet. Bei
Kokos- und Palmkernölfettsäuren darf nicht über 55° getrocknet werden.
Bei Leinölfettsäuren ist die Trocknung im Kohlensäurestrom vorzunehmen
und die Kohlensäure mit konzentrierter Schwefelsäure zu waschen (*).

2. Volumetrische Methode. Für die Praxis brauchbare Resultate
werden mit Huggenbergs Scheidebürette, dem sogenannten Sapometer[2]) erhalten. Vermittels dieses Apparates kann gleichzeitig das
gebundene Alkali und das Gesamtalkali bestimmt und die Trennung
von den Füllmitteln vorgenommen werden. Eine Gebrauchsanweisung
ist jeder Bürette beigegeben.

Die Bürette wird mit 20 ccm 10%iger Schwefelsäure und dann mit
einer Lösung von 4—5 g Seife in 50—60 ccm Wasser beschickt. Nach
leichtem Umschwenken gibt man zu dem abgekühlten Gemisch etwa
40—50 ccm Äther hinzu (etwa bis zur Mitte der oberen Ausbuchtung)
und schüttelt nach Verschluß öfters gut durch. Die saure wässerige
Flüssigkeit wird abgelassen, die Ätherschicht noch 1—2 mal mit einigen
Kubikzentimetern Wasser gewaschen und die wässerige Lösung jedesmal
abgelassen. Die Fettsäurelösung füllt man mit Äther bis zur Marke
89 ccm (oder bis zu 149 ccm) auf, schüttelt gut durch, läßt kurze Zeit
stehen, liest den Stand der Ätherschicht genau ab, verdrängt die letzten
Wasserreste in Bürettenspitze und Hahn durch Ablassen von 1—2 ccm
der ätherischen Lösung und läßt nun einen aliquoten Teil des vorher festgestellten Volumens (z. B. 88—60 = 28 ccm) in einen trockenen, genau
tarierten Erlenmeyerkolben auslaufen. Der Äther wird erst vorsichtig
verdunstet und der Rückstand schließlich unter zeitweiligem Einblasen

---

[1]) Ztschr. f. angew. Chem. 1909, 252.
[2]) Zu beziehen durch die Firma Paul Altmann, Berlin NW.

von Luft im Trockenschrank bis zur Gewichtskonstanz getrocknet. Die so ermittelte Fettsäuremenge wird schließlich auf die gesamte ätherische Lösung und dann auf 100 g Seife berechnet. Kokos- und Palmkernöl-fettsäuren werden auch hier bei nur 50—55° getrocknet (s. Abb. 4) (*).

Bei Seifen (z. B. Kriegsseifen), die Ton, Speckstein usw. enthalten, versagt die übliche Naß-Ausätherungsmethode. Man ist in solchen Fällen gezwungen, anders vorzugehen. Nach Stadlinger[1]) kocht man z. B. die feingeschabte Einwage 3—4 mal mit 60—65 volumprozentigem Alkohol aus, entfernt die Hauptmenge der Flüssigkeit durch Destillation und arbeitet mit der so von den Füllstoffen befreiten Seifenlösung wie oben weiter.

Besson[2]) zieht dem Petroläther den Schwefeläther vor. Zur Kontrolle etwa sich verflüchtigender Fettsäuren entnimmt er zweimal aus dem (für diesen Zweck abgeänderten) Sapometer Äther-Fettsäure-lösung. Das erste Mal wird der Äther verdunstet, der Rückstand getrocknet, gewogen und in alkoholischer Lösung mit $n/2$ Lauge titriert. Das zweite Mal wird die Fettsäurelösung direkt mit alkoholischer $n/2$ Lauge titriert. Wenn bei der zweiten Titration mehr Alkali verbraucht wird als bei der ersten, so wird entsprechende Verflüchtigung von Fettsäure angenommen und bezüglich des gefundenen Fettsäuregehaltes eine entsprechende Korrektur angebracht.

Bestimmung des Gesamtalkalis. Unter Gesamtalkali in Seifen versteht man die Summe des mit Säure titrierbaren Alkalis, d. i. des vorhandenen freien, des an Kohlensäure (Kieselsäure, Borsäure) und Fettsäure gebundenen Alkalis. Das wässerige Filtrat von der Fettsäurebestimmung (1a) wird mit n. Lauge gegen Phenolphthalein oder Methylorange zurücktitriert. Die verbrauchten Kubikzentimeter n. Lauge werden von den anfänglich zugesetzten 20 ccm n. Säure in Abzug gebracht. Je 1 ccm verbrauchte n. Säure entspricht dann 0,031 g Na_2O bzw. 0,04 g NaOH oder 0,0471 g K_2O bzw. 0,0561 g KOH. In gleicher Weise kann die wässerige Brühe beim Arbeiten nach der Wachsmethode (1c) oder der Konventionsmethode (1d) verwendet werden, wenn die Zersetzung der Seifenlösung mit einer gemessenen Menge n. Säure vorgenommen worden ist (*).

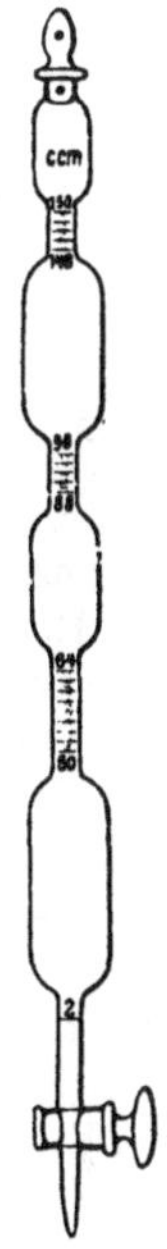

Bestimmung des an Fettsäure gebundenen Alkalis. Diese Zahl ergibt sich aus der Verseifungszahl bzw. der Neutralisationszahl der erhaltenen Fettsäuren. Man löst zu diesem Zwecke die genau abgewogene Fettsäure in Alkohol und titriert die Lösung mit titrierter, alkoholischer Kali- oder Natronlauge (Phenolphthalein). Aus dem Verbrauch der letzteren berechnet sich die Alkalimenge, die von den Fettsäuren zur Neutralisation erforderlich ist, also die an Fettsäure in der Seife gebundene Alkalimenge (*).

Bestimmung des freien und kohlensauren Alkalis. Freies Alkali läßt sich, falls in nennenswerten Mengen vorhanden, qualitativ durch die Rotfärbung erkennen, die eine Lösung der Seife in Alkohol (1 : 50) bei Zusatz von Phenolphthalein annimmt. Freies Ätznatron oder Ätzkali wird ferner dadurch erkannt, daß frische Schnittflächen der Seife, mit Quecksilberchlorid- bzw. Quecksilberoxydulnitratlösung betupft,

Abb. 4.

---

[1]) Der Seifenfabrikant, 1916, 654 u. ff. Stiepel, ebendaselbst.
[2]) Chem.-Ztg. 1914, 645.

gelbe bis braungelbe bzw. schwarze Färbung ergeben. Bei einiger Übung läßt sich freies Ätznatron oder Ätzkali sowie sein annähernder Gehalt auch durch die Schmeckprobe feststellen, indem eine frische Schnittfläche etwa 5—10 Sekunden an die Zungenspitze angelegt wird (Prüfung des Färbers). Zur quantitativen Bestimmung dienen folgende Methoden.

a) **Bei größeren Mengen freien Alkalis.** Etwa 10 g Seife werden in 100 ccm heißem, absolutem Alkohol gelöst, nötigenfalls filtriert, mit Phenolphthalein versetzt und mit $1/10$ n. Säure titriert. 1 ccm = 0,04 g freies NaOH bzw. 0,0561 g freies KOH (*). (Etwa vorhandene ungelöst gebliebene Soda befindet sich bei genügend reichlichem Alkohol auf dem Filter. Zur annähernden Bestimmung dieser Soda wird erst die Seife aus dem Filter gründlich mit heißem Alkohol herausgewaschen, dann der Rückstand in heißem Wasser gelöst und mit $1/10$ n. Säure und Methylorange titriert. 1 ccm $1/10$ n. Säure = 0,0053 g Na_2CO_3 bzw. 0,00691 g K_2CO_3.)

b) **Kochsalzmethode.** Etwa 10 g Seife werden in 100—150 ccm frisch ausgekochtem destillierten Wasser gelöst und mit 50 g reinem Kochsalz (möglichst Steinsalz) bei Siedehitze gefällt. Nun wird in einen 250 ccm Meßkolben filtriert, schnell mit neutraler, gesättigter Kochsalzlösung nachgewaschen und das gesamte Filtrat auf 250 ccm gebracht. Zur Bestimmung von Alkalihydrat + Karbonat werden 100 ccm des Filtrates mit $1/10$ n. Säure (Methylorange) titriert. 1 ccm $1/10$ n. Säure = 0,0031 g Na_2O als Hydrat + Karbonat. Für die Bestimmung des Ätzkalis allein werden weitere 100 ccm mit etwa 15—20 ccm einer 10%igen Chlorbariumlösung versetzt und ohne zu filtrieren mit $1/10$ n. Salzsäure (Phenolphthalein) titriert. 1 ccm $1/10$ n. Säure = 0,0031 g Na_2O als Hydrat. Die Differenz beider Titrationen entspricht dem Sodagehalt. Das Kochsalz ist durch einen blinden Versuch alkalimetrisch zu prüfen; an dem Ergebnis ist nötigenfalls eine Korrektur anzubringen.

c) **Chlorbariummethode nach Heermann**[1] (bei geringen Mengen bis Spuren freien Alkalis). Diese Methode dürfte die vorstehenden an Genauigkeit und Einfachheit übertreffen (bei Gegenwart von Silikaten weniger genau). Sie läßt den Karbonatgehalt unberücksichtigt. Etwa 5—10 g Seife werden in 3—400 ccm frisch ausgekochtem destillierten Wasser gelöst und mit 15 ccm konzentrierter, neutraler Chlorbariumlösung (300 : 1000) heiß gefällt. Die ausgefallene Barytseife mitsamt dem Bariumkarbonat wird bis zum Zusammenballen kurze Zeit auf freier Flamme erhitzt, dann filtriert, ausgewaschen und das Filtrat mit $1/10$ n. Salzsäure (Phenolphthalein) titriert. 1 ccm $1/10$ n. Säure = 0,004 g NaOH bzw. 0,00561 g KOH (*).

Davidsohn und **Weber**[2] lösen zur Vermeidung der Hydrolyse der Seife 5 g Seife in 100 ccm 60%igem, neutralem Alkohol, fällen nach dem Vorgang von **Heermann** mit neutraler, überschüssiger Chlorbariumlösung und titrieren das freie Alkali mit $n/10$ Salzsäure (Phenolphthalein).

---

[1] Chem.-Ztg. 1904, 53; Ztschr. f. angew. Chem. 1914, 135.
[2] Seifensieder-Ztg. 1907.

Bosshard und Huggenberg[1]) ändern obige Heermannsche Methode ab, indem sie zur Lösung der Seife 50%igen, neutralisierten Alkohol verwenden, die abgekühlte Lösung mit Chlorbariumlösung fällen und, ohne zu filtrieren, mit absolut alkoholischer, $1/_{40}$ n. Stearinsäurelösung unter Verwendung von a-Naphtholphthalein als Indikator titrieren.

Ismailski[2]) verwirft die Alkoholmethode und verhindert die Hydrolyse der Seife bei der Heermannschen Chlorbariummethode durch Anwendung höherer Konzentration der Seifenlösung. Er wägt a (ungefähr 10) g Seife ab, löst in der 20fachen (20a) Menge destilliertem Wasser, setzt zu der heißen Lösung nach und nach 2a ccm Chlorbariumlösung (30 : 100, gegen Phenolphthalein neutralisiert), hält in Umdrehung, kocht kurze Zeit, bis sich der Niederschlag absetzt, kühlt dann unter der Wasserleitung den fest verschlossenen Kolben ab und filtriert sofort durch ein Rapidfilter in einen konischen Kolben. Filter und Fällungskolben werden zum Schluß mit kaltem destillierten Wasser (10a ccm) nachgespült und das Filtrat samt Waschwasser mit $n/_{10}$ Säure gegen Phenolphthalein titriert. Die erhaltene Zahl bezeichnet Ismailski als Alkalizahl. Sie deckt sich mit der Zahl, die für freies Natron ermittelt wird.

d) Sodabestimmung. 10 g Seife werden fein geschabt, getrocknet, in absolutem Alkohol gelöst; dann wird trockene Kohlensäure eingeleitet, wobei alles $NaOH$ und Na_2CO_3 als kohlensaures Salz ausfällt. Man filtriert, wäscht die Seife mit heißem Alkohol aus, löst die Soda in heißem Wasser und titriert mit $1/_{10}$ n. Säure (Methylorange). Nach Abzug des nach c) ermittelten $NaOH$-gehaltes erhält man den Sodagehalt.

e) Rechnerisch läßt sich der Sodagehalt ferner ermitteln, indem man vom Gesamtalkali die Summe des an Fettsäure gebundenen und des freien Alkalis in Abzug bringt. Sind noch Borate und Wasserglas zugegen, so gestaltet sich die Berechnung komplizierter, indem auch noch das an Borsäure und Kieselsäure, die gesondert bestimmt werden müssen, gebundene Natron bzw. Kali abgezogen werden muß.

Bestimmung des unverseiften und unverseifbaren Fettes. Getrocknetes Seifenpulver wird im Soxhlet-Extraktionsapparat mit Petroläther extrahiert, der Extrakt von etwa mitgerissener oder gelöster und wieder ausgeschiedener Seife abfiltriert, nach Verdampfen des Lösungsmittels gewogen und unter Berücksichtigung des Wassergehaltes der Seife umgerechnet. In dem so erhaltenen Fett befindet sich außer unverseiftem Neutralfett unter Umständen auch Unverseifbares. Zur Bestimmung des letzteren wird der gewogene Rückstand mit alkoholischer Kalilauge verseift. Durch nochmalige Extraktion mit Petroläther wird das Unverseifbare allein erhalten (*).

Bestimmung der freien Fettsäure. Zeigt eine Seife in alkoholischer Lösung mit Phenolphthalein keine alkalische Reaktion, so ist meist

---

[1]) Ztschr. f. angew. Chem. 1914, S. 11 und 456.
[2]) Ztschr. f. angew. Chem. 1918, II, S. 159, 449 (nach J. Soc. Chem. Ind. 1917, S. 295).

freie Fettsäure (oder auch noch unverseiftes Neutralfett) zugegen. 20 g
Seife werden in vorher neutralisiertem, 60 volumprozentigem Alkohol
gelöst und mit n/$_{10}$ alkoholischer Kalilauge und Phenolphthalein titriert.
1 ccm n/$_{10}$ Alkali = 0,0282 g Ölsäure (*).

Nachweis und Bestimmung von aktivem Sauerstoff. Die wässerige
Schicht der mit Schwefelsäure angesäuerten Lösung verbraucht Permanganat. Mit Äther überschichtet, mit ein paar Tropfen Bichromatlösung versetzt und durchgeschüttelt, tritt bei Gegenwart von aktivem
Sauerstoff (Perborat, Perkarbonat usw.)
vorübergehend Blaufärbung auf. Quantitative Bestimmung s. u. Perborat
(S. 134).

Nachweis von Harzsäuren. Man
löst die Fettsäuren bei gelinder Wärme
in Essigsäureanhydrid, kühlt ab und
läßt vorsichtig etwas 62,5%ige Schwefelsäure (spezifisches Gewicht 1,53, hergestellt durch Vermischen von 34,7 ccm
konzentrierter   Schwefelsäure   und
35,7 ccm Wasser) in die Lösung fließen.
Bei Anwesenheit von Harz tritt eine
rötliche, bald wieder verschwindende
Färbung auf (Liebermann-Storchsche Reaktion)[1].

**Bestimmung des Erstarrungspunk-
tes oder des „Titers“.** Der Schmelzpunkt ist prüfungstechnisch weniger
wichtig als der Erstarrungspunkt, d. i.
der „Titer“ einer Fettsäure. Man
bedient sich zumeist der Methode von
Dalican oder Wolfbauer. Bei diesen wird der Titer in einem Reagenzglase von 3½ cm Weite und 15 cm
Höhe bestimmt, das bis etwa 1—1½ cm
unter den Rand mit der trockenen
Fettsäure gefüllt wird (s. Abb. 5 nach
Dalican).

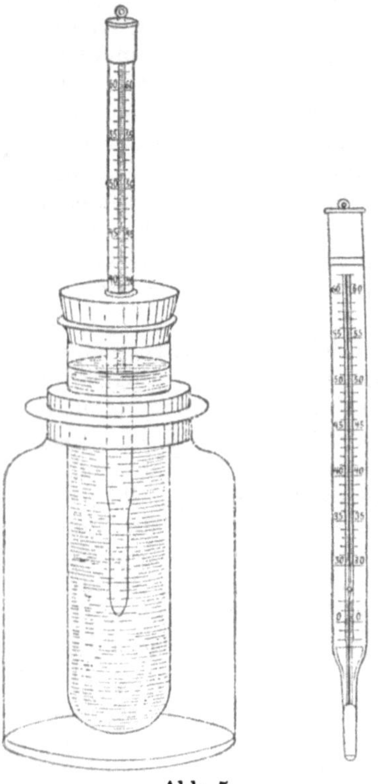

Abb. 5.

Das Reagenzglas wird hierauf in einem Pulverglase befestigt und ein
in ¹/₅ Grade geteiltes Thermometer in die Fettsäure durch einen das
Reagenzglas gut verschließenden Kork eingeführt. Mit dem Thermometer
wird die klare, geschmolzene Masse solange gerührt, bis sie eben ganz
undurchsichtig geworden, bis also bereits teilweise Erstarrung eingetreten
ist. In diesem Augenblicke sinkt das Thermometer nicht mehr, sein
Stand bleibt erst unverändert und steigt alsdann infolge der freiwerden-
den Schmelzwärme der erstarrenden Fettsäure etwas an. Der Höchst-

---

[1] Harzfreie Sulfurölfettsäuren geben mitunter diese Reaktion auch in geringem Grade, desgleichen Woll-Cholesterin.

punkt dieser Temperatursteigerung bzw. (falls diese nicht stattfindet) die konstant bleibende Temperatur gilt als der Erstarrungspunkt oder Titer (*). Shukoff schlägt einen ähnlichen Apparat vor[1]).

Bestimmung des Trübungspunktes. In Seidenfärbereien wird bisweilen der Trübungspunkt von Seifenlösungen (5 : 1000) bestimmt. Derselbe soll nach den Anforderungen mancher Betriebe bei guten Sulfurölseifen bei 30—35°[2]), nach den Anforderungen anderer Seidenfärbereien bei 35—40° liegen. Einen besonderen Wert scheint diese Bestimmung indes nicht zu haben.

Bestimmung des mittleren Molekulargewichts der Fettsäuren. Etwa 5 g reine, trockene, von Neutralfett und vom Unverseifbaren getrennte Fettsäure wird in alkoholischer Lösung mit alkoholischer n. Lauge gegen Phenolphthalein titriert. Ist a die Fettsäure-Einwage und b die Anzahl Kubikzentimeter verbrauchter n. Lauge, so ist das mittlere Molekulargewicht $\dfrac{1000\,a}{b}$.

Nachweis und Bestimmung der Füllstoffe. Im allgemeinen verwendet die Textilveredlungsindustrie reine Seifen; dennoch kommen vielfach Seifen mit Zusatz- und Füllstoffen in den Handel, durch die der Wert der Seifen erheblich verschoben werden kann. Nachstehend seien nur die wichtigsten Methoden erwähnt.

In Betracht kommen u. a. anorganische Stoffe wie Soda, Borax, Natronphosphat, Chlorkalium, Bleichstoffe, Talk, Schwerspat, Kieselgur, Wasserglas, Sand, Bimsstein usw. Von organischen Zusatzstoffen seien erwähnt: Kartoffelmehl, Stärke, Dextrin, Pflanzenschleime, Eiweiß, Albumin, Kasein, Terpentinöl, Kohlenwasserstoffe usw.[3]).

Die meisten Zusatzstoffe lassen sich bereits, da alkoholunlöslich, durch erschöpfendes Herauslösen der Seife mit absolutem Alkohol qualitativ und quantitativ bestimmen. Die Bestimmung von Soda ist bereits besprochen, desgleichen diejenige von Perboraten und anderen Sauerstoff abgebenden Peroxyden (s. u. Perborat). In der Asche werden die Gesamtmineralstoffe (einige wie Chlorkalium sind flüchtig) und im einzelnen z. B. die Kieselsäure ermittelt. 1 g Kieselsäure, SiO_2, entspricht 1,257 g Natriumsilikat, $Na_2Si_4O_9$, und 1 T. dieses Natronsilikates etwa 3 T. Wasserglas von 38° Bé.

Nach Zänker und Eppendahl[4]) können fast sämtliche Zusatz- und Füllstoffe, die benzinunlöslich sind, wie folgt bestimmt werden. 10—15 g Seife werden in einem mit Glasstab gewogenen Becherglase mit der 1½fachen Menge Ölsäure auf dem Wasserbade unter öfterem Umrühren verschmolzen. Nach dem Erkalten fügt man 200 ccm Benzin zu, wobei die in saure, hydratwasserhaltige Alkalioleate übergeführten Seifen leicht in Lösung gehen, während die meisten Zusatzstoffe (außer benzinlöslichem Terpentin, Kohlenwasserstoffen u. ä.) ungelöst bleiben.

---

[1]) Chem.-Ztg. 1901, 1111.
[2]) Melsbach, Färb.-Ztg. 1917, 161.
[3]) Von diesen ist der Zusatz von zur Ernährung dienenden Stoffen wie Mehl usw. gesetzlich verboten.
[4]) Färb.-Ztg. 1912, Heft 9.

Nach Lösung der Seife filtriert man durch ein bei 95—100° getrocknetes und gewogenes Filter, wäscht gründlich mit kaltem Benzin nach, bis alle Seife entfernt ist, bringt das Filter in das Becherglas, trocknet bei 95—100° und wägt. Die so erhaltenen Zusatzstoffe werden nach allgemeinen analytischen Grundsätzen weiter untersucht. Zu bemerken ist, daß alkalische Füllstoffe wie Soda, Wasserglas usw. das Olein zum Teil verseifen und infolgedessen auf diese Weise nicht bestimmt werden können. Das Zänker-Eppendahlsche Verfahren hat vor dem sonst üblichen Konventionsverfahren (Extraktion der Seife mit Alkohol [*]) den Vorzug großer Zeitersparnis, größerer Billigkeit und Genauigkeit (Harz wird z. B. durch kochenden Alkohol zum Teil mitgelöst, durch kaltes Benzin nicht).

Besonders hohe Anforderungen an Textilseifen werden u. a. von der Seidenfärberei gestellt. In normalen Wirtschaftszeiten verlangte man u. a.: 1. Abwesenheit von trocknenden Ölen (Leinöl u. a.), 2. Abwesenheit von Tran, und Fischfetten, 3. Abwesenheit größerer Mengen von Harzsäuren, 4. Abwesenheit von Kokos- und Palmkernölfettsäuren, 5. sehr geringen Überschuß von freiem Alkali, 6. hohen Trübungspunkt der Seifenlösung u. a. m. Diesen Anforderungen genügten vor allem die besten Bari- oder Sulfurölseifen. Es ist aber nicht zu leugnen, daß die Ansprüche zum Teil übertrieben waren[1]).

Seifenpulver und Waschmittel für das Wäschereigewerbe.

Die chemische Untersuchung der Seifenpulver und sonstigen Waschmittel für das Reinigungsgewerbe erfolgt im allgemeinen nach den üblichen Untersuchungsverfahren wie bei Textilseifen und sonstigen Präparaten (Soda usw.). Bei ihnen ist nur in höherem Maße außer dem Seifengehalt selbst auch auf Nicht-Seife (Alkalien, Kieselsäure, Füllmittel, Bleichzusätze usw.) Rücksicht zu nehmen. Von vielen gebräuchlichen Schemen sei hier beispielsweise das Arbeitsschema von Rosenberg und Lenher[2]) wiedergegeben, das nach Bedarf und von Fall zu Fall entsprechend abgeändert werden kann. Man arbeitet hiernach wie folgt.

a) Wasserbestimmung. Etwa 2 g der Probe werden 10—20 Stunden im Vakuumtrockenschrank bei 60 mm Druck und bei einer Temperatur von 60—65° getrocknet, gewogen und der Wassergehalt aus dem Gewichtsverlust berechnet.

b) Unverseiftes. Die so vorgetrocknete Probe wird mit Petroleumäther ausgezogen, der Auszug eingedampft, bei 110° getrocknet und gewogen.

c) Freies Alkali. Die so behandelte Probe wird mit 95%igem Alkohol erschöpfend ausgezogen und die alkoholische Lösung mit $^1/_{10}$ n. Säure gegen Phenolphthalein titriert. (= freies Alkali, als Na_2O berechnen.)

d) Fettsäure. Man verdünnt die neutralisierte alkoholische Lösung mit viel Wasser, entfernt den Alkohol durch Kochen, gibt genau abgemessene titrierte Säure im Überschuß zu (nach den Autoren n. Salpetersäure), kocht, fügt 4 g vorher auf 160° erhitzt gewesene Stearinsäure zu,

---

[1]) S. a. Melsbach, Färb.-Ztg. 1917, 161.
[2]) Nach Chem. Zentralblatt 1918, II, S. 668.

kocht wieder, kühlt ab und bestimmt in beschriebener Weise den Fettsäuregehalt durch den Gewichtszuwachs der zugesetzten Stearinsäure (Wachskuchenmethode, s. a. S. 233).

e) An Fettsäure gebundenes Alkali. Der Wachskuchenabguß nebst den zugehörigen Waschwässern wird mit $^1/_2$ n. Natronlauge titriert und aus dem Überschuß der zugesetzten Säure (d) die vom Alkali verbrauchte Säure und daraus das Alkali berechnet.

f) Alkoholunlösliches. Den beim Ausziehen mit Alkohol verbleibenden Rückstand (c) löst man in heißem Wasser, verdünnt auf 250 ccm und filtriert. In je 50 ccm des Filtrates werden 1. die Soda durch Titration mit $^1/_2$ n. bis $^1/_{10}$ n. Salzsäure gegen Methylorange, 2. das Chlornatrium durch Fällen mit Silbernitratlösung oder titrimetrisch nach Volhard (s. d.), 3. die Kieselsäure durch mehrmaliges Eindampfen mit Salzsäure als Wasserunlösliches, 4. das Sulfat in bekannter Weise als Bariumsulfat, 5. das Borat durch Titrieren in Gegenwart von Glyzerin oder Mannit usw. bestimmt.

g) Wasserunlösliches. Der nach f) in heißem Wasser unlösliche Anteil wird ebenfalls gewogen. In ihm können weiter die verschiedenen Bestandteile (Stärke, mineralische Bestandteile usw.) bestimmt werden.

h) Die Bestimmung von Bleichzusätzen (Perborat u. ä.) erfolgt in einer besonderen Probe nach an anderer Stelle gegebenen Vorschriften (s. S. 134).

In den Jahren der Fettnot sind die erdenklichsten Streck- und Ersatzstoffe zur Anwendung gelangt, die zum Teil als wertlose Füllungsmittel, zum Teil als faserschädigende Bestandteile zu bezeichnen sind. Erwähnt seien u. a.: Soda, Pottasche, Ätznatron, Ätzkali, Wasserglas, alkalische Mischungen mit Zucker, Gummi, Leim, Pflanzenabkochungen, Holzstoff (roh und aufgeschlossen), Vaselin, Schaummittel (Saponin), Sulfitablaugen, Ammonsalze, niedrige Fettsäuren, Pasten aus Magnesiumhydroxyd, fette Tonerde, Karbonat, Erdalkali- und Erdsilikate im Gelzustande, Glaubersalz, sonstige Neutralsalze, Sauerstoffsalze (Perborat, Perkarbonat), Natriumsuperoxyd usw. Unter anderen haben die Bleichwaschmittel, d. s. Waschmittel mit Bleichmittelzusätzen wegen ihrer bequemen Handhabung (sogenannten „Selbsttätigkeit“) und oft bestechenden Bleichwirkung im Klein- und Hausbetriebe sehr zu Schaden des Wäschebestandes Einführung gefunden. Es ist als erwiesen anzusehen, daß durch den Dauergebrauch dieser Bleichwaschmittel infolge von Oxyzellulosebildung eine allmähliche Vermorschung der Wäschefaser stattfindet. Diese von Heermann[1]) als Sauerstofffraß bezeichnete Erscheinung tritt bei Gegenwart von katalytisch wirkenden Schmutzteilchen (besonders bei Gegenwart von Kupferspuren) lokal auf (Löcherbildung) oder in Form einer allgemeinen, durch den ganzen Stoff sich hindurchziehenden Vermürbung oder Vermorschung. Systematische Versuche haben auch andere Beobachter zu den gleichen Ergebnissen geführt[2]).

Auch die stark wasserglashaltigen Waschmittel sind nach der heutigen Auffassung zu verwerfen (wenigstens für den Dauergebrauch). Zwar haben die eingehenden Untersuchungen von Zänker und Schnabel[3]) keine unmittelbare Vermorschung der Wäschefaser (als Zugfestigkeitsabnahme gemessen) durch Wasserglas haltende Waschmittel ergeben; doch ist durch andere Versuche

---

[1]) Chem.-Ztg. 1918, S. 85, S. 337. Seifenfabrikant 1918, Nrn. 17—26.

[2]) Grün und Jungmann, Seifenfabrikant 1917, Nrn. 39—48; 1919, S. 69; Chem.-Ztg. 1918, S. 473 u. a. m. Beythien, Ztschr. f. Unters. Nahr.- u. Genußm., 1919, S. 357ff. Kollmann, Mitt. d. Forschungsinst. f. Textilind. in Wien, 1921, 2. Heft u. a. m.

[3]) Seifenfabrikant 1917, Nrn. 19—24.

gezeigt worden, daß sich die Faser auf die Dauer sehr stark mit Kieselsäure inkrustiert (nach Grün und Jungmann nach 30 Wäschen bis zu einem Aschengehalt von 24,5%), dadurch spröde, unelastisch und empfindlich gegen Falzung (Bügelfalten!) wird und dadurch vorzeitig verfällt. Insbesondere wirkt auch die eingelagerte Kieselsäure beim Tragen und Waschen der Gewebe als Scheuer- oder Schleifmittel; auch leidet der Glanz und der Griff der Wäschefaser[1]).

Legen die verschiedensten Surrogate dem Gutachter bei Bewertung von Waschmitteln die Pflicht auf, die Frage der etwaigen Wäschebeschädigung ganz besonders zu berücksichtigen, so verlangen andererseits die zahllosen wertlosen oder minderwertigen Zusätze zu den Waschmitteln die Prüfung ihres technischen Wasch- und Reinigungswertes. Auf solche Weise sind die Waschmittel nicht nur rein analytisch zu untersuchen, sondern bei fehlender Erfahrung außerdem in bezug auf a) Faserschädigung und b) Wasch- und Reinigungswirkung zu prüfen.

Untersuchung der Waschmittel auf Faserschädigung.

Die Untersuchung auf etwaige Faserschädigung durch Waschmittel geschieht 1. durch chemische und eventuell mikroskopische Prüfung der Faser vor und nach dem Waschen, also der etwaigen Faserveränderung (hierüber s. u. Oxyzellulose, Biuretreaktion usw. a. a. S.), 2. sicherer durch mechanisch-technologische Prüfung der verschiedenen Faser- bzw. Gewebeeigenschaften, vor allem der Festigkeits- und Elastizitätseigenschaften, 3. durch Prüfung des Glanzes, Griffes usw. Die Festigkeitseigenschaften werden mit Hilfe von mechanischen Apparaten (Festigkeitsprüfern, Dynamometern) ausgeführt; ihre Handhabung ist a. a. O. ausführlich beschrieben worden[2]). Da die Faserschädigung durch eine einmalige Waschbehandlung meist eine nur geringe und mit Rücksicht auf den natürlichen Ungleichmäßigkeitsgrad der Textilien nicht unmittelbar faßbar ist, wird es in den meisten Fällen erforderlich sein, das Versuchsmaterial einer Dauerbehandlung (z. B. 25—50 Wäschen) zu unterziehen. Erst dann gelingt es in der Regel, brauchbare Werte zu erhalten.

Bestimmung der Wasch- und Reinigungswirkung.

Die Wasch- und Reinigungswirkung bzw. der Waschwert oder Wascheffekt spielt bei Waschmitteln eine ganz andere Rolle als bei Textilseifen, die zum Teil eine ganz andere Aufgabe haben als Wäschereiwaschmittel. Da diese Waschwirkung die Resultante verschiedener Eigenschaften oder Kräfte ist, läßt sie sich bisher nicht einwandfrei durch Bestimmung von Einzeleigenschaften eines Waschmittels ermitteln. Vielmehr wird man gezwungen sein, durch Waschversuche im kleinen die technische Waschwirkung zu ermitteln. Die wichtigsten Charaktereigenschaften eines guten Waschmittels (Prototyp = Seife) sind folgende: 1. Gutes Netzvermögen gegenüber dem Fasermaterial. Dieses ermöglicht das Eindringen des gelösten Waschmittels in die Kapillarräume des angeschmutzten bzw. fettigen Substrates und erleichtert eine Emulgierung des Fettes. In gewisser Beziehung zu dem Netzvermögen steht die Verringerung der Oberflächenspannung des Wassers durch ein Waschmittel. 2. Gutes Emulgierungsvermögen gegenüber Fettstoffen. Emulgierungsvermögen und Netzvermögen stehen vielfach in Be-

---

[1]) S. Grün und Jungmann, a. a. O. A. Herzog, Textilberichte über W., I. u. H. 1920, S. 160. Kind, Seifenfabrikant 1917, Nrn. 33—36.

[2]) S. z. B. Heermann, Mechanisch- und physikalisch-technische Textiluntersuchungen, Julius Springer.

ziehung zueinander. 3. Gutes Adsorptionsvermögen gegenüber den Schmutzteilchen des Fasermaterials. Durch dieses entstehen Adsorptionsverbindungen
zwischen Waschmittel und Schmutzsubstrat; letzteres verliert dadurch das
Adhäsionsvermögen zu seinen früheren Unterlagen und die Fähigkeit, sich wieder
an den zu waschenden Stoffen festzusetzen. 4. Gutes Quellungsvermögen
gegenüber dem Fasermaterial. Dieses ermöglicht, die Adsorptionsverbindungen zwischen Waschmittel und Schmutzsubstrat infolge Faserquellung aus der
Faser leichter herauszuholen. Für die praktische Durchführung des Waschens
ist hierbei als mechanische Unterstützung eine Art Walkung oder Bearbeitung
erforderlich, durch die die Adsorptionsverbindungen von Schmutz und Waschmittel aus der Faser herausbefördert werden. 5. Das Schaumvermögen der
Waschmittel scheint dagegen nur von sekundärem Interesse zu sein (ein Symptom
der Seife und nicht die Ursache des Waschvermögens), da sowohl schwach schäumende Seifen ein hervorragendes Waschvermögen, als auch stark schäumende
Stoffe (Saponin) ein sehr geringes Waschvermögen haben können. 6. Da alle
Waschmittel mehr oder weniger alkalischer, säurebindender Natur sind, braucht
diese Eigenschaft guter Waschmittel, Säuren zu binden oder zu neutralisieren,
nicht besonders hervorgehoben zu werden.

Die genannten Haupteigenschaften guter Waschmittel besitzt in vorzüg-
lichster Weise die Seife, das Prototyp der Waschmittel. Nach Spring kommt
der Seife außer der Erniedrigung der Oberflächenspannung (und damit dem Netzvermögen) noch die Wirkung zu, sich an der Oberfläche der Faser anzureichern.
Dadurch soll die Seife anhaftende, fein verteilte Stoffe von der Faser verdrängen
und unter Bildung von Adsorptionsverbindungen verhindern, daß sich diese an
dem Fasergut wieder festsetzen, oder gar in die Faser wieder eindringen. Da
alkalisch, hat die Seifenlösung (die in freies Alkali und saure Seife hydrolytisch
gespalten ist) auch die Eigenschaft, die Fasern von etwa vorhandenen sauren
Verbindungen zu befreien, zu neutralisieren, ferner, die Faser weitgehend zum
Quellen zu bringen, wodurch die Schmutzteilchen, durch mechanische Bearbeitung unterstützt, leichter aus dem Stoff herausgetrieben werden. Das Schaum-
und Emulgierungsvermögen der Seifenlösungen unterstützt die Seifenwirkung
weiter. Nach Buchner bildet je nach Natur und der elektrischen Aufladung
der Schmutzteilchen entweder die saure oder die basische Seife die Adsorptionsverbindungen. Saure Seifenkolloide (und fette Tonerde), die elektrisch negativ
aufgeladen sind, reißen z. B. die infolge von Ionenadsorption positiv aufgeladenen
Schmutzteilchen an sich.

Für die Beurteilung der Waschwirkung von Waschmitteln hat man
versucht, verschiedene Eigenschaften der letzteren und ihrer Lösungen
heranzuziehen. Die Einzeleigenschaften, jede für sich allein beurteilt,
ergeben aber kein Urteil über die praktische Waschwirkung. So hat
Hillyer und nach ihm Goldschmidt versucht, durch stalagmometrische
Prüfungen (abgeänderter Stalagmometer von Traube, Tropfenzähler)
das Waschvermögen von Waschpulvern usw. abzuleiten. Richardson
und Jaffe bestimmten den „Schaumgrad", Leimdörfer die „Schaum-
kraft", Stiepel die „Schaumzahl" (Volumen des Schaumes, der beim
Schütteln von 100 ccm Seifenlösung unter konventionellen Bedingungen
entsteht), François bestimmt in Schmierseifen die „Schaumbeständig-
keit" usw. Alle diese Versuche, durch Bestimmung physikalischer Eigenschaften die Waschwirkung zu ermitteln, führten nicht zu dem gewünsch-
ten Ziel. Nachstehend seien zwei Verfahren angeführt, die die Waschwirkung unmittelbar aus Waschversuchen im kleinen zu ermitteln suchen.

Waschtestapparat von Schiewe und Stiepel[1]). Der Apparat

---

[1]) Schiewe und Stiepel, Seifenfabrikant 1916, 737 ff. Der Waschtestapparat wird von R. Muencke, Berlin N, Chausseestraße 8 in den Handel gebracht.

16*

besteht aus einem mit Rührwerk versehenen Glaszylinder von 3 l Inhalt. Mit dem aufgeschraubten Deckel ist ein Gestell verbunden, das das Einspannen des zu waschenden, vorher getrockneten, abgeklopften und genau gewogenen Versuchslappens in Form eines Zylindermantels ermöglicht. Der Schmutz wird mittels Pinsels auf den zu waschenden Stoff aufgetragen. Dann wird 20 Minuten bei 40—45° C gewaschen, dreimal nachgewaschen, getrocknet und zurückgewogen. Die Gewichtsabnahme durch das Waschen wird als Schmutzverlust in Prozenten berechnet und ergibt den „Wascheffekt". Die Waschmittel werden in vier Gruppen geteilt: Gruppe 1 = Kernseifenlösung 5 : 1000, Gruppe 2 = Sodalösung 5 : 1000, Gruppen 3 und 4 = reines Wasser. Die zur Gruppe 1 bestimmte Anschmutzung wird a) mit einer 5% Mineralöl enthaltenden Benzinlösung hergestellt, der 5% Lindenkohle zugerührt worden sind. Für Gruppe 2 verwendet man dieselbe Lösung a), nur statt des Mineralöls eine 40% Neutralöl enthaltende Fettsäure. Für die Gruppen 3 und 4 verwendet man eine wässerige Aufschlämmung von Lindenkohle. — Das Schiewe-Stiepelsche Verfahren weicht insofern von der praktischen Wäscherei ab, als es a) den Wascheffekt durch Wägung und nicht durch Musterung zu ermitteln sucht und b) das Waschen ohne mechanische Bearbeitung oder Walkung (nur durch Flottenzirkulation) bewerkstelligt wird.

Schema der Bestimmung der Waschwirkung nach Heermann. Den Arbeitsbedingungen der praktischen Wäscherei in höherem Grade angepaßt ist das von Heermann gegebene Schema[1]). Baumwollener (eventuell halbleinener, leinener usw.), gebleichter, schlichte- und appreturfreier, lufttrockener, gut saugender Wäschestoff wird in einer gleichmäßigen, gut durchgeschüttelten Suspension von 2—5 g Indigo-Kolloid-Paste [M] in 1 l destilliertem Wasser gleichmäßig unter Durchdrücken mit der Hand getränkt, herausgenommen, bis auf das Doppelte des Anfangsgewichts (200%) ausgedrückt und bei Zimmerwärme getrocknet (= Anschmutzung I). Ein Teil dieses so angeschmutzten Stoffes wird in einer Lösung von 30—50 g Mineralöl in 1 l Benzin oder Äther getränkt, schnell ausgedrückt und unter gleichmäßiger Hin- und Herbewegung in voller Stofffläche schnell vom Lösungsmittel befreit, so daß sich das zurückbleibende Öl ganz gleichmäßig in dem Stoff verteilt (= Anschmutzung II). Weitere Anschmutzungen (IIIa, IIIb usw.) können mit Hilfe von Appreturmassen, Stärkekleistern usw. aus der Anschmutzung I oder bei besonderem Bedarf auch aus II hergestellt werden, sind aber für die Beurteilung des Waschvermögens im allgemeinen von untergeordneter Bedeutung. Je 10 g der so künstlich angeschmutzten Stoffe werden nun vergleichsweise gewaschen u. a. in 1. 250 ccm destilliertem Wasser, 2. 250 ccm Sodalösung (kalzinierte Soda 4 : 1000), 3. 250 ccm K.-A.-Seifenpulver 4 : 1000, 4. 250 ccm Seife-Sodalösung (1,2—1,25 g 60%ige Kernseife + 0,8—0,75 g kalzinierte Soda in 1 l Wasser). Für besondere Fälle können noch andere Konzentrationsverhältnisse und andere Vergleichswaschmittel herangezogen werden. Für

---

[1]) Heermann, Textilberichte über W., I. u. H. 1921, S. 37, 61; Ztschr. d. deutsch. Öl- und Fettindustrie, 1921, S. 338.

die zu prüfenden Waschmittel werden sinngemäß die günstigsten Arbeitsbedingungen gewählt; in der Regel genügen die für die Vergleichswaschmittel aufgestellten, nachstehenden Bedingungen. Das Waschen mit diesen erfolgt in Porzellankasserollen. Man beginnt bei Zimmerwärme, drückt 20 mal kräftig mit der Hand aus, erwärmt dann in 15 Minuten auf schwach angeheiztem Wasserbade unter dauerndem Rühren mit dem Thermometer bis zu 50° C, drückt zum zweiten Male 20 mal mit der Hand kräftig aus, stellt vom Wasserbade ab und drückt nach 30, 45 und 60 Minuten nochmals je 20 mal kräftig durch. Dieses Durchdrücken oder Durchkneten hat gleichmäßig zu erfolgen und nach jedesmaligem Durchdrücken ist der Stoff wieder mit der Waschlauge zu tränken. Nach 100 maligem Ausdrücken innerhalb einer Stunde wird erst in destilliertem Wasser von 40—50° unter Ausdrücken des Stoffes erschöpfend gespült, zuletzt in kaltem Leitungswasser, bis das Spülwasser farblos bleibt. Dann wird ausgewunden, bei Zimmerwärme getrocknet und ohne erhebliche Wärmezufuhr geglättet. Typwaschungen und Versuchswaschungen werden zuletzt auf ihren Reinheitsgrad mit bloßem Auge verglichen und der Reinheitsgrad koloristisch abgeschätzt. Bei häufig vorkommenden Versuchen dieser Art können Reproduktionen von Färbungen und feststehende Skalen die Wiederholung der Typwaschungen ersetzen; doch nur, wenn es sich um genau gleiche Anschmutzung handelt, die für diesen Zweck im größeren Maßstabe auf Vorrat gehalten werden kann. Der Reinheitsgrad kann auch in Prozenten angegeben werden, indem die Wirkung des Wassers = Null und das reine Weiß = 100 gesetzt wird o. ä. Bei einiger Übung stimmen die Versuche untereinander gut überein; bei wirksamen Waschmitteln sind noch Abweichungen von 0,1 % Waschmittelgehalt deutlich zu unterscheiden. Der angeschmutzte Stoff soll möglichst egal sein. Bei Fettanschmutzungen kann eventuell auch der Fettgehalt der gewaschenen Proben bestimmt werden.

Türkischrotöle, Appreturöle u. ä. Öle.

Als „Türkischrotöle", „Rotöle" oder „Appreturöle" usw. kommen sehr verschiedenartige Produkte in den Handel. Das echte Rotöl wird durch Einwirkung von konzentrierter Schwefelsäure auf Rizinusöl gewonnen und ist durch Hydroxyl- und Karboxylgruppen, sowie durch doppelte Bindung charakterisiert. Es gelangen auch Fabrikate aus Olivenölen, Kottonöl, Kokosöl, Rüböl, Oleinsäure u. a., sowie Mischungen derselben mit Rizinusöl unter demselben Namen in den Handel. Die Hauptbestandteile des echten Rotöls sind Rizinusölsäure, Rizinusölschwefelsäure und Oxyölsäuren, an Natrium oder Ammonium gebunden. Die sulfonierten Fettsäuren gelten als die wertvollsten Bestandteile des Rotöls, sind aber nicht in jedem Rotöl vorhanden.

Parasäure PN, Paraseife PN [M]. Für manche Färbereizwecke, z. B. bei der Herstellung von unlöslichen Azofarbstoffen auf der Faser, wird die Parasäure PN, bzw. ihr Natrium- oder Ammoniumsalz, die Paraseife PN [M], als Zusatz zur Naphtolgrundierung verwendet. Sie stellt die freie Fettsäure des Rizinusöles bzw. ihr Natrium- oder Natrium Ammoniumsalz dar und wird wie Rizinusölseifen untersucht.

Lizarol D konz. [M] ist ein Kondensationsprodukt der Rizinusölfettsäure mit Formaldehyd und wird beim Drucken von Alizarinrot und -rosa auf ungeölte Ware der Druckfarbe zugesetzt, um auf diese Weise ein Präparieren der Ware mit Türkischrotöl zu ersparen. Die Untersuchung des Produktes geschieht durch vergleichende Druckproben mit Alizarinrot oder -rosa [M]. Lizarol R, früher für denselben Zweck angewandt, sowie Glyezin [M] (als Ersatz für Glyzerin und Azetin) sind nicht mehr im Handel.

Die Untersuchung geschieht ähnlich wie bei Seifen, doch muß vor allem der partiellen Löslichkeit der Sulfofettsäuren in Wasser Rechnung getragen werden.

1. Vorprüfung. Mit 10 Volumina Wasser soll das Türkischrotöl eine vollkommene Emulsion geben, aus der sich erst nach längerem Stehen Öltröpfchen ausscheiden dürfen. Die Emulsion soll gegen Lackmus schwach sauer reagieren. In Ammoniak soll sich ein gutes Öl in jeder Konzentration klar lösen und nur bei starker Verdünnung trübe erscheinen.

2. Wasser. Der Wassergehalt kann nach Stein annähernd bestimmt werden, indem etwa 10 g Öl mit etwa 25 g reinem trockenem Wachs zusammengeschmolzen, 75 ccm gesättigte Kochsalzlösung zugesetzt werden, der Wachskuchen getrocknet und aus der Gewichtszunahme desselben das „wasserfreie Öl" und daraus der Wassergehalt berechnet wird. Fahrion[1]) kocht das Wasser von 3—5 g Rotöl im Platintiegel direkt über freier Flamme weg, bis das Schäumen aufhört und ein kleines Rauchwölkchen auftritt (Genauigkeit $\pm 1\%$). Die genaue Wassergehaltsbestimmung erfolgt nach dem Verfahren von Marcusson durch Destillation mit Xylol und Messung des überdestillierten Wassers (s. S. 220). Außer Xylol kann Petroleum (Utz) u. ä. verwendet werden.

3. Handelsüblicher Prozentgehalt. Die Ansichten über die Bewertung der Türkischrotöle in bezug auf den Prozentgehalt gehen vielfach auseinander. Der Mangel an Einheitlichkeit und Einheitsverfahren hat für die Hersteller und Verbraucher zu zahlreichen Unannehmlichkeiten geführt. Mit Rücksicht hierauf hat der Verband deutscher Türkischrotölfabrikanten, e. V. in Krefeld ein Einheits- oder Normalverfahren für die „Bewertung und Untersuchungsmethoden von Türkischrotölen" ausgearbeitet und der Öffentlichkeit übergeben[2]). Nach den hier gegebenen Begriffsbestimmungen ist unter „handelsüblichem Prozentgehalt" in den Angeboten der Fabriken und Händler der Prozentgehalt des fertigen Türkischrotöls an „Sulfonat" d. i. sulfuriertem und gewaschenem Rizinusöl (nicht aber an Fettsäure) zu verstehen. Ein 50%iges handelsübliches Türkischrotöl (Appreturöl) ist also ein Produkt, zu dessen Herstellung auf 100 kg Türkischrotöl 50 kg „Sulfonat" verwendet worden sind. Der Fettsäuregehalt des Sulfonats seinerseits kann zwischen 72 und 76% schwanken und soll im Durchschnitt 75%

---

[1]) Chem.-Ztg. 1913, 1372.
[2]) S. z. B. Chem.-Ztg. 1921, S. 560, Ztschr. d. dtsch. Öl- u. Fettind. 1921, S. 328.

betragen, so daß also ein 50%iges handelsübliches Türkischrotöl (Appreturöl) einen Fettsäuregehalt von 36—38% aufweist. Bei der chemischen Untersuchung wird dagegen der Fettsäuregehalt unmittelbar als solcher bestimmt. Zwecks einfacher Fabrikkontrolle hat der genannte Verband a) eine einfache volumetrische Bestimmung aufgestellt. In Streitigkeitsfällen soll durch ein chemisches Untersuchungslaboratorium eine Schiedsanalyse nach einem genaueren b) gravimetrischen Verfahren entscheiden. Die Ausführung dieser beiden Bestimmungen wird wie folgt, gehandhabt.

4. **Bestimmung der Gesamtfettsäuren** (Gesamtfett).

a) Volumetrische Fettsäurebestimmung nach dem Verfahren des Verbandes deutscher Türkischrotölfabrikanten. Man wägt in einem etwa 100 ccm fassenden Becherglas genau 10,000 g von hochprozentigen oder 20,000 g von niedrigprozentigen Türkischrotölen ab, verdünnt mit etwa 25 ccm Wasser unter Erwärmen, bis Lösung eingetreten ist, und spült dann unter mehrmaligem Nachwaschen quantitativ in den Fettsäurebestimmungskolben über (verbesserter Büchnerscher Fettsäurebestimmungskolben, Inhalt des Kolbens etwa 200 ccm, Hals eingeteilt in 15 ccm mit $^1/_{10}$ ccm-Einteilung; Bezugsquelle: Ströhlein & Co., Düsseldorf, Aderstraße 95). Dann gibt man 30 ccm konzentrierte Salzsäure zu und erhitzt etwa 20 Minuten auf freier Flamme (Siedesteinchen nicht vergessen). Hierauf füllt man mit konzentrierter Kochsalzlösung von etwa 100° C auf, bis die Fettsäureschicht innerhalb der kubizierten Röhre steht, bringt in ein lebhaft siedendes Wasserbad und liest nach einer Viertelstunde das Volumen der Fettsäure ab. Nach weiteren 10 Minuten überprüft man durch ein nochmaliges Ablesen das erste Ergebnis. Die Anzahl der gefundenen Kubikzentimeter Fettsäure, multipliziert mit dem spezifischen Gewicht der Fettsäure bei 99° C, gibt das Gewicht der im Türkischrotöl enthaltenen Fettsäure an. Dieses mit 10 bzw. 5 multipliziert ergibt den Prozentgehalt des Türkischrotöles an Fettsäure.

Beispiel: Angewandt 20,000 g Türkischrotöl, gefunden 8 ccm Fettsäure. Das spezifische Gewicht der Fettsäure wurde im Pyknometer bestimmt (99°) und zu 0,894 gefunden. Gewicht der Fettsäure: 8,0 × 0,894 = 7,152 g Fettsäure in 20 g Substanz. Der Prozentgehalt des Türkischrotöles an Fettsäure beträgt also 7,152 × 5 = 35,76%.

Werden häufig derartige Bestimmungen ausgeführt, so empfiehlt es sich, eine Tabelle herzustellen, aus der ohne weiteres der Prozentgehalt abgelesen werden kann. Z. B.

6,1 ccm 27,27%, 6,2 ccm 27,72%, 6,3 ccm 28,16%, 6,4 ccm 28,61% usw. Diese Tabelle gilt bei Anwendung von 20 g Substanz. Wendet man nur 10 g an, so ist hiefür eine neue Tabelle anzulegen.

b) Gravimetrische Fettsäurebestimmung nach dem Verfahren des Verbandes deutscher Türkischrotölfabrikanten. Etwa 10 g Türkischrotöl werden auf 4 Dezimalen genau abgewogen, in dem Porzellantiegel mit 50 ccm Wasser versetzt und auf dem Wasserbade zur Lösung gebracht. Dann fügt man 15 ccm konzentrierte Salzsäure zu und läßt diese $^1/_2$ Stunde auf das Türkischrotöl einwirken. Zweckmäßig bringt man die Fettschicht 2—3 mal durch leichtes Blasen mit dem darunter stehenden

Säurewasser in Berührung. Sobald die Fettsäure klar auf dem Wasserbade schwimmt, gibt man 10,000 g Wachs zu und läßt wieder $1/_2$ Stunde auf dem Wasserbade stehen, wobei man die beiden Schichten gut miteinander mischt. Nach einer weiteren $1/_2$ Stunde wird der Tiegel vom Wasserbade genommen und der Wachskuchen zum Erkalten gebracht. Nach dem vollständigen Erkalten nimmt man den Wachskuchen vorsichtig heraus, gießt das Säurewasser ab, spült den Wachskuchen mit destilliertem Wasser ab und schmilzt nochmals mit destilliertem Wasser um. Zum Schluß werden die Luftblasen an der Wandung des Tiegels durch Annäherung eines heißen Glasstabes vorsichtig entfernt. Nach dem Erkalten tupft man den Wachskuchen mit Filtrierpapier ab, trocknet auf gleiche Weise den Porzellantiegel, bringt den Wachskuchen in den Porzellantiegel und trocknet etwa $1/_2$ Stunde bei 105—110° C. Die Differenz zwischen (Tiegelgewicht + Wachs + Fett) und (Tiegelgewicht + Wachs) ergibt das Gewicht der Fettsäure.

Beispiel:

Tiegel + Türkischrotöl	69,4520 g
Tiegel	59,4490 g
Türkischrotöl	10,0030 g
Wachsgewicht	10,0000 g
Tiegel + Wachs + Fettsäure . .	73,1900 g
Tiegel + Wachs	69,4490 g

Fettsäure 3,7410 g in 10,0030 g Türkischrotöl = 37,40%.

c) **Äthermethode.** Nach Herbig[1]) kommt entgegen den Erfahrungen des Verbandes deutscher Türkischrotölfabrikanten[2]) für eine exakte Bestimmung des Gesamtfettes nur die Zersetzung der Türkischrotöle mit Salzsäure, kochend bis zur völligen Spaltung der Sulfosäuren und darauf folgendes Ausäthern des abgeschiedenen Fettes in bekannter Weise (s. a. unter Fettsäurebestimmung in Seifen 1d, S. 234) in Betracht.

5. **Neutralfett.** 30 g der Probe werden in 50 ccm Wasser gelöst, mit 20 ccm Ammoniak und 30 ccm Glyzerin versetzt und 2—3 mal mit je 100 ccm Äther ausgeschüttelt. Die vereinigten Ätherextrakte werden mit Wasser gewaschen, der Äther aus einem gewogenen Kölbchen abdestilliert und der Rückstand bei 100° getrocknet und gewogen. Herbig benutzt statt Äther Azeton[3]).

6. **Sulfonierte Fettsäuren.** 5 g der Probe werden in einem Erlenmeyerkolben mit 30 ccm verdünnter Salzsäure (1 : 5) 40 Minuten lang unter häufigem Schütteln gekocht. Nach dem Abkühlen wird die Flüssigkeit mit Hartparaffin versetzt, kurze Zeit wie oben gekocht, filtriert und im Filtrate die Schwefelsäure durch Ausfällen mit Bariumchlorid bestimmt. Von dem so erhaltenen Schwefelsäuregehalt wird die als Sulfat vorhandene Schwefelsäure (s. 7) in Abzug gebracht und der Rest durch Multiplikation mit 4,725 als Rizinolschwefelsäure berechnet (80 T. SO_3 = 378 T. Rizinolschwefelsäure, $C_{18}H_{33}O_2 \cdot O \cdot SO_3H$).

7. **Sulfat.** Eine gewogene Menge der Probe wird in Äther gelöst, 2—3 mal mit wenigen Kubikzentimetern gesättigter, schwefelsäurefreier

---

[1]) Ztschr. d. dtsch. Öl- u. Fettind. 1921, S. 257 und S. 633.
[2]) Ztschr. d. dtsch. Öl- u. Fettind. 1921, S. 739.
[3]) Färb.-Ztg. 1914, 169ff.; 1915, 148 und 233. Welwart, Färb.-Ztg. 1915,
132 u. 193.

Kochsalzlösung ausgeschüttelt, die Auszüge werden vereinigt, verdünnt, filtriert und in dem Filtrat wird die Schwefelsäure mit Bariumchlorid gefällt. Es wird so nur die an Natrium und Ammonium gebundene Schwefelsäure erhalten. Nach Erban dampft man die Probe auf dem Wasserbade möglichst weitgehend ein und fällt das Sulfat mit absolutem Alkohol, wäscht mit Alkohol nach und bestimmt nach Lösung in Wasser die Schwefelsäure als Bariumsulfat. Das sulfatfreie Filtrat kann direkt zur Bestimmung der organischen Schwefelsäure verwendet werden.

8. **Gesamtalkali** wird wie in Seifen durch Zersetzung mit gemessener überschüssiger Schwefelsäure und Hartparaffin, sowie Rücktitration der Restschwefelsäure bestimmt.

9. **Ammoniak- und Natronbase.** Nach Benedikt werden etwa 10 g Öl in wenig Äther gelöst, viermal mit je 5 ccm verdünnter Schwefelsäure (1 : 6) ausgeschüttelt, die sauren Auszüge in bekannter Weise mit Kalilauge destilliert und das übergehende Ammoniak in genau abgemessener Normalsäure aufgefangen.

Soll das Ammoniak neben dem Gesamtfett bestimmt werden, so verfährt Welwart[1]) derart, a) daß er den erstarrten Fettkuchen noch zweimal in Wasser, dem einige Kubikzentimeter verdünnte Schwefelsäure zugesetzt werden, umschmilzt. Die sauren Filtrate, welche das Ammoniak des Rotöls als Sulfat enthalten, werden mit überschüssiger Natronlauge gekocht und das Ammoniak in titrierter Säure aufgefangen. Diese Methode ist überhaupt allgemeiner anwendbar als die vorbeschriebene von Benedikt, da viele Ölpräparate in Äther nur ganz unvollkommen löslich sind. Aber sie ist deshalb nicht allgemein anwendbar, weil manche türkischrotähnliche Produkte, welche neben Natron auch Ammoniak enthalten, mit verdünnten Mineralsäuren gekocht, weder das Ammoniak, noch das Natron völlig abspalten.

Welwart[1]) empfiehlt b) deshalb für solche Präparate ein mehrstündiges Kochen mit erheblich größeren Mengen konzentrierter Säure unter aufgesetztem Rückflußkühler. Nach erfolgter Spaltung der Fettsäureester werden die Fettsäuren nach Zusatz von Stearinsäure in Kuchenform gebracht und noch zweimal mit verdünnter Schwefelsäure ausgekocht.

Noch einfacher und schneller ist die Ammoniakbestimmung nach Welwart[1]) c) in sämtlichen ammonhaltigen Fettpräparaten auszuführen, indem man eine gewogene Menge derselben in einem Erlenmeyerkolben genügend mit Wasser verdünnt und nach Zusatz einiger Körnchen Bimsstein und einer überschüssigen Menge von Chlorkalziumlösung (Bildung nichtschäumender Kalkseifen!) das Ammoniak mit Natronlauge in eine Vorlage von titrierter Säure überdestilliert. Flüchtige Lösungsmittel und leichtere Mineralöle sind hierbei ohne Einfluß. In ähnlicher Weise kann die Fettsäure erst durch Chlorbarium ausgefällt, die Lösung auf Volumen gebracht und ein aliquoter Teil des Filtrates unmittelbar der Ammoniakbestimmung unterworfen werden.

---

[1]) Chem.-Ztg. 1920, S. 719.

Zur Bestimmung des Natrons wird der nach Welwart a)—b) hergestellte Fettkuchenabguß in einer Platinschale eingedampft, dann wird die überschüssige Schwefel- oder Salzsäure vorsichtig abgeraucht, unter Zusatz von Ammoniumsulfat geglüht und das Natriumsulfat gewogen.

10. **Natur des Öles.** Zur näheren Charakterisierung des Öles wird die Azetylzahl und die Jodzahl des Gesamtfettes bestimmt. Liegt ein Produkt aus reinem Rizinusöl vor, so wird die Azetylzahl von 125 oder mehr, die Jodzahl von 70 oder etwas niedriger gefunden. Bei Abweichungen von diesen Zahlen, besonders bei niedrigerer Azetylzahl, kann auf fremde Öle geschlossen werden.

11. **Technischer Versuch.** Die chemische Analyse gibt nicht immer ausreichenden Aufschluß über die praktische Brauchbarkeit eines Rotöles für einen bestimmten Zweck. Mehr als bei anderen Produkten ist hier deshalb ein geeigneter technischer Versuch, der sich an seine jeweilige Verwendung anzupassen hat, angebracht. Aber auch Versuche im kleinen versagen vielfach, so daß Versuche im großen, also an Probepartien ausgeführte Versuche endgültig entscheiden müssen.

Monopolseife, monopolseifenhaltige und ähnliche Erzeugnisse.

Monopolseife.

Die „Monopol"-Präparate sind Erzeugnisse der Firma Stockhausen & Co. in Krefeld und auf der Grundlage der Monopolseife hergestellt. Die Monopolseife selbst ist ein von dieser Firma (ursprünglich nach patentiertem Verfahren) unter geschütztem Namen hergestelltes, eigenartiges Produkt von bräunlich-gelbem Aussehen, schmierseifenartiger Konsistenz, neutraler bis schwach saurer Reaktion, vollkommener Klarlöslichkeit in Wasser und besonderer Wirkungsart. Der Fettgehalt derselben, auf sulfonierte Fettsäure berechnet, beträgt etwa 80%. Diese Seife hat u. a. folgende (Seifen sonst nicht zustehende) hervorragende Eigenschaften: 1. Ausgezeichnete Beständigkeit gegen Kalk- und Magnesiasalze (Vermeidung von unlöslichen Metallseifen), 2. besondere Beständigkeit gegen verdünnte Säuren, auch Mineralsäuren, 3. große Beständigkeit gegen konzentrierte Salzlösungen, einschließlich Bittersalzlösungen. Außerdem hat die vorzügliche Netzwirknug gegenüber dem Fasermaterial günstigen Einfluß auf Egalität, Lebhaftigkeit und Frische der Färbungen, sowie auf das Durchfärben, den Glanz und den Griff des Materials. Sie besitzt ferner hohes Emulsionsvermögen gegenüber Fetten und Ölen, einschließlich der Mineralöle, verhütet das Schäumen der Farbflotten, die Schimmelbildung bei Appreturmassen u. a. m. Durch diese und sonstige wertvollen Sondereigenschaften hat sie sich eine führende Stellung als unentbehrliches Hilfsmittel in der Textilveredelungsindustrie erworben. Sie wird in ausgedehntem Maße in der Färberei, Appretur, Schlichterei, Bäucherei, Bleicherei und zum Teil beim Mercerisieren verwendet. Bei der Ergiebigkeit dieses Produktes arbeitet man mit ihm sparsam und in verdünnten Lösungen. Zum Lösen der Monopolseife bringt man sie zunächst mit höchstens der gleichen Menge Wasser unter Zufuhr von direktem Dampf zum Schmelzen, setzt dann unter Rühren die 15—20fache Menge warmes Wasser zu und gibt dann diese verdünnte Lösung unter Rühren in die Farb- oder Appreturflotte.

Die Untersuchung der Monopolseife erstreckt sich u. a. auf folgende Bestimmungen.

1. **Reaktion.** 1 g Monopolseife wird in etwa 20 ccm destilliertem Wasser warm gelöst. Diese Lösung zeigt gegen Phenolphthalein saure Reaktion, die erst auf Zusatz von 8—12 Tropfen (etwa 0,5 ccm) n. Alkali in eine alkalische umschlägt.

2. **Säurebeständigkeit.** 1 g Monopolseife wird in 20 ccm Wasser warm gelöst und die Lösung tropfenweise mit n. Schwefelsäure versetzt. Nach Zusatz einiger Tropfen zeigt sich eine Trübung wie bei jeder anderen Seife. Entgegen dem Verhalten anderer Seifen, verschwindet aber die anfänglich entstandene Trübung bei weiterem Säurezusatz: Die Lösung wird wieder klar und auch bei starkem Erwärmen nicht zersetzt. Weiterer größerer Säurezusatz trübt die Lösung von neuem, die aber durch Erwärmen und Umschütteln wiederum klar wird. Erst nach Zusatz von im ganzen 6—8 ccm n. Schwefelsäure wird die Lösung endgültig unter Fettausscheidung zersetzt.

3. **Bittersalzbeständigkeit.** 1 g Monopolseife wird wie oben in 20 ccm Wasser gelöst und die Lösung in einem Becherglas mit 80 ccm 20%iger warmer Bittersalzlösung durchgeschüttelt, wobei sich eine gute Emulsion bildet, die erst nach einiger Zeit eine ölige Schicht abscheidet. Gelindes Schütteln führt die Abscheidung wieder in die ursprüngliche Emulsionsform über. Flockige Ausscheidungen treten hierbei nicht auf.

4. **Gesamtfett.** Die Gesamtfettsäuren werden wie bei Türkischrotölen bestimmt. In der Praxis hat sich die Wachskuchenmethode (Abscheidung als Wachskuchen mit Hilfe von einer gewogenen Menge Hartparaffin, reiner Stearinsäure oder — weniger gut — Wachs) bewährt. Man verfährt z. B. nach den Vorschriften des Verbandes deutscher Türkischrotölfabrikanten (s. u. Türkischrotölen, Fettsäuren 4 b, S. 247). Auch kann die Äthermethode angewendet werden (s. u. Seifen und Türkischrotölen 4 c, S. 248). Da die Spaltung der Fettschwefelsäuren und die Zersetzung der Salze bei Monopolseife schwerer vor sich geht als bei gewöhnlichen Türkischrotölen, so ist gegebenenfalls durch eine Vorprobe festzustellen, ob die Spaltung vollständig eingetreten ist. Näheres hierüber s. weiter unten die von Welwart mitgeteilten Beobachtungen (Alkalibestimmung 5).

5. **Alkali.** a) **Gesamtalkali.** 10 g Monopolseife werden in 75 ccm Wasser gelöst und mit 20 ccm Schwefelsäure (1 : 1) bis zur vollständigen Zersetzung am Rückflußkühler gekocht. Dann wird in eine gewogene Platinschale filtriert und mit heißem Wasser bis zur neutralen Reaktion ausgewaschen. Das Filtrat wird eingedampft, abgeraucht, schließlich geglüht, der Rückstand (zwecks Überführung etwa durch Ölspuren entstandenen Sulfids und Karbonats in Sulfat) mit einigen Tropfen verdünnter Schwefelsäure versetzt, nochmals abgeraucht. geglüht und als Na_2SO_4 gewogen. — Nach den Beobachtungen von Welwart[1] zeigt

---

[1] Chem.-Ztg. 1921, S. 990.

die zunächst auf der Oberfläche schwimmende, klare Fettschicht noch
beträchtliche Wasserlöslichkeit, enthält also noch Alkali. Welwart
verfährt deshalb in der Weise, daß er die Erhitzung mit Schwefelsäure
solange fortsetzt, bis eine vorsichtig entnommene Probe der klaren Fettschicht, mit Wasser geschüttelt, sich sofort wieder abscheidet. Sinngemäß hat diese fortgesetzte Erhitzung auch bei einer exakten Fettsäurebestimmung zu erfolgen, da andernfalls etwas Alkali (und auch Schwefelsäure) als Fettsäure bestimmt würden (s. u. 4). Im übrigen ist es nach
Welwart einwandfreier, die abgeschiedene Fettsäure nicht unmittelbar
durch Filtration von der wässerigen Lösung zu trennen, sondern sie durch
10—15 g Hartparaffin oder Stearinsäure zu binden und den Wachskuchenabguß (einschließlich der Waschwässer von zweimaligem Um-
schmelzen des Wachskuchens mit heißem Wasser) zu verdampfen, ab-
zurauchen und zu glühen. Wegen der Schwierigkeit des Abrauchens
größerer Mengen Schwefelsäure dürfte es sich empfehlen, die Schwefelsäure tunlichst durch Salzsäure zu ersetzen und erforderlichenfalls das
gebildete Kochsalz zum Schluß durch Schwefelsäure in Glaubersalz
überzuführen.

b) **Alkalisulfat.** Eine zweite Probe Monopolseife wird in Alkohol
gelöst, wobei das Glaubersalz ungelöst bleibt. Man filtriert, wäscht den
Rückstand bis zur völligen Entfernung der Seife mit heißem Alkohol und
bestimmt das Sulfat durch Lösen des Filterrückstandes in heißem Wasser,
entweder direkt als Na_2SO_4 (Eindampfen und Glühen) oder als Bariumsulfat. Die Differenz zwischen Gesamtalkali und Alkalisulfat, als Na_2O
berechnet, ergibt den Gehalt an fettgebundenem Natron.

6. **Schwefelsäure.** a) **Gesamtschwefelsäure.** Man löst 5 g
Monopolseife in 50 ccm Wasser und kocht etwa $^1/_4$—$^1/_2$ Stunde mit
10 ccm konzentrierter Salzsäure am Rückflußkühler bis zur vollständigen
Zersetzung der Fettschwefelsäuren (s. u. 5). Nach dem unmittelbaren
Filtrieren und Neutralwaschen des Filterinhaltes (bzw. nach Herstellung
des Wachskuchens, s. Welwart unter 5) wird in dem Filtrate nebst
den Waschwässern (bzw. den Umschmelzwässern) die Schwefelsäure mit
Bariumchlorid gefällt.

b) **Sulfatschwefelsäure.** Eine zweite Probe der Monopolseife wird
wie bei der Alkalisulfatbestimmung (s. 5b) mit Alkohol behandelt und
das ermittelte Glaubersalz bzw. Bariumsulfat als SO_3 berechnet. Aus
der Differenz zwischen Gesamtschwefelsäure (a) und Sulfatschwefelsäure
(b) wird die an Fettsäure gebundene Schwefelsäure erhalten. Wie bei
Türkischrotöl kann diese an Fettsäure gebundene Schwefelsäure mit
4,725 multipliziert werden, woraus sich der ungefähre Gehalt an Fett-
sulfonat ergibt.

Monopol-Brillantöl. Das Monopol-Brillantöl von Stockhausen &
Co. ist eine Monopolseife in flüssiger Form und hat demnach qualitativ
dieselben Eigenschaften und Verwendungsmöglichkeiten wie die Stamm-
substanz. Es wird gleichfalls in der Färberei (besonders Apparatefärberei)
und in der Appretur verwendet. Unter anderem hat es sich in der Kunst-
seidenfärberei eingeführt; hierbei ist zu bemerken, daß eine Reihe von
basischen Farbstoffen mit dem Öl (und natürlich auch mit Monopol-

seife selbst) Ausscheidungen verursacht, daß also beim Färben mit basischen Farbstoffen Vorversuche geboten sind.

Ersatzprodukte für Monopolseife und Monopol-Brillantöl. Wegen der ausgezeichneten Eigenschaften der Monopolseife sind im Laufe der Zeit zahlreiche Nachahmungen und Ersatzprodukte für dieselbe im Handel erschienen. Die meisten derselben sind der Monopolseife in bezug auf die eine oder andere ihrer Eigenschaften mehr oder weniger ähnlich, zeigen aber im allgemeinen nicht alle begehrenswerten Eigenschaften der Monopolseife gleichzeitig. Die bekanntesten Ersatzprodukte sind folgende: **Isoseife** (Louis Blumer, Zwickau), **Türkonöl** (Buch & Landauer, Berlin), **Universalöle** (Dr. A. Schmitz, Düsseldorf), **Avirole** (H. Th. Böhme, A.-G., Chemnitz). Diese Produkte sind sämtlich durch Behandlung von Rizinusöl mit Schwefelsäure und nachheriges Verseifen hergestellt. In ihrem Verhalten stehen sie im allgemeinen zwischen gewöhnlichen Türkischrotölen und Monopolseife.

Das **Monopol-Avivageöl** der gleichen Firma ist ebenfalls auf der Grundlage von Monopolseife hergestellt. Es bildet mit Wasser eine beständige Emulsion, die auch bei starker Verdünnung lange haltbar ist. Wie der Name besagt, findet das Öl vorzugsweise als Avivieröl Verwendung, wobei es u. a. die Eigenschaft hat, das Bronzieren des Schwefelschwarz zu verhindern. Man aviviert in Flotten von 1—2 g Öl (Wollfärbungen) oder 2—4 g Öl (Baumwollfärbungen) im Liter, $1/_4$ Stunde bei 20—30°, quetscht ab und spült, oder setzt auch dem letzten Spülbade von dem Öle, in heißem Wasser gelöst, zu. Als Ersatzprodukte werden die verschiedensten „Avivieröle" angeboten; es sind das vielfach einfache Türkischrotöle, zum Teil auch Mischungen von Türkischrotölen oder Seifenlösungen mit Mineralölen.

Das **Monopol-Spinnöl** (identisch mit dem älteren Monopolseifenöl) derselben Firma ist eine dunkelbraune, klare Flüssigkeit mit einem Fettgehalt von etwa 85%, gleichfalls auf der Grundlage von Monopolseife aufgebaut. Es dient als Spinnschmälze und hat vor den meisten anderen Schmälzen den Vorzug leichter Auswaschbarkeit. Man verwendet 1 T. Monopol-Spinnöl auf 8 — 15 T. Wasser. Auch läßt es sich mit anderen Ölen kombinieren (z. B. 1 T. Monopol-Spinnöl + 1—2 T. Olein, oder + 1—2 T. Mineralöl).

Tetrapol.

Das durch Patent der Firma Stockhausen & Co. geschützte Tetrapol stellt ein weiteres Monopolseifenpräparat dar, und zwar eine besondere Lösung von Monopolseife in Tetrachlorkohlenstoff. Letzteres ist eine nicht brennbare, also nicht feuergefährliche, schwere (spezifisches Gewicht 1,63) Flüssigkeit vom Siedepunkt 76° C, von der im Tetrapol etwa 12—16% enthalten sind. Das Tetrapol ist eine klare, gelbe Lösung, die sich in Wasser klar löst. Die Reaktion der konzentrierten Lösung ist neutral, diejenige der stark verdünnten Lösung schwach alkalisch. — Außerdem ist der Firma Stockhausen & Co. die Verwendung organischer Chloride mit mehr als einem Kohlenstoffatom als fettlösendes Zusatzmittel in Verbindung mit Monopolseife patentamtlich geschützt.

In Betracht kommen als solche u. a.: Trichloräthan (Siedepunkt 114°), Tetrachloräthan (Siedepunkt 147°), Pentachloräthan (Siedepunkt 159°), Trichloräthylen (Siedepunkt 88°), Perchloräthylen (Siedepunkt 121°). Der Zusatz hochsiedender Kohlenwasserstoffe nach diesem Verfahren hat den Vorzug, daß sie auch in kochender Flotte noch voll zur Wirkung kommen und daß ein vorzeitiges Verdunsten der Kohlenwasserstoffe bzw. ihrer Chlorsubstitutionsprodukte ausgeschlossen ist (wichtig z. B. als Zusatz zur Bäuchflotte). Das Tetrapol wird als hervorragendes Reinigungs-, Entfettungs-, Waschmittel usw. im großen Umfange mit Erfolg verwendet. Bei seiner Untersuchung sind 1. Art und Gehalt an Fettlösungsmittel, 2. Art und Gehalt an Fettsäuren zu berücksichtigen.

1. Fettlösungsmittel. Der Gehalt an Tetrachlorkohlenstoff bzw. einem ähnlichen oder auch andersgearteten (Benzin, Terpentinöl) Fettlösungsmittel wird nach Ansäuerung mit verdünnter Salzsäure unter Zusatz von Bimsstein durch Destillation mit Wasserdämpfen bestimmt. Sämtliche in Frage kommenden Fettlösungsmittel sind im Wasserdampfstrom flüchtig und werden als Destillat in einer geeigneten Vorlage aufgefangen, gemessen, gewogen und nach Belieben weiter geprüft. Sind nur spezifisch schwere Fettlösungsmittel zugegen ($>$ 1), zu denen alle chlorierten Kohlenwasserstoffe gehören, so genügt der Marcussonsche Meßzylinder (s. unter Fetten und Ölen, S. 220); liegen auch leichte Lösungsmittel vor (Benzin, Terpentinöl, die man meist schon am Geruch und der Brennbarkeit erkennt, so empfiehlt sich ein Meßzylinder nach Art der Huggenbergschen Bürette (s. unter Seifen, S. 235), der unten und oben engere Teile mit $^1/_{10}$ ccm-Einteilung hat, in der Mitte aber weiter ist und nicht graduiert zu sein braucht. Die schweren Destillate werden unten, die leichten oben gleichzeitig in ein und demselben Meßgefäß abgelesen. Für 10 g Einwage genügen Meßzylinder von ungefähr 100 ccm Gesamtinhalt und einer Graduierung auf einer Strecke von 4—5 ccm. — Ist nur ein einziges Fettlösungsmittel in dem Tetrapol oder einem ähnlichen Erzeugnis vorhanden, so genügt die Ablesung des Volumens des öligen Destillates, eine annähernde Bestimmung des spezifischen Gewichtes desselben im kleinen Pyknometer und eine Siedepunktsbestimmung im Fraktionskölbchen. In besonderen Fällen wird eine Chlorbestimmung nach Carius zur weiteren Entscheidung dienlich sein. Sind aber zwei oder mehrere Fettlösungsmittel vorhanden, so wird die Bestimmung wesentlich schwieriger, und es können mitunter überhaupt nur Annäherungs- oder Schätzungswerte (mit den Mitteln eines durchschnittlichen Textillaboratoriums) erhalten werden. Auch müssen in solchen Fällen größere Mengen Versuchsmaterial verarbeitet werden[1]).

2. Gesamtfettsäuren. Wenn lediglich unter 100° siedende Fettlösungsmittel (z. B. leichtsiedende Benzine, Tetrachlorkohlenstoff, Siedepunkt 76°, Dichloräthylen, Siedepunkt 55°, Trichloräthylen, Siedepunkt 88°) zugegen sind und diese Zusätze nicht besonders bestimmt zu werden brauchen, so wird die Äthermethode zur Bestimmung des Gesamtfettes nach dem Trocknen bei 100° bis zur Konstanz in der Regel direkt

---

[1]) Vgl. a. Goldberg und Zipper, Chem.-Ztg. 1917, S. 401.

brauchbare Werte für den Fettsäuregehalt liefern (s. unter Seifen S. 234, unter Türkischrotölen, S. 248). Sind hochsiedende Fettlösungsmittel zugegen oder soll der Fettgehalt nach den Verbandsmethoden bestimmt werden (s. unter Türkischrotölen a) und b), S. 247), so müssen die Fettlösungsmittel erst im Wasserdampfstrom übergetrieben und die Fettsäuren im Rückstand nach den beschriebenen Verfahren bestimmt werden (S. 247).

Das **Verapol** wird nach patentamtlich geschütztem Verfahren von den Firmen Stockhausen & Co. in Krefeld und Simon & Dürkheim in Offenbach a. M. in den Handel gebracht. Es unterscheidet sich vom Tetrapol durch den Fettträger, der bei Verapol gewöhnliche Seife, beim Tetrapol Monopolseife ist. In bezug auf das Fettlösungsmittel unterscheiden sich beide nicht voneinander. Das Verapol zeigt dementsprechend: Größeres Schaumvermögen (deshalb Walk- und Walkzusatzmittel), geringeres Netz- und Durchdringungsvermögen, geringere Kalkbeständigkeit als Tetrapol. Letzteres verleiht der Ware auch einen weicheren und geschmeidigeren Griff. Das Verapol dient auch zum Waschen, Entgerbern wie das Tetrapol, außerdem zum Walken und als Walkzusatz, zum Bäuchen usw.

Das **Tetrol F** von Stockhausen & Co. ist ein ähnliches Produkt. Es unterscheidet sich vom letztgenannten durch die Natur des Fettlösungsmittels und durch das Verhältnis von Kohlenwasserstoff zu Seife und ist im übrigen, wie Verapol, auf der Grundlage gewöhnlicher Seife hergestellt. Es dient ähnlichen Zwecken wie das Verapol.

Ersatzprodukte für Tetrapol und Verapol. Zahlreiche Ersatz- und Nachahmungsprodukte für das Tetrapol und Verapol haben den Markt überschwemmt. Von den bekanntesten seien hier nur genannt: Lanapol (H. Th. Böhme, A.-G., Chemnitz); Universol, Usol, Esdeformextrakt (S. Simon & Dürkheim, Offenbach a. M.), Pertürkol S (Buch & Landauer, Berlin), Tetraisol (Louis Blumer, Zwickau), Triol (Baumheier, Oschatz), Hexapol und Hexasol (Chemische Fabrik Milch, Oranienburg), Polarin (W. und H. Melsbach, Krefeld-Linn.). Alle diese Ersatzprodukte sind nicht auf der Grundlage sulfonierter Öle und Fette hergestellt, sondern enthalten einen mehr oder weniger hohen Prozentgehalt an Fettlösungsmittel und Seife. Zum Teil sind sie in Wasser klar löslich, zum Teil geben sie Emulsionen. Außerdem werden gegen Tetrapol und Verapol auch die sogenannten Walköle angeboten. Das sind meist ammoniakalische Seifenlösungen mit einem verhältnismäßig niedrigen Fettgehalt. In einzelnen Fällen sind auch Zusätze von Spiritus in Walkölen gefunden worden.

Tetralix der Firma Stockhausen & Co. ist ein dem Tetrapol ähnliches Erzeugnis; es enthält nur erheblich mehr Fettlösungsmittel, und zwar etwa 90% Kohlenwasserstoff. Infolgedessen löst es sich beim Verdünnen mit Wasser nicht mehr klar, sondern gibt eine Emulsion, die aber auch bei großer Verdünnung und bei längerem Stehen gut haltbar ist. Es wird hauptsächlich in der Detachur als Entfettungs- und Reinigungsmittel und in der Wollwäscherei angewendet. In Verbindung mit Seife kommt es für die Zwecke des Entgerberns und Auswaschens von Tuchen zur Anwendung. Die Untersuchung dieses und der vorgenannten Erzeugnisse geschieht wie bei Tetrapol bzw. bei Rotölen und Seifen.

Als **Ersatzprodukte** für Tetralix kommen u. a. in den Handel: **Hexoran** (Chemische Fabrik Milch, Oranienburg), **Lanadin** (H. Th. Böhme, A.-G., Chemnitz), **Nilin** (Hansawerke in Hemelingen). Dies sind durchweg Präparate mit hohen Prozentsätzen an Kohlenwasserstoffen und mit Seife als Emulsionsbildner.

Verdickungsmittel.

Stärke $(C_6H_{10}O_5)_n$.

Die gewöhnliche Untersuchung einer Stärke beschränkt sich in der Regel auf den Wassergehalt, den Aschengehalt, den Säuregehalt, einen technischen Versuch und vor allem auf die makro- und mikroskopische Besichtigung. Bisweilen werden auch Versuche in bezug auf Viskosität der daraus hergestellten Kleister und das Steifungsvermögen ausgeführt[1]).

Wassergehalt. Der Wassergehalt der Stärke ist ein sehr schwankender und kann bei längerem Lagern an feuchter Luft bis zu 35% steigen,. während der normale Feuchtigkeitsgehalt für Kartoffelstärke 16—18%, für Weizenstärke 14—16% beträgt. Als zulässig wird im allgemeinen ein Wassergehalt von 20% bzw. 18% angenommen. Außer der Alkoholmethode von Scheibler[2]) kommt vor allem die **direkte Trocknung** zur Anwendung. Etwa 10 g Stärke werden zuerst eine Stunde bei 40 bis 50°, dann etwa 4 Stunden bis zum konstanten Gewicht bei 120° getrocknet, im Exsikkator erkalten gelassen und gewogen. Der Gewichtsverlust entspricht dem Wassergehalt.

Aschengehalt. Reine Stärke enthält etwa 0,8—1% Asche. Verunreinigungen durch Sand, Gips, Kreide, Schwerspat, Ton u. a. m. werden in der Asche qualitativ und quantitativ nachgewiesen. Zu demselben Resultat gelangt man durch Verzuckerung der Stärke vermittels Diastafor (s. d.), wobei die mineralischen, wasserunlöslichen Fremdkörper ungelöst zurückbleiben und durch Filtration getrennt werden können. Cailletot schüttelt 4—5 g feingepulverte Stärke mit Chloroform. Die spezifisch leichtere Stärke schwimmt dann obenauf, während die meisten Fremdkörper als schwerere Stoffe zu Boden sinken (normalfeuchte Stärke hat etwa das spezifische Gewicht 1,4; Chloroform 1,526; absolut trockene Stärke 1,65).

Organische Fremdkörper bestehen aus sogenannten Stippen, welche von Kohlenstaub, Ruß, Staub, Kartoffelschalenresten, Pilzmyzel, abgestorbenen Algen, Holzteilchen, Fäden von Sackleinwand u. ä. herrühren. Diese bleiben nach Auflösung der Stärke durch Diastafor ungelöst zurück. Durch Betrachtung unter dem Mikroskop bei 300facher Vergrößerung wird leicht die Art der Stippen erkannt. Ebenso kann die Stippenzahl auf 1 qcm berechnet werden.

---

[1]) S. z. B. Binz und Marx, Färb.-Ztg. 1909, 197; Chem. Ind. 1909, Nr. 7.
[2]) Dingl. Polyt. Journ. 192, 504.

Sehr wertvolle Dienste leisten für die makroskopische Prüfung von Stärke- und Mehlsorten auf Farbe, Glanz, Stippen und Säure besonders hierfür konstruierte Mehlprüfer. So beschreibt z. B. Reinke[1]) ein von ihm zusammengestelltes, mit den erforderlichen Utensilien versehenes Kästchen, dessen Inhalt hauptsächlich aus einer Unterlage und einer Glasplatte zum Ausbreiten und Glattstreichen der Stärke, aus Vergleichsmustern, Reagenzien usw. besteht. Einen anderen Mehlprüfer beschreibt Fornet[2]). Bei der Säure- bzw. Alkalitätsprüfung verwendet Reinke Azolitminlösung, die er im verdünnten Zustande auf die glattgestrichene Stärke tropft.

Säuregehalt. Man bringt auf eine glattgestrichene Stärkeprobe 1—3 Tropfen (auf Bordeauxweinfarbe) verdünnte Lackmus- (oder Azolitmin-)lösung. Wird die Stärke zartblau oder dunkelviolett, so ist sie säurefrei; wird sie weinrot, so ist sie sauer; wird sie ziegelrot, so ist sie stark sauer (Schwefelsäure, Gärungsmilchsäure).

Zur Bestimmung des Säuregehaltes werden nach Saare 25 g Stärke mit 30 ccm Wasser zu einem Brei angerührt und unter starkem Umrühren mit $^1/_{10}$ n. Lauge titriert, bis ein Tropfen der Stärkemilch, auf Filtrierpapier aufgetragen, durch Lackmuslösung nicht mehr rot gefärbt wird. Bei Verbrauch bis zu 1—1,5 ccm $^1/_{10}$ n. Lauge wird die Säure als „zart sauer", bei 1,5—2 ccm als „sauer" und bei mehr als 2 ccm als „stark sauer" bezeichnet.

Alkaligehalt. Häufig ist Stärke alkalihaltig. Man schlämmt eine größere Probe der fein zerriebenen Stärke in destilliertem Wasser auf und titriert mit $^1/_{10}$ n. Salzsäure gegen Methylorange.

Säuerungsversuch. 50 g Stärke werden mit Wasser verkocht und der Kleister auf 1 kg aufgefüllt. Man läßt ihn mehrere Tage stehen und prüft (am besten neben einem Parallelversuch mit haltbarem Stärkekleister) täglich mit Lackmuspapier. Diejenige Stärkesorte, welche am längsten neutral bleibt, nicht schimmelt oder Pilzvegetationen aufweist, sowie nicht zerrinnt, ist in bezug auf Säuerung die beste.

Technische Versuche. Die verschiedenartigsten Stärkeprüfungen[3]) erfüllen meist ihren Zweck nicht und können leicht täuschen. Wichtiger für den Praktiker wird ein technischer Appretur- oder Druckversuch sein. Es werden beispielsweise mit empfindlichen Farbstoffen (Benzopurpurin, Türkischrot, Blauholzschwarz u. a.) vorgefärbte oder auch gebleichte Stoffe (bei Weizenstärke) mit der fraglichen Stärke auf einer Klotzmaschine, Riegelappreturmaschine o. ä. behandelt und dann getrocknet. Bei der Prüfung ist auf den Griff, die erzielte Steifung, die Farbenbeeinflussung zu achten und das Ergebnis mit einem auf gleiche Weise vermittels Typestärke hergestellten Muster zu vergleichen.

Mikroskopische Prüfung. Die morphologischen Eigentümlichkeiten der Stärkekörner verschiedener Provenienz, sowie deren verschiedene Dimensionen werden vermittels des Mikroskopes erkannt. Hierbei werden ebenfalls Verunreinigungen nachgewiesen und quantitativ ziemlich

---

[1]) Chem.-Ztg. 1910, 1193. [2]) Chem.-Ztg. 1910, 1287. [3]) S. Lunge-Berl.

sicher geschätzt[1]). Die wichtigsten Stärkesorten sind: Die Kartoffel-, die Weizen-, die Reis- und die Maisstärke.

Lösliche Stärke. Als Ozonstärke und unter anderen Bezeichnungen kommt eine Reihe löslicher Stärkesorten in den Handel, die nicht zu der Klasse der Dextrine gehören. Sie lösen sich in heißem Wasser zu einer klaren Flüssigkeit von geringer Klebkraft und Viskosität. Mit Jod reagieren sie wie Stärke unter reiner Blaufärbung. Die Untersuchung erfolgt wie bei Stärke. Infolge der geringen Klebkraft und des geringen Steifungsvermögens werden diese Erzeugnisse nur für besondere Einzelzwecke verwendet.

Mehle.

Die Mehle sind die aus den zugehörigen Rohstoffen aufgeschlossenen, pulverigen und körnigen, von Gewebsteilen teilweise oder nahezu ganz befreiten Körper. Die chemische Untersuchung bezieht sich auf die Ermittelung des Wassergehaltes, die Menge der stickstoffhaltigen und -freien Substanz und insbesondere auf den Aschengehalt. Der Wassergehalt soll 18% nicht überschreiten; bei 15% ballt sich das Mehl (zwischen den Händen gedrückt). Der Aschengehalt feinster Mehle beträgt 0,5 bis 1%, mittelfeiner 1—2% und grober Mehle 2—3%. Kreide, Marmorpulver, Gips u. a. werden wie bei Stärke nachgewiesen. Feinstes Weizenmehl hat 10% Kleber, etwa 70% Stärke, 0,5% Asche, gröberes 11 bis 12% Kleber und 1% oder mehr Asche.

Bei der sonstigen Prüfung der Mehle ist zu achten auf: Farbe, Glanz, Feinheit, Griff, Geruch, Geschmack und mikroskopische Beschaffenheit. Der Glanz muß lebhaft sein, der Griff und die Feinheit dürfen kein staubartiges, sondern ein körnig-feinpulveriges Produkt ergeben. Der Griff darf nicht schlüpfrig sein, der Geruch ist eigenartig, aber nicht unangenehm. Dumpfiger, muffiger Geruch verrät brandiges, schimmeliges oder durch tierische Parasiten verdorbenes Mehl. In feuchtem Mehl entwickeln sich häufig Schimmelpilze. Die Mehlmilbe, die Mehlmotte, die Larven des Mehlkäfers sind Parasiten, die das Mehl verderben. Solches Mehl ballt sich zu Klümpchen und hat einen üblen süßlich-bitterlichen, kratzenden Geschmack. Gutes Mehl schmeckt nach frischem Kleister. Die mikroskopische Untersuchung läßt zellige Organe, die Form und Größe der Stärke- und Kleberkörner, sowie Brandpilzsporen Kornrade, Parasiten usw. auffinden. Über Viskositätsprüfung von Mehlkleistern s. Ravizza[2] u. a. m. Die wichtigsten Mehlsorten sind Kartoffel- und Weizenmehl.

Dextrin und Dextrinierungsprodukte. Durch Behandeln von Stärke mit verdünnten Säuren oder durch längeres Erhitzen auf 200—260° entsteht das Dextrin, das je nach der Darstellung und der Höhe der angewandten Temperatur ein weißes, gelbes bis braunes Pulver bildet,

---

[1]) Näheres s. bei: Nägeli, Die Stärkekörner; König, Chemie der menschlichen Nahrungs- und Genußmittel; Hager-Mez, Das Mikroskop und seine Anwendung u. a. m.

[2]) Färb.-Ztg. 1903, 416.

welches unter Namen wie Dextrin (aus Kartoffelmehl), gebrannte Stärke (aus Weizenstärke), britisches Gummi (aus Maisstärke hergestellt), künstliches Gummi, Stärkegummi, Röstgummi, Dampfgummi, Gommeline, gomme d'Alsace, Leiogomme (aus Kartoffelmehl) u. ä. in den Handel gelangt. Vermittels verdünnter Salpetersäure hergestelltes weißes Dextrin wird auch Kristallgummi, das mit Malzauszug bereitete Dextrin in Lösung — Dextrinsirup oder Gummisirup genannt.

Reines Dextrin darf nicht hydroskopisch sein, sondern soll trocken, geruchlos, schwach fade schmeckend, leicht zerreiblich, in einem gleichen Volumen Wasser löslich und in Alkohol unlöslich sein. Es muß mit Wasser eine möglichst farblose, klare, neutral reagierende Lösung geben, welche mit Jodlösung sich nicht blau färben (Stärke), durch Kalkwasser nicht getrübt (Oxalsäure), durch Gerbsäure und Barytwasser nicht gefällt (lösliches Stärkemehl), mit Bleiessig keinen Niederschlag geben (Gummi arabicum, Pflanzenschleim) und Fehlingsche Lösung kaum reduzieren darf (Maltose).

Quantitativ können bestimmt werden:

Der Wassergehalt durch Trocknen von 3—4 g bei 110° bis zum konstanten Gewicht. Der normale Feuchtigkeitsgehalt beträgt etwa 8%.

Der Aschengehalt, durch Veraschen einer Probe ermittelt, beträgt bei reinem Dextrin etwa 0,5%.

Die Azidität wird durch Titration der wässerigen Lösung mit $^1/_{10}$ n. Alkali (Phenolphthalein) bestimmt.

Wasserunlösliches. 3 g der Probe werden in kaltem Wasser gelöst und die Lösung durch ein bei 110° getrocknetes und gewogenes Filter filtriert. Man wäscht gut mit kaltem Wasser nach, trocknet bei 110° und wägt. Zur Kontrolle kann der Filterinhalt verbrannt und der so erhaltene Aschengehalt besonders berechnet werden.

Maltose gibt sich schon durch den süßen Geschmack zu erkennen. Zur Bestimmung derselben bedient man sich am besten der gravimetrischen Methode mit Fehlingscher Lösung. Durch eine Vorprobe wird bestimmt, wieviel von der Dextrinlösung (25 : 500) zur Reduktion von 10 ccm Fehlingscher Lösung notwendig ist; sodann nimmt man bei dem zweiten Versuch 1—2 ccm weniger, verdünnt auf etwa 60—70 ccm mit Wasser, kocht genau 4 Minuten, filtriert das Kupferoxydul durch ein mit Asbestfilter versehenes, gewogenes Röhrchen, wäscht mit 300 ccm heißem Wasser und dann mit 20 ccm Alkohol, trocknet bei 120°, erhitzt zum schwachen Glühen, leitet unter gelindem Erwärmen einen Wasserstoffstrom durch, läßt erkalten und wägt. 113 T. Cu entsprechen 100 T. Maltose.

Die mikroskopische Prüfung gibt bei stark gefärbten Produkten oft keine Aufschlüsse; dagegen können ein Säuerungsversuch (wie bei Stärke), eine Viskositätsbestimmung und entsprechende technische Versuche mit Erfolg ausgeführt werden.

Glykose, Glukose, Traubenzucker, Sirup. Diese Produkte kommen in gelblichen Brocken oder in Sirupform in den Handel. Der Wassergehalt kann durch Trocknen bei 100°, anorganische Stoffe durch Verbrennen von 5 g Substanz ermittelt werden. In Frage kommen noch:

Schwefelsäuregehalt, Salzsäuregehalt, Rohrzucker, Dextrin, Invertzucker.
Traubenzucker löst sich bei 15° in 10 T. Schwefelsäure ohne Färbung
auf, Rohrzucker bräunt die Lösung. Der Traubenzucker soll sich in
20 T. siedendem 90%igen Alkohol ohne Rückstand auflösen (Dextrin
bleibt ungelöst). Die wässerige Lösung wird durch Jod nicht gefärbt,
Dextrin wird rot gefärbt. Der Gehalt an Traubenzucker oder Invertzucker
wird aus dem spezifischen Gewicht der wässerigen Lösungen, durch
Polarisation oder nach einem Reduktionsverfahren mit Fehlingscher
Lösung bestimmt.

Arabisches Gummi, Gummi arabicum. Das Gummi arabicum oder
das arabische Gummi soll unregelmäßige, glänzende und spröde Stücke
von weißer, weingelber bis brauner Farbe darstellen, die innen meist
von Rissen durchzogen sind. Es muß leicht zu pulvern und darf nicht
hydroskopisch sein; es muß ferner einen muscheligen, glänzenden Bruch
zeigen und mit Wasser eine fast klare, dickschleimige, schwerflüssige,
etwas fadenziehende, schwach opalisierende, aber keine zähe oder gallertartige Lösung geben. Diese darf nur schwach sauer reagieren und muß
stark klebend sein. Der Geschmack muß fade und schleimig sein.

Das Gummi arabicum ist häufig durch unlösliches Kirschharz, Dextrin
usw. verfälscht und mit schwefliger Säure gebleicht. In letzterem Falle
ist Schwefelsäure nachweisbar. Ferner wird es oft mit minderwertigerem
Senegalgummi verfälscht, oder solches sogar direkt für arabisches Gummi
verkauft.

Es muß ferner für Druckereizwecke völlig sandfrei sein und in Lösung
nicht zu schnell sauer werden. Ein Säuerungsversuch wird ähnlich wie
bei Stärke ausgeführt. 100 g Gummi, in 1 l Wasser gelöst, sollen eine
etwa 5° Bé starke Lösung ergeben. Asche darf nur in Bruchteilen eines
Prozentes enthalten sein.

Nach Liebermann[1]) kann man Verfälschungen durch Senegalgummi und
Dextrin folgendermaßen nachweisen. 1. Man versetzt die wässerige Lösung mit
überschüssiger Kalilauge und etwas Kupfervitriollösung, erwärmt schwach, filtriert
und kocht das Filtrat. Deutliche Ausscheidung von rotem Kupferoxydul oder
gelbem Hydrat zeigt Dextrin an. 2. Der durch Fällung mit Kalilauge und Kupfervitriol erzeugte Niederschlag wird mit Wasser gewaschen, in verdünnter Salzsäure gelöst und ein großer Überschuß von Alkohol zugesetzt. Man läßt 1/2 bis
1 Tag absitzen, gießt die Flüssigkeit ab, löst die am Boden liegende Gummischeibe
in Wasser und setzt einen Überschuß von Kalilauge und Kupfervitriollösung zu.
Ballt sich nun der entstehende Niederschlag und steigt in die Höhe, so liegt reines
arabisches Gummi vor (die wässerige Lösung wird beim Kochen mit Kalilauge
bernsteingelb). Bleibt derselbe aber gleichmäßig in der Flüssigkeit verteilt, so
ist die Gegenwart von Senegalgummi erwiesen. Färbt sich die wässerige Lösung
beim Kochen mit Kalilauge bernsteingelb, so liegt ein Gemenge von arabischem
und Senegalgummi vor; färbt sie sich nicht oder nur schwach gelblich, so liegt
reines Senegalgummi vor.

Minderwertige Ersatzgummis (Gummi Gheziri ä. u.) in Gummipulvern
weist man nach Jettel[2]) nach, indem man das verdächtige Gummi mit der zehnfachen Menge heißen Wassers übergießt und unter häufigem Umrühren 3 bis
4 Stunden stehen läßt. Nach dem Absetzen der unlöslichen Bestandteile wird
die Hälfte der Flüssigkeit abgegossen, durch das gleiche Quantum kalten Wassers
ersetzt und wieder gut umgerührt. Diese Prozedur wird binnen einer Stunde

---

[1]) Chem.-Ztg. 1890, 665.   [2]) Lunge-Berl.

noch zweimal wiederholt. Die letzte Mischung scheidet sich schon nach kurzem Stehen in zwei Teile, von welchen der obere aus Wasser besteht, während der untere von gallertartiger, stark lichtbrechender Beschaffenheit ist. Auf diese Weise läßt sich noch ein Zusatz von 5% genau erkennen.

Technische Versuche. Gutes Gummi darf zarte Farben nicht trüben (z. B. ein zartes Rhodaminrosa nicht gelblichschmutzig machen), muß sich mit Druckbeizen vertragen, darf nicht gerinnen und muß die nötige Verdickung liefern (100 g : 1 l soll eine Lösung von 5° Bé ergeben).

Senegalgummi. Das Senegalgummi bildet im Gegensatz zum arabischen Gummi größere, durchsichtigere, runde Stücke, zeigt seltener Risse, die ihn dann aber bis in das Innere zerklüften und hat im Innern oft tränenartige, große Lufthöhlen. Es ist außen rauher und von geringerem Glanz als arabisches Gummi, weiß bis rötlich gelb gefärbt und auf dem Bruche großmuschelig und stark glänzend.

Nach Liebermann bildet das Senegalgummi Stücke von mattem Aussehen (etwa wie geätztes Glas), die jedoch im Innern glänzend und durchsichtig sind. Die Stücke sind meist länglich, gerade oder gewunden, zylindrisch, wurmförmig geringelt, also gewissermaßen maulbeerförmig. Man kann demnach das Senegalgummi schon aus dem Äußeren von dem arabischen unterscheiden.

Ferner unterscheidet es sich vom arabischen Gummi noch dadurch, daß es durch salpetersaures Quecksilberoxydul nur schwach getrübt und durch Borax sehr stark verdickt wird; es ist auch im Wasser schwerer löslich, mehr schleimig und gallertartig — also von geringerer Bindekraft — und gerinnt leichter mit einer Reihe chemischer Präparate. Aus diesen letzten Eigenschaften geht die Minderwertigkeit des Senegalgummis gegenüber dem arabischen Gummi hervor.

Tragant, Tragantgummi, Gummitragant. Der Gummitragant kommt in vielen Sorten in den Handel. Er soll geruch- und geschmacklos, durchscheinend, hornartig und zähe sein, so daß er nur schwer pulverisierbar ist. Nur ein geringer Teil löst sich in Wasser, das meiste quillt in demselben zu einem nicht klebrigen, aber leimend wirkenden Schleim auf. Der Tragant darf nicht zu rasch sauer werden und keine fremden Bestandteile enthalten (Asche). Vor dem Gebrauch wird der Tragant mehrere Tage bis Wochen kalt in Wasser geweicht und dann meistens stark verkocht.

Senegalgummi im Tragant weist Planche nach, indem er zu dem Tragantschleim 4—5 Tropfen alkoholischer Guajaktinktur zusetzt. Bei mehr als 5% Gummi tritt nach einiger Zeit Blaufärbung auf, während reiner Tragant ungefärbt bleibt. Gummi arabicum wird nach Payet[1] sicher nachgewiesen, wenn man dem kalten Tragantschleim (1 : 30) ein gleiches Volumen wässeriger Guajakollösung (1 : 100) und 1 Tropfen Wasserstoffsuperoxyd zugibt und umschüttelt. Gummi arabicum gibt sich durch sofortige Braunfärbung zu erkennen.

Ein dem Tragant ähnelnder Stoff ist das Tragasol, das aus der Frucht des Johannisbrotbaumes gewonnen und für Schlichtezwecke empfohlen wird.

---

[1] Ann. Chim. anal. appl. 10, 63; Ztschr. f. angew. Chem. 1906, 253.

Pflanzenschleime. Die wichtigsten Pflanzenschleime sind: Agar-Agar, Caragheen oder irländisches Moos (Europa, Nordamerika, 63% Carragenin), isländisches Moos (Nordeuropa, 70% Lichenin oder Flechtenstärke), Salep (Orient, 48% Schleim, 27% Stärke), Leinsamen, Flohsamen, Funori (japanische Meeresalge) u. a. m. Diese Produkte werden fast ausschließlich nach der äußeren Reinheit und der praktischen Wirksamkeit beurteilt. Bei den hohen Preisen und der meist nicht großen Ausgiebigkeit ist ihre Verwendung eine beschränkte.

Leim und Gelatine. Gelatine und Leim sind durch ihren Gehalt an Glutin charakterisiert. Aus diesem entsteht durch Abbau die im Leim enthaltene Glutose oder Gelatose. Man unterscheidet Knochenleim, Hautleim (oder Lederleim) und Fischleim. Namen wie Patentleim, Kölner Leim, Nördlinger Leim, flandrischer Leim besagen heute nicht mehr viel. Russischer Leim ist durch Zusatz von Knochenasche, Bleiweiß oder Barytweiß undurchsichtig gemacht. Flüssiger Leim ist eine haltbare Leimlösung, welche nicht gelatiniert; sie wird mit Hilfe von Salpetersäure, Essigsäure, Alaun u. ä. Stoffen aus festem Leim bereitet. Alle diese Leime sind tierischen Ursprungs und stickstoffhaltig. Unter „vegetabilischem" Leim oder Pflanzenleim versteht man verschiedene Pflanzenstoffe, z. B. Agar-Agar, sowie aufgeschlossene Stärkekleister u. a. m.

Prüfung des Leimes. Die Anforderungen, die an einen Leim gestellt werden, sind von Fall zu Fall sehr verschieden. Im allgemeinen wird in der Appretur von guten Leimen und Gelatinen weniger die Klebkraft (wie z. B. bei Tischlerleimen), als vielmehr weitgehendes Steifungs- und Verdickungsvermögen verlangt. Nebenbei wird je nach Umständen möglichst weitgehende Geruch- und Farblosigkeit, Neutralität usw. verlangt. Besonders muß der Leim frei von Säure und von, von der Klärung herrührendem, Alaun sein. Ein guter Leim ist ferner nicht zu dunkel gefärbt, läßt sich schwer und sehnig brechen, zeigt gewisse Elastizität und ist nicht hydroskopisch. Der Bruch muß glasartig glänzen; ein splittriger Bruch deutet auf unvollkommen geschmolzene sehnige Teile. In kaltem Wasser darf guter Leim die Form nicht ändern, nur groß aufquellen und selbst nach 48 Stunden nicht zerfließen (reiner Hautleim zerfließt etwas). Bei 48° beginnt der aufgequollene Leim flüssig zu werden und ist bei 50° flüssig. Die Klebkraft des Leimes ist um so größer, je weniger seine Lösung erhitzt wurde und je besser das dazu verwendete Material war. Der gelöste Leim muß möglichst lange haltbar sein.

Der Leim darf nicht salzig oder sauer schmecken. Wird eine genau gewogene Menge Leim 24 Stunden in kaltes Wasser gelegt und dann wieder getrocknet, so ist der Leim um so besser, je mehr sich sein nunmehriges Gewicht dem Anfangsgewicht nähert und umgekehrt.

Wasserbestimmung. 2—3 g Leim werden in fein geraspeltem Zustande bei 110—115° C bis zur Konstanz getrocknet.

Aschengehalt. Die Asche gibt Aufschluß darüber, ob Knochenleim oder Hautleim vorliegt. Knochenleimasche schmilzt unter dem Bunsenbrenner; die wässerige Lösung ist neutral, enthält Phosphorsäure und Chlor; Haut- oder Lederleimasche ist unter dem Bunsenbrenner unschmelzbar, enthält viel Ätzkalk, ist stark alkalisch und meist frei von Phosphorsäure und Chlor. Reiner Leim enthält 6—8% Asche.

Säuregehalt. 30 g Leim werden mit 80 ccm Wasser übergossen und einige Stunden stehen gelassen, alsdann werden die flüchtigen Säuren mit Wasserdämpfen destilliert, in einer Vorlage gesammelt und, sobald 200 ccm übergegangen sind, titriert (schweflige Säure, Salzsäure). Die nichtflüchtigen Säuren werden in der Leimlösung direkt titriert, wobei saure Salze mitgemessen werden. Frerichs[1]) weist schweflige Säure in Gelatine direkt mit Reagenzpapier nach, das nur mit Stärkelösung (1 : 100) getränkt und kurz vor dem Gebrauch mit frisch bereiteter Kaliumjodatlösung (0,01 g in 10 Tropfen Wasser gelöst) anzufeuchten ist.

Schwell- oder Quellfähigkeit. Man wägt eine Platte Leim ab, legt sie 24 Stunden lang in Wasser von Zimmertemperatur, nimmt sie alsdann heraus, trocknet sie vorsichtig mit Filtrierpapier ab und wägt wieder. Diese Prüfung erlaubt ein ungefähres Urteil über den Gehalt an Glutin. Je mehr Wasser der Leim bindet, um so gehaltreicher ist er. Ordinäre Leime binden 2—3 T., bessere Hautleime 3—4 T., Gelatine 6—8 T. Wasser. Nach Kissling[2]) bildet jedoch die Schwell- oder Quellfähigkeit des Leimes kein ausreichendes Kennzeichen zur Beurteilung seiner Güte.

Eine eigentliche Wertbestimmung für praktische Zwecke kann aus obigen Prüfungen allein nicht hergeleitet werden. Nach Kißling sind auch die chemischen Methoden der Glutingehaltsbestimmung durch Fällung mit Tannin oder durch Stickstoffbestimmung (reines, trockenes Glutin enthält etwa 17,5—18% Stickstoff) nicht geeignet, über den technischen Wert eines Leimes Aufschluß zu geben. Von den zahlreichen physikalischen Methoden, welche zur Prüfung des Leimes vorgeschlagen worden sind, seien erwähnt: 1. Bestimmung der Festigkeit einer Leimgallerte von bestimmter Konzentration, 2. Bestimmung des Schmelzpunktes einer Leimgallerte von bestimmter Konzentration (s. weiter unten), 3. Bestimmung der Klebkraft des Leimes (ermittelt durch die Bestimmung der Zugfestigkeit von verleimten Ahornblöcken, Pappen u. ä.). Nach Kißling steht die Klebkraft des Leimes in keiner Beziehung zur Gelatinierbarkeit und Viskosität der Leimlösungen. 4. Bestimmung der Viskosität von Leimlösungen, 5. Bestimmung des Quellvermögens von Leim (s. oben), 6. Bestimmung des Steifungsvermögens von Leimlösungen, ermittelt durch technische Appreturversuche.

Von allen diesen Methoden hat die Bestimmung des Schmelzpunktes von Leimlösungen den größten Anklang in der Praxis gefunden. Kissling[3]) verwendet Leimlösungen von 1 T. Leim in 2 T. Wasser und verwendet einen von ihm hierzu konstruierten Apparat[4]). Je höher der Schmelzpunkt ist, desto höher ist der Glutingehalt. Die im Leim enthaltene Glutose oder Gelatose bildet keine Gallerten und erhöht also nicht den Schmelzpunkt der Glutingallerten. Auf Grund dieser Über-

---

[1]) Ztschr. f. angew. Chem. 1916, II, S. 365.   [2]) Chem.-Ztg. 1917, S. 557.
[3]) Chem.-Ztg. 1901, Nr. 25; Ztschr. f. angew. Chem. 1903, 398.
[4]) Zu beziehen durch Julius Schober, Berlin SO.

legung gibt Herold[1]) folgendes Verfahren an, den absoluten Glutingehalt in Gelatine zu bestimmen. Man bestimmt erst den Schmelzpunkt der 20%igen Gallerte der zu untersuchenden Gelatine, dann denjenigen der 10%igen Gallerte (bzw. einer Lösung von 10% der zu untersuchenden Gelatine + 10% Glutose), beides nach halbstündigem Stehen bei 19°. Aus der Differenz der beiden Schmelzpunkte (a) ergibt sich auf Grund empirischer Versuche der Glutingehalt durch Multiplikation mit 68,33 (Glutingehalt $= 68,33a$).

Auch andere Beobachter halten die Schmelzpunktbestimmung der Leim- bzw. Gelatinegallerten für mehr oder weniger zweckmäßig. Steinherz[2]) zieht diese Bestimmung der Viskositätsbestimmung vor, Serger[3]) gibt als normalen Schmelzpunkt einer 10%igen Gelatinegallerte 31—33° an, Kühl[4]) berücksichtigt außerdem die Gelatinierbarkeit der Gelatinelösung 1:100, Cobenzl[5]) betont, daß die Erstarrungspunkte der reinen Gelatinelösung mit großer Zuverlässigkeit und sehr genau bestimmbar sind und einen klaren Aufschluß über die Güte der Gelatine geben. Nach ihm beeinflussen indes Säuren, Alkalien, Salze, Alkohol usw. die Gelatinierbarkeit der Lösungen erheblich. Alkoholzusatz macht Gallerten flüssiger und leichtfließender und erniedrigt den Erstarrungspunkt erheblich; Säuren und Alkalien erniedrigen, Alaun erhöht den Erstarrungspunkt. Längeres Stehen der Gallerten und längeres Erwärmen der Lösungen erniedrigen den Erstarrungspunkt und die Festigkeit der Gallerten. Durch das längere Erhitzen der Lösungen wird das Glutin (der Gelatine) zu Glutose oder Gelatose (des Leims) abgebaut; die Klebkraft steigt hierbei anfänglich bis zu einer bestimmten Grenze und nimmt dann bei weiterer Spaltung dauernd ab. Es ergibt sich etwa folgendes Bild:

Gelatine — Klebkraft sehr gering — Gelatinierbarkeit groß
Leim — Klebkraft sehr groß — Gelatinierbarkeit gering
Endprodukte der Spaltung — Klebkraft 0 — Gelatinierbarkeit 0.

Technischer Versuch. In der Praxis wird man gut tun, außer den chemischen und physikalischen Prüfungen technische Versuche auszuführen. Beispielsweise werden geeignete Appreturversuche ausgeführt, am besten auf halbseidenem Gewebe. Man wählt hierzu zweckmäßig mit empfindlichen Benzidinfarbstoffen, Anilinschwarz, Holzschwarz o. ä. Farbstoffen gefärbte Ware.

Albumin, Eiweiß. Man unterscheidet Eialbumin und Blutalbumin. Ersteres kommt als wasserlösliches „trockenes Eiereiweiß" in den Handel; letzteres ist weit billiger und deshalb gebräuchlicher, es kommt in hornartigen, hellgelben bis braunen Blättchen vor. Albumin koaguliert in der Hitze bei über 70°, ferner durch Einwirkung von verdünnten Säuren, von Ton-, Zink-, Bleisalzen usw.

Die Handelsware kann durch wasserunlösliche Bestandteile, Blutfarbstoff und koaguliertes Eiweiß verunreinigt oder durch Zusatz von Gummi, Dextrin, Kasein, Leim u. ä. verfälscht sein. Die Prüfung erstreckt sich vor allem auf die Herkunft, die Menge der wasserunlöslichen Bestandteile und den Aschengehalt. Wichtig ist auch ein praktischer Druckversuch.

---

[1]) Chem.-Ztg. 1911, 93. Der Apparat ist von Dr. Bender und Dr. Hobein in Karlsruhe zu beziehen.
[2]) Chem.-Ztg. 1912, S. 1505.   [3]) Chem.-Ztg. 1917, S. 740.
[4]) Chem.-Ztg. 1917, S. 740.   [5]) Chem.-Ztg. 1918, S. 533.

Herkunft. Man versetzt die wässerige Lösung mit Äther und schüttelt um. Eialbumin wird gefällt, Blutalbumin nicht.

Unlösliches. Man weicht 3—5 g der Probe in warmem Wasser von 30° auf, rührt bis zur größtmöglichen Lösung, dekantiert und filtriert durch ein bei 110° getrocknetes und gewogenes Filter. Dann wird gut mit lauwarmem Wasser gewaschen, der Rückstand bei 110° getrocknet und gewogen.

Gerinnungsprobe. Die Lösung von 1 T. Albumin in 40 T. Wasser soll sich bei 50° trüben und bei 75° gerinnen.

Kasein. Kasein oder Laktarin, der Käsestoff der Milch, ist ein Eiweißkörper, der bei der Molkenbereitung gewonnen wird. Die gewöhnliche Handelsware bildet ein gelbliches, krümliges Pulver, das in Wasser unlöslich ist, sich dagegen in ätzenden Alkalien, Erdalkalien, kohlensauren Alkalien und besonders in Borax löst. Es enthält wie Albumin Stickstoff (15%) und außerdem etwas Phosphor (0,8%) und hat mit Albumin die Eigenschaft gemein, daß es durch Dämpfen koaguliert, aber nicht so fest fixiert wird.

Die Prüfung des Kaseins erstreckt sich meist auf die Wasserlöslichkeit, Löslichkeit in Alkalien, den Aschengehalt, den Fettgehalt und freie Säuren. Der Aschengehalt des reinsten Kaseins beträgt 0,5—1%, technisches Kasein enthält bis zu 6% Asche. Zuweilen kommt Kaseinnatrium als Kasein in den Handel. Man erkennt ersteres an der Löslichkeit in Wasser und seinem hohen Aschengehalt (Natriumkarbonat). Zur Ermittelung des Fettgehaltes werden 10 g Kasein mit 100 ccm Äther während einer Stunde öfter gut durchgeschüttelt, filtriert, der Äther verdampft, der Rückstand bei 100° getrocknet und gewogen. Gutes Kasein darf nicht mehr als 0,1% Fett enthalten. Es soll ferner keine freie Säure enthalten. Man schüttelt 10 g Kasein mit 100 ccm Wasser gut durch und prüft das Filtrat; reagiert es sauer, so werden 50 ccm des Filtrates mit $^1/_{10}$ n. Alkali (Phenolphthalein) titriert. Gutes Kasein soll hierbei höchstens 0,5 ccm verbrauchen. Man kann ferner auf Geruch, Farbe, Wassergehalt, Haltbarkeit und Ausnutzungswert prüfen.

<h3 style="text-align:center">Diastasepräparate[1]).</h3>

Als diastasehaltige Produkte kommen bzw. kamen zahlreiche Produkte unter den verschiedensten Namen in den Handel, vor allem das bekannte Diastafor (Diamalt), ferner Orzil, Maltine, Unomalt, Multomalt, Zellomaltoin, Backros liquefier, Glicorzo, Syrop de malt, Brimal, Polyval, Diastol, Polygen, die irrtümlich so genannten „Dextrose" und „Reine Diastase". Alle diese Erzeugnisse stellen entweder fein gemahlene, keimende Gersten oder Malzauszüge verschiedener Konzentration dar, deren amylolytische, d. i. stärkeauflösende Wirkung verschieden groß und verschieden haltbar ist. Der aufgequollene Stärkekleister wird zunächst (am schnellsten bei 60—70°) zu leichtflüssiger, wenig verdickender löslicher Stärkelösung abgebaut;

---

[1]) Vgl. a. Tagliani und Krostewitz, Färb.-Ztg. 1912, S. 62; Tagliani, Ztschr. f. angew. Chem. 1921, S. 69.

bei anhaltender Wirkung schreitet diese Veränderung des Stärkekleisters noch weiter fort, d. h. mit andauerndem Abbau geht gleichzeitig die für Textilzwecke vielfach unerwünschte Bildung von Maltose und Glykose (vollständige Verzuckerung) vor sich. Bei gemischten Verdickungen (verschiedenen Stärkearten und Schleimsubstanzen) wirken die Diastasepräparate zum Teil nur auf einige der Komponenten auflösend. Die Einführung der konzentrierten Diastasepräparate mit determinierten löslichen Enzymen, gab fernerhin Anlaß, die biologischen Katalysatoren und auch die tierischen Fermente näher zu prüfen und für Textilzwecke dienstbar zu machen. Solche Präparate werden seit einiger Zeit von der Schweizerischen Ferment A.-G. als Ferment D (flüssig) und Ferment A (Pulver) hergestellt. In neuerer Zeit führte diese Firma noch zwei weitere, wertvolle Präparate für Textilzwecke ein, und zwar Fermasol DS und Fermasol DB, beide in fester Form.

Die Diastasepräparate kommen in der Technik zur Anwendung 1. bei der Bereitung stärkehaltiger Schlichten, Appretur-, Druckmassen u. ä., wobei die meisten Stärkesorten in Lösung übergehen. Je nach Art der Präparate, der Art der Stärke und der Art des Aufschließens können größere oder geringere Mengen von Maltose in der aufgeschlossenen Stärke auftreten. 2. Werden sie bei der Entschlichtung der Rohgewebe als Vorbehandlung der Kochoperation, als Voroperation für die Schnell- oder Kaltbleiche usw. verwendet; ebenso bei sonstiger Entfernung von Verdickungen und Appreturen aus Geweben. Allen genannten Präparaten ist, soweit bekannt, die Eigenschaft gemein, Textilfasern nicht anzugreifen.

1. Diastafor. Diastafor ist ein braungelber, maltosehaltiger Sirup aus Spezialmalz von stark enzymatischen, Stärke verflüssigenden Eigenschaften. Es wird von der Deutschen Diamalt-Gesellschaft in München hergestellt. Der Sirup ist in lauwarmem Wasser löslich und bietet vor dem bekannten Malzverfahren den Vorzug der bequemeren Handhabung und zuverlässigeren Wirkung. Das Produkt ist säure- und fettfrei, gegen alle Fasern und Farbstoffe indifferent und kommt in verschiedenen Marken in den Handel.

Seine Hauptbestandteile sind reduzierende Zucker und Dextrin, dann lösliche Proteide, Aschenbestandteile und etwas organische Säure.

Die Wertbestimmung erstreckt sich vor allem auf das Stärkeverflüssigungsvermögen. Dieses wird ausgedrückt durch die Anzahl Gramme von Arrowrootstärke, welche durch 1 g Diastafor eben verflüssigt werden, innerhalb einer Einwirkungsdauer von 30 Minuten, bei 37,5° C. Man verwendet z. B. 100 ccm eines 3%igen Kleisters (= 3 g Stärke), wärmt auf ungefähr 40° im Wasserbade an und setzt dann 0,05 g Diastafor, in etwas Wasser gelöst, zu. Die Temperatur wird zwischen 37° und 38° gehalten. Die Verflüssigung sei beispielsweise in 6 Minuten eingetreten. Das Verflüssigungsvermögen ist dann = 300, d. h. 1 g Diastafor verflüssigt in 30 Minuten 300 g Stärke.

Ergänzend kann man auch die Größe des Verzuckerungsvermögens und die Konzentration bestimmen.

Diastafor wirkt am besten in neutralem oder sehr schwach organischsaurem Medium. Alkalien, starke Säuren, Schwermetallsalze zerstören die Wirksamkeit. Die günstigste Einwirkungstemperatur ist 65—70°. Temperaturen über 75° zerstören die Wirksamkeit.

2. **Ferment D, A, Fermasol DS, DB.** Ferment D verhält sich nach Tagliani ungefähr wie die hochkonzentrierten Malzauszüge anderen Ursprungs, Ferment A wie Ferment D, doch nahezu ohne eine Verzuckerung der Stärkelösung zu verursachen. Fermasol DS und DB sind reich an tierischer Amylase, erreichen die höchsten und schnellsten Aufschließungen des Stärkekleisters und verursachen geringe Verzuckerung der gelösten Stärke. (Die Marke DB wird nach dem Mischen in lauwarmem Wasser von 25—30° von den unlöslichen Begleitkörpern durch Sieben oder Seihen befreit.) Den Fermasolmarken werden zwecks Aktivierung noch kleine Mengen Kochsalz (0,5—2,5 g auf 100 g Stärke) zugesetzt.

Die Prüfung dieser Diastasepräparate geschieht ähnlich wie bei Diastafor durch Bestimmung der erforderlichen Zeit und Menge des Präparates bis zum Übergang des Stärkekleisters in eine leicht rührbare Masse (Aufschließung der Stärke) oder bis zum wässerigen Zustande (vollständige Zersetzung und Lösung). Auch die genaue Prüfung der Gewebe mit Jodlösung nach erfolgter Behandlung mit den Fermenten und nach dem Auswaschen in Wasser, möglichst unterstützt durch eine mikroskopische Untersuchung, kann Aufschluß über die Wirkung der Präparate geben. Von den vier Produkten sind nach Tagliani der Reihe nach am wirksamsten: 1. Fermasol DB, 2. Fermasol DS, 3. Ferment D, 4. Ferment A.

Schlichte- und Appreturmassen[1].

Einfache Massen enthalten oft nur verkleisterte oder aufgeschlossene Stärke. Das Aufschließen geschieht entweder mit überhitztem Dampf unter Druck oder Zuhilfenahme von Säuren (Schwefelsäure, Salzsäure, Salpetersäure, Ameisensäure), von Chlor, Ätznatron usw. Diese Massen bilden meist eine gummiartige, zähflüssige Verdickung, die eine harte, trockene und wenig beliebte Steifung erzeugt. Deshalb werden in der Regel weitere Stoffe zugesetzt.

Zusammengesetzte Massen enthalten zunächst 1. **Binde-** oder **Steifmittel** wie Stärkearten, verkleistert oder aufgeschlossen, Dextrin, dextrinartige Produkte, Pflanzengummis (arabisches Gummi, Senegalgummi, Tragant), Leim, Pflanzenschleime, Kasein usw. Sie können ferner enthalten: 2. **Softenings**, d. s. Mittel zum Weich- und Geschmeidigmachen wie Fette (Talg, Knochenfett, Wollfett, Kokosnußöl, Palmöl, Rizinusöl, Olivenöl, Olein u. a. m.), Seifen (Kernseifen, Monopolseife, Monopolseifenöl, Türkischrotöl, Vegtaseife, Unionseife, Paraseife usw.), Wachsarten, Japanwachs, Walrat, Paraffin; 3. **Hydroskopika**, d. s. Mittel, um der Ware eine gewisse Feuchtigkeit zu erhalten, wie Glyzerin, Azetin, Glukose, Chlormagnesium, Chlorkalzium, Chlorzink u. a. m.; 4. **Füll-** und **Beschwerungsmittel**, wie Kochsalz, Glaubersalz, Natronphosphat, Bittersalz, Kalziumsulfat, Bariumsulfat, China-Clay (kieselsaure Tonerde), Speckstein (kieselsaure Magnesia) u. a. m.; 5. **Antisep-**

---

[1] S. a. **Massot**, Anleitung zur qualitativen Appretur- und Schlichteanalyse. **Eugen Schmidt**, Beitrag zur Appreturanalyse, Chem. Ztg. 1912, S. 313.

Reaktionen der wichtigsten organischen Appretur-

Reagenzien	Traubenzucker (Glykose) 3-proz.	Rohrzucker (Saccharose) 3-proz.	Dextrin 3-proz.	Stärke 3-proz.	Gummi arabic. 3-proz.
1. Alkohol (96-volumproz.)	aus konz. Lsg. durch viel Rg. Fllg.		durch 5—6 fach. Vol. Rg. Fllg.	lose wß. Fllg.	verd. Lsg. Tr., konz. + Spur HCl fl. wß. Fllg.
2. Fehlingsche Lösung	beim Erw. Cu_2O	—	in konz. Lsg. heiß Cu_2O	—	beim Durchschütteln mit üb. Natronlauge wß. Fl.
3. Ferrozyankalium und Essigsäure	—	—	—	—	—
4. Tanninlösung (5-proz.)	—	—	in konz. Lsg. wß. Tr., durch HCl stärker werdend	milchige Tr. oder Fllg.	—
5. Jodlösung	—	—	wein-, purpurbis braunrot, heiß farblos	bl., beim Erhitzen verschw.	—
6. Kupfervitriollösung (5-proz.) u. Natronlauge	beim Ko. Cu_2O	—	heiß allmählich Cu_2O	hellbl. Fllg., beim Ko. nicht schw. wenn kein Üb. von Cu	hellbl. Fllg., beim Erw. bl. bleibend
7. Kupferazetat und Essigsäure	nach Ko. beim Stehen Cu_2O	—	auch heiß meist kaum Cu_2O	—	—
8. Millons Reagenz	—	—	—	—	wß. Fllg., im Üb. klar, heiß bisweilen schwach rosa
9. Quecksilberchloridlösung	—	—	—	—	—
10. Verdünnte Salpetersäure	—	—	—	—	—
11. Verdünnte Schwefelsäure	—	beim Ko. Inv.	beim Ko. Inv.	beim Ko. Inv.	nach längerem Ko. Inv.
12. Reagenz nach Adamkievicz (1 Vol. konz. H_2SO_4 und 2 Vol. Eisessig)	—	—	—	—	—
13. Barytwasser	—	—	—	—	—
14. Bleiessig (bas. Bleiazetat)	—	—	—	Tr. bis Fllg.	wß. gall. Fllg.

mittel mit den Hauptreagenzien (nach Massot).

Gummi Tragant 3-proz.	Pflanzenschleime 3-proz.	Leim (Gelatine) 1-proz.	Albuminlsg. 3-proz.	Albumin fest	Sulfit-cellulose-ablauge 3-proz.
beim Eingießen in Rg. fadenartige Fl.	durch viel Rg. fl. oder gall. Fllg.	in konz. Lsg. Fllg., in verd. Lsg. Tr.	wß. Fllg.	bei längerer Behandlung schwer wasserlöslich	starke Fllg.
nach längerem Ko. beim Stehen manchmal Cu_2O	—	Biuretreaktion (Violettfärbung)	tropfenweise zugesetzt, Biuretreaktion	Biuretreaktion	beim Erw. sofort Cu_2O
—	—	—	wß. Fllg.	—	kaum Tr.
—	Isl. Moos, Agar-Agar, Leinsamenschleim Tr. bis Fllg.	durch Üb. in neutr. Lsg. Fllg., beim Erw. zäher	durch Üb. Fllg.	—	—
bisweilen etwas bl.	Isl. Moos manchmal etwas bl.	—	—	—	meist erst Entfärbung des Jods beim Ko. Reduktion
klumpige bl. Fllg. selten Cu_2O	klumpige bl. Fllg.	1—2 Tropfen Rg. zur alkal. Leimlsg. Biuretreaktion	Biuretreaktion	Biuretreaktion	
—	—	—	—	—	—
—	—	zuweilen schwache Fllg., warm rosa	wß. Fllg., beim Ko. gelblich rötlich bis rosa	beim Ko. rosa bis rot	kalt rot, beim Ko. schmutzig-violett
—	—	—	wß. Tr. bis Fllg.	—	—
—	—	—	wß. Ring bei vorsichtigem Unterschichten, beim Ko. gelb	konz. Säure färbt gelb	—
nach längerem Ko. Inv.	nach längerem Ko. Inv.	—	—	—	—
—	—	—	—	kalt langsam, warm schneller rotviolett	dunkel- bis braunrot
fl. Fllg.	meist fl. bis gel. Fllg.	starke Tr.	—	—	starke Fllg.
ähnlich wie Gummi arabic.	meist gall. Fllg.	in sehr konz. Lsg. Tr.	wß. Tr. oder Fllg.	—	starke Fllg.

tika oder Konservierungsmittel, wie Karbolsäure, Salizylsäure, Benzoësäure, Borsäure, Borax, Ameisensäure, Milchsäure, Formaldehyd, Naphthol, Quecksilbersalze u. a. m.; 6. Wasserabstoßende Mittel zum Wasser- und teilweise Luftdichtmachen, wie essigsaure Tonerde, Seifen, Fette, Paraffin. In der Regel wird die Prozedur des Wasserdichtmachens besonders vorgenommen, und zwar durch Niederschlagen von fettsauren Salzen (Ton-, Kalksalzen), Fettstoffen u. ä.; 7. Flammenschutzmittel, wie wolframsaure, borsaure Salze neben Ammoniumsalzen, Wasserglas, Tonsalze, Titansalze, Stannate u. a. m. 8. Blendmittel (zum Korrigieren der meist gelblichen Grundfarbe der Verdickungen oder der Fasern) wie Ultramarin, Anilinblau, Zinkweiß, Barytweiß; zur Erzielung besonderer leichter Farbenschattierungen oder tieferer Färbungen können auch andere Farbstoffe oder Pigmente benutzt werden.

Bei der systematischen Untersuchung prüft man in der Regel auf Trockensubstanz und Art derselben, wasserlösliche und wasserunlösliche Anteile, Aschengehalt und Art der mineralischen Stoffe, Fettgehalt und Art der Fette. Eine genaue Untersuchung von Appreturmassen gehört zu den schwierigsten Aufgaben des Textil-Chemikers. Die wichtigsten Reaktionen der gebräuchlichsten, organischen Verdickungsmittel sind vorstehend tabellenförmig zusammengestellt. Erwähnt seien noch zwei Sonderreaktionen, die in der Tabelle keine Aufnahme finden konnten. 1. Glyzerin liefert beim Erhitzen mit Kaliumbisulfat das durch seinen stechenden Geruch charakteristische Akrolein, welches mit Paranitrophenylhydrazin ein orangegefärbtes Hydrazon liefert. 2. Glykose liefert mit salzsaurem Phenylhydrazin und Natriumazetat gelbe, kristallinische Abscheidungen, die unter dem Mikroskop als büschelförmig vereinte Nadeln erkennbar sind.

Erläuterungen und Abkürzungen der vorstehenden Tabelle. Bei der Reaktionsbeschreibung ist überall sinngemäß zu ergänzen: „Entsteht", „tritt ein", „wird" usw. z. B. „Fllg." bedeutet: „Entsteht eine Fällung"; „bl." bedeutet: „Wird blau" usw. fl. = flockig; gel. = gelatinös; gall. = gallerteartig; Fl. = Flocken; Tr. = Trübung; Fllg. = Fällung; Üb. = Überschuß; üb. = überschüssig; schw. = schwarz; wß. = weiß; bl. = blau; verschw. = verschwindend; Rg. = entsprechendes Reagens; Cu_2O = Abscheidung von Kupferoxydul; Inv. = Bildung von Invertzucker bzw. Inversionsprodukten, die Fehlingsche Lösung reduzieren; Ko. = Kochen; Erw. = Erwärmen.

Untersuchung der Teerfarbstoffe in Substanz.

In den meisten Fällen von Farbstoffuntersuchungen handelt es sich um die Ermittelung des technischen Farbwertes bekannter oder neu einzuführender Farbstoffe oder Farbstoffmarken, seltener um die Ermittelung des Farbstoffcharakters oder gar einer bestimmten Farbstoffmarke eines unbekannten Erzeugnisses. Im ersteren Falle wird der bekannte Farbstoff vor allem durch Probefärbung auf Farbton und Farbstärke kontrolliert oder der neu einzuführende Farbstoff auf Färbeart, Preisverhältnis, Echtheitseigenschaften usw. geprüft; im letzteren Falle wird auf Grund des färberischen Verhaltens eines Farbstoffes gegenüber verschiedenen oder verschieden vorbehandelten Faserstoffen die Zugehörigkeit zu einer der großen Farbstoffklassen ermittelt. Nebenher findet eine chemische Prüfung auf Verdünnungsmittel, auf Einheitlichkeit, Egalisierungsfähigkeit, mitunter auch eine physikalische Prüfung auf kolorimetrischem oder spektroskopischem Wege statt. Die wichtigste Untersuchung bleibt die Probe- oder Vergleichsfärbung.

Von allgemeinem Interesse ist ferner das photoskopische Verhalten der Färbungen, d. h. das Verhalten bei künstlicher Beleuchtung (elektrischem Bogen- und Glühlicht, Gasglühlicht, Schnittbrennerlicht, Petroleum-, Kerzenlicht usw.). Technisch von Wichtigkeit ist auch das Verhalten der Farbstoffe gegen höhere Temperaturen (Auramin ist z. B. nicht kochbeständig, s. a. u. Bügelechtheit) und gegen normale (Kalksalze) und anormale Bestandteile des Wassers (Schwefelverbindungen, organische Substanz u. a.), sowie die allgemeine Löslichkeit und die bisweilen vorkommende Verharzung oder Verteerung der (basischen) Farbstoffe.

Probefärbung.

Die qualitative Probefärbung bezweckt vor allem die Feststellung der Anfärbung von verschiedenen und verschieden vorbehandelten Faserstoffen (die Affinität des Farbstoffes zu den Fasern) und des Farbtones oder der Nüance der Färbung. Durch die quantitative oder eigentliche Probefärbung wird zugleich die Farbstärke oder die Ausgiebigkeit des Farbstoffes bestimmt. Da man die Farbstärke in Vergleich zu einem bekannten Farbstoff, der Stammprobe oder dem Typ, setzt, nennt man diese Probefärbung auch Vergleichsfärbung. Neben dem Hauptzweck der Probefärbung kann noch auf Art des Aufziehens des Farbstoffes, auf Egalisierungsvermögen, Ausziehen usw. und schließlich auf die Echtheitseigenschaften der Färbung (s. w. u.) gesondert geprüft werden.

Die Probefärbung geschieht:

a) Durch Verwendung gleicher Farbstoffmengen (des zu untersuchenden und des Typfarbstoffes) und durch Vergleichung bzw. Abschätzung der so erhaltenen Ausfärbungen.

b) Durch Herstellung gleicher (gleich tiefer) Färbungen vermittels der zu vergleichenden Farbstoffe und Berechnung der hierzu verbrauchten Farbstoffmengen. Letztere sind der Farbstärke der beiden Farbstoffe umgekehrt proportional.

c) Durch Herstellung von Preisfärbungen, d. h. von solchen Färbungen, zu deren Erzeugung Farbstoffmengen von gleichem Geldaufwand verwendet worden sind.

Die jeweilig angewandten Arbeitsverfahren, sowie das zu färbende Material sollen bei Vergleichsfärbungen untereinander die gleichen sein. Die Färbemethoden sind entweder die im Betrieb üblichen und haben sich dann den letzteren tunlichst anzupassen, oder sie sind die von den Farbenfabriken angegebenen bzw. sinngemäß abgeänderten. Im Hinblick auf die umfangreiche und allgemein zugängliche Literatur der Farbenfabriken kann im einzelnen davon abgesehen werden, die üblichen Färbemethoden hier wiederzugeben.

Das zu färbende Material oder das Färbegut soll unter sich völlig homogen und in geeigneter Weise vorbereitet, z. B. gut abgekocht, gebleicht, entfettet, entbastet sein usw.

Das Abmustern der Vergleichsfärbungen geschieht nach dem Trocknen: es erfordert ein gutes und geschultes Auge und große Übung, da auch die kleinsten Unterschiede im Farbton und in der Farbtiefe prozentual abgeschätzt werden müssen. Man nimmt das Abmustern am besten in den hellen Tagesstunden, bei zerstreutem Tageslicht und möglichst in auffallendem Nordlicht vor. Farbige große Flächen, wie rote Backsteinmauern, führen hierbei leicht irre, so daß man zweckmäßig in einer besonderen Musterkammer mit gleichmäßigem Oberlicht mustert. Diese Kammer sollte verdunkelt werden können, um die Färbungen zugleich bei künstlicher Beleuchtung prüfen zu können. Steht Tageslicht nicht oder in nicht ausreichender Helligkeit zur Verfügung, so bedient man sich mit gutem Erfolg einer geeigneten „Tageslichtlampe“, z. B. derjenigen der Tageslicht-Lampe G. m. b. H.[1]).

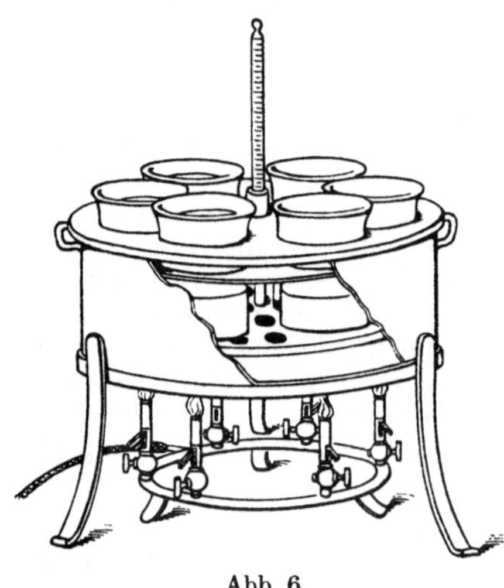

Abb. 6.

Apparatur. Einzelne Ausfärbungen können auf jedem Wasserbade, z. B. in Hartglas- oder Porzellanbechern, ausgeführt werden. Ein Färbereilaboratorium, das regelmäßig Probefärbungen ausführt, wird sich jedoch zweckmäßig besonderer Erhitzungsbäder oder Digestorien bedienen. Diese können in Größe, Form und Gesamtanlage sehr verschieden sein. Abb. 6 zeigt z. B. einen einfachen Kasten aus Eisenblech. Derselbe ist zur Aufnahme von sechs Färbebechern bestimmt, die gleichmäßig untereinander erhitzt werden können. Der Kasten wird von unten mittels Gas oder durch Wasserdampf geheizt. Soll die Temperatur in den Bechergläsern bis zum Sieden gesteigert werden, so wird der Kasten mit höher siedenden Flüssigkeiten (Glyzerin, Chlorkalziumlösung u. a.) gefüllt.

Abb. 7 und 8 zeigen einen vollkommeneren Färbeapparat für 12 Färbebecher bis zu 3 l Inhalt, wobei kleinere Färbebecher durch Anwendung entsprechender Ringe mitverwendet werden können. Außer Hartglas- und Porzellankochbechern werden auch verzinnte oder emaillierte, sowie kupferne Geschirre verwendet. Für besondere Zwecke bedient man sich auch verzinnter, sogenannter Duplexkessel in Größen bis zu 10 l.

---

[1]) Berlin SW. 68, Alexandrinenstraße 135/6. Näheres hierüber s. a. Heermann und Durst, Betriebseinrichtungen der Textilveredelung, 2. Aufl. Berlin, Julius Springer 1922.

Nimmt man auch größere, technische Versuche vor, so ist die Versuchsfärberei dem jeweiligen Betriebe anzupassen. Handelt es sich z. B. um Färbereien von losem Material, Kops, Spulen u. ä., so wird man zweckmäßig einen Versuchsfärbeapparat, bei Stranggarn wieder kleine Wannen aus Holz oder Kupfer brauchen, um Probepartien von 5—10 Pfd. richtig färben zu können. In Frage kommen ferner: Kleines Foulard, Jigger, Haspelkufe, Versuchszentrifugen usw.[1]). Für die Vornahme von Druckversuchen, die nur in Zeugdruckereien oder Farbenfabriken ausgeführt zu werden pflegen, sind kleine Druckmaschinen usw. erforderlich.

Als Versuchsmaterial verwendet man Baumwolle in Strangform (sogenannte Fitzenhaspelung), gut ausgekocht und gewaschen, für helle bzw. lichte Färbungen gebleicht; bei Beizenfarbstoffen entsprechend vorgebeizte Baumwolle oder sogenannte Alizarin- oder Garanzinestreifen (mit verschiedenen Beizen bedruckter Kattun). Wolle wird als Garn (Zephyrgarn o ä.) oder als Flanellappen, Seide abgekocht in Strangform

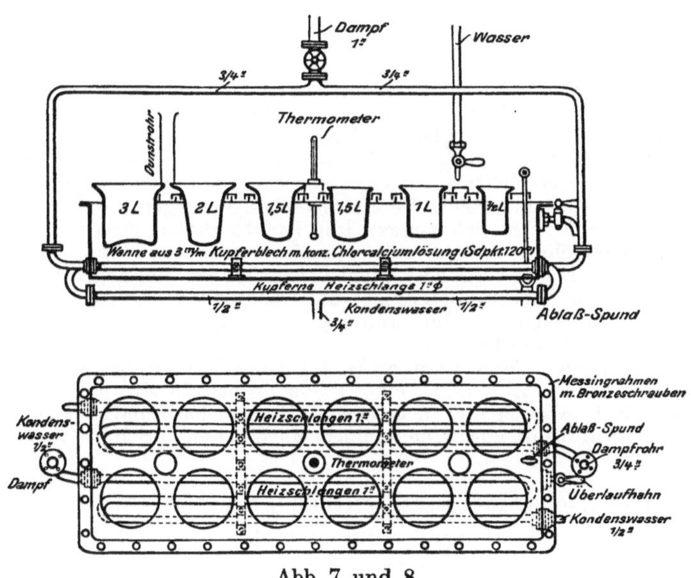

Abb. 7 und 8.

(Cuiteseide) verwendet. Für jede Versuchsreihe wägt man etwa 5 g Fasermaterial genau ab und berechnet den aufzufärbenden Farbstoff in Prozenten des Färbeguts.

Die Farbstoffe werden in der Regel 1 : 1000 im Meßkolben in destilliertem oder in dem jeweiligen Betriebswasser gelöst.

Für die Vergleichsfärbungen stellt man meist hellere Nüancen her, da das Bad in verdünnten Bädern besser auszieht und die lichten Farbtöne besser vergleichbar sind. Es empfiehlt sich, daneben auch noch eine dunklere Färbung herzustellen. Bei Gelb und Orange wird zweckmäßig ein grüner oder blauer Farbstoff zugesetzt, um Farbtiefe und Reinheit des Farbtons besser beurteilen zu können. Zieht der Farbstoff nicht ganz aus, so können die Farbstoffreste im Bade durch Ein-

---

[1]) Näheres s. bei Erban, Laboratoriumsbuch für Tinktorialchemiker.

Heermann, Färberei. 4. Aufl. 18

tauchen von Streifen Filtrierpapiers oder durch Nachfärbungen von neuem Versuchsmaterial abgeschätzt werden. Diese Nachzüge kommen praktisch hauptsächlich dort zur Mitberechnung, wo es sich um „stehende Farbbäder" im Betriebe handelt.

Ausführungsbeispiele. Gleichprozentuale und gleichtiefe Ausfärbungen. Fünf Strängchen gebleichter, ungebeizter Baumwolle von je 5 g werden mit 0,75, 1, 1,25 und 1,5% eines zu prüfenden Farbmusters (also z. B. mit 37,5, 50, 62,5 und 75 ccm einer Farbstofflösung von 1 : 1000) und mit 1% des Typfarbstoffes (also 50 ccm der 0,1%igen Lösung) unter den erforderlichen Zusätzen in fünf Färbebechern gefärbt, indem man die vorher gut genetzten Strängchen unter Benutzung von geraden oder gebogenen Glasstäben in die vorbereiteten Bäder kalt einbringt und unter gutem Umziehen allmählich, tunlichst bis zur Erschöpfung des Bades, erhitzt. Dann wird herausgenommen, gewaschen und getrocknet. Zeigt es sich nun bei der Abmusterung, daß z. B. die Färbung mit $1\frac{1}{2}\%$ des Farbmusters etwas tiefere Färbungen ergeben hat als die mit 1% des Typfarbstoffes, so folgt der ersten, gröberen Orientierung eine feinere Einstellung mit kleineren Abstufungen möglichst nahe der abgeschätzten Farbstärke. Man färbt nun z. B. neue Baumwollsträngchen der gleichen Sorte mit 1,35, 1,40 und 1,45% des Farbmusters und vergleicht diese mit der zuerst hergestellten 1%igen Typfärbung. Genügen auch diese Ausfärbungen noch nicht, so werden weitere Ausfärbungen hergestellt, bis die 1%ige Typfärbung genau erreicht ist. Aus der endgültigen Ausfärbung (z. B. 1,4% des Farbmusters = 1% des Typs) ergibt sich unmittelbar das Wertverhältnis zwischen den zwei Vergleichsfarbstoffen: Typ: Muster = 14 : 10. Kommen solche Vergleichsfärbungen gegen feststehende Typen häufig vor, so stellt man sich zweckmäßig Farbtonskalen dieser Typfarbstoffe her, die man dann ohne weiteres mit den Musterfärbungen vergleichen kann. Überhaupt erleichtert eine möglichst reichhaltige Mustersammlung von Färbungen die Bewertung neuer Farbstofflieferungen außerordentlich. Solche Mustersammlungen sollen unter Lichtabschluß und gegen sonstige Einflüsse geschützt und sorgfältig aufbewahrt werden.

Preisfärbungen. Man wägt z. B. 1 g eines Farbstoffes vom Verkaufspreis 6 Mk. und andererseits 0,89 g eines solchen von 6,75 Mk. (6 : 6,75) ab, löst jeden für sich in 1 l Wasser und färbt gleiche Mengen Fasermaterial mit gleichen Volumina Farbstofflösung aus. Die dunklere Färbung entspricht dem preiswerten Farbstoff.

Chemische und physikalische Farbstoffprüfung.

Fast sämtliche im Handel vorkommenden Teerfarbstoffe sind aus praktischen Gründen durch gewisse Zusätze abgeschwächt oder auf einen bestimmten Typ eingestellt; sehr häufig bestehen die Handelsprodukte auch aus Mischungen verschiedener Farbstoffe, sind also nicht einheitlich. Es kommt bisweilen darauf an, diese Verhältnisse klarzulegen.

Die wichtigsten Zusatzstoffe sind Dextrin (bei basischen Farbstoffen) sowie Kochsalz und Glaubersalz (bei substantiven und sauren Farbstoffen); außerdem kommt noch Bittersalz, bei Methylenblau Chlorzink u. a. m. vor. Die anorganischen Zusätze werden in der Asche der Farbstoffe oder durch fraktionierte Lösung in Alkohol o. ä. aufgefunden, wobei jedoch zu beachten ist, daß zahlreiche Farbstoffe Sulfosäuren enthalten und deshalb an sich schon in der Asche Sulfate finden lassen müssen. Dextrin macht sich schon beim Lösen des Farbstoffes in heißem Wasser durch seinen Geruch kenntlich. Es kann auch als alkoholunlöslicher Körper durch Alkohollösung des Farbstoffes nachgewiesen werden. Anstatt den Farbstoff mit Alkohol auszuziehen und den Rückstand zu prüfen, kann der Farbstoff auch in wenig Wasser gelöst und mit viel Alkohol versetzt werden, wobei Dextrin, Kochsalz, Glaubersalz usw. ausfallen. Zur Trennung des Glaubersalzes vom Farbstoff kann schließlich auch die wässerige Lösung mit Kochsalz gefällt werden, wobei gewisse Farbstoffe (z. B. substantive) quantitativ gefällt werden, während das Glaubersalz in der filtrierten Lösung verbleibt und bestimmt werden kann.

Farbstoffmischungen sind meist gröberer Natur, d. h. werden durch Mischen oder Vermahlen fertiger, trockener Farbstoffe hergestellt. Solche Mischungen werden leicht erkannt:

1. Durch vorsichtiges Aufblasen des feingepulverten Farbstoffes auf befeuchtetes Filterpapier, Wasser, Alkohol, Essigsäure, konzentrierte Schwefelsäure oder dgl. Hierbei werden die Einzelbestandteile und meist das annähernde Verhältnis der einzelnen Bestandteile zueinander dadurch erkannt, daß sie sich mit verschiedener Farbe lösen. Dabei ist immerhin eine gewisse Vorsicht am Platze, da auch manche homogene Farbstoffe (z. B. Chrompatentgrün A von Kalle) Erscheinungen zeigen, die auf Farbstoffmischungen schließen lassen; insbesondere erscheinen manche Farbstoffe in verschiedener Konzentration verschieden gefärbt (z. B. braunroter Rand, grüne Fäden oder grüne Zonen).

2. Durch mikroskopische Besichtigung (bzw. mit Hilfe des Binokulars oder der Lupe).

Feinere Mischungen, die durch Kristallisieren, Eindampfen usw. von Farbstofflösungen erhalten worden sind, können durch

3. fraktionierte Ausfärbungen,

4. fraktionierte Lösung,

5. Kapillarisation, oder

6. auf spektroskopischem Wege usw. erkannt werden.

Die fraktionierte Ausfärbung beruht auf der meist vorhandenen verschiedenen Verwandtschaft verschiedener Farbstoffe zu den gleichen Fasern. Beispielsweise wird auf einem und demselben Färbebade eine Skala von sechs Bruchfärbungen, die unmittelbar hintereinander ausgeführt werden, hergestellt. Jede einzelne Färbung wird schnell abgebrochen, um ausreichend Farbstoff für die nächsten Stufen im Bade zu lassen. Bei Mischungen von Farbstoffen wird sich meist eine Farbtonskala herausstellen, d. h. die Einzelausfärbungen werden im Farbton untereinander verschieden sein. Die Farbtiefe soll bei den einzelnen Stufen möglichst gleich gehalten werden, um die Nüancen besser beurteilen zu können.

Die fraktionierte Lösung beruht auf der verschiedenen Löslichkeit der Komponenten eines Gemisches in bestimmten Lösungsmitteln. Als letztere kommen in Frage: Äthyl-, Methyl-, Amylalkohol, Äther, Benzol, Benzin, Chloroform, Gemische derselben, angesäuerte Lösungen usw. Bei der Untersuchung blauer Säurefarbstoffe fanden Schmidt und Gabler[1]) folgende drei Lösungsmittel als praktisch brauchbar: Äthylalkohol 95% g, Äthylalkohol + Chloroform 3 : 2, Äthylalkohol + Schwefelsäure. Vermittels dieser Reagenzien konnten Farbmischungen

---

1) Färb.-Ztg. 1913, 342.

genannter Art meist fast quantitativ in ihre Komponenten, z. B. in den grünen und violetten Anteil, getrennt werden.

Für die Kapillaranalyse gibt Goppelsröder folgende Anleitung. In die mit Wasser, Alkohol oder dgl. hergestellten Farbstofflösungen werden Streifen von schwedischem Filtrierpapier eingehängt. Sie ragen 5—10 mm tief in die Farblösung hinein und sind oben befestigt. Lösungsmittel und Farbstoffe steigen nun in die Haarröhren des Papiers. Durch das verschiedene Kapillaritätsvermögen verschiedener Farbstoffe gelingt es meist, bei Mischungen die schneller fortlaufenden von den langsamer aufsteigenden Farbstoffen in den entsprechend gefärbten Streifen und Zonen zu erkennen. Der Versuch ist meist in 15 Minuten beendet. Beispiel: Pikrinsäure-Indigokarminmischung liefert schnell drei Zonen: oben Gelb, in der Mitte Grün und unten Grünblau bis Blau.

Die Spektroskopie ermöglicht es, bestimmte Farbstoffindividua an ihren charakteristischen Absorptionsspektren und dem gesamten spektroskopischen Bild zu erkennen. Bei der ungeheuren Zahl der Farbstoffe, zumal deren Mischungen, ist diese Erkennung sehr schwierig und erfordert ein besonderes Studium. Formánek gebührt das Verdienst, dieses Gebiet systematisch ausgebaut und zusammengestellt zu haben. Zwecks näherer Unterrichtung wird auf sein Sonderwerk verwiesen[1]).

Kolorimetrie. Unter kolorimetrischen Prüfungen versteht man die Farbmessung oder -vergleichung der Farbstärke eines Farbstoffes (oder des Gehaltes einer Farblösung) nach der Farbtiefe bzw. Lichtabsorption seiner Lösung. Die Bestimmung dieser Farbstärke zweier oder mehrerer Farbstoffe geschieht durch Versetzen eines bestimmten Volumens der zu untersuchenden Lösungen mit dem Verdünnungsmittel, bis die Farbtiefen der Lösungen bei gleichem Volumen gleich sind. Oder man verändert das Volumen der Lösung (die Schicht), durch welche man hindurchsieht, so lange, bis gleiche Farbtiefe bei verschiedenem Volumen erreicht ist. Die Richtigkeit des hier zugrunde liegenden Prinzips, daß die Farbstärke im umgekehrten Verhältnis zum Volumen steht, wird in letzter Zeit als wissenschaftlich nicht einwandfrei erachtet.

Für ein geschultes und farbensicheres Auge genügen in der Regel mehrere genau gleiche Zylinder, die in ihren Dimensionen, ihrer Glasstärke und Glasfärbung genau gleich sind. Die Zylinder werden derartig nebeneinander auf eine weiße Unterlage (Filtrierpapier o. ä.) aufgestellt, daß sie zu der vorhandenen Lichtquelle (Fenster oder dgl.) genau die gleiche Lage einnehmen. Dann wird von oben hineingesehen und das Verhältnis der Farbtiefen abgeschätzt. Die dunkler gefärbte Lösung wird durch Zusatz von Wasser oder einem sonstigen Verdünnungsmittel entsprechend verdünnt, bis die Farbtiefen beider Vergleichslösungen gleich sind. Schließlich wird der Verbrauch des Farbstoffes für jede der Lösungen berechnet; er steht im umgekehrten Verhältnis zur Farbstärke des Farbstoffes. Für genauere Versuche bedient man sich besonderer Kolorimeter. Bei der praktisch geringen Bedeutung der kolorimetrischen

---

[1]) Formánek und Grandmougin, Spektralanalytischer Nachweis künstlicher organischer Farbstoffe.

Prüfungen von Farbstoffen kann an dieser Stelle auf die Apparate im einzelnen nicht eingegangen werden[1]).

In der Praxis des Färbereichemikers kommt die kolorimetrische Prüfung z. B. in folgenden Fällen in Frage: bei der annähernden Konzentrationsbestimmung der Lösung eines bekannten Farbstoffes, bei der Prüfung auf völlige Typkonformität, bei der Messung von Farbstoffspuren, bei der Bestimmung geringer Mengen von Eisen, Ammoniak, salpetriger Säure usw. (s. d.).

Die **maßanalytische Bestimmung** der Farbstoffe ist bisher nicht systematisch ausgebildet. Es finden sich verschiedene Ansätze zur quantitativen Farbstoffbestimmung bestimmter Klassen, doch haben diese Verfahren zurzeit noch keine allgemeine Bedeutung erlangt und werden in Färbereilaboratorien kaum oder nur ausnahmsweise ausgeübt[2]). Erwähnt seien: das Titrationsverfahren mit Titanchlorid (Knecht u. a.), dasjenige mit Hydrosulfit, das Ausfällungsverfahren von Farbstoffen untereinander. Die Ermittelung der Zusammensetzung oder der Konstitution eines Farbstoffes gehört in das wissenschaftliche Laboratorium bzw. in die Farbenfabrik. Färbereien befassen sich mit diesen Aufgaben kaum.

Eine Sonderstellung in der Art der Untersuchung nimmt der Indigo ein (s. w. unter Naturfarbstoffen).

Ermittelung des Farbstoffcharakters.

Während die Farbstoffe wissenschaftlich nach Chromophoren, werden sie in der Färbereiindustrie meist nach ihrem färberischen Verhalten klassifiziert. Bancroft unterschied subjektive (direkt ziehende) und adjektive (beizenziehende) Farbstoffe. Hummel teilte die Farbstoffe in monogenetische (in einem Farbton färbende) und polygenetische (je nach der Beize in verschiedenen Farbtönen färbende); Ganswindt nannte letztere auch heterochrome, erstere homochrome Farbstoffe und unterschied als dritte Klasse noch die Pigmentfarbstoffe. Schaposchnikoff teilt die Farbstoffe in solche mit dem Charakter der Säuren, der Salze, der Basen und in indifferente Farbstoffe ein. Heute teilt man die Farbstoffe[3]) etwa ein in: 1. Substantive (Salz Benzidin-, Baumwoll-) Farbstoffe, welche vor allem ungebeizte Baumwolle in neutralem oder alkalischem Bade anfärben. Auch tierische Fasern werden angefärbt. 2. Saure (Säure-, Woll-) Farbstoffe, die vor allem tierische Fasern in saurem Bade, pflanzliche Fasern dagegen nicht direkt anfärben. 3. Schwefel- (Sulfin-) Farbstoffe, die ungebeizte Baumwolle in schwefelalkalischer Flotte anfärben. 4. Basische Farbstoffe, die tierische Fasern direkt, pflanzliche Fasern auf Tanninbeize anfärben. 5. Beizenfarbstoffe, die tierische und pflanzliche Fasern mit Hilfe

---

[1]) Näheres s. bei G. und H. Krüss, Kolorimetrie und quantitative Spektralanalyse.

[2]) S. a. Siegmund, Maßanalytische Methoden der Farbstoffbestimmung, Färb.-Ztg. 1913, 439. Über die Analyse von Zwischenprodukten, wie Aminen, Naphtholen, Sulfosäuren usw. s. a. Fierz-David, Grundlegende Operationen der Farbenchemie, Julius Springer.

[3]) Z. B. nach Heermann, s. Technologie der Textilveredelung, Julius Springer.

einer metallischen Beize anfärben. Eine Unterklasse der Beizenfarbstoffe bilden die Nachchromierungsfarbstoffe. 6. Küpenfarbstoffe, die erst durch Reduktion in wasserlösliche Leukoverbindungen übergeführt und als solche auf die pflanzliche oder tierische Faser aufgefärbt und dann erst zu dem eigentlichen Farbstoff oxydiert werden. Ihr Prototyp ist der Indigo. 7. Oxydationsfarbstoffe, die sich aus erst ungefärbtem Ausgangsmaterial durch Oxydation im Bade oder auf der Faser zum Farbstoff entwickeln (Prototyp: Anilinschwarz). 8. Diazotier- (Entwicklungs-, Eis-, Ingrain-) Farbstoffe, die durch Diazotierung von Amidoverbindungen und Kuppelung mit bestimmten Komponenten auf der Faser selbst erzeugt werden. 9. Pigment- (Albumin-, Lack-) Farbstoffe, die mit Hilfe von mechanisch fixierenden Hilfsmitteln, meist durch Druck, auf die Faser gebracht werden. 10. Zu einer Mischklasse kann man schließlich solche Farbstoffe rechnen, die verschiedenen Farbstoffklassen angehören, z. B. gleichzeitig substantiv- und beizenfärbend sind.

Die ersten Anhaltspunkte für die Art eines vorliegenden Farbstoffes liefert ein Lösungsversuch mit Wasser. Hierbei werden wasserunlösliche sein können: Schwefel-, Beizen-, Küpen-, Pigmentfarbstoffe. Die meisten anderen Farbstoffe sind wasserlöslich, zum Teil schwer, bzw. in heißem Wasser löslich. Die Schwefelfarbstoffe werden leicht dadurch erkannt, daß sie sich in Schwefelnatrium lösen und dann nach Salzzusatz in der Hitze stark auf ungebeizte Baumwolle aufziehen. Charakteristisch ist auch ihr großer Schwefelgehalt (Schwefelwasserstoffentwicklung beim Übergießen mit Säure bzw. beim Erhitzen mit Zinnsalz-Salzsäure). Beizenfarbstoffe (Anthrazenderivate u. a.) lösen sich in 5%iger Natronlauge; Küpenfarbstoffe lassen sich in alkalischem Bade mit Hydrosulfit verküpen und dann auf die Faser auffärben; Pigmentfarbstoffe sind meist in verdünnten Alkalien und Säuren unlöslich.

In den meisten Fällen wird man alsdann systematische Färbeversuche ausführen. Ganswindt stellt folgende fünf Färbeversuche an. a) In das erste Bad wird mit chromgebeizter Wolle eingegangen, $1/2$ Stunde hantiert und dann langsam zum Kochen getrieben; b) zu dem zweiten Bade werden 10% (vom Gewicht der Wolle) Glaubersalz und 4% Schwefelsäure zugesetzt, mit ungebeizter Wolle eingegangen und erwärmt; c) zu dem dritten Bade werden nur 10% Glaubersalz zugesetzt und Wolle in demselben bis zur Kochhitze behandelt; d) zu dem vierten Bade werden 30—50% Kochsalz gegeben und ungebeizte Baumwolle darin von kalt bis heiß behandelt; e) im fünften Bade wird mit Tannin und Brechweinstein vorgebeizte Baumwolle kalt bis warm behandelt.

Wird bei a) die Wolle gefärbt, so kann ein Beizenfarbstoff vorliegen; zieht das Bad hier ganz aus, so liegt wahrscheinlich ein Beizenfarbstoff vor. Ist die Wolle in b) und c) außerdem ungefärbt, so liegt bestimmt ein Beizenfarbstoff vor. Ist aber die Wolle in b) gefärbt und in c) ungefärbt, so kann es sich um einen Beizenfarbstoff handeln, der sich auch nach der Einbad-Färbemethode färben läßt. Um einen Beizenfarbstoff endgültig als solchen zu erkennen, muß die Lackbildung erwiesen werden. Zu diesem Zwecke kocht man je einige Kubikzentimeter Farbstofflösung einerseits mit essigsaurem Chrom und andererseits mit essigsaurer Tonerde. Bei einem Beizenfarbstoff muß sich nach einigem Kochen in beiden Fällen ein Niederschlag gebildet haben (Chrom- und Tonerdelack des Farbstoffes, nach dem Erkalten filtrierbar).

Wird ferner die Wolle im sauren Bade (b) gefärbt, so kann entweder ein saurer oder ein Beizenfarbstoff vorliegen. Tritt obige Lackbildung nicht ein, so ist es ein saurer Farbstoff. In diesem Falle muß die Baumwolle bei den Versuchen d) und e) ungefärbt oder nur schwach angeschmutzt bleiben.

Wird bei Versuch c) im neutralen Glaubersalzbade eine Färbung erhalten, so sind drei Fälle möglich: saurer, substantiver oder basischer Farbstoff. Liegt ein saurer Farbstoff vor, so muß auch bei b) Färbung stattfinden, während bei

d) und e) keine Färbung stattfindet. Bei einem substantiven Farbstoff muß auch bei d) die Baumwolle stark angefärbt sein; bei einem basischen muß die Baumwolle auch bei e) stark gefärbt erscheinen.

Erscheint die Baumwolle bei d) nur schwach gefärbt, so kann ein saurer oder basischer Farbstoff in Frage kommen; im ersteren Falle wird die Wolle bei b), im anderen Falle die Wolle bei c) und die Baumwolle bei e) stark gefärbt sein müssen. In beiden Fällen wird die geringe Baumwollfärbung durch heißes Seifen fast vollständig ausgewaschen. Ist dagegen die Baumwolle stark gefärbt und die Färbung seifenecht, so liegt ein substantiver Farbstoff vor. Meist wird dann auch die Wolle bei c) gefärbt erscheinen.

Ist die Baumwolle bei e) gefärbt und bei nicht zu großen Farbstoffmengen das Bad schnell und fast vollständig ausgezogen, so liegt ein basischer Farbstoff vor[1]), in welchem Falle die Wolle bei c) meist gefärbt, bei b) meist ungefärbt bleibt. Es gibt hier aber auch Ausnahmen (Bismarckbraun, Viktoriablau), wo die Wolle in neutralem Bade kaum, in saurem Bade dagegen stark angefärbt wird.

Auch sonst kommen Abweichungen von der Regel vor, weil die einzelnen Farbstoffgruppen durch Eintritt bestimmter Radikale oder Komplexe allmählich ineinander übergehen können. Die Aufschlüsse, die durch die Färbeversuche erhalten werden, sind daher in der Hauptsache nur allgemeine Orientierungen.

Über Einzelreaktionen von Farbstoffen s. u. a. Schultz, Tabellarische Übersicht der künstlichen organischen Farbstoffe; über das färberische Verhalten der Farbstoffe im einzelnen gibt die Literatur der Farbenfabriken ausreichende Auskunft.

Messung und Benennung von Farbtönen.

Einer einheitlichen Benennung und Messung von Farbtönen stehen heute noch große Schwierigkeiten entgegen, da der zu messende Farbton wesentlich abhängig ist: 1. von der Oberflächennatur des gefärbten Körpers, 2. von der Art der Beleuchtung, 3. von der Art des Musterns (Aufsicht oder Übersicht) usw. Man ist deshalb in der Praxis immer noch auf den empirischen Vergleich mit den Mustervorlagen angewiesen. Es seien hier deshalb nur ganz kurz die wichtigsten Farbenkarten und Farbtonmessungen erwähnt[2]).

1. Die wichtigsten Farbenkarten sind folgende: Raddes internationale Farbenskala (1870 erschienen) enthält etwa 900 mit Steindruck hergestellte Töne; das Corlexikon von Langhein wird seit Jahren bearbeitet, aber ist noch nicht erschienen; der Code des Couleurs von Klincksieck und Valette, 1908 in Paris erschienen; Baumanns Farbentonkarte[3]). Letztere Karte wird von Krais trotz der ihr anhaftenden Mängel günstig beurteilt. Sie ist gegenüber den anderen Karten, die mit Lasurfarben arbeiten, und, gegenüber den Apparaten mit Lichtfarben, bis auf Ostwalds Farbenatlas, am vollkommensten und arbeitet mit absolut matten Pigmentaufstrichen.

2. Farbtonmessungen mit Lösungen nach dem System von Karl Mayer[4]) und demjenigen von Paul Wilhelm. Diese Messungen basieren auf dem subtraktiven Dreifarbensystem.

3. Farbenmeßapparate. Kallabs Farbenanalysator arbeitet gleichfalls mit dem subtraktiven Dreifarbensystem, nur daß die Farben hier auf Zelluloidscheiben aufgetragen sind. v. Klemperers und Löwes Farbprüfer[5]) benutzt die Kallabschen Farbskalen, stellt aber zugleich ein optisch einheitliches Vergleichsbild des Objekts und der Farbmischung nebeneinander her. Lovibonds Tintometer (in England seit 1886 von „The Tintometer Ltd.", Salisbury, vertrieben) besteht aus Sätzen von blauen, gelben und roten Gläsern. Arons Chromoskop erzeugt die Farben auf rein physikalischem Wege durch Kombination

---

[1]) Tanninreagens (25 g Tannin, 25 g Natriumazetat, 250 g Wasser) liefert mit Lösungen von basischen Farbstoffen einen Niederschlag.
[2]) Nach P. Krais, Ztschr. f. angew. Ch. 1914, S. 25 und Färb.-Ztg. 1914, 133.
[3]) Von Paul Baumann, Aue i. Sa., käuflich zu beziehen.
[4]) Farbenmischungslehre von Karl Mayer, Julius Springer.
[5]) Ztschr. f. angew. Chem. 1912, 1191.

von Kalkspatprismen und Quarzplatten, so daß sich jeder Farbton durch ein paar Zahlen festlegen läßt.

4. **Drehscheibenapparate.** Dosnes und Rosenstiehls Apparate beruhen auf der Anwendung von rasch drehbaren Scheiben (Farbenkreisel), um beliebige Mischungen von Farbenempfindungen erzeugen zu können.

5. **Ostwalds Farbenatlas.** Durch das von Wilh. Ostwald geschaffene System, seinen Farbenatlas, Farbkörper usw. sind alle erwähnten Farbenkarten und Farbenmeßapparate in den Hintergrund gerückt worden. In seinen Schriften[1] entwickelt Ostwald auf wissenschaftlicher Grundlage seine systematische Farbenlehre. Sein Farbenatlas enthält etwa 2500 matte Farbaufstriche auf Papier, die nach den drei Komponenten jeder Farbe — dem Farbton, dem Weißgehalt und dem Schwarzgehalt — systematisch angeordnet sind und von denen jeder mit Zahlen und Zeichen wiedergegeben werden kann. Sein Farbkörper stellt gewissermaßen einen abgekürzten Farbenatlas dar mit 680 verschiedenen, auf 12 Tafeln wiedergegebenen Farbentönen. Auf das System kann im Rahmen dieser Arbeit nicht näher eingegangen werden[2].

Untersuchung der Naturfarbstoffe in Substanz.

Die technische Bedeutung der Naturfarbstoffe hat in der letzten Zeit dauernd abgenommen. Nachdem der Indigo als Naturfarbstoff ausgeschieden ist, kann heute das Blauholz als der wichtigste Naturfarbstoff angesehen werden.

Die wichtigste Untersuchungsmethode der Naturfarbstoffe ist, wie bei Teerfarbstoffen, die Probefärbung.

Blauholzextrakt.

In dem Safte des Blauholzes, Hämatoxylon Campechianum, befindet sich das den Farbstoff liefernde Glykosid, das in einen zuckerartigen Körper und das Hämatoxylin, $C_{16}H_8(OH)_6$, gespalten wird, welch letzteres durch Oxydation weiter in das Hämatein, $C_{16}H_6(OH)_6$ übergeht, das den eigentlichen Blauholzfarbstoff darstellt.

Die Blauholzextrakte kommen als flüssige und feste Extrakte im Handel vor, letztere immer mehr in kristallähnlichen Gebilden als sogenannte „Kristalle“. Ihre Untersuchung beschränkt sich in der Regel auf Farbgehalt; bisweilen kommen noch Prüfungen auf Zusätze oder Verschnitte durch Gerbstoffe und Melasse sowie auf Wassergehalt, Aschengehalt, Farbstoffzusätze usw. hinzu. Bei der Prüfung auf Farbgehalt ist sowohl der Gehalt an Hämatoxylin als auch an Hämatein zu berücksichtigen, besonders seitdem der nichtoxydierte Extrakt für die Technik der Seidenfärberei sehr große Bedeutung erlangt hat und ein gewisser Gehalt an Hämatoxylin für bestimmte Zwecke erforderlich ist. Der Extraktfabrikant hat es mehr oder weniger in der Hand, den Oxydationsgrad zu regulieren, so daß Extrakte mit angeblich $2^1/_2$—75% Hämatein vom Gesamtfarbstoff im Handel angeboten werden. Die Prüfung des

---

[1] Z. B. Die Farbenfibel; Der Farbkörper; Die Farborgel; Der Farbenatlas (alle im Verlage Unesma, Leipzig, erschienen). Ferner: Beiträge zur Farbenlehre (Teubner, Leipzig); Die wissenschaftlichen Grundlagen zum rationellen Farbatlas usw.

[2] Eine kurze Übersicht der Ostwaldschen Farbenlehre nebst Farbenkreis befindet sich u. a. bei Heermann, Technologie der Textilveredelung.

nichtextrahierten Holzes selbst (Blockholz, geraspeltes, fermentiertes Holz) geschieht sinngemäß in derselben Weise, indem das Holz erschöpfend extrahiert und der so gewonnene Extrakt bzw. der wässerige Auszug untersucht wird.

Probefärbung. Die Bestimmung von Hämatein und Hämatoxylin, zusammen oder jedes einzelnen für sich allein, beruht auf den Eigenschaften verschiedener Chrombeizungen[1]), entweder nur mit dem ersteren oder mit beiden zusammen einen Farblack zu bilden. Befindet sich z. B. a) lediglich nicht oxydierendes Chromoxyd (grüngebeizte Wolle) auf der Faser, so bildet das letztere nur mit dem Hämatein des Färbebades einen Farblack, den Chrom-Hämateinlack, während das Hämatoxylin des Färbebades unberührt bleibt. Enthält die Wollfaser b) aber auch Chromsäure, so vermag diese in der ersten Reaktionsphase das Hämatoxylin des Bades zu Hämatein zu oxydieren, während sie dabei selbst zu Chromoxyd reduziert wird. In der zweiten Phase verbindet sich das so gebildete Chromoxyd mit dem gebildeten Hämatein zu dem gleichen Chrom-Hämateinlack wie im Falle a). Es kommt also zunächst darauf an, die Wollfaser in bestimmter Weise und zwar einerseits derart zu beizen, daß sie nur das Hämatein des Blauholzes bindet, andererseits aber derart, daß sowohl das Hämatein als auch das Hämatoxylin in die Erscheinung tritt. Im ersten Falle erhält man durch die darauffolgende Ausfärbung ein Bild über den Hämateingehalt, im anderen Falle über den Gehalt der Ware an Hämatein + Hämatoxylin. Für derartige Beizungen liegen viele Vorschläge vor. v. Cochenhausen[2]) verfährt bei seinen Probefärbungen wie folgt.

Zur Ermittelung des Gesamtgehaltes an Hämatein + Hämatoxylin werden dünne Wollengewebe (sonst wird auch vielfach Wollgarn verwendet) mit 1% Bichromat und 2% Weinstein (vom Gewicht des Wollmaterials) etwa eine Stunde im kochenden Bade gebeizt. Zur Herstellung der Vergleichsskala färbt man zehn gleichschwere Streifen dieser so gebeizten Wolle mit 0,05%—0,10%—0,15%—0,20%—0,25%—0,30%— 0,35%—0,40%—0,45%—0,50% reinem Hämatoxylin, welches in schönen, strohgelben Kristallen durch Umkristallisieren des im Handel befindlichen Hämatoxylins leicht herzustellen ist. Zur Ermittelung des Hämateingehaltes allein stellt man sich eine zweite Vergleichsskala mit den gleichen Mengen Hämatein (0,05%—0,50%) her und verwendet hierzu chromoxydgebeizte Wolle, die durch einstündiges Kochen der Wolle mit 3% Chromfluorid und 3% Weinstein bereitet worden ist. Das reine Hämatein kann aus dem Handel bezogen oder nach Erdmann[3]) durch vorsichtige Oxydation von reinem, in wasserhaltigem Äther gelösten Hämatoxylin mit Salpetersäure hergestellt werden.

Da eine Abschätzung der Farbtöne nur bei nicht zu dunklen Farben möglich ist, und die Farbbäder möglichst ausziehen sollen, so darf nur

---

[1]) Es sei hier der Einfachheit wegen nur von Chrombeizungen die Rede, obwohl in Wirklichkeit eine große Zahl von Metallbeizen mit Blauholz Farblacke bildet. Ebenso wird nachstehend nur von Wollfärbungen gesprochen.

[2]) Ztschr. f. angew. Chem. 1904, 874.

[3]) Journ. f. prakt. Chem. 26, S. 205.

so viel Material angewendet werden, daß nur blaue, nicht aber schwarze
Färbungen entstehen. Damit keine Überoxydation des Hämateins stattfindet, darf auch kein zu großer Überschuß von Chromsäure in der gebeizten Wolle enthalten sein. Auf jede der chromgebeizten Wollen stellt
man nun für die Probefärbungen je zwei Färbungen her, eine hellere und
eine dunklere. Die Menge des hierzu erforderlichen Extraktes o. ä. ist
von seinem Farbstoffgehalt abhängig; gewöhnlich braucht man 0,5 und
1% festen Extrakt, 1 und 2% flüssigen Extrakt, 2,5 und 5% gutes, nicht
verdorbenes Holz, 5—20% schlechteres oder verdorbenes Holz, alles vom
Gewicht des zu färbenden Wollmaterials. Eine größere Menge der Materialien wird wiederholt mit Wasser ausgekocht, die Lösungen werden
vereinigt, mit Wasser auf ein bestimmtes Volumen gebracht und filtriert.
Hiervon verwendet man für die Färbungen ein den angegebenen Mengen
entsprechendes Volumen, indem man die gebeizten und gut durchfeuch-
teten Wollmuster bei gewöhnlicher Temperatur ohne weiteren Zusatz in
das Färbebad bringt, innerhalb einer Stunde zum Kochen treibt und noch
eine halbe Stunde lang kocht. Die Färbung wird auf Farbtiefe und Reinheit des Farbtones geprüft. Klare, reine Töne sind trüben Tönen überlegen.

   Beispiel. 5,53 g eines festen Extraktes wurden zu 1 l gelöst. Das Gewicht
der Wollmuster betrug je 5 g. Zwei Muster wurden mit 5 ccm = 27,75 mg =
0,553% Extrakt gefärbt, zwei andere mit der doppelten Menge, also mit 1,106%
Farbmaterial. Die Farbe des hellen Musters, welches mit Chromsäure und Chromoxyd gebeizt war, paßte zwischen die Muster Nr. 3 (gefärbt mit 0,15% Hämatoxylin) und Nr. 4 (gefärbt mit 0,20% Hämatoxylin) und diejenige des dunkleren
Musters, welches ebenso gebeizt war, stimmte mit Nr. 7 (gefärbt mit 0,35% Hämatoxylin) der ersten Vergleichsskala überein. Demnach hatten 1,106 T. des Extraktes denselben Farbwert wie 0,35 T. Hämatoxylin; der Extrakt enthielt also 31,7%
Hämatoxylin + Hämatein. Da ferner die Färbung mit 1,106% Extrakt auf Wolle,
welche nur mit Chromoxyd gebeizt war, zwischen die Muster Nr. 1 und Nr. 2 der
zweiten Vergleichsskala fiel, so haben hierbei 1,106 T. Extrakt denselben Hämateingehalt wie 0,075 T. Hämatein. Der Extrakt enthielt also 6,8% Hämatein und
31,7—6,8 = 24,9% Hämatoxylin. Da jedoch während des einstündigen Färbe-
prozesses immer ein Teil des Hämatoxylins in Hämatein übergeht, so daß ein mit
Chromoxyd gebeiztes Wollmuster, das mit reinem Hämatoxylin gefärbt worden
ist, trotz der Abwesenheit von Chromsäure schwachblau gefärbt wird und in der
Färbung mit Nr. 1 der Hämatein-Chromoxydskala übereinstimmt, so muß die
dieser Färbung entsprechende Menge Hämatein in Abzug gebracht werden, da sie
erst während des Färbens entstanden ist. Es müssen demnach für 1,106 T. Extrakt
0,05 T., oder für 100 T. Extrakt 4,5 T. abgezogen werden. Der Extrakt enthält
nach dieser Korrektur also in Wirklichkeit 6,8 — 4,5 = 2,3% Hämatein und
31,7 — 2,3 = 29,4% Hämatoxylin.

   Probeerschwerung. Blauholzextrakte, die insbesondere zum Erschweren von Seide nach dem Heermannschen Monopolschwarzver-
fahren[1]) verwendet werden sollen, werden zweckmäßig technischen Er-
schwerungsversuchen unterzogen. Zu diesem Zwecke werden mit Zinnphosphat vorerschwerte Seidensträngchen mit 100% Blauholz und etwa
100% Seife vom Gewicht der Seide eine Stunde bei Wasserbadtemperatur
behandelt, gespült, getrocknet und gewogen. Aus dem Gewichtszuwachs

---

   [1]) Näheres s. Heermann, Technologie der Textilveredelung.

der Seide durch die Blauholzoperation wird das Erschwerungsvermögen der verschiedenen Blauholzextrakte beurteilt[1]).

Zusatzstoffe. Da die Extrakte nicht immer in reinem Zustande im Handel vorkommen, sondern oft mit Melasse, Kastanien- und Quebrachoholzextrakt vermischt oder verschnitten sind, so ist der Nachweis dieser Zusätze neben dem Farbgehalt bisweilen von Interesse.

Eine Aschengehaltsbestimmung gibt über den Zusatz von Kastanien- und Quebrachoextrakt keinen Aufschluß, da durch diese der normale Aschengehalt wasserfreier, reiner Blauholzextrakte von 1—2,5% nicht oder nur ausnahmsweise unbedeutend erhöht wird. Dagegen übt der Zusatz von Melasse einen großen Einfluß auf den Aschengehalt aus. Eine Melasse, die aus 50% Zucker, 30% anderen organischen Stoffen und 20% Wasser besteht, enthält in der Regel etwa 10% Asche, so daß sich ein Zusatz solcher Melasse am Aschengehalt der Extrakte deutlich kenntlich macht. Nach v. Cochenhausens[2]) Versuchen enthält Extrakt, dem zu 100 T. 25 T. Melasse zugesetzt waren (auf den wasserfreien Extrakt berechnet) = 4,5%, dem 50% Melasse zugesetzt waren = 6,2% und dem 100% Melasse zugesetzt waren = 8% Asche. Melassezusatz kann bei festen Extrakten auch daran erkannt werden, daß sich diese schlecht pulvern lassen und bei Zimmertemperatur schon nach kurzer Zeit wieder zusammenbacken. Die Asche eines reinen Extraktes ist ferner weiß, sehr locker und leicht, diejenige eines mit Melasse verschnittenen Extraktes liefert stets eine geschmolzene und meist dunkel gefärbte Asche. Geht der Aschengehalt über 3% hinaus, so besteht Verdacht, daß der Extrakt nicht rein ist.

Chemischer Nachweis von Melasse und ähnlichen Füllstoffen. a) Durch Fällung von Hämatein und Hämatoxylin mit Eisenoxyd kann im Filtrat Melasse bzw. Melassezucker als Eindampfrückstand oder, nach Inversion, durch Fehlingsche Lösung, annähernd quantitativ bestimmt werden. v. Cochenhausen fällt eine chlorammoniumhaltige Lösung von 90 g kristallisiertem Eisenalaun mit überschüssigem Ammoniak, wäscht das Eisenoxydhydrat bis zum Verschwinden der Chlorreaktion aus und suspendiert es in einem Liter Wasser. Gut durchgeschüttelt, enthält diese Suspension in je 50 ccm 1 g Eisenoxydhydrat, welches das Hämatoxylin zu Hämatein oxidiert und dieses als Hämateineisenoxyd ausfällt. Nach dem Reaktionsverlauf erfordern 320 T. kristallisiertes Hämatoxylin zum Fällen 214 T. Eisenoxydhydrat oder 0,5 T. Hämatoxylin = 0,34 T. Eisenoxydhydrat. Durch Eisenoxydhydrat werden ferner auch die Gerbsäure, fast alle Gallussäure und alle Nichtzuckerverbindungen der Melasse sowie auch etwas Zucker gefällt. Da reine Blauholzextrakte bei diesem Verfahren niemals mehr als 2—2,5% nicht ausfällbare Stoffe hinterlassen und der etwaige Melassezusatz stets erheblich ist, so kann der annähernde Melassenzusatz auf solche Weise leicht ermittelt werden.

---

[1]) Näheres s. Heermann, Das Blauholz und seine sekundären Funktionen. Vortrag London, Chemiekongreß 1909 und Mitt. a. d. Materialprüfungsamt 1909, S. 228.

[2]) a. a. O.

Ausführungsform. Man verdünnt eine etwa 0,5 g Trockensubstanz enthaltende Menge Extraktlösung mit Wasser auf 200 ccm, fügt 100—150 ccm obiger Eisenoxydhydrat-Suspension hinzu, kocht $\frac{1}{4}$ Stunde über freier Flamme, füllt nach dem Erkalten auf 500 ccm auf, filtriert durch Faltenfilter Nr. 602 von Schleicher und Schüll, dampft in einer gewogenen Schale im Wasserbade zur Trockne, trocknet eine Stunde bei 100° und wägt den Rückstand. 1 T. so gefundenen Zuckers entspricht etwa 2 T. Melasse. Der Zuckergehalt kann nach voraufgegangener Inversion mit Fehlingscher Lösung bestimmt werden. Bei Melassezusatz findet man, auf den wasserhaltigen Extrakt bezogen, meist 20% und mehr Zucker.

b) Auf einfachere Weise lassen sich organische Füllstoffe wie Melasse, Leim, Stärke, Dextrin u. ä. im Blauholzextrakt nachweisen, indem der gesamte Blauholzfarbstoff nebst den Gerbstoffen durch ein Hautpulverfilter (s. u. Gerbstoffen S. 215) entfernt und das Filtrat im nahezu entfärbten Zustande bequem untersucht wird. Zucker und Melasse werden nach Hefezusatz an der auftretenden Gärung erkannt. Nach Inversion mit verdünnten Mineralsäuren bilden Zucker Glykosen, die Fehlingsche Lösung reduzieren. Leim bzw. Stärke werden in bekannter Weise durch Fällung mit Tannin und durch die Stickstoffreaktion bzw. mit Jodlösung nachgewiesen.

Der Nachweis von Gerbsäurezusätzen ist schwieriger. Setzt man zu einer Lösung von 5 g Extrakttrockensubstanz in 1 l Wasser $\frac{2}{3}$ des Volumens an gelbem Schwefelammonium zu, so fällt bei reinen Extrakten unter Dunkelfärbung der Lösung ein schwacher, brauner, flockiger Niederschlag, bei gerbstoffhaltigen Extrakten sofort unter Hellfärbung ein dichter, hellgrauer, milchiger Niederschlag aus. Bei Lösungen von 1 : 1000 entsteht bei reinen Extrakten nur eine gelinde, dunkle Trübung, bei gerbstoffhaltigen eine hellgefärbte, starke Trübung, welche sich schnell zu großen, hellen Flocken zusammenballt.

Der Wassergehalt von festen Extrakten wird durch Trocknen einer gepulverten Probe bei 100—105° bestimmt. Flüssige Extrakte werden zweckmäßig erst gelöst und ein aliquoter Teil der Lösung in einer mit geglühtem Sand und einem Rührstab tarierten Porzellanschale bis zur Konstanz bei 100—105° getrocknet. Der Wassergehalt des zeitweilig im Handel vorkommenden, geraspelten und fermentierten Holzes schwankt zwischen 8 und 50%. Maßgebend ist hier die Probefärbung.

Das Wasserunlösliche wird in bekannter Weise durch erschöpfendes Lösen eines gewogenen Teiles in kochendem destillierten Wasser und Filtration auf gewogenem Filter bestimmt. Erhebliche Mengen von Sand, Erde, Kalksalzen usw. dürfen in einem guten Extrakt nicht vorhanden sein.

Die Haltbarkeit des Blauholzextraktes und auch guter fermentierter Hölzer ist bei sachgemäßer Aufbewahrung fast unbeschränkt.

Präparierte Blauholzextrakte. Außer Blauholz in verschiedener Form und gewöhnlichen, reinen und verschnittenen Blauholzextrakten kommt eine Reihe von präparierten Extrakten in den Handel, deren Bedeutung dauernd abnimmt. Nachstehend seien die wichtigsten Handelsbezeichnungen solcher Präparationen erwähnt, die meist mit Kupfer-, Eisen-, Chromsalzen, Oxalsäure usw. derart verarbeitet sind, daß sie unmittelbar (ohne Vorbeizung des Fasermaterials) angewandt werden können: Direktschwarz, Noir impérial, Kaiserschwarz, Bonsors Schwarz, Noir réduit, Indigoersatz, Indigosubstitut, Nigrosaline,

Neudruckschwarz usw. Die Untersuchung dieser Geheimpräparate ist entweder eine rein chemische oder versuchstechnische. . Im letzteren Falle wird der Wirkungswert durch einen technischen Versuch, der sich der praktischen Verwendung anzupassen hat, ermittelt.

Indigo.

Der Indigo kommt als künstlicher (synthetischer) Indigo, in Form von Pulvern, Pasten, Küpen usw. und als natürlicher Indigo in den Handel. Letzterer verschwindet immer mehr vom Weltmarkt; im Inland wird er überhaupt nicht mehr gebraucht. Die nachstehend beschriebene analytische Kontrolle bezieht sich deshalb auf den Fabrikindigo, und zwar in erster Linie auf die trockene Pulverform[1]).

a) **Vorschrift der Höchster Farbwerke.** Man wägt genau 1 g von dem zu prüfenden, trockenen Indigo ab, füllt dieses in ein weites, kurzes Reagenzglas ein, setzt 7 ccm konzentrierte Schwefelsäure von 66° Bé zu und erwärmt im Dampfbade $1/_2$ Stunde bei etwa 95°. Nach dem Erkalten gießt man die Lösung in 100 ccm kaltes Wasser, filtriert durch ein Faltenfilter in einen Literkolben mit Marke, wäscht das Filter mit heißem Wasser aus, bis dieses farblos abläuft und stellt die Indigolösung nebst dem Waschwasser auf 1 l ein. 20 ccm dieser Lösung verdünnt man mit 300 ccm destilliertem Wasser in einer Porzellanschale von $1/_2$ l Inhalt und titriert sodann mit einer Permanganatlösung, die $1/_2$ g $KMnO_4$ im Liter enthält, indem man unter gleichmäßigem Umrühren die Permanganatlösung tropfenweise zulaufen läßt. Die Titration ist beendet, wenn die Farbe von Blau in Goldgelb übergeht und die Lösung keinen grünen Schimmer mehr zeigt.

Zum Vergleich mit dem zu untersuchenden Indigo analysiert man stets gleichzeitig in genau derselben Weise einen möglichst reinen Indigo von bekanntem Gehalt.

Durch Proportionsrechnung findet man den Gehalt des zu untersuchenden Indigos. Braucht man z. B. für den Typ von bekanntem Gehalt = 17,2 ccm Permanganatlösung, für den zu prüfenden Indigo = 16,6 ccm, und ist der Vergleichstyp 99%ig, so ergibt sich aus der Gleichung: 99 : x = 17,2 : 16,6, daß das Prüfmuster 95% g ist.

b) Nach den Vorschriften der Badischen Anilin- und Sodafabrik löst man 1 T. Indigopulver in 6 T. Schwefelsäuremonohydrat oder 6 T. eines Gemisches aus 2 T. Schwefelsäure 67° und 1 T. Oleum 24% g innerhalb 12 Stunden bei 40—50° und titriert nach dem Verdünnen von mindestens 1 : 10 000. (Nach der vorstehenden Vorschrift der Höchster Farbwerke betrug das Verhältnis 1 : 15 000.) Als Vergleichstyp verwendet man zweckmäßig Indigo rein B. A. S. F. nach mehrmaligem Auskochen mit 10% ger chemisch reiner Schwefelsäure, heißer verdünnter Salzsäure und schließlichem Auswaschen. Man erhält so leicht Indigo von 99—99,5%. Der Oxydationsprozeß bei der Titration verläuft nach der Gleichung:

$$5\,C_{16}H_{10}N_2O_2 \ (\text{Indigo}) + 4\,KMnO_4 + 6\,H_2SO_4 = 10\,C_8H_5NO_2 \ (\text{Isatin})$$

---

[1]) Die Untersuchung des Indigos ist nur aus praktischen Gründen unter den Naturfarbstoffen untergebracht.

$+ 4\,MnSO_4 + 2\,K_2SO_4 + 6\,H_2O.$ Theoretisch würde also je 1 ccm $^1/_5$ n. Chamäleonlösung $= 0{,}0131$ g Indigotin entsprechen, während der praktische Wirkungswert in der Regel 0,014—0,015g Indigotin entspricht.

c) Nach Heinisch[1]) kann man sich von der gleichzeitigen Titration des Vergleichsindigos unabhängig machen, wenn man durch genau einzuhaltende Arbeitsbedingungen zu konstanten Werten kommt. Heinisch erhält diese konstanten Werte, wenn er etwa 0,3 g fein zerriebenen Indigo mit 10 ccm konzentrierter Schwefelsäure bei 70—80° löst, zu 500 ccm auffüllt und zu 25 ccm dieser Stammlösung 300 ccm Wasser zusetzt und in dieser Verdünnung, die mindestens 1 : 20 000 betragen soll, mit Chamäleonlösung 0,5 : 1000 bis zum Verschwinden des letzten Blaus langsam austitriert (zwei Titrationen zum Vergleich der Farbentöne erforderlich). Hierbei verbraucht der Indigo genau $^1/_{10}$ weniger an Sauerstoff als zur Bildung von Isatin erforderlich ist, d. h. 10 Moleküle Indigo verbrauchen 9 Moleküle Sauerstoff (262 mg Indigotin : 28,8 mg Sauerstoff) oder 1 mg $KMnO_4$ entspricht 2,3 mg Indigotin. Bei einer Lösung von genau 0,5 g $KMnO_4$: 1000 entspricht somit je 1 ccm Permanganatlösung $= 1{,}15$ mg Indigotin.

Rotholzextrakt (Fernambukholz, Brasilien-, Sapanholz).

Beim Rotholz liegen die Verhältnisse ähnlich wie beim Blauholz: Der unoxydierte Farbstoff Brasilin befindet sich im Rotholz als Glykosid, spaltet sich aber leicht ab und oxydiert sich zu dem eigentlichen Farbstoff, dem Brasilein. Die Rotholzextrakte des Handels haben meist keine systematische Oxydation durchgemacht und enthalten hauptsächlich Brasilin. Dadurch erklärt sich die Erscheinung, daß beim Färben auf nichtoxydierenden Beizen um so höhere Farbwerte erhalten werden, je länger gefärbt bzw. gekocht wird, da sich hierbei andauernd immer mehr Brasilein bildet.

Das Probefärben geschieht ähnlich wie bei Blauholz. Man stellt sich Vergleichsskalen von 10 Mustern her, die mit 0,05—0,5% reinem Brasilin auf mit 1% Bichromat und 0,5% Schwefelsäure vorgebeizter Wolle gefärbt werden. Verwendet wird dazu das fast reine Brasilin des Handels, das unter Zusatz von etwas schwefliger Säure umkristallisiert worden ist. Bei festen Extrakten verwendet man für die Probefärbung für die hellere Färbung 0,5%, für die dunklere Färbung 1%, bei flüssigen Extrakten 1% und 2%, bei Holz 2,5% und 5% Farbmaterial. Für die Bestimmung des Brasileingehaltes benutzt man am besten die nichtoxydierende Beizung der Wolle mit 5% Alaun und 5% Weinstein oder mit 3% Chromfluorid und 3% Weinstein (weniger reine Töne wegen der Eigenfarbe des Chromoxyds). Bei diesen nichtoxydierenden Beizen bleibt das Brasilin unberührt, soweit es nicht während des Färbens oxydiert wird.

Über die sonstige Untersuchung des Rotholzextraktes, das übrigens technisch von geringer Bedeutung ist, liegen wenige Angaben in der Literatur vor. Die Echtheit der Rotholzfärbungen ist gering.

---

[1]) Färb.-Ztg. 1918, S. 183 und 194.

Gelbholzextrakt.

Gelbholz wird auch alter Fustik und gelbes Brasilienholz, Gelbholzextrakt auch Kubaextrakt genannt. Heute nur noch wenig gebraucht, meist zum Nuancieren von Blauholzschwarz. Als Verfälschungen kommen in Frage: Dextrin, Melasse, Gerbstoffe und vor allem gelbe Teerfarbstoffe. Die Untersuchung auf Verfälschungen geschieht zum Teil wie bei Blauholz.

Das färbende Prinzip des Gelbholzes (morus tinctoria) ist das Morin oder die Morinsäure. Außerdem enthält das Holz gerbsäureartige Stoffe, von denen das Maklurin oder die Moringerbsäure bekannt ist. Durch letztere werden die Farbtöne weniger klar und rein; Vergleichsfärbungen gegen reine Morinsäurefärbungen sind deshalb nicht sehr scharf. Morinsäure ist beizenfärbend und bildet ohne vorhergehende Oxydation mit Metalloxyden Farblacke; durch oxydierende Beizen wird der Farblack trübe, braungelb, während der reine Morin-Zinnlack rein kanariengelb ist und grünlichen Schein hat. Für die Probefärbungen kann man sich mit 10 Wollmustern, welche mit 2% Zinnsalz und 2% Oxalsäure kochend gebeizt worden sind, Vergleichsskalen mit 0,05—0,5% reinem Morin, 0,5—5% festem Extrakt, 1—10% flüssigem Extrakt, 2,5—25% Holz herstellen und von den zu untersuchenden Materialien eine hellere und eine dunklere Färbung mit 2,5 bzw. 5% festem Extrakt, 5 bzw. 10% flüssigem Extrakt und 12,5 bzw. 25% Holz auf Wolle färben, die ebenso mit Zinnsalz-Oxalsäure vorgebeizt worden ist. Außerdem können Färbungen auf Tonbeize ausgeführt werden.

Zur Unterscheidung von Gelbholzextrakt vom Querzitronextrakt verdünnt Justin Müller[1]) eine Lösung des konzentrierten oder trockenen Extraktes in Schwefelsäure von 66° mit Wasser und beobachtet die Färbung nach der Verdünnung. Bei Gelbholzextrakt bleibt die orangegelbe Farbe bestehen, während Querzitron fast völlig entfärbt wird. Unter dem Mikroskop zeigt Querzitron gehäufte Granulationen und nur wenige, schlecht ausgebildete, tafelförmige Kristalle, Gelbholz dagegen wohlausgebildete, rhomboedrische Prismen und Nadeln, die bisweilen zu Rosetten vereinigt sind.

Sandelholz (Barwood, Camwood, Gabanholz, Kaliaturholz, unlösliches Rotholz).

Das färbende Prinzip des Sandelholzes heißt Santalin. Es färbt ungebeizte Wolle schwach rotbraun und bildet mit Tonerde-, Zinnoxyd-, Eisenoxyd- und Chromoxydbeizen rote und braune Farblacke. Extrakte werden nicht gehandelt, man setzt vielmehr beim Färben das feingemahlene Holz dem Färbebade direkt zu. Da Santalin zum Färben keiner Oxydation bedarf, führt man Probefärbungen zweckmäßig auf nichtoxydierenden Beizen, z. B. auf mit 3% Fluorchrom + 3% Weinstein, oder (um den Farbton der Färbung nicht durch die Eigenfarbe des Chromoxydes zu beeinflussen) am besten auf mit 2% Zinnsalz vorgebeizter

---

[1]) Nach Chem. Zentralbl. 1921, II, S. 360.

Wolle aus. Man kocht das sehr fein gemahlene Holz zuerst $^1/_4$ Stunde
aus und färbt, ohne das Holz zu entfernen, die gebeizte Wolle etwa eine
Stunde kochend. Eine Vergleichsskala kann man sich durch Färben von
10 Wollmustern mit 1—10% eines guten Holzes herstellen. Von dem
zu untersuchenden Holz färbt man in zwei Tönen, die eine Färbung mit
5%, die andere mit 10%.

Querzitronextrakt.

Die Querzitronrinde enthält als Glykosid das Querzitrin, das allmählich in Querzetin übergeht. Es ist in Wasser schwer löslich und
bildet mit Tonerde und Zinnoxyd schöne, gelbe bis orangegelbe, mit
Chromoxyd braungelbe, mit Eisenoxyd schwärzlichgelbe Farblacke. Die
Probefärbungen sind unsicher, da die mit reinem Querzetin hergestellten
Färbungen viel reiner und klarer sind und eine andere Gelbnuance zeigen
als die mit Rinde oder Extrakt bereiteten. Die Wolle wird mit 2%
Zinnsalz + 2% Oxalsäure gebeizt. Für die Vergleichsskala werden
10 Färbungen mit 0,05—0,5% reinem Querzetin oder mit 1—10% Extrakt
oder 5—50% Rinde und für die Probefärbungen je eine hellere Färbung
mit 5% Extrakt und 25% Rinde sowie je eine dunklere mit 10% Extrakt
und 50% Rinde hergestellt.

Orseilleextrakt.

Andere Bezeichnungen für Orseillepräparate sind: Persio, Cudbear,
roter Indigo, Orchelline. Der färbende Bestandteil der Orseille-
flechte ist der unoxydierte Farbstoff Orzin, aus dem durch Oxydation
Orzein entsteht, das Wolle und Seide ohne Vorbeize rotviolett färbt.
Außer Orzin enthalten die Orseilleflechten noch verschiedene Flechten-
säuren. Da Orzein nicht rein im Handel vorkommt, können keine genauen Vergleichsskalen hergestellt werden. Man verwendet deshalb für
Vergleichsfärbungen entweder einen Orseilleextrakt von bekannter Güte
oder ein Typ-Orzein des Handels. Der Extrakt des Handels ist vielfach
mit Anilinfarbstoffen, z. B. mit Fuchsin, geschönt. Zur Auffindung der
Zusatzfarbstoffe bedient man sich mit Erfolg der Kapillaranalyse nach
Goppelsröder oder des systematischen Untersuchungsganges nach
Heermann[1]).

Cochenille (Kermes, Lac-Dye).

Der Farbstoffträger ist die Cochenillelaus, die entweder in getrocknetem und gepreßtem Zustande oder in Form von Extrakt in den
Handel kommt. Der Farbstoff der Cochenille heißt Karminsäure, die
mit Zinn einen schönen und feurigen, roten Lack bildet. Vergleichsfärbungen werden zweckmäßig auf mit 2% Zinnsalz + 2% Weinstein
vorgebeizter Wolle ausgeführt. Durch Thioindigoscharlach ist die Cochenille fast ganz verdrängt worden.

----

[1]) Mitteilungen aus dem Materialprüfungsamt 1910, Heft 1.

Curcumawurzel.

Die Curcumawurzel kommt meist als solche gepulvert oder als Mehl in den Handel und enthält den Farbstoff Curcumin, der Wolle und Baumwolle substantiv anfärbt. Vergleichsskalen können mit reinem Curcumin auf Wolle oder Baumwolle substantiv unter geringem Alaunzusatz gefärbt werden. Ähnlich wie bei Sandelholz wird die gemahlene Wurzel dem Färbebad zugegeben. Durch Alkali wird die Färbung leicht bräunlich.

Gelbbeeren. Der Farbstoff derselben, Xanthorhamnin, ist ein Glykosid und zerfällt in eine Zuckerart und das Rhamnetin; dieses bildet mit Zinnoxyd und Tonerde lebhafte, gelbe Farblacke.

Orléan. Enthält den Farbstoff Bixin, der auf mit Alaun vorgebeizter Wolle gefärbt wird. Heute kaum noch verwendet.

Safflor. Enthält den Farbstoff Carthamin; färbt in schwach saurem Bade Baumwolle und Seide feurig rot. Kaum noch gebraucht.

Wau oder **Waude** (Streichkraut, Färbergras, Gelbkraut) mit dem Farbstoff Luteolin ist heute auch ohne größere Bedeutung.

Fisettholz mit dem Farbstoff Fisetin oder Fustin ist heute auch ohne besondere Bedeutung.

Untersuchung veredelter und gefärbter Faser.

Faserschädigungen.

Baumwollschädigung durch Oxyzellulosebildung.

Die wichtigste Schädigung der Baumwolle sowie der übrigen pflanzlichen Fasern, der Zellulosefasern, besteht in der Bildung von Oxyzellulose. Diese bildet sich bei bestimmten Prozessen (beim Bäuchen, Bleichen usw.) entweder a) durch das gesamte Fasermaterial durchgehend, d. h. mehr oder weniger gleichmäßig oder b) lokal, d. h. an einzelnen, besonders beanspruchten Stellen. Diese in der Bleicherei und Bleichwäscherei vielfach beobachtete Erscheinung wird nach Heermann[1]) als „Sauerstofffraß" bezeichnet. Die Oxyzellulose ist meist unmittelbar nach den jeweiligen Arbeitsprozessen nachweisbar; in selteneren Fällen bildet oder vermehrt sie sich auch allmählich beim Lagern oder auf dem Transport der Ware, z. B. wenn der Oxyzellulosebildner nach dem Arbeitsprozeß in der Faser verbleibt und eine Nachwirkung ausübt. Zu solchen Rückständen aus der Bleicherei, Färberei usw. gehören vor allem sauerstoffabgebende Körper (Hypochlorite, Superoxyde, Sauerstoffsäuren und -salze).

Der Nachweis der Oxyzellulose geschieht in bereits besprochener Weise (s. S. 14 und 20) durch Methylenblaufärbung, die Schwalbesche Kupferzahl u. a. m. In gewisser Beziehung zur Oxyzellulosebildung steht auch der Bleichgrad der Ware, insofern als bei zu weit getriebener Bleichung Oxyzellulosebildung einzutreten pflegt. Zur Bestimmung des Bleichgrades können die „Säurezahl" von Vieweg, die „Kupferzahl"

---

[1]) Chem. Ztg. 1918, S. 85, 337, 342.

von Schwalbe (s. S. 20) u. a. m. verwertet werden. Im Gegensatz zu den Verfahren von Schwalbe bzw. Vieweg (Kupfer- bzw. Säurezahl s. S. 19), nach denen gleichzeitig die Oxy- und Hydrozellulosen ermittelt werden, gibt Freiberger ein Verfahren an, das die Oxyzellulose allein, also unabhängig von einem etwaigen Hydrozellulosegehalt, anzeigt. Durch umfassende Trockenerhitzungs- und Dämpfversuche hat Freiberger gefunden[1]), daß sich stark oxyzellulosehaltige Zellulose (erhalten durch 48stündiges Chlorieren in Chlorkalklauge von 12 g Chlor im Liter) sowohl bei trockener Erhitzung (eine Stunde bei 108°), als auch beim Dämpfen mehr oder weniger braun färbt. Das Dämpfen kann hierbei in unpräpariertem Zustande („Dämpfzahl") oder in alkalisch präpariertem Zustande der Probe („Dämpfzahl alkalisch") vorgenommen werden; in beiden Fällen tritt Gelb- oder Braunfärbung im Verhältnis zum Oxyzellulosegehalt ein. Dabei ist etwaiger Gehalt an Hydro- und Hydratzellulosen, sowie Fremdkörpern (Fetten, Holzgummi u. ä.) nicht von erheblichem Einfluß auf den Grad der Bräunung. Da indes alkalische Präparation der Probe die Braunfärbung erhöht, ist eine solche behufs besserer Abschätzung der Reaktion zweckmäßig. Als geeignetste Präparation empfiehlt Freiberger eine solche mit Natriumrizinoleat. Da zu starke Konzentration die Zellulose angreift, zu schwache Konzentration undeutliche Reaktion gibt, ist die Wahl der Konzentration von Bedeutung, und es hat sich eine solche von 15 : 1000 am besten bewährt. Nach diesem Verfahren wird etwa wie folgt gearbeitet. Das Versuchsmaterial und die Gegenproben von bekannten Eigenschaften werden mit gegen Phenolphthalein neutralisierter Natriumrizinoleatlösung (15 : 1000) imprägniert, getrocknet und 50—100—180 Minuten bei 1—1 $1/_2$ Atm. Überdruck möglichst trocken gedämpft (nasser Dampf erhöht die Gelbfärbung). Die sich dabei ergebende Gelb- bis Braunfärbung wird mit Hilfe einer Weißtabelle verglichen, die durch Anfärbung von gut weiß gebleichtem Stoff mit verschieden verdünnten, gebrauchten Bäuchlaugen hergestellt wird[2]). Aus dem Unterschied der Bräunung zwischen Versuchs- und bekanntem Vergleichsmaterial ergibt sich der annähernde Gehalt an Oxyzellulose in dem zu untersuchenden Muster. Oxyzellulose oder stark oxyzellulosehaltige Zellulose wird nach 50 Minuten langem Dämpfen cachoubraun, etwa 100 mal so dunkel gefärbt als Zellulose. Hydro- bzw. Hydratzellulose (mercerisierte Zellulose) verhalten sich etwa wie reine Zellulose, etwas mehr bezw. etwas weniger gilbend, je nach dem Grade der Mercerisation oder sonstigen Vorbehandlung.

Auf solche Weise läßt sich aus dem Grade der Gelb- bzw. Braunfärbung der relative Oxyzellulosegehalt annähernd schätzen. Mit den bekannten Zellulose-, Kupfer- und Säurezahlen stehen die Befunde in keiner unmittelbaren Beziehung, da die ersteren auch noch die Hydrozellulose mit einschließen. Zu berücksichtigen bleibt, daß sich auch gute, oxyzellulosefreie oder -arme Weißware beim Dämpfen dunkler färbt, und zwar unpräparierte Ware etwa 6 mal dunkler als sie vorher war (Rück-

---

[1]) Färb.-Ztg. 1917, S. 221, 235, 249.
[2]) Freiberger, Färb.-Ztg. 1915, S. 319.

gang der Weißnummer von 100 auf 17). **Freiberger** schreibt der Oxy-zellulose katalytische Wirkung (Sauerstoffübertragung) zu und betrachtet ihren Gehalt an Betaoxyzellulose als Ursache nachträglicher Vergilbung. Das Verfahren muß auf Betriebe beschränkt bleiben, die die erforderlichen Einrichtungen (Druckdämpfer) und Hilfsmittel (Bäuchlauge) zur Verfügung haben und ist insofern in der Anwendungsmöglichkeit begrenzt.

Weitere Anhaltspunkte für die Schädigung von Faserstoffen ganz allgemein bieten die dynamometrischen Vergleichsversuche mit dem bearbeiteten und dem unbearbeiteten Fasererzeugnis[1]).

Kunstseidenschädigung durch Säurefraß.

Eine bei der Nitrokunstseide häufig vorkommende, von der Fabrikation derselben herrührende Faserschädigung ist der sogenannte Säure-fraß. Nach **Heermann**[2]) ist er auf das Vorhandensein labiler Zelluloseschwefelsäureester in der Faser zurückzuführen. Diese zersetzlichen Ester liefern unter gewissen Bedingungen (bei der Weiterbearbeitung, auf dem Lager, beim Transport besonders in tropischen Gegenden usw.) freie Schwefelsäure, welche Glanzlosigkeit, kalkige Stellen, Ent- oder Mißfärbung, sowie vor allem (durch Bildung von Hydrozellulose) ein Mürbewerden der Kunstseide verursacht. Der Zusammenhalt der Faser kann soweit zurückgehen, daß die Faser pulverisierbar wird. Solange der Säurefraß noch nicht zur Entwicklung gekommen ist, sondern gewissermaßen als latenter Keim in der Kunstseide schlummert, zeigt die Faser zunächst normalerweise neutrale Reaktion des wässerigen Auszuges. Erst wenn die Zersetzung eingesetzt hat, die dann, wie durch ein Ferment angeregt, immer weiter um sich frißt, zeigt die Faser mineralsaure Reaktion und Schwefelsäureionen im wässerigen Auszug; auch wird sie in diesem Stadium beim Erhitzen gebräunt oder geschwärzt (karbonisiert). Die quantitative Bestimmung der an Zellulose esterartig gebundenen Schwefelsäure gelingt leicht, indem man die Kunstseide mit verdünnter Salzsäure kocht und die hierbei abgespaltene Schwefelsäure durch Chlorbarium fällt. Da hierbei aber die gesamte Schwefelsäure abgespalten bzw. bestimmt wird, dagegen nicht jede an Zellulose gebundene Schwefelsäure Säurefraß verursacht, kommt diese Bestimmung für die Beurteilung von eingetretenem Säurefraß oder von Säurefraßgefahr praktisch weniger in Frage. Man muß zu diesem Zwecke anders vorgehen. Nach **Heermann** führt man hierzu die sogenannte Stabilitätsprobe in der Weise aus, daß man die neutral reagierende oder neutral gewaschene, sulfatfreie und wieder getrocknete Kunstseide eine Stunde im Trockenschrank bei 135—140° erhitzt und dann prüft: 1. auf saure bzw. mineralsaure Reaktion der Seide bzw. des wässerigen Auszuges, 2. auf Schwefelsäureionen mit Chlorbariumlösung, 3. auf eingetretene Bräunung oder Schwärzung (Karbonisation). Bei starkem Säurefraß sind alle drei Reaktionen deut-

---

[1]) Näheres s. **Heermann**, Mechanisch- und physikalisch-technische Textiluntersuchungen, Julius Springer.

[2]) Mitteilungen aus dem Materialprüfungsamt 1910, Heft 4. Färb-Ztg. 1913, Heft 1. Briggs, Färb.-Ztg. 1913, 73.

lich; bei geringem Säurefraß ist der Nachweis der sauren Reaktion mitunter schwierig zu führen (s. w. u. Säuregehalt der Fasern). Gute Nitroseiden halten die Stabilitätsprobe aus, und es tritt in einer Stunde keine merkliche Bräunung ein. Hält die Kunstseide die Probe nicht aus, wird vor allem freie Schwefelsäure abgespalten, so liegt entweder bereits eingetretener Säurefraß vor (besonders wenn die Faser bereits im unerhitzten Zustande freie Schwefelsäure enthielt), oder die Kunstseide ist säurefraßverdächtig, d. h. es liegt die Möglichkeit oder Wahrscheinlichkeit vor, daß die Faser später dem Säurefraß anheimfällt. Insbesondere ist solche Kunstseide für bestimmte Zwecke (z. B. die Luftspitzenfabrikation), bei denen starke Erhitzung stattfindet, ungeeignet.

Wollschädigung.

Etwaige Wollschädigung wird in der Regel durch dynamometrische Vergleichsversuche erwiesen[1]). Über zwei chemisch-analytische Methoden berichtet Becke[2]).

1. Das eine Verfahren besteht in der Untersuchung der Bearbeitungsbäder auf gelöste Eiweißsubstanz und ist bereits unter Faserschwächung bei der Chromkalibeizung der Wolle erwähnt worden (s. S. 173). Kertesz[3]) prüft einen Wollstoff auf etwaige Schädigung in der Weise, daß er ein Stoffmuster von 4—5 cm Länge und 2—3 cm Breite nach gutem Netzen im Reagenzglase mit 10 ccm Sodalösung 1 : 100 übergießt, bei 60—65° eine Stunde stehen läßt, die Sodalösung möglichst vollständig abgießt, mit 10 ccm n. Natronlauge und 2 ccm Kupfervitriollösung versetzt. Nach einiger Zeit zeigt sich bei schadhaften Wollen die violette Färbung, Biuretreaktion, die skalenmäßig verglichen werden kann. Auch bei Seide tritt die Reaktion auf. Außerdem wird nach Kertesz geschädigte Wolle in essigsaurem Bade bei 50° mit Methylenblau viel stärker angefärbt als gesunde, intakte Wolle.

2. Das andere Verfahren besteht in der Prüfung der Wollfaser selbst in bezug auf Schwefelabspaltung aus der Wollsubstanz. Es gibt also unmittelbar Auskunft darüber, ob und in welchem Maße eine Zerstörung der schwefelhaltigen Wollsubstanz unter Bildung leicht abspaltbarer Schwefelverbindungen eingetreten ist. Behandelt man nach Becke intakte Wolle in einem heißen Bade, das Zinnsalz enthält und mit Essigsäure angesäuert ist, so bleibt die Wolle ungefärbt bzw. ungebräunt. War die Wolle aber vorher durch Alkalien oder sonstige Einflüsse angegriffen, so färbt sich die Wolle im Zinnsalz-Essigsäurebade um so intensiver braun, je stärker die Wolle angegriffen war. (Bleiazetat gibt nach Becke eine ähnliche Reaktion, aber weniger klar und abgestuft.) Die Reaktion wird so ausgeführt, daß die zu untersuchenden Wollproben, z. B. in Mengen von 5 g, in 200 ccm Bad, das 10% Essigsäure und 5—10% Zinnsalz vom Gewicht der Wolle enthält, bei 90—95° im Wasserbade

---

[1]) Näheres s. Heermann, Mechanisch- und physikalisch-technische Textiluntersuchungen.

[2]) Färb.-Ztg. 1912, S. 45 und 305; 1919, S. 101, 116, 128.

[3]) Ztschr. f. angew. Chem. 1919, S. 169.

$^1/_2$—$^3/_4$ Stunde behandelt werden. Die Stärke der Braunfärbung gibt Aufschluß über den Grad der Wollschädigung. Die Reaktion tritt auch dann noch ein, wenn die Wolle nach der schädigenden Behandlung gespült und sogar sauer gekocht worden ist. Nach Beckes Ansicht könnte auf eine solche Wollschädigung zum Teil auch das bekannte Anlaufen von Silber und unechtem Gold durch Wollstoffe zurückzuführen sein. Es sei noch bemerkt, daß auf diese Weise nicht jede Wollschädigung nachweisbar ist, da je nach der Art der schädigenden Einflüsse in der Wolle scheinbar verschiedene Molekülgruppen angegriffen werden können. Tritt die Reaktion jedoch im positiven Sinne ein, so kann die Wollschädigung als erwiesen angesehen werden.

Auf Grund seiner umfangreichen Versuche kommt Becke bezüglich des Wertes seiner zwei Prüfverfahren (s. oben 1. und 2.) und der Wollschädigung durch chemische Bearbeitung zu folgenden Schlüssen. Die Zinnsalzreaktion (2) gibt nur einseitig den Grad der etwaigen Wollschädigung lediglich durch Alkalien an. Schädigungen durch andere Stoffe werden durch diese Reaktion nicht nachgewiesen. Die Biuretreaktion (1) liefert genaue zahlenmäßige Angaben über die Menge der gelösten Wollsubstanz ganz allgemein. Zwischen Substanzverlust und Festigkeitsrückgang besteht eine eindeutige Beziehung, so daß die Biuretreaktion eine geeignete Ergänzung der Festigkeitsprüfung sein kann. Doch ist die Biuretreaktion verläßlicher, da sie eindeutig ist und mechanische Nebeneinflüsse ausgeschlossen sind wie bei der Festigkeitsprüfung, wo z. B. durch Verfilzung des Materials während einer Behandlung Werte erhalten werden können, die irrigerweise auf Wollschädigung statt auf die Nebeneinflüsse mechanischer Natur zurückgeführt werden können. — Entgegen der meist vertretenen Ansicht findet Becke, daß nicht nur verdünnte Schwefelsäure, sondern auch Bisulfat und Glaubersalz insofern ungünstig auf die Wollfaser einwirken, als durch sie eine erhöhte Angreifbarkeit der Wolle durch Wasser, Seife, Soda, Lauge usw. hervorgerufen wird. Während Säure-, besonders Schwefelsäurebehandlung eine ausgesprochene Alkaliempfindlichkeit der Wolle hervorruft, verursacht Alkalibehandlung der Wolle (in mäßigen Grenzen) keine Säureempfindlichkeit der Wolle.

3. **Allwördensche oder Elastikum-Reaktion.** v. Allwörden[1]) machte die interessante Beobachtung, daß sich gesunde (entfettete) Wollen von stark angegriffenen dadurch unterscheiden, daß erstere, mit Chlorwasser befeuchtet und unter dem Mikroskop untersucht, nach kurzer Zeit eine eigenartige Quellungserscheinung unter Bildung von Bläschen, Perlen oder ganzen Perlenschnüren zeigen, während alkalisch behandelte Wollen diese Reaktion nicht mehr zeigen. Die diese Reaktion bedingende Substanz nannte er Elastikum und die Reaktion selbst Elastikumreaktion. v. Allwörden benutzt Chlorwasser (gesättigtes Chlorwasser mit 1—2 T. destilliertem Wasser verdünnt). Naumann[2]) empfiehlt die Verdünnung des gesättigten Chlorwassers mit dem gleichen Volumen Wasser (1 : 1). Nach ihm soll das Chlorwasser im Dunkeln aufbewahrt werden und nicht älter als 8 Tage sein. Herbig[3]) hat beobachtet, daß die Reaktion mit gesättigtem Bromwasser zwar etwas langsamer (in 15 Minuten), aber viel deutlicher und schärfer verläuft als mit Chlorwasser, zum Teil weil das Bromwasser die Faser gelb färbt, während die heraustretenden Perlen ungefärbt bleiben und sich deshalb besser abheben.

---

[1]) Ztschr. f. angew. Chem. 1916, S. 77; 1917, S. 125 und 297.
[2]) Ztschr. f. angew. Chem.. 1917, S. 135, 297, 305.
[3]) Ztschr. f. angew. Chem. 1919, S. 120.

Nach Krais und Waentig[1]) ist hingegen Chlorwasser vorzuziehen, weil Bromwasser mitunter versagt und eine Färbung der Faser, wie sie v. Allwörden bereits vorgeschlagen hatte, primär erzeugt werden kann. Nach dem Entdecker der Reaktion ist diese auf ein der Wolle eingelagertes Kohlenhydrat, nach den Versuchen von Krais und Waentig dagegen auf eine schwefelhaltige, eiweißartige Verbindung (Fibrillensubstanz oder eine zwischen Fibrillen und Epithel befindliche Substanz) zurückzuführen.

Die ursprünglich von verschiedenen Beobachtern gemeldete Unsicherheit der Reaktion ist insbesondere durch Naumann, der an 16 von verschiedenen Schafsorten stammenden Rohwollen Versuche vornahm, behoben worden. Nach dessen Ergebnissen ist die Reaktion ein allgemeines Merkmal der Schafwolle, sofern sie nicht durch die Einwirkung von Alkali. oder eine scharfe Dekatur (bei etwa $2\,^1/_2$ Atmosphären) verringert oder ganz aufgehoben worden ist. Die Alkaliwirkung nimmt mit steigender Konzentration und besonders Temperatur zu; die Grenze liegt z. B. bei 10%iger Sodalösung bei 35°, bei einer 0,1%igen Natronlauge bei 40—50°. Saure Bäder sind ohne Einfluß; erst beim Färben in neutralem Bade (z. B. Glaubersalzbade) beginnt ein geringes Nachlassen. Das Maximum der Bläschen- oder Perlenbildung liegt in der Mitte des Haares, das Minimum an der Haarspitze. Der etwaige Fettgehalt der Wolle beeinträchtigt erheblich die Reaktion; organische Fettlösungsmittel, wie Benzol u. a. m., beeinflussen die Reaktion nicht.

Was den eigentlichen Zusammenhang zwischen der Reaktion und den guten Eigenschaften der Wolle betrifft, so darf dieser heute noch nicht überschätzt werden, bevor nicht völlige Klarheit hierüber herrscht. Der positive oder negative Ausfall der Elastikumreaktion allein besagt nach Naumanns Versuchen noch nichts für die Güte der Wolle. Das, was die Elastikumreaktion zeigen kann, ist nur der Nachweis der Überschreitung einer bestimmten Grenze in bezug auf Alkalität und Temperatur der Behandlungsbäder bzw. auf Druckdämpfung. Das würde aber die Elastikumreaktion für die Untersuchung der Wolle in der Praxis nicht wertlos machen; denn auf jeden Fall besitzt man in dieser Reaktion die Möglichkeit, nachträglich bei einer Wolle eine starke Alkaliwirkung als wahrscheinlich festzustellen. Die Untersuchung gewinnt an Wert, wenn gleichzeitig das Rohmaterial zur Vergleichsprüfung herangezogen wird und nicht zu kurze Wollen zur Verfügung stehen. In diesem Sinne dürfte die Untersuchung der Wolle auf die Elastikumreaktion in Wollbetrieben wohl lohnend sein und unter Umständen wertvolle Aufschlüsse über etwa begangene Fehler geben. Bei einiger Übung ist die Reaktion schnell und sicher auszuführen.

Außer Schafwolle geben nach Krais und Waentig auch die anderen Tier- und Pelzhaare (z. B. von Hund, Kuh, Kaninchen, Steinmarder usw.) die Elastikumreaktion. Bei Federn versagt sie.

4. Erwähnt sei noch die von Sauer gegebene Anregung zur Bestimmung des löslichen Stickstoffs[2]) in Wollen. Er hat festgestellt, daß sich

---

[1]) Ztschr. f. angew. Chem 1920, S. 65.
[2]) Ztschr. f. angew. Chem. 1916, 424.

die Wollsubstanz durch längere Sonnenbelichtung insofern verändert, als sie im ursprünglichen Zustande eine geringere Menge von in alkalischer Wasserstoffsuperoxydlösung löslichen Stickstoffverbindungen enthält als nach längerer Sonnenwirkung (sonnenkranke Wollen). Gefärbte Wollen sind gegen Sonnenbelichtung widerstandsfähiger als ungefärbte. So fand Sauer in zwei Versuchen bei gefärbter Wolle (a) einerseits und bei ungefärbter Wolle (b) andererseits nach viermonatiger Sonnenwirkung folgende Werte:

a) unbelichtet 17,9%, belichtet 26%,

b) unbelichtet 13,3%, belichtet 44,5% vom Gesamtstickstoff der Wolle an löslichen Stickstoffverbindungen. Allgemeingültige Schlüsse auf die Schädigung der Wolle durch Sonnenbelichtung können indes aus diesen Einzelbestimmungen nicht gezogen werden.

Kertesz hat gefunden, daß geschädigte Wolle in mit Essigsäure angesäuertem Methylenblaubade bei 50° stärker angefärbt wird als gesunde Wolle[1]).

Aus der Färberei, Appretur usw. stammende Bestandteile und Rückstände auf der Faser.

Fettgehalt. Der Fettgehalt gefärbter Textilstoffe ist sehr schwankend und gibt im Überschuß leicht Veranlassung zu verschiedenerlei Unzuträglichkeiten (Fettflecke, Durchschlagen, Fettsäurenebel, übler Geruch usw.). Unter „Fett" versteht König alle aus der wasserfreien Substanz durch wasserfreien Äthyläther ausziehbaren, bei einstündigem Trocknen im Wasserdampftrockenschrank nicht flüchtigen Bestandteile. Die Bestimmung des „Fettgehaltes" geschieht nach dieser Begriffsbestimmung in der Weise, daß das vorgetrocknete Material, etwa 5—10 g, im Soxhletapparat erschöpfend mit Äther ausgezogen, der Auszug vom Äther durch Verdunsten befreit und der Rückstand eine Stunde bei etwa 95—100° getrocknet wird. Der Fettgehalt wird schließlich auf das Ausgangsgewicht der Probe bei 65% Luftfeuchtigkeit (nicht auf das Trockengewicht) berechnet. Anstatt Äther wird häufig auch Benzin bzw. Petroleumäther oder auch Schwefelkohlenstoff, Benzol oder ein chlorierter Kohlenwasserstoff (Tetrachlorkohlenstoff, Siedepunkt 77°, Chloroform, Siedepunkt 61°, Dichloräthylen, Siedepunkt 55°) verwendet. Die drei letzteren Extraktionsmittel zeichnen sich dadurch aus, daß sie nicht feuergefährlich sind. Der Extrakt wird, gegebenenfalls nach voraufgegangenem Filtrieren und Auswaschen des Filters mit dem jeweiligen Lösungsmittel, erst auf dem Soxhletapparat und dem Dampfbade abdestilliert und zuletzt im Trockenschrank bei 90—100° getrocknet. Je nach der Natur der vorhandenen Fettstoffe wird hierbei bis zur Konstanz oder nur bis zur annähernden Konstanz getrocknet (s. a. u. Seifen). Falls nicht in einer flachen Schale, sondern im Soxhletkölbchen oder Becherglas abgedampft und getrocknet wird, ist zeitweiliges Einblasen von Luft zur Entfernung der sich beim Abkühlen sonst wieder kondensierenden und das Gewicht vermehrenden Dämpfe unerläßlich.

---

[1]) Ztschr. f. angew. Chem. 1919, S. 168.

Hierzu ist zu bemerken, daß, streng genommen, nicht alles „Fett“ ist, was mit Äther oder den sonstigen Fettlösungsmitteln ausziehbar ist, da sich außer eigentlichem Fett auch Wachse, Harze, Kalkseifen u. ä. in denselben mehr oder weniger lösen. In bestimmten Fällen wird es darauf ankommen, das eigentliche Fett (Neutralfett, Fettsäuren) von anderen in Fettlösungsmitteln löslichen Stoffen besonders zu trennen oder zu differenzieren. So werden beispielsweise durch die übliche Ätherextraktion außer Neutralfett und Fettsäuren auch Mineralöle, Wachse, Harze, Kalkseifen, organische Verbindungen usw. ausgezogen.

Kalkseifen. Was insbesondere die Kalkseifen betrifft, die in der Textilprüfung mitunter eine große Rolle spielen, so verhalten sie sich je nach Art ihrer Fettsäuren gegenüber verschiedenen Fettlösungsmitteln sehr verschieden. Die Angaben in der Literatur sind deshalb auch vielfach einander widersprechend. Nach den Versuchen von Salm und Prager[1]) sind die Kalkseifen (mit Ausnahme der leicht löslichen Rizinusölkalkseife) am schwersten löslich in Azeton. Äther und zum Teil Benzin und Schwefelkohlenstoff haben dagegen ein hohes Lösungsvermögen gegenüber bestimmten — aber nicht allen — Kalkseifen, z. B. den Klauenöl- und Leinölkalkseifen. Da Klauenöl fast reines Triolein ist, so bestätigt sich dadurch die Angabe in der Literatur, daß Kalziumoleat ätherlöslich ist. Das beste Lösungsvermögen gegenüber fast allen Kalkseifen zeigen indes Benzol und Tetrachlorkohlenstoff. Behufs Trennung vom Neutralfett sind die Versuchsmaterialien deshalb nicht mit Benzol, Tetrachlorkohlenstoff, Äther, Benzin oder Schwefelkohlenstoff, sondern mit Azeton (außer bei Gegenwart von Rizinusölkalkseifen) zu extrahieren. Sollen aber Neutralfette mit den Kalkseifen zusammen erfaßt werden, so bedient man sich am besten des Benzols oder des Tetrachlorkohlenstoffs als Lösungsmittel. In diesen Lösungsmitteln tritt bei gewöhnlicher Temperatur zum Teil nur eine Verquellung der Kalkseifen ein, und nur bei höherer Temperatur sind sie fast völlig löslich. Man verwendet deshalb nicht den üblichen Soxhletkolben (Extraktion mit abgekühltem oder kaltem Lösungsmittel), sondern mit Nutzen den Bessonkolben (Extraktion mit warmem Lösungsmittel). Da die Feuchtigkeit der Kalkseifen ihre Löslichkeit merklich herabsetzt, muß das Versuchsmaterial zweckmäßig vorher bei 95—100° vorgetrocknet werden. Gilt es also, das Fett und die Kalkseifen gesondert zu bestimmen, so würde es sich nach den Versuchen von Salm und Prager empfehlen: 1. das eigentliche Fett durch Extraktion mit Azeton im Soxhletapparat und dann 2. die Kalkseifen durch Extraktion mit Benzol oder Tetrachlorkohlenstoff im Bessonkolben zu bestimmen und beide einzeln zur Wägung zu bringen. Die so getrennt erhaltenen Kalkseifen können nach Belieben weiter mit Salzsäure o. ä. zersetzt und die Fettsäuren untersucht werden. Wenngleich dieses Verfahren nach Salm und Prager dem alten Fahrionschen[2]) vorzuziehen ist, so braucht man sich nicht zu verhehlen, daß es nur Annäherungswerte geben dürfte, die jedoch für die meisten Zwecke der technischen Analyse ausreichen.

---

1) Chem.-Ztg. 1918, S. 463.   2) Chem. Ztg. 1899, S. 452; s. a. Lunge-Berl.

Auch ist der Weg gangbar, erst die Fette durch Extraktion mit kaltem Azeton zu entfernen, dann die Kalkseifen auf dem Versuchsmaterial selbst mit Salzsäure zu zersetzen, die freien Fettsäuren nach geeigneter Trocknung auszuziehen und näher zu untersuchen.

Seifengehalt. Die Seife wird mit heißem, destilliertem Wasser von der Faser abgelöst, die wässerige Lösung mit verdünnter Säure zersetzt und die freigemachte Fettsäure wie bei Seifen (s. d.) ermittelt. Kalk-, Magnesiaseifen usw. sind wasserunlöslich; sie werden durch verdünnte, heiße Säuren auf der Faser zersetzt.

Säure- und Alkaligehalt. Bei erheblichen Mengen Säure oder Alkali auf der Faser genügt ein wiederholtes Auslaugen oder Auskochen einer Probe des Versuchsmaterials mit wenig destilliertem Wasser, Vereinigung der Auszüge unter kräftigem Ausdrücken des Musters und Prüfung derselben 1. auf saure oder alkalische Reaktion mit empfindlichem Lackmus- und Kongopapier, 2. auf Art und Menge der Säure oder des Alkalis nach bekannten, allgemeinen Verfahren (Titration mit $^{1}/_{10}$—$^{1}/_{100}$ n. Alkali bzw. Säure usw.). Noch einfacher gestaltet sich der qualitative Nachweis durch festes Anpressen von Indikatorenpapier an die schwach durchfeuchtete Ware, eventuell zwischen zwei sauberen Glasplatten oder durch längere Zeit hindurch unter der Presse. Bläuung von Kongorotpapier ist immer im hohen Grade verdächtig.

Infolge der großen Säure- und Alkaliadsorption durch die pflanzlichen und tierischen Fasern gelingt es aber auf diese Weise nicht mit Sicherheit, geringe Mengen oder Spuren von Säure bzw. Alkali nachzuweisen. Selbst mehrtägiges Auslaugen oder Wässern der Proben in destilliertem Wasser vermag den Fasern nicht die letzten Spuren der adsorbierten Säuren oder Alkalien zu entziehen[1]). Bei einer gewissen Mindestmenge gelingt der Säurenachweis noch eben, wenn der wässerige Auszug (da es sich fast ausschließlich um nichtflüchtige Stoffe wie Schwefelsäure handelt) auf dem Wasserbade bis zum letzten Tropfen eingeengt und die Reaktion mit diesem konzentrierten Tropfen ausgeführt wird (Lackmus- oder Kongopapier, Schwefelsäurereaktion mit Chlorbarium usw.). Die letzten Spuren lassen sich aber auch auf diese Weise nicht nachweisen, und man ist gezwungen, die Reaktion mit dem Versuchsmaterial selbst auszuführen.

Zänker und Schnabel (a. a. O.) verfahren beim Nachweis von Säurespuren in Baumwolle in der Weise, daß sie eine kleine Probe von 2—3 g in einer Platinschale zunächst stark anfeuchten und dann auf dem Wasserbade soweit eindampfen, daß unter der Presse auf einem mit der Probe stark zusammengepreßten Stückchen trockenen, violetten Lackmuspapiers (oder besser Lackmusseide)[2]) gerade noch ein feuchter Rand entsteht. (Die Ware ist dann bis zu einem Wassergehalt von knapp 50% des Warengewichtes eingetrocknet.) Unter der Presse findet nach einiger

---

[1]) Heermann, Färb.-Ztg. 1904, Heft 21. Zänker und Schnabel, Färb.-Ztg. 1913, 260.

[2]) Emich. Die Mikrochemie S. 48 und Monatshefte für Chemie 1901, 670; 1902, 76.

Zeit Ausgleich der Flüssigkeit und damit der Säuremengen zwischen Papier und Baumwollfaser statt. Auf solche Weise konnten noch Spuren von 0,01% Schwefelsäure vom Gewicht der Faser deutlich nachgewiesen werden, während für den Nachweis im wässerigen Auszuge der doppelte Säuregehalt erforderlich war. Bei so geringen Mengen sind nebenbei stets Blindversuche mit destilliertem Wasser auszuführen. An Stelle der Presse kann zweckmäßig auch ein mittelheißes Bügeleisen benutzt werden. Diese Ausführung erfordert Berücksichtigung etwaiger Farbveränderung des Lackmuspapiers durch heißes Bügeln. Parallelversuche mit säurefreier Faser sind auch hier geboten. Philippe[1]) bestimmt kleine Mengen von Schwefelsäure im Wolltuch durch Ausziehen mit Ammoniak. Das gebildete Ammonsulfat wird mit Wasser ausgezogen und die Schwefelsäure in bekannter Weise mit Chlorbarium bestimmt. Vor der Extraktion muß man sich aber von der Abwesenheit löslicher Sulfate überzeugen.

Gefärbte Proben erschweren den Säurenachweis wegen des etwaigen Abfärbens auf das Indikatorenpapier unter Umständen sehr erheblich; auch ist hier wegen der Möglichkeit irrtümlicher Schlüsse besondere Vorsicht geboten. Die Befeuchtung wird in solchen Fällen vorteilhafter mit säurefreiem Alkohol oder Äther vorgenommen.

Schließlich kann das Versuchsmaterial auch in Wasser eingetragen und mit $^1/_{10}$—$^1/_{100}$ n. Säure oder Alkali bis zum Neutralpunkt titriert werden. Weniger empfehlenswert ist es, die Probe in eine gemessene Menge $^1/_{10}$—$^1/_{100}$ n. Säure oder Alkali einzutragen (z. B. das Eintragen tierischer Fasern in Alkali) und den Überschuß zurück zu titrieren. Die direkte Titration der Faser ist aber nur dort zulässig, wo das Vorhandensein sonstiger Stoffe, die Alkali oder Säure binden (Bildung basischer Salze usw.) ausgeschlossen ist. Mit Rücksicht auf den allmählich vor sich gehenden Faserabbau durch Säuren und Alkalien ist die Endreaktion selten scharf. Es bedarf deshalb für diese Versuche einer gewissen Übung; ebenso sind Blindversuche mit reiner, säurefreier Faser zu empfehlen. In den meisten Fällen handelt es sich um den Nachweis freier Schwefelsäure, die unter Umständen auch durch einen Karbonisationsversuch (Erhitzen im Trockenschrank auf 105—110°) nachweisbar ist (s. w. u.).

Handelt es sich darum, zu ermitteln, ob die vorhandene Menge sauer reagierender Stoffe eine Faserschwächung verursachen kann, so wird zweckmäßig ein technischer Versuch folgender Art ausgeführt. Ein Strängchen reinen Baumwollgarnes wird in den zu prüfenden Stoff eingewickelt oder es werden, wenn es sich um Garn handelt, beide Stränge miteinander verknüpft und an mehreren Stellen mit Baumwollfäden fest zusammengebunden. Zwecks gleichmäßiger Verteilung der Säure wird dann das Bündel 2—3 mal angefeuchtet und jedesmal auf dem Wasserbade wieder getrocknet. Schließlich wird das Ganze 3 Stunden auf 110° C im Trockenschranke erhitzt und dann das reine Baumwollgarn auf Festigkeit geprüft. Aus dem etwaigen Festigkeitsrückgang des letzteren (gegenüber der ursprünglichen Festigkeit) geht hervor, ob die zu untersuchende Probe faserschwächende Stoffe enthalten hatte. Nebenher

---

[1]) Nach Chem.-Ztg. 1918, S. 184.

wird ein Blindversuch mit dem reinen Baumwollgarn allein ausgeführt und der hierbei etwa beobachtete Festigkeitsrückgang als Korrektur angebracht. Das Verfahren soll sehr empfindlich sein und jede Verwechslung mit unschädlichen organischen Säuren und mit unschädlichen mineralsauren Salzen ausschließen[1]).

Aktives Chlor, aktiver Sauerstoff. Der Nachweis von Rückständen von aktivem Chlor und Sauerstoff (von Bleichereien, Wäschereien u. ä. herrührend) gelingt nur ausnahmsweise, da selbst bei außer Frage stehender Überbleichung und Chlorbeschädigung Rückstände dieser Art nur selten in der Faser zurückbleiben und, falls sie ursprünglich zurückgeblieben waren, innerhalb kurzer Zeit nicht mehr nachweisbar sind. Am leichtesten gelingt der Nachweis in Wäschestücken, und zwar besonders zwischen den Nähten in den Doppellagen des Stoffes, in den sogenannten Hals-, Ärmelbündchen u. ä., wo sich die Rückstände der vollständigen Auswaschung am leichtesten entziehen können. Nach Herbig[2]) sollen sie sich innerhalb 3 Wochen nachweisen lassen können. Der Nachweis geschieht durch Aufdrücken von Jodkaliumstärkepapier auf mineralsauer angefeuchtete Ware oder durch Einlegen von verdächtigen Abschnitten oder Eintauchen verdächtiger Stellen in mineralsaure Jodzinkstärkelösung. Ist aktives Chlor oder aktiver Sauerstoff vorhanden, so tritt entweder durchweg oder stellenweise, auch punktförmig, Blaufärbung ein. Seltener dient zum Nachweis solcher Rückstände Diphenylaminschwefelsäure. In mit Antichlor sachgemäß behandelter Ware läßt sich aktives Chlor naturgemäß nicht mehr nachweisen.

Sulfidartige Schwefelverbindungen. Diese werden entweder nach allgemein analytischen Verfahren oder durch technische Wickelversuche nachgewiesen: Im ersteren Falle verfährt man z. B. nach Becke (s. Wollschädigung), indem man das Versuchsmaterial mit essigsaurer Zinnsalzlösung behandelt und auf etwaige Bräunung beobachtet. Dunkel gefärbte Stoffe suspendiert man im Reagenzglas in Wasser, erwärmt mit verdünnter Salzsäure und prüft den etwa entweichenden Schwefelwasserstoff mit Bleipapier, das über der erwärmten Flüssigkeit angebracht wird.

Die technischen Wickelversuche führt man in der Weise aus, daß man Abschnitte der Probe zwischen je zwei Stücke Blattsilber und unechtes Blattgold legt und dann zwischen zwei Glasplatten unter geringem Druck in einem Exsikkator oder unter einer luftdicht abgeschlossenen Glasglocke aufbewahrt. Nach 24 Stunden, 3, 8, 14 Tagen usw. wird beobachtet, ob eine Bräunung oder Schwärzung bzw. sonstige Mißfärbung des Blattmetalls (Grünfärbung des unechten Blattgoldes deutet auf Säure) eingetreten ist. Sulfidartige Verbindungen in nennenswerten Mengen verursachen in der Regel innerhalb weniger Tage deutliche Bräunung des Blattsilbers. Ist in 2—4 Wochen keine Reaktion eingetreten, so sind sulfidartige Verunreinigungen in direkt wirkender Form als nicht vorhanden anzunehmen. In besonderen Fällen können die zu untersuchen-

---

[1]) Vgl. a. Zänker und Schnabel, Färb.-Ztg. 1914, S. 310.
[2]) Färb.-Ztg. 1913, 201.

den Stoffe vor dem Einbetten in Blattmetall mit Wasser oder verdünnter Säure schwach angefeuchtet oder angedämpft werden. Nach Becke (s. u. Wollschädigung) ist es nicht ausgeschlossen, daß das Anlaufen von Metall zum Teil auch auf die Zersetzung der Wollsubstanz selbst zurückzuführen ist [1]).

Wie bereits angedeutet, geben die Wickelversuche unter Umständen auch Aufschluß über das Vorhandensein von Säuren in der Faser (Grünanlaufen von unechtem Blattgold) u. ä.

Beizen auf der Faser. Die auf der Faser fixierten Beizen können mineralischer oder organischer Natur sein. Erstere sind vorwaltend; von letzteren sind hauptsächlich die Gerbsäure und die Ölsäurebeize von Bedeutung. Die mineralischen Beizen sind in der Regel glühbeständig, ein Teil derselben geht beim Glühen in eine höhere Oxydationsstufe über (Eisen-, Zinnoxydulbeizen). Ein allgemeiner Weg, die Beizen durch Extraktion von der Faser abzulösen und so zu bestimmen, existiert nicht; diese Methode bietet nur in einzelnen Fällen Vorteile. Dagegen bildet die Veraschung der Faser und die Untersuchung der Asche mit wenigen Ausnahmen ein allgemeines Mittel, die mineralischen Beizen schnell aufzufinden.

Veraschungsverfahren. Eine — für quantitative Bestimmungen genau abgewogene — Probe des Versuchsmaterials wird im Porzellantiegel über dem Bunsenbrenner verbrannt, gut durchgeglüht, nach dem Erkalten gewogen und der Aschengehalt berechnet. Die Verwendung von Platintiegeln verbietet sich in gewissen Fällen (Zinnoxyd, Phosphorsäure). Aus dem Aussehen der Asche ergeben sich bereits zum Teil Anhaltspunkte über die Natur der angewandten Beizen: Eisenverbindungen färben die Asche gelb bis rötlichbraun, Chromoxyd gelblich- bis bläulichgrün, Kupfer- und Manganaschen bräunlichschwarz, Zinn-, Tonerde-, Kieselsäure-, Kalkbeizen liefern eine weiße Asche. Mit der Auffindung dieser Grundelemente sind bereits wertvolle Fingerzeige gegeben; die Form der angewandten Beizen und die Hilfsmittel zu ihrer Fixierung sind damit aber noch nicht erwiesen.

Die Asche wird nach allgemeinen analytischen Grundsätzen [2]) untersucht. Man löst oder versucht die Asche in verdünnter oder stärkerer Säure (Eisen-, Tonerde-, Chromoxydbeizen), in verdünnter heißer Salpetersäure (Blei-, Kupferverbindungen), in Königswasser (Antimonverbindungen) usw. zu lösen und die Bestandteile weiter durch Gruppenfällungen oder Einzelreaktionen zu bestimmen. Säureunlösliche Asche deutet auf Zinnoxyd und Kieselsäure; sie wird durch Natriumsuperoxyd, Schwefel-Sodamischung usw. aufgeschlossen und weiter untersucht. Sehr gute Dienste bei der Aschenuntersuchung leistet auch die Mikroanalyse vor dem Lötrohr (Zinn-, Bleinachweis u. a. m.) und am Platindraht (Kupfer-, Eisen-, Kieselsäurenachweis usw.). Bis auf seltenere Fälle (Zink, Nickel, Kobalt, Kadmium, Titan usw.) kommen als wichtigste minera-

---

[1]) S. a. Heermann, Über das Anlaufen von Goldfäden in Stickereien und Geweben, Mitteilungen aus dem Materialprüfungsamt 1910, Heft 1.

[2]) S. z. B. Treadwell, Lehrbuch der analytischen Chemie.

lische Grundstoffe bei der Untersuchung von Aschen in Betracht: Antimon, Zinn, (Blei), Kupfer, Eisen, (Mangan), Chrom, Aluminium, sowie von fest fixierten Säuren die Kieselsäure und die Phosphorsäure.

Nachstehend seien einige besondere Gesichtspunkte und Spezialverfahren bei der Untersuchung der Faserstoffe auf Beizen erwähnt.

Eisen. Das Eisen ist in der Asche stets in Oxydform vorhanden. Es kann gleichwohl von einer angewandten Oxydulbeize oder von Berlinerblau herrühren. Der Nachweis, daß eine Oxydulbeize beim Färben angewandt worden ist, läßt sich nur ausnahmsweise mit Sicherheit erbringen, da die Oxydation der Oxydulbeize in die oxydische Form oft schon in der Färberei (wenigstens zum Teil) und später auf der Faser stattfindet oder stattfinden kann. Hinzu kommt, daß sich das Eisen meist in Verbindung mit Gerbstoffen oder mit Blauholz befindet, was den Nachweis noch weiter erschwert.

Holzessigsaures Eisenoxydul auf Seidenschwarz weist Ristenpart[1] wie folgt nach. Man erhitzt etwa $^1/_2$ g der Probe mit 10—20 ccm einer $^1/_2$%igen wässerigen oder alkoholischen Salzsäure im Reagenzglas zum Kochen. Der Auszug wird abgekühlt, etwa auf das fünffache Volumen mit Wasser verdünnt und mit einem Tropfen Ferrozyankaliumlösung versetzt. Tritt keine Grün- bis Blaufärbung ein, so ist kein holzsaures Eisen angewandt worden; liefert die Probe dagegen ein positives Ergebnis, so kann das nachgewiesene Eisen von holzsaurem Eisen herrühren. Es muß von holzsaurem Eisen herrühren, wenn gleichzeitig Berlinerblau auf der Faser vorhanden ist (s. w. u.). Ein färberischer Nachweis besteht nach Ristenpart darin, daß man die Seidenprobe $^1/_2$ Stunde bei Siedetemperatur in Blauholzseifenlösung behandelt. War die betreffende Seide mit holzsaurem Eisen gebeizt, so wird sie nach dem Auswaschen und Trocknen, mit einem unbehandelten Fitzen desselben Musters verglichen, einen Farbenumschlag über Violett- nach Blau- und schließlich Grünschwarz aufweisen. Mit Eisenbeize gebeizte Seide wird im Farbton immer tiefer und gelbstichiger.

Berlinerblau (meist auf Seidenschwarz) ist leicht nachweisbar. Man befreit die Faser gegebenenfalls zunächst mit verdünnter Salzsäure von dem Überschuß des Farbstoffs (Blauholz) und schüttelt dann eine Probe mit n. Lauge oder n. Sodalösung warm bis heiß etwa $^1/_2$ Minute um. Die abgekühlte Lösung wird mit Salzsäure angesäuert und mit einem Tropfen Ferrisalzlösung versetzt. War Berlinerblau auf der Faser, so bildet sich dieses hierbei wieder, und es entsteht Blaufärbung oder -fällung.

Zinnoxydulverbindungen auf der Faser bzw. deren Anwendung sind nicht immer als solche nachweisbar. Bei hellen Färbungen gelingt mitunter der Nachweis nach Gnehm, indem man die Faser mit Quecksilberchloridlösung behandelt, dann gut wäscht und Schwefelwasserstoffgas aussetzt. Bei Gegenwart von Zinnoxydulsalz findet Bräunung der Faser durch gebildetes Quecksilbersulfür statt.

Zur quantitativen Chrombestimmung wird die Asche mit der zehnfachen Menge Kaliumchlorat-Soda (2 : 3) geschmolzen und die

---

[1] Färb.-Ztg. 1909, S. 45.

Chromatlösung nach einer der bereits besprochenen Methoden untersucht (s. u. Chrombestimmung). In einfacher Weise kann Chrom von Eisen und anderen Metalloxyden getrennt werden, indem die Asche mit 10%iger Natronlauge unter Zusatz von festem Natriumperborat oder -peroxyd mehrere Minuten gekocht wird, wobei das Chromoxyd in Chromat übergeführt wird und in Lösung geht, während das Eisen ungelöst bleibt und nach Verdünnung durch Filtration getrennt werden kann. Von besonderen Fällen abgesehen, ist bei einem Chromoxydgehalt der Wollfaser von 1,5—3% ein Vorbeizverfahren, bei 0,5—1% Chromoxyd Nachchromierung der Färbung anzunehmen. In Grenzfällen ist ein Urteil auf Grund des Chromgehaltes unsicher.

Antimon weist man schnell nach, indem man die Asche der Probe mit etwas Zinkstaub auf einem Platinblech vermischt und mit verdünnter Salzsäure befeuchtet. Bei Gegenwart von Antimon entsteht sofort ein schwarzer Fleck auf dem Platinblech.

v. Fellenberg[1]) weist Antimon qualitativ nach, indem er 0.5 g der Probe mit 1 ccm konz. Salzsäure befeuchtet, mit 3 ccm Wasser kurze Zeiz kocht, auf 10—15 ccm verdünnt, aufkocht, die Flüssigkeit abgießt, nahezu neutralisiert und mit Schwefelwasserstoffgas sättigt. Der Niederschlag wird mit $^1/_2$ ccm Salzsäure (1 : 3) aufgekocht und mit einem Stückchen Zinn in einer Platinschale behandelt. Bei Gegenwart von Antimon zeigt sich ein bald kräftiger werdender, dunkler Fleck. 0,1 g eines Tuches mit 0,05% Antimon gab in 5 Minuten Andeutungen eines Fleckes, der nach 10 Minuten deutlicher wurde. Nachweis bis zu 0,05 mg Sb. — Für die quantitative Antimonbestimmung verwendet v. Fellenberg 5 g Stoff, der mit konz. Schwefelsäure, Kaliumsulfat und später mit rauchender Salpetersäure im Kjeldahl-Kolben vollständig verbrannt wird. Nach Zusatz von 20 ccm Wasser wird bis zum Entweichen von Schwefelsäuredämpfen erhitzt und mit Natronlauge (1 : 2) gegen Phenolphthalein neutralisiert. Die schwach alkalische Lösung wird mit einigen Tropfen Salzsäure angesäuert und mit Schwefelwasserstoff heiß gefällt. Der gesammelte Niederschlag wird in Wasser verteilt und nochmals mit Schwefelwasserstoffgas behandelt. Ist die Fällung rein orange, so wird mit etwa 0,1 g Jodkalium und der dreifachen Menge rauchender Salzsäure eine Minute nahezu auf Siedetemperatur erhitzt. Die schwach verdünnte Flüssigkeit wird mit etwas Stärke versetzt und mit $n/_{50}$ Thiosulfatlösung entfärbt. Nach Zusatz von 5—10 ccm 10%iger Seignettesalzlösung wird mit 10%iger Natronlauge gegen Phenolphthalein neutralisiert, mit Salzsäure gerade angesäuert und nach Zugabe von 10—15 ccm 2%iger Natriumbikarbonatlösung mit $n/_{50}$ Jodlösung auf Blau titriert. Ein dunkel gefärbter Niederschlag muß erst vom Blei oder Kupfer durch doppeltes Ausziehen mit frischem Schwefelammonium und Wiederfällung mit Salzsäure befreit werden. Antimonfreie Proben verbrauchen 0,1—0,2 ccm $n/_{50}$ Jodlösung. Bei so geringem Jodverbrauch ist die titrierte Lösung deshalb nach Zusatz von $^1/_3$ Salzsäure mit Zinn auf Platin qualitativ auf Antimon zu prüfen. Der Verfasser fand auf Kunstseiden am häufigsten und die größten Mengen Antimon (bis 0,3% Sb), auf Baumwollgarn etwa 0,15%, auf Baumwollgeweben 0,05—0,12% Sb.

Geringe Mengen von Kupfer werden in der Lösung in bekannter Weise mit Hilfe von Ferrozyankalium (braune Fällung), Ammoniak (blaue Lösung) oder durch Niederschlagung von metallischem Kupfer aus schwach salzsaurer Lösung auf einem polierten Eisennagel nachgewiesen. Edge[2]) hat gefunden, daß geringe Spuren von Kupfer, die durch obige Hilfs-

---

[1]) Chem.-Ztg. Rep. 1917, S. 255.   Mitt. Schweiz. Ges.-Amt 1916, S. 75.
[2]) Journ. Soc. Dy. & Col. 1914.

mittel nicht mehr nachweisbar sind, durch kupferempfindliche Farbstoffe nachgewiesen werden können. Zu letzteren gehören u. a.: Säure-Alizarinviolett N [M], Cypergrün [A] und Diamantgrün 3 G [By]. Werden z. B. Stoffe, die geringe Kupferverunreinigungen (Kupferflecke) enthalten, mit diesen Farbstoffen behandelt, so zeigen die Kupferflecke die Nuance der nachgekupferten Färbung, während die kupferfreien Stellen den Ton der nicht nachgekupferten Färbungen aufweisen.

Über die Bestimmung von Zinnoxyd, Phosphorsäure und Kieselsäure s. u. Seidenerschwerung.

Ölsäurebeize kommt meist bei Rotfärbungen (Türkischrot in Verbindung mit Tonerde, Pararot) vor. Die Beize wird durch Kochen mit verdünnter Salzsäure zersetzt und die sich ausscheidende Fettsäure, die oft nur spurenweise auftritt, ausgeäthert. Bei einiger Übung kann man meist bereits am Geruch der Dämpfe, die beim Kochen mit verdünnter Säure entweichen, die Anwesenheit von Ölsäure erkennen.

Tanninbeize. Der Nachweis von Tannin auf der Faser gestaltet sich mitunter sehr schwierig. In vereinzelten Fällen gelingt es, durch Abkochen mit destilliertem Wasser soviel Gerbsäure, die auf der Faser in ungebundenem Zustande zugegen war, in Lösung zu bringen, daß Schwarz- oder Dunkelfärbung mit einem Tropfen Ferrisalzlösung eintritt. In den meisten Fällen muß vorsichtig mit verdünnter Salzsäure behandelt, mit Äther extrahiert und der Ätherrückstand mit Ferrisalz geprüft werden. In manchen Fällen gelingt auch der Nachweis durch abwechselnde Behandlung mit 5%iger Essigsäure und 2%iger Sodalösung, vorsichtige Neutralisation der Auszüge und Versetzung mit Eisenoxydsalzlösung. Keine günstigeren Ergebnisse werden durch einige andere Gerbstoffreaktionen erhalten, z. B. die Rotbraunfärbung der Gerbsäurelösung mit Bichromaten, die Bildung eines gelben Niederschlages mit Ammoniummolybdatlösung in konzentrierter Chlorammoniumlösung.

Menger[1]) weist Gallusgerbsäure auf gefärbten Geweben nach, indem er die Probe kurze Zeit mit 5—10%iger Natronlauge aufkocht, die Brühe abgießt und in zwei Teile teilt, von denen er den einen abkühlt, den anderen kurze Zeit weiter kocht. War das Muster mit Tannin präpariert oder waren tanninhaltige Druckfarben zugegen, so soll sich die zuerst abgekühlte Probe rasch färben, während der weiter erhitzte Teil beim Abkühlen nahezu farblos bleiben soll. Die Reaktion versagt indes vielfach bei gefärbtem oder bedrucktem Material durch das Anfärben der Lauge durch abgezogenen Farbstoff.

Gegenüber diesen ziemlich unsicheren Verfahren läßt sich nach Haller[2]) die Orangefärbung zwischen Tannin und Titanchlorid zu einem bequemen und ziemlich sicheren Nachweis der Gerbsäure in Gespinstfasern verwenden. Versetzt und erhitzt man z. B. eine mit reduzierbaren, z. B. basischen Farbstoffen mit Hilfe von Tannin gefärbte oder bedruckte Probe mit verdünnter Titanchloridlösung zum Kochen, so wird der Farbstoff rasch reduziert und an Stelle der früheren Färbung tritt die orangefarbene des Titantannates (wobei die ursprüngliche Fär-

---

[1]) Färb.-Ztg. 1903, S. 435.   [2]) Chem.-Ztg. 1917, S. 859.

bung beim Waschen mehr oder weniger regeneriert werden kann). Bei
den schwer oder gar nicht ätzbaren Phthaleinen ist die Anwesenheit von
Tannin nach Behandlung mit Titanchloridlösung unzweideutig an der
sich nach Orange verändernden Nüance der Färbung zu erkennen. Einen
besonderen Wert hat dieses Verfahren nach Haller gegenüber den bisherigen Verfahren bei der Untersuchung kleiner Muster bunt bedruckter
Gewebe, bei denen neben basischen auch andere Farbstoffe benutzt worden
sind. Durch örtliche und dauernde Fixierung des orangegefärbten Titantannates sind in diesen Fällen die einzelnen Stellen, auf denen Tannin-
farbstoffe aufgedruckt waren, sofort deutlich zu erkennen.

Katechu in Monopolschwarzfärbungen von Seide (Zinnphosphat-
Blauholz mit oder ohne Katechu) weist Weyrich[1]) in der Weise nach,
daß er die Seide erst eine Stunde in kalte 10%ige Salzsäure und dann
5 Minuten in n. Kalilauge einlegt. Ein kleiner Teil des Kaliauszuges wird
mit Salzsäure angesäuert und der entstehende schwarzviolette Niederschlag durch etwas konzentrierte Salzsäure zu einer roten Flüssigkeit
gelöst. Diese wird aufgekocht, filtriert und nun mit einigen Tropfen
Formaldehyd aufgekocht. War Katechu auf der Seide vorhanden, so
entsteht ein gelblicher Niederschlag (das Stiasnysche Kondensationsprodukt von Katechugerbsäure und Formaldehyd), der durch längeres
Kochen noch kräftiger wird und sich beim Stehen zu dicken Flocken
zusammenballt. Ist kein Katechu vorhanden, so bleibt die Lösung beim
Kochen klar. Zum Nachweis von Katechu in Eisen-Berlinerblau-Schwarz
auf Seide ist dieses Verfahren nicht geeignet, da sich die Gerbstoff-Eisen-
verbindung in dieser Weise nicht von der Faser abziehen läßt.

Appretur und Schlichte auf der Faser. Das Vorhandensein von
Appretur und Schlichte in einem Gewebe erkennt man fast immer durch
Betupfung einer genetzten Stelle des Gewebes mit verdünnter Jodlösung.
Da fast sämtliche Appreturen und Schlichten (insbesondere bei Pflanzenfasern) stärkehaltig sind, tritt durch Jod bei appretierten Geweben eine
mehr oder weniger intensive Blaufärbung der Kette und des Schusses,
bei geschlichteter Rohfaser eine entsprechende Färbung nur der Kette
des Gewebes ein. Diese Blaufärbung auf Jodzusatz wird auch mit einer
wässerigen, abgekühlten Abkochung einer Probe erhalten.

Zur Bestimmung des Appretur- oder Schlichtegehaltes wird eine Probe
bei 65% Luftfeuchtigkeit ausgelegt, genau gewogen, entappretiert oder
entschlichtet, gut gewaschen, getrocknet, wieder bei 65% Luftfeuchtigkeit ausgelegt und gewogen. Der Gewichtsverlust entspricht dem Appre-
tur- bzw. Schlichtegehalt. Das Abziehen geschah früher, nach eventuellem
Entfetten mit Äther oder Benzin, durch nötigenfalls wiederholtes Abkochen mit Seifen-Sodalösung, Inversion der Stärke mit verdünnter
Säure o. ä., gründliches Waschen und Handwalken der Probe bis zum
Ausbleiben der Jodstärkereaktion. Heute bietet das Diastafor (s .d.)
eine bequeme Handhabe, die Appreturstärke in wasserlösliche Verbindungen zu verwandeln und dann auszuwaschen. Schlecht netzende,
z. B. stark fetthaltige Ware wird gegebenenfalls vorher entfettet. Die

---

[1]) Färb.-Ztg. 1915, 317.

Auflösung der Stärke geschieht in 1—2%igen Lösungen von Diastafor bei 60—70° C. Da Temperaturen über 75° die Wirksamkeit des Diastafors zerstören, darf über diese Temperatur nicht hinausgegangen werden. Nach etwa einstündiger, unter zeitweiligem, kräftigem Ausdrücken der Probe erfolgter Behandlung in Diastaforlösung wird mit verdünnter Sodalösung gut ausgekocht, gespült, getrocknet, bei normaler Luftfeuchtigkeit[1]) ausgelegt und gewogen. Mit der Entfernung der Stärke werden auch etwa vorhandene wasserunlösliche, mineralische Füllstoffe (Schwerspat usw.) mit Unterstützung durch tüchtige Handwalke entfernt. Handelt es sich, wie es meist bei appretierten Stoffen der Fall ist, um pflanzliche Fasern, so können alkalische, heiße Lösungen ohne Bedenken angewandt werden; bei Halbwolle und Halbseide ist Temperatur und Alkaligehalt in mäßigen Grenzen zu halten. Bei wollenen und seidenen Geweben kommen oft stärkefreie Appreturen vor, so daß die Jodreaktion nicht ausschlaggebend ist. Man prüft in solchen Fällen vor allem auch auf Leim und Pflanzenschleime.

Die Bestimmung der Einzelbestandteile bzw. der Zusammensetzung der Appretur geschieht entweder mit Hilfe der Einzelreaktionen (s. S. 268 Tabelle über Appreturmittel) oder nach einem systematischen Analysengang[2]). Die Auffindung sämtlicher Bestandteile einer Appretur, insbesondere auch ihrer Mengenverhältnisse, gehört zu den schwierigsten, textilchemischen Untersuchungen und ist in komplizierteren Fällen überhaupt unmöglich, zumal wenn hieraus die Zusammensetzung der verwendeten Appreturmasse und das in dem Appreturbetriebe angewandte Verfahren hergeleitet werden sollen.

Arsen auf der Faser. Der Arsenfrage kommt heute nicht mehr die frühere Bedeutung zu, da die Farbstoffe heute nahezu alle arsenfrei sind und arsenhaltige Chemikalien in der Textilveredlungsindustrie kaum noch angewandt werden (s. Schwefelsäure, Natronphosphat). Gleichwohl bestehen noch in verschiedenen Ländern die alten, zum Teil abgeänderten Arsengesetze, von denen sich das schwedische Arsengesetz durch besondere Schärfe auszeichnet.

Das Deutsche Arsengesetz (R.G.B. S. 277 vom 5. Juli 1887, Zentralbl. f. d. Deutsche Reich vom 10. April 1888, S. 131) besagt u. a. folgendes:

„§ 7. Zur Herstellung von zum Verkauf bestimmten Tapeten, Möbelstoffen, Teppichen, Stoffen zu Vorhängen oder Bekleidungsgegenständen, Masken, Kerzen, sowie künstlichen Blättern, Blumen und Früchten dürfen Farben, welche Arsen enthalten, nicht verwendet werden. Auf die Verwendung arsenhaltiger Beizen oder Fixierungsmittel zum Zwecke des Färbens oder Bedruckens von Gespinsten oder Geweben findet diese Bestimmung nicht Anwendung. Doch dürfen derartig bearbeitete Gespinste oder Gewebe zur Herstellung der bezeichneten Gegenstände nicht verwendet werden, wenn sie das Arsen in wasserlöslicher Form oder in solcher Menge enthalten, daß sich in 100 qcm des fertigen Gegenstandes mehr als 2 mg Arsen vorfinden. Der Reichskanzler ist ermächtigt, nähere Vorschriften über das bei der Feststellung des Arsengehaltes anzuwendende Verfahren zu erlassen.

---

[1]) Hier gilt sinngemäß das bereits unter Faserbestimmungen Gesagte, daß unter Umständen auch das absolute Trockengewicht ermittelt und die normale Feuchtigkeit zugeschlagen werden kann.

[2]) S. Massot, Anleitung zur qualitativen Appretur- und Schlichteanalyse. E. Schmidt, Chem.-Ztg. 1912, 313.

§ 10. Auf die Verwendung von Farben, welche Arsen nicht als konstituierenden Bestandteil, sondern als Verunreinigung, und zwar höchstens in einer Menge enthalten, welche sich bei den in der Technik gebräuchlichen Darstellungsverfahren nicht vermeiden läßt, finden die Bestimmungen des § 7 nicht Anwendung."

Aus § 10 erfolgt, daß § 7 unter Umständen Einschränkungen erfahren kann, wenn sich ein höherer Arsengehalt als 2 mg pro 100 qcm Gebrauchsgegenstand „bei den in der Technik gebräuchlichen Darstellungsverfahren nicht vermeiden läßt".

Die durch das Deutsche Arsengesetz vorgeschriebene Anleitung zur Auffindung und Bestimmung des Arsens lautet:

„a) Man zieht 30 g des zu untersuchenden Gespinstes oder Gewebes, nachdem man dasselbe zerschnitten hat, 3—4 Stunden lang mit destilliertem Wasser bei 70—80° C aus, filtriert die Flüssigkeit, wäscht den Rückstand aus, dampft Filtrat und Waschwasser bis auf etwa 25 ccm ein, läßt erkalten, fügt 5 ccm reine konzentrierte Schwefelsäure hinzu und prüft die Flüssigkeit im Marshschen Apparat unter Anwendung arsenfreien Zinks auf Arsen. Wird ein Arsenspiegel erhalten, so war Arsen in wasserlöslicher Form in dem Gespinste oder Gewebe vorhanden.

b) Ist der Versuch unter a) negativ ausgefallen, so sind weitere 10 g des Stoffes anzuwenden und dem Flächeninhalte nach zu bestimmen. Bei Gespinsten ist der Flächeninhalt durch Vergleichung mit einem Gewebe zu ermitteln, welches aus einem gleichartigen Gespinste derselben Fadenstärke hergestellt ist.

c) Wenn die nach a) und b) erforderlichen Mengen des Gespinstes oder Gewebes nicht verfügbar gemacht werden können, dürfen die Untersuchungen an geringeren Mengen, sowie im Fall von b) auch an einem Teile des nach a) untersuchten, mit Wasser ausgezogenen, wieder getrockneten Stoffes vorgenommen werden.

d) Das Gespinst oder Gewebe ist in kleine Stücke zu zerschneiden, welche in eine tubulierte Retorte aus Kaliglas von etwa 400 ccm Inhalt zu bringen und mit 100 ccm reiner Salzsäure von 1,19 spez. Gew. zu übergießen sind. Der Hals der Retorte sei ausgezogen und im stumpfen Winkel gebogen. Man stellt dieselbe so, daß der an den Bauch stoßende Teil des Halses schief aufwärts, der andere Teil etwas schräg abwärts gerichtet ist. Letzteren schiebt man in die Kühlröhre eines Liebigschen Kühlapparates und schließt die Berührungsstelle mit einem Stück Kautschukschlauch. Die Kühlröhre führt man luftdicht in eine tubulierte Vorlage von etwa 500 ccm Inhalt. Die Vorlage wird mit etwa 200 ccm Wasser beschickt und, um sie abzukühlen, in eine mit kaltem Wasser gefüllte Schale eingetaucht. Den Tubus der Vorlage verbindet man in geeigneter Weise mit einer mit Wasser beschickten Péligotschen Röhre.

e) Nach Ablauf von etwa einer Stunde bringt man 5 ccm einer aus Kristallen bereiteten kaltgesättigten Lösung von arsenfreiem Eisenchlorür in die Retorte und erhitzt deren Inhalt. Nachdem der überschüssige Chlorwasserstoff entwichen, steigert man die Temperatur, so daß die Flüssigkeit ins Kochen kommt, und destilliert, bis der Inhalt stärker zu steigen beginnt. Man läßt jetzt erkalten, bringt nochmals 50 ccm der Salzsäure von 1,19 spez. Gew. in die Retorte und destilliert in gleicher Weise ab.

f) Die durch organische Substanzen braun gefärbte Flüssigkeit in der Vorlage vereinigt man mit dem Inhalt der Péligotschen Röhre, verdünnt mit destilliertem Wasser auf etwa 600—700 ccm und leitet, anfangs unter Erwärmen, dann in der Kälte, reines Schwefelwasserstoffgas ein.

g) Nach 12 Stunden filtriert man den braunen, zum Teil oder ganz aus organischen Substanzen bestehenden Niederschlag auf einem Asbestfilter ab, welches man durch entsprechendes Einlegen von Asbest in einen Trichter, dessen Röhre mit einem Glashahn versehen ist, hergestellt hat. Nach kurzem Auswaschen des Niederschlages schließt man den Hahn und behandelt den Niederschlag in dem Trichter unter Bedecken mit einer Glasplatte oder einem Uhrglas mit wenigen Kubikzentimetern Bromsalzsäure, welche durch Auflösen von Brom in Salzsäure vom spez. Gew. 1,19 hergestellt worden ist. Nach etwa halbstündiger Einwirkung läßt man die Lösung durch Öffnen des Hahns in den Füllungskolben abfließen, an dessen Wänden häufig noch geringe Anteile des Schwefelwasserstoffniederschlages haften. Den Rückstand auf dem Asbestfilter wäscht man mit Salzsäure (1,19 spez. Gew.) aus.

h) In dem Kolben versetzt man die Flüssigkeit wieder mit überschüssigem Eisenchlorür und bringt den Kolbeninhalt unter Nachspülen mit Salzsäure (1,19 spez. Gew.) in eine entsprechend kleinere Retorte eines zweiten, im übrigen des unter d) beschriebenen gleichen Destillierapparates, destilliert, wie unter e) angegeben, ziemlich weit ab, läßt erkalten, bringt nochmals 50 ccm Salzsäure (1,19 spez. Gew.) in die Retorte und destilliert wieder ab.

i) Das Destillat ist jetzt in der Regel wasserhell. Man verdünnt es mit destilliertem Wasser auf etwa 700 ccm, leitet Schwefelwasserstoff, wie unter f) angegeben, ein, filtriert nach 12 Stunden das etwa niedergefallene dreifache Schwefelarsen auf einem, nacheinander mit verdünnter Salzsäure, Wasser und Alkohol ausgewaschenen, bei 110° C getrockneten und gewogenen Filterchen ab, wäscht den Rückstand auf dem Filter erst mit Wasser, dann mit absolutem Alkohol, mit erwärmtem Schwefelkohlenstoff und schließlich wieder mit absolutem Alkohol aus, trocknet bei 110° C und wägt.

k) Man berechnet aus dem erhaltenen, dreifachen Schwefelarsen die Menge des Arsens und ermittelt unter Berücksichtigung des nach b) festgestellten Flächeninhaltes der Probe, die auf 100 qcm des Gespinstes oder Gewebes entfallende Arsenmenge.‘‘

Die in Betracht kommenden Bestimmungen des Schwedischen Arsengesetzes (Nachtrag vom 18. Nov. 1892) lauten:

„1. Tapeten etc., künstliche Blumen oder andere Waren mit Wasserfarben (Leim, Gummi etc.) bedruckt oder gemalt, mit arsenhaltigen Farben dürfen nicht verkauft und ausgeboten werden, sobald auf 100 qcm Ware oder weniger bei der chemischen Untersuchung des erhaltenen Schwefelarsens durch Reduktion mittels Zyankalium und Soda Arsen sich als ein schwarzer oder schwarzbrauner mindestens teilweise undurchsichtiger Spiegel (Arsenspiegel) in einer Glasröhre von $1^1/_2$—2 mm Durchschnitt absetzt.

2. Dasselbe Verbot gilt auch für Tuche, Gewebe, Garne etc., die arsenhaltige Farben oder andere arsenhaltige Substanzen enthalten, soweit metallisches Arsen auf die oben angegebene Weise in 100 qcm oder weniger nachgewiesen werden kann, oder in 8 g oder weniger Garn oder in 21 g oder weniger der erwähnten Stoffe.

3. Die Bescheinigung über die Beschaffenheit in dieser Hinsicht soll von einem sachverständigen Chemiker ausgestellt werden und soll Angaben enthalten über die zur Untersuchung angewandten Warenproben, Gewichte und Maße. Sie soll nicht nur die gefundenen Arsenspiegel eingeschlossen in an beiden Enden geschlossenen Glasröhrchen enthalten, sondern auch 500 qcm der untersuchten Ware etc., so daß eine etwaige neue Untersuchung ermöglicht ist.‘‘

Nach den Untersuchungen von Hanke lieferten von 106 verschiedenen Rohwollen des Handels (also von ungefärbten Wollen bereits) im Sinne des Schwedischen Gesetzes 51% einen undurchsichtigen, 30,2% einen durchsichtigen und nur 18,8% überhaupt keinen Arsenspiegel. Zur Bildung eines undurchsichtigen oder teilweise undurchsichtigen Spiegels genügen nach Hanke sowie nach Ulzer[1]) etwa 0,2 mg, eines durchsichtigen Spiegels etwa 0,1 mg arsenige Säure. Das Arsen in der Rohwolle ist größtenteils auf arsenhaltige Ungeziefermittel, die beim lebenden Schaf zur Anwendung gelangen, zurückzuführen.

Bestimmung der Seiden-Erschwerung.

Unter a) Beschwerung und b) Erschwerung einer Faser versteht man eine künstliche Gewichtsvermehrung derselben a) durch indifferente Imprägnierungsmittel und Füllstoffe, b) durch faseraffine, d. h. auf die

---

[1]) Näheres s. Ulzer, V. Intern. Kongr. f. angew. Chem. 1903, Bd. II, S. 967.

Faser aufziehende Stoffe[1]). Die Beschwerung der Baumwolle, z. B. in der Appretur, ist eine rein mechanische und wird nach den gewöhnlichen Abziehmethoden (s. u. Appretur auf der Faser) bestimmt. Eine ganz andere Stellung nimmt die Seidenerschwerung ein, die sich dadurch auszeichnet, daß sie durch indifferente Abziehmittel nicht entfernbar ist; man muß bereits chemisch sehr stark wirkende Mittel anwenden, um die feste Bindung zwischen Faser und Erschwerung aufzuheben.

Nachweis der Seidenerschwerung. Da die meisten Seidenerschwerungen, wenigstens zum Teil, mineralischer Natur sind, werden sie bereits durch Veraschen der Seide erkannt. Geringe Mengen mineralischer Rückstände (0,5—1%) rühren von dem natürlichen Aschengehalt der Seide her; auch hinterlassen Eisen-, Chrom- usw.-Beizungen, die nicht zur Erschwerung zu rechnen sind, geringere Aschenrückstände. Rein pflanzliche Erschwerung, die jedoch nur selten vorkommt, enthält an Stelle erheblichen Aschengehaltes Gerbsäure. Diese wird in bereits besprochener Weise mit Eisenchlorid nachgewiesen (s. S. 303). Zucker- und Leimerschwerungen kommen heute kaum vor; ihr Nachweis gelingt gegebenenfalls leicht im wässerigen Auszuge der Probe. Zucker wird durch einige Minuten langes Kochen mit verdünnter Schwefelsäure invertiert und reduziert dann Fehlingsche Lösung. Leim wird durch Tanninlösung oder Quecksilberchlorid gefällt.

Ist die Asche der Seide deutlich grün, so enthält sie Chrombeize; ist sie hellbraun bis gelblich, so liegt oft Nachbehandlung mit Eisenoxydulsalzen vor oder kombinierte Zinn-Eisenerschwerung, ist die Asche rotbraun, so ist Eisenbeize, eventuell mit Zinnsalzen vorhanden. Schwere weiße Asche deutet auf Zinnphosphatsilikat-, Tonerdesilikat- und ähnliche Erschwerung, bei schwarzen Seiden kann in diesem Falle Zinnphosphatgerbstofferschwerung vorliegen. Über die quantitative Bestimmung der einzelnen Erschwerungsstoffe in der Seide s. w. unten.

Erschwerungshöhe oder Charge. Bei der Angabe der Erschwerungshöhe oder der Charge geht man in der Technik der Seidenfärberei vom lufttrockenen Rohgewicht, dem sogenannten Parigewicht aus und gibt die Charge, d. i. den Gewichtszuwachs, in Prozenten dieses Rohgewichtes an. Liegt eine Färbung bzw. Erschwerung vor, die das Rohgewicht nicht erreicht, so spricht man von einer Erschwerung unter pari („u. p."), überschreitet das Gewicht der erschwerten Seide das Rohgewicht, so spricht man von einer Erschwerung über pari („ü. p."). Ergeben also z. B. je 100 kg lufttrockene Rohseide 90 kg, 150 kg, 250 kg gefärbte Seide, so liegen Erschwerungen von 10% u.p. (oder auch 90% u. p. genannt), 50% ü. p. und 150% ü. p. vor. Der natürliche Abkochverlust (der Bastgehalt) der Seide wird hierbei also als Verlust gebucht. Da von lufttrockenem Rohgewicht ausgegangen wird, ist dem Feuchtigkeitsgehalt der Seide Rechnung zu tragen. Man setzt hier allgemein die im Rohseidenhandel als gesetzlich eingeführte Feuchtigkeit von 11 T.

------

[1]) Man sollte heute dementsprechend grundsätzlich zwischen der (Baumwoll-, Appretur- usw.) Beschwerung und der gänzlich wesensverschiedenen (Seiden-)Erschwerung unterscheiden.

auf 100 T. absolut trockene Seide ein. Diese sogenannte „Reprise" von 11 T. auf 100 T. Trockenseide entspricht einem Feuchtigkeitsgehalt von 9,91% (9,91 T. Feuchtigkeit in 100 T. normalluftrockener Seide). Bei Strangerschwerung sind Kette und Schuß zu trennen und gesondert zu untersuchen, da sie meist verschieden hoch erschwert sind. Bei Stückerschwerung kann das Gewebe ohne Trennung in Kette und Schuß untersucht werden.

Da der Bastgehalt einer zur Untersuchung gelangenden, erschwerten Seide meist nicht bekannt, andererseits auch bei verschiedenen Seiden schwankend ist, so ist je nach Art der Seide ein mittlerer Wahrscheinlichkeitswert für den Bastgehalt einzusetzen. Durch das Einsetzen dieses, nicht kontrollierbaren Faktors können Fehler in der Berechnung der Erschwerung entstehen, d. h. in dem unbekannten Faktor „Bast" liegt eine Fehlerquelle, die Abweichungen zwischen der tatsächlichen und der ermittelten Erschwerung ermöglicht. Doch sind diese Abweichungen praktisch meist nicht von großem Belang. Für italienische weiße Seide setzt man bei genauen Berechnungen einen Bastverlust von 21,5% ein, für italienische gelbe Seide 24%, für Japanseide 20%, für Chinaseiden 24% (weiße) und 25% (gelbe Seide), für Kantonseide 24%, für Schappe $4\frac{1}{2}\%$. Ist die Herkunft nicht bekannt, so gibt man zweckmäßig die Grenzwerte, entsprechend 20 und 24% Bast, an. Ristenpart rechnet für Organzinseiden 25%, für Trameseiden 20% Bast, indem er, dem Hauptverbrauch entsprechend, im ersten Falle gelbe, italienische Seide, im zweiten Fall weiße Japanseide zugrunde legt. Sisley empfiehlt die einheitliche Einsetzung von 25% Bastgehalt. Bei Soupleseiden rechnet man zweckmäßig mit einem stattgehabten Bastverlust von 5—7%.

Bestimmungsmethoden. Die verschiedenen Methoden zur Bestimmung der Erschwerung kann man in zwei Klassen teilen: 1. Die Stickstoffmethode, 2. die Abziehmethoden. Die erste besteht in der Bestimmung des Stickstoffgehaltes und Umrechnung desselben in den Fibroingehalt. Bei den Abziehmethoden wird die gesamte Erschwerung abgezogen und das zurückgebliebene Fibroin direkt zur Wägung gebracht. Für farbige und weiße Seiden („kouleurte" Seiden) einerseits und für schwarzgefärbte Seiden andererseits sind besondere Verfahren einzuhalten. Nachstehend seien die heute drei wichtigsten Arbeitsverfahren genauer besprochen: 1. Die Stickstoffmethode für Schwarz und Farbig, 2. die Abziehmethode mit Flußsäure für Farbig und 3. die Abziehmethode mit Salzsäure-Kalilauge für Schwarz. Auf die wenig durchgearbeiteten physikalischen Methoden (Röntgenstrahlen, optische Eigenschaften, spezifische Gewichtsbestimmungen) wird hier nicht näher eingegangen[1]). Die Bestimmung der Erschwerung lediglich aus dem Aschengehalt ist für farbige Seiden wenig genau, für schwarze Seiden ganz unbrauchbar. Sisley erhält befriedigende Resultate, indem er den Aschengehalt kouleurter Seide mit 1,28 multipliziert und so das Gewicht der

---

[1]) Nach neueren Veröffentlichungen von Tondani (Chem. Zentralbl. 1922, II, S. 759) soll die Seidenerschwerung sehr leicht mittels X-Strahlen nachgewiesen und auf 5% genau geschätzt werden können. Man betrachtet das Röntgenbild auf einem Bariumplatinzyanürschirm.

tatsächlich vorhandenen Erschwerung erhält. Hierbei ist außerdem der Wasser- und Bastgehalt entsprechend mit zu verrechnen.

Berechnung der Erschwerung. Der Stickstoffgehalt der trockenen Seide, mit 5,455 multipliziert, ergibt den Gehalt an absolut trockenem Fibroin (f). Fibroin (f) + Serizin (s) = absolut trockene Rohseide (r). r + 11% = lufttrockene Rohseide (R). Beträgt die Einwage der gefärbten, lufttrockenen Seide = p Gramm, so ist die Erschwerung in Prozenten

$$= \frac{(p-R)\,100}{R}.$$ Eine sich ergebende positive Zahl bedeutet eine Erschwerung über pari, eine negative Zahl eine Erschwerung unter pari.

Im Anschluß an die Bestimmung der Erschwerung wird oft auch der Titer der Seide annähernd bestimmt. Unter dem internationalen oder legalen Deniertiter der Naturseide versteht man das Gewicht von 9000 m Fadenlänge in Grammen (Anzahl von deniers (= 0,05 g) in 450 m Länge). Die entschwerte Seide von einer bestimmten Länge wird gewogen und ihr Gewicht auf 9000 m Länge umgerechnet. Beispiel: 30 m wogen nach der Entschwerung und Draufrechnung von Bast und Normalfeuchtigkeit = 0,06 g Rohseide. 9000 m würden also 18 g wiegen oder der Titer der Rohseide beträgt = 18 deniers. Die Länge von 30 m wird z. B. erhalten durch Ausriffeln von 200 Fäden in einer Richtung eines Stoffstückchens, das 5 cm breit und 15 cm lang ist und 40 Fäden pro Zentimeter enthält[1]).

Bestimmung der Erschwerung nach der Stickstoffmethode.
(Für Färbungen jeder Art.)

Die Stickstoffmethode ist eine Universalmethode, da sie für Erschwerungen jeder Art, farbige und Schwarzfärbungen, in gleicher Weise geeignet ist. Sie erfordert jedoch geübtes, analytisches Arbeiten und mehr Zeitaufwand als die Abziehmethoden.

Der Stickstoffgehalt des reinen, trockenen Seidenfibroins wird in der Literatur verschieden angegeben (17,4—18,9%). Heute wird er fast allgemein nach Steiger und Grünberg[2]) zu 18,33% angenommen (Sisley befürwortet die Annahme von 18,4%). Auf Grund dieser Zahl sind auch die Steiger-Grünbergschen Tabellen berechnet worden (s. w. u.). Ist nun der Stickstoffgehalt einer Seide ermittelt, so berechnet sich hieraus direkt der Seiden- oder Fibroingehalt, da 1 T. Stickstoff 5,455 T. wasserfreies Fibroin entspricht. Voraussetzung hierbei ist, daß die der Stickstoffbestimmung unterworfene Seidenprobe außer Fibroin keinen Fremdstickstoff, d. h. keine sonstigen stickstoffhaltigen Bestandteile (Farbstoffe, Ammonsalze, Leim, Berlinerblau, Seidenbast usw.) enthält. Diese müssen gegebenenfalls vor der Stickstoffbestimmung entfernt werden; da ihre Anwesenheit möglich ist, wird die Seide stets vorher Behandlungen unterworfen, bei denen der etwaige Fremdstickstoff entfernt wird.

---

[1]) Näheres s. Heermann, Mechanisch- und physikalisch-technische Textiluntersuchungen.

[2]) Qualitativer und quantitativer Nachweis der Seidenchargen, Zürich 1897.

1—2 g der lufttockenen (möglichst bei 65% Luftfeuchtigkeit ausgelegten), gefärbten bzw. erschwerten Seide werden genau abgewogen
und hierauf vom Fremdstickstoff befreit. Sisley behandelt zu diesem
Zweck erst a) 10 Minuten kochend in 25%iger Essigsäure (nur bei mit
Formaldehyd behandelter Seide erforderlich), spült, b) behandelt dann
10 Minuten bei 50° in 3%iger Trinatriumphosphatlösung (nur bei schwarzer Seide zur Entfernung des Berlinerblaus erforderlich), spült wieder
und c) kocht mehrmals im Seifenbad (3%ige Seifenlösung mit 0,2% Soda)
20 Minuten ab, spült und reinigt gründlich und trocknet schließlich. An
Stelle des Trinatriumphosphats kann auch verdünnte Sodalösung oder
kalte verdünnte Natron- oder Kalilauge verwendet werden. Etwaigen
Bast entfernt Ristenpart ohne merkliche Schädigung des Fibroins durch
5 Minuten langes Bewegen in kalter n. Kalilauge. Zum Abziehen von
Blauholzfarbstoff (was zwar, da er kein Stickstoffträger ist, nicht erforderlich ist) eignet sich 1%ige heiße, alkoholische Salzsäure. Zur Erleichte-
rung des nachfolgenden Aufschließens kann man noch weitgehender reinigen bzw. entschweren (z. B. mit Flußsäure); doch ist dieses stets mit
Rücksicht auf etwaige Fibroinverluste mit Vorsicht auszuführen.

Das Aufschließen oder Kjeldahlisieren der so vom Fremdstickstoff
befreiten und vorbereiteten, wiedergetrockneten Probe geschieht in einem
der zahlreichen Kjeldahlapparate unter gut wirkendem Abzug[1]). Man
verwendet entweder einen kleineren Aufschlußkolben aus gutem Jenenser
Glas und füllt später quantitativ in einen größeren Destillationskolben
um, oder man verwendet letzteren gleich zum Aufschließen und verdünnt
vorsichtig nach dem Aufschließen. Zum Aufschließen verwendet man
a) nach Sisley am vorteilhaftesten 20 g konzentrierte Schwefelsäure,
10 g Kaliumsulfat und etwa 0,5 g entwässertes Kupfervitriol, b) nach
Steiger und Grünberg am besten konzentrierte Schwefelsäure, etwas
Kaliumpermanganat und entwässertes Kupfervitriol, c) oder nach dem
allgemeinen Verfahren Schwefelphosphorsäure und etwas metallisches
Quecksilber. Man erhitzt erst langsam über freier Flamme auf dem
Drahtnetz, dann schneller zum Kochen, bis die anfangs schwarze Lösung
hellgelb geworden ist. Nach Sisley ist der Prozeß in 20—30 Minuten
beendet, nach sonstigen Vorschriften dauert er bis zu einigen Stunden.
Die abgekühlte Lösung wird gegebenenfalls in einen mit 300—400 ccm
Wasser versehenen Destillationskolben von etwa 1 l übertragen, zur Ausfällung des Quecksilbers mit 10 ccm einer 4%igen Kaliumsulfidlösung
versetzt und unter den üblichen Vorsichtsmaßregeln mit Ätznatron (etwa
50 ccm einer konzentrierten Natronlauge) übersättigt; schließlich werden
in eine mit 25 ccm n. Schwefelsäure beschickte Vorlage in etwa einer
Stunde 50—100 ccm abdestilliert, bis im Destillat kein Ammoniak mehr
nachweisbar ist. Gegen das lästige Stoßen beim Destillieren schützt man
sich in bekannter Weise durch Zugabe von Bimsstein, Platindraht o. ä.
Nach beendeter Destillation wird die Vorlage (Lackmus als Indikator)
mit n. bis n/₅ Lauge zurücktitriert. Der Umschlag ist schärfer, wenn man

---

[1]) Mangels eines guten Abzuges verbindet man den Aufschlußkolben mit
Hilfe von Aufsatzröhren, die nicht ganz dicht zu schließen brauchen, mit der
Saugpumpe.

mit Lauge übersättigt und mit Säure zurücktitriert. Je 1 ccm verbrauchter n. Schwefelsäure = 0,01401 g Stickstoff = 0,07642 g wasserfreies Fibroin.

Beispiel für die Berechnung. Einwage: 1 g erschwerte, lufttrockene Seide. Gefunden: 0,0672 g N, entsprechend = 0,366576 g wasserfreies Fibroin (f). Bei 24% Bast (d. h. bei 24 T. Bast auf 76 T. wasserfreien Fibroins) entfallen auf obigen Fibroingehalt = 0,11576 g Bast oder Serizin (s), was zusammen 0,482336 g wasserfreie Rohseide (r) ausmacht. Dieser werden 11% zugeschlagen = 0,5354 g lufttrockene Rohseide (R). Hieraus ergibt sich, daß 0,5354 g lufttrockene Rohseide 1,000 g erschwerte, lufttrockene Seide geliefert haben. Die Erschwerung beträgt demnach 86,77% ü. p. $\left(\dfrac{1 - 0,5354}{0,5354} \times 100 \right)$.

Zur Vermeidung jedesmaliger Berechnung arbeiteten Steiger und Grünberg nachstehende Tabelle aus, die die Erschwerung nach Ermittelung des Stickstoffgehaltes unmittelbar abzulesen gestattet. Der Tabelle ist ein Bastgehalt von 20 und 24% zugrunde gelegt. Für dazwischenliegende Bastgehalte lassen sich die Chargen durch Interpolation berechnen.

Ermittelter Stickstoffgehalt	Erschwerung		Ermittelter Stickstoffgehalt	Erschwerung	
	bei Japan-Seide (20% Bast)	bei gelber Italiener (24% Bast)		bei Japan-Seide (20% Bast)	bei gelber Italiener (24% Bast)
18,33 %	27,9 % u. p.	31,5 % u. p.	7,00 %	88,5 % ü. p.	79,8 % ü. p.
17,0 %	22,3 % „ „	26,1 % „ „	6,75 %	95,8 % „ „	86,0 % „ „
16,0 %	17,4 % „ „	21,5 % „ „	6,50 %	103,2 % „ „	93,1 % „ „
15,0 %	11,9 % „ „	16,3 % „ „	6,25 %	111,4 % „ „	100,9 % „ „
14,0 %	5,7 % „ „	10,3 % „ „	6,00 %	120,3 % „ „	109,2 % „ „
13,0 %	1,6 % ü. p.	3,4 % „ „	5,75 %	130,1 % „ „	118,4 % „ „
12,0 %	10,1 % „ „	4,6 % ü. p.	5,50 %	140,2 % „ „	128,3 % „ „
11,0 %	20,1 % „ „	14,1 % „ „	5,25 %	151,6 % „ „	139,2 % „ „
10,0 %	32,1 % „ „	25,6 % „ „	5,00 %	164,3 % „ „	151,1 % „ „
9,5 %	39,1 % „ „	32,2 % „ „	4,75 %	178,2 % „ „	164,2 % „ „
9,0 %	46,9 % „ „	39,5 % „ „	4,50 %	193,8 % „ „	179,2 % „ „
8,5 %	55,4 % „ „	47,7 % „ „	4,25 %	210,8 % „ „	195,4 % „ „
8,0 %	65,1 % „ „	56,9 % „ „	4,00 %	230,3 % „ „	213,9 % „ „
7,75 %	70,5 % „ „	62,0 % „ „	3,50 %	277,1 % „ „	258,6 % „ „
7,50 %	76,2 % „ „	67,4 % „ „	3,00 %	340,6 % „ „	318,5 % „ „
7,25 %	82,1 % „ „	73,2 % „ „	2,50 %	428,6 % „ „	402,2 % „ „

Bestimmung der Erschwerung nach der Flußsäure-Abziehmethode.
(Für weiße und farbige Seiden.)

Fast gleichzeitig fanden Gnehm[1]) einerseits und Müller und Zell[2]) andererseits Abziehverfahren auf, nach denen kouleurte Seide mit Kieselfluorwasserstoff bzw. mit Flußsäure entschwert und aus dem so erhaltenen Fibroin die Erschwerung berechnet wird. Die Flußsäure erwies sich als das geeignetere Abziehmittel und wird von beiden heute ausschließlich angewandt. Nach kleinen Abänderungen von Heermann und Frederking[3]) arbeitet man am schnellsten wie folgt.

---

[1]) Ztschr. f. Farb. u. Text. Chem. 1903, 209.
[2]) Textil- und Färberei-Ztg. 1903, 131, 197, 203.
[3]) Zur Bestimmung der Seidenerschwerung, Chem.-Ztg. 1915, 149.

Etwa 3 g bei 65% Luftfeuchtigkeit ausgelegte Seide wird genau gewogen und in einer Platinschale (auch Kupfer-, Hartgummi- oder Guttaperchaschalen sind hierfür geeignet) mit 100 ccm 2%iger Flußsäure auf ein kochendes Wasserbad gebracht. Nach häufigerem Umrühren mit einem Platin- oder Kupferdraht wird in 15 Minuten vom Dampfbad abgenommen, die Seide nochmals kurze Zeit kalt mit frischer 2%iger Flußsäure behandelt, gut gespült und durch ein feines Kupferdrahtgewebe filtriert. Schließlich wird bis zur Gewichtskonstanz bei 105—110° getrocknet und im Wägeglas gewogen (= wasserfreies Fibroin, f). Die heutige Zinnphosphat-Silikatcharge wird auf diese Weise gänzlich abgezogen. Der Vorsicht halber kann die Seide noch verascht und bei merklichem Aschengehalt die Aschenmenge, mit 1,28 multipliziert, von dem Gewicht der getrockneten, entschwerten Seide in Abzug gebracht werden. Liegt Souple oder Ecru vor, so wird nach der Säurebehandlung $^{1}/_{4}$ Stunde mit 3%iger Seifenlösung abgekocht; schneller kommt man zum Ziel, wenn man die basthaltige Seide 5 Minuten in kalter n. Kalilauge gut bewegt. Nach diesen Behandlungen muß gründlich mit heißem Wasser gespült und im letzten Spülwasser schwach mit Essigsäure abgesäuert werden.

Die Berechnung ist im wesentlichen die gleiche wie bei der Stickstoffmethode. Aus dem ermittelten Fibroingehalt (f) wird durch Draufrechnung des Bastes die trockene Rohseide, aus dieser die lufttrockene Rohseide und hieraus die Erschwerung berechnet. Bei f% wasserfreiem Fibroin beträgt die Erschwerung in % über pari (positive Zahlen) oder unter pari (negative Zahlen):

$$\text{Bei } 18\% \text{ Bast} \quad \frac{7387,4}{f} - 100.$$

$$\text{„ } 20\% \text{ „} \quad \frac{7207,2}{f} - 100.$$

$$\text{„ } 22\% \text{ „} \quad \frac{7027,0}{f} - 100.$$

$$\text{„ } 24\% \text{ „} \quad \frac{6846,8}{f} - 100.$$

Zur Vermeidung jedesmaliger Berechnung arbeiteten Heermann und Frederking[1]) nachstehende Tabelle aus, die bei 20 und 24% Bast und 11% Feuchtigkeitszuschlag aus dem gefundenen Gehalt an wasserfreiem Fibroin die jeweilige Erschwerung unmittelbar abzulesen gestattet. Sie sei in abgekürzter Form hier wiedergegeben (s. S. 314).

Bestimmung der Erschwerung nach der Salzsäure-Kali-Abziehmethode.

(Für schwarzgefärbte Seiden.)

Dieses von Ristenpart[2]) ausgearbeitete Verfahren unterscheidet sich von dem vorstehenden dadurch, daß es die gesamte organische Sub-

---

[1]) a. a. O.   [2]) Färb.-Ztg. 1907, 273 und 294; 1908, 34 und 53; 1909, 126.

stanz (die Gerbstoffe) von der Seide abzieht. In den meisten Fällen wird zugleich auch die gesamte Mineralsubstanz abgezogen; doch kommen auch Fälle vor, wo dieses nicht ganz zutrifft, z. B. bei Seiden, die Metazinnsäure auf der Faser enthalten (alte Färbungen, Rohpinkfärbungen). Durch eine nachträgliche Aschenbestimmung der entschwerten Seide und eine entsprechende Korrektur wird das Verfahren jedoch für alle Schwarzfärbungen brauchbar.

Gehalt an wasserfreiem Fibroin	Erschwerung bei 20 % Bast	Erschwerung bei 24 % Bast	Gehalt an wasserfreiem Fibroin	Erschwerung bei 20 % Bast	Erschwerung bei 24 % Bast
20	260,36 ü. p.	242,34 ü. p.	56	28,70 ü. p.	22,26 ü. p.
21	243,20 „ „	226,04 „ „	57	26,44 „ „	20,12 „ „
22	227,60 „ „	211,22 „ „	58	24,26 „ „	18,05 „ „
23	213,36 „ „	197,69 „ „	59	22,16 „ „	16,05 „ „
24	200,30 „ „	185,28 „ „	60	20,12 „ „	14,11 „ „
25	188,29 „ „	173,87 „ „	61	18,15 „ „	12,24 „ „
26	177,20 „ „	163,34 „ „	62	16,25 „ „	10,43 „ „
27	166,93 „ „	153,59 „ „	63	14,40 „ „	8,68 „ „
28	157,40 „ „	144,53 „ „	64	12,61 „ „	6,98 „ „
29	148,52 „ „	136,10 „ „	65	10,88 „ „	5,34 „ „
30	140,24 „ „	128,23 „ „	66	9,20 „ „	3,74 „ „
31	132,49 „ „	120,86 „ „	67	7,57 „ „	2,19 „ „
32	125,23 „ „	113,96 „ „	68	5,99 „ „	0,69 „ „
33	118,40 „ „	107,48 „ „	69	4,45 „ „	0,77 u. p.
34	111,98 „ „	101,38 „ „	70	2,96 „ „	2,19 „ „
35	105,92 „ „	95,62 „ „	71	1,51 „ „	3,57 „ „
36	100,20 „ „	90,19 „ „	72	0,10 „ „	4,91 „ „
37	94,79 „ „	85,05 „ „	73	1,27 u. p.	6,21 „ „
38	89,66 „ „	80,18 „ „	74	2,61 „ „	7,48 „ „
39	84,80 „ „	75,56 „ „	75	3,90 „ „	8,71 „ „
40	80,18 „ „	71,17 „ „	76	5,17 „ „	9,91 „ „
41	75,79 „ „	67,00 „ „	77	6,40 „ „	11,08 „ „
42	71,60 „ „	63,02 „ „	78	7,60 „ „	12,22 „ „
43	67,61 „ „	59,23 „ „	79	8,77 „ „	13,33 „ „
44	63,80 „ „	55,61 „ „	80	9,91 „ „	14,41 „ „
45	60,16 „ „	52,15 „ „	81	11,02 „ „	15,47 „ „
46	56,68 „ „	48,84 „ „	82	12,11 „ „	16,50 „ „
47	53,34 „ „	45,68 „ „	83	13,17 „ „	17,51 „ „
48	50,15 „ „	42,64 „ „	84	14,20 „ „	18,49 „ „
49	47,09 „ „	39,73 „ „	85	15,21 „ „	19,45 „ „
50	44,14 „ „	36,94 „ „	86	16,20 „ „	20,39 „ „
51	41,32 „ „	34,25 „ „	87	17,16 „ „	21,30 „ „
52	38,60 „ „	31,67 „ „	88	18,10 „ „	22,20 „ „
53	35,98 „ „	29,18 „ „	89	19,02 „ „	23,07 „ „
54	33,47 „ „	26,79 „ „	90	19,92 „ „	23,92 „ „
55	31,04 „ „	24,49 „ „			

Etwa 3 g lufttrockene (möglichst bei 65% Luftfeuchtigkeit ausgelegte), gefärbte Seide werden genau abgewogen, eine Stunde in kalte 10%ige Salzsäure eingelegt und hierin häufig bewegt. Die gut ausgewaschene Probe wird darauf 5 Minuten in kalte n. Kalilauge gebracht, wiederum fleißig darin umgerührt und gespült. Diese beiden Operationen werden der Sicherheit halber, unter Umständen mehrmals, wiederholt, bis die Abziehbäder nahezu farblos bleiben und die Seide ganz hell geworden ist. Zur Vermeidung von Faserverlust werden die Auszüge und die Waschwässer stets durch ein feines Kupferdrahtgewebe filtriert. (Sisley näht die Seidenprobe bei ähnlichen Untersuchungen in ein feines Batistsäckchen ein, was jedoch viel umständlicher und meist überflüssig ist.) Zuletzt wird besonders gründlich gespült und gewässert, das Alkali mit etwas Essigsäure abgestumpft, wieder gewaschen, bei 105—110° bis zur Konstanz getrocknet und im Wägeglas gewogen. (Man kann auch bei normaler Luftfeuchtigkeit trocknen; in diesem Falle unterbleibt bei der Berechnung der Erschwerung der vorgeschriebene Feuchtigkeitszuschlag von 11%.) Die so gewonnene, meist fast reines Fibroin darstellende, entschwerte Seide wird nach dem Wägen zur Kontrolle quantitativ verascht, die ermittelte Aschenmenge mit 1,4 multipliziert und von der ermittelten Fibroinmenge (als der Entschwerung entgangener Teil) in Abzug gebracht. Bei einiger Übung kann man sich durch Veraschen eines kleinen Teiles des Fibroins in der Bunsenflamme davon überzeugen, ob abzugsfähige Aschenmengen in Frage kommen. Schließlich wird, wie früher ausgeführt, die Erschwerung unter Einsetzung des Bastgehaltes und (bei Ermittelung des absolut trockenen Fibroins) des Feuchtigkeitsgehaltes berechnet. Die bei der Flußsäuremethode gegebenen Tabellen sind auch hier anwendbar, sofern der Gehalt an absolut trockenem Fibroin ermittelt ist.

Beispiel für die Berechnung. Material: Auf 205% ü. p. mit einer Rohpinke und vier Cuit-Pinken erschwerte und schwarz gefärbte Seide älterer Färbung (also stark Metazinnsäure haltend). 3,2515 g lufttrockene Seide hinterließen nach dem Abziehen 1,180 g lufttrockene, entschwerte Seide. Diese lieferte beim Veraschen 0,2406 g Asche, entsprechend 0,2406 × 1,4 = 0,3368 g nicht abgezogene Erschwerung. An reinem Fibroin wurden also gefunden 1,180—0,3368 = 0,8432 g lufttrocken. Bei 20% Bast entspricht diese Menge Fibroin 0,8432 + 0,2108 = 1,054 g lufttrockene Rohseide. Hieraus berechnet sich die Erschwerung zu 208,5% ü. p. (gegenüber einer tatsächlichen Erschwerung von 205% ü. p.). $\dfrac{(3,2515-1,054)100}{1,054}$ Übereinstimmung vorzüglich.

Sonstige Abziehverfahren. Es sind auch noch andere Abziehverfahren in Vorschlag gebracht worden, so für kouleurte Seiden: Die Behandlung der Seide mit Schwefelwasserstoff in saurer Suspension und nachfolgend mit Natriumsulfhydrat- und Sodalösungen; für Schwarz und Kouleuren: Behandlung mit Oxalsäure- und Sodalösungen[1]). Praktisch kommen diese Verfahren heute weniger in Frage.

Bestimmung von Einzelbestandteilen der Seidenerschwerung.

Nicht unmittelbar zur Charge gehörende Stoffe wie Leim, Gummi, Öle, Stärke, Feuchtigkeit usw. werden nach bereits erwähnten Extraktionsverfahren oder dgl. bestimmt. Weitere Chargenbestandteile, die häufiger gesondert ermittelt werden, sind vor allem: Eisen und Berlinerblau, Zinnoxyd, Tonerde, Phosphorsäure, Kieselsäure. Man bestimmt diese Stoffe zum Teil in den Auszügen zum Teil in der Asche.

---

[1]) Näheres s. Gnehm und Dürsteler, Färb.-Ztg. 1906, 217, 233, 248, 265, 286, 299; sowie Dürsteler, Inaug.-Dissert., Zürich 1905.

Qualitative Reaktionen. Die Asche der Seide (bei Kouleuren die farbige Seide selbst) wird mit konzentrierter Schwefelnatriumlösung gekocht und die Lösung mit Salzsäure angesäuert. Die Abscheidung eines gelben Niederschlages (nicht zu verwechseln mit ausgeschiedenem Schwefel) läßt auf Zinn schließen. Im Filtrat vom Schwefelzinn wird Tonerde mit Ammoniak ausgefällt. Eisen ist in der Asche sofort erkennbar; auf Zusatz von konzentrierter Salzsäure werden die verschiedenen Eisenreaktionen ausgeführt (Rhodanreaktion, Berlinerblaureaktion). Wenn Eisenoxydulsalze angewandt worden sind, so liefert die Behandlung der Seide mit fast kochender 1%iger alkoholischer Salzsäure auf Zusatz von Ferrozyankalium Blaufärbung (s. a. S. 301). Berlinerblau wird auf der Faser durch kalte n. Kalilauge zersetzt und das gebildete Ferrozyankalium (nach Ansäuerung) mit Ferrisalz wieder als Berlinerblau gefällt. In den Flußsäureauszügen läßt sich Kieselsäure weniger gut, die übrigen mineralischen Chargen lassen sich besser bestimmen. Ist Blauholzschwarz mit reichlichen Mengen Anilinfarbstoffen übersetzt, so wird ein Teil dieser Farbstoffe mit kochendem Alkohol ausgezogen und kann näher bestimmt werden. Schutzbehandlung mit Thioharnstoff wird durch Betupfen der Seide oder durch Versetzen des wässerigen Auszuges mit ammoniakalischer Silberlösung durch Braun- bis Schwarzfärbung erkannt (Bildung von Schwefelsilber).

Quantitative Bestimmungen[1]). Man verascht die Seide quantitativ, ermittelt die Bestandteile und rechnet hinterher prozentual auf die Seide um. Kieselsäure wird am einfachsten durch Abrauchen der Asche mit Schwefelsäure und Flußsäure bestimmt, wobei sich die Kieselsäure quantitativ als Siliziumfluorid verflüchtigt und aus der Differenz bestimmt wird. Das Zinnoxyd wird nach dem Aufschließen der Asche bestimmt. Das einfachste und sicherste Aufschließungsmittel ist Natriumsuperoxyd. Je nach dem Zinngehalt werden etwa 0,5 g der Asche am einfachsten im Eisentiegel mit Natriumsuperoxyd gut gemischt und etwa 10 Minuten in gelindem Fluß erhalten. Die Asche ist sofort völlig aufgeschlossen. Nach dem Erkalten des Tiegels löst sich die Schmelze glatt in Wasser auf; die Lösung wird mit Salzsäure angesäuert[2]), das Zinn mit Schwefelwasserstoff gefällt und in bekannter Weise als Zinnoxyd o. ä. bestimmt. Im Filtrat kann die Phosphorsäure mit molybdänsaurem Ammon gefällt, durch Lösen in Ammoniak und Wiederausfällen mit Salpetersäure gereinigt, bei 280° getrocknet (bzw. von den Ammonsalzen befreit) und gewogen werden. Durch Multiplikation des ermittelten Gewichtes mit 0,03753 wird die Phosphorsäure als P_2O_5 erhalten (s. a. Natronphosphat). Die Bestimmungen der Tonerde, des Eisens usw. sind bereits a. a. Stelle besprochen.

Das Zyankalium-Schmelzverfahren nach Gnehm und Bänziger kann für Färbereilaboratorien weniger empfohlen werden, da es erheblich umständlicher und wegen der Giftigkeit der Blausäure nicht ganz unbedenklich ist. Ebenso bietet

---

[1]) S. a. Gnehm und Bänziger, Färb.-Ztg. 1897, S. 1.

[2]) Ist die Lösung durch Eisenoxydsalze stark gelb gefärbt, so reduziert man letztere durch etwas schweflige Säure, um das Ausfallen von Schwefel bei der Schwefelwasserstoffällung zu vermeiden.

die Soda-Schwefelschmelze verschiedene Nachteile: Die Aufschließung ist weniger vollständig als mit Natriumsuperoxyd und muß deshalb unter Umständen wiederholt werden. Ferner fällt hier mit dem Schwefelzinn viel Schwefel aus, wodurch das Filtrieren und Waschen des Schwefelzinns sehr erheblich erschwert wird.

Katechu- und Blauholzerschwerung unterscheidet Ley wie folgt. Man zieht die Seide mit 10%iger Salzsäure 1 Stunde kalt ab, versetzt den Säureabzug bald (durch Stehenlassen der Lösung wird die Reaktion unklar!) mit dem doppelten Volumen 8%iger essigsaurer Tonerdelösung, kocht auf und setzt auf je 10 ccm der Lösung 10 Tropfen Eisenchloridlösung zu. War die Schwarzfärbung mit Katechu hergestellt und mit Blauholz höchstens schwach überfärbt, so bleibt das Gemisch gelb. War dagegen nicht mit Katechu, sondern nur mit Blauholzextrakt erschwert, so wird das Gemisch grün. In Grenzfällen mit gleichzeitiger Katechu- und Blauholzerschwerung ist die Unterscheidung schwieriger. Man hilft sich in diesen Fällen zweckmäßig mit Gegenproben von bekannter Herstellungsart. — Außerdem sind Katechuseiden nach der Behandlung nach dem Ristenpartschen Abziehverfahren (s. d.) mit Salzsäure und Kalilauge stark braun gefärbt, während reine Blauholzseiden nach gleicher Behandlung nahezu farblos werden.

Dons-, Persan- und Pinksouples unterscheidet Ley in folgender Weise. Donssouple glimmt beim Anzünden langsam weiter und hinterläßt eine leicht-rotbraune Asche. Persansouple glüht nur schwach weiter und hinterläßt eine feste Asche, die wegen ihres Zinngehaltes hellgelb gefärbt ist. Pinksouple gibt beim Verbrennen eine rein weiße Asche.

Bestimmung der Farbstoffe auf der Faser.

Während der Nachweis der Farbstoffe auf der Faser früher fast allgemein durch Einzelreaktionen mit Säuren usw. geschah und hierzu umfangreiche (schnell veraltende) Tabellen erforderlich waren, wird dieser Weg bei der unübersehbaren Zahl von Farbstoffen, dabei vielen sich sehr ähnlich verhaltenden, immer unsicherer. Die früheren Tabellen haben dadurch immer mehr ihren alten Wert verloren und man sucht heute lediglich in großen Umrissen den Charakter des aufgefärbten Farbstoffes bzw. seine Zugehörigkeit zu einer größeren Klasse zu bestimmen. Auf die Bestimmung einer bestimmten Marke muß hierbei verzichtet werden, zumal eine derartige Prüfung praktisch meist weder verlangt wird, noch von erheblicher Bedeutung ist. Die Einzelreaktionen versagten aber auch oft, wenn es sich um Farbstoffmischungen auf der Faser handelte. Ist in besonderen Fällen eine nähere Bestimmung der Farbstoffmarke erforderlich, so kommt man dem Ziel durch ergänzende Vergleichsfärbungen näher.

Durch tabellenförmige Zusammenstellung von typischen Farbstoffgruppenreaktionen ist durch Green[1]) ein System geschaffen worden, das die früheren Einzelreaktionen erst recht entbehrlich macht. Wenn

---

[1]) Ztschr. f. Farben-Ind. 1905, 510 (tierische Fasern), 1908, 73 (pflanzliche Fasern); Journ. Soc. Dy. & Col. 1905, 203 und 1908.

nun nachstehend diese an sich sehr wertvollen Tabellen Greens wiedergegeben sind, so sei doch vor einer Überschätzung derselben insofern gewarnt, als 1. manche Einzelfarbstoffe sich anders verhalten als die übrigen Gruppenfarbstoffe im allgemeinen, 2. bei Farbstoffmischungen bzw. Aufsätzen Schwierigkeiten entstehen können, 3. durch dic Art des Färbens (ob normal gefärbt und gut fixiert oder nicht) und der Faser selbst (innerhalb der zwei Faserklassen, den tierischen und pflanzlichen Fasern) Abweichungen von den allgemeinen Regeln vorkommen. Während z. B. die Gruppenreaktionen auf Wolle bzw. Baumwolle zutreffen können, brauchen sie in Einzelfällen auf Seide bzw. Leinen nicht immer zuzutreffen (z. B. in bezug auf Abzugsfähigkeit mit Lösungen).

Mit Hilfe nachstehender Tabelle läßt sich nach Green das allgemeine Verhalten der verschiedenen Farbstoffgruppen auf Tierfasern bei der Reduktion und Wiederoxydation charakterisieren.

Entfärbung durch Hydrosulfit			Unverändert durch Hydrosulfit:	Nicht entfärbt, sondern in Braun verwandelt; der urspr. Farbstoff wird durch Luft oder Persulfat wieder hergestellt:
Die Farbe wird bei der Lufteinwirkung wieder hergestellt:	Die Farbe wird nicht an der Luft, sondern durch Persulfat wieder hergestellt:	Die Farbe wird weder an der Luft, noch durch Persulfat wieder hergestellt:		
Azine, Oxazine, Thiazine, Indigo.	Triphenylmethanfarbstoffe.	Nitro-, Nitroso- und Azogruppen.	Pyron-, Akridin-, Chinolin- und Thiazolgruppen. Einige Farbstoffe der Anthrazengruppe.	Die meisten Farbstoffe der Anthrazengruppe.

Da das Griesheimer Rot (Naphthol AS- und BS-Färbungen) in den Greenschen Tabellen noch keine Aufnahme gefunden hat, andererseits bereits große Bedeutung erlangt hat, sei an dieser Stelle eine leichte Unterscheidung desselben von Türkischrot angegeben; gleichzeitig können mit Hilfe dieser Reaktion auch die meisten substantiven Rots von den genannten anderen unterschieden werden. Die trockene Probe der Färbung wird im Reagenzglas mit wenig konzentrierter Salzsäure übergossen; hierbei verändern sich zunächst I (Griesheimer Rot) und II (Türkischrot) nicht oder kaum, während III (substantives Rot) meist nach Braun, Braunrot usw. verändert wird. Wird die Probe nun mit der Salzsäure aufgekocht und $\frac{1}{4}$—$\frac{1}{2}$ Min. gekocht, so bleibt I unverändert rot, während II über Orange nach Gelb verändert wird. Die zu III gehörigen Direktrots verhalten sich verschieden; sie werden meist hell- bis dunkelbraun. Manche echten Farbstoffe (z. B. Benzoechtscharlachmarken) nehmen beim Kochen wieder fast den ursprünglichen Rotton an. Wird die Lösung nun abgekühlt und unter Kühlung vorsichtig mit konz. Natronlauge übersättigt, so bleibt I rot, während II violett bis blauviolett und III meist ganz oder teilweise entfärbt wird, bei den genannten Echtscharlachs aber z. B. unverändert rot bleiben kann. Bei diesen (III) ist also die Nuancenveränderung (nach Braun oder Braunrot) nach dem Übergießen mit konz. Salzsäure vor dem Kochen am charakteristischsten. Bei II ist dagegen die Violettfärbung nach Zusatz von überschüssigem Ätznatron zu der mit Salzsäure gekochten Probe eindeutig. Griesheimer Rot zeichnet sich wiederum dadurch aus, daß es in allen Stadien unverändert bleibt.

Nachweis von Farbstoffen auf tierischer Faser.

Für die in den Tabellen I—VII (S. 321—327) niedergelegten Gruppenreaktionen sind folgende Reagenzien erforderlich.

1. Verdünntes Ammoniak 1 : 100:

1 ccm konzentriertes Ammoniak,
100 „ destilliertes Wasser.

2. Wässerig-alkoholisches Ammoniak:

1 ccm konzentriertes Ammoniak,
50 „ Alkohol,
50 „ Wasser.

3. Verdünnte Essigsäure (5%ig):

5 ccm Eisessig,
95 „ Wasser.

4. Verdünnter Alkohol 1 : 1:

50 ccm Alkohol,
50 „ Wasser.

5. Verdünnte Salzsäure 1 : 10:

10 ccm konzentrierte Salzsäure,
100 „ Wasser.

6. Natronlauge (10%ig):

10 g festes Ätznatron,
100 ccm Wasser.

7. Hydrosulfit A:

5%ige Lösung von Hydrosulfit NF konzentriert[1]).

8. Hydrosulfit B:

200 ccm Hydrosulfit A,
1 „ Eisessig.

9. Persulfat:

kalt gesättigte Lösung von Kaliumpersulfat.

10. Natriumazetat 5 : 100 (5%ig).

Über die Ausführung der Prüfungen ist folgendes zu bemerken:
Beim Abziehen der Farbstoffe im Reagenzglas von stets frischen Proben muß der Grad des Abziehens durch Vergleich der abgezogenen Färbung mit der ursprünglichen Färbung ermittelt werden, weil die Farbe der Lösung irreführen kann. Die Kochprobe mit verdünnter Essigsäure oder mit verdünntem Ammoniak wird zweckmäßig wiederholt. Beim Prüfen mit verdünntem Ammoniak oder mit Natriumazetat wird die zu untersuchende Probe zusammen mit etwas mercerisierter Baumwolle gekocht. Bei der Prüfung violetter und schwarzer Färbungen wird an Stelle des wässerigen alkoholisches Ammoniak benutzt. (Tabelle III und IV.)
Bei den Reduktionsproben wird $^1/_4$—1 Minute mit Hydrosulfit gekocht, gut gewaschen und eine Stunde auf weißes Papier gelegt. Bei Farbstoffen, welche

---

[1]) Bzw. 10%ige Lösung von Hydrosulfit NF [M], Rongalit C einfach [B] oder Hyraldit A [C]. An Stelle dieser nicht unbeschränkt haltbaren Marken dürfte sich die Verwendung des haltbaren, wasserlöslichen Zinksalzes (Dekrolin lösl. konz., Hydrosulfit AZ lösl. konz., Hyraldit Z lösl. konz., s. S. 110, Nr. 8 der Tabelle) empfehlen.

leicht oxydierbare Leukoverbindungen geben, tritt die Färbung unmittelbar oder nach einigen Minuten ein, während bei anderen ein längerer Zeitraum erforderlich ist. Durch Ammoniakdämpfe wird die Reaktion beschleunigt. Kommt die Färbung nicht zurück, so wird mit Wasser, dem tropfenweise Kaliumpersulfat zugegeben wird, gekocht. Ein Überschuß von Persulfat muß vermieden werden. Wenn die Farbe auch nach dieser Probe nicht zurückkehrt, so liegt ein Azofarbstoff vor.

Nachweis von Farbstoffen auf pflanzlicher Faser.

(S. Tabellen S. 328—334.)

Hierzu dienen folgende Reagenzien:

1. Verdünnte Ammoniaklösung 1 : 100.

2. Verdünnte Natronlauge:

10 g festes Ätznatron in 100 ccm Wasser.

3. Kochsalz-Natronlauge:

10 ccm Natronlauge (35—40% NaOH) in 100 ccm gesättigter Kochsalzlösung.

4. Ameisensäure 90%ig.

5. Verdünnte Ameisensäure 1 : 100.

6. Verdünnte Salzsäure 1 : 20:

5 ccm 30%ige Salzsäure in 100 ccm Wasser.

7. Seifenlösung:

10 g Seife in 300 ccm Wasser.

8. Tanninlösung:

10 g Tannin und 10 g Natriumazetat in 100 ccm Wasser.

9. Chlorkalklösung:

Frische Lösung von 3,5° Bé.

10. Hydrosulfit A:

5%ige Lösung von Hydrosulfit NF konzentriert in Wasser.

11. Hydrosulfit B:

Die vorige Lösung mit 1 ccm Eisessig auf 200 ccm Lösung.

12. Hydrosulfit X[1]):

Man löst 50 g Hydrosulfit NF konzentriert in 125 ccm heißem Wasser, verreibt 1 g gefälltes Anthrachinon zu feinem Pulver und verrührt mit etwas Hydrosulfitlösung zu einer Paste. Diese wird heiß zu der übrigen Hydrosulfitlösung gegeben und das Ganze 1—2 Minuten auf 90° C erhitzt. Darauf verdünnt man mit kaltem Wasser auf 500 ccm und fügt nach dem Erkalten 1,5 ccm Eisessig zu. Die Lösung muß in verschlossenen Flaschen aufbewahrt werden.

13. Persulfat:

Kalt gesättigte Lösung von Ammoniumpersulfat.

---

[1]) Wegen der unbequemen Darstellung des Greenschen Hydrosulfit X dürften sich recht wohl das Hydrosulfit AZA [M] und die entsprechenden wasserunlöslichen Zinksalze der anderen Fabriken (s. S. 110, Nr. 7 der Tabelle) in Verbindung mit Essig- oder Ameisensäure verwenden lassen. Diese Lösung würde bei 80° energischer wirken als Hydrosulfit NF konz. + Anthrachinon.

Tabelle I. Gelb- und Orangefärbungen auf tierischen Fasern.

1	2	3	4	5	6	7	8	9	10	11	12	13	14	15
Zweimal 1 Minute mit 5%iger Essigsäure kochen.														
Farbstoff größtenteils abgezogen: Basischer Farbstoff. Kochen mit Hydrosulfit B.				Farbstoff wenig oder nicht abgezogen: Säure-, Salz- oder Beizenfarbstoff. Zweimal 1 Minute mit verdünntem Ammoniak (1:100) und einer Probe weißer Baumwolle kochen. Aufbewahren des ammoniakalischen Auszugs.										
Nicht oder nur wenig entfärbt. Behandlung der Faser mit konz. Schwefelsäure.			Entfärbt. Farbe wird weder durch Luft noch durch Persulfat wiederhergestellt: Azogruppe.	Farbstoff größtenteils abgezogen, Baumwolle bleibt weiß: Säurefarbstoff. Kochen mit Hydrosulfit B.					Farbstoff wenig oder nicht abgezogen. Baumwolle bleibt weiß (Beizenfarbstoff) oder wird gefärbt (Salzfarbstoff). 2—3 Minuten mit 5%iger Natriumazetatlösung und weißer Baumwolle kochen.					
Grüne fluoreszierende Lösung: Acridingruppe.	Farblose Lösung. Kochen mit verd. Salzsäure (1:10).			Farbstoff wird nicht angegriffen: Chinolin- od. Pyrongruppe.	Entfärbt. Farbe wird weder durch Luft noch durch Persulfat wiederhergestellt: Azo- oder Nitrogruppe. Zusatz von konz. Salzsäure zum ammoniakalischen Auszug.				Die Baumwolle ist gefärbt: Salzfarbstoff. Kochen mit Hydrosulfit B.			Die Baumwolle bleibt weiß: Beizenfarbstoff. (Bestätigen durch Prüfen der Asche auf Metallbeizen.) Kochen mit Hydrosulfit B.		
	Gänzlich entfärbt.	Faser und Lösung hellgelb.			Farbe nicht verändert.	Entfärbt.	Farbe wird rot.	Farbe wird violett oder violettrot.	Nicht oder nur wenig angegriffen: Thiazolgruppe.	Entfärbt. Farbe kehrt an der Luft oder durch Persulfat wieder: Stilbengruppe.	Entfärbt. Farbe wird weder durch Luft noch durch Persulfat wiederhergestellt: Azogruppe.	Nicht angegriffen: Flavon- oder Ketongruppe.	Farbe ändert sich in gelblichbraun: Alizaringruppe.	Entfärbt. Farbe wird weder durch Luft noch durch Persulfat wiederhergestellt: Azogruppe.
1.	2.	3.	4.	5.	6.	7.	8.	9.	10.	11.	12.	13.	14.	15.
Phosphin, Azophosphin, Benzoflavin, Rheonin, Patentphosphin, Acridingelb, Acridinorange etc.	Auramin.	Methylengelb H, Thioflavin T.	Chrysoidin, Janusgelb, Tanninorange, Neuphosphin.	Chinolingelb, Uranin, Eosinorange.	Tartrazin. Orange G, 2 G, R etc. Flavazin S, L.	Naphtolgelb S, Martiusgelb.	Azoflavin, Echtgelb, Indischgelb, Orange II.	Metanilgelb, Orange IV.	Dianilreingelb HS, Thioflavin S, Chromin, Chloramingelb, Chlorophenin, Diaminechtgelb B, FF, Thiazolgelb. Claytongelb etc. Curcuma.	Dianildirektgelb S, Curcumin S, Direkte Gelb, Mikadogelb, Orange, Stilbengelb, Naphtylamingelb, Diphenylzitronin etc.	Aurophenin O, Chrysophenin, Chrysamin, Karbazolgelb, Kresotingelb, Diamingelb, Benzo-, Kongo- oder Diaminorange, Toluylengelb u.-orange, Plutoorange etc.	Gelbholz, Querzitron, Wau, Alizaringelb A. Galloflavin etc.	Alizarinorange.	Beizengelb O, Alizaringelb G, R, Anthrazengelb C, Flavazol, Diamantflavin, Chromorange, Alizaringelb G G W.

Tabelle II. Rotfärbungen auf tierischen Fasern.

<table>
<tr>
<td colspan="26">Zweimal 1 Minute mit 5%iger Essigsäure kochen.</td>
</tr>
<tr>
<td colspan="5">Farbstoff abgezogen: Basischer Farbstoff oder lösl. Rotholz. Zweimal mit verd. Alkohol (1:1) 1 Minute kochen.</td>
<td colspan="21">Farbstoff wenig oder nicht abgezogen: Säure-, Salz- oder Beizenfarbstoff. Zweimal 1 Minute mit verdünntem Ammoniak (1:100) und einer Probe weißer Baumwolle kochen. Aufbewahren des ammoniakalischen Auszugs.</td>
</tr>
<tr>
<td colspan="4">Farbstoff größtenteils abgezogen: Basischer Farbstoff. Kochen mit Hydrosulfit A.</td>
<td rowspan="4">Unverändert. Al oder Cr in der Asche. Durch Kochen mit verd. Ammoniak wird die Farbe blaustichiger.</td>
<td colspan="4">Farbstoff größtenteils abgezogen: Baumwolle bleibt weiß: Säurefarbstoff. Kochen mit Hydrosulfit A.</td>
<td colspan="5">Entfärbt. Die Farbe erscheint weder an der Luft noch durch Persulfat: Azogruppe. Kochen mit verdünntem Bichromat.</td>
<td colspan="2">Ein Teil der Farbe wird abgezogen und die Wolle blaustichiger. Kochen mit Hydrosulfit A.</td>
<td colspan="10">Es wird wenig oder kein Farbstoff abgezogen. Baumwolle bleibt weiß (Beizenfarbstoff) oder wird gefärbt (Salzfarbstoff). 2-3 Minuten mit 5%iger Natriumazetatlösung und weißer Baumwolle kochen.</td>
</tr>
<tr>
<td rowspan="3">Unverändert: Pyrongruppe.</td>
<td rowspan="3">Entfärbt. Farbe kommt durch Luft schnell zurück: Azingruppe.</td>
<td rowspan="3">Entfärbt. Farbe kommt nicht d. Luft, aber d. Persulfat zurück: Triphenylmethangruppe.</td>
<td rowspan="3">Entfärbt. Farbe kommt weder durch Luft noch durch Persulfat zurück: Basischer Azofarbstoff.</td>
<td colspan="2">Die Farbe auf Wolle unverändert: Pyrongruppe. Ansäuern des ammoniakalischen Auszugs.</td>
<td rowspan="3">Entfärbt. Farbe kommt an der Luft wieder. Azingruppe.</td>
<td rowspan="3">Entfärbt. Farbe kommt durch Luft nicht, aber durch Persulfat zurück. Triphenylmethangruppe.</td>
<td colspan="5">Unverändert. Verdampfen des ammoniakalischen Auszugs und Auflösen in konz. Schwefelsäure.</td>
<td rowspan="3">Die Farbe wird langsam in dunkelgelb verwandelt. Die ursprüngl. Farbe kommt an der Luft nicht zurück.</td>
<td rowspan="3">Entfärbt. Die Farbe kommt an der Luft schnell zurück.</td>
<td colspan="6">Die Baumwolle wird angefärbt: Salzfarbstoff. Prüfen der Asche auf Cr.</td>
<td colspan="4">Die Baumwolle bleibt weiß: Beizenfarbstoff. (Bestätigen durch Prüfen der Asche auf Metallbeizen.) Kochen mit Hydrosulfit A.</td>
</tr>
<tr>
<td rowspan="2">Ausfällung und Verschwinden der Fluoreszenz.</td>
<td rowspan="2">Keine Ausfällung und Bleiben der Fluoreszenz.</td>
<td rowspan="2">Rote Lösung.</td>
<td rowspan="2">Violette Lösung.</td>
<td rowspan="2">Blaue Lösung.</td>
<td rowspan="2">Grüne Lösung.</td>
<td rowspan="2">Verwandelt in Dunkelbraun oder Violettschwarz.</td>
<td colspan="5">Kein Cr in der Asche. Behandlung der Faser mit konz. Schwefelsäure.</td>
<td rowspan="2">Cr in der Asche. Lösung in konz. Schwefelsäure rot.</td>
<td rowspan="2">Die Farbe wird nicht angegriffen. In der Asche Al.</td>
<td rowspan="2">Farbe langsam gelb oder orange.</td>
<td rowspan="2">Entfärbt. Farbe durch Persulfat wiederhergestellt. In der Asche Al.</td>
<td rowspan="2">Entfärbt. Farbe durch Persulfat nicht wiederhergestellt. Cr in d. Asche.</td>
</tr>
<tr>
<td>Karmoisinrote Lösung.</td>
<td>Violettrote Lösung.</td>
<td>Violette Lösung.</td>
<td>Blaue Lösung.</td>
<td>Grünlichblaue Lösung.</td>
</tr>
<tr>
<td>1.</td>
<td>2.</td>
<td>3.</td>
<td>4.</td>
<td>5.</td>
<td>6.</td>
<td>7.</td>
<td>8.</td>
<td>9.</td>
<td colspan="5">10.</td>
<td>11.</td>
<td>12.</td>
<td colspan="5">13.</td>
<td></td>
<td>14.</td>
<td>15.</td>
<td>16.</td>
<td>17.</td>
</tr>
<tr>
<td>Rhodamin, Irisamin, Rhodin, Anisol, Pyron. etc.</td>
<td>Safranin, Indulinscharlach, Rhodulinrosa etc.</td>
<td>Fuchsin, Neufuchsin, Cerise etc.</td>
<td>Janusrot etc.</td>
<td>Lösl. Rotholz.</td>
<td>Eosin, Phloxin, Erythrosin, Safranin, Rose Bengale etc.</td>
<td>Säure-Eosin, Echtsäureeosin, Echtsäurephloxin, Säure-Rhodamin, Säure-Rosamin A.</td>
<td>Azokarmin, Rosindulin.</td>
<td>Säure-Fuchsin.</td>
<td>Nassoviascharlach O, Palatinscharlach.</td>
<td>Kristallponceau, Echtrot A etc.</td>
<td>Croceinscharlach, Echtrot B etc.</td>
<td>Biebricher Scharlach etc.</td>
<td>Chromotrop, Azofuchsin etc.</td>
<td>Cochenillescharlach.</td>
<td>Orseille, Persio.</td>
<td>Dianthin, Rosophenin.</td>
<td>Erika, Geranin.</td>
<td>Diaminscharlach.</td>
<td>Dianilechtrot PH, Diaminechtrot.</td>
<td>Hessisch Purpur.</td>
<td>Anthrazenrot.</td>
<td>Cochenillekarmoisin.</td>
<td>Alizarinrot.</td>
<td>unlösl. Rotholz.</td>
<td>Säure-Alizarinrot G, B (beizenziehender Azofarbstoff).</td>
</tr>
</table>

Tabelle III. Purpur- und Violettfärbungen auf tierischen Fasern.

Zweimal 1 Minute mit 5%iger Essigsäure kochen.

Farbstoff fast abgezogen: Basischer Farbstoff. Kochen mit Hydrosulfit A.		Farbstoff nicht abgezogen: Säure-, Salz- oder Beizenfarbstoff. Zweimal 1 Minute mit wässerig-alkoholischem Ammoniak und einer Probe weißer Baumwolle kochen.												
		Farbstoff größtenteils abgezogen, die Baumwolle bleibt weiß: Säurefarbstoff. Kochen mit Hydrosulfit A.						Farbstoff wird wenig oder nicht abgezogen. Baumwolle bleibt weiß (Beizenfarbstoff) oder wird gefärbt (Salzfarbstoff). Kochen mit Natriumazetat und weißer Baumwolle 2–3 Minuten.						
			Entfärbt. Farbe kommt an der Luft nicht, aber durch Persulfat zurück: Triphenylmethangruppe.						Baumwolle bleibt weiß: Beizenfarbstoff. (Bestätigen durch Prüfen der Asche auf Metallbeizen.) Kochen mit Hydrosulfit A.					
Entfärbt. Farbe erscheint an der Luft wieder: Azin-, Oxazin- oder Thiazingruppe.	Entfärbt. Farbe erscheint nur durch Persulfat: Triphenylmethangruppe.	Unverändert oder nur teilweise entfärbt: Pyrongruppe.	Der ammoniakalische Auszug ist violett oder purpur.	Der ammoniakalische Auszug ist farblos, wird jedoch beim Ansäuern violett. Die Faser wird mit konz. Salzsäure behandelt. Wird grün.	Der ammoniakalische Auszug ist farblos, wird jedoch beim Ansäuern violett. Die Faser wird mit konz. Salzsäure behandelt. Unverändert.	Entfärbt. Farbe erscheint an der Luft: Azin-, Oxazin- oder Thiazingruppe.	Entfärbt. Farbe erscheint weder an der Luft noch durch Persulfat: Azogruppe.	Baumwolle angefärbt: Salzfarbstoff.	Farbe nicht angegriffen: Pyrongruppe.	Farbe in Braun verändert: Alizaringruppe. Kochen mit verd. Salzsäure. Faser und Lösung gelb.	Farbe in Braun verändert: Alizaringruppe. Kochen mit verd. Salzsäure. Faser und Lösung rot oder rötlichbraun.	Entfärbt. Farbe erscheint an der Luft.	Entfärbt. Farbe erscheint nicht an der Luft, aber durch Persulfat.	Entfärbt. Farbe erscheint weder an der Luft noch durch Persulfat.
1.	2.	3.	4.	5.	6.	7.	8.	9.	10.	11.	12.	13.	14.	15.
Methylenviolett, Neutralviolett, Rhodullinviolett, Rosolan, Irisviolett, Tanninheliotrop etc.	Methylviolett, Kristallviolett, Hofmann's Violett, Benzylviolett etc.	Echtsäureviolett, Violamin.	Säureviolett, Formylviolett etc.	Alkaliviolett.	Wasserblau rötl.	Indulin rötl., Echtblau R etc.	Lanazylviolett, Viktoriaviolett etc.	Dianilviolett H, Hess. Violett, Diaminviolett, Oxaminviolett, Benzoechtviolett, Oxydiaminviolett, Kolumbiaviolett, Chlorantinviolett etc.	Gallein.	Alizarin auf Eisen oder Chrom.	Alizaringranat B, Alizarinbordeaux.	Galloxyanin, Prune, Cölestinblau etc.	Chromviolett.	Säure-Alizaringranat B, Säure-Alizarinviolett N (beizensiehender Azofarbstoff).

Tabelle IV.　Blaufärbungen auf tierischen Fasern.

Zweimal 1 Minute mit 5%iger Essigsäure kochen.

1	2	3	4	5	6	7	8	9	10	11	12	13	14	15	16	17	18	19	20
Farbstoff größtenteils abgezogen. Zweimal 1 Minute mit verdünntem Alkohol (1:1) kochen.				Farbstoff wenig oder nicht abgezogen: Säure-, Salz- oder Beizenfarbstoff. Zweimal 1 Minute mit verdünntem Ammoniak und einer Probe weißer Baumwolle kochen. Aufbewahren des ammoniakalischen Auszugs.															
Farbstoff größtenteils abgezogen: Basischer Farbstoff. Kochen mit Hydrosulfit A.			Unverändert. Al oder Cr bzw. beide in der Asche. Das Blau wird durch Salzsäure in Ziegelrot verwandelt.	Farbstoff größtenteils abgezogen, die Baumwolle bleibt weiß: Säurefarbstoff. Kochen mit Hydrosulfit A.								Farbstoff wenig oder nicht abgezogen. Baumwolle weiß (Beizenfarbstoff) oder wird gefärbt (Salzfarbstoff). 2—3 Minuten mit 5%iger Natriumazetatlösung und weißer Baumwolle kochen.							
Entfärbt. Ursprüngliche Farbe kehrt an der Luft wieder: Azin-, Oxazin- oder Thiazingruppe.	Entfärbt, wird an der Luft violett: Safraninazofarbstoff.	Entfärbt. Farbe kehrt an der Luft nicht, aber durch Persulfat zurück: Triphenylmethangr.		Entfärbt. Farbe kehrt an der Luft wieder: Azin-, Oxazin-, Thiazin- u. Indigogr. Berlinerblau.			Entfärbt. Die Farbe kehrt an der Luft nicht, aber durch Persulfat wieder: Triphenylmethangruppe.			Entfärbt. Farbe weder an der Luft, noch durch Persulfat wiederhergestellt: Azogruppe.	Nicht entfärbt, in Bläulichrot verwandelt: Alizaringruppe.	Baumwolle wird angefärbt: Salzfarbstoff. Durch Hydrosulfit A entfärbt Farbe weder an der Luft, noch d. Persulf. wiederhergestellt: Azogr.	Baumwolle bleibt weiß. Kochen mit Anilinöl.						
				Der ammon. Auszug ist blau u. wird auf Zusatz von Natronlauge:		Der ammoniakalische Auszug ist farblos. In der Asche Fe.	Der ammoniakalische Auszug blau. Beim Kochen mit Natronlauge:		Der ammoniakalische Auszug farblos, wird aber beim Ansäuern blau.				Blaue Lösung, verdampfen zur Trockene, Rückstand sublimiert, violett.	Lösung lichtbraun oder farblos: Beizenfarbstoff. Bestätigen durch Prüfung der Asche auf Metallbeizen. Kochen mit Hydrosulfit A.					
				sofort gelb.	violett beim Erwärmen.		farblos.	violett.						Farbe auf Wolle unverändert: Alizaringruppe.	Farbe dunkelbraun, wird an der Luft blau: Alizaringruppe.	Entfärbt. Farbe kehrt an der Luft wieder: Oxazin- oder Thiazingruppe. Die Faser wird mit konz. Schwefelsäure behandelt.		Entfärbt. Farbe wird an der Luft nicht, aber d. Persulf. wiederhergestellt: Triphenylmethangruppe.	Entfärbt. Farbe erscheint weder an der Luft, noch durch Persulfat: Azogruppe.
																Grüne Lösung.	Violette Lösung.		
1.	2.	3.	4.	5.	6.	7.	8.	9.	10.	11.	12.	13.	14.	15.	16.	17.	18.	19.	20.
Methylenblau, Nilblau, Capriblau, Meldolablau, Cresylblau etc.	Janusblau, Indoin.	Viktoriablau, Nachtblau, Brillantwalkblau B etc.	Blauholzblau.	Indigokarmin.	Thiokarmin, Indulin, Echtblau.	Berlinerblau.	Wollblau.	Patentblau V, A, N etc. Zyanol, Zyanin B, Ketonblau, Erioglaucin etc.	Wasser- und Alkaliblau (Rosanilinblau).	Lanazylblau, Azosäureblau, Azomerinoblau, Azomarineblau etc.	Alizarindirektblau EB, Alizarinsaphirol, Alizarinastrol, Alizarinirisol etc.	Dianil-, Diamin-, Benzo-, Chicagoblau, Sulfonzyanin etc.	Indigo.	Alizarinzyanin. Anthracenblau.	Alizarinblau.	Brillantalizarinblau.	Gallozyanin, Cölestinblau, Gallaminblau, Prune etc.	Chromblau.	Anthracenchromblau, Chromotropblau, Periwollblau, Cypernblau etc. (beizenziehender Azofarbstoff).

Tabelle V. Grünfärbungen auf tierischen Fasern.

1	2	3	4	5	6	7	8	9	10	11	12
Zweimal 1 Minute mit 5%iger Essigsäure kochen.											
Farbstoff wird abgezogen: Basischer Farbstoff. Kochen mit Hydrosulfit A.			Farbstoff wird nicht abgezogen: Säure- Salz- oder Beizenfarbstoff. Zweimal 1 Minute mit verdünntem Ammoniak (1:100) und einer Probe weißer Baumwolle kochen.								
			Farbstoff größtenteils abgezogen, Baumwolle bleibt weiß: Säurefarbstoff. Kochen mit Hydrosulfit A.			Farbstoff wenig oder nicht abgezogen. Die Baumwolle bleibt weiß (Beizenfarbstoff) oder wird gefärbt (Salzfarbstoff). 2–3 Minuten mit 5%iger Natriumazetatlösung und einer Probe weißer Baumwolle kochen.					
							Die Baumwolle bleibt weiß: Beizenfarbstoff. Bestätigen durch Prüfung der Asche auf Metallbeizen. Kochen mit Hydrosulfit A.				
							Farbe braun: Alizaringruppe.		Entfärbt (oder in ein helles Rötlichgelb verwandelt).		
										Farbe kehrt weder durch Luft, noch durch Persulfat zurück: Nitroso- oder Azogruppe. Kochen mit konz. Salzsäure.	
Entfärbt, wird an der Luft dunkelviolett: Safraninazofarbstoff.	Entfärbt. Ursprüngliche Farbe kehrt an der Luft wieder: Azin-, Oxazin- oder Thiazingruppe.	Entfärbt. Farbe kehrt an der Luft nicht, aber durch Persulfat wieder: Triphenylmethangruppe.	Entfärbt. Farbe kehrt an der Luft wieder: Azin- Oxazin- oder Thiazingruppe.	Entfärbt. Farbe kehrt an der Luft nicht, aber durch Persulfat wieder: Triphenylmethangruppe.	Entfärbt. Farbe wird weder an der Luft, noch durch Persulfat wiederhergestellt: Azogruppe.	Baumwolle wird dunkel angefärbt: Salzfarbstoff.	Ursprüngliche Farbe kehrt an der Luft wieder.	Ursprüngliche Farbe kehrt nicht an der Luft, aber durch Persulfat zurück.	Die Farbe erscheint an der Luft: Oxazin- oder Thiazingruppe.	Faser und Lösung lichtbraun: Nitrosogruppe.	Faser blau und Lösung farblos: Azogruppe.
1.	2.	3.	4.	5.	6.	7.	8.	9.	10.	11.	12.
Janusgrün, Diazingrün.	Methylengrün, Echtgrün M, Azingrün, Caprigrün etc.	Malachitgrün, Brillantgrün, Setoglaucin, Echtgrün etc.	Azingrün S.	Säuregrün, Naphtalingrün V, Lichtgrün, Guineagrün, Wollgrün, Neptungrün etc.	Gemische aus blauen und gelben Farbstoffen.	Dianilgrün, Diamingrün, Columbiagrün, Chloramingrün, Benzogrün etc.	Coerulein, Alizaringrün S.	Alizarindirektgrün G, Alizarinzyaningrün, Alizarinviridin.	Alizaringrün G, B (Oxazingruppe).	Gambin, Dioxin, Dunkelgrün, Naphtholgrün etc.	Diamantgrün, Chrompatentgrün etc. (beizenziehender Azofarbstoff).

Tabelle VI. Braunfärbungen auf tierischen Fasern.

<table>
<tr>
<td rowspan="6">Farbstoff größtenteils abgezogen: Basischer Farbstoff. Beim Kochen mit Hydrosulfit A entfärbt. Farbe kehrt weder an der Luft, noch durch Persulfat zurück: Azogruppe.</td>
<td colspan="7">Zweimal 1 Minute mit 5%iger Essigsäure kochen.</td>
</tr>
<tr>
<td rowspan="5">Farbstoff größtenteils abgezogen: Säurefarbstoff. Beim Kochen mit Hydrosulfit A entfärbt. Farbe kehrt weder an der Luft, noch durch Persulfat wieder: Azogruppe.</td>
<td colspan="6">Farbstoff wenig oder nicht abgezogen: Säure-, Salz- oder Beizenfarbstoff. Zweimal 1 Minute mit verdünntem Ammoniak kochen.</td>
</tr>
<tr>
<td colspan="6">Farbstoff wenig oder nicht abgezogen: Salz- oder Beizenfarbstoff. 2—3 Minuten mit 5%iger Natriumazetatlösung und weißer Baumwolle kochen.</td>
</tr>
<tr>
<td colspan="2">Die Baumwolle wird angefärbt: Salzfarbstoff. Kochen mit Hydrosulfit A.</td>
<td colspan="4">Die Baumwolle bleibt weiß: Beizenfarbstoff. Bestätigen durch Prüfung der Asche auf Metallbeizen. Kochen mit Hydrosulfit A.</td>
</tr>
<tr>
<td rowspan="2">Entfärbt. Farbe kehrt weder an der Luft, noch durch Persulfat zurück: Azogruppe.</td>
<td rowspan="2">Entfärbt. Farbe kehrt langsam an der Luft und schnell durch Persulfat wieder: Stilbengruppe.</td>
<td colspan="2">Farbe bleibt unverändert. Kochen mit verdünnter Salzsäure (1:10).</td>
<td colspan="2">Entfärbt oder beinahe entfärbt.</td>
</tr>
<tr>
<td>Farbe wird abgezogen.</td>
<td>Farbe wird nicht abgezogen.</td>
<td>Farbe kommt langsam an der Luft und schnell durch Persulfat wieder.</td>
<td>Farbe kehrt weder an der Luft, noch durch Persulfat zurück: Azogruppe.</td>
</tr>
<tr>
<td>1.</td>
<td>2.</td>
<td>3.</td>
<td>4.</td>
<td>5.</td>
<td>6.</td>
<td>7.</td>
<td>8.</td>
</tr>
<tr>
<td>Vesuvin O. Bismarckbraun.</td>
<td>Säurebraun R. Echtbraun O, Resorzinbraun, Naphtylaminbraun etc.</td>
<td>Dianilbraun, Diaminbraun, Benzobraun, Tolylenbraun, Kongobraun, Hess. Braun, Kolumbiabraun, Sulfonbraun etc.</td>
<td>Mikadobraun.</td>
<td>Alizarinbraun, Anthragallol, Anthracenbraun.</td>
<td>Catechu.</td>
<td>Chromogen I.</td>
<td>Säure-Alizarinbraun RP, B, BB etc. Chrombraun RO, Anthracensäurebraun, Säureanthracenbraun, Palatinchrombraun, Säurechrombraun, Diamantbraun, Metachrombraun etc. Manganbister (Mn in der Asche).</td>
</tr>
</table>

Tabelle VII. Schwarz- und Graufärbungen auf tierischen Fasern.

1.	2.	3.	4.	5.	6.	7.	8.	9.	10.	11.
Zweimal 1 Minute in 5%iger Essigsäure kochen.										
	Farbstoff nicht abgezogen: Säure-, Salz- oder Beizenfarbstoff. Zweimal 1 Minute mit wässerig-alkoholischem Ammoniak und einer Probe weißer Baumwolle kochen.									
		Farbstoff nicht abgezogen: Salz- und Beizenfarbstoffe. Kochen mit 5%iger Natriumazetatlösung und einer Probe weißer Baumwolle.								
		Die Baumwolle wird angefärbt: Salz- und beizenziehender Azofarbstoff. Hydrosulfit A entfärbt dauernd. Prüfen der Asche auf Cr.		Die Baumwolle bleibt weiß: Beizenfarbstoffe. (Bestätigen durch Prüfung der Asche auf Metallbeizen.) Kochen mit verdünnter Salzsäure (1:10).						
							Unverändert. Kochen mit Hydrosulfit A.			
									Unverändert. Behandeln der Faser mit konzentrierter Schwefelsäure.	
Farbstoff größtenteils abgezogen: Basischer Farbstoff. (Blauholzschwarz auf Eisen wird heller, Lösung nur schwach gefärbt.)	Farbstoff größtenteils abgezogen, die Baumwolle bleibt weiß: Säurefarbstoff. Durch Kochen mit Hydrosulfit A wird die Farbe dauernd entfernt.	Kein Cr. Salzfarbstoffe.	Cr. Beizenziehender Azofarbstoff.	Faser blau, Lösung karmoisin. Prüfung auf Indigo durch Kochen mit Anilin: blaue Lösung, verdampfen zur Trockene. Rückstand sublimiert violett.	Faser und Lösung karmoisin.	Faser und Lösung hellbraun.	Wird braun. Die ursprüngliche Farbe erscheint langsam an der Luft.	Entfärbt. Die Farbe wird weder an der Luft, noch durch Persulfat wiederhergestellt.	Blaue Lösung.	Farblose Lösung.
1.	2.	3.	4.	5.	6.	7.	8.	9.	10.	11.
Janusschwarz, Methylengrau, Diazinschwarz etc.	Amidoschwarz, Naphtolschwarz, Naphtylaminschwarz, Palatinschwarz, Nerol, Azosäureschwarz, Azomerinoschwarz etc.	Patentdianilschwarz, Halbwollschwarz, Kolumbiaschwarz, Dianilschwarz, Diaminschwarz, Karbidschwarz etc.	Säure-Alizarinschwarz, Anthracenchromschwarz, Palatinchromschwarz, Chromotrop, Säurechromschwarz. Chromatschwarz etc.	Indigo mit Blauholz.	Blauholz auf Chrom.	Blauholz auf Eisen.	Naphtazarin, Alizarinschwarz, Alizarinblauschwarz SW.|	Diamantschwarz.	Alizarinzyaninschwarz.	Anilinschwarz.

Tabelle I. Gelb- und Orangefärbungen auf pflanzlichen Fasern.

Mit Ammoniak (1:100) kochen.

Nr.	Stufe 1	Stufe 2	Stufe 3	Stufe 4	Stufe 5	Stufe 6	Farbstoff
1.	Wird abgezogen. Mit angesäuertem Wasser u. Wolle kochen.	Zieht auf die Wolle: Saurer Farbstoff. Die Wolle mit Hydrosulfit B kochen.					Kreuzbeeren auf Zinnbeize.
2.	Wird abgezogen. Mit angesäuertem Wasser u. Wolle kochen.	Zieht nicht auf die Wolle. Sn in der Asche.	Nicht entfärbt: Pyron- oder Chinolingruppe.				Chinolingelb, Eosinorange.
3.	Wird abgezogen. Mit angesäuertem Wasser u. Wolle kochen.	Zieht nicht auf die Wolle. Sn in der Asche.	Dauernd entfärbt: Azogruppe.				Indischgelb, Orange IV, G etc.
4.	Wird nicht abgezogen. ½ Minute kochen mit Kochsalz-Natronlauge, spülen und zweimal mit verd. Ameisensäure (1:100) kochen.	Wird vollkommen zerstört; alkalische und saure Lösung und Faser farblos. Ursprüngliche Färbung mit Schwefelammonium kalt behandeln.	Schwarzfärbung. Cr in der Asche.				Chromgelb oder Chromorange (Bleichromat).
5.	Wird nicht abgezogen.	Wird vollkommen zerstört; … Schwefelammonium kalt behandeln.	Keine Schwarzfärbung. Mit Hydrosulfit X kochen.	Nicht entfärbt. Asche auf Al prüfen.	Al.		Alizaringelb A.
6.	Wird nicht abgezogen.	Wird vollkommen zerstört; … Schwefelammonium kalt behandeln.	Keine Schwarzfärbung. Mit Hydrosulfit X kochen.	Nicht entfärbt. Asche auf Al prüfen.	Kein Al.		Methylengelb, Thioflavin T.
7.	Wird nicht abgezogen.	Wird vollkommen zerstört; … Schwefelammonium kalt behandeln.	Keine Schwarzfärbung. Mit Hydrosulfit X kochen.	Entfärbt.			Flavindulin.
8.	Wird nicht abgezogen.	Farbstoff vollständig oder größtenteils abgezogen. Säureauszug durch Tannin gefällt: Basischer Farbstoff. Auf Wolle übertragen und mit Hydrosulfit B kochen.	Entfärbt.				Auramin.
9.	Wird nicht abgezogen.	Farbstoff vollständig … Basischer Farbstoff. …	Wolle nicht entfärbt. Die Baumw. m. Salzsäure (1:20) kochen.	Nicht entf. Lös. in konz. H_2SO_4 od. Alkoh. fluor.: Acridingr.			Phosphin, Benzoflavin, Acridingelb, Acridinorange etc.
10.	Wird nicht abgezogen.	Farbstoff vollständig … Basischer Farbstoff. …	Wolle dauernd entfärbt: Azogruppe.				Janusgelb, Chrysoidin, Tanninorange etc.
11.	Wird nicht abgezogen.	Nicht abgezogen oder Säureauszug durch Tannin nicht gefällt. Mit Hydrosulfit X reduzieren.	Entfärbt. Farbe kommt an der Luft oder durch Persulfat nicht zurück: Azofarbstoff (einschl. Stilbengr.). Mit Seifenlösung und weißer merc. Baumwolle kochen.	Baumwolle angefärbt: Salzfarbe. Auf Cr und Cu prüfen.	Kein Cu und Cr.: Unbeh. Salz-Azofarbstoff.		Chrysophenin, Chrysamin, Toluylengelb und -orange, Stilbengelb[1]) und -orange, Benzo-, Kongo-, Diamingelb und -orange, Dianil-, Pyraminorange etc.
12.	Wird nicht abgezogen.	Nicht abgezogen oder Säureauszug durch Tannin nicht gefällt. Mit Hydrosulfit X reduzieren.	Entfärbt. Farbe kommt an der Luft … Azofarbstoff …	Baumwolle angefärbt: Salzfarbe. Auf Cr und Cu prüfen.	Cr oder Cu: Nachbeh. Salz-Azofarbstoff.		Die vorigen gekupfert oder chromiert.
13.	Wird nicht abgezogen.	Nicht abgezogen … Mit Hydrosulfit X reduzieren.	Entfärbt. Farbe kommt an der Luft … Azofarbstoff …	Baumwolle nicht angefärbt. Mit Pyridin kochen.	Abgezogen: Unlöslich. Azofarbstoff.		m-Nitranilinorange oder Nitrotoluidinorange. (auf der Faser gebildet).
14.	Wird nicht abgezogen.	Nicht abgezogen … Mit Hydrosulfit X reduzieren.	Entfärbt. Farbe kommt an der Luft … Azofarbstoff …	Baumwolle nicht angefärbt. Mit Pyridin kochen.	Nicht abgezogen: In der Asche Cr: Azo-Beizenfarbstoff.		Chromorange, Alizaringelb R, GG etc. Diamantflavin[2]), Flavazol etc.
15.	Wird nicht abgezogen.	Nicht abgezogen … Mit Hydrosulfit X reduzieren.	Die Farbe unverändert oder in der Nuance geändert (wird gelber, brauner oder blau). Bleiazetat-Probe.	H_2S. An der Luft erscheint die ursprüngliche Farbe nach der Redukt. schnell wieder: Schwefelfarbstoff.			Thiogen-, Immedial-, Katigen-, Pyrogen-, Schwefel-[3]) etc. -gelb und -orange.
16.	Wird nicht abgezogen.	Nicht abgezogen … Mit Hydrosulfit X reduzieren.	Die Farbe unverändert … Bleiazetat-Probe.	Kein H_2S. Mit Seifenlösung und weißer, merc. Baumwolle kochen.	Baumwolle angefärbt. Thiazol-Salzfarbstoff.	Nach der Red. mit Hydrosulfit, läßt sich der Farbstoff diazotieren und mit β-Naphtol rot entwickeln.	Primulin entwickelt mit Phenol oder Resorzin. Dianilgelb, Baumwollgelb G und R, Oriol etc.
17.	Wird nicht abgezogen.	Nicht abgezogen … Mit Hydrosulfit X reduzieren.	Die Farbe unverändert … Bleiazetat-Probe.	Kein H_2S. Mit Seifenlösung und weißer, merc. Baumwolle kochen.	Baumwolle angefärbt. Thiazol-Salzfarbstoff.	Farbstoff läßt sich nach der Red. nicht diazotieren und entwickeln.	Oxydianilgelb, Chlorophen., Chloraming, Diaminechtg. B, FF u. C; Claytong. etc. Prim. m. Chlork. entwickelt.
18.	Wird nicht abgezogen.	Nicht abgezogen … Mit Hydrosulfit X reduzieren.	Die Farbe unverändert … Bleiazetat-Probe.	Kein H_2S. Mit Seifenlösung und weißer, merc. Baumwolle kochen.	Baumwolle nicht angefärbt. Beizen- oder Küpenfarbstoff.	Nach der Red. mit Hydrosulfit Farbe gelb oder gelbbraun. Al oder Cr in der Asche.	Kreuzbeeren auf Al- oder Cr-Beize (Beizenfarbstoff).
19.	Wird nicht abgezogen.	Nicht abgezogen … Mit Hydrosulfit X reduzieren.	Die Farbe unverändert … Bleiazetat-Probe.	Kein H_2S. Mit Seifenlösung und weißer, merc. Baumwolle kochen.	Baumwolle nicht angefärbt. Beizen- oder Küpenfarbstoff.	Nach der Red. mit Hydrosulfit Farbe braun, durch Persulfat wieder orange.	Alizarinorange auf Al-Beize (Beizenfarbstoff).
20.	Wird nicht abgezogen.	Nicht abgezogen … Mit Hydrosulfit X reduzieren.	Die Farbe unverändert … Bleiazetat-Probe.	Kein H_2S. Mit Seifenlösung und weißer, merc. Baumwolle kochen.	Baumwolle nicht angefärbt. Beizen- oder Küpenfarbstoff.	Nach der Red. mit Hydrosulfit Farbe blau, an der Luft wieder gelb.	Flavanthren (Küpenfarbst.).

[1]) Brillantgelb wird durch verd. NH_3 stark abgezogen; fügt man jedoch weiße Baumwolle hinzu, so wird diese angefärbt.

[2]) Diamantflavin kann, wenn nicht gut fixiert, weiße Baumwolle aus einer Seifenlösung anfärben.

[3]) Schwefelgelb der Thiazolklasse, wie Katigengelb 2 G, Pyrogengelb etc. färben beim Kochen mit Seifenlösung weiße Baumwolle leicht an.

Tabelle II. Rotfärbungen auf pflanzlichen Fasern.

<table>
<tr>
<td colspan="2">Abgezogen: Saurer Farbstoff, auf Wolle übertragen und mit Hydrosulfit B kochen.</td>
<td colspan="13">Kochen mit verdünntem Ammoniak (1:100).
Nicht abgezogen. ½ Minute mit Kochsalz-Natronlauge kochen, spülen und ca. 1 Minute mit verdünnter Ameisensäure (1:100) kochen.</td>
</tr>
<tr>
<td rowspan="4">Nicht entfärbt: Pyrongruppe.</td>
<td rowspan="4">Entfärbt, durch Luft oder Persulfat nicht wiederhergestellt: Azogruppe.</td>
<td colspan="4">Vollständig oder größtenteils abgezogen; gefärbter Säureauszug durch Tannin gefällt: Basischer Farbstoff (auf Tannin oder anderer Beize). Auf Wolle übertragen und mit Hydrosulfit A kochen.</td>
<td colspan="9">Nicht abgezogen oder Säureauszug durch Tannin nicht gefällt. Mit Hydrosulfit X reduzieren.</td>
</tr>
<tr>
<td rowspan="3">Wolle nicht entfärbt: Pyrongruppe.</td>
<td rowspan="3">Wolle entfärbt. Farbe kehrt an der Luft wieder: Azingruppe.</td>
<td rowspan="3">Wolle entfärbt. Farbe kehrt durch Luft nicht, wohl aber durch Persulfat zurück: Triphenylmethangruppe.</td>
<td rowspan="3">Wolle entfärbt. Farbe kehrt weder durch Luft noch Persulfat zurück: Azogruppe.</td>
<td colspan="4">Entfärbt, kehrt nicht durch Luft oder Persulfat zurück: Azogruppe. Mit Seifenlösung und weißer, merc. Baumwolle kochen.</td>
<td colspan="2">Entfärbt, kehrt an der Luft zurück: Azin- oder Indigogruppe. Bleiazetatprobe.</td>
<td rowspan="3">Grünl.-gelb, kann diazotiert u. mit β-Naphtol rot entwickelt werden: Primulin-Azofarbstoff.</td>
<td colspan="2">Nicht angegriffen oder in der Nuance geändert (wird brauner etc.): Anthracengruppe. Mit Ameisensäure 90% kochen.</td>
</tr>
<tr>
<td colspan="2">Baumwolle angefärbt. Asche auf Cr und Cu prüfen.</td>
<td colspan="2">Baumwolle nicht angefärbt. Mit Pyridin kochen.</td>
<td rowspan="2">H_2S: Schwefelfarbstoff.</td>
<td rowspan="2">Kein H_2S.</td>
<td>Abgezogen. Asche auf Al prüfen.</td>
<td>Ziemlich abgezogen. Asche auf Cr prüfen.</td>
</tr>
<tr>
<td>Kein Cr oder Cu: Azo-Salzfarbstoff.</td>
<td>Cr oder Cu: Azo-Salzfarbstoff. Nachbehandelt.</td>
<td>Abgezogen: Unlösl. Azofarbstoff.</td>
<td>Nicht abgezogen. Cr in der Asche: Beizen-Azofarbstoff.</td>
<td>Al.</td>
<td>Cr.</td>
</tr>
<tr>
<td>1.</td><td>2.</td><td>3.</td><td>4.</td><td>5.</td><td>6.</td><td>7.</td><td>8.</td><td>9.</td><td>10.</td><td>11.</td><td>12.</td><td>13.</td><td>14.</td><td>15.</td>
</tr>
<tr>
<td>Eosin, Phloxin, Erythrosin, Rose Bengale etc.</td>
<td>Croceinscharlach, Brillantcrocein, Echtrot etc.</td>
<td>Rhodamin, Irisamin, Acridinrot etc.</td>
<td>Safranin, Rhodulinrot und -rosa, Azinscharlach, Indulinscharlach, Neutralrot etc.</td>
<td>Fuchsin, Neufuchsin, Cerise, Grenadin etc.</td>
<td>Janusrot¹), Dianilrot, Deltapurpurin, Dianilrosa, Dianilechtscharlach etc.</td>
<td>Benzopurpurin, Diaminscharlach, Diaminrot, Benzoechtscharlach, Diazobriliantscharlach, Rosanthren.</td>
<td>Dianilechtrot PH, Diaminechtrot F etc.</td>
<td>Azophorrot, Azophorrosa, Paranitranilinrot, α-Naphtylaminbordeaux, Azorosa, Blaurot.</td>
<td>Chromrot, Chrombordeaux etc.</td>
<td>Thiogenpurpur etc.</td>
<td>Thioindigorot, Thioindigoscharlach, Helindonrot 3B.</td>
<td>Primulin entwickelt mit β-Naphtol oder R-Salz.</td>
<td>Türkischrot, Alizarinrot, Alizarinrosa, Alizaringranat.</td>
<td>Alizarin, Purpurin oder Alizaringranat.</td>
</tr>
</table>

¹) Janusrot läßt sich nicht leicht auf Wolle übertragen.

Tabelle III. Purpur- und Violettfärbungen auf pflanzlichen Fasern.

<table>
<tr><td colspan="19">Kochen mit verdünntem Ammoniak (1:100).</td></tr>
<tr>
<td colspan="2">Abgezogen: Säure-Farbstoff. Auf Wolle übertragen, durch Hydrosulfit A entfärbt und durch Persulfat wiederhergestellt: Triphenylmethangruppe.</td>
<td colspan="17">Nicht abgezogen. ½ Minute mit Kochsalz-Natronlauge kochen, spülen und zweimal 1 Minute mit verdünnter Ameisensäure (1:100) kochen.</td>
</tr>
<tr>
<td rowspan="5">Ammoniakalische Lösung farblos, wird beim Ansäuern blau.</td>
<td rowspan="5">Ammoniakalische Lösung violett.</td>
<td colspan="6">Farbe völlig oder größtenteils abgezogen, gefärbter Säureauszug durch Tannin gefällt: Basischer Farbstoff (auf Tannin oder anderer Beize) oder basischer Beizenfarbstoff. Mit Kochsalz-Natronlauge kochen, spülen und mit weißer Wolle in reinem Wasser kochen.</td>
<td colspan="11">Nicht abgezogen oder Säureauszug nicht durch Tannin gefällt. Mit Hydrosulfit X reduzieren.</td>
</tr>
<tr>
<td colspan="4">Wolle gefärbt: Basischer Farbstoff. Mit Hydrosulfit A kochen.</td>
<td colspan="2">Wolle nicht gefärbt. Cr in der Asche: Basischer Beizenfarbstoff. Mit Hydrosulfit kochen.</td>
<td colspan="5">Entfärbt. Farbe durch Luft und Persulfat nicht wiederhergestellt: Azogruppe oder Alizarin auf Eisenbeize (langsam entfärbt). Mit Seifenlösung und weißer, merc. Baumwolle kochen.</td>
<td colspan="2">Entfärbt. Farbe kommt an der Luft wieder: Azin-, Oxazin- oder Thiazingruppe. Bleiazetatprobe.</td>
<td colspan="4">Farbe nicht angegriffen oder in der Nuance geändert: Pyron- oder Anthracengruppe und einige Schwefelfarbstoffe.</td>
</tr>
<tr>
<td rowspan="3">Nicht entfärbt: Pyrongruppe.</td>
<td rowspan="3">Entfärbt, erscheint an der Luft wieder: Azin- (Oxazin- oder Thiazin-) gruppe.</td>
<td rowspan="3">Entfärbt, durch Luft nicht wiederhergestellt, jedoch durch Persulfat. Triphenylmethangruppe.</td>
<td rowspan="3">Entfärbt. Weder durch Luft noch durch Persulfat wiederhergestellt: Azogruppe.</td>
<td rowspan="3">Entfärbt, kehrt an der Luft wieder: Oxazingruppe.</td>
<td rowspan="3">Nur langsam entfärbt, kommt nicht wieder an der Luft, jedoch mit Persulfat: Triphenylmethangruppe.</td>
<td colspan="2">Baumwolle angefärbt: Salzfarbstoff. Auf Cr und Cu prüfen.</td>
<td colspan="3">Baumwolle nicht angefärbt. Mit verd. HCl (1:20) kochen.</td>
<td rowspan="3">H_2S: Schwefelfarbstoff.</td>
<td rowspan="3">Kein H_2S. Cr in der Asche: Beizen-Oxazinfarbstoff. (Nicht in Gr. 7 fallend.)</td>
<td rowspan="3">Farbe angegriffen. Al oder Cr in der Asche: Pyron- oder Anthracen-Beizenfarbstoff.</td>
<td colspan="3">Farbe nach Braun verändert. Bleiazetatprobe.</td>
</tr>
<tr>
<td rowspan="2">Kein Cu und Cr: Azo-Salzfarbstoff.</td>
<td rowspan="2">Cu und Cr: Azo-Salzfarbstoff. Nachbehandelt.</td>
<td rowspan="2">Farbe zerstört, gelbe Lösung, Fe in Asche: Alizarin auf Fe-Beize.</td>
<td colspan="2">Nicht abgezogen. Kochen mit Pyridin.</td>
<td rowspan="2">H_2S: Schwefelfarbstoff.</td>
<td colspan="2">Kein H_2S. Auf Al u. Cr prüfen.</td>
</tr>
<tr>
<td>Abgezogen: Unlösl. Azofarbstoff.</td>
<td>Nicht abgezogen. Cr in der Asche: Beizen-Azofarbstoff.</td>
<td>Al oder Cr: Anthracen-Beizenfarbstoff.</td>
<td>Kein Al oder Cr: Anthracen-Küpenfarbstoff.</td>
</tr>
<tr>
<td>1.</td><td>2.</td><td>3.</td><td>4.</td><td>5.</td><td>6.</td><td>7.</td><td>8.</td><td>9.</td><td>10.</td><td>11.</td><td>12.</td><td>13.</td><td>14.</td><td>15.</td><td>16.</td><td>17.</td><td>18.</td><td>19.</td>
</tr>
<tr>
<td>Wasser- und Alkaliblau (rötliche Marken).</td>
<td>Säureviolett, Formylviolett etc.</td>
<td>Anisolin.</td>
<td>Methylenviolett, Rhodulinviolett, Tanninheliotrop etc.</td>
<td>Methylviolett, Äthylviolett, Benzylviolett, Kristallviolett etc.</td>
<td>Janusbordeaux.</td>
<td>Chromoglaucin, Philochromin, Gallozyanin, Gallaminblau, Prune etc.</td>
<td>Chromviolett.</td>
<td>Substantive Violetts.</td>
<td>Substantive Violetts gekuppert oder chromiert.</td>
<td>Alizarinviolett.</td>
<td>α-Naphtylaminbordeaux.</td>
<td>Chrombordeaux, Chromprune etc.</td>
<td>Thiogenviolett, Katigenviolett etc.</td>
<td>Gallaminblau, Gallozyanin etc.</td>
<td>Gallein, Alizaringranat, Alizarinzyklamin, Alizarin auf Cr-Beize[1].</td>
<td>Thiogendunkelrot etc.</td>
<td>Alizarinzyanin 3R, Alizaringranat.</td>
<td>Violanthren.</td>
</tr>
</table>

[1] Alizarin auf Chrom wird braun bei der Reduktion mit Hydrosulfit X.

Blaufärbungen auf pflanzlichen Fasern. 331

Tabelle IV. Blaufärbungen auf pflanzlichen Fasern.

Mit verdünntem Ammoniak (1:100) kochen.

	1	2	3	4	5	6	7	8	9	10	11	12	13	14	15	16	17	18
Ebene 2	Abgezogen: Säurefarbstoff (oder Berlinerblau).		Farbe nicht abgezogen. ½ Minute kochen mit Kochsalz-Natronlauge, spülen und zweimal mit verdünnter Ameisensäure (1:100) kochen.															
Ebene 3			Farbe vollständig oder größtenteils abgezogen; gefärbter Säureauszug. Durch Tannin gefällt: Basischer Farbstoff (auf Tannin oder anderer Beize) oder basischer Beizenfarbstoff. Mit Kochsalz-Natronlauge kochen, spülen und mit einem Streifen Wolle in reinem Wasser kochen.					Farbe nicht abgezogen oder der Säureauszug nicht durch Tannin gefällt. Mit Hydrosulfit X reduzieren.										
Ebene 4			Wolle gefärbt: Basischer Farbstoff. Wolle kochen mit Hydrosulfit A.				Wolle nicht gefärbt. Cr in der Asche: Bas. Beizenfarbstoff. Baumwolle m. Hydrosulfit kochen.	Entfärbt. Farbe kehrt durch Luft oder Persulfat nicht zurück: Azogruppe. Mit Seifenlösung und weißer merc. Baumwolle kochen.			Entfärbt. Farbe kehrt an der Luft wieder: Azin-, Oxazin-, Thiazin- oder Ind.-Gr. Bleiazetatprobe.			Farbenumschlag nach grüngelb. Läßt sich diazotieren und entwickeln mit β-Naphtol: Primulin-Azofarbstoff.	Nicht angegriffen oder in der Nuance geändert (wird dunkler, brauner etc.): Anthracenbeizen oder Anthracen-Küpenfarbstoff (auch Ultramarin). Mit 90%iger Ameisensäure kochen.			
Ebene 5								Baumwolle angefärbt: Salzfarbstoff. Auf Cr und Cu prüfen.		Baumwolle nicht angefärbt, Farbe durch Kochen mit Pyridin abgezogen: Unlösl. Azofarbstoff.		Kein H_2S. Vorsichtig im trock. Reag.-Rohr erhitzen.			Abgezogen. Al in der Asche. Bleiazetatprobe.		Wenig angegriffen. Auf Cr prüfen.	
Merkmal	Lösung farblos, beim Ansäuern blau. Das Blau auf Wolle übertragen, durch Hydrosulfit A entfärbt u. durch Persulfat wiederhergestellt. Triphenylmethangruppe.	Lösung ist und bleibt auch beim Ansäuern farblos. Mit $FeCl_3$ blauer Niederschlag.	Entfärbt. Farbe erscheint an der Luft wieder: Azin-, Oxazin- oder Thiazingruppe.	Schlägt nach Rot um und verschwindet, erscheint violett oder blau wieder: Safranin-Azogruppe.	Entfärbt. Farbe erscheint an der Luft nicht wieder, wohl aber durch Persulfat: Triphenylmethangr.	Entfärbt, erscheint an der Luft wieder: Oxazingruppe.	Langsam entfärbt, nur d. Persulfat wiederhergestellt: Triphenylmethangruppe.	Kein Cr oder Cu: Azo-Salzfarbe.	Cr oder Cu: Azo: Salzfarbe. Nachbehandelt.		H_2S: Schwefelfarbstoff.	Violette Dämpfe.	Keine gefärbten Dämpfe. Cr in der Asche. Beizen-, Thiazin- oder Oxazinfarbstoff (nicht in Gr. 6 fallend).		H_2S-Entwicklung.	Keine H_2S-Entwicklung. Alizarinfarbstoff auf Al-Beize.	Cr: Alizarinfarbstoff auf Cr-Beize.	Kein Cr: Anthracen-Küpenfarbstoff.
Nr.	1.	2.	3.	4.	5.	6.	7.	8.	9.	10.	11.	12.	13.	14.	15.	16.	17.	18.
Farbstoff	Alkali- oder Wasserblau[1].	Berlinerblau.	Methylenblau, Neumethylenblau, Nilblau, Capriblau, Meldolablau, Neuäthylblau, Echtblau, Cresylblau, Rhodulinblau, Nitrosoblau etc.	Janusblau, Indophenblau, Indoinblau, Naphtindon etc.	Viktoriablau, Nachtblau, Türkisblau, Setozyanin etc.	Gallozyanin, Cölestinblau, Prune etc.	Chromblau.	Substantive Blau.	Substantive Blau gekupfert oder chromiert.	Dianisidinblau.	Blaue Schwefelfarbstoffe.	Indigo.	Brillant-Alizarinblau, Delphinblau, Gallophenin etc.	Primulin mit Naphtylaminäther entwickelt.	Ultramarin.	Anthrolblau, Alizarin-Zyanin, Anthracenblau.	Anthrolblau, Alizarinblau, Alizarin-Zyanin, Anthracenblau.	Indanthren. Zyananthren.

[1]) Alkaliblau auf Tannin oder Zinnbeize wird nur teilweise durch verdünntes NH_3 abgezogen. Lösung farblos.

Tabelle V. Grünfärbungen auf pflanzlichen Fasern.

<table>
<tr><td colspan="19">Mit verdünntem Ammoniak (1:100) kochen.</td></tr>
<tr>
<td rowspan="6">Abgezogen: Säurefarbstoff. Farbe auf Wolle übertragen, durch Hydrosulfit A abgezogen und durch Persulfat wiederhergestellt: Triphenylmethangruppe.</td>
<td colspan="18">Farbe nicht abgezogen. ¹/₂ Minute mit Kochsalz-Natronlauge kochen, spülen und mit verdünnter Ameisensäure zweimal kochen.</td>
</tr>
<tr>
<td colspan="4">Vollständig oder größtenteils abgezogen; gefärbter Säureauszug durch Tannin gefällt: Basischer Farbstoff (auf Tannin oder anderer Beize) oder basischer Beizenfarbstoff. Mit Kochsalz-Natronlauge kochen, spülen und mit weißer Wolle und reinem Wasser kochen.</td>
<td colspan="14">Farbe nicht abgezogen oder Säureauszug wird durch Tannin nicht gefällt. Mit Hydrosulfit X reduzieren.</td>
</tr>
<tr>
<td colspan="3">Wolle angefärbt: Basischer Farbstoff. Mit Hydrosulfit A kochen.</td>
<td rowspan="4">Wolle nicht angef. Cr in der Asche. B'wolle entf. d. Hydrosulf. X, Farbe ersch. d. Persulfat wieder, nicht d. Luft: Triphen.-gr.</td>
<td colspan="4">Entfärbt. Farbe erscheint an der Luft oder durch Persulfat nicht wieder: Azo- oder Nitrosogruppe. Mit Seifenlösung und weißer, merc. Baumwolle kochen.</td>
<td colspan="2">Entfärbt. Farbe kommt an der Luft wieder. Azin-, Oxazin- oder Thiazingruppe. Bleiazetatprobe.</td>
<td rowspan="4">Grünlichgelb, läßt sich diazotieren u. mit β-Naphtol rot entwickeln: Primulin-Azogruppe.</td>
<td colspan="7">Nicht angegriffen oder in der Nuance nach rot, braun, blau etc. verändert. Auf Cr und Ni prüfen.</td>
</tr>
<tr>
<td rowspan="3">Entfärbt. Farbe kehrt an der Luft wieder: Azin-, Oxazin od. Thiazingruppe.</td>
<td rowspan="3">Wird rot und dann entfärbt, an der Luft violett oder grün: Safranin-Azogruppe.</td>
<td rowspan="3">Entfärbt, durch Luft nicht wieder hergestellt, wohl aber d. Persulfat: Triphenylmethangr.</td>
<td colspan="2">B'wolle angefärbt: Salzfarbe. Asche auf Cr und Cu prüfen.</td>
<td colspan="2">B'wolle nicht angefärbt. Mit HCl (1:20) kochen.</td>
<td rowspan="3">H_2S: Schwefelfarbstoff.</td>
<td rowspan="3">Kein H_2S: Beizen-Oxazin- (oder Thiazin-)farbstoff.</td>
<td rowspan="3">Reduzierte Farbe braunrot. Durch Persulfat, nicht durch Luft, wieder grün. Kochende HCl (1:20) gibt grüne Lösung.</td>
<td colspan="3">Cr oder Ni in der Asche: Anthracen-Beizenfarbstoff.</td>
<td colspan="3">Kein Cr oder Ni: Anthracen-Küpenfarbstoff.</td>
</tr>
<tr>
<td rowspan="2">Kein Cr und Cu: Azo-Salzfarbe.</td>
<td rowspan="2">Cr und Cu: Azo-Salzfarbe. Nachbehandelt.</td>
<td rowspan="2">Farbe zerstört. Fe in der Asche: Nitrosogruppe.</td>
<td rowspan="2">Nicht entfärbt. Cr in der Asche: Beizen-Azofarbstoff.</td>
<td colspan="3">Reduziert braun, an der Luft wieder grün. Mit verd. HCl (1:20) kochen.</td>
<td rowspan="2">Reduzierte Farbe olivbraun. Bleiazetatprobe zeigt H_2S.</td>
<td rowspan="2">Reduzierte Farbe dunkelmaron. Grüne Farbe kommt an der Luft wieder.</td>
<td rowspan="2">Reduzierte Farbe blau. Grüne Farbe kommt an der Luft wieder.</td>
</tr>
<tr>
<td>Nicht angegriffen. Lösung farblos. Cr in der Asche.</td>
<td>Faser grau, Lösung rot. Ni in der Asche.</td>
<td>Faser ziemlich hell. Lösung braungelb.</td>
</tr>
<tr>
<td>1.</td><td>2.</td><td>3.</td><td>4.</td><td>5.</td><td>6.</td><td>7.</td><td>8.</td><td>9.</td><td>10.</td><td>11.</td><td>12.</td><td>13.</td><td>14.</td><td>15.</td><td>16.</td><td>17.</td><td>18.</td><td>19.</td>
</tr>
<tr>
<td>Naphthalingrün, Säuregrün.</td>
<td>Methylengrün, Azingrün, Caprigrün etc.</td>
<td>Janusgrün, Diazingrün etc.</td>
<td>Brillantgrün, Malachitgrün, Methylgrün, Viktoriagrün, Setoglaucin etc.</td>
<td>Chromgrün.</td>
<td>Substantive Grün.</td>
<td>Substantive Grün gekupfert oder chromiert.</td>
<td>Solidgrün, Nitrosogrün¹), Russischgrün, Echtdampfgrün O, Elsäss. Grün, Gambin etc.</td>
<td>Diamantgrün etc.</td>
<td>Grüne Schwefelfarbstoffe.</td>
<td>Gallanilgrün, Indalizarin etc.</td>
<td>Primulin mit Amidodiphenylamin entwickelt.</td>
<td>Alizarin-Viridin, Brillant-Alizarin-Viridin.</td>
<td>Alizarin-Viridin auf Cr-Beize.</td>
<td>Alizaringrün auf Ni-Mg-Beize.</td>
<td>Coerulein, Anthracengrün.</td>
<td>Olivanthren.</td>
<td>Viridanthren.</td>
<td>Algolgrün, Indanthren mit Flavanthren.</td>
</tr>
</table>

¹) Grün der Nitrosogruppe, Gambin etc. werden ev. schwarz bei der Reduktion, wenn das Hydrosulfit nicht genügend sauer ist (Bildung von FeS).

Tabelle VI. Braunfärbungen auf pflanzlichen Fasern.

1	2	3	4	5	6	7	8	9	10	11	12	13	14
Mit verdünntem Ammoniak (1:100) kochen.													
Abgezogen: Säurefarbstoff. Auf Wolle übertragen, durch Hydrosulfit A vollständig dauernd entfärbt: Azogruppe.	Farbe nicht abgezogen. ½ Minute kochen mit Kochsalz-Natronlauge, spülen und zweimal mit verdünnter Ameisensäure (1:100) kochen.												
	Abgezogen: Säureauszug durch Tannin gefällt: Basischer Farbstoff. Auf Wolle übertragen, durch Hydrosulfit A dauernd entfärbt: Azogruppe.	Nicht abgezogen oder Säureauszug durch Tannin nicht gefällt. Mit Hydrosulfit X reduzieren.											
		Entfärbt. Farbe weder durch Luft noch durch Persulfat wiederhergestellt: Azogruppe und Mineralfarben. Mit Seifenlösung und merc. Baumwolle kochen.						Grüngelb, läßt sich diazotieren und mit β-Naphthol rot entwickeln: Primulin-Azofarbstoff.	Unverändert oder in der Nuance verändert (wird dunkler, heller, gelber etc.). Bleiazetatprobe.				
		Baumwolle angefärbt: Salzfarbe. Auf Cr und Cu prüfen.		Baumwolle nicht angefärbt. Mit Pyridin kochen.					H_2S: Schwefelfarbstoff.	Kein H_2S. Auf Cr und Cu prüfen.			
		Kein Cr oder Cu: Azo-Salzfarbe.	Cr oder Cu: Azo-Salzfarbe. Nachbehandelt.	Abgezogen: Unlöslicher Azofarbstoff. Auf Cu prüfen.		Nicht abgezogen: Mineralfarbe. Mit Na-Bisulfit kalt behandeln.				Cr oder Cu (oder beide): Beizenfarbstoff. Mit HCl (1:20) kochen.			Kein Cr oder Cu: Anthracen-Küpenfarbstoff.
				Kein Cu.	Cu.	Entfärbt.	Nicht entfärbt.			Vollständig abgezogen.	Nicht oder nur wenig abgezogen. Mit verd. NaOH (10%) kochen.		
											Faser und Lösung dunkelviolett.	Lösung braun Faser unverändert.	
1.	2.	3.	4.	5.	6.	7.	8.	9.	10.	11.	12.	13.	14.
Echtbraun, Naphtylaminbraun, Säurebraun etc.	Vesuvin, Bismarckbraun, Janusbraun, Chrysoidin.	Substantive Braun.	Substantive Braun, gekupfert oder chromiert.	Parabraun (Chrysoidin und Paranitranilin), Benzidin- oder Tolidinbraun.	Pararot gekupfert.	Manganbister.	Eisenchamois, Mineralkhaki[1].	Primulin mit m-Phenylendiamin entwickelt.	Schwefelbraun.	Alizarinbraun, Anthragallol, Anthracenbraun.	Alizarinorange, Alizarin, Purpurin etc. auf Cr.	Catechu.	Fuscanthren, p-Phenylendiamin auf der Faser oxydiert.

[1]) Rostgelb und Khaki werden ev. schwarz bei der Reduktion, wenn das Hydrosulfit X nicht genügend sauer ist (Bildung von FeS).

Tabelle VII. Schwarz- und Graufärbungen auf pflanzlichen Fasern.

1.	2.	3.	4.	5.	6.	7.	8.	9.	10.	11.	12.	13.	14.
Mit verdünntem Ammoniak (1:100) kochen.													

<table>
<tr><td colspan="14">Mit verdünntem Ammoniak (1:100) kochen.</td></tr>
<tr><td colspan="4">Abgezogen.</td><td colspan="10">Farbe nicht abgezogen. Mit verdünnter HCl (1:5) kochen.</td></tr>
<tr><td colspan="4"></td><td colspan="10">Farbe nicht abgezogen (oder nur wenig). 1 Minute mit Kochsalz-Natronlauge kochen, spülen und mit verdünnter HCl (1:20) kochen.</td></tr>
<tr>
<td rowspan="2">Abgezogen: Säurefarbstoff. Auf Wolle übertragen, beim Kochen mit Hydrosulfit A dauernd entfärbt: Azogruppe.</td>
<td rowspan="2">Faser und Lösung farblos.</td>
<td rowspan="2">Lösung orange. Fe in der Asche.</td>
<td rowspan="2">Lösung rot. Cr in der Asche.</td>
<td colspan="2">Stark abgezogen, der Säureauszug durch Tannin gefällt: Basischer Farbstoff. Auf Wolle übertragen¹) und mit Hydrosulfit A kochen.</td>
<td colspan="8">Nicht abgezogen oder Säureauszug durch Tannin nicht gefällt. Mit Hydrosulfit X reduzieren.</td>
</tr>
<tr>
<td rowspan="2">Entfärbt. Farbe kommt an der Luft wieder: Azin-, Oxazin- oder Thiazingruppe.</td>
<td rowspan="2">Wird rot, dann gleich entfärbt. An der Luft violett oder blauviolett: Safranin-Azogruppe.</td>
<td colspan="3">Entfärbt. Farbe kommt weder an der Luft, noch durch Persulfat wieder: Azogruppe. Mit Seifenlösung und weißer, merc. Baumwolle kochen.</td>
<td colspan="5">Nicht angegriffen oder in der Nuance geändert (wird braun, marron etc.).</td>
</tr>
<tr>
<td colspan="2">Weiße Baumwolle angefärbt. Auf Cr und Cu prüfen.</td>
<td rowspan="2">Weiße Baumwolle nicht angefärbt. Farbe durch Kochen mit Pyridin abgezogen: Unlöslicher Azofarbstoff.</td>
<td colspan="2">Reduzierte Farbe braun, wird an der Luft wieder schwarz: Azin-, Oxazingruppe. Bleiazetatprobe.</td>
<td rowspan="2">Reduzierte Farbe braun, langsam und unvollständig an der Luft wiederhergestellt, sofort durch Persulfat. Cr in der Asche: Naphtalin-Beizenfarbstoff.</td>
<td colspan="2">Farbe durch Reduktion nicht verändert (oder sehr wenig): Anthracengruppe. Auf Cr prüfen.</td>
</tr>
<tr>
<td>Kein Cr und Cu: Azo-Salzfarbe.</td>
<td>Cr und Cu: Azo-Salzfarbe. Nachbehandelt.</td>
<td>H₂S. Faser beim Kochen mit Chlorkalklösung 3,5° Bé farblos oder schwachrötlich-gelb: Schwefelfarbstoff.</td>
<td>Kein H₂S. Faser beim Kochen mit Chlorkalklösung 3,5° Bé rotbraun: Oxydationsschwarz.</td>
<td>Cr: Anthracen-Beizenfarbstoff.</td>
<td>Kein Cr: Anthracen-Küpenfarbstoff.</td>
</tr>
<tr>
<td>1.</td><td>2.</td><td>3.</td><td>4.</td><td>5.</td><td>6.</td><td>7.</td><td>8.</td><td>9.</td><td>10.</td><td>11.</td><td>12.</td><td>13.</td><td>14.</td>
</tr>
<tr>
<td>Carbonschwarz, Amidonaphtolschwarz, Naphtylaminschwarz, Palatinschwarz etc.</td>
<td>Gerbsaures Eisen.</td>
<td>Blauholzschwarz auf Eisenbeize.</td>
<td>Blauholzschwarz auf Chrombeize. Noir réduit.</td>
<td>Methylengrau, Neu-Methylengrau, Neu-Echtgrau, Nigrosin etc.</td>
<td>Janusschwarz, Janusgrau, Diazingrau.</td>
<td>Substantive Schwarz, auch diazotiert und gekuppelt.</td>
<td>Substantive Schwarz, gekupfert oder chromiert.</td>
<td>Azophorschwarz etc.</td>
<td>Schwarze Schwefelfarbstoffe.</td>
<td>Anilinschwarz, Diphenylschwarz.</td>
<td>Naphtazarin, Alizarinschwarz, Alizarinblauschwarz, Naphtomelan.</td>
<td>Alizarin-Zyaninschwarz, Alizarin-Blauschwarz.</td>
<td>Melanthren.</td>
</tr>
</table>

¹) Chromschwarz [By] wird hellbraun bei der Reduktion mit Hydrosulfit X, mit Persulfat wird diese Farbe dunkelbraun und nicht schwarz.

14. Salzsäure-Zinnchlorür:

100 g Zinnchlorür, 100 ccm Salzsäure 30%ig und 50 ccm Wasser. Kann auch durch eine konzentrierte Lösung von Titanchlorür ersetzt werden und dient zum Prüfen auf Schwefelfarben.

15. Pyridin:

Das käufliche Produkt.

Über die Ausführung der Prüfung ist folgendes zu bemerken:

Abziehprobe für Säurefarbstoffe:

Außer den Säurefarbstoffen werden einige Salzfarben durch verdünntes Ammoniak teilweise abgezogen. Um einen Irrtum auszuschließen, wird ein schmaler Streifen Baumwollstoff mit in das Reagenzglas gegeben. Liegt ein Säurefarbstoff vor, so wird die Baumwolle nicht gefärbt oder wieder weiß bei nochmaligem Kochen mit verdünntem Ammoniak.

Übertragen basischer Farben auf Wolle:

Zunächst wird, wie beim Prüfen auf basischen Farbstoff, die Tanninbeize durch Kochen mit Kochsalz-Natronlauge beseitigt. Man wäscht gut, um alles Alkali zu entfernen, und kocht 1—2 Minuten zusammen mit einem Stückchen Wollstoff (halbe Größe) in reinem Wasser. In den meisten Fällen wird die Farbbase vollständig von der Baumwolle heruntergehen und die Wolle dunkel anfärben. Zieht der Farbstoff nicht auf die Wolle, so gibt man 1—2 Tropfen verdünnte Ameisensäure zu. Bei einigen Farbstoffen, die sich schwieriger abziehen lassen, wie z. B. basisches Grau, ist es nötig, die Farben durch verdünnte HCl zu extrahieren; die Säure muß dann vorsichtig mit NH_3 neutralisiert werden, bevor man die Wolle hinzugibt.

Übertragen saurer Farbstoffe auf Wolle:

Man kocht die Baumwolle mit einem Stück Wolle und etwas verdünnter Ameisensäure.

Tanninprobe für basische Farben:

Man gibt einige Tropfen Tanninlösung zu dem Ameisensäureauszug und schüttelt gut durch. Wenn ein Niederschlag nicht sofort entsteht, läßt man einige Minuten stehen. Farbstoffe wie die Rhodamine, Gallozyanine und Chromierungsfarben der Rosanilinreihe, die neben den basischen Gruppen Karboxyl- und Hydroxylgruppen enthalten, fallen nur langsam aus und der Niederschlag ist manchmal kaum zu sehen.

Reduktions- und Rückoxydationsprobe:

Die Reduktion mit Hydrosulfit X wird derart ausgeführt, daß man das Muster mit dem Reagens $1/_2$—2 Minuten kocht. Die Azine, Oxazine, Thiazine usw. und die meisten Azofarbstoffe werden in ungefähr $1/_2$ Minute vollständig reduziert. Unlösliche Azofarben und einige Salzfarben erfordern 1—2 Minuten. Wenn man auf Rückoxydation durch Luft prüft, wird das Muster über eine geöffnete NH_3-Flasche gehalten, wodurch in vielen Fällen die Oxydation beschleunigt wird.

Bestimmung von Indigo auf der Faser.

Quantitative Farbstoffbestimmungen auf der Faser werden nur ausnahmsweise ausgeführt. So hat u. a. Knecht durch Titration mit Titanchlorür verschiedene Farbstoffe auf der Faser bestimmt. Am häufigsten kommt die Indigobestimmung vor.

Über den Nachweis von Indigo auf der Faser geben die vorstehenden Greenschen Tabellen ausreichende Auskunft. Ergänzend seien noch einige spezifische Reaktionen für Indigo erwähnt, ohne daß jede einzelne immer beweisend für das Vorhandensein von Indigo ist. 1. Extrahiert man geküpte Stoffe mit Anilin oder Pyridin, so erhält man blaue Auszüge. 2. Durch konzentrierte Schwefelsäure wird indigogefärbte Ware erst gelb, dann über olive und grün bis tiefblau. Weiße Wolle wird durch diese entsprechend verdünnten Lösungen blau angefärbt und gibt Indigokarminreaktion; 3. ein Tropfen konzentrierte Salpetersäure, auf Indigoware aufgebracht, gibt den bekannten gelben Indigotest mit grüner Umrandung; 4. bei vorsichtigem Erhitzen (Sublimieren) indigoreicher Faser entweichen charakteristische, purpurne Dämpfe von Indigotin, welche auf kalte Glas- oder Porzellanflächen als Sublimat niedergeschlagen werden können. Als „Tellerprobe" wird diese Reaktion auch so ausgeführt, daß ein Faden angezündet und brennend auf einen Porzellanteller geworfen wird. An der brennenden Stelle entsteht dann meist ein blauer Fleck von absublimiertem Indigo.

Quantitativ bestimmt Rawson den Indigo auf der Faser durch Reduktion mit Hydrosulfit. Dieses Verfahren ist unbequem und zeitraubend und heute durch die einfacheren Extraktionsverfahren ersetzt. Binz und Rung[1]), sowie Brylinski verwenden zum Extrahieren Eisessig. Mit etwa 150 ccm Eisessig werden 10 g des Stoffes über freier Flamme im Soxhlet-Apparat erschöpfend ausgezogen, der Auszug wird mit 100 ccm Wasser verdünnt und filtriert. Durch Ausschütteln des so verdünnten Auszuges im Schütteltrichter mit 150 ccm Äther wird das Indigotin in besser filtrierbare Form in die Ätherschicht gebracht. Zuletzt kann der erhaltene Indigo getrocknet und gewogen oder mit Permanganat titriert werden.

Möhlau[2]) verwendet zum Extrahieren Essig-Schwefelsäure (100 ccm Eisessig und 4 ccm konzentrierte Schwefelsäure). Der 50° warme Auszug wird unter Rühren allmählich mit dem anderthalbfachen bis doppelten Volumen siedenden Wassers versetzt. Beim freiwilligen Erkalten scheidet sich das Indigotin in feinen Kristallen quantitativ aus, wird auf gewogenem, gehärtetem Filter gesammelt, mit heißem Wasser, dann mit 1 ccm Alkohol und schließlich mit 100 ccm Äther gewaschen, bei 105° getrocknet und gewogen.

Knecht[3]) bestimmt den Indigo auf der Baumwollfaser, indem er etwa 4 g des fein zerschnittenen Stoffes bei 40° in 25 ccm 80%iger Schwefelsäure löst, nach 10 Minuten mit Wasser auf 120 ccm verdünnt und durch einen Goochtiegel über Sand oder Asbest filtriert. Nach dem Trocknen des Tiegels bei 110—120° wird sein Inhalt mit wenig Schwefelsäure in einem Wägeglas 1 Stunde im Wasserbade erhitzt und die so gebildete Sulfosäure mit Permanganat titriert. Auch bei verschiedenen Farbstoffgemischen erwies sich diese Methode als brauchbar. Etwaiger Mangangrund muß vorher durch Bisulfit abgezogen werden.

Green und Gardner führen zur Indigobestimmung auf der Faser das Pyridin, den Benzaldehyd und ein Gemisch von Kresol und Kohlenwasserstoff ein. Die Mehrzahl der Farben, die neben Indigo

---

[1]) Ztschr. f. angew. Chem. 1898, 904.
[2]) Möhlau und Zimmermann, Ztschr. f. Farb. u. Textil-Chem. 1903, Nr.10.
[3]) Journ. Soc. Dy. & Col. 1909, 135.

als Grund oder Aufsatz gebraucht werden, können bereits bei der Extraktion mit Eisessig oder Pyridin vom Indigo getrennt werden, indem sie unverändert auf der Faser zurückbleiben. Manche Farbstoffe werden von beiden Extraktionsmitteln angegriffen. In solchen Fällen leistet oft das Benzaldehyd als Lösungs- und Trennungsmittel gute Dienste. Noch besser geeignet und anscheinend von allgemeiner Anwendbarkeit ist ein Gemisch von Kresol und Kohlenwasserstoff, besonders wenn der zurückbleibende Farbstoff quantitativ bestimmt werden soll. Letzterer kann nach Entfernung des Indigos auch qualitativ bestimmt und auf seine Echtheitseigenschaften (Licht-, Waschechtheit) näher geprüft werden.

Echtheitsprüfungen von Färbungen.

Bis vor kurzem fehlte es an einheitlichen Echtheitsprüfverfahren für Färbungen. Die Folge hiervon war, daß die Echtheit der Färbungen von verschiedenen Gutachtern oft widersprechend beurteilt wurde. Erst durch die Aufstellung von Prüfungsnormen und -verfahren durch die Echtheitskommission[1]) wurden einheitliche Gesichtspunkte geschaffen. Bei der Bedeutung einheitlicher Prüfungsnormen ganz allgemein und der in Frage stehenden im besonderen werden die aufgestellten Prüfungsnormen nachstehend ausführlich wiedergegeben.

Die Festlegung des Echtheitsgrades geschieht durch Vergleich mit besonders festgelegten Typen. Diese Typen gehören einer bestimmten Echtheitsklasse an, wodurch die Echtheitsklasse oder der Echtheitsgrad der zu bestimmenden Färbung gegeben ist. Farbstoffe als solche werden nicht auf Echtheit geprüft, sondern nur die mit denselben auf bestimmte Weise hergestellten Färbungen. Die Prüfungsverfahren oder Normen, sowie die Färbungstypen oder Typen sollen in ihrer Reihenfolge möglichst weit auseinanderliegende Echtheitsgrade festsetzen. Die Typen müssen, abgesehen von Färbungen allgemeiner Art (Indigo, Altrot), Färbungen von Farbstoffen sein, die von einer Reihe von Firmen, wenn auch unter verschiedenen Namen, so doch chemisch identisch in den Handel gebracht werden[2]). Die eingeklammerten Zahlen hinter den Farbstoffnamen in den Tabellen geben die Nummern von G. Schultz „Farbstofftabellen", 5. Aufl., an. Nur wenn solche Synonyme fehlen, kann ein Farbstoff einer einzigen Firma als Typfärbung in Betracht kommen.

Für jede in Betracht kommende Echtheitseigenschaft sind als Normen fünf Klassen oder Grade festgesetzt; nur für die Beurteilung der Lichtechtheit sind acht Klassen vorgesehen. Klasse I oder Grad I stellt die geringste Klasse, also die geringste Echtheit dar, Klasse V (bei Lichtechtheit Klasse VIII) bezeichnet die höchste Echtheit.

---

[1]) Echtheitskommission der Fachgruppe für Chemie der Farben- und Textilindustrie im Verein Deutscher Chemiker. Die Beschlüsse bzw. Berichte dieser Kommission sind u. a. niedergelegt in: Ztschr. f. angew. Chem. 1914, I, S. 57; Chem.-Ztg. 1914, 154; Färb.-Ztg. 1914, Nr. 3 und 4 (I. Bericht) und Ztschr. f. angew. Chem. 1916, 101 (II. Bericht).

[2]) Solche Typfärbungen sollen später von der Echtheitskommission gegen Entgelt abgegeben werden.

Vorgesehen sind folgende Echtheitseigenschaften, bzw. Prüfungen[1]):

a) Für Baumwolle, Wolle und Seide: 1. Lichtechtheit, 2. Waschechtheit, 3. Wasserechtheit, 4. Reibechtheit, 5. Bügelechtheit, 6. Schwefelechtheit, 7. Schweißechtheit.

b) Für Baumwolle und Wolle außerdem: 8. Alkaliechtheit (Echtheit gegen Straßenschmutz und -staub), 9. Säurekochechtheit (Echtheit beim Überfärben).

c) Für Baumwolle und Seide außerdem: 10. Säureechtheit.

d) Für Baumwolle allein außerdem: 11. Bäuchechtheit, 12. Chlorechtheit, 13. Mercerisierechtheit.

e) Für Wolle allein außerdem: 14. Bleichechtheit, 15. Walkechtheit, 16. Karbonisierechtheit, 17. Pottingechtheit, 18. Dekaturechtheit, 19. Seewasserechtheit.

f) Für Seide allein außerdem: 20. Bleichechtheit.

Lichtechtheit.

Die Prüfungen sind parallel hinter Glas und im Freien auszuführen.

Lichtechtheit gefärbter Baumwolle.

Die Prüfung erfolgt in der Weise, daß die Proben neben den auf Strang oder Stück ausgefärbten Typen in einem im Freien hängenden Kasten unter Glas ausgehängt werden, und zwar so, daß die Färbung, zur Hälfte mit Papier oder Karton zugedeckt, der Belichtung ausgesetzt wird.

Mit I wird die niedrigste, mit VIII die höchste Lichtechtheit bezeichnet.

Bei Garnen und Stoffen ist zu berücksichtigen, daß die Appretur schützend auf die Färbung einwirkt und so die appretierten Stoffe immer eine höhere Lichtechtheit besitzen als die unappretierten.

Typen[2]).

I. 5% Chicagoblau 6 B (424), gefärbt eine Stunde kochend mit 20 g krist. Glaubersalz auf 1 l Wasser. Das hierbei verdampfte Wasser wird während des Färbens ersetzt. Nach einstündigem Färben werden weitere 20 g krist. Glaubersalz auf 1 l Wasser zugegeben, noch $1/_4$ Stunde weiter gekocht, dann abgequetscht und im kalten Wasser gespült.

II. 0,8% Methylenblau BG (659). Die Baumwolle wird gebeizt in der 20fachen Flottenmenge mit 3% Tannin, indem man in das 60° warme Bad eingeht und in dem erkaltenden Bade drei Stunden beläßt; dann wird abgequetscht, in kaltem Bade mit $1 1/_2$% Anti-

---

[1]) Die Prüfungsverfahren für Seidenfärbungen sind bis jetzt noch nicht festgelegt. Ich habe deshalb in Form von Fußnoten einige in der Seidenfärberei eingeführte Prüfungen von Seidenfärbungen aufgenommen, wobei ich das vor kurzem erschienene Buch von Ley, „Die neuzeitliche Seidenfärberei", benutzte.

[2]) Die hinter den Typfarbstoffen in Klammern eingefügten Zahlen beziehen sich auf die Farbstofftabellen von G. Schultz, 5. Aufl., Berlin 1914. — Gefärbt werden die Typen auf Garn oder Stück in destilliertem Wasser, in der 20fachen Flottenmenge vom Gewicht der Baumwolle.

monsalz während $^1/_2$ Stunde fixiert und gut gespült. Man färbt hiernach $^1/_2$ Stunde kalt unter Zusatz von 2% Essigsäure und erwärmt dann während $^1/_2$ Stunde auf 80°; darauf wird gespült.

III. 1% Indoinblau R in Pulv. (126), gefärbt auf mit 3% Tannin und 1,5% Antimonsalz vorgebeizter Ware wie bei II angegeben.

IV. 20% Kryogenviolett 3 R (B. A. S. F.), eine Stunde kochend gefärbt mit der 1$^1/_2$fachen Menge krist. Schwefelnatrium vom Farbstoffgewicht, 3 g kalzinierter Soda und 20 g Kochsalz auf 1 l Flotte. Das hierbei verdampfte Wasser wird während des Färbens ersetzt. Nach einstündigem Färben werden weitere 20 g Kochsalz auf 1 l zugegeben, und noch $^1/_4$ Stunde weiter gekocht; dann wird abgequetscht und in lauwarmem Wasser gespült.

V. 2,5% Benzolichtrot 8 BL[By], gefärbt wie unter I für Chicagoblau 6 B angegeben.

VI. 10% Hydronblau G Teig 20%ig (748), gefärbt mit 5% Natronlauge von 40° Bé und 5% Hydrosulfit konz. Pulver, $^3/_4$ Stunde bei 60°, abgequetscht und in warmem Wasser gut gespült.

VII. 8% Schwefelschwarz T extra (720), gefärbt wie unter IV für Kryogenviolett angegeben.

VIII. 25% Indanthrenblau GC in Teig (843), gefärbt mit 12 ccm Natronlauge von 40° Bé auf 1 l Flotte und 6,25% Hydrosulfit konz. Pulver, $^3/_4$ Stunde bei 50°, abgequetscht, gespült und in schwach mit Schwefelsäure angesäuertem Bade 10 Minuten abgesäuert, wieder gut gespült und $^1/_2$ Stunde mit 10 g Marseillerseife im Liter kochend heiß geseift.

Lichtechtheit gefärbter Wolle.

Die Prüfung erfolgt genau wie unter 1 a „Lichtechtheit gefärbter Baumwolle" angegeben. Bei Tuchen und Geweben, an die hohe Echtheitsansprüche gestellt werden, empfiehlt es sich, die Färbungen nicht nur unter Glas, sondern auch im Freien aufgehängt zu prüfen.

Typen[1]).

I. 3% Indigotine Ia in Pulver (877), gefärbt unter Zusatz von 10% krist. Glaubersalz und 10% Weinsteinpräparat, 1 Stunde kochend.

II. 1,5% Ponceau RR (82), gefärbt mit 10% krist. Glaubersalz und 10% Weinsteinpräparat, 1 Stunde kochend.

III. 2,75% Amarant (168), gefärbt wie II.

IV. 4,5% Azosäurerot B (64), gefärbt wie II.

V. 5% Säureviolett 4 RN (B. A. S. F.), gefärbt mit 10% krist. Glaubersalz und 3% Essigsäure; bei 40° beginnend, in 20 Minuten zum Kochen bringen, eine Stunde schwach kochen, dann mit 2 bis 3% Schwefelsäure das kochende Bad erschöpfen.

VI. 2,5% Diaminechtrot F (343), gefärbt mit 10% krist. Glaubersalz und 5% essigsaurem Ammoniak; bei 40°C beginnend, in 30 Minuten

---

[1]) Das Färben erfolgt in 40facher Flottenmenge vom Gewicht des zu färbenden Materials und zwar in destilliertem Wasser.

zum Kochen bringen und $^3/_4$—1 Stunde kochen; nach $^1/_2$stündigem Kochen das Bad mit 1—3% Essigsäure erschöpfen, hierauf auf 70° abkühlen, 1% Chromkali zugeben und noch 20 Minuten schwach kochen.

VII. 4% Anthrachinongrün GXN (864), gefärbt wie unter V für Säureviolett angegeben.

VIII. Indigo (874), in der Tiefe einer Färbung von 2,4% Sulfonzyanin GR extra (257).

Oder:

7% Naphtholgrün B (4), gefärbt unter Zusatz von 10% krist. Glaubersalz und 10% Weinsteinpräparat; bei 50° C beginnend, in 40 Minuten zum Kochen bringen und eine Stunde schwach kochen.

Waschechtheit und Kochechtheit gefärbter Baumwolle neben weißer Baumwolle.

Eine Probe, mit der gleichen Menge weißer, abgekochter Baumwolle verflochten, wird

A. in 50 facher Flottenmenge eine halbe Stunde bei 40° mit 2 g Marseiller Seife im Liter Wasser behandelt. Dann wird zehnmal im Handballen mit den Fingern in der Weise ausgedrückt, daß das Zöpfchen jedesmal in die Flotte eintaucht, herausgenommen und ausgedrückt. Zum Schluß wird die Probe in kaltem Wasser gespült und getrocknet.

B. Eine neue Probe wird mit 5 g Marseiller Seife und 3 g kalzinierter Soda im Liter Wasser $^1/_2$ Stunde gekocht (100°), dann in einer halben Stunde auf 40° abkühlen gelassen und in gleicher Weise zehnmal ausgedrückt und wie bei A behandelt.

Normen:	Typen:
I. Nach A behandelt: Färbung nur wenig heller, weiße Baumwolle angefärbt.	I. 3% Benzopurpurin 4 B (363), gefärbt eine Stunde kochend mit 20 g krist. Glaubersalz im Liter. (Das hierbei verdampfte Wasser wird während des Färbens ersetzt.) Nach einstündigem Färben werden weitere 20 g Glaubersalz auf 1 l zugegeben, noch eine Viertelstunde weiter gekocht, dann abgequetscht und in kaltem Wasser gut gespült.
II. Nach A behandelt: Färbung unverändert, weiße Baumwolle nicht oder nur spurenweise angefärbt.	II. 5% Primulin (616), gefärbt wie bei I., dann diazotiert und mit Beta-Naphthol entwickelt. Zum Schluß wird die Färbung mit 2 g Marseiller Seife im Liter etwa 5 Minuten bei 35° geseift und gut gespült.
III. Nach B behandelt: Färbung wesentlich heller, weiße Baumwolle nur schwach angefärbt.	III. 2,5% Indoinblau BB (126), auf mit 6% Tannin und 3% Antimonsalz vorgebeiztem Garn. Das Ausfärben erfolgt unter Zusatz von 5% Essigsäure eine halbe Stunde kalt, eine halbe Stunde unter langsamem Erwärmen bis kochheiß; man läßt dann noch eine Viertelstunde kochen, dann wird gespült und getrocknet.

IV. Nach B behandelt: Färbung unverändert, mitgewaschene, weiße Baumwolle nur schwach angefärbt.

V. Nach B behandelt: Färbung unverändert, weiße Baumwolle nicht oder nur ganz wenig angefärbt.

IV. 12% Immedialindon R konz. (733), eine Stunde kochend gefärbt mit der 1½fachen Menge krist. Schwefelnatrium vom Farbstoffgewicht, 3 g Soda und 20 g Kochsalz im Liter (das hierbei verdampfte Wasser wird während des Färbens ersetzt). Nach einstündigem Färben werden weitere 20 g Kochsalz im Liter zugegeben, noch eine Viertelstunde weiter gekocht, dann abgequetscht und in warmem Wasser gut gespült.

Oder Indigofärbung in genau gleicher Tiefe in der Hydrosulfitküpe in 3 Zügen mit 10 g Indigopaste 20%ig im Liter gefärbt. Nach jedem Zug 10 Minuten oxydiert und zum Schluß gut gespült.

V. Alizarinrot (Altrot).

Waschechtheit gefärbter Wolle neben Wolle und neben Baumwolle[1]).

Die Prüfung erfolgt nach zwei Methoden:

A. Die Probe, mit je der gleichen Gewichtsmenge weißer, gewaschener Zephirwolle und abgekochter, weißer Baumwolle verflochten, wird in 50facher Flottenmenge ¼ Stunde bei 40° mit 10 g ätzalkalifreier Marseiller Seife und 0,5 g kalzinierter Soda im Liter Wasser behandelt, dann fünfmal in der Hand durchgeknetet, gut ausgedrückt, gespült und getrocknet.

B. Dasselbe mit einer neuen Probe bei 80°, nur daß nach der Behandlung bei 80° die Zöpfchen herausgelegt, ¼ Stunde lang abkühlen gelassen und dann wie oben geknetet werden.

Waschechtheit neben Wolle.

Normen:

I. Nach A behandelt: Starke Veränderung der Färbung, starkes Bluten auf Weiß.

Typen:

I. 2% Orange II (145), gefärbt mit 10% krist. Glaubersalz und 10% Weinsteinpräparat, eine Stunde kochend.

---

[1]) In der Praxis der Seidenfärberei prüft man gefärbte Seiden auf Waschechtheit vielfach in der Weise, daß man die Seide in einer Lösung von 5 g neutraler Marseiller Seife im Liter bei 45° C behandelt. Waschechte Färbungen sollen unverändert bleiben und die Seifenlösung nicht oder nur sehr schwach anfärben. — Erheblich höhere Ansprüche stellt der Seidenfärber an die „Seifenkochechtheit" oder „Kochechtheit". Kochechte Färbungen sollen das Entbastungsbad aushalten. Man prüft dementsprechend in der Weise, daß man die betreffende Seide 1 Stunde in einer Seifenlösung von 5 g neutraler Marseiller Seife im Liter bei 90—100° behandelt.

III. Nach A behandelt: Keine oder nur spurenweise Veränderung der Färbung, kein Bluten auf Weiß.

III. 2% Patentblau A (545), gefärbt mit 10% krist. Glaubersalz, 3% Essigsäure, bei 40° beginnen, in 20 Minuten zum Kochen bringen, eine Stunde schwach kochen, nach einhalbstündigem Kochen das Bad mit 2% Schwefelsäure erschöpfen.

V. Nach B behandelt: Keine oder nur spurenweise Veränderung der Färbung, kein Bluten auf Weiß.

V. 7% Palatinchromschwarz 6 B (181), gefärbt mit 10% krist. Glaubersalz, 3% Essigsäure, bei 60° beginnen, in 15 Minuten zum Kochen bringen, das Bad nach halbstündigem Kochen durch allmählichen Zusatz von 2% Schwefelsäure erschöpfen; dann auf 70° abkühlen, 2,5% Chromkali zusetzen und noch 40 Minuten schwach kochen.

Waschechtheit neben Baumwolle.

Normen:

Typen:

I. Nach A behandelt: Starkes Bluten auf Weiß.

I. 2% Chrysophenin G (304), gefärbt mit 10% krist. Glaubersalz, bei 40° beginnen, in 20 Minuten zum Kochen bringen, eine Stunde schwach kochen; nach $^3/_4$stündigem Kochen das Bad mit 2% Essigsäure erschöpfen.

III. Nach A behandelt: Kein Bluten auf Weiß.

III. 2% Patentblau A (545), gefärbt wie oben (Waschechtheit neben Wolle) angegeben.

V. Nach B behandelt: Kein Bluten auf Weiß.

V. 7% Palatinchromschwarz 6 B (181), gefärbt wie oben angegeben.

Wasserechtheit gefärbter Baumwolle.

Die Probe wird derart mit abgekochter, weißer Baumwolle, gewaschener Zephirwolle und weißer Seide verflochten, daß auf 2 Teile Färbung je ein Teil des weißen Materials kommt, und jedes in direkter Berührung mit der Färbung ist. Die Probe wird 1 Stunde in kaltes Kondenswasser (etwa 20°) bei 40facher Flottenmenge eingelegt, ausgedrückt und bei gewöhnlicher Temperatur getrocknet.

Normen:

Typen:

I. Bei einmaliger Behandlung Färbung etwas heller, weißes Material angeblutet.

I. 2% Chrysophenin G (304), gefärbt wie unter 2a I angegeben.

III. Bei einmaliger Behandlung Färbung und weißes Material nicht verändert.

III. 2% Chloramingelb C (617), gefärbt wie vorstehend.

<table>
<tr><td>

V. Bei dreimaliger Behandlung (jedesmal mit frischem Wasser) Färbung und weißes Material nicht verändert.

</td><td>

V. 8% Immedialkarbon B (720), gefärbt wie unter 2a IV angegeben.

</td></tr>
</table>

Wasserechtheit gefärbter Wolle[1]). Probe wie bei 3a, aber 12 Stunden einlegen.

Normen:	Typen:
I. Bei einmaliger Behandlung Färbung verändert oder heller, weißes Material angefärbt.	I. 2% Azogelb (141), gefärbt eine Stunde kochend unter Zusatz von 10% Glaubersalz und 10% Weinsteinpräparat.
III. Bei einmaliger Behandlung Färbung unverändert, kein Bluten ins weiße Material.	III. 2% Patentblau A (545), gefärbt wie unter 2b angegeben.
V. Bei dreimaliger Behandlung (jedesmal mit frischem Wasser) Färbung unverändert, kein oder nur spurenweises Bluten ins weiße Material.	V. 7% Palatinchromschwarz 6 B (181), gefärbt wie unter 2b angegeben.

Reibechtheit (für alle Färbungen).[2])

Man reibt mit einem über dem Zeigefinger gespannten, unappretierten, weißen Baumwollappen auf der Färbung zehnmal kräftig hin und her. Die Reiblänge betrage etwa 10 cm. Typen sind hier nicht aufgestellt.

Bügelechtheit gefärbter Baumwolle.

Die Färbung wird mit einem doppelt gelegten, dünnen, weißen, unappretierten Baumwollappen bedeckt, der mit Kondenswasser angefeuchtet ist (100% Wasser), und wird mit einem Bügeleisen gebügelt, das so heiß ist, daß es einen weißen Wollfilz bei der gleichen Pressung zu sengen beginnt. Man bügelt solange, bis der feuchte Lappen vollständig trocken geworden ist. Die Veränderung der Färbung ist an den noch heißen Stellen im Vergleich mit den danebenliegenden nicht gebügelten Teilen der Färbung festzustellen, das Bluten — am aufliegenden weißen Lappen.

---

[1]) In der Praxis der Seidenfärberei prüft man für Schirmstoffe bestimmte Seiden auf „Schirmechtheit" vielfach in der Weise, daß man die betreffende Probe 12 Stunden in destilliertes Wasser von Zimmerwärme einlegt. Echt gefärbter Schirmstoff oder echte Schirmseide soll in dieser Zeit das Wasser nicht sichtbar anfärben.

[2]) In der Praxis der Seidenfärberei prüft man gefärbte Seiden auf Reibechtheit auch in der Weise, daß man die Seidenprobe 10 mal über einen weißen Leinenlappen hin- und herreibt, wobei der letztere möglichst rein bleiben soll.

<table>
<tr><td>

Normen:

I. Färbung stark ver-
ändert. Färbung blutet
auf Baumwolle.

</td><td>

Typen:

I. 1,5% Methylenblau B (659), gefärbt in
der 20fachen Menge Kondenswasser unter Zu-
satz von 2% Essigsäure auf mit 6% Tannin und
3% Antimonsalz vorgebeizter Ware. Man färbt
$1\frac{1}{2}$ Stunden in der für basische Farben üblichen
Weise, quetscht ab und spült gut.

</td></tr>
<tr><td>

III. Färbung etwas
verändert. Färbung blu-
tet nicht auf Baumwolle.

</td><td>

III. 1% Benzopurpurin 4 B (363), ge-
färbt wie unter 2a angegeben.

</td></tr>
<tr><td>

V. Färbung nicht ver-
ändert. Färbung blutet
nicht.

</td><td>

V. 1% Chloramingelb C (617), gefärbt
wie unter 2a I. angegeben.

</td></tr>
</table>

Bügelechtheit gefärbter Wolle.[1]

Das Verhalten der Färbung neben nasser Baumwolle ist bei der
Schweißechtheitsprobe berücksichtigt. Das Trockenbügeln wird wie folgt
ausgeführt: Die Färbung wird 10 Sekunden mit einem heißen Bügeleisen
gepreßt, das so heiß ist, daß es bei der gleichen Pressung einen weißen
Wollfilz eben nicht mehr sengt. Die Veränderung der Färbung ist an
den gebügelten Stellen im Vergleich zu den danebenliegenden, nicht gebügelten Teilen festzustellen.

<table>
<tr><td>

Normen:

I. Färbung stark ver-
ändert, der Ton kehrt
beim Erkalten erst all-
mählich oder nicht voll-
kommen wieder.

</td><td>

Typen:

I. 2% Fuchsin S (524), gefärbt mit 10%
krist. Glaubersalz und 10% Weinsteinpräparat,
eine Stunde kochend.

</td></tr>
<tr><td>

III. Färbung ziemlich
stark verändert, der Ton
kehrt beim Erkalten
bald wieder.

</td><td>

III. 2% Amarant (168), gefärbt mit 10%
krist. Glaubersalz und 10% Weinsteinpräparat,
bei 60° beginnen, in 20 Minuten zum Kochen
bringen, eine Stunde kochen.

</td></tr>
<tr><td>

V. KeineVeränderung
der Färbung.

</td><td>

V. 2% Tartrazin (23), gefärbt mit 10%
krist. Glaubersalz und 10% Weinsteinpräparat,
eine Stunde kochend.

</td></tr>
</table>

Schwefelechtheit gefärbter Baumwolle und Wolle.

Die Probe, mit der gleichen Menge gewaschener Zephirwolle verflochten, wird in einer Lösung von 5 g Marseiller Seife im Liter Wasser
bei Zimmertemperatur genetzt und dann ausgerungen. Hierauf kommt
sie in einen durch Verbrennen von überschüssigem Schwefel mit Schwefeldioxyd gefüllten Raum, bleibt darin 12 Stunden und wird dann in kaltem
Wasser gut gespült, ausgedrückt und getrocknet.

---

[1] In der Praxis der Seidenfärberei prüft man gefärbte Seiden auf Bügelechtheit u. a. derart, daß ein heißes Bügeleisen, das Wollfilz eben nicht
mehr sengt, bis etwa 10 Sekunden auf die Probe aufgedrückt wird. Der ursprüngliche Farbton der Probe soll möglichst unverändert bleiben oder nach kurzer Zeit
zurückkehren.

Schwefelechtheit gefärbter Baumwolle.

Normen:	Typen:
I. Färbung verändert, weiße Wolle angefärbt.	I. 1% Diamantfuchsin (512) auf Tannin-Antimonbeize, gefärbt wie bei Methylenblau unter 5a angegeben.
III. Färbung spuren-weise verändert, weiße Wolle nicht angefärbt.	III. 1% Kolumbiaschwarz FF extra (436), gefärbt wie unter 2a I. angegeben.
V. Färbung und weiße Wolle unverändert.	V. 1% Diaminschwarz BH (333), ge-färbt, diazotiert und mit Beta-Naphthol ent-wickelt, wie bei Primulin unter 2a angegeben.

Schwefelechtheit gefärbter Wolle.

Normen:	Typen:
I. Ziemlich starke Ver-änderung der Färbung; kein oder nur schwaches Anbluten der weißen Wolle.	I. 2% Diaminscharlach B (319), gefärbt wie unter 2b I, angegeben.
III. Geringe Verände-rung der Färbung; kein oder nur spurenweises Bluten auf weiße Wolle.	III. 2% Walkrot G (293), gefärbt mit 10% krist. Glaubersalz und 2% Essigsäure, bei 30° beginnen, in 20—30 Minuten zum Kochen brin-gen, eine Stunde schwach kochen; nach $^3/_4$stün-digem Kochen das Bad mit 3% Essigsäure er-schöpfen.
V. Keine Veränderung der Färbung; kein oder nur spurenweises An-bluten der weißen Wolle.	V. 2% Palatinscharlach A (81), gefärbt mit 10% krist. Glaubersalz und 10% Weinstein-präparat, bei 60° beginnen, in 20 Minuten zum Kochen bringen, eine Stunde kochen.

Schweißechtheit gefärbter Baumwolle.

Die Färbung wird, mit der gleichen Menge weißer, abgekochter Baum-wolle verflochten, 10 Minuten in eine 80° heiße Lösung, die 5 ccm neutrales essigsaures Ammonium (der Handelsware 30%ig = 7,5 Bé) im Liter Kondenswasser enthält, eingelegt. Hierauf wird ohne zu spülen getrocknet.

Normen:	Typen:
I. Färbung wird hel-ler; weiße Baumwolle stark angefärbt.	I. 1% Chrysophenin G (304), gefärbt wie bei 2a I. angegeben.
III. Färbung unver-ändert; weiße Baum-wolle angefärbt.	III. 1% Diaminschwarz BH (333), direkt gefärbt wie oben.
V. Färbung und weiße Baumwolle bleiben un-verändert.	V. 20% Indanthrenblau RS i. Tg. (838), gefärbt wie unter 1a VIII. angegeben.

Schweißechtheit gefärbter Wolle.[1]

Die Prüfung erfolgt nach zwei Methoden: 1. Durch Betupfen mit einer Kochsalzlösung. 2. Durch Behandeln mit essigsaurem Ammonium.

1. Die Färbung wird mit einer Lösung von 100 g Kochsalz im Liter destilliertem Wasser betupft, bei gewöhnlicher Temperatur eintrocknen gelassen und dann abgebürstet.

Normen:	Typen:
I. Starke Veränderung der Färbung.	I. 2% Amarant (168), gefärbt mit 10% krist. Glaubersalz und 10% Weinsteinpräparat, bei 60° beginnen, in 20 Minuten zum Kochen bringen, eine Stunde kochen.
III. Die Färbung wird ziemlich stark verändert.	III. 2% Wollgrün S (566), gefärbt mit 10% krist. Glaubersalz und 10% Weinsteinpräparat, eine Stunde kochen.
V. Keine Veränderung der Färbung.	V. 2% Brillant-Crocein 3 B (227), gefärbt mit 10% krist. Glaubersalz und 10% Weinsteinpräparat, bei 60° beginnen, in 20 Minuten zum Kochen bringen, eine Stunde kochen.

2. Die Prüfung erfolgt wie bei Baumwolle angegeben, nur ist die Wollfärbung mit je der gleichen Menge gewaschener Zephirwolle und abgekochter, weißer Baumwolle zu verflechten.

Normen:	Typen:
I. Färbung nicht oder nur spurenweise verändert, weiße Wolle und Baumwolle wird angefärbt.	I. 2% Azogelb (141), gefärbt wie unter 3b angegeben.
III. Färbung wird nicht verändert, weiße Wolle nur wenig, Baumwolle nicht angefärbt.	III. 2% Amarant (168), gefärbt wie unter 5b angegeben.
V. Färbung nicht verändert, weiße Wolle und Baumwolle nicht angefärbt.	V. 7% Palatinchromschwarz 6 B (181), gefärbt wie unter 2b angegeben.

Alkaliechtheit (Straßenschmutz- und Staubechtheit) gefärbter Wolle und Baumwolle.

Reagens: 10 g Ätzkalk und 10 g Ammoniak 24%ig im Liter gemischt. Die Färbung wird damit betupft, abgedrückt, ohne zu spülen bei gewöhnlicher Temperatur getrocknet, dann gut abgebürstet.

---

[1] In der Praxis der Seidenfärberei prüft man gefärbte Seiden auf Schweißechtheit gleichfalls in der Weise, daß man die Probe mit einer wässerigen, 10%igen Kochsalzlösung betupft, bei Zimmertemperatur eintrocknen läßt und dann abbürstet. Oder man behandelt die Seide auch mit einer 0,5%igen Lösung von Ammoniumazetatlösung 1/4 Stunde bei 80° und läßt ohne zu spülen trocknen. Die ursprüngliche Färbung soll möglichst unverändert bleiben.

Wolle.

Normen:	Typen:
I. Starker Umschlag.	I. 2% Wasserblau (539), gefärbt mit 10% Weinsteinpräparat, bei 60° beginnen, in 20 Minuten zum Kochen bringen, dann noch etwa $^3/_4$ Stunden kochen.
III. Ziemlich starke Veränderung der Färbung.	III. 2% Amarant (168), gefärbt wie unter 5b angegeben.
V. Keine Veränderung der Färbung.	V. 7% Palatinchromschwarz 6 B (181), gefärbt wie unter 2b angegeben.

Baumwolle.

Normen:	Typen:
I. Starker Umschlag.	I. 1,5% Malachitgrün konz. (495), gefärbt auf Tannin-Antimonbeize wie unter 5a I. angegeben.
III. Ziemlich starke Veränderung der Färbung.	III. 1% Direkttiefschwarz E extra (463), gefärbt wie unter 2a I. angegeben.
V. Keine Veränderung der Färbung.	V. 8% Diaminschwarz BH (333), gefärbt wie unter 2a II. angegeben.

Säurekochechtheit gefärbter Baumwolle[1]).

Die Färbung wird mit der gleichen Menge gewaschener Zephirwolle und der gleichen Menge abgekochter, weißer Baumwolle verflochten, eine Stunde mit 10% Weinsteinpräparat vom Gewicht der Ware bei 40facher Flottenmenge gekocht, in kaltem Wasser gut gespült, ausgedrückt und getrocknet.

Normen:	Typen:
I. Färbung nur etwas heller, weiße Wolle angefärbt.	I. 2% Chloramingelb C (617), gefärbt wie unter 2a I. angegeben.
III. Färbung nicht oder nur wenig verändert; weiße Wolle nur schwach angefärbt.	III. 3% Primulin (616), mit Beta-Naphthol entwickelt, gefärbt wie unter 2a angegeben.
V. Färbung unverändert; Wolle und Baumwolle werden nicht angefärbt.	V. 8% Immedialkarbon B (720), gefärbt wie unter 2a IV. angegeben.

Säurekochechtheit gefärbter Wolle.

Die mit gewaschener Zephirwolle verflochtene Färbung wird in 70facher Flottenmenge $1^1/_2$ Stunden mit einer Lösung von 2,5 g Weinstein-

---

[1]) Bei der Überfärbeechtheit gefärbter Baumwolle spielt sowohl die Natur der Baumwollfarbstoffe, als auch die des zum Überfärben dienenden Wollfarbstoffes eine wesentliche Rolle.

präparat in 1 Liter destilliertem Wasser bei 90—92° behandelt, dann gespült und getrocknet.

Normen:	Typen:
I. Färbung nur wenig verändert; weiße Wolle wird angefärbt.	I. 2% Chromgelb D (177), gefärbt mit 10% krist. Glaubersalz und 3% Essigsäure, bei 60° beginnen, in 15 Minuten zum Kochen bringen, das Bad nach ½ stündigem Kochen durch Zusatz von 2% Schwefelsäure erschöpfen, auf 70° abkühlen, 1,25% Chromkali zugeben und noch 30 Minuten schwach kochen.
III. Färbung unverändert; weiße Wolle wird nur wenig angefärbt.	III. 2% Diaminscharlach B (319), gefärbt wie unter 2b I. angegeben.
V. Färbung unverändert, weiße Wolle wird nicht oder nur spurenweise angefärbt.	V. 6% Alizarinschwarz WX extra i. Tg. (774), gefärbt mit 10% krist. Glaubersalz und 5% Essigsäure, bei 60° beginnen, in 20 Minuten zum Kochen bringen, nach ½ stündigem Kochen 5% Essigsäure zusetzen. Nach weiteren 20 Minuten Kochen auf 70° abkühlen, 2% Chromkali zusetzen und noch 40 Minuten schwach kochen.

Säureechtheit gefärbter Baumwolle[1]).

Die Färbung wird mit Mineralsäure (10% ige Schwefelsäure) und mit organischer Säure (30% ige Essigsäure) betupft und die Nuancenveränderungen im Vergleich mit einer mit Wasser betupften Stelle festgestellt.

Normen:	Typen:
I. Mit Mineralsäure stark, mit organischer Säure nur wenig verändert.	I. 3% Diaminscharlach B (319), gefärbt wie unter 2b I. angegeben.
III. Mit Mineralsäure stark, mit organischer Säure nicht verändert.	III. 0,5% Chrysophenin G (304), gefärbt wie unter 2a I. angegeben.
V. Mit Mineralsäure und organischer Säure keine Veränderung.	V. 20% Indanthrenblau RS i. Tg. (838), gefärbt wie unter 1a VIII. angegeben.

Bäuchechtheit gefärbter Baumwolle.

Die Prüfung erfolgt nach zwei Verfahren:

A. 5 g der Färbung werden mit der gleichen Gewichtsmenge gebleichten Baumwollgarnes verflochten und in der zehnfachen Flottenmenge,

---

[1]) In der Praxis der Seidenfärberei prüft man gefärbte Seiden, die später einer Säureeinwirkung unterworfen werden (saure Beizbäder, verdünnte Säuren usw.) auf Säureechtheit vielfach in der Weise, daß die Seiden 3 Stunden in einer Auflösung von 5 ccm konzentrierter Schwefelsäure von 60° Bé im Liter bei 45° C behandelt werden, wobei die gefärbte Probe in ihrem Farbton sich nicht verändern und die Lösung nicht anfärben darf. Der Schweißechtheit ist diese Säureechtheit nicht gleich zu setzen.

welche mit 10% Natronlauge von 40° Bé vom Gewicht des Materials versetzt ist, 6 Stunden gekocht, wobei das verdampfende Wasser immer ergänzt wird. Hierauf wird gut gespült, abgedrückt und getrocknet.

B. Die Behandlung erfolgt in gleicher Weise wie bei A, nur daß noch 1% Ludigol vom Gewicht des Materials beigefügt wird.

Normen:	Typen:
I. Die Färbung wird, sowohl nach A als auch nach B behandelt, bedeutend heller, und auch die weiße Baumwolle wird etwas angefärbt.	I. Normale Paranitranilinrotfärbung, nach dem Entwickeln kochheiß geseift.
III. Die Färbung wird, sowohl nach A als auch nach B behandelt, wesentlich heller, während weiße Baumwolle nicht oder ganz spurenweise angefärbt wird.	III. Indigofärbung in der gleichen Tiefe wie 3% Diaminechtblau FFB [C], gefärbt wie unter 2a I. angegeben.
Gleichfalls mit III zu bewerten: Die Färbung wird, nach A behandelt, heller, und weiße Baumwolle wird angefärbt, während nach B behandelt die weiße Baumwolle nicht angefärbt wird.	Oder: 10% Indanthrengelb G i. Tg. (849), gefärbt mit der $1/4$ fachen Menge Hydrosulfit und 3 ccm Natronlauge von 40° Bé im Liter bei 40 bis 50° während $3/4$ Stunden, dann abgequetscht, $1/2$ Stunde verhängt, gut gespült und $1/4$ Stunde mit 5 g Marseillerseife im Liter kochheiß geseift.
V. Die Färbung bleibt, nach beiden Verfahren behandelt, vollkommen unverändert, und weiße Baumwolle wird nicht oder nur ganz spurenweise angefärbt.	V. Normale Türkischrot-Altrotfärbung.

Chlorechtheit gefärbter Baumwolle.

Die Probe wird mit der gleichen Menge abgekochter, weißer Baumwolle verflochten, in heißem Wasser genetzt und eine Stunde bei etwa 15° in ein frisch bereitetes Bad von unterchlorigsaurem Kalk (Chlorkalk) von 1 g wirksamem Chlor im Liter (eine Chlorkalklösung von 5° Bé im Verhältnis 1 : 20 verdünnt und nach Titration eingestellt) bzw. von frisch bereitetem, unterchlorigsaurem Natron (Chlorsoda) von ebenfalls 1 g wirksamem Chlor im Liter und nicht mehr als 0,3 g Soda im Liter eingelegt, gespült, abgesäuert, nochmals gespült, ausgedrückt und getrocknet.

Herstellung des unterchlorigsauren Natrons.

100 g Chlorkalk 33%ig werden mit 400 ccm Wasser angeteigt; man löst ferner 60 g kalzinierte Soda in 200 ccm kochendem Wasser, gibt 100 ccm kaltes Wasser zu, mischt diese Lösung mit dem Chlorkalkbrei durch halbstündiges Rühren und läßt dann absitzen. Die klare Lösung wird abgezogen, mit 2 g Soda versetzt (zur Entfernung des letzten Restes Kalk), dann wieder absitzen gelassen und die klare Lösung abgezogen, eventuell filtriert und nach der Titration entsprechend mit Kondenswasser verdünnt.

Normen	Typen:
I. Mit Chlorsoda Färbung heller; weiße Baumwolle angeblutet. Mit Chlorkalk Färbung viel heller; weiße Baumwolle angeblutet.	I. 1% Methylenblau B (659), auf Tannin-antimonbeize gefärbt, wie unter 5a angegeben.
II. Mit Chlorsoda Färbung verändert; weiße Baumwolle nicht angeblutet. Mit Chlorkalk Färbung stark verändert; weiße Baumwolle nicht angeblutet.	II. 6% Indanthrenolive G Pulver (791), gefärbt in der 20fachen Menge Kondenswasser mit der fünffachen Menge Natronlauge 40° Bé und der 2½fachen Menge Hydrosulfit vom Gewicht des Farbstoffes, eine halbe Stunde bei 60°, abgequetscht und sogleich gut gespült.
III. Mit Chlorsoda Färbung nur etwas heller; weiße Baumwolle nicht angeblutet. Mit Chlorkalk Färbung viel heller; weiße Baumwolle nicht angeblutet.	III. Indigofärbung in der gleichen Tiefe wie 3% Diaminechtblau FFB, gefärbt wie unter 2a I. angegeben.
IV. Mit Chlorsoda Färbung nicht verändert; weiße Baumwolle nicht angeblutet. Mit Chlorkalk Färbung merklich heller; weiße Baumwolle nicht angeblutet.	IV. 10% Hydronblau G 20%ige Paste (748), gefärbt mit der halben Menge Natronlauge 40° Bé und der halben Menge Hydrosulfit vom Gewicht des Farbstoffes. Im übrigen wird verfahren wie bei Indanthrenolive unter II. angegeben.
V. Mit Chlorsoda und Chlorkalk Färbung unverändert; weiße Baumwolle nicht angeblutet.	V. Normale Türkischrot-Altrotfärbung.

Mercerisierechtheit gefärbter Baumwolle.

Die Färbung wird in gebleichten, unappretierten Baumwollstoff eingenäht, 5 Minuten in kalte Natronlauge von 30° Bé eingelegt, gespült, abgesäuert, fertiggespült und getrocknet.

<table>
<tr><td>

Normen:

I. Färbung minimal verändert; weiße Baumwolle etwas angeblutet.

III. Färbung unverändert; weiße Baumwolle nur spurenweise angefärbt.

V. Färbung unverändert; weiße Baumwolle nicht angefärbt.

</td><td>

Typen:

I. 4% Primulin (616), entwickelt mit Beta-Naphthol, hergestellt wie unter 2a angegeben.

III. 1% Chloramingelb C (617), hergestellt wie unter 2a I. angegeben.

V. 8% Immedialkarbon B (720), gefärbt wie unter 2a IV. angegeben.

</td></tr>
</table>

Bleichechtheit gefärbter Wolle[1]).

Die auf leichtem Wollstoff hergestellte Färbung wird mit weißen Woll-, Baumwoll- und Seidenfäden durchnäht und mit Wasserstoffsuperoxyd gebleicht. Das Bleichbad wird angesetzt mit 100 Teilen destillierten Wassers und 20 Teilen Wasserstoffsuperoxyd von 10—12 Vol.-%, und diese Lösung wird mit geringen Mengen Ammoniak spurenweise alkalisch gemacht. Das Bad muß während der Behandlung schwach alkalisch bleiben (Prüfen mit Kongopapier). Man legt die Probe in das etwa 45 bis 50° warme Bad ein (40—50fache Flottenmenge vom Gewicht der Probe) und läßt dann 12 Stunden im allmählich erkaltenden Bade liegen. Es ist darauf zu achten, daß die Proben stets unter der Flotte gehalten werden; starkes Umrühren ist zu vermeiden. Die Proben werden dann gespült und getrocknet.

<table>
<tr><td>

Normen:

I. Die Färbung wird nicht oder nur spurenweise verändert, blutet aber auf Wolle, Seide und Baumwolle.

II. Die Färbung wird heller und blutet wenig auf Seide, Wolle und Baumwolle.

III. Die Färbung wird heller, blutet aber nicht auf Wolle, Seide, und Baumwolle.

</td><td>

Typen:

I. 2% Azogelb (141), gefärbt wie unter 3b angegeben.

II. 2% Patentblau A (545), gefärbt wie unter 2b angegeben.

III. 2% Echtgelb S (137), gefärbt wie für Azogelb unter 3b angegeben.

</td></tr>
</table>

[1]) In der Praxis der Seidenfärberei prüft man gefärbte Seiden auf Bleichechtheit auch in der Weise, daß eine Probe der Seide in einem Bleichbade aus 5 g Natriumsuperoxyd und 7 g Schwefelsäure von 66° Bé im Liter etwa 5 Stunden bei 80° C behandelt wird. Gegebenenfalls wird das Bleichbad auch durch 10 ccm Wasserglas oder durch Ammoniak alkalisch gemacht; jedenfalls darf das Bleichbad nicht sauer reagieren. Der Farbton der Probe soll möglichst unverändert bleiben.

IV. Die Färbung wird nicht oder nur spurenweise verändert, blutet nicht auf Wolle, aber etwas auf Seide und Baumwolle.

IV. 2% Chrysophenin G (304), gefärbt wie unter 2b angegeben.

V. Die Färbung wird nicht oder nur spurenweise verändert und blutet nicht oder nur spurenweise auf weiße Wolle, Baumwolle und Seide.

V. 2% Sulfonzyanin GR extra (257), gefärbt mit 20% Glaubersalz und 5% essigsaurem Ammonium, bei 40° beginnen, in einer halben Stunde auf 80—90° bringen und bei dieser Temperatur etwa ³/₄ Stunden färben.

Walkechtheit gefärbter Wolle[1]).

Die Prüfung erfolgt nach zwei Methoden:

A. Neutrale Walke. Die Färbung wird mit der gleichen Menge weißer Wolle und Baumwolle verflochten, dann bei 30° in der 40fachen Flottenmenge mit einer Walkflotte von 20 g Marseiller Seife im Liter destillierten Wassers behandelt. Die Probe wird erst mit der Hand gut durchgewalkt, dann 2 Stunden eingelegt, nochmals durchgeknetet, hierauf ausgewaschen und getrocknet.

B. Alkalische Walke. Behandlung wie bei A, jedoch bei 40°; außerdem enthält die Walkflotte 20 g Marseiller Seife und 5 g kalzinierte Soda im Liter destillierten Wassers.

Neben weißer Wolle:

Normen:

I. Nach A behandelt: Merkliche Veränderung der Färbung, starkes Bluten auf weiße Wolle.

Typen:

I. 2% Azogelb (141), gefärbt wie unter 3b angegeben.

II. Nach A behandelt: Geringe Veränderung der Färbung, geringes Bluten auf weiße Wolle.

II. 2% Ponceau RR (82), gefärbt wie für Orange II unter 2b angegeben.

III. Nach A behandelt: Keine oder nur spurenweise Veränderung der Färbung, kein Bluten auf weiße Wolle.

III. 6% Sulfonzyaninschwarz 2 B (265), gefärbt wie unter 14 IV. angegeben.

---

[1]) In der Praxis der Seidenfärberei prüft man gefärbte Seiden auf Walkechtheit gegen a) neutrale und b) alkalische Walke vielfach in der Weise, daß man eine Probe der Seide in einer Lösung von a) 20 g neutraler Marseiller Seife im Liter, b) 20 g neutraler Marseiller Seife und 5 g kalzinierte Soda im Liter bei 45° C gut durchwalkt, die Probe alsdann 2 Stunden in die Walklauge einlegt, dann nochmals durchwalkt, mit destilliertem Wasser spült und trocknen läßt. Veränderung des Farbtons und Anfärbung der Walklauge sollen möglichst gering sein.

IV. Nach B behandelt: Keine oder nur spurenweise Veränderung der Färbung, geringes Bluten auf weiße Wolle.

IV. 2% Chromgelb D (177), gefärbt wie unter 9b angegeben.

V. Nach B behandelt: Keine oder nur spurenweise Veränderung der Färbung, kein Bluten auf weiße Wolle.

V. 7% Anthracenchromschwarz P extra (185), gefärbt wie unter 2b V. angegeben.

Neben weißer Baumwolle:

Normen (vgl. das Vorhergehende):

Typen:

I. Starkes Bluten auf weiße Baumwolle.

I. 2% Diaminscharlach B (319), gefärbt wie unter 2b I. angegeben.

II. Geringes Bluten auf weiße Baumwolle.

II. 2% Ponceau RR (82), gefärbt wie für Orange II unter 2b angegeben.

III. Geringes Bluten auf weiße Baumwolle.

III. 6% Sulfonzyaninschwarz 2 B (265), gefärbt wie unter 14 IV. angegeben.

IV. Kein Bluten auf weiße Baumwolle.

IV. 5% Diamantschwarz F (275), nachchromiert mit 1,5% Chromkali, sonst gefärbt wie unter 2b V. angegeben.

V. Kein Bluten auf weiße Baumwolle.

V. 7% Diamantschwarz PV (157), gefärbt wie unter 2b V. angegeben.

Karbonisierechtheit gefärbter Wolle.

Die Probe $1/_2$ Stunde in Schwefelsäure von 5° Bé einweichen, auf 100% Feuchtigkeitsgehalt abpressen, dann eine Stunde bei 80° trocknen. Hierauf wird die Probe $1/_4$ Stunde mit der 200 fachen Menge destillierten Wassers gewaschen, abgepreßt und $1/_4$ Stunde in der 200 fachen Menge Sodalösung 2 : 1000 neutralisiert. Dem Neutralisieren folgt ein gründliches Auswaschen mit Wasser, bis zur neutralen Reaktion gegen Lackmuspapier.

Normen:

Typen:

I. Starke Veränderung der Färbung.

I. 2% Alizarinrot W in Pulver (780), gefärbt auf mit 3% Chromkali und $2 1/_2$% Weinsteinpräparat $1 1/_4$ Stunde kochend vorgebeizte Wolle; das Ausfärben erfolgt im frischen Bade unter Zusatz von 2% Essigsäure, bei 30° beginnen, in 30 Minuten zum Kochen bringen und $1 1/_2$ Stunden kochen.

III. Geringe Veränderung der Färbung.

III. 2% Orange IV (139), gefärbt mit 10% krist. Glaubersalz und 10% Weinsteinpräparat, eine Stunde kochen.

V. Keine oder nur spurenweise Veränderung der Färbung.	V. 2% Palatinscharlach A (81), gefärbt mit 10% krist. Glaubersalz und 10% Weinsteinpräparat, bei 60° beginnen, in 20 Minuten zum Kochen bringen, eine Stunde kochen.

Pottingechtheit gefärbter Wolle.

Die Prüfung erfolgt nach zwei Methoden:

A. Die Färbung wird mit der gleichen Menge weißer Wolle und Baumwolle verflochten und 2 Stunden in der 60fachen Menge 90° heißen, destillierten Wassers behandelt, hierauf ausgewaschen und getrocknet.

B. Wie bei A. mit destilliertem Wasser, dem 1 g Marseiller Seife im Liter zugesetzt ist.

Normen:	Typen:
I. Nach A behandelt: Die Färbung wird verändert, weiße Wolle oder Baumwolle wird stark angefärbt.	1. 2% Patentblau A (545), gefärbt wie unter 2b angegeben.
III. Nach A behandelt: Die Färbung wird nicht oder nur spurenweise verändert, weiße Wolle und Baumwolle werden etwas angefärbt.	III. 5% Diamantschwarz F (275), gefärbt wie unter 2b V. angegeben, nur daß mit 1,5% Chromkali nachchromiert wird.
V. Nach B behandelt: Keine oder nur spurenweise Änderung der Färbung, kein Anbluten der weißen Wolle und Baumwolle.	V. 7% Alizarinschwarz WX extra i. Tg. (774), gefärbt wie unter 2b V. angegeben.

Dekaturechtheit gefärbter Wolle.

Die Prüfung erfolgt nach drei Verfahren:

A. Die Probe wird auf einem Dekaturzylinder in sechs Lagen mit dem üblichen Stoff bombagiert, dann der zu untersuchende Stoff fest und gleichmäßig aufgebäumt, oder bei kleinen Mustern eine Lage Dekaturtuch vorgewickelt. Es folgt dann die weitere Wicklung in mindestens drei Lagen und das Zubinden. Gedämpft wird 10 Minuten, vom Ausströmen des Dampfes aus dem Gewebe gerechnet. Man läßt 5 Minuten stehen und wickelt ab.

B. Die Probe wird auf einen Dekaturzylinder aufgerollt und während 5 Minuten im geschlossenen Apparat bei 1 Atmosphäre Überdruck gedämpft.

C. Dasselbe während 10 Minuten bei 2½ Atmosphären Überdruck.

Normen:	Typen:
I. Nach A behandelt: Ziemlich starke Veränderung der Färbung.	I. 2% Thioflavin T (642), gefärbt in 40facher Flottenmenge ¾ Stunden bei 50°.

II. Nach A behandelt: Keine Veränderung der Färbung.

II. 2% Sulfonzyanin GR extra (257), gefärbt wie unter 14 V. angegeben.

III. Nach B behandelt: Ziemlich starke Veränderung der Färbung.

III. 2% Sulfonzyanin wie oben.

IV. Nach B behandelt: Keine Veränderung der Färbung.

IV. 2% Crocein AZ (255), gefärbt wie Brillantcrocein 3 B unter 7 b V. angegeben.

V. Nach C behandelt: Keine Veränderung der Färbung.

V. 9% Naphtholschwarz 6 B (269), gefärbt mit 10% Weinsteinpräparat. Bei 40° beginnen, in 30 Minuten zum Kochen bringen, eine Stunde schwach kochen.

Seewasserechtheit gefärbter Wolle.

Die Färbung wird mit der gleichen Menge weißer Wolle verflochten, 24 Stunden bei 40facher Flottenmenge in eine kalte Lösung von 30 g Kochsalz und 6 g Chlorkalzium (wasserfrei) im Liter Wasser eingelegt, dann, ohne zu spülen, getrocknet.

Normen:

I. Färbung nur wenig verändert; weiße Wolle stark angeblutet.

I. 2% Chrysoin (143), gefärbt wie unter 3 b I. angegeben.

III. Färbung nicht oder nur spurenweise verändert; weiße Wolle ziemlich stark angeblutet.

III. 2% Cyanol extra (546), gefärbt wie unter 2 b III. angegeben.

V. Färbung unverändert; weiße Wolle nicht angeblutet.

V. 6% Sulfonzyaninschwarz 2 B (265), gefärbt wie bei 14 V. angegeben.

Die von der Echtheitskommission aufgestellten Echtheitsprüfungen beziehen sich auf die Echtheit der Färbungen in bezug auf normale Einflüsse verschiedener Art. In der Praxis kommen aber auch noch andere Echtheitseigenschaften gefärbter Textilien in Betracht, die nicht unmittelbar eine Folge des Echtheitsgrades der Färbung selbst sind, sondern durch andere Bestandteile, meist Fremdkörper des gefärbten Materials in die Erscheinung treten; außerdem können die Färbungen andere Körper beeinflussen. Erwähnt seien hier nur die Metallechtheit und die Lagerechtheit des gefärbten Materials.

Metallechtheit.

Gewebe, Garne und sonstige Textilerzeugnisse greifen vielfach Metalle an, mit denen sie in Gespinsten, Stickereien, Bedruckungen usw. dauernd in Berührung stehen. Sofern die Ursache dieses Metallangriffs nicht allein auf äußere, z. B. atmosphärische Einflüsse zurückzuführen ist, kann sie nach den bisherigen Erfahrungen durch bestimmte Bestandteile der Textilien veranlaßt sein. Als solche Bestandteile sind vor allem zu nennen: Säuren, sowohl wasserlösliche organische und anorganische als auch Fettsäuren, Schwefelverbindungen (Sulfide, Hydrosulfite, Sulfite, Schwefelfarbstoffe u. a.), Oxydationsmittel. Die Säuren verursachen das sogenannte „Grünanlaufen" des unechten oder „leonischen" Goldes, die Schwefelverbindungen das „Schwarzanlaufen" des unechten Goldes und des echten Silbers. Dem Grünanlaufen äquivalent ist das Bronzigwerden und Anlaufen in verschiedenen Regenbogenfarben. Die Prüfung auf Metallechtheit kann auf zweierlei Weise erfolgen, a) durch chemische Untersuchung auf verdächtige, das Metallanlaufen verursachende Bestandteile der Textilien, b) auf technischem Wege durch sogenannte Wickel- oder Preßversuche.

a) Im ersteren Falle prüft man die Probe auf Gegenwart von sauer reagierenden Stoffen oder Säuren (s. S. 297), auf sulfidartige Verbindungen (s. S. 299), Fettsäuren, Chlor, salpetrige Säure, schweflige Säure usw. Sulfide und wasserlösliche Säuren sollen überhaupt nicht vorhanden sein, freie Fettsäuren nicht über 0,2—0,25%. Feste Grenzen können naturgemäß nicht angegeben werden, da z. B. auch höhere Fettsäuregehalte unter Umständen unwirksam sein können. Nach den bisherigen Erfahrungen sind solche Stoffe aber zum mindesten als verdächtig anzusehen[1]).

b) Nebenher empfiehlt sich die Ausführung praktischer Wickelversuche, die vielfach ein eindeutigeres Ergebnis liefern als die chemische Untersuchung. Das zu untersuchende Muster wird zwischen echtes Blattsilber und unechtes Blattgold mit Hilfe von zwei Glasplatten gepreßt, mit einem Gewicht belastet und unter eine gegen Außenluft gut abgeschlossene Glasglocke oder in einen Exsikkator gebracht. Von Zeit zu Zeit wird beobachtet, ob das Blattgold oder das Blattsilber angelaufen ist. Nach 8—14 Tagen ist die Reaktion im allgemeinen als beendet anzusehen. Man kann auch eine andere Versuchsanordnung wählen, indem man z. B. das zu prüfende Muster um einen reinen Glasstab wickelt und es mit Hilfe einer Klemme gegen ein Stück unechtes Blattgold (z. B. auf einer Glasunterlage) oder gegen eine polierte, blanke Stahlplatte preßt und in einen Exsikkator bringt. Nach einigen bis 8 Tagen ist die Reaktion beendet. Ist das Versuchsmaterial metallunecht, so zeichnet sich bei letzterer Anordnung deutlich eine angelaufene Zone an der Berührungsstelle von Metall und Probe ab. Die diese Berührungsstelle umspielende Luft scheint die Reaktion zu beschleunigen. Unter Umständen kann gelinde, z. B. auf Bluttemperatur, angewärmt werden. Blindversuche mit als einwandfrei bekanntem Material sind ratsam.

Lagerechtheit.

Nach dem heutigen Stande der Materialprüfung ist es nicht immer möglich, auf dem Wege der Prüfung einwandfrei festzustellen, ob eine

---

[1]) Vgl. a. Heermann, Über das Anlaufen von Goldfäden in Stickereien und Geweben. Mitt. Materialprüfungsamt 1910, S. 57, Färb.-Ztg. 1910, S. 327.

bestimmte Textilware lagerecht ist oder nicht. Denn erstens ist der Begriff der Lagerechtheit selbst, dann sind auch die Bedingungen einer normalen Lagerung nicht festgelegt. Erst wenn dies zutrifft, wird man in der Lage sein, durch entsprechende Lagerungsversuche die Frage nach der Lagerechtheit oder -haltbarkeit zu beantworten. Aber von da bis zu einem laboratoriumsmäßigen Nachweis der Lagerechtheit oder -unechtheit, der letzten Endes anzustreben ist, ist noch eine weite Wegspanne zurückzulegen. Immerhin lohnt es sich, an Hand der bisherigen Erfahrungen in aller Kürze die verschiedenen Erscheinungsformen der Lagerunechtheit und die verschiedenen Ursachen derselben kurz zu umreißen, die — wenn auch nur Bruchstücke eines großen Kapitels — dem Prüfenden unter Umständen wichtige Fingerzeige bei seinen Untersuchungen geben können[1]).

I. Faserschwächungen (Mürbe-, Morschwerden) von Textilerzeugnissen bei der Lagerung können u. a. durch folgende Umstände bedingt sein:

1. Einwirkung von chemisch wirksamen Farb-, Bleich- u. a. Rückständen in der Faser, Appreturstoffen (wie Säuren, Alkalien, aktivem Chlor, Oxydationsmitteln, zersetzlichen Stoffen u. a.). Die Wirkung dieser Agentien geht bei gleichmäßiger Verteilung derselben in der Ware gleichmäßig durch die Ware vor sich, oder auch ungleichmäßig, wenn Licht und Atmosphärilien (sowie in der Ware eingelagerte Katalysatoren) ungleichmäßig auf die Ware einwirken. Mitunter treten auch

2. Wanderungen (Kapillarwanderungen) wasserlöslicher Bestandteile oder Rückstände in der Ware ein, wodurch Entmischung der ursprünglich gleichmäßig verteilten Stoffe, lokale Anreicherungen und Konzentrationen der wirksamen Stoffe Hand in Hand gehen und lokale Faserschwächungen auftreten. Dadurch können an sich — auf den ganzen Stoff berechnet — unwirksame Mengen dennoch lokal wirksam werden und lokale Zerstörungen herbeiführen. Diese Entmischung kann positiv oder negativ sein, d. h. es können positiv (zerstörend) wirkende Stoffe angereichert und zur Wirkung gebracht werden, oder es können negativ (schützend) wirkende Stoffe wandern und die von den Schutzstoffen entblößten Stellen dem Zerfall überlassen.

3. Zerfall, Oxydation u. ä. von Farbstoffsystemen, z. B. der Schwefelfarbstoffe, des ausgeschiedenen Schwefels (unter Bildung von Schwefelsäure), von Nitrofarbstoffen (auf an sich ordnungsmäßig ausgerüsteter, erschwerter Seide). Die Ansichten über die Rolle des Farbstoffes selbst, des ausgeschiedenen Schwefels, der etwaigen Schutzstoffe usw. sind noch geteilt. In vielen Fällen gelingt es, die Zersetzlichkeit der Farbstoffsysteme (wie bei Kunstseide, s. weiter unten) durch mehrstündiges Erhitzen der Proben auf 120—130° nachzuprüfen[2]).

---

[1]) Vgl. a. Heermann, Über Lagerunechtheit von Textilwaren, ihre Ursachen, Wirkungen, Schutzmittel und Erkennung, Leipz. Monatschr. f. Textilind. 1913, Nr. 7, 8, 9.

[2]) S. z. B. Heermann, Farbstoffe als Ursache von Faserzerstörungen, Chem.-Ztg. 1914, S. 1281. Eppendahl, Über die Zersetzung von Schwefelfarbstoffen auf der Faser, Färb.-Ztg. 1911, S. 44, 64, 100, 126, 145, 166.

4. **Zerfall** (oder sonstige Veränderung) **von Faserstoffsystemen.**
Hierher gehört das Morschwerden erschwerter Seiden infolge zu hoher
oder unsachgemäßer Erschwerung. Durch Schutzbehandlung mit **Thioharnstoff, Hydroxylamin** u. a. Stoffen wird die Lagerbeständigkeit
der mineralisch erschwerten Seiden bedeutend erhöht. Hierher gehört
ferner der **Säurefraß bei Nitrokunstseiden.** Dieser entsteht durch
Zerfall labil gebundener Schwefelsäure in Nitrokunstseiden, ist also die
Folge fehlerhafter Kunstseide. Durch die sogenannte „**Stabilitätsprobe**"
nach **Heermann** kann Aufschluß darüber erlangt werden, ob zu Säurefraß neigende Kunstseide vorliegt. Die Probe besteht in einem einstündigen Erhitzen des Musters im Trockenschrank auf 135—140° C, wobei
gegebenenfalls a) die vorher neutral reagierende Seide Schwefelsäure ab-
spaltet, die im Auszuge nachgewiesen wird, b) die Kunstseide sich mehr
oder weniger bräunt (karbonisiert wird) und c) meist unter Verlust des
ursprünglichen Seidenglanzes geschwächt oder morsch wird. Das Morschwerden geht mitunter so weit, daß die Kunstseide zwischen den Fingern
zu Pulver zerrieben werden kann[1]).

5. **Katalytisch wirkende Verunreinigungen,** die meist durch
Zufall in die Ware gelangen und meist lokale Zersetzungen herbeiführen
(Schwermetalle, Kupfer, Mangan, Chlorverbindungen). Hierher gehören
die berüchtigten „**roten Seidenflecke**", die von **Sisley** als Folgewirkung
von in die Seide gelangten Kupferspuren in Verbindung mit Chlornatrium
erkannt worden sind. Sie werden vermieden durch peinlichste Sauber-
keit, insbesondere Reinhaltung der Hände von Schweiß. Die Flecke
machen sich erst durch Rotfärbung der Seide bemerkbar, bei weiterem
Fortschreiten wird das Gewebe von Löcherfraß befallen. Bei Baumwolle
hat man vereinzelt dieselbe Beobachtung gemacht. — Ferner gehören
hierher Zerstörungen von Pflanzenfasererzeugnissen (Baumwoll- und
Leinenwaren) infolge von Oxyzellulosebildung, die bis zur Durchlöche-
rung der Stoffe gehen kann und meist auch bei Gegenwart von Kupferspuren vor sich geht (s. a. „**Sauerstoffraß**" S. 241).

6. **Stock- (Schimmel-, Moder-) Flecke,** die infolge von feuchtem
und warmem Verpacken und Lagern, sowie stocknährender und hydro-
skopischer Appretur bzw. Imprägnierungen verursacht bzw. erheblich
gefördert werden. Als Schutzmittel sind außer trockener Lagerung und
Verpackung sowie guter Ventilation verschiedene keimtötende Impra-
gnationen zu nennen.

II. **Verfärbungserscheinungen.** Die meisten der unter I. genannten Ursachen der Faserschwächung führen unter geeigneten Umständen auch zu Verfärbungen oder Mißfärbungen. Diese stellen in der
Regel die erste Stufe der Einwirkung dar, vorausgesetzt, daß überhaupt
Farbstoffe, und zwar Farbstoffe von bestimmter Reaktionsfähigkeit, auf
der Faser zugegen sind. Nachstehend seien einige Ursachen solcher
Verfärbungserscheinungen genannt, die als typisch zu bezeichnen sind
und zum Teil auch ohne Faserschwächung auftreten.

---

[1]) Vgl. **Heermann,** Der Säurefraß bei Nitrokunstseiden und die Stabilitätsprobe, Mitt. Materialprüfungsamt 1910, Heft 1. Färb.-Ztg. 1913, S. 6. **Stadlinger,** Die Kunststoffe 1912, S. 281, 401.

1. **Autoxydation von Färbungen**, die mit Hilfe von Gerb- und Farbstoffextrakten (Katechufärbungen, Blauholzschwarz) oder nachdunkelnden künstlichen Farbstoffen (z. B. Schwefelbraun) hergestellt sind.

2. **Reduktion von Färbungen** als Folge unsachgemäßer Ausrüstung, z. B. das Nachgrünen von Anilinschwarz.

3. **Katalyseschäden**, z. B. die roten Seidenflecke, die bei weiterer Entwicklung zum Faserzerfall führen (s. unter I, 5).

4. **Nachgilben von Wäsche** infolge von Überbleichung oder Bleichrückständen (Chlor, Oxyzellulose, Harzseifen, Metallsalzen u. a.), das mitunter mit einer Faserschwächung einhergeht.

5. **Atmosphärische Einflüsse** (Staub, Lichtgase, Rauchgase, schweflige Säure, Ozon, Schwefelwasserstoff, salpetrige Säure, Formaldehyd und Säuregase im Packmaterial.)

III. **Ausschlag, Ausblühungen.** Diese entstehen u. a. durch

1. **Ausschwitzen von Fettstoffen** auf der Oberfläche der Gewebe und in dem Packmaterial. Meist lokal begrenzte Fettflecke, die durch übermäßigen Fettgehalt bedingt werden. Man nimmt in der Regel an, daß bei einem Fettgehalt unter 1% solche Fettausschwitzungen nicht ohne weiteres auftreten; dabei ist die Art des Fettes von Bedeutung.

2. **Herauswandern freier Fettsäure**, besonders auf Polgeweben (Sammeten, Plüschen). Dieser Fettsäureausschlag unterscheidet sich von dem unter 1. genannten Ausschwitzen des Fettes durch sein Äußeres; er hat den Anschein eines grauen Nebels, der beim Erwärmen oder beim Überstreichen mit einem benzinhaltigen Lappen sofort verschwindet, aber mitunter nach einiger Zeit (besonders bei kalter Lagerung) wiederkehrt.

3. **Auskristallisieren von Appretursalzen** auf der Stoffoberfläche, z. B. von Bittersalz. Es ist meist die Folge von zu salzhaltigen Appreturen bzw. keiner genügenden Bindung dieser Salze durch Kolloide.

4. **Entmischung** oder nachträgliche Änderung der Appreturzusammensetzung infolge von partieller Verflüchtigung, Wanderung, Oxydation, Fettspaltung, Hydrolyse u. ä. von Bestandteilen der Appretur.

5. **Stock-, Schimmel-, Moderflecke** machen auch vielfach den Eindruck von Ausblühungen, sind aber auf Wucherungen von Schimmelpilzen, die aus den in der Luft vorhandenen Sporen stammen, zurückzuführen (s. I., 6). Der Nachweis dieser Schäden ist mikroskopisch zu führen.

IV. **Glanz- und Griffänderungen** von Textilerzeugnissen sind meist Begleiterscheinungen von I.—III. und auf innere Veränderungen in der Ware, Verflüchtigung von Griffmitteln (Avivagesäure), Angriff der Faseroberfläche durch Farbrückstände, atmosphärische Einflüsse usw. zurückzuführen.

V. **Sonstige seltener beobachtete Erscheinungen** auf dem Lager wie das Krauswerden, Kleben usw. von Stoffen können auf die verschiedenartigsten Ursachen (Art der Ausrüstung, Art der Verpackung und Lagerung, atmosphärische Einflüsse usw.) zurückgeführt werden.

Anhang.
Praktische Atomgewichte 1921 [1]).

Ag	Silber	107,88	N	Stickstoff		14,008
Al	Aluminium	27,1	Na	Natrium		23,00
Ar	Argon	39,9	Nb	Niobium		93,5
As	Arsen	74,96	Nd	Neodym		144,3
Au	Gold	197,2	Ne	Neon		20,2
B	Bor	10,9	Ni	Nickel		58,68
Ba	Barium	137,4	[Nt	Niton (jetzt: Emana-		
Be	Beryllium	9,1		tion)		222]
Bi	Wismut	209,0	O	**Sauerstoff**		**16,00**
Br	Brom	79,92	Os	Osmium		190,9
C	Kohlenstoff	12,00	P	Phosphor		31,04
Ca	Kalzium	40,07	Pb	Blei		207,2
Cd	Kadmium	112,4	Pd	Palladium		106,7
Ce	Zerium	140,25	Pr	Praseodym		140,9
Cl	Chlor	35,46	Pt	Platin		195,2
Co	Kobalt	58,97	Ra	Radium		226,0
Cr	Chrom	52,0	Rb	Rubidium		85,5
Cs	Zäsium	132,8	Rh	Rhodium		102,9
Cu	Kupfer	63,57	Ru	Ruthenium		101,7
Dy	Dysprosium	162,5	S	Schwefel		32,07
Em	Emanation	222	Sb	Antimon		120,2
Er	Erbium	167,7	Sc	Skandium		44,10
Eu	Europium	152,0	Se	Selen		79,2
F	Fluor	19,00	Si	Silizium		28,3
Fe	Eisen	55,84	Sm	Samarium		150,4
Ga	Gallium	69,9	Sn	Zinn		118,7
Gd	Gadolinium	157,3	Sr	Strontium		87,6
Ge	Germanium	72,5	Ta	Tantal		181,5
H	Wasserstoff	1,008	Tb	Terbium		159,2
He	Helium	4,0	Te	Tellur		127,5
Hg	Quecksilber	200,6	Th	Thor		232,1
Ho	Holmium	163,5	Ti	Titan		48,1
In	Indium	114,8	Tl	Thallium		204,0
Ir	Iridium	193,1	Tu	Thulium		169,4
J	Jod	126,92	U	Uran		238,2
K	Kalium	39,10	V	Vanadium		51,0
Kr	Krypton	82,92	W	Wolfram		184,0
La	Lanthan	139,0	X	Xenon		130,2
Li	Lithium	6,94	Y	Yttrium		88,7
Lu	Lutetium	175,0	Yb	Ytterbium		173,5
Mg	Magnesium	24,32	Zn	Zink		65,37
Mn	Mangan	54,93	Zr	Zirkonium		90,6
Mo	Molybdän	96,0				

Aufgestellt von der „Deutschen Atomgewichts-Kommission" für das Jahr 1921. S. a. Ztschr. f. angew. Chem. 1921, S. 492.

Grade Baumé und spez. Gew. für Flüssigkeiten, die leichter als Wasser sind.

°Bé	Spez. Gew. 12,5° C	°Bé	Spez. Gew. 12,5° C	°Bé	Spez. Gew. 12,5° C	°Bé	Spez. Gew. 12,5° C	°Bé	Spez. Gew. 12,5° C
10	1,0000	21	0,9300	32	0,8690	43	0,8156	54	0,7684
11	0,9932	22	0,9241	33	0,8639	44	0,8111	55	0,7644
12	0,9865	23	0,9183	34	0,8588	45	0,8066	56	0,7604
13	0,9799	24	0,9125	35	0,8538	46	0,8022	57	0,7565
14	0,9733	25	0,9068	36	0,8488	47	0,7978	58	0,7526
15	0,9669	26	0,9012	37	0,8439	48	0,7935	59	0,7487
16	0,9605	27	0,8957	38	0,8391	49	0,7892	60	0,7449
17	0,9542	28	0,8902	39	0,8343	50	0,7849	61	0,7411
18	0,9480	29	0,8848	40	0,8295	51	0,7807		
19	0,9420	30	0,8795	41	0,8249	52	0,7766		
20	0,9359	31	0,8742	42	0,8202	53	0,7725		

Spannkraft und Temperatur des Wasserdampfes.

Temperatur °C	Tension in mm	in Atm.	Druck auf 1 qcm in kg	Temperatur °C	Tension in mm	in Atm.	Druck auf 1 qcm in kg
100	760	1	1,0333	135	2353,73	3,097	3,20013
105	906,41	1,193	1,23236	140	2717,63	3,575	3,694
110	1075,37	1,415	1,4621	145	3125,55	4,112	4,2405
115	1269,41	1,673	1,72592	150	3581,23	4,712	4,86904
120	1491,28	1,962	2,02755	155	4088,56	5,380	5,55881
125	1743,88	2,294	2,37098	160	4651,62	6,120	6,32434
130	2030,28	2,671	2,76037				

In der Praxis sind die Angaben des Dampfdrucks als Überdruck über 1 Atmosphäre aufzufassen, so daß ein Dämpfen von $1/2$ Atmosphäre Druck einem effektiven Dampfdruck von $1 1/2$ Atmosphären im Dämpfapparat entspricht usw.

Wertverhältnis einiger Materialien zueinander.
Kristallsoda und kalzinierte Soda (Ammoniaksoda).
100 T. Kristallsoda entsprechen rund 37 T. kalzinierter Soda;
100 T. kalzinerte Soda entsprechen rund 270 T. Kristallsoda.

Kristallglaubersalz und kalziniertes Glaubersalz.
100 T. Kristallglaubersalz entsprechen rund 44 T. kalziniertem Glaubersalz;
100 T. kalziniertes Glaubersalz entsprechen rund 227 T. Kristallglaubersalz.

Alaun und schwefelsaure Tonerde (mit 18 und 12 H_2O).
100 T. Kalialaun (24 H_2O) = rund 70 T. Tonsulfat (18 H_2O) bzw. 60 T. Tonsulfat (12 H_2O);
100 T. Tonsulfat (18 H_2O) = 86 T. Tonsulfat (12 H_2O) bzw. 142 T. Kalialaun;
100 T. Tonsulfat (12 H_2O) = 120 T. Tonsulfat (18 H_2O) bzw. 170 T. Kalialaun.

Schwefelsäure (60° Bé, etwa 78%), Schwefelsäure (sogenannte 66° Bé, etwa 94%), Salzsäure (20° Bé, etwa 30%), Essigsäure (30%), Ameisensäure (85%).
(Das Wertverhältnis bezieht sich lediglich auf Azidität bzw. Alkaliabsorption. „T." bedeuten überall Gewichtsteile. Die Zahlen sind annähernde.)

100 T. H_2SO_4 (60°) = 83 T. H_2SO_4 (66°) = 193 T. HCl = 318 T. Essigsäure = 88 T. Ameisensäure.

100 T. H_2SO_4 (66°) = 120 T. H_2SO_4 (60°) = 233 T. HCl = 384 T. Essigsäure = 104 T. Ameisensäure.

100 T. HCl = 51,7 T. H_2SO_4 (60°) = 43 T. H_2SO_4 (66°) = 165 T. Essigsäure = 44,5 T. Ameisensäure.

100 T. Essigsäure = 31,4 T. H_2SO_4 (60°) = 26 T. H_2SO_4 (66°) = 61 T. HCl. = 27 T. Ameisensäure.

100 T. Ameisensäure = 116 T. H_2SO_4 (60°) = 97 T. H_2SO_4 (66°) = 225 T. HCl = 370 T. Essigsäure.

Thermometerskalen.

Zur Umrechnung von (C = Celsius, R = Réaumur, F = Fahrenheit)

° C in ° R multipliziert man mit 4 und dividiert durch 5;
° C in ° F multipliziert man mit 9, dividiert durch 5 und addiert 32;
° R in ° C multipliziert man mit 5 und dividiert durch 4;
° R in ° F multipliziert man mit 9, dividiert durch 4 und addiert 32;
° F in ° C subtrahiert man 32, multipliziert mit 5 und dividiert durch 9;
° F in ° R subtrahiert man 32, multipliziert mit 4 und dividiert durch 9.

Maße und Gewichte.
Metrisches System.

1 Meter (m) = 100 Zentimeter (cm) = 1000 Millimeter (mm);
1 Kubikmeter (cbm) = 1000 Liter (l) á 1000 Kubikzentimeter (ccm);
1 Tonne (t) = 1000 Kilogramm (kg oder ko) á 1000 Gramm (g oder gr);
1 Zentner = 100 Pfund (p) á 500 Gramm.

Englische Maße und Gewichte.

1 yard = 3 feet (Fuß) = 36 inches (Zoll) = 0,9144 m; 1 inch = 2,54 cm;
1 square yard = 9 square feet = 0,836 qm;
1 cub. yard = 27 cub. feet = 0,7645 cbm;
1 gallon = 2 pottles = 4 quarts = 8 pints = 32 gills = 4,5436 Liter;
1 pound (lb.) = 16 ounces (oz). = 453,59 g;
1 ton (t) = 20 hundredweight (cwt.) = 2240 pounds (lbs.) = 1016 kg; 1 hundred-weight = 112 pounds (lbs.) = 50,8 kg.

Russische Maße und Gewichte.

1 Arschin = 16 Werschok = 0,7112 m;
1 Pud = 40 Pfund = 16,3805 kg;
1 Pfund = 96 Solotnik á 96 Doli = 409,5 g.

Mischungsberechnungen[1]).

I. Es soll ein bestimmtes Quantum einer Flüssigkeit von bestimmtem Gehalt aus einer stärkeren Lösung und einer gleichartigen schwächeren Lösung (bzw. Wasser) hergestellt werden.

Benötigte Menge der Mischung = M (kg oder l).
Benötigter Prozentgehalt der Mischung = c.
Gegebener Prozentgehalt der stärkeren Flüssigkeit = a.
Gegebener Prozentgehalt der schwächeren Flüssigkeit = b.
Gesuchte Menge der stärkeren Flüssigkeit = x.
Gesuchte Menge der schwächeren Flüssigkeit = M — x.

$$x = \frac{M(c-b)}{a-b}.$$

[1]) Nach Mager, Chem.-Ztg. 1910, 865. Die bei Mischungen von Lösungen häufig eintretenden Kontraktionen sind hier nicht berücksichtigt.

Beispiel. Es sollen 650 kg Schwefelsäure von 75% hergestellt werden aus solchen vom spez. Gew. 1,825 (= 91%) und 1,380 (= 48%). Von der stärkeren Säure sind dann zu nehmen: $x = \dfrac{650(75-48)}{91-48} = 408$ kg. Von der Verdünnungssäure sind zu nehmen: $M - x = 242$ kg.

II. Es soll eine schwächere Flüssigkeit durch eine stärkere, gleichartige auf einen bestimmten Gehalt gebracht werden.

Benötigter Prozentgehalt der Mischung = c.
Gegebener Prozentgehalt der stärkeren Flüssigkeit = a.
Gegebener Prozengehalt der schwächeren Flüssigkeit = b.
Gegebene Menge der schwächeren Flüssigkeit = M.
Gesuchte Menge der stärkeren Flüssigkeit = x.
Resultierende Menge der Mischung = M + x.

$$x = \frac{M(c-b)}{a-c}.$$

Beispiel. Es sollen gegebene 180 kg 10,5%iges Ammoniak durch 25%iges Ammoniak auf einen Gehalt von 15% Ammoniak verstärkt werden.

$$x = \frac{180\,(15-10,5)}{25-15} = 81.$$

Es resultieren aus 180 + 81 kg = 261 kg Mischflüssigkeit von dem verlangten Gehalt.

III. Es sollen zwei verschiedenartige Flüssigkeiten so miteinander gemischt werden, daß die benötigte Menge der Mischung die Komponenten in bestimmtem Verhältnis enthält.

Flüssigkeit A hat einen Gehalt von a%.
Flüssigkeit B hat einen Gehalt von b%.
Benötigte Menge der Mischung = M.
Verlangtes Verhältnis der Bestandteile in der Mischung = a' : b'.
Gesuchte Menge von A zur Herstellung der Mischung = x.
Gesuchte Menge von B zur Herstellung der Mischung = M — x.

$$x = \frac{M a' b}{a'b + b'a}.$$

Beispiel. Es sollen 20 kg Königswasser hergestellt werden, dessen Gehalt an Salpetersäure und Salzsäure im Verhältnis von $HNO_3 : 3\,HCl = 63 : 109{,}5$ stehen soll. Die zu mischenden Säuren enthalten 65,3% HNO_3 bzw. 37,2% HCl. Nimmt man die Salpetersäure als A an, so erhält man:

$$x = \frac{20 \times 63 \times 37{,}2}{63 \times 37{,}2 + 109{,}5 \times 65{,}3} = 4{,}94.$$

Es sind also 4,94 kg Salpetersäure und 20 — 4,94 = 15,06 kg Salzsäure für die benötigte Mischung erforderlich.

IV. Es sollen drei verschiedenartige Flüssigkeiten unter bestimmtem Mischungsverhältnis gemischt werden.

$$x_{(A)} = \frac{M\,a'\,b\,c}{a'\,b\,c + b'\,a\,c + c'\,a\,b}; \quad x_{(B)} = \frac{M\,b'\,a\,c}{a'\,b\,c + b'\,a\,c + c'\,a\,b}.$$

V. Es sollen vier verschiedenartige Flüssigkeiten unter bestimmtem Mischungsverhältnis gemischt werden.

$$x_{(A)} = \frac{M\,a'\,b\,c\,d}{a'\,b\,c\,d + b'\,a\,c\,d + c'\,a\,b\,d + d'\,a\,b\,c}\ \text{usw.}$$

(wobei die Zeichen c und d. bzw. c' und d' analog dem unter III. gegebenen Beispiel Prozentgehalte bzw. das Verhältnis der Komponenten bedeuten).

Sachverzeichnis.

Die Apparatfärberei der Baumwolle und Wolle unter Berücksichtigung der Wasserreinigung und der Apparatbleiche der Baumwolle. Von **E. J. Heuser.** Mit 191 in den Text gedruckten Figuren. 1913.

Gebunden GZ. 8

Theorie und Praxis der Garnfärberei mit den Azo-Entwicklern. Von Dr. **F. Erban.** Mit 68 Textfiguren. 1906. Gebunden GZ. 12

Die Farbenmischungslehre und ihre praktische Anwendung. Von **Karl Mayer,** Chemiker-Kolorist. Mit 17 Textfiguren und 6 Tafeln. 1911.

GZ. 4

Die neueren Farbstoffe der Pigmentfarben-Industrie. Von Dr. **Rupert Staeble.** Mit besonderer Berücksichtigung der einschlägigen Patente. 1910. GZ. 6

Enzyklopädie der Küpenfarbstoffe. Ihre Literatur, Darstellungsweisen, Zusammensetzung, Eigenschaften in Substanz und auf der Faser. Von Dr.-Ing. **Hans Truttwin.** Unter Mitwirkung von Dr. R. Hauschka in Wien. 1920.

GZ. 42

Chemie der organischen Farbstoffe. Von Dr. **Fritz Mayer,** a. o. Hon.-Professor an der Universität Frankfurt a. M. Mit 5 Textfiguren. 1921.

GZ. 10; gebunden GZ. 13

Grundlegende Operationen der Farbenchemie. Von Dr. **Hans Eduard Fierz-David,** Professor an der Eidgenössischen Technischen Hochschule in Zürich. Zweite, verbesserte Auflage. Mit 46 Textabbildungen und einer Tafel. 1922. Gebunden GZ. 14

Fortschritte der Teerfarbenfabrikation und verwandter Industriezweige. An der Hand der systematisch geordneten und mit kritischen Anmerkungen versehenen Deutschen Reichspatente dargestellt von Professor Dr. **P. Friedländer,** Darmstadt.

I. Teil.	1877—1887.	Unveränderter Neudruck.	1920.	GZ. 40
II. Teil.	1887—1890.	Unveränderter Neudruck.	1921.	GZ. 30
III. Teil.	1890—1894.	Unveränderter Neudruck.	1920.	GZ. 40
IV. Teil.	1894—1897.	Unveränderter Neudruck.	1920.	GZ. 50
V. Teil.	1897—1900.	Unveränderter Neudruck.	1922.	GZ. 80
VI. Teil.	1900—1902.	Unveränderter Neudruck.	1920.	GZ. 50
VII. Teil.	1902—1904.	Unveränderter Neudruck.	1921.	GZ. 35
VIII. Teil.	1905—1907.	Unveränderter Neudruck.	1921.	GZ. 70
IX. Teil.	1908—1910.	Unveränderter Neudruck.	1921.	GZ. 65
X. Teil.	1910—1912.	Unveränderter Neudruck.	1921.	GZ. 70
XI. Teil.	1912—1914.	Unveränderter Neudruck.	1921.	GZ. 68
XII. Teil.	1914—1916.	Unveränderter Neudruck.	1922.	GZ. 65